| 최신판 |

자동차정비 기능장 필기

급속한 경제성장과 더불어 자동차산업 또한 눈부시게 발전하고 있다. 우리는 어느 분야에서든 최고가 되고 싶어 하는 꿈을 갖고 있다. 장인(匠人)을 꿈꾸며 명인(名人)을 꿈꾼다.

자신과의 끊임없는 싸움을 벌여오며 자동차 분야에서 최고가 되고 싶어 하는 우리들!

자동차정비 기능장 역시 자동차 분야의 기능인들에게는 '언젠가 오르고 싶은 정상'이다.

기능장은 기능계 국가기술자격 중 최고의 자격으로서 법적으로나 사회적으로 그 지위와 권위를 인정받고 있다. 또한 기능장은 지도자로서 자신의 부하 작업자를 평가해 적재적소에 배치시키고 작업지시를 할 수 있어야 하며 작업안전은 물론 전반적인 재해방지에 책임을 져야 하는 경영자와 부하 작업자 간의 교량역할을 하는 중간관리자이다.

따라서 자동차정비 기능장시험을 준비하는 사람에게 조금이라도 도움이 될 자료를 수집, 정리하여 이 책을 발간하게 되었으며 수험 준비서로서 편집하였다.

이 책의 구성 포인트

- 모바일 & PC동영상 시청
  학습계획이 없는 경우에 언제, 어느 곳에서나 Yes!
- 시험 내용만 정리한 담백한 이론
  광범위한 이론 No! 출제되는 핵심만 Yes!
- 시험시간도 거뜬한 넉넉한 문제 수
  어설픈 문제 개수 No!
  많은 양의 기출문제로 시험장 모드 Yes! 로 구성하였다.

마지막으로 어려운 시험에 합격할 수 있는 방법은 처음부터 암기하듯이 공부하거나, 어려운 과목을 포기하는 방법보다는 가벼운 마음으로 두세 번 반복하여 쉬운 문제부터 접근하여 자기주도적으로 꾸준히 공부한다면 좋은 결과가 있을 것이다. 아무쪼록 수험자 여러분께 합격의 영광을 누리시길 기원한다.

이 책이 출판되기까지 도움을 주신 도서출판 예문사에 진심으로 감사드린다.

저자

기본정보 Information

▸ 개요

자동차의 제작 및 부품생산이 첨단기술화 되어감에 따라 자동차정비는 단순한 재생수리에서 종합정비 형태로 바뀌어가고 있으며, 시설장비의 현대화와 정비기술의 고도화가 추구되고 있다. 이에 따라 자동차정비의 효율성 및 안전성을 위한 제반 환경을 조성하고, 기능인력을 지도·감독할 최상급의 숙련기능인력을 양성하기 위하여 자격을 제정

▸ 수행직무

자동차 정비에 관한 최상급 숙련기능을 가지고 산업현장에서 작업관리, 소속 기능자의 지도 및 감독, 현장훈련, 경영층과 생산계층을 유기적으로 결합시키주는 현장의 중간관리 등의 업무

▸ 실시기관 홈페이지

http://www.q-net.or.kr

▸ 실시기관명

한국산업인력공단

▸ 진로 및 전망

- 주로 자동차생산업체의 생산, 판매 및 A/S부서와 외제차수입업체, 자동차정비업체, 자동차운수업체 등에 취업하며, 일부는 카센타, 카인테리어, 밧데리점, 튜닝전문점, 오토매틱전문점을 개업한다. 이외 직업능력개발훈련교사로도 진출할 수 있다. 「자동차관리법」에 의해 자동차운수사업체, 자동차점검정비업체의 정비관리자로 고용될 수 있다.

- 향후 자동차정비분야는 당분간 현재 고용수준을 유지할 전망이다. 하지만 산업현장의 기능인력 중에는 아직까지 자격증 미취득자가 많기 때문에 자격을 취득할 경우 취업하는데 보다 유리할 전망이다. 참고로 1998년 말 자격소지비율은 48.9%에 그치고 있다. (한국직업전망서, 1999). 다른 한편으로 자동차생산기술의 발달은 품질향상으로 이어져 고장률의 감소와 사고의 감소를 가져온다. 이는 정비인력을 줄이는 요인으로 작용하지만, 동시에 자동차 선택사양의 다양화와 액세서리 부속품의 장착 및 고장수리 등에 대한 수요가 증가할 것을 보여 이를 상쇄할 것이다. 반면 기술적인 면 에서는 자동차전기 및 전자관련 기술에서의 수요가 증가할 전망이다.

- 장기적으로는 카일렉트로닉스산업(자동차전자화)의 발전으로 재래차의 혁신적 대체를 목적으로 하는 '전기자동차 및 하이브리드차' 등 미래형 자동차의 개발과 재래차의 점진적 개량을 목적으로 하는 환경 · 안전장치(충동경보장치, 헤드업디스플레이, 경량신소재차, ECU 등), 편익증대장치(내비게이션 시스템, 전자조향장치, 전자완충장치 등)등의 개발이 이루어질 전망이다. (산업자원부, 21세기 한국산업의 비전과 발전전략, 1999 참조). 이에 따라 자격취득 후에도 미래 기술변화에 관심을 가져야 할 것이다.

INFORMATION

Master Craftsman Motor Vehicles Maintenance

출제기준(필기)

Information

직무 분야	기계	중직무 분야	자동차	자격 종목	자동차정비 기능장	적용 기간	2025.01.01 ~2027.12.31

직무내용

자동차정비에 관한 최상급의 숙련기능을 가지고, 현장지도 및 감독을 수행하며, 경영층과 생산계층을 유기적으로 결합시켜주는 현장의 관리자로서의 역할에 대한 직무이다.

필기검정방법	객관식	문제수	60	시험시간	1시간

필기과목명	문제수	주요항목	세부항목	세세항목
• 자동차 공학 • 자동차전기 전자정비 • 자동차섀시정비 • 자동차엔진정비 • 자동차차체정비 • 공업경영에 관한 사항	60	1. 자동차 엔진	1. 엔진의 성능 및 효율	1. 엔진의 정의 및 분류 2. 엔진의 성능 3. 엔진의 효율 4. 엔진의 연료 5. 연소 및 배출가스 6. 엔진의 주요부 설계 및 계산
			2. 엔진 본체	1. 실린더헤드와 실린더 블록 및 캠축 구동장치 2. 피스톤 및 크랭크축
			3. 윤활 및 냉각장치	1. 윤활장치 2. 냉각장치
			4. 연료장치	1. 가솔린 연료장치 2. 디젤 연료장치 3. LPG 연료장치 4. CNG 연료장치
			5. 흡배기장치	1. 흡기 및 배기장치 2. 과급장치 3. 배출가스 저감장치
			6. 전자제어장치	1. 엔진 제어장치 2. 센서 점검

필기과목명	문제수	주요항목	세부항목	세세항목
		1. 자동차 엔진	6. 전자제어장치	3. 액추에이터 등 4. 기타 제어장치
		2. 자동차 섀시	1. 동력전달장치	1. 클러치 2. 수동변속기 3. 자동변속기 유압 및 제어장치 4. 무단변속기 유압 및 제어장치 5. 드라이브라인 및 동력 배분장치 6. 기타 동력전달장치
			2. 현가 및 조향장치	1. 일반 현가장치 2. 전자제어 현가장치 3. 일반 조향장치 4. 전자제어 조향장치 5. 휠 얼라인먼트
			3. 제동장치	1. 유압식 제동장치 2. 기계식 및 공압식 제동장치 3. 전자제어 제동장치 4. 기타 제동장치
		3. 시험 및 검사	1. 자동차 검사	1. 자동차규칙 2. 자동차 검사 실무
			2. 안전 및 성능시험	1. 자동차의 안전장치 2. 자동차의 구동력 및 주행성능
		4. 자동차 전기전자	1. 전기전자	1. 전기전자 일반 2. 자동차 제어장치 3. 통신장치

필기과목명	문제수	주요항목	세부항목	세세항목
		4. 자동차 전기전자	2. 시동, 점화 및 충전장치	1. 배터리 2. 시동장치 3. 점화장치 4. 충전장치 5. 하이브리드장치
			3. 계기 및 보안장치	1. 계기 및 보안장치 2. 전기회로 3. 등화장치
			5. 안전 및 편의장치	1. 주행안전 보조장치 2. 편의장치
			5. 공기조화장치	1. 냉방장치 2. 난방장치 3. 공조장치
			6. 고전원 전기장치	1. 구동축전지 2. 전력변환장치 3. 구동전동기 4. 연료전지 5. 고전압 위험성 인지 및 안전장비 6. 기타 고전원 전기장치
		5. 차체수리 및 도장	1. 자동차 차체수리	1. 자동차차체 구조 2. 힘의 전달 및 차체강도 3. 차체 손상 진단 및 분석 4. 판금 및 용접 5. 차체교정 및 수리 6. 친환경 재료
			2. 자동차 보수도장	1. 자동차 도료 2. 조색 3. 보수도장 4. 도장의 결함 및 대책 5. 친환경 도료

필기과목명	문제수	주요항목	세부항목	세세항목
		6. 안전관리	1. 산업안전일반	1. 안전기준 및 재해 2. 안전조치
			2. 기계 및 기기에 대한 안전	1. 엔진취급 2. 섀시취급 3. 전장품취급 4. 기계 및 기기 취급
			3. 공구에 대한 안전	1. 전동 및 에어공구 2. 수공구
			4. 작업상의 안전	1. 일반 및 운반기계 2. 기타 작업상의 안전
		7. 공업경영	1. 품질관리	1. 통계적 방법의 기초 2. 샘플링 검사 3. 관리도
			2. 생산관리	1. 생산계획 2. 생산통제
			3. 작업관리	1. 작업방법 연구 2. 작업시간 연구
			4. 기타 공업경영에 관한 사항	1. 기타 공업경영에 관한 사항

CONTENTS

Master Craftsman Motor Vehicles Maintenance

PART 1 기본 다지기

제1과목 | 자동차 기관

Contents

제2과목 | 자동차 새시

Contents

제3과목 | 시험 및 검사

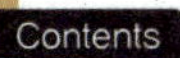

Contents

제4과목 | 자동차 전기전자

Contents

제5과목 | 차체수리

Contents

CONTENTS

Master Craftsman Motor Vehicles Maintenance

제6과목 | 공업경영

Contents

PART 2 실전 다지기

기출예상문제 & 해설

Contents

CONTENTS

Master Craftsman Motor Vehicles Maintenance

PART 3 실전 마무리

모의고사 & 해설

Contents

PART 1

기본 다지기

Subject

01

자동차 기관

Contents

1 기관의 성능 및 효율

Section

1. 기관의 정의 및 분류

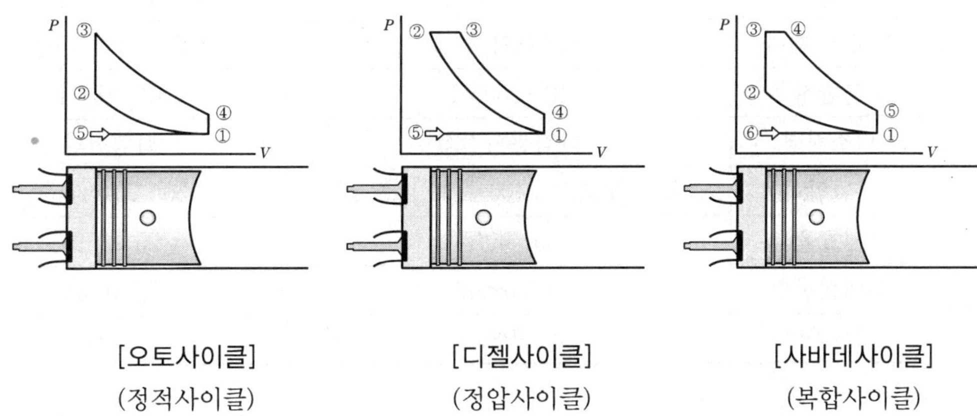

[오토사이클] (정적사이클)　　[디젤사이클] (정압사이클)　　[사바데사이클] (복합사이클)

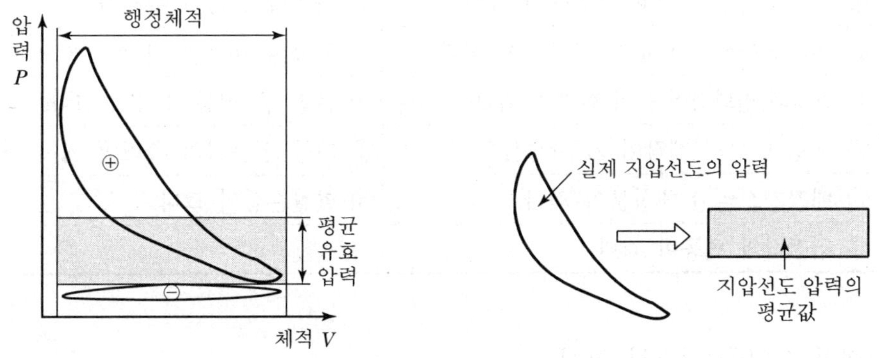

[지압선도와 평균유효압력]

1) 가솔린과 디젤엔진의 비교

구분	디젤(CI)	가솔린(SI)
연료	경유	가솔린
혼합기의 형성	불균일 혼합	균일 혼합
연료공급방식	분사펌프(연소실 분사)	포트분사(MPI), GDI
착화방법	압축열에 의한 자연착화	불꽃에 의한 강제점화
압축비	16~23 : 1(공기만)	8~11 : 1(혼합기)
부하의 제어	연료량의 가감	혼합기의 가감
혼합비	16~160 : 1	13~18 : 1
연소진행	다점동시점화	화염전파
폭발압력	60~90(과급 : 100~140)kg/cm^2	50~70kg/cm^2
열효율	35~40%	25~35%
최대회전수	4,500rpm	7,500rpm
시동마력	5PS	1PS

2) 디젤엔진의 장단점

장점	단점
① 연료소비율이 적고 열효율이 높다.	① 마력당 중량이 무겁다.
② 전기점화장치가 없어 고장률이 적다.	② 평균 유효압력 및 회전속도가 낮다.
③ 연료의 인화점이 높아 화재의 위험이 적다.	③ 운전 중 진동 소음이 크다.
④ 대형 엔진의 제작이 가능하다.	④ 기동 전동기의 출력이 커야 한다.
⑤ 배기가스의 유해성분이 적다.	⑤ 마찰손실이 크다.
⑥ 회전력의 변동이 적다.	

3) 2행정 사이클 기관의 장점

① 4사이클 기관에 비해 1.6~1.7배의 출력이 발생된다.
② 크랭크 축 1회전당 1회 폭발하여 회전력 변동이 적다.
③ 실린더 수가 적어도 회전이 원활하다.
④ 크랭크 케이스 소기형은 밸브기구가 간단하여 소음이 적다.
⑤ 마력당 중량이 적고 값이 싸며, 취급이 쉽다.

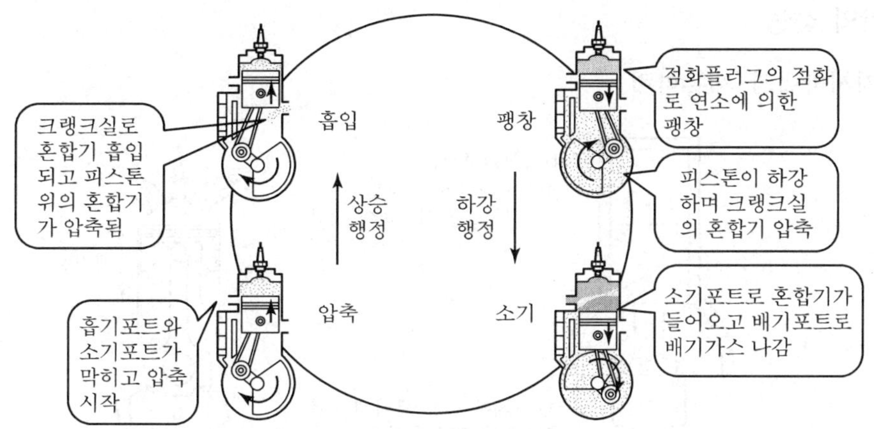

[2행정 사이클 엔진]

4) 로터리 기관의 특징

① 회전운동을 하므로 진동이 적다.
② 동일 배기량당 출력이 왕복형 기관보다 크다.
③ 크랭크 기구가 없어 기계적 손실이 적다.
④ 회전력의 변동 및 소음이 적다.
⑤ 출력당 중량 및 체적이 적다.
⑥ 고속회전이 용이하다.
⑦ 연소실 온도가 낮아 NO_x 발생이 적다.

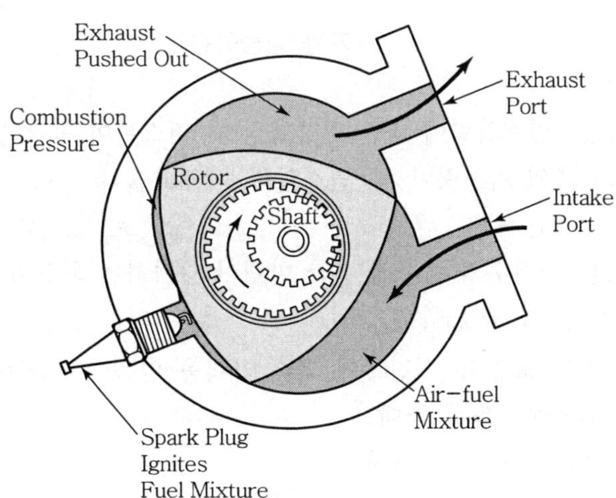

2. 기관의 성능

1) 지시마력과 제동마력

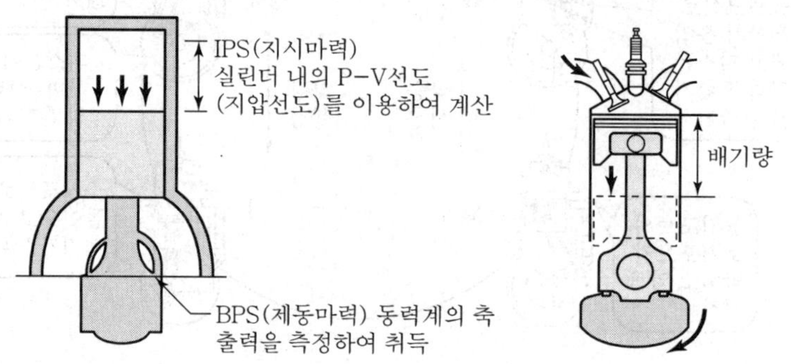

2) 기관 성능곡선

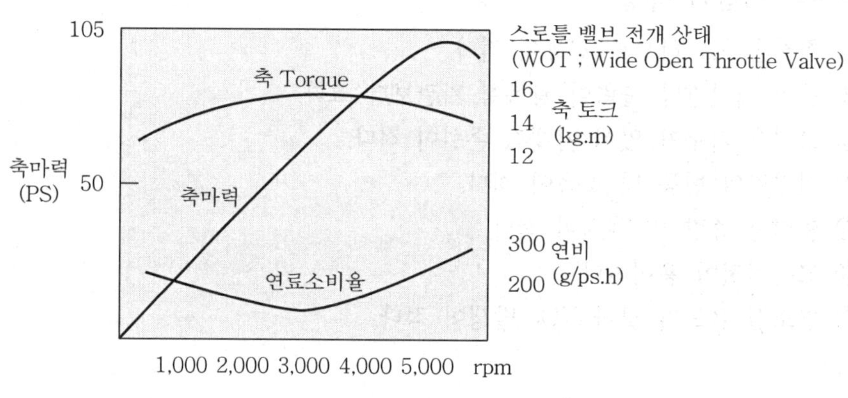

[기관 성능곡선]

- **Torque 곡선** : 연소압력에 의한 팽창행정 시 피스톤이 하강하는 힘 → 커넥팅 로드에 의해 크랭크 축의 회전력이 됨. 연소압력, 체적효율(ηv)이 증가할수록 Torque는 증가한다.
- **축 출력곡선** : 회전수의 증가에 따라 마력이 증가하며 최고마력 후에 마찰에 의해 출력이 감소한다. $N_b = 2\pi n T$
- **고속엔진** : 경량 고출력, 회전수에 의해 마력을 얻음. 밸브타이밍의 열린 CA를 크게 하여 유동의 관성효과를 극대화
- **저속엔진** : 저속토크가 큰 엔진

3. 기관의 효율

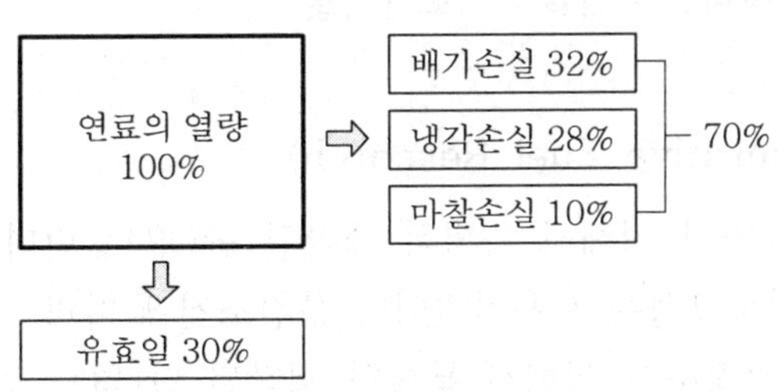

[가솔린 기관의 열 정산도]

1) 기계효율 향상대책

① 미끄럼 운동 부분의 중량을 감소시킨다.
② 배기저항(배압)을 감소시킨다.
③ 피스톤의 측압을 감소시킨다.
④ 마찰계수가 작은 금속을 사용한다.
⑤ 미끄럼 운동면의 가공정도를 높인다.
⑥ 면적이 작은 베어링을 사용한다.

2) 열효율의 비교

A) 가열량과 압축비가 동일할 때

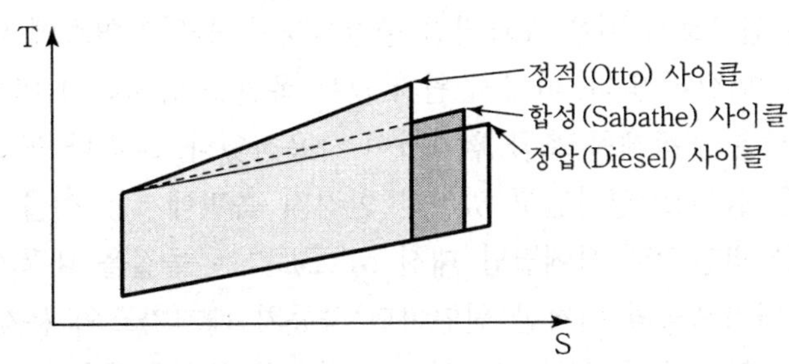

① 압축비가 같다면 온도비가 같다.
② 가열량이 같으므로 면적도 같다.
③ 방출량이 디젤이 제일 많다.

같은 공급 열량에서는
오토사이클 〉 사바테사이클 〉 디젤사이클

B) 가열량과 최고 압력이 일정할 때
디젤사이클 〉 사바테사이클 〉 오토사이클

3) CFR 기관(Cooperative Fuel Research)

① 옥탄값을 결정하기 위해서 특별히 제작된 단(單)실린더의 시험기관
② 가솔린의 안티노크성은 사용기관이나 운전조건에 따라 다르므로 표준연료와 비교하여 옥탄값을 결정하기 위해서 특별히 제작된 단(單)실린더의 시험기관이다.
③ 이 기관을 사용해서 측정한 가솔린의 안티노크성을 CFR 옥탄값이라고 하여 다른 옥탄값과 구별한다.
④ CFR 기관은 실린더 지름 82.6mm, 행정(行程) 114.3mm, 압축비는 3~15 사이의 가변(可變)이다.

4. 기관의 연료

1) 가솔린의 특성

① 휘발성
가솔린은 흔히 휘발유라고 부르기도 하는데, 상온에서 증발하기 쉽고 인화성이 좋아 공기와 혼합되면 폭발성을 지닌다.

② 안티노크성
가솔린은 연료로서 매우 효과적인 물질이지만, 불완전연소에 의해 뜻하지 않는 폭발을 일으킬 위험이 있다. 따라서 원치 않는 폭발을 방지하기 위해 사에틸납(tetraethyl lead)과 같은 내폭제를 조금 첨가하여 사용하였다. 그러나 연료의 효율을 높이는 데에는 좋은 물질로 평가받고 있지만 환경적 측면에서는 이롭지 못한 물질이다.
이에 대한 방안으로 사에틸납 대신 MTBE라는 물질을 내폭제로 사용하도록 했고, 그 결과 대기오염의 심각한 원인이던 자동차 배기가스의 문제를 어느 정도 해결할 수 있게 되었다. MTBE를 사용하는 휘발유를 무연휘발유라고 한다. 1993년 1월 1일부터 인체에 해로운 유연휘발유는 사라지고 모두 무연휘발유를 사용하고 있다.

2) 디젤연료의 특성

① 휘발성
휘발성은 상온에서 액체가 기체로 증발하는 성질인데, 디젤 연료는 낮은 휘발성을 갖는다.

② 점성

㉠ 점성은 유체의 유동을 방해하는 성질로 디젤연료는 낮은 점성을 가져야 한다.

㉡ 낮은 점성을 갖는 연료는 작은 입자로 분사되어 연소가 빨리 이루어질 수 있어 엔진의 성능을 향상시킬 수 있다.

③ 세탄가

㉠ 세탄가는 연료의 착화성을 나타내는 수치이다.

㉡ 세탄가가 높은 연료를 사용하여야 한다.

㉢ 세탄가가 높은 연료를 사용하여야 연료가 분사되는 즉시 착화되고, 연료가 실린더 내에 축적되지 않는다. 따라서 착화 후 갑자기 연소하여 압력이 증가하는 디젤 노킹현상이 발생하지 않는다.

Tip

- 디젤엔진은 가솔린 엔진과 다르게 가솔린 대신에 경유를 사용한다. 경유는 가솔린에 비해 발화점이 낮기 때문에(경유 : 350~450℃, 가솔린 : 550~650℃) 높은 온도의 공기에 연료를 분사시키는 것만으로 연소가 일어난다. 하지만 가솔린은 발화점이 높기 때문에 점화플러그로 불꽃을 일으켜 주어야 한다.
- 공기의 온도를 높이기 위해서는 엄청난 압력으로 압축을 시켜야 하는데 압축비가 가솔린은 9분의 1, 디젤은 20분의 1로 디젤이 2배 가량 더 고압이다. 이런 고압의 상태와 아울러 경유의 연소시 발생하는 가솔린의 2배에 해당하는 폭발력을 견디기 위해서는 엔진이 상대적으로 무겁고 튼튼해야 하기 때문에 운전할 때 가솔린 승용차보다는 진동이 크게 발생한다.

3) LPG의 특성

① 연료 성분 : 부탄+프로판

② 계절별 혼합비율

㉠ 10~2월 : 부탄(70%)+프로판(30%)

㉡ 3~9월 : 부탄(100%)

③ 연료 특성

㉠ 무색, 무미, 무취, 무독성

㉡ 비중 : 액체상태 : LPG<물, 기체상태 : LPG>공기

㉢ 액화 & 기화 : 기체 250L ↔ 액체 1L(8kg/cm^2 가압)

④ 장단점

㉠ 장점 : 경제성, 연소효율 향상

㉡ 단점 : 연료 취급 난이함, 초기시동 불량 및 타르 퇴적

5. 연소 및 배출가스

1) 가솔린 엔진의 연소과정

① 실린더 내에 공기와 연료의 혼합기를 흡입하여 압축행정에서 온도와 압력을 올림

② 점화플러그에 의하여 점화한 다음 불꽃에 의해 화염전파가 시작된다.

③ 화염면이 거의 균일한 속도로 미연혼합기 부분으로 전파된다(화염속도 : 20~30m/s)

④ 상사점 전 5~30°일 때 상사점 후 5~10°에서 최고압력에 도달한다.

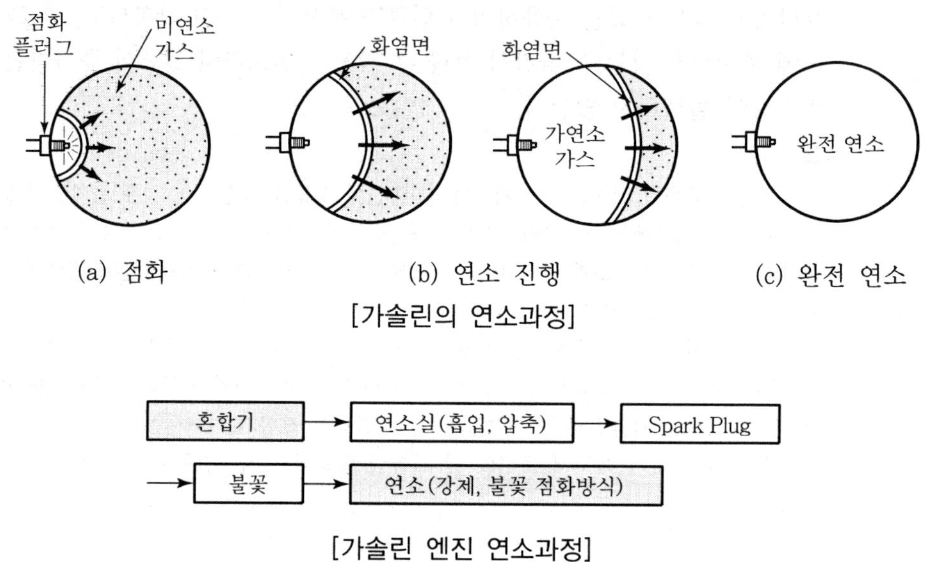

[가솔린의 연소과정]

[가솔린 엔진 연소과정]

▣ 가솔린 엔진의 이상연소

(1) 조기점화(Pre－ignition)

실린더 내의 엔진이 과열되어 점화플러그나 밸브 등이 고온부분이 점화원이 되어 정규 점화시기보다 빨리 발화하여 연소하는 현상으로 엔진 부조와 부품이 소손될 수 있다.

(2) 가솔린 엔진의 노킹(Knocking)

① 화염면이 전파될 때 혼합기의 미연부분이 순간적으로 자기발화를 일으켜 연소하는 현상

② 연소실 내에 큰 압력 불균형을 일으키고 압력파동이 발생하여 연소실 벽면에 충격이 가해짐

③ 실린더 벽을 망치로 두드리는 금속음과 진동이 발생하여 출력저하, 부품손상을 일으킴

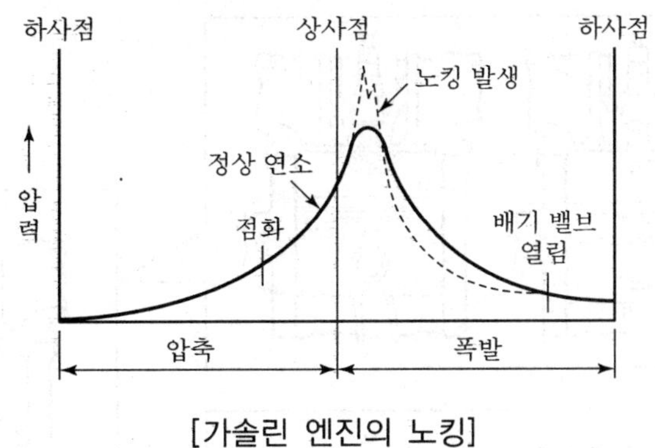

[가솔린 엔진의 노킹]

A) 노크란 무엇인가

① 일반적으로 연소는 약 30m/s 비율로 스파크 플러그로부터 전파된다.

② 어떤 경우에는 공기와 연료의 충전에서 자연발화가 일어날 수 있다. 자연발화 과정의 결과 300m/s 비율로 일어나는 Detonation이 발생한다. 자연발화의 결과 연소실을 통해 두 개 혹은 그 이상의 화염면이 전파된다. 노킹(핑킹)의 특징적인 큰 금속성 소리는 이런 두 화염면이 서로 충돌하면서 발생한다.

B) 노크의 영향

노크는 아주 빠르고 강력한 압력과 온도의 증가를 야기한다. 노크가 단속적으로 발생하면 대개 손상은 주지 않지만 연속적으로 발생하면 엔진에 손상을 입힌다.

C) 노크의 다른 유형

① 자연 발화는 스파크 플러그에서 불꽃을 튀우기 전후에 발생할 수 있다.
(스파크 후의 노크 : 아래 그림 A)

② 화염면이 스파크 플러그로부터 퍼져갈 때 온도와 압력은 증가한다. 이 증가된 온도와 압력으로 인하여 혼합기의 다른 부분에서 자연발화가 일어날 수 있는데 이런 현상은 때때로 '압축노크' 또는 '점화노크'라고 알려져 있다.
(스파크 전의 노크 : 아래 그림 B)

③ 혼합기는 매연 속의 화염입자, 탄소가 퇴적된 개스킷이나 점화플러그와 같은 연소실의 뜨거운 지점에서 점화될 수 있다. 이런 자연적인 노크는 'Glow Knock'라고 한다.

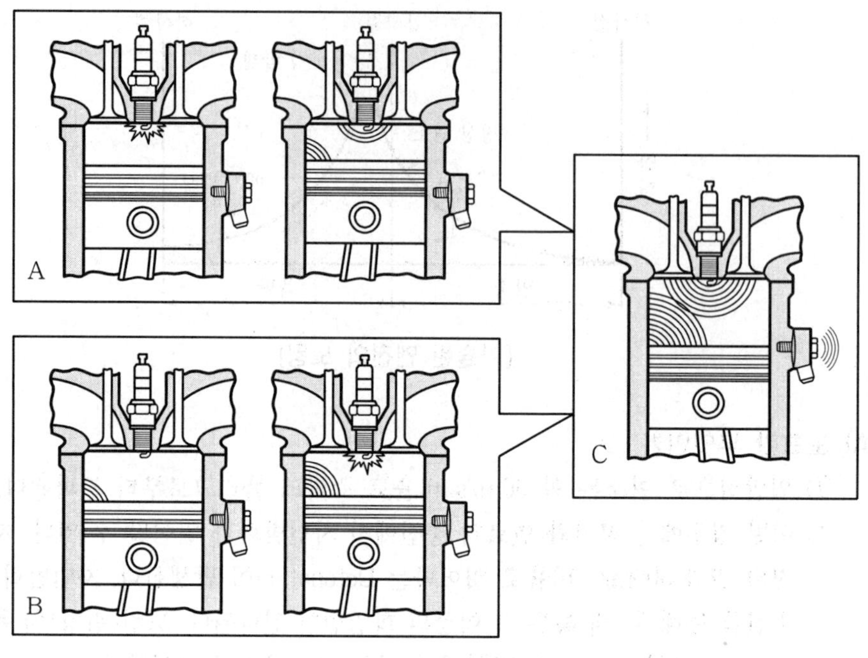

[노크의 발생현상]

2) 디젤 엔진의 연소과정

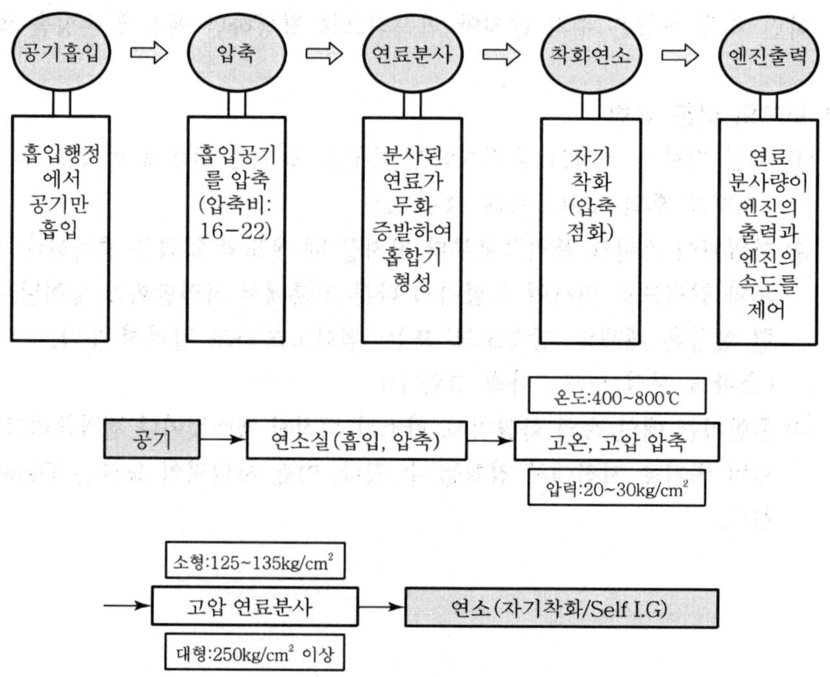

① **디젤 노크**

디젤엔진은 착화지연이 길수록 착화 이전에 분사 증발된 연료량이 증가되어 이와 같은 혼합기가 일시에 연소하여 압력상승이 커지고 엔진은 그 충격력으로 진동과 소음이 발생되는 현상

② **디젤노킹의 방지법**

㉠ 착화성이 좋은 세탄가가 높은 연료를 사용하여 착화지연을 짧게 한다.

㉡ 연료 분사시 입자를 무화시키고 관통력을 크게 하여 연소실 내에 고루 분포시킨다.

㉢ 와류를 형성시켜 연소반응을 빠르게 한다.

㉣ 압축비를 높이고 실린더의 온도, 흡기온도, 압축압력을 높인다.

㉤ 연료 분사시기를 상사점 전후로 하고 엔진 회전속도를 낮춘다.

③ **진동 발생원인**

① 분사시기 및 분사압력이 다름

② 한 개의 분사노즐이 막힘

③ 연료공급 계통에 공기 침입

④ **발열량**

발열량이란 질량 1kg의 고체나 액체 연료 또는 부피 $1m^3$의 기체연료가 완전히 연소했을 때 발생하는 열량을 kcal로 나타낸 것이다. 연료의 성능을 나타내는 가장 중요한 기준이며, 일반적으로 발열량이 클수록 효율이 좋다.

3) 배출가스

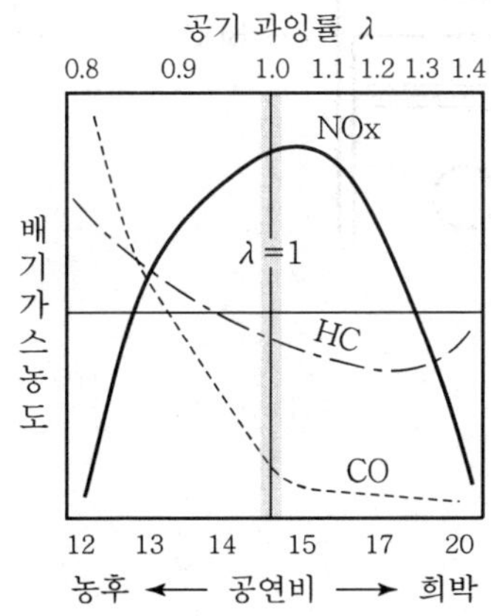

[공연비와 HC, CO, NOx 배출특성]

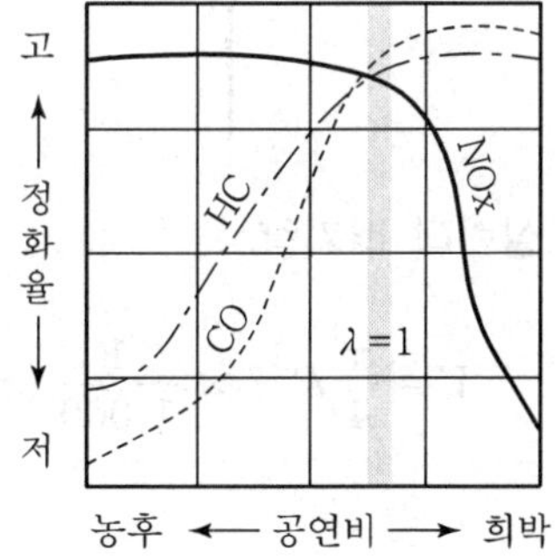

[3원 촉매의 정화율]

① CO(일산화탄소) : 불완전 연소시 발생함(농후한 혼합비). 흡입계통(산소공급)에 이상시 불안연소 현상 발생

② HC(탄화수소) : 미연소가스, 희박, 농후 혼합비에 많이 발생

③ NOx(질소산화물) : 약 2,000℃ 이상인 연소온도에 급증, 농후·희박 혼합비에는 발생이 적음. 최적혼합비에서 가장 많이 발생함

6. 기관의 주요부 설계 및 계산

1) 압축비(Compression ratio)

$$\varepsilon = \frac{V(\text{넓은 체적})}{V_1(\text{좁은 체적})} = \frac{V_1 + V_2}{V_1} = 1 + \frac{V_2}{V_1}$$

$$V_1 = \frac{V_2}{\varepsilon - 1},\quad V_2 = V_1(\varepsilon - 1)$$

여기서, ε : 압축비, V : 실린더 체적($V_1 + V_2$)
V_1 : 연소실 체적, V_2 : 배기량

2) 배기량(Piston displacement)

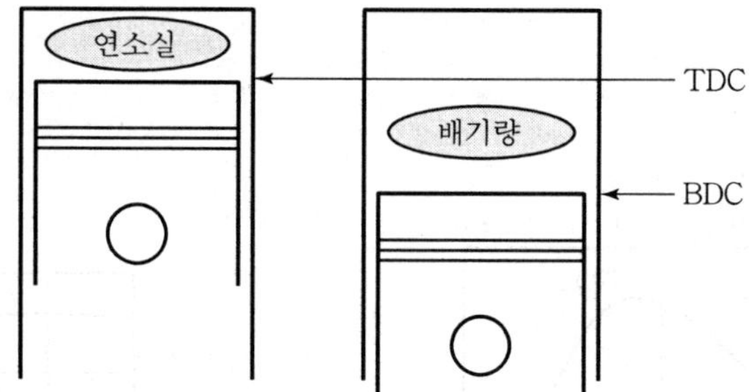

1) 실린더 배기량

$$V = \frac{\pi}{4} D^2 L \times \frac{1}{1,000} \text{(cc)}$$

2) 총 배기량

$$V = \frac{\pi}{4} D^2 L N \times \frac{1}{1,000} \text{(cc)}$$

여기서, $\frac{\pi}{4}D^2$: 실린더 단면적(mm^2), D : 실린더 내경(mm)
L : 행정(mm), N : 실린더 수, R : 엔진 회전수(rpm)
$\frac{1}{1,000}$: mm^3을 cm^3(cc)로 환산하기 위함

3) 피스톤 평균속도

$$S = \frac{2}{60}LN$$

여기서, S : 피스톤 평균 속도(m/s)
L : 피스톤 행정의 길이(m)
N : 매분당 기관의 회전수(rpm)

$$S = 2LN$$

여기서, S : 피스톤 평균 속도(m/s)
L : 행정의 길이(m)
N : 매초당 기관의 회전수(rps)

4) 분사시기와 점화시기(각도)

$$It = \frac{360° \times \mathrm{rpm} \times t}{60} = 6Rt$$

여기서, It : 점화시기(분사시기/각도)
rpm : 기관 회전수
t : 점화(분사) 지연시간(초)

5) 라디에이터 코어 막힘정도(%)

$$\frac{\text{신품 용량} - \text{사용품 용량}}{\text{신품 용량}} \times 100$$

6) 열효율(Thermal efficiency)

$$\eta = \frac{\text{실제로 일로 변한 열에너지}}{\text{기관에 공급된 열에너지}} = \frac{632.3 \times BPS}{B \times C} \times 100(\%)$$

여기서, BPS : 제동마력
B : 매시간당 연료 소비량(kg/h)
C : 연료의 저위 발열량(kcal/kg)
632.3 : 1PS의 시간당 열량(kcal/h)

7) 기계효율(Mechanical efficiency)

$$\eta m = \frac{BPS}{IPS} \times 100(\%)$$

여기서, BPS : 제동마력, IPS : 도시마력(지시마력)

8) 지시열효율(Indicated thermal efficiency)

$$\eta = \frac{IPS}{PPS} \times 100(\%)$$

여기서, PPS : 연료마력

9) 제동열효율(Brake thermal efficiency)

$$\eta_b = \frac{BPS}{PPS} \times 100(\%)$$

10) 내연기관의 사이클과 열효율

① Otto Cycle(오토사이클 = 정적사이클)

$$\eta_o = 1 - \frac{1}{\varepsilon^{k-1}} = 1 - \left(\frac{1}{\varepsilon}\right)^{k-1}$$

여기서, ε : 압축비

$$k = \frac{\text{정압비열}}{\text{정적비열}} = \frac{C_p}{C_v}$$

공기의 비열비는 1.4이다.

㉠ 가열량/압축비가 일정할 경우

η_o(Otto) > η_s(Sabathe) > η_d(Diesel)

㉡ 가열량/최대압력이 일정할 경우

η_d(Diesel) > η_s(Sabathe) > η_o(Otto)

11) 공기과잉률과 공연비

① 공기과잉률(λ)

연소에 필요한 이론적 공기량과 실제로 공급된 공기 중량의 비

$$\frac{\text{실제로 흡입된 공기의 중량}}{\text{완전연소에 필요한 이론공기중량}} \times 100(\%)$$

λ의 역수를 당량비(ϕ)라 한다.

② 공연비

$$\text{공연비} = \frac{\text{공기의 중량}(kg-air)}{\text{연료의 중량}(kg-fuel)}$$

12) 마력(horse power)

$$PS = \frac{\text{일량}}{\text{시간} \times 75} = \frac{\text{힘} \times \text{속도}}{75}$$

불마력(PS) : 75kg · m/s = 735W

영마력(HP) : 76kg · m/s = 746W

$$kW = \frac{\text{일량}}{\text{시간} \times 102} = \frac{\text{힘} \times \text{속도}}{102}$$

Tip

- 1Wh(와트시) : 1V의 전압으로 1A의 전류가 1시간(3,600초) 동안 흐를 때 사용한 전력량
- 1J(줄) : 1W의 전력으로 1초 동안 사용한 전기 에너지량

① 지시마력(IPS)

$$IPS = \frac{P \cdot A \cdot L \cdot N \cdot R}{75 \times 60}$$

여기서, P : 지시 평균 유효 압력(kg/cm²), A : 실린더 면적(cm²)
L : 실린더 행정(m), N : 실린더 수
R : 기관 회전 수(rpm)

※ 4행정 사이클 기관은 $\frac{R}{2}$, 2행정 사이클 기관은 R

② 축마력(BPS) 또는 제동마력, 정미마력

- $BPS = \eta \times IPS$
- $BPS = \frac{2\pi R \cdot T}{75 \times 60} = \frac{R \cdot T}{716}$
- $BPS = IPS - FPS$

여기서, FPS : 마찰마력, T : 회전력
R : 기관 회전수(rpm), $\frac{1}{60}$: rpm을 초당 회전수로 고치기 위함

③ 연료마력(PPS)

$$PPS = \frac{60C \cdot W}{632.3t} = \frac{C \cdot W}{10.5t}$$

여기서, C : 연료의 저위발열량(kcal/kg)
W : 연료의 중량(kg)(ℓ×비중=kg)
t : 측정에 요한 시간(min)

④ SAE 마력 또는 RAC 마력

㉠ 실린더 내경이 mm인 경우

$$PS = \frac{D^2N}{1,613}$$

여기서, D : 실린더 내경(mm), N : 실린더 수

㉡ 실린더 내경이 inch인 경우

$$PS = \frac{D^2N}{2.5}$$

여기서, D : 실린더 내경(inch), N : 실린더 수

Tip

SAE 마력 : 미국자동차공업협회

Society of Automotive Engineers의 엔진 제원에 따른 간단한 마력계산으로 자동차 상용 등록용으로 사용하며 과세마력이라고도 한다.

⑤ 마찰마력(Friction Horse Power)

마찰마력은 기계 손실을 말하고 엔진이 동력을 전달할 때는 동력 전달에서 마찰손실이 크며(10%) 30% 정도가 실제 기계효율이 된다.(나머지 60%는 배기손실과 냉각손실이다.)

$$FPS = IPS - BPS$$

$$FPS = \frac{Fr \times Z \times N \times S}{75} = \frac{F \times S}{75}$$

$$F = Fr \times Z \times N$$

여기서, FPS : 마찰마력, Fr : 링 1개당 마찰력(kg)
Z : 실린더당 링의 수, N : 실린더 수
F : 총 마찰력(kg), S : 피스톤 평균속도(m/s)

13) 일량과 토크

$$W = F \times L[\text{kg}-\text{m}]$$

$$T = F \times r[\text{m}-\text{kg}]$$

여기서, W : 일량[kg-m], F : 작용하는 힘[kg]
L : 움직인 거리[m], T : 토크[m-kg], r : 반지름[m]

14) 연료소비율

① 시간 마력당 연료소비율(SFC ; Specific Fuel Comsumption)

엔진이 일정한 일을 할 때 어느 정도의 연료를 사용하는가를 나타내는 단위

$$\text{SFC} = \frac{\text{시간당 연료소비량}}{\text{PS}}(\text{g/ps}-\text{h})$$

② $km/\ell = \dfrac{\text{주행}(km)}{\text{소비량}(\ell)}$

③ $\ell/km = \dfrac{\text{소비량}(\ell)}{\text{주행}(km)}$

15) 기압

표준대기압(atm)

1atm(기압) = 760mmHg = 1.0332kg/cm^2 = 10.33mAq = 1.01325bar = 101325N/m^2

16) 압력(Pressure)

단위면적당 작용한 힘[kg/cm^2]

1kg/cm^2 = 14.22lb/in^2 = 14.22PSI

1kg/cm^2 = 10,000kg/m^2

17) 온도(Temperature)

① $℃ = \dfrac{5}{9}(°F - 32°)$

$℃ = \dfrac{9}{5}℃ + 32°$

(0℃ = 32°F, 100℃ = 212°F)

② 절대온도(Absolute temperature)

T K = 273 + t℃

T R = 460 + t°F

(0℃ = 273K, 0°F = 460R)

Tip

- C 섭씨(Celsius centigrade)
- F 화씨(Fahrenheit)
- fp 빙점(freezing point)
- bp 비등점(boiling point)

18) 옥탄가(Octane number)

$$\frac{\text{이소옥탄}(C_8H_{18})}{\text{이소옥탄} + \text{노말헵탄}(C_7H_{16})} \times 100(\%)$$

19) 세탄가(Cetane Rate)

연료의 착화성을 나타내는 수치로서 착화성이 좋은 세탄($C_{16}H_{34}$)을 100이라고 하고 착화성이 나쁜 α - 메틸나프탈린($C_{10}H_7 - \alpha - CH_3$)을 0이라 하면 식은 다음과 같다.(고속 디젤기관의 세탄가 45~55)

$$\frac{\text{세탄}(C_{16}H_{34})}{\text{세탄} + \alpha \sim \text{메틸나프탈린}} \times 100(\%)$$

20) 분사량 불균율 및 불균치

① 불균치(불균값)

최대 분사량 - 평균 분사량 또는 평균 분사량 - 최소 분사량

Tip

불균율

- 전부하 시는 평균값의 3~4% 이내
- 무부하 시는 평균값의 10~15% 이내

② 평균 분사량

$$\text{평균 분사량} = \frac{\text{각노즐의 분사량합계}}{\text{노즐수}}$$

$$(+)\text{불균율} = \frac{\text{최대분사량} - \text{평균분사량}}{\text{평균분사량}} \times 100(\%)$$

$$(-)\text{불균율} = \frac{\text{평균분사량} - \text{최소분사량}}{\text{평균분사량}} \times 100(\%)$$

$$\text{불균율} = \frac{\text{최대분사량} - \text{최소분사량}}{\text{평균분사량}} \times 100(\%)$$

21) 실린더 보링 수치(over size)

측정 최대값 + 0.2 = D

측정 최대값＝표준 안지름＋최대 마멸량

D값보다 크면서 가장 가까운 수정 기준값이 보링치수가 된다.
오버사이즈에는 다음의 치수가 있다.

[SAE 규정]
0.25mm / 0.50mm / 0.75mm / 1.00mm / 1.25mm / 1.50mm

실린더 내경	수정 한계값	오버사이즈 한계
70mm 이상	0.20mm	1.5mm
70mm 이하	0.15mm	1.25mm

22) 베어링 저널의 수정(Under size)

저널의 표준값－(최소 측정값－0.2)＝D

D값보다 크면서 가장 가까운 수정 기준값을 구하면 된다.
[수정 기준값]
0.25mm / 0.50mm / 0.75mm / 1.00mm / 1.25mm / 1.50mm

저널 직경	언더사이즈 한계값
50mm 이하	1.0mm
50mm 이상	1.5mm

2 기관 본체

1. 기관 헤드와 실린더 블록 및 밸브기구

1) 실린더 헤드

① 연소실의 일부를 형성하므로 열 변형에 강해야 한다.

② 헤드 개스킷으로 기밀을 유지하고 있으며 냉각용 워터 재킷이 있다.

2) 실린더 블록

엔진의 가장 기초가 되는 부분으로 특수 주철이나 알루미늄으로 되어 있으며 기계적으로 가장 높은 강성이 요구된다.

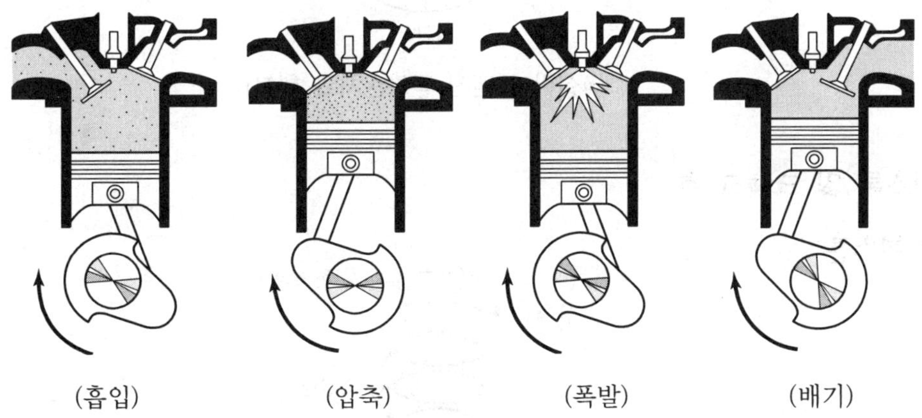

[4행정 과정]

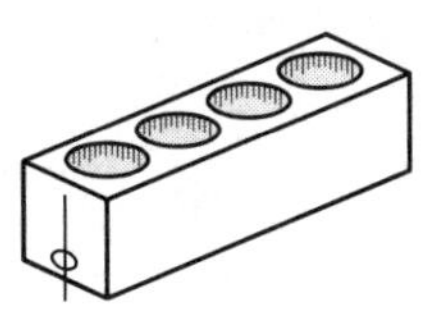
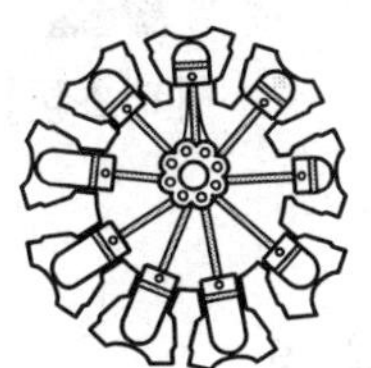
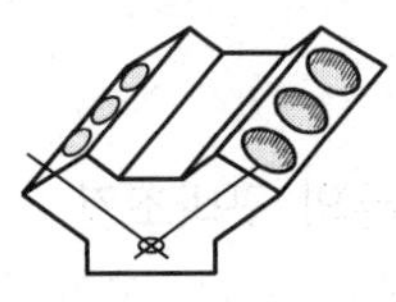

[실린더 배열에 따른 분류]

① 직렬형 기관 : 실린더를 동일 크랭크 축에 대하여 직선적으로 배열한 형식
② 성형 기관 : 1개의 크랭크 축을 중심으로 실린더를 별 모양으로, 즉 방사상으로 배열한 형식
③ V형 기관 : 대부분 6기통기관에서 주로 사용하며 실린더 배열을 V형으로 한 것

3) 밸브 및 캠축 구동장치

밸브기구에는 밸브, 캠축, 타이밍 벨트 등으로 구성되어 있으며 밸브 가이드 시일과 타이밍 벨트는 고무제품이기 때문에 늘 정비 대상이 되고 있다.

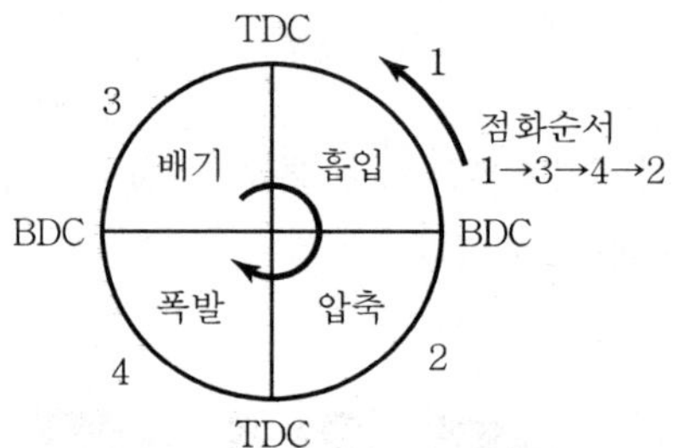

[4실린더 엔진 점화순서와 행정]

2. 피스톤 및 크랭크 축

1) 피스톤

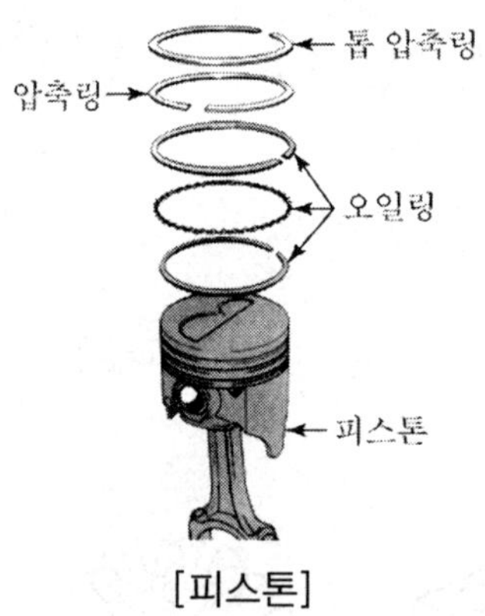

[피스톤]

① 피스톤의 구비조건
㉠ 경량, 고온, 고압에 견딜 것
㉡ 열전도 우수, 열팽창이 적을 것
② 피스톤의 재질
특수주철, 알루미늄 합금(구리계 Y합금, 규소계 로엑스)

③ 피스톤링의 3대 작용

㉠ 기밀유지 작용(실린더 내의 가스누출 방지, 밀봉작용)

㉡ 오일제어 작용(실린더 벽에 뿌려진 오일 긁어내리기)

㉢ 열전도 작용(냉각작용)

2) 크랭크 축

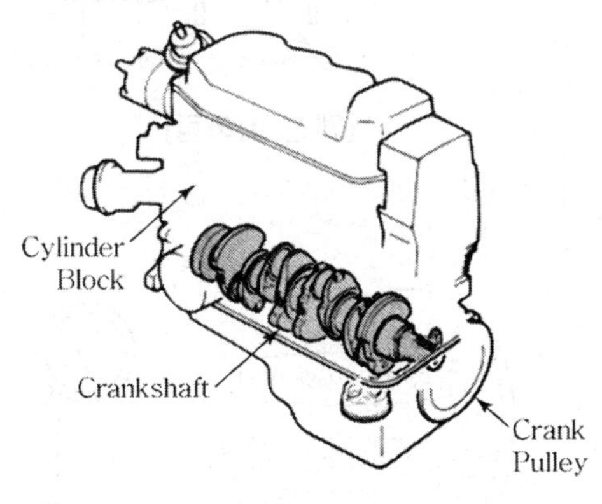

[크랭크 축]

크랭크 샤프트의 회전력을 균일하게 하여 휠에 연결시켜 회전시키고 엔진 시동시, 기동모터(Starter Motor)의 기동력으로 크랭크샤프트를 돌려 피스톤이 왕복운동을 하게 하는데 이용된다.

① 플라이 휠

주철제로 만들어 크랭크 축 뒤쪽의 플랜지에 고정되어 있다. 크랭크 축은 폭발행정에서만 큰 회전력을 얻을 뿐 그 밖의 행정에서는 회전관성을 이용하여 회전속도의 변동을 적게 하고 원활한 회전을 하고 있다.

따라서 플라이 휠은 관성을 크게 하고 또 중량은 가볍게 하기 위해 중심부분은 얇게 하고 주위는 두껍게 한 원판으로 하고 있다.

플라이 휠의 뒷면은 클러치의 마찰면으로 이용하며, 바깥 둘레에는 엔진을 시동할 때 스타트 모터(시동기)의 피니언 기어와 맞물려 돌아가도록 기어가 열박음으로 압입되어 있다. 자동변속기인 경우에는 토크 컨버터가 플라이 휠과 동일한 역할을 한다.

② 엔진 베어링

㉠ 베빗 메탈 : 주석, 안티몬, 구리가 주성분이며 매입성, 길들임성이 켈밋보다 우수하고 피로강도는 떨어진다.

㉡ 켈밋 메탈 : 구리, 납이 주성분이며 매입성, 길들임성이 베빗보다 못하고 피로강도는 우수하다.

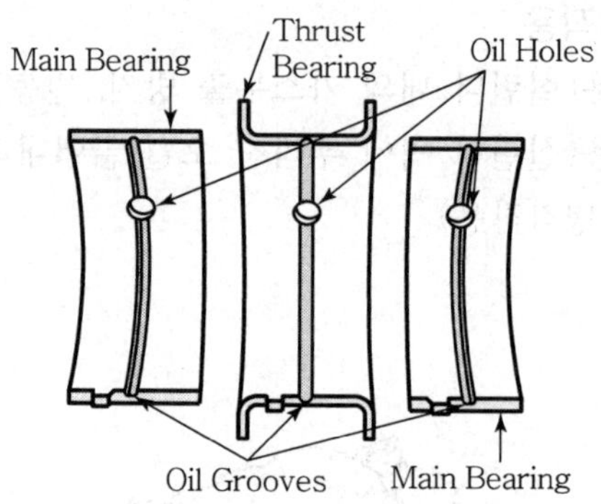

[엔진 베어링]

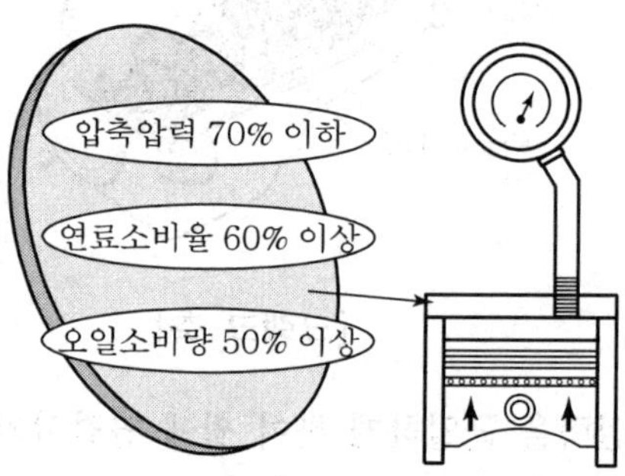

[엔진 분해 수리의 기준]

3 윤활장치 및 냉각장치

Section

1. 윤활장치

1) 윤활유의 구비조건

① 응고점이 낮고 강인한 유막을 형성하여야 한다.
② 비중이 적당할 것
③ 인화점 및 발화점이 높을 것
④ 점성과 온도와의 관계가 양호할 것
⑤ 카본의 생성이 적을 것

2) 윤활유의 기능

① 윤활작용, 냉각작용, 밀봉작용, 방청작용, 세척 분산작용, 녹・부식 방지작용
② 윤활유가 응력을 집중시킨다면 어느 한 곳의 마찰이 더 심해질 것이다.

3) 여과방식

① 분류식 : 펌프로부터 나오는 일부 오일을 직접 윤활부로, 나머지는 여과기로 가는 방식
② 전류식 : 윤활유가 모두 여과기를 통과하는 방식
③ 복합식 : 오일 펌프에서 나온 일부 오일을 여과하는 방식(샨트식)

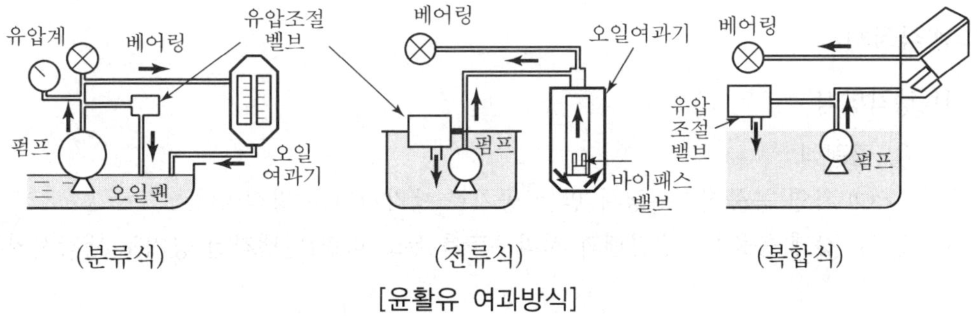

(분류식) (전류식) (복합식)
[윤활유 여과방식]

◇ 유압 밸브 태핏(리프터)

윤활장치에서 공급되는 유압을 이용하여 항상 일정한 밸브 간극을 0으로 유지하며 밸브 간극의 점검이나 조정을 하지 않아도 된다.

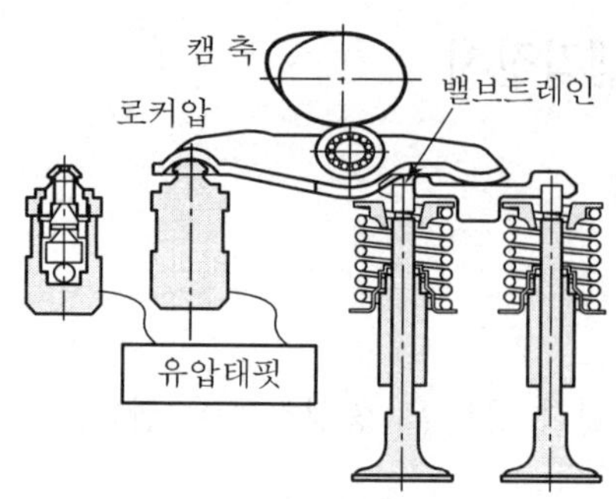

[유압 밸브 태핏]

크랭크 축 오일간극을 측정할 때에는 베어링에 플라스틱 게이지를 잘라 놓고 토크 렌치로 베어링 적정 토크로 조인 후 다시 풀어 플라스틱이 늘어난 것을 확인한다.

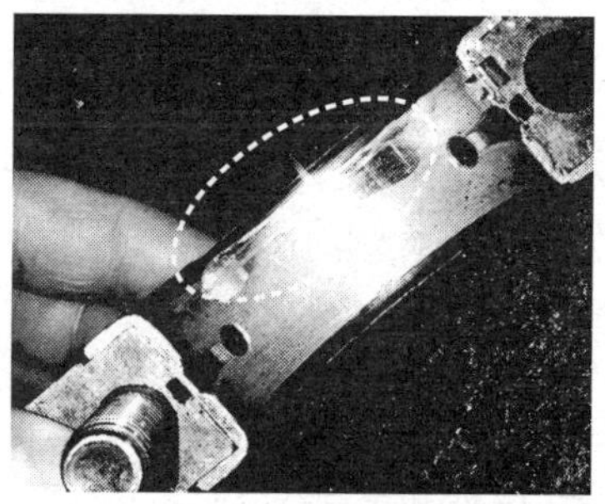

[플라스틱 게이지]

2. 냉각장치

1) 냉각방식

① 공랭식

㉠ 자연 통풍식 : 주행시 받는 공기로 냉각시키는 방식이다.

㉡ 강제 통풍식 : 냉각팬과 시라우드를 두고 다량의 냉각된 공기로 냉각시키는 방식

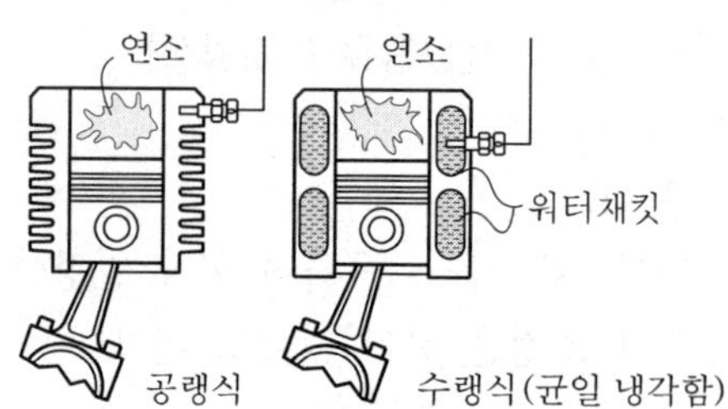

[냉각방식의 종류]

② 수랭식

㉠ 자연순환식 : 물의 대류작용을 이용하여 냉각시키는 방식이다.

㉡ 강제순환식 : 냉각수를 물 펌프로 순환시키는 방식이다.

㉢ 압력순환식 : 냉각계통을 밀폐시키고 냉각수가 가열팽창 시의 압력으로 냉각수를 가압하여 비등점을 높여 비등의 손실을 줄이는 방식이다.

㉣ 밀봉압력식 : 라디에이터 캡을 밀봉하고 냉각수의 팽창과 동일한 크기의 보조 물 탱크를 두고 냉각수가 팽창할 때 외부로 유출되지 않도록 한 방식이다.

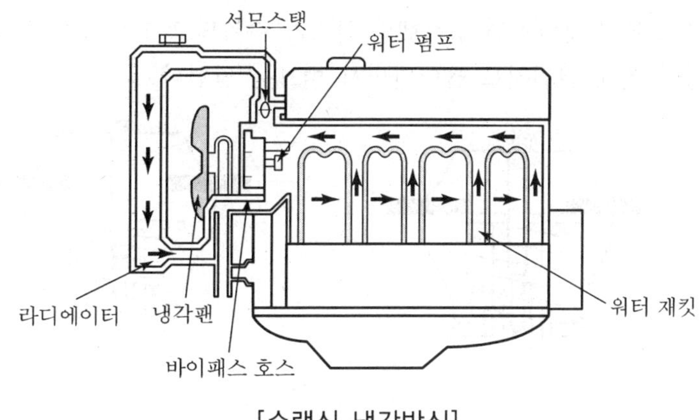

[수랭식 냉각방식]

2) 부동액

① 부동액의 종류

에틸렌글리콜, 메탄올, 글리세린 등

[부동액]

② 에틸렌 글리콜의 특징

㉠ 무취의 불연성 액체로 비등점이 높고(197.2℃) 응고점이 낮다.(－50℃)

㉡ 물에 잘 용해되는 성질이 있으며 금속을 부식한다.
㉢ 불에 타지 않는다.(불연성)

3) 수온 조절기(Thermostat)

① 펠릿형 서모스탯의 작동은 수온이 규정온도(약 80℃)까지 높아지면 펠릿 안의 왁스가 팽창하여 고무부분을 압축함으로써 그 중심부에 있는 스핀들을 밀어올리려고 하나 스핀들은 케이스에 고정되어 있으므로 펠릿이 밑으로 내려가서 밸브가 열린다.
② 반대로 수온이 낮아지면 팽창했던 왁스가 수축되고 고무의 압축이 제거되어 펠릿은 스프링에 의해 원위치로 돌아가면서 밸브는 닫힌다.

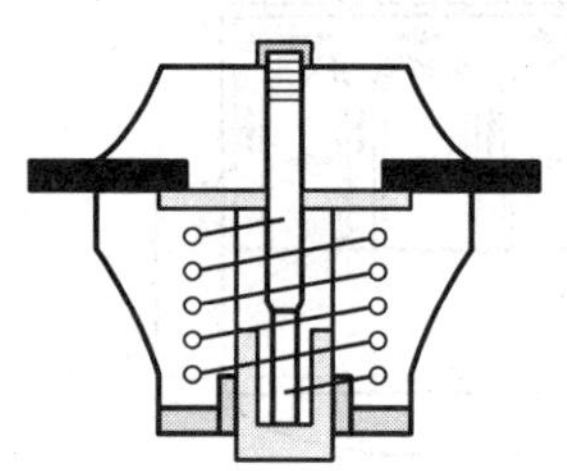
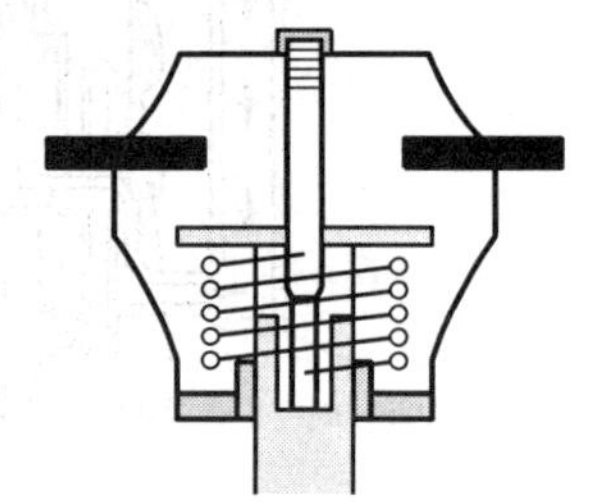

③ 수온조절기가 열린 채로 고장이 나면 냉각수는 계속 순환되기 때문에 과열의 원인은 되지 않는다. 닫힌 채로 고장이 나면 과열의 원인이 된다.

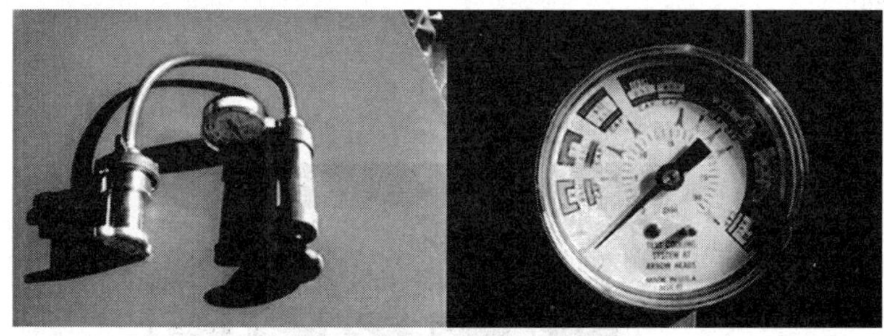

[라디에이터 캡 시험기]

④ 라디에이터 캡 시험기는 라디에이터 코어 손상으로 인한 누수 여부, 냉각수 호스 및 파이프와 연결부에서의 누수 여부, 라디에이터 캡의 불량 여부를 판단할 수 있다.

4 연료장치

1. 가솔린 연료장치

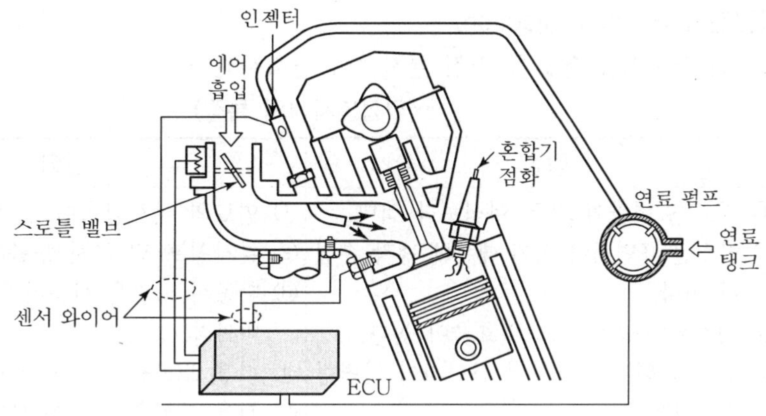

주요구성품

연료펌프(체크밸브, 릴리프 밸브)연료 필터, 연료레일, 압력조절기, 인젝터

2. 디젤 연료장치

1) 직렬형 분사펌프식 연료시스템의 구조

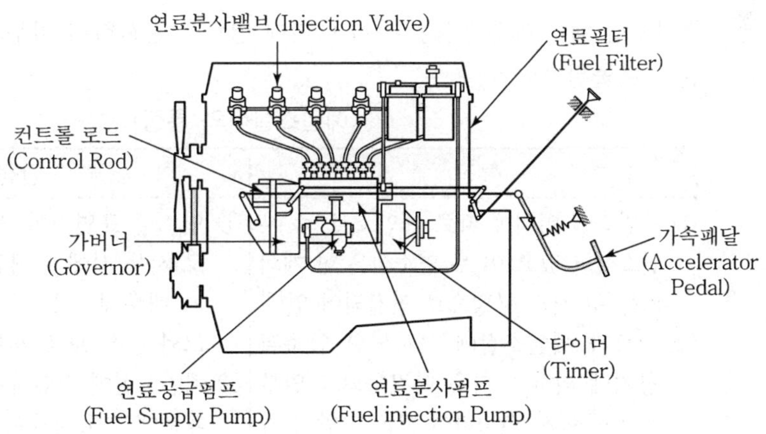

[직렬형 분사펌프식 연료시스템의 구조]

2) 디젤엔진 연소실 종류

디젤엔진은 공기만을 흡입한 상태에서 연료를 분사하여 점화 연소시키므로 공기와 연료의 혼합이 잘되어야 한다. 양호한 혼합기를 얻기 위해서 공기와 연료가 잘 섞일 수 있는 연소실의 구조가 필요하다.

① 직접분사식(Direct Injection)

하나의 연소실에 연료를 직접 분사하여 연소시킨다.

〈직접분사식의 특징〉

장점	단점
① 연료 소비량이 다른 형식보다 적다. ② 연소실 표면적이 작기 때문에 냉각 손실이 적다. ③ 연소실이 간단하고 열효율이 높다. ④ 실린더 헤드의 구조가 간단하여 열변형이 적다. ⑤ 시동이 쉽게 이루어지기 때문에 예열 플러그가 필요 없다.	① 연료의 분사압력이 높아야 한다. ② 분사펌프 및 분사 노즐의 수명이 짧다. ③ 다공식 노즐을 사용하기 때문에 가격이 비싸다. ④ 디젤 노크를 일으키기 쉽다. ⑤ 사용 연료의 변화에 대하여 민감하다. ⑥ 회전속도와 부하 등의 변화에 대하여 민감하다.

② 간접분사식(Indirection Injection)

엔진이 소형화, 고속화하면 주연소실과는 별도로 부실을 만들어 공기의 유동을 강하게 하여 연소를 촉진한다.

㉠ 예연소실식(Precombustion Chamber Type)

주연소실 위에 예연소실을 두어 여기에 연료를 분사하여 일부가 연소하여 주연소실로 분출된다.

〈예연소실식의 특징〉

특징	단점
① 주연소실 이외에 따로 예연소실, 즉 부연소실이 있고 이 두 연소실은 한 개의 또는 수 개의 구멍으로 연결되어 있다. ② 연료가 예연소실에 분사되면 압축된 공기에 의하여 더욱 미립화되고 일부는 이곳에서 연소하여 고온 고압이 가스가 되고 나머지는 미연소연료와 더불어 주연소실에 분출되어 공기와 잘 혼합되면서 완전히 연소되도록 한다.	① 연소실 표면적이 커서 열손실이 크므로 시동 시에는 예연소실의 온도가 낮기 때문에 시동이 곤란하여 예열플러그와 같은 보조 시동장치가 필요하다. ② 예연소실에 출입하는 가스의 교축손실 때문에 연료비율이 다소 높은 결점이 있다.

㉡ 와류실식(Turbulence Chamber Type)

주연소실 옆에 와류실을 두어 여기서 압축 시에 강력한 와류를 형성시켜 연소를 촉진한다.

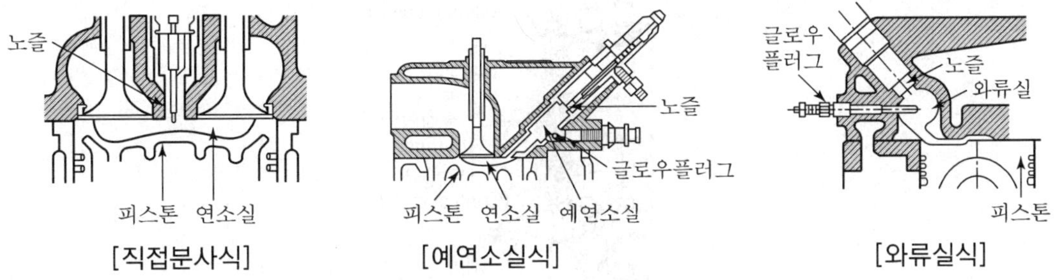

[직접분사식] [예연소실식] [와류실식]

3) 연료 분사 조건

연료가 실린더 내에서 완전하게 연소되기 위해서는 연료입자가 미세하게 무화되고 연료와 공기가 잘 혼합되어 연료가 연소실 구석구석까지 잘 퍼져야 한다.

① 무화

연료입자가 안개처럼 미세하게 되는 것으로 연료가 미세화될수록 공기와의 접촉면적이 커져서 빨리 증발되고 연소기간이 짧아진다.

② 관통력

연료입자가 실린더 내의 구석까지 도달하는 것을 말하며, 연료입자의 지름이 크면 관통력은 양호하나 연소시간이 길어진다.

③ 분포

연료가 실린더 내에서 공기와 균일하게 혼합되는 것을 말하며 분포가 균일하게 되기 위해서는 실린더 내에 강한 와류를 형성시켜야 한다.

4) 연료펌프

① 직렬형(열형) 연료분사펌프(In-line Injection Pump)

각 실린더마다 플런저형의 펌프를 설치하여 연료를 압송한다.

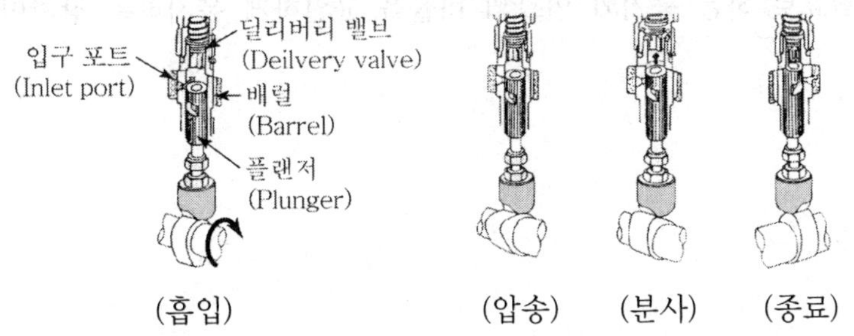

(흡입) (압송) (분사) (종료)

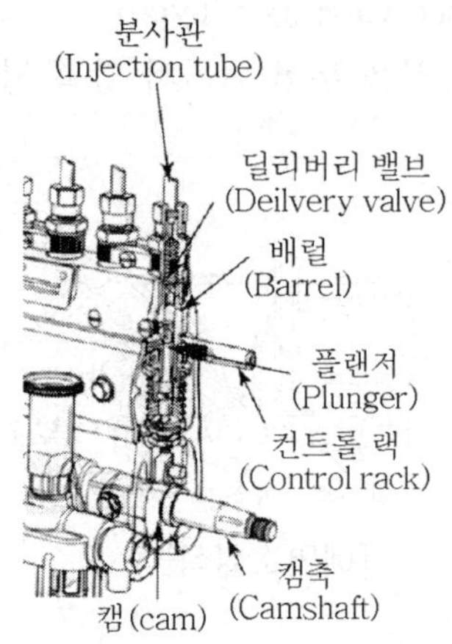

[직렬형 분사펌프]

② 분배형 연료분사 펌프(Distributor Pump)

하나의 펌프로 연료의 압력을 높여 각 실린더에 분배하는 구조. 직렬형에 비해 소형이고 가격도 염가이며, 승용차용 디젤 엔진에 많이 사용되고 있다.

③ 주요 부품의 기능

㉠ 조속기 : 조속기는 엔진의 회전속도나 부하 변동에 따라 자동적으로 제어 랙을 움직여 연료분사량을 가감하여 운전이 안정되도록 한다.

㉡ 타이머 : 연료의 분사시기를 자동적으로 조절하는 역할을 한다.

㉢ 플런저 : 캠 돌출부에 의해 상하운동을 한다.

㉣ 딜리버리 밸브 : 딜리버리 밸브 홀더에 설치되어 연료의 역류와 노즐의 후적을 방지한다.

5) 분사 노즐의 구조와 작동

앵글라이히 장치는 디젤엔진의 제어 래크가 동일한 위치에 있어도 일정 속도 범위에서 기관에 필요로 하는 공기와 연료의 비율을 균일하게 유지하는 장치이다.

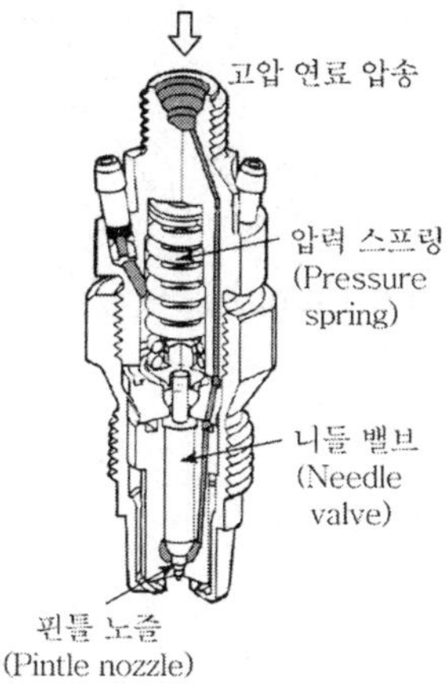

압력 스프링에 의해 노즐 밸브는 닫힌 채로 고정됨

⇩

분사관을 통해 높은 압력 연료가 노즐에 가해짐

⇩

고압 연료가 스프링의 힘을 이기고 노즐밸브를 밀어올림

⇩

연료가 미세한 안개 모양으로 연소실에 분사됨

⇩

분사 직후 순간적으로 압력이 하강함

⇩

스프링은 밸브를 다시 원위치시키고 연료 분사는 정지함

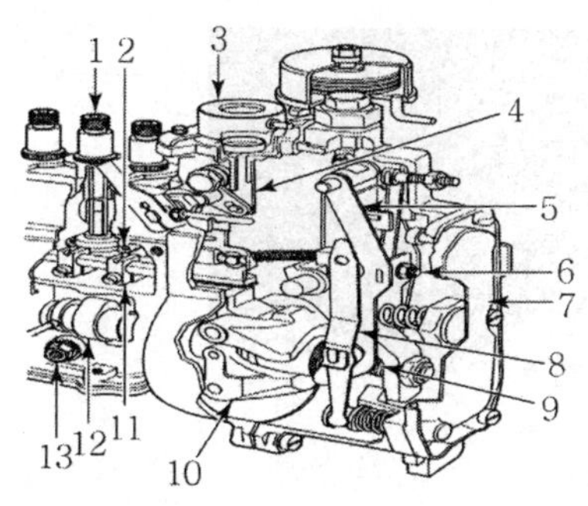

1. 딜리버리밸브홀더
2. 제어슬리브레버
3. 진공 스톱유닛
4. 스톱레버
5. 가이드레버
6. 아이들 보조 스크류
7. 가버너
8. 힌지레버
9. 앵글라이히 장치
10. 플라이웨스트
11. 클램핑 피스
12. 플랜지 구동캠
13. 연료라인 커넥터

[앵글라이히 장치]

6) 디젤 2행정 기관의 소기방법

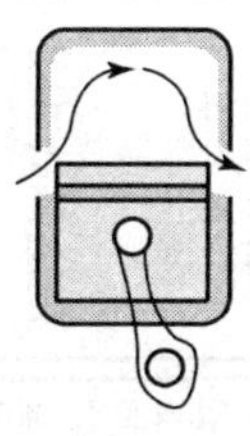

(a) 횡단소기식

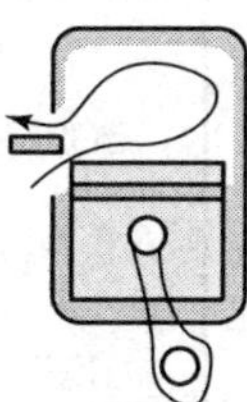

(b) 루프소기식

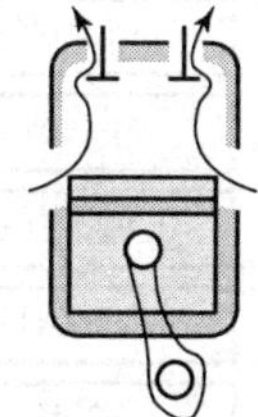

(c) 유니폴로(단류)소기식

[디젤 2행정 사이클기관의 소기방법]

7) 커먼레일 디젤엔진(CRDI)

① 주요 효과

㉠ 엔진출력 증가

㉡ 연료소비율 저감
㉢ 소음과 진동의 저감
㉣ 배출가스의 저감

② 주요 구성요소

㉠ 고압펌프(Quantity-controlled High-pressure Pump)
㉡ 커먼레일(Common rail)
㉢ 압력조정밸브(Pressure-control Valve)
㉣ 압력센서(Pressure Sensor)
㉤ 인젝터(Injectors)
㉥ 전자제어유닛(ECU)
㉦ 기타 센서와 액추에이터(Further Sensors and Actuators)

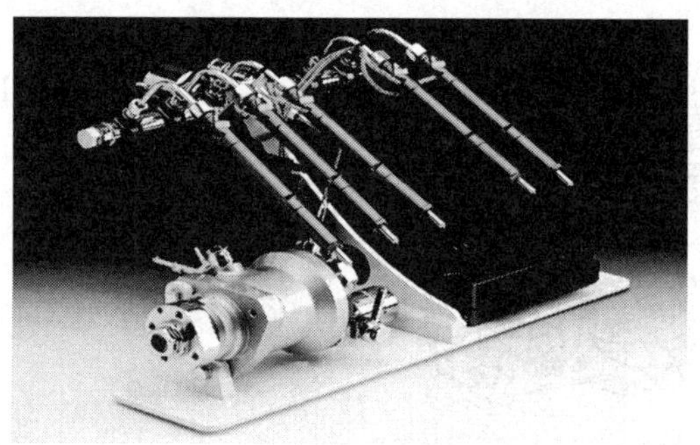

[CRDI 주요 구성품]

③ 엔진 제어 시스템

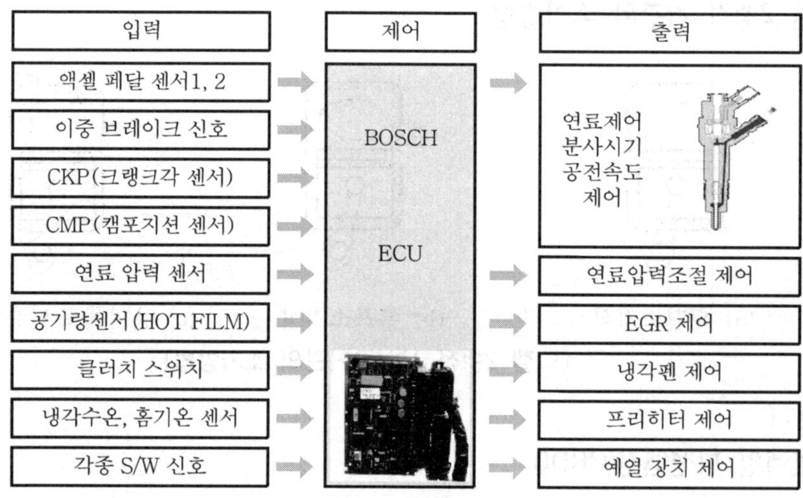

④ 연료 분사 패턴

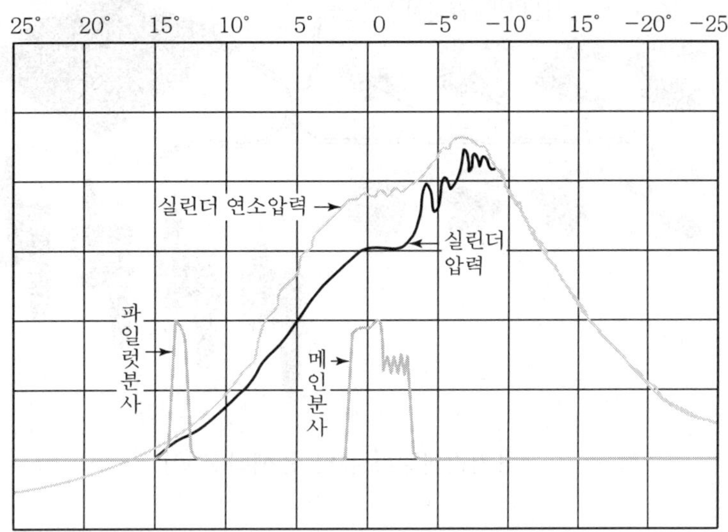

[분사비교(파일럿 분사)]

㉠ 파일럿 분사(예비 분사)

연료의 메인 분사에 앞서서 행하여지는 파일럿 분사는 연료 분사량이 소정의 상한치와 하한치를 넘는 경우에는 미리 정해진 단수로 파일럿 다단 분사를 하는 것이 특징이다.

㉡ 유닛 인젝터

유닛 인젝터는 펌프, 인젝터, 분사밸브를 일체로 하여 실린더 헤드에 설치되어 있으며, 공급펌프에 의해 인젝터까지 압송된 연료는 로커 암이 펌프를 누를 때 연료를 분사한다. 1개의 연료공급 파이프에 각 실린더로 공급하는 분배 파이프가 연결되어 있으며, 인젝터에 분사 펌프가 일체로 설치되어 있으므로 고압 파이프는 필요치 않다. 캠으로 플런저를 밀어 연료를 송출하는 캠 구동식과 한번 압력을 높인 연료를 배관의 일부(Common Rail)에 저축하여 두고 증압 피스톤으로 다시 압력을 높여 분사하는 커먼 레일식이 있다.

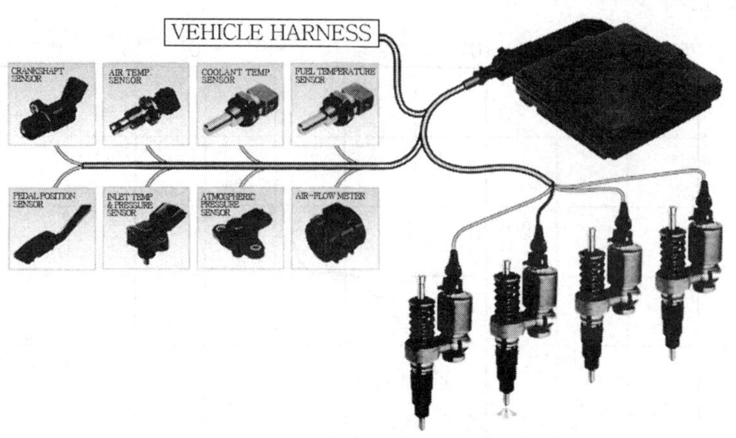

[커먼레일식 유닛 인젝터(EUI)]

3. LPG 연료장치

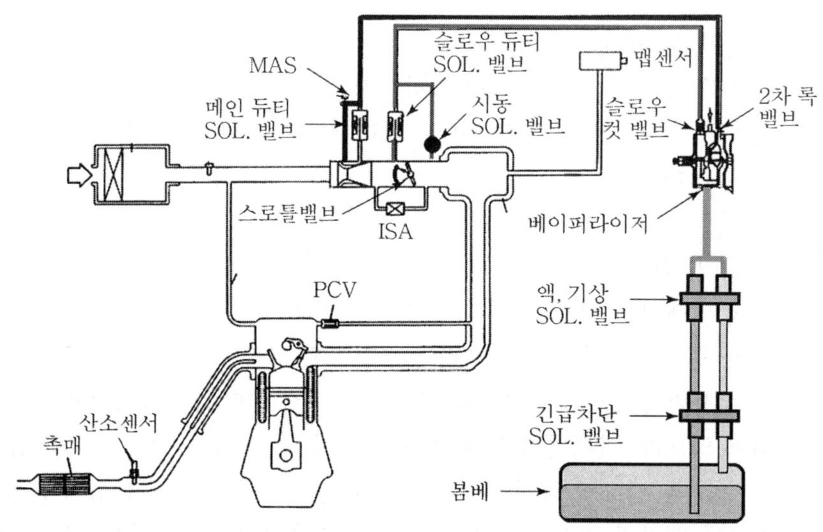

[LPG 시스템의 개요도]

1) 베이퍼라이저

① 베이퍼라이저는 액체 LPG를 감압하여 기체 LPG로 전환시킨다.

② 베이퍼라이저는 가솔린 엔진의 기화기에 해당하며 액체 LPG를 감압시켜 기체 LPG로 변환한다. 또한 압력을 일정하게 유지하여 엔진의 부하증감에 따라 기화량을 조절

한다. LPG 봄베에 포화되어 있는 기체 LPG만을 사용하면 혹한 시의 시동성은 향상시킬 수 있으나 고속 시에는 엔진에서 필요로 하는 LPG량이 부족하기 때문에 베이퍼라이저를 설치하여 액체 LPG를 강제적으로 증발시켜 엔진에서 필요로 하는 기체 LPG를 공급한다.

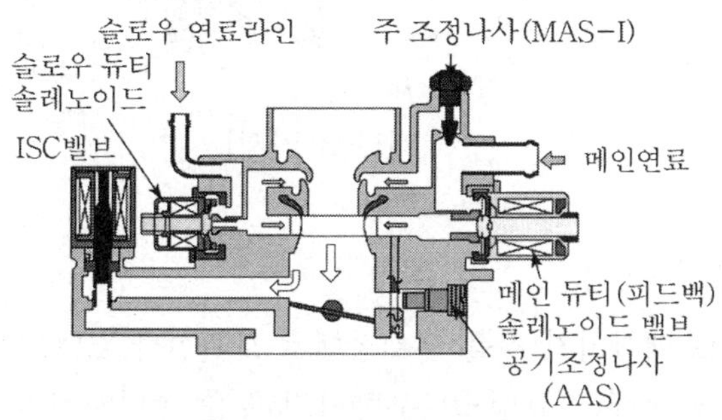

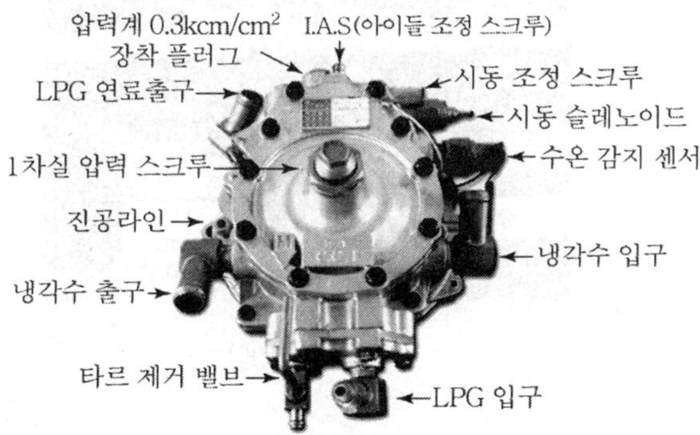

[베이퍼 라이저]

2) LPG 믹서

베이퍼라이저에서 기화된 가스와 에어클리너를 통과한 공기를 혼합하여 연소실에 공급한다.

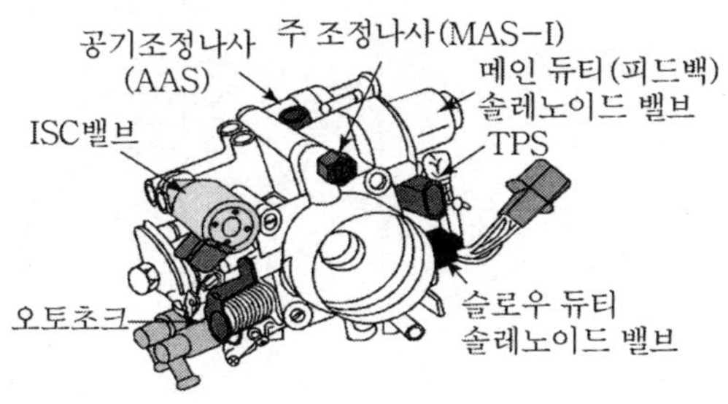

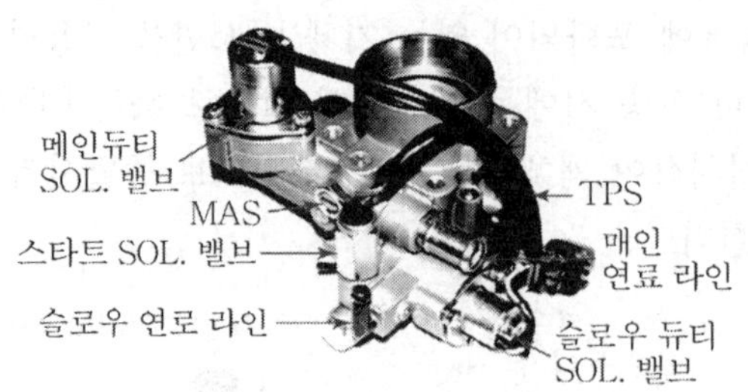

[LPG 믹서]

3) LPG 봄베

LPG를 고압으로 액화시킨 것을 액체상태로 보관한다. LPG가 기화되면 더 많은 체적이 필요하기 때문에 봄베(연료탱크) 용량의 85%를 충만시킨다.

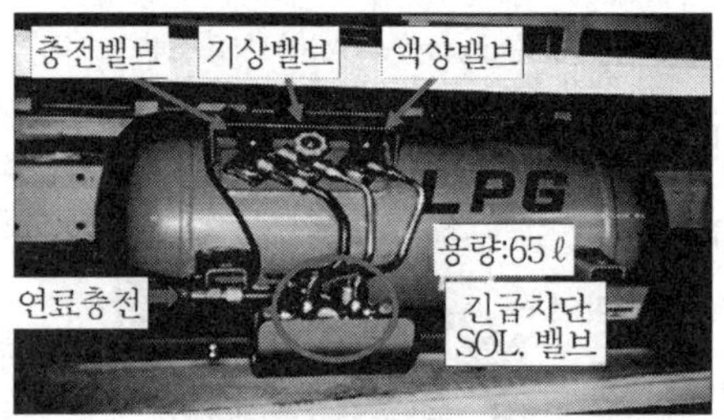

[LPG 봄베]

5 흡배기 장치

Section

1. 흡기 및 배기 장치

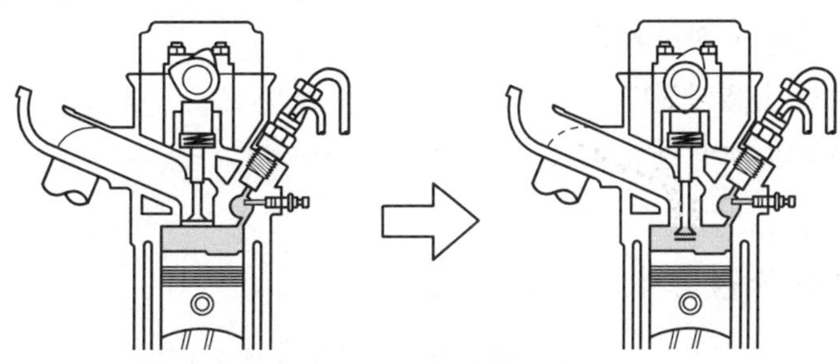

[디젤기관의 감압장치]

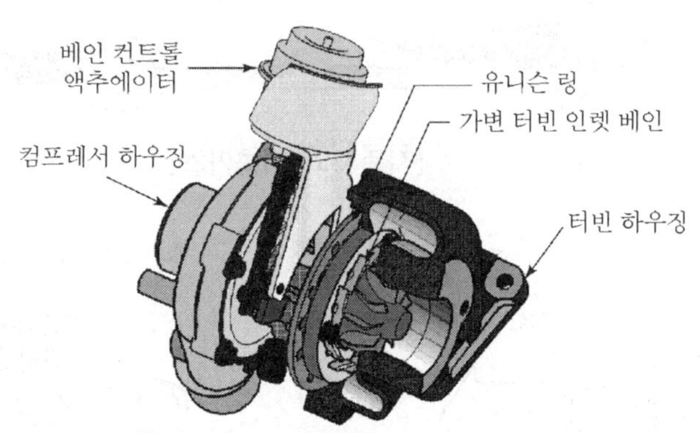

[가변용량제어 터보차저(VGT)]

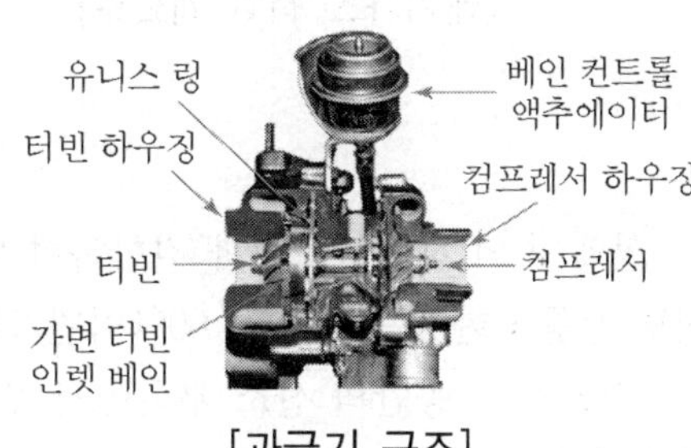

[과급기 구조]

1) 과급기의 사용 목적

① 충전효율(흡입, 체적 효율)이 증대된다.
② 동일 배기량에서 엔진 출력이 증대된다.
③ 엔진의 회전력이 증대된다.
④ 연료소비율이 향상된다.
⑤ 착화지연이 짧아진다.
⑥ 평균유효압력이 향상된다.

2. 유해 배출가스 저감장치

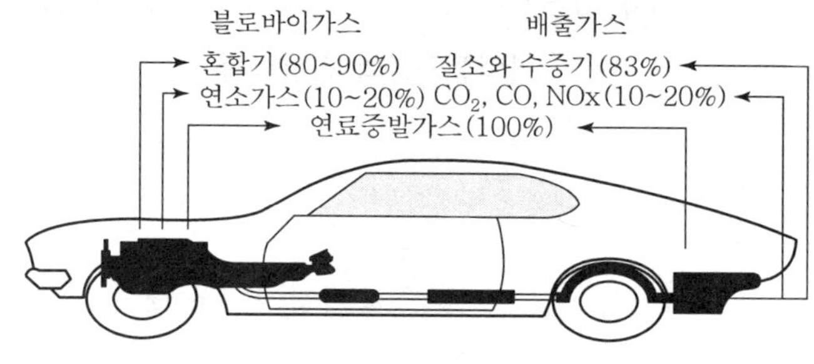

[자동차와 배출가스]

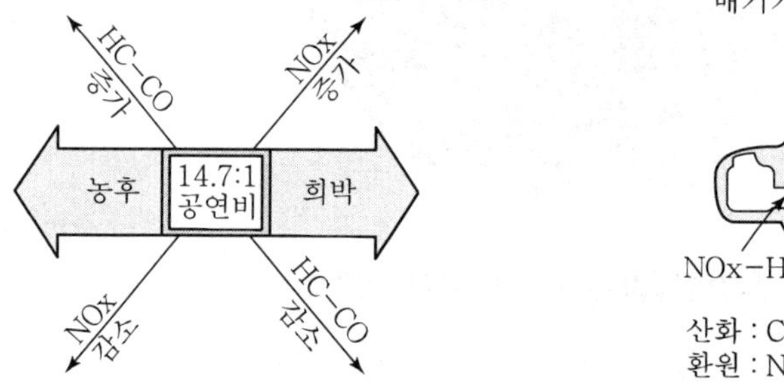

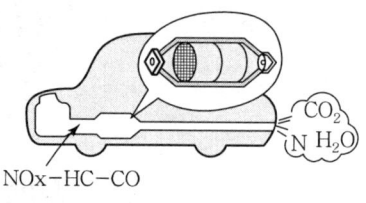

[배기가스 정화 개요도]

1) 주요 유해 가스

① 일산화탄소(CO) : 혈액 속의 헤모글로빈과 결합하여 일산화탄소 헤모글로빈이 되는데, 농도가 20%이면 두통 · 현기증이 나고, 60%이면 의식을 상실하게 되는데, 방치하면 사망한다. CO는 연소하는 동안의 산소 부족에서 생기므로, 혼합기를 가솔린 기관의 이론공연비(혼합기가 완전연소하는 공기와 가솔린의 비율)인 14.8% 이상으로 묽게 하면 발생하지 않는다.

② 탄화수소(HC) : 농도가 높으면 점막을 자극하고 조직을 파괴하며, 질소산화물과 반응해서 광화학스모그의 원인이 된다. HC는 가솔린의 주성분이 불완전연소하여 그대로 배출되는 것이다. 혼합기가 이론공연비 전후에서는 HC의 발생이 가장 적으나, 이론공연비를 넘어서 묽어지면 불꽃의 전파가 중단되어 불완전연소를 일으켜 HC는 증가된다.

③ 질소산화물(NO, NO_2) : 산소결핍증·중추신경기능의 감퇴를 일으킴과 동시에, 광화학스모그의 원인이 된다. NO_x는 공기 중의 산소와 질소가 고온에서 반응하여 생성되는 것이므로 이론공연비 전후에서 최대가 된다.

2) 블로바이가스

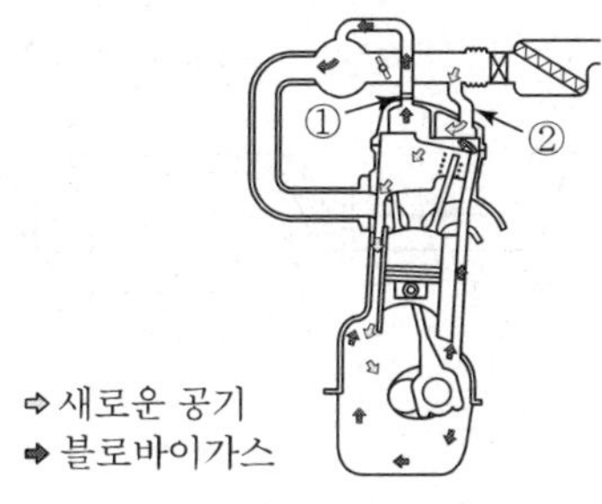

[블로바이가스 개요도]

3) 증발가스

① 연료탱크에서 대기로 빠져나가는 증발가스를 막기 위해 필요에 따라 흡기관으로 보내 연소시키는 장치가 증발가스 제어장치이다.

② 차콜캐니스터 내부에는 콩알만한 크기의 활성탄이 있는데 이 물질은 흑색카본(탄소)으로 연료증기를 저장했다가 방출하는 특성을 가지고 있다.

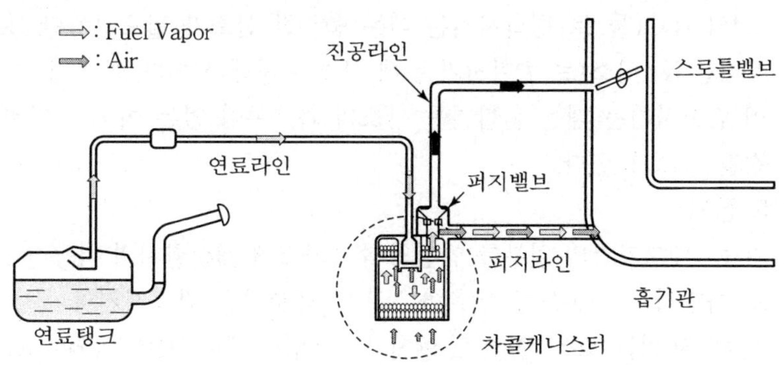

[증발가스 제어장치 개요도]

4) 배기가스

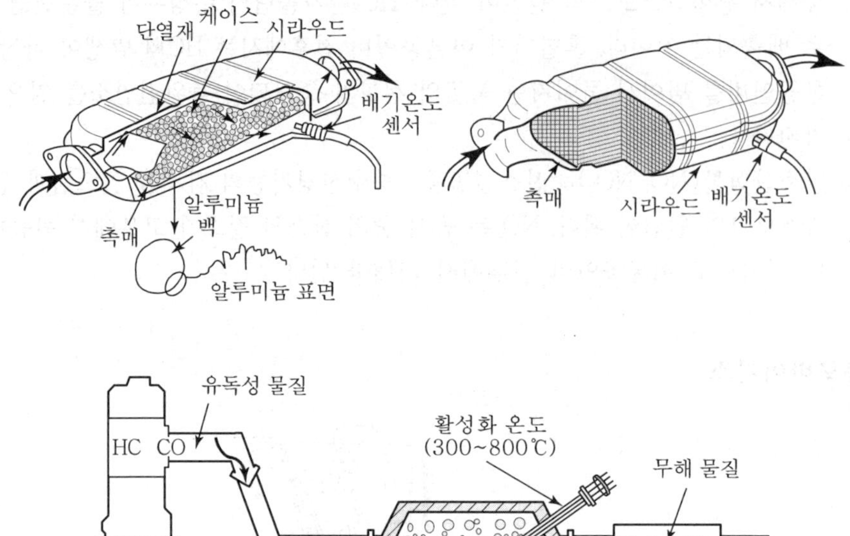

① 삼원촉매장치

㉠ 배기가스 중 유독한 성분 CO, HC, NO_x를 가리키며 이들 3개의 성분을 동시에 감소시키는 장치. 배기관 도중에 설치되며 촉매로서는 백금과 로듐이 사용된다.

㉡ 촉매란 자기 자신은 변하지 않는 상태에서 화학반응을 일으키는 물질을 말하며 통상적으로 산화(화학적으로 분해 하는 것 – 백금촉매) 기능과 환원(화학적으로 결합 하는 것 – 로듐촉매)에 의해 유해물질 수준을 낮추고 무해한 가스로 변환시키는 역할을 한다.

㉢ 유해한 CO(일산화탄소)와 HC(탄화수소)를 산화하여 각각 무해한 CO_2(이산화탄소)와 H_2O(물)로 변화시키는 데는 충분한 산소가 필요하지만 NO_x(산화질소)를 무해한 N_2(질소)로 변화시키는 데 산소는 방해가 된다. 따라서 3가지 성분을 동시에 감소시키는 데는 혼합기를 산소의 과부족이 없는 이론 공연비에 가깝도록 조정할 필요가 있다.

② EGR 장치

① 기능 : 배기가스의 일부를 엔진의 혼합가스에 재순환시켜 가능한 출력감소를 최소로 하면서 연소온도를 낮추어 NO_x의 배출량을 감소시킨다.

② 작동하지 않는 조건 : 공전 및 엔진의 워밍업 전에는 EGR(Exhaust Gas Recirculation) 밸브가 작동하지 않다가 그 외의 조건에서는 스로틀 밸브의 개도에 따라 EGR 밸브

가 작동하여 배기가스 중의 일부가 흡기다기관으로 유입된다.

㉠ 엔진의 냉각수 온도가(65℃ 미만 시) 낮을 때

㉡ 아이들링 시(공전 시)

㉢ 급가속 시(스로틀이 최대 열림 시)

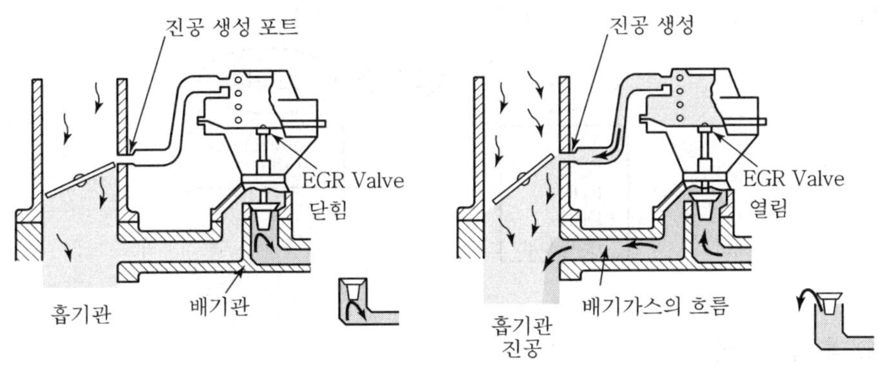

[EGR 개념도]

5) 디젤 배출 가스

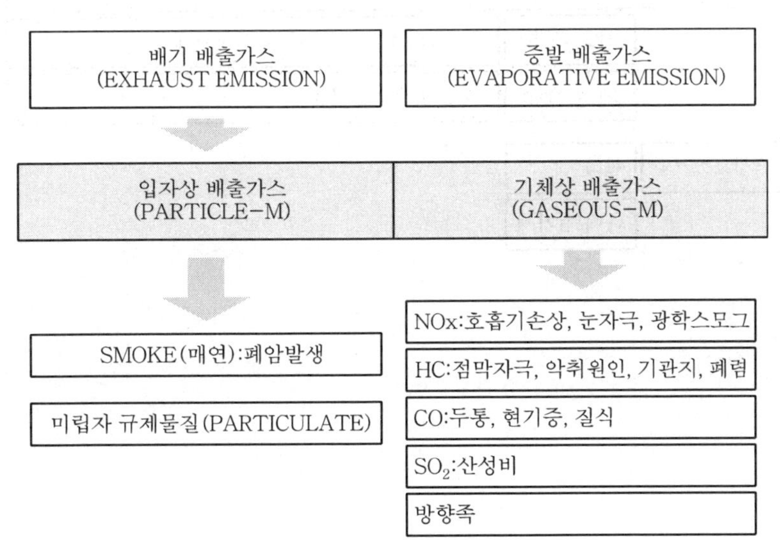

□ 자동차 저공해 기술

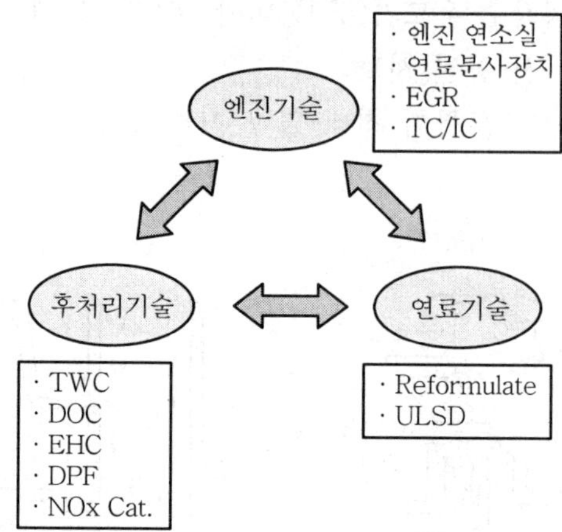

□ 후처리 기술

PM 저감기술	DPF	PM>80%; Wall Flow Filter; 2세대 ➡ 3세대 기술
	Partial DPF	PM>50%; Open Channel Filter; 최신기술
	DOC	PM>25%; 상용화된 기술
NOx 저감기술	Urea-SCR	NOx>80%; 대형차 상용화 단계
	HC-SCR	DeNOx, LNC; 성능향상 연구단계
	NOx Trap	성능향상 연구단계
핵심요소기술	필터	
	촉매/첨가제	

□ 유해가스 저감기술

제어장치	구성 부품	배출가스 저감	비고
배기가스 제어장치	전자제어 분사장치 (MPI, CDI)	CO, HC, NOx 저감	산소센서에 의한 공연비 피드백
	삼원촉매(TCC)	CO, HC, NOx 저감	하니콤 형 (모노리스식)
	배기가스 재순환장치 (EGR 밸브)	NOx 저감	다이어프램
연료증발가스 제어장치	PCV 밸브	HC 감소	On / Off 솔레노이드
	캐니스터 퍼지컨트롤 솔레노이드밸브	HC 감소	가변흐름 조절식

6 전자제어장치

1. 기관 제어시스템

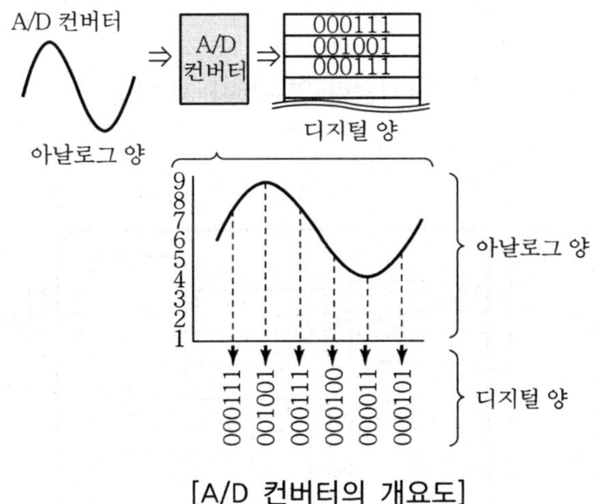

[A/D 컨버터의 개요도]

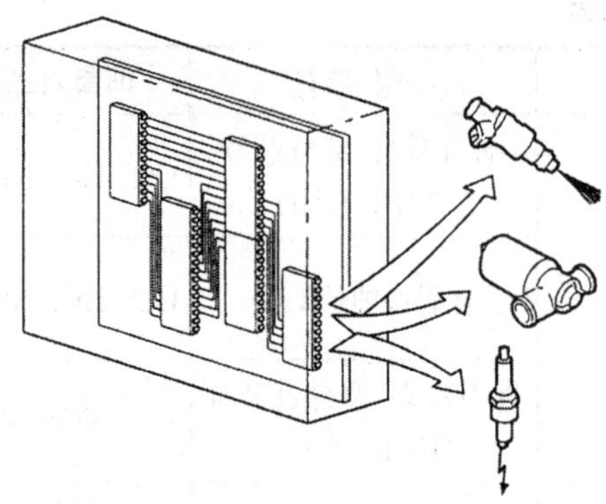

[ECU의 빅-4 컨트롤(연료분사제어, 점화시기제어, 공전속도제어, 자기진단)]

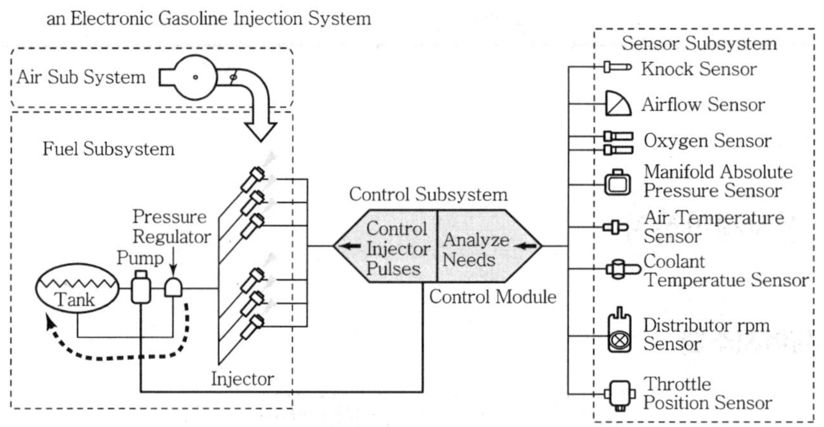

[가솔린 연료분사 시스템]

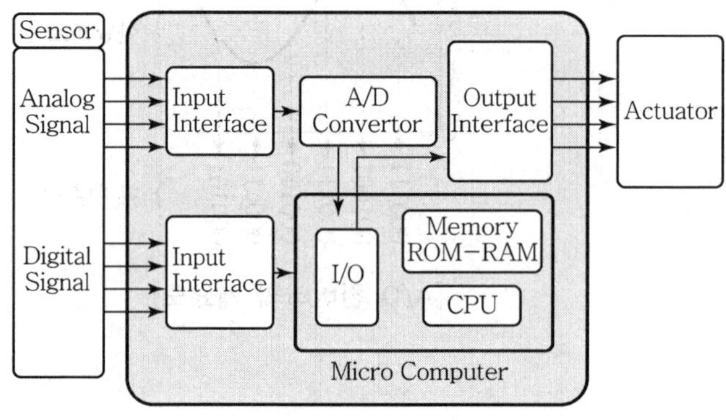

[ECU의 구성도]

▣ ECU(Electronic Control Unit)

① RAM(Random Access Memory) : 읽기, 쓰기를 자유롭게 할 수 있는 메모리이며 자동차에서는 각 센서로부터 시시각각 변하는 데이터를 읽어 들이는 데 사용되며, 정비 완료 후 BATTERY (-)단자를 탈거하여 기억하고 있는 고장 데이터를 지워야 한다. 즉 카세트테이프와 같이 다시 녹음할 수 있고 녹음한 것을 재생하여 듣기만 할 수도 있다.

② ROM(Read Only Memory) : 읽기 전용 메모리이며 고정 데이터를 저장시켜 놓는 데 자동차에서는 정비제원을 장기적으로 기억하는 곳이다.

③ CPU : 중앙처리장치로 판정을 실행한다. 명령의 해독, 논리 계산 및 판정을 실행한다.

▣ 엔진의 회전수와 흡입공기량, 흡입압력, 액셀러레이터 개방 정도 등에 맞추어 미리 정해 놓은 점화시기 값과 연료분사 값 등을 조회하여 수온센서, 산소센서 등을 보정하고 인젝터의 개방시간을 조정한다. 이렇게 하여 연료의 분사량과 점화시기를 결정한다. 엔진이 망가지지 않도록 각 항목별 수치에 한계값이 설정되어 있다.

1) 가솔린 연료 분사 제어(Electronic Fuel Injection Control)

① 연료 분사 시스템의 종류

㉠ K제트로닉 : 흡입공기량을 기계-유압식으로 검출하여 기본 분사량을 제어하는 방식

㉡ L제트로닉 : 흡입공기량을 전자적으로 검출하여 기본 분사량을 제어하는 방식

㉢ D제트로닉 : 흡입공기량을 흡기다기관의 부압으로 검출하여 기본 분사량을 제어하는 방식

㉣ 모노제트로닉 : 간헐적으로 연료분사가 이루어지는 것으로 SPI(TBI) 방식이 이에 속한다.

② 연료 분사 제어

엔진의 상태를 검출하는 각종 센서 신호로부터 엔진이 필요한 연료량을 계산하여 최적 공연비(공기 : 연료비)가 되도록 연료의 분사량을 제어한다. 일반적으로 분사시간은 흡입공기량과 엔진 회전수에 의해 정해진 기본 분사시간에 각 센서의 출력 신호상태에 따른 보정계수를 곱하여 결정되며, 이때 인젝터(연료분사장치) 구동 전원 전압의 변동에 따른 전압 보정 분사시간의 보정도 함께 이루어진다.

㉠ 기본분사시간=K×A/R(K : 정수, A : 공기흡입량, R : 엔진회전수)

연료분사시간은 기본분사시간에 각종 센서로부터의 보정계수를 참고로 하여 정해진다.

㉡ 분사량 증량보정

- 시동시 : 냉각수의 온도가 낮을수록 분사시간을 늘린다.
- 흡기온 보정 : 흡입공기의 온도가 낮을수록 분사시간을 늘린다.
- 대기압 보정 : 대기의 압력에 따라 공기의 밀도가 달라지기 때문에 대기압이 1기압 이하로 떨어지면 분사시간을 줄인다.
- 부하에 따른 혼합비 보정 : 부하 특성에 따라서 적정한 공연비가 되도록 보정하는 것으로, 엔진의 회전수와 기본 분사량의 관계로부터 미리 결정된 보정량을 증량시킨다. 이 보정량은 통상 ROM에 기억시켰다가 부하상태에 따라서 자동적으로 행하도록 하고 있다.
- 공연비(공기 : 연료비) 피드백 보정
  이상적인 공기와 연료의 비율인 14.7 : 1을 유지해 분사시간을 조절한다. 또 이 비율일 때 배기구 쪽에 위치한 3원 촉매 변환기에서 CO, NOx, HC 세 가지 성분을 동시에 최대로 정화시키는데, 어떠한 운전 조건하에서도 혼합기를 이론 공연비 부근의 매우 좁은 영역 내로 정확히 제어할 필요가 있다. 이를 위해서 배기관에 부착시킨 산소센서로부터 배기가스 중의 산소농도를 검출하여 현재의 분사량의 연소 결과에 대한 혼합기의 공연비를 추정하고, 그 평균치가 이론 공연비가 되도록 흡기 측에서 분사시간을 피드백 제어한다.

㉢ 연료 Cut off

엔진 회전수가 아이들 상태(시동만 켜 놓은 상태)보다 높고, 스로틀 밸브가 완전히 닫힌 상태이다. 트랜스미션이 연결된 상태에서, 즉 엔진 브레이크가 걸린 상태에서는(내리막길을 액셀을 밟지 않고 내려갈 때) 적은 양의 공기가 흡입되나 연료분사를 정지시켜서 불필요한 연료를 절약함과 동시에 엔진 브레이크의 기능도 향상시킨다.

㉣ 무효분사시간

인젝터 작동시간 지연(노화, 불량)

③ 흡입공기량 제어방식

㉠ 매스 플로 방식(직접 계량 방식)

- 베인식 : 체적유량 계량방식(센서 플랩의 개도변화)
- 칼만 와류식 : 체적유량 계량방식(초음파 방식)
- 열선식 : 질량유량 계량방식(hot-wire식)
- 열막식 : 질량유량 계량방식(hot-film식)

㉡ 스피드 덴시티 방식(간접 계량 방식)

MAP센서식 : 흡기다기관의 절대압력과 기관의 회전속도에 의하여 흡입공기량을 간접적으로 계측 추정하는 방식(Manifold Absolute Pressure)

2) 점화시기 제어

적절한 점화시기의 선정은 엔진 성능상 출력과 연료소비율 그리고 유해 배기가스량 등의 면에서 매우 중요하다.

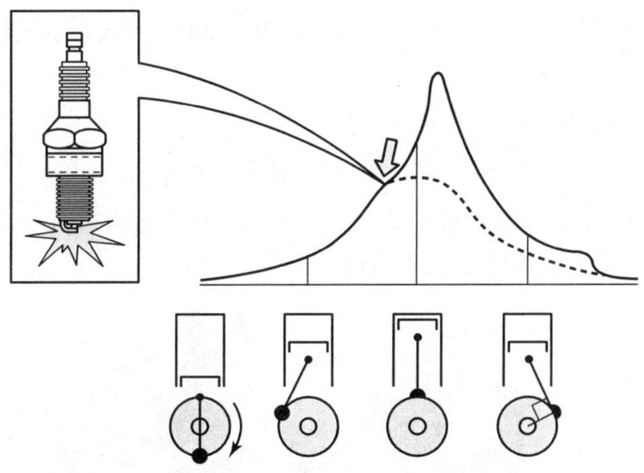

[최적의 점화 타이밍]

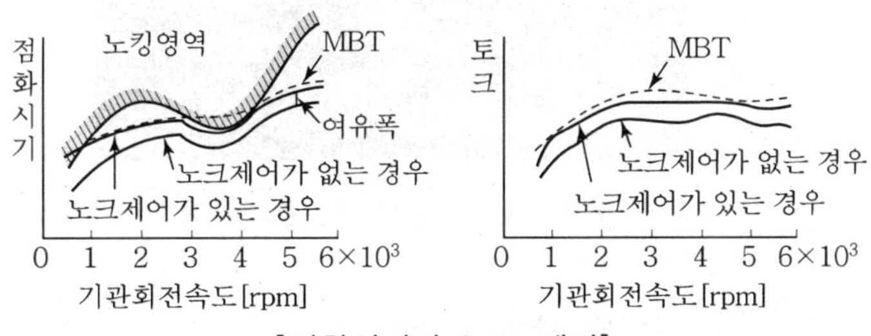

[점화시기와 노크 제어]

3) 공회전 제어(Idle Speed Control)

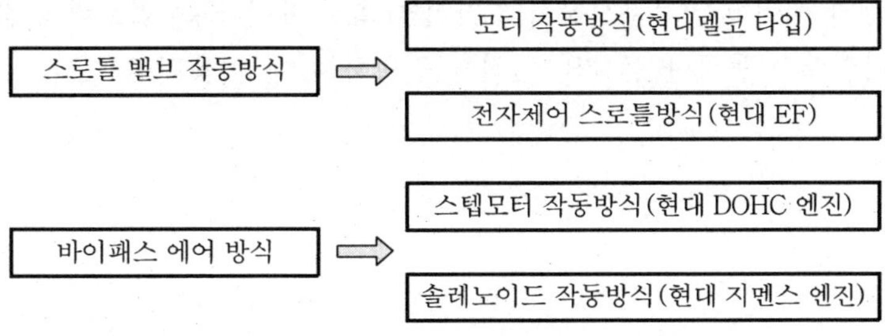

[공전속도 제어 시스템]

① DC 모터 작동방식(DC Motor 방식)

㉠ 아이들 스위치 ON

아이들 스위치는 접점식으로 ISC 서보의 플런저 하단에 설치되어 운전자가 액셀러레이터에 놓으면 링크에 의해 푸시핀이 눌려져 접점이 붙으며, ECU에는 접지 신호가 입력되고, ECU에서는 공회전 모터를 구동(스로틀 밸브 개도 조절)하여 공회전 조절한다.

㉡ MPS(Motor Position Sensor)

가변저항식으로 ISC 서보 상단부 섭동핀에 접촉되어 플런저가 작동할 때 내부저항의 변화를 출력전압으로 변환하여 ECU에 입력하며, ECU에서는 기관 부하에 따른 공회전 모터를 조절한다.

[DC모터 작동식 스로틀 바디]

② 스텝 모터 작동방식(Step Motor)

스텝 모터(Step Motor)는 펄스 신호에 의하여 회전하는 모터로서 1펄스마다 수 도에서 수십 도의 각도만 회전하며, 펄스 모터라고도 한다. 회전자는 영구자석으로서 원 둘레상의 4상 코일에 1상 또는 2상씩 순차적으로 전압을 인가함에 따라 일정 각도씩 회전한다. 전자 제어식 연료분사장치의 아이들 회전 제어나 쇽 업소버의 감쇠력 전환시 흡기의 바이패스 통로나 유로의 면적을 전환하는 데 이용되고 있다.

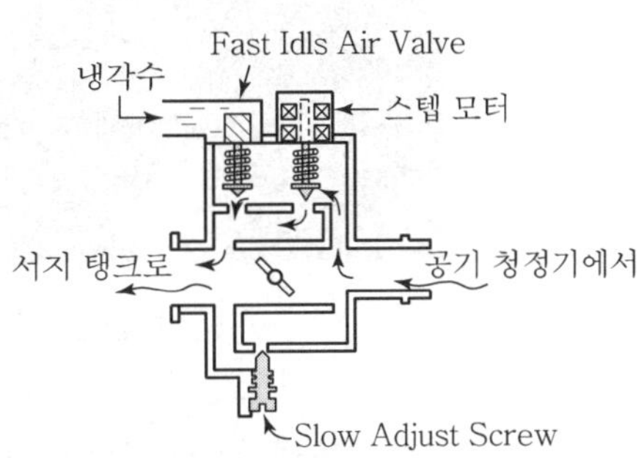

[스텝 모터방식의 스로틀 바디]

③ 솔레노이드 작동방식(Duty 방식)

ISC 액추에이터 듀티방식 종류는 직선 개폐 솔레노이드 방식, 로터리 개폐 솔레노이드 방식(아래 그림)이 있으며, ISC 액추에이터는 솔레노이드에 흐르는 전류 크기 값에 따라 전자흡입력에 의한 힘과 스프링 장력에 서로 평행을 이루는 위치까지 밸브를 이동시켜 공기 통로의 단면적을 변화시켜 공기량을 엔진 부하에 따라 듀티 제어함으로써 공회전을 조절한다.

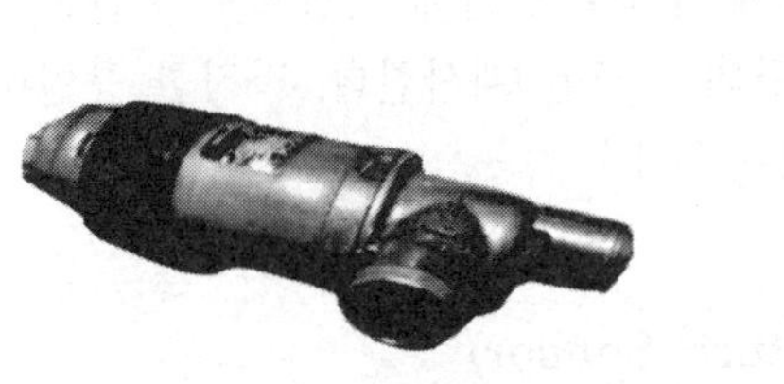

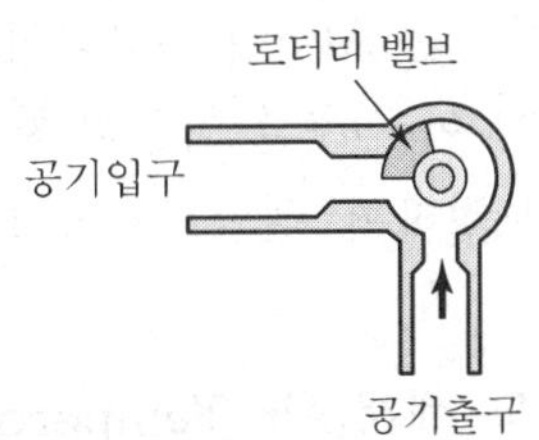

[솔레노이드 작동방식(Duty 방식)]

2. 센서 점검

1) 흡입공기량 센서(Air Flow Sensor)

흡입공기량 센서는 흡입 공기의 유량을 측정한다. 균일하게 유동하는 흐름 속에 소용돌이 발생체인 기둥을 놓으면, 카르만(Karman) 소용돌이라고 불리는 소용돌이 열이 소용돌이 발생체 후류에 교대로 발생한다.

[핫 필름 타입과 맵센서 타입의 AFS]

[칼만와류 AFS]

[베인 타입 AFS]

2) 대기압 센서(Barometric Pressure Sensor)

대기압 센서는 AFS에 부착되어, 대기압을 검출해 전압으로 변환한 신호를 ECU로 보내면 ECU는 이 신호를 이용해 차량의 고도를 계산한다. 적정한 공연비가 되도록 연료 분사량을 보정하며, 점화시기도 보정한다.

3) 흡기 온도 센서(Air Temperature Sensor)

흡기 온도 센서는 일종의 저항기로서 AFS에 취부되어 있으며, 이 센서는 서미스터 형의 온도-저항 센서를 이용하여 공기온도에 따른 아날로그 전압을 출력하여 ECU로 보낸다.

4) 냉각수온도 센서(Coolant Temperature Sensor)

냉각수온도 센서는 흡입다기관의 냉각수 통로에 설치되어, 냉각수 온도를 검출하는 일종의 가변저항기(부특성 서미스터)이다.

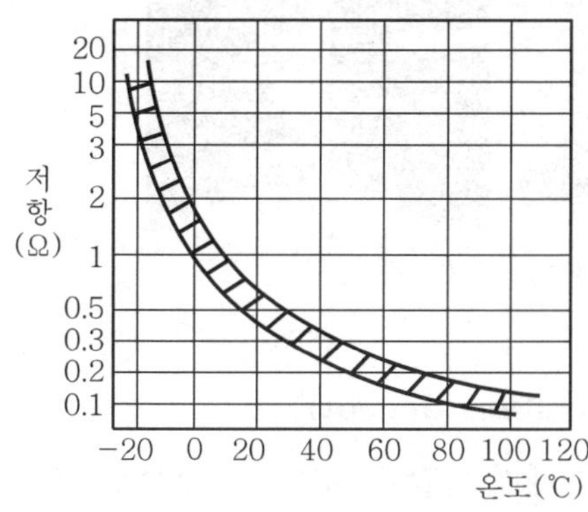

[부특성 서미스터의 출력 특성]

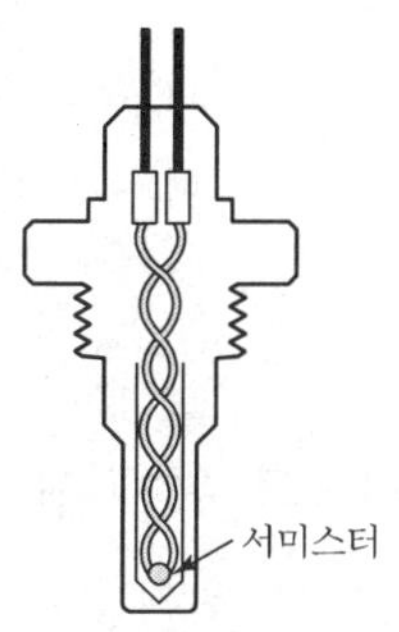

[수온센서]

5) 스로틀 위치 센서(Throttle Position Sensor)

스로틀 위치 센서는 운전자의 액셀러레이터와 연결되어 공기의 양을 조절하는 데 쓰이며, 공기량은 스로틀이 열린 각도에 비례하여 증가한다. TPS는 스로틀 바디의 스로틀 축과 같이 회전하는 가변 저항기로서 스로틀 밸브의 개도를 검출한다.

6) 공회전 위치 스위치(Idle Position Switch)

공회전 위치 스위치는 접촉을 감지하는 스위치이다. 이것은 운전자의 액셀러레이터의 작동을 감지한다.

7) 크랭크 샤프트 위치 센서(Crank Angle Sensor)

크랭크 샤프트 위치 센서는 금속제 회전 원판에 일정한 각도로 4개의 슬릿을 만들어 CAS 회전축에 부착시킨 것이다. 각각의 슬릿은 실린더 하나씩에 대응된다.(광학식인 경우)

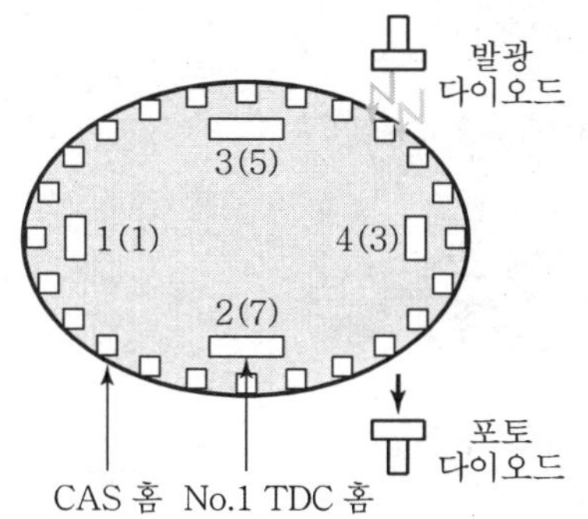

캠축 1회전시 크랭각 신호 60개 신호발생

[광학식 CAS와 No. 1 TDC 홈]

[인덕티브 CKP]

8) 캠샤프트 위치 센서(Camshaft Position Sensor)

캠샤프트 위치 센서는 각 실린더에 대해서 똑같은 신호가 나오므로 실린더를 구별할 수가 없다. 즉, 분사해야 할 타이밍은 알 수 있지만, 몇 번 실린더에 분사해야 할 것인가는 알 수 없다. 일반적으로 엔진에는 분사순서가 정해져 있으므로 하나의 실린더만 기준으로 삼으면 나머지 실린더의 순서도 정해진다. 그래서 CAS Sensor 회전원판에 하나의 다른 슬릿을 CAS Sensor 슬릿 안쪽에 만들었는데, 이 슬릿을 만든 위치가 바로 1번 실린더 CMP Sensor를 포함하도록 되어 있다. 그러므로 이 신호도 역시 CAS Sensor처럼 디지털 신호로 출력되는데, CAS Sensor 4개 펄스마다 1개의 펄스가 발생한다. ECU는 이 신호를 이용하여 실린더를 구별하고 분사순서를 결정한다.(광학식인 경우)

9) 차량속도 센서(Vehicle Speed Sensor)

차량속도 센서는 리드(Reed) 타입의 스위치 센서로서 로터가 회전할 때마다 자력으로 스위치가 ON, OFF되어 회전속도를 펄스형태로 출력한다.

10) 산소 센서(Oxygen Sensor)

산소 센서는 배기가스 중에 함유된 산소의 양을 측정하여, 그 출력전압을 ECU에 전달하면, ECU에서는 인젝터의 개변 시간을 제어해서, 항상 이론 공연비가 되도록 피드백(Feedback)하여, 촉매 변환기의 정화율을 높여준다.

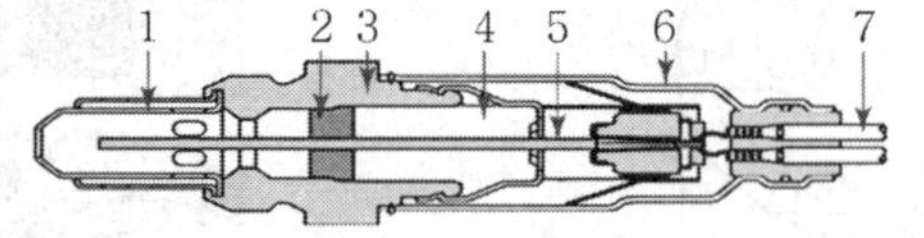

[질코니어 산소센서의 구조]

11) 노크센서

① 노크센서는 엔진의 노킹을 감지하며 이를 미소한 전압으로 변환해서 ECU로 보내고 ECU는 이 신호를 근거로 점화시기를 지각시킨다.

② 엔진에서 최대 토크가 발생하는 점화시키는 노킹을 일으키기 시작하는 점화시기 한계(전후 근방)에 있다. 노크제어가 없는 경우 이 여유를 확보하기 위해 최대 토크를 발생하는 점화시기로부터 지각한 위치에서 설정하기 때문에 그만큼 토크가 저하된다.

③ 노킹한계를 노크센서로 검출하면 노킹영역 최대한도까지 점화시기를 진각시킬 수 있고 엔진출력을 보다 유효하게 얻을 수 있다. VOLVO 엔진의 경우 노크가 발생하면 일단 3° 점화지연을 했다가 0.37°씩 진각시키면서 정점을 찾는다.

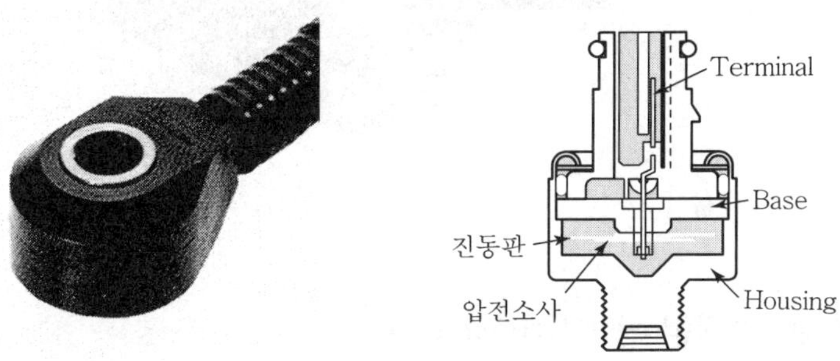

[노크센서]

〈자동차용 센서의 종류〉

응용분야	센서 종류	적용 센서류	측정 대상
Drive System	MAP Sensor	Pressure Sensor	흡입관 압력
	AFS	Hot Film	흡입공기량
	CAS, CPS	Hall Sensor	엔진 회전속도
	APS	Accelerometer	차량 가속
Safety System	TPMS	Pressure sensor	타이어 압력
	IR Sensor	IR Sensor	추돌 방지
	Angular Rate Sensor	Angular Rate Sensor	Roll-over, Pitch
	Yaw Rate Sensor	Yaw Rate Sensor	Suspension
	Crash Sensor	Accelerometer	Air bag
Comfort Convenience System	Air Quality Sensor	Gas Sensor	공기 청정도
	Air Con Sensor	Pressure Sensor	Compressure 압력
	Accelerometer	Accelerometer	차체 진동

3. 액추에이터

1) 인젝터(Injector)

인젝터는 솔레노이드 밸브와 분사 노즐로 되어 있는데, ECU로부터 분사 신호를 받아 흡기다기관에 연료를 분사한다.

[인젝터]

2) 파워 트랜지스터(Power Transistor)

이것은 흡기다기관에 설치되어 있는데, ECU로부터 신호를 받아 증폭하여 점화 코일의 1차 코일에 전류를 ON, OFF 함으로써 점화시기를 제어하는 역할을 한다.

3) 아이들 스피드 컨트롤 액추에이터(ISC Actuator)

공회전 속도 제어를 위해 스로틀 밸브를 바이패스하는 흡입공기량을 제어하며 영구자석으로 된 로터, 스테이터 코일로 구성된 모터, 회전운동을 밸브의 직선운동으로 바꾸는 리드 스크루, 밸브 부분 등으로 구성된다.

4) 컨트롤 릴레이(Control Relay)

MPI 시스템에서 ECU는 연료펌프, 에어콘 등의 전원을 ON, OFF하는 콘트롤을 병행하고 있다. 이 ON, OFF는 여러 가지 정보와 엔진상태에 따라서 컨트롤이 되는데, 이 작용을 릴레이를 사용하여 해결하고 있다.

5) 연료펌프

가솔린 연료펌프는 연료를 인젝터 이전에 있는 딜리버리 파이프까지 압송하는 역할을 하며, 체크밸브와 릴리프밸브가 설치되어 있다.

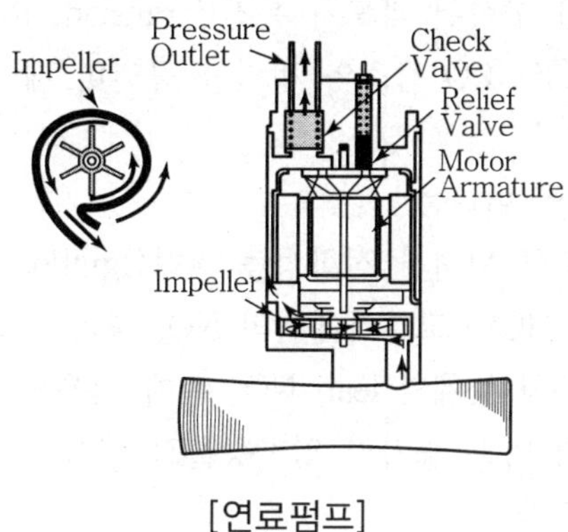

[연료펌프]

4. 친환경 제어시스템

1) 환경 변화에 따른 승용차 대응방향

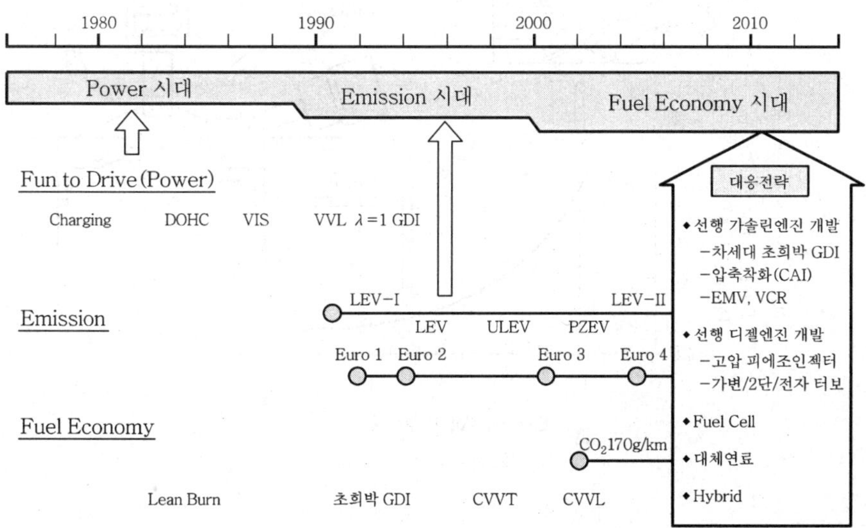

2) 가솔린 직접 분사식

① 장점

㉠ 연비(bsfc)가 30% 향상되며 아이들링에서는 40%까지 가능

㉡ 저옥탄가 연료로도 11 : 1의 높은 압축비 사용

㉢ 열손실 및 펌핑손실 감소

㉣ 감속시 연료차단

㉤ 신속한 출발과 향상된 과도기 운전(Transient Response)

㉥ 저온 시동시 HC, CO 감소와 정밀한 공연비 제어

② 요구되는 개선점

㉠ 성층연소제어의 어려움

㉡ 인젝터에 과도한 퇴적과 점화성능 저하(Ignition Fouling)

㉢ 저부하에서의 HC와 고부하에서의 NO_x 증가

㉣ 삼원촉매 적용의 한계와 lean NO_x 촉매 적용의 어려움

㉤ 실린더 외경의 마모 증가와 입자상물질 생성

㉥ 전기소모량 증가

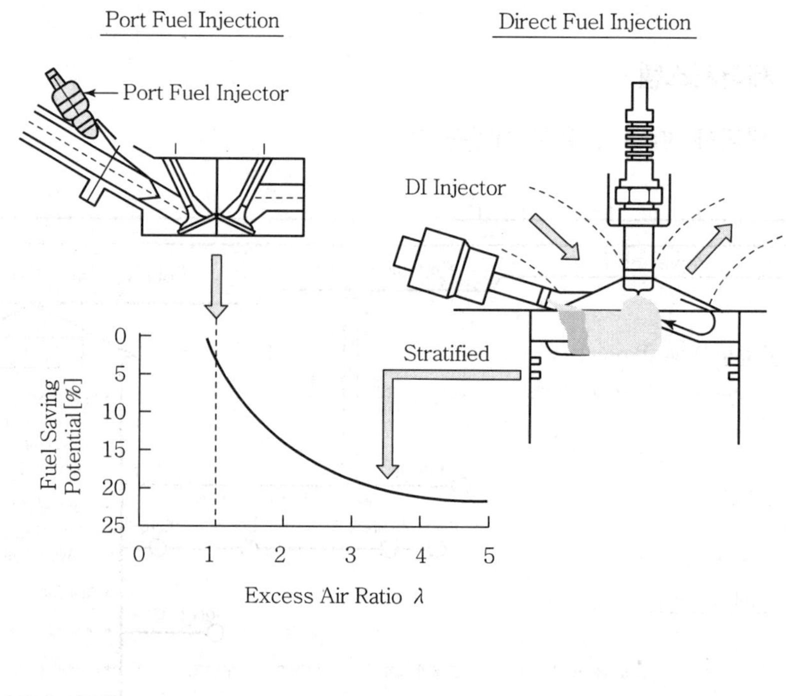

● 분류별 기출예상문제

Subject

제1과목 자동차기관

01. 내연기관의 출력을 향상시키기 위한 방법으로 가장 거리가 먼 것은? 2012.04.08

① 실린더의 행정체적을 크게 한다.
② 실린더 수를 많게 한다.
③ 기관의 회전속도를 높인다.
④ 실린더의 연소실체적을 크게 한다.

02. 4사이클 디젤기관의 성능에 영향을 미치는 인자로 관계가 적은 것은? 2001.09.23

① 배압 ② 배기관 온도
③ 흡기관 온도 ④ 부스트압력

➡해설 ① 배압, 흡기관 온도 - 낮을수록
② 부스트압력, 압축비 - 높을수록 성능이 향상된다.

03. 엔진성능곡선에 표시되지 않는 것은? 2001.09.23

① 출력 ② 토크
③ 엔진 회전수 ④ 주행속도

04. 기관의 기계효율에 직접적인 영향을 미치는 요소가 아닌 것은? 2005.07.17

① 실린더의 크기 ② 연료의 완전연소
③ 각종 펌프압력 ④ 기관 회전수

05. 내연기관의 기계효율 향상을 위한 대책이 아닌 것은? 2006.04.02

① 베어링 면적이 작은 베어링 사용
② 피스톤의 측압발생 증대
③ 운동부분의 중량 감소
④ 배기저항 감소

정답 01. ④ 02. ② 03. ④ 04. ② 05. ②

06. 기관의 기계효율을 높이기 위한 방법이 아닌 것은? 2012.07.22

① 각 부의 윤활을 잘 시켜 저항을 작게 한다.
② 엔진의 평형을 위해 플라이휠의 질량을 크게 한다.
③ 연료펌프, 순환펌프 등 각종 보조장치의 구동저항을 줄인다.
④ 배기가스의 배출을 방해하는 저항을 줄인다.

07. 내연기관의 기본 사이클 중 압축비가 일정하다고 가정할 경우 열효율을 비교한 것 중 옳은 것은? 2009.07.12

① 열효율은 정적(Otto)사이클이 가장 좋다.
② 열효율은 정압(Diesel)사이클이 가장 좋다.
③ 열효율은 합성(Sabathe)사이클이 가장 좋다.
④ 압축비가 같으므로 열효율도 같다.

08. 디젤기관의 열효율과 관계가 깊은 것은? 2001.09.23

① 회전수 높음　② 배기량의 큼
③ 압축비의 큼　④ 세탄가의 높음

09. 다음 물질 중에서 디젤기관의 연료에 첨가하는 항노크성 발화촉진제가 아닌 것은? 2006.04.02

① 초산에틸　② 아초산아밀
③ 사에틸납　④ 초산아밀

10. 디젤기관의 연료착화촉진제로 사용되지 않는 것은? 2003.07.20

① 아닐린　② 초산에틸
③ 4에틸납　④ 초산아밀

➡해설 4에틸납은 가솔린엔진(유연휘발유)의 안티노크제이다.

정답 06. ② 07. ① 08. ③ 09. ③ 10. ③

11. 무연휘발유의 구비조건으로 알맞은 것은? 2002.07.21, 2004.04.04

① 안티노크성이 작을 것 ② 발열량이 작을 것
③ 연소 퇴적물 발생이 적을 것 ④ 내부식성이 적을 것

해설 무연휘발유의 구비조건은 안티노크성 및 발열량이 크고 연소 퇴적물 발생이 적으며 공기와 잘 혼합되고 휘발성이 커야 한다.

12. 가솔린연료의 옥탄가를 나타낸 것은? 2006.07.16

① 이소옥탄÷(이소옥탄+노멀헵탄)
② 노멀헵탄÷(이소옥탄+노멀헵탄)
③ 이소옥탄÷세탄(세탄+α−메틸나프탈렌)
④ 세탄÷(세탄+α−메틸나프탈렌)

13. 대체연료 중의 하나인 메탄올의 특징을 가솔린연료와 비교하여 나타낸 것 중 틀린 것은? 2011.04.17

① 일반적인 CO, HC가 감소된다.
② 습성이 커서 층분리현상이 나타난다.
③ 이론공연비가 커서 유리하다.
④ 연료계통의 부식, 용해 등의 문제가 있다.

해설 메탄올 혼합비 6.5 : 1(이론혼합비가 작아 연료소비가 많다), 가솔린 14.7 : 1

14. 옥타가 85일 때 85란 의미는 무엇을 뜻하는가? 2010.07.11

① 세탄의 체적백분율 ② α−메틸나프탈렌 체적백분율
③ 정헵탄의 체적백분율 ④ 이소옥탄의 체적백분율

15. 자동차 엔진에서 공기과잉률과 연소효율의 관계에 대한 설명 중 옳은 것은? 2005.07.17, 2008.07.13

① 공기과잉률이 1보다 크면 연소효율은 좋아진다.
② 공기과잉률이 1보다 크면 연소효율이 낮아진다.
③ 공기과잉률이 1보다 크면 불완전연소가 일어난다.
④ 공기과잉률과 연소효율은 서로 무관하다.

정답 11. ③ 12. ① 13. ③ 14. ④ 15. ①

16. 연소에 있어서 공연비란 무엇을 의미하는가? 2006.04.02, 2011.04.17

① 배기 중에 포함되는 산소량
② 흡입공기량과 연료량과의 중량비
③ 흡입공기체적과 연료량과의 비
④ 흡입공기량과 연료체적과의 비

17. 가솔린기관의 희박연소시스템 중 흡기에 강한 와류를 형성시켜 압축 말에 연소실 내에 난류현상이 계속되도록 하여 점화와 연소의 도모를 촉진하는 시스템은? 2007.07.15

① 스월(SCV)시스템
② 연료 분사시기 선택방식
③ 가변밸브 타이밍 및 리프트방식
④ 2연 텀블 층상 흡기방식

18. 가연성 증기에 화염을 가까이 했을 때 순간적으로 불꽃에 의하여 불이 붙는 최저 온도를 무엇이라고 하는가? 2007.04.01

① 연소점 ② 착화점 ③ 인화점 ④ 비등점

19. 가솔린기관에서 조기점화에 영향을 주는 요소가 아닌 것은? 2011.07.31

① 세탄가
② 옥탄가
③ 공연비
④ 기관 회전수

20. 가솔린기관의 노크발생 원인이 아닌 것은? 2008.07.13

① 제동 평균유효압력이 높을 때
② 실린더의 온도가 높거나 배기밸브에 열점이 존재할 때
③ 화염전파가 늦어질 때
④ 점화시기가 늦어질 때

21. 점화시기가 너무 늦을 때 일어나는 현상이 아닌 것은? 2003.03.30

① 엔진에 노킹현상이 일어난다.
② 연료소비량이 증대한다.
③ 엔진이 과다하게 과열된다.
④ 배기가스 통로에 다량의 카본이 퇴적된다.

➡해설 점화시기가 빠를 때 노킹이 일어나므로 방지하려면 지각시켜야 한다.

정답 16. ② 17. ① 18. ③ 19. ① 20. ④ 21. ①

22. 디젤기관에서 노크의 원인은? 2001.03.04

① 높은 압축압력
② 흡기다기관 내의 와류현상
③ 높은 세탄가의 연료 사용
④ 낮은 회전수

➡해설 디젤기관에서 회전속도가 느릴 경우 압축압력과 온도가 낮아지기 때문에 착화지연기간이 길어 노킹이 발생한다.

23. 디젤기관의 노크 방지법 중 가장 알맞은 방법은 어느 것인가? 2005.07.17

① 옥탄가를 높인다.
② 착화지연기간을 짧게 한다.
③ 제어연소기간을 길게 한다.
④ 폭발연소기간의 최고압력을 높인다.

24. 디젤기관의 연소기간 중 노크와 가장 밀접한 관련이 있는 기간은? 2003.03.30

① 착화지연기간 ② 급격연소기간
③ 제어연소기간 ④ 후연소기간

➡해설 착화지연기간이 길수록 노크의 발생이 두드러진다.

25. 가솔린기관의 노크를 방지하는 대책과 거리가 먼 것은? 2002.04.07

① 옥탄가가 높은 연료를 사용한다.
② 화염전파시간을 길게 한다.
③ 냉각수 온도를 저하시킨다.
④ 연소실 내의 카본을 제거한다.

26. 디젤기관의 연소과정에 속하지 않는 것은? 2006.07.16

① 후연소기간 ② 직접연소기간
③ 초기연소기간 ④ 착화지연기간

정답 22. ④ 23. ② 24. ① 25. ② 26. ③

27. 가솔린기관에서 점화계통을 차단하여도 기관의 점화가 계속 발생하는 현상을 무엇이라고 하는가? 2005.04.03

① 런온(Run On)
② 스파크 이그니션(Spark Ignition)
③ 럼블(Rumble)
④ 와일드핑(Wild Ping)

28. 실린더 내 압력파형으로부터 얻어지는 정보가 아닌 것은? 2005.04.03, 2012.07.22

① 최고압력
② 착화지연
③ 압축압력 및 온도
④ 배출가스 성분

29. 배기가스의 CO를 CO_2로, HC를 CO_2+H_2O로 변환시키는 방법으로 옳은 것은? 2007.07.15

① 완전연소시킨다.
② 조기점화시킨다.
③ 흡입공기를 다습하게 만든다.
④ 착화지연시킨다.

30. 연소이론에서 연료를 연소하기 위해서 이론공기량보다 실제로 많은 공기량이 필요하며, 이론공기량과 실제로 필요한 공기량의 비를 람다(λ)로 나타낸 것은? 2012.07.22

① 압축비
② 이론공연비
③ 공기과잉률
④ 정압연소

31. 희박한 혼합비가 기관에 미치는 영향은? 2003.03.30

① 기동이 쉽다.
② 동력(출력)의 감소를 가져온다.
③ 연소속도가 빠르다.
④ 저속 및 공전이 쉽다.

➡해설 자동차 엔진은 연료를 태움으로써 파워가 증가한다.

32. 가솔린기관에서 정상적인 연소 시의 화염전파속도는 몇 m/sec인가? 2002.07.21

① 2~3
② 20~30
③ 200~300
④ 2,000~3,000

정답 27. ① 28. ④ 29. ① 30. ③ 31. ② 32. ②

33. 가솔린기관의 희박연소(Lean Burn)시스템의 정의와 연비 향상에 관한 설명으로 틀린 것은?
2006.07.16

① 이론공연비보다 희박한 혼합기로 운전이 가능하다.
② 린 센서(Lean Sensor)가 갖추어져 있으면 공연비의 피드백제어가 가능하다.
③ 연소온도가 높아 실린더 벽으로부터 열손실이 증가된다.
④ 공연비의 증대로 배기손실이 감소된다.

34. 4행정 사이클기관에서 실린더의 직경×행정이 60mm×80mm인 6기통기관의 총 배기량은?
2012.04.08

① 약 1,357cc ② 약 13,570cc
③ 약 4,800cc ④ 약 48,000cc

해설 총 배기량(cc) $= \frac{\pi \times 6^2 \times 8 \times 6}{4} = 1,357$(cc)

35. 실린더 건식 라이너를 사용할 때의 특징으로 가장 거리가 먼 것은? 2011.04.17

① 실린더블록의 강성이 저하된다.
② 일체형의 실린더가 마모된 경우에 사용된다.
③ 가솔린엔진에 많이 사용한다.
④ 실린더블록의 구조가 복잡하다.

36. 4행정 사이클기관에서의 배기밸브는 크랭크축이 몇 회전하는 동안 한 번 개폐하는가?
2007.07.15

① 1 ② 2
③ 3 ④ 4

37. 밸브스프링의 서징현상을 방지하는 방법 중 틀린 것은? 2006.07.16

① 피치가 작은 스프링을 사용한다.
② 부등피치스프링을 사용한다.
③ 원추형 스프링을 사용한다.
④ 피치가 서로 다른 이중스프링을 사용한다.

정답 33. ③ 34. ① 35. ① 36. ② 37. ①

38. 밸브스프링의 서징현상을 방지하는 방법으로 틀린 것은? 2007.07.15

① 피치가 작은 스프링을 사용한다.
② 피치가 서로 다른 이중스프링을 사용한다.
③ 원추형 스프링을 사용한다.
④ 스프링의 고유진동수를 높인다.

39. 실린더헤드의 구비조건이 아닌 것은? 2008.03.30

① 고온에서 강도가 커야 한다. ② 고온에서 열팽창이 커야 한다.
③ 열전도가 좋아야 한다. ④ 주조나 가공이 쉬워야 한다.

40. 실린더 연마가공작업 시 호닝가공이란? 2010.07.11

① 실린더와 피스톤의 융착을 방지하기 위한 연마가공이다.
② 보링작업 시 편차를 없애는 가공이다.
③ 보링작업에서 생긴 바이트 자국을 제거하는 연삭가공이다.
④ 실린더 테이퍼를 수정하는 가공이다.

41. 가솔린기관에서 밸브기구 중에 유압태핏방식의 밸브 간극 조정은? 2010.03.28

① 운전할 때마다 조정한다. ② 정기점검 시 한다.
③ 다른 일반형과 같이 한다. ④ 자동으로 조정된다.

42. 캠축에서 기초원과 노즈(Nose) 사이의 거리는? 2011.07.31

① 프랭크 ② 로브
③ 양정 ④ 클리어런스

43. 타이밍벨트의 장력이 규정치보다 헐거울 경우 기관에 미치는 영향으로 맞는 것은? 2011.07.31

① 기관의 오일이 오염된다.
② 발전기의 출력이 저하된다.
③ 배터리가 과충전된다.
④ 흡·배기밸브의 개폐시기가 변하여 기관출력이 감소한다.

정답 38. ① 39. ② 40. ③ 41. ④ 42. ③ 43. ④

44. 헤드개스킷이 파손될 때 일어나는 현상 중 해당되지 않는 것은? 2002.04.07, 2005.07.17

① 냉각수에 기포가 생긴다.
② 방열기의 상부에 기름이 뜬다.
③ 압축압력이 저하되어 시동이 잘 안 된다.
④ 연소실에 카본이 잘 부착되지 않는다.

45. 알루미늄으로 제작된 실린더헤드에 균열이 생겼다면 다음 중 어떤 용접이 가장 적당한가? 2003.03.30

① 전기피복아크용접
② 불활성가스아크용접
③ 산소-아세틸렌가스용접
④ LPG용접

46. 실린더블록이나 헤드의 변형도 측정기구는? 2004.04.04

① 마이크로미터 ② 버니어캘리퍼스
③ 다이얼게이지 ④ 직각자와 필러게이지

47. OHC 밸브장치의 특징으로 맞는 것은? 2001.09.23

① 캠이 푸시로드를 움직여 밸브를 개폐한다.
② 캠축을 실린더블록에 설치한다.
③ 밸브의 가속도를 크게 할 수 있어 고속성능이 향상된다.
④ 왕복운동부분의 관성력이 커진다.

48. 회전수가 비교적 적고 측압을 적게 받으면서 회전력을 크게 할 수 있는 엔진은? 2001.03.04, 2001.09.23

① 장행정엔진 ② 단행정엔진
③ 2행정엔진 ④ 정방형엔진

➡해설 장행정엔진은 비교적 저속기관이며 회전력을 크게 할 수 있는 중대형 디젤차량에 많이 사용한다.

정답 44. ④ 45. ② 46. ④ 47. ③ 48. ①

49. 기관이 고속에서 회전력의 저하를 가져오는 이유는? 2004.04.04

① 관성에 의해서 점화시기가 너무 진각되기 때문이다.
② 충전효율이 너무 높기 때문이다.
③ 체적효율이 낮아지기 때문이다.
④ 혼합비가 너무 농후하기 때문이다.

➡해설 고속회전에서는 체적효율이 낮아지기 때문이다.

50. 내연기관의 크랭크축 평면 베어링 재료로 사용할 수 없는 금속은? 2008.03.30

① 화이트메탈 ② 두랄루민 ③ 배빗메탈 ④ 켈밋메탈

51. 크랭크축 베어링의 크러시(Crush)에 대한 설명으로 옳은 것은? 2001.03.04

① 베어링 반원부분의 중앙 두께
② 베어링 가장자리 반원부의 둘레
③ 베어링을 하우징에 끼웠을 때 하우징의 면보다 약간 돌출된 부분
④ 하우징 직경과 끼우지 않았을 때의 베어링 지름과의 차이

➡해설 스프레드(Spread)
하우징 직경과 끼우지 않았을 때의 베어링 지름과의 차이

52. 기관 실린더 벽의 유막이 끊어져 피스톤이나 실린더 벽에 상처를 일으키는 현상을 무엇이라고 하는가? 2003.03.30, 2006.04.02

① 플러터(Flutter)현상 ② 스틱(Stick)현상
③ 프리이그니션(Preignition)현상 ④ 스커프(Scuff)현상

➡해설 차가운 기온에서 엔진 내에서의 Running이 부드럽지 못할 때 Scuff 현상이 발생하며 피스톤의 표면을 Alphos－Tin－Plating으로 특수 처리하여 방지할 수 있다.

53. 압축압력 측정 시 규정값이 나오지 않아 오일을 넣고 측정하니 규정값이 나왔다. 그 원인은? 2004.07.18

① 밸브 틈새 과다 ② 피스톤링 마모
③ 연소실 카본 누적 ④ 밸브 틈새 과소

 정답 49. ③ 50. ② 51. ③ 52. ④ 53. ②

54. 크랭크축이 정적 및 동적으로 평형이 잡혀 있어야 하는 이유는? 2007.07.15

① 큰 부하가 작용되기 때문이다. ② 윤활이 잘 되게 하기 위해서이다.
③ 고속회전을 하기 때문이다. ④ 평면 베어링을 사용하기 때문이다.

55. 4기통 기관의 점화순서를 실린더 배열순서로 하지 않는 이유 중 틀린 것은? 2003.03.30

① 기관의 발생동력을 크게 한다.
② 기관의 발생동력을 균등하게 한다.
③ 크랭크축 회전에 무리가 없도록 한다.
④ 원활한 회전력이 발생한다.

56. 4행정 6실린더 기관의 점화순서가 1-5-3-6-2-4일 때 3번 기통이 배기행정 중간에 있으면 5번 기통은 무슨 행정을 하는가? 2012.04.08

① 흡입 초 ② 폭발 말
③ 압축 말 ④ 압축 초

57. 크랭크축 베어링과 저널 간극의 측정에 쓰이는 게이지로 가장 적합한 것은? 2009.07.12

① 필러게이지 ② 다이얼게이지
③ 플라스틱게이지 ④ V블록

58. 플라스틱게이지를 이용하여 크랭크축 베어링 오일 간극을 측정하는 방법으로 잘못된 것은? 2006.07.16

① 크랭크축과 베어링에 윤활유를 절대로 바르지 않는다.
② 플라스틱게이지 조각을 크랭크저널에 크랭크축 회전방향으로 평행하게 설치한다.
③ 캡볼트는 규정 토크로 조인 후 크랭크축은 절대 회전시키지 않는다.
④ 눌려 있는 플라스틱게이지 폭을 게이지봉투에 표시된 눈금으로 측정한다.

59. 플라이휠의 무게와 가장 관계가 깊은 것은? 2009.03.29

① 진동댐퍼 ② 회전수와 실린더 수
③ 압축비 ④ 기동모터의 출력

정답 54. ③ 55. ① 56. ① 57. ③ 58. ② 59. ②

60. 플라이휠에 관한 설명 중 옳은 것은? 2005.07.17

① 플라이휠의 무게는 회전속도와 크랭크축의 길이와 밀접한 관계가 있다.
② 플라이휠은 밸브의 개폐시기와 기관의 회전속도를 증가시킨다.
③ 폭발행정 때 에너지를 저장하여 다른 행정 때 회전을 원활하게 바꾸어 준다.
④ 플라이휠의 구조는 중심부는 두껍게 하고 외부는 얇게 하여 전체적으로 가볍게 만든다.

61. 피스톤의 열팽창에 대한 설명으로 틀린 것은? 2008.03.30

① 기관이 정상온도로 운전할 때에는 피스톤 진원상태이다.
② 피스톤의 스커트부는 길이가 길며 구조가 단순하고 전열량이 많으므로 열팽창이 크다.
③ 피스톤이 얻은 열의 일부는 피스톤핀을 통해 커넥팅로드로 연결된다.
④ 피스톤의 핀 방향은 열이 머물기 쉬워 열팽창이 크다.

62. 가솔린엔진 피스톤의 재질 중 고온강도와 내마멸성이 우수하여 주로 사용되는 재료는? 2012.07.22

① 니켈크롬강 ② 몰리브덴강 ③ 알루미늄합금 ④ 주철

63. 피스톤링의 3대 작용이 아닌 것은? 2002.07.21

① 기밀작용 ② 오일제거작용 ③ 열전도작용 ④ 윤활작용

64. 두께는 일정하나 폭과 절개부가 좁고 그 반대방향의 폭이 넓으며 실린더 벽에 고루 압력을 가할 수 있는 링은? 2006.04.02

① 원심형 링 ② 팽창링
③ 편심형 링 ④ 동심형 링

65. 가솔린엔진의 피스톤과 피스톤링에 대한 설명 중 틀린 것은? 2008.07.13

① 피스톤의 위쪽에 설치되는 2개의 피스톤링은 연소가스의 누출을 방지하는 압축링이다.
② 피스톤의 톱랜드(Top Land)는 가스의 누설을 방지하기 위해 세컨드랜드보다 지름이 크다.
③ 윤활을 하는 오일링을 피스톤의 가장 아래쪽에 설치한다.
④ 피스톤의 스커트부는 피스톤 자세를 안정시키는 역할을 한다.

 정답 60. ③ 61. ③ 62. ③ 63. ④ 64. ③ 65. ②

66. 피스톤에 오프셋을 두는 이유가 아닌 것은? 2001.09.23

① 편마모 방지 ② 진동 방지
③ 가속 유지 ④ 회전 원활

67. 피스톤용 합금은 내연기관의 피스톤 재료로서 많이 사용된다. 다음 성질 중 피스톤 재료로써 필요한 성질이 아닌 것은? 2003.07.20

① 팽창계수가 클 것
② 열전도가 클 것
③ 내마멸성이 클 것
④ 고온에서 강도와 경도가 크고 마찰계수가 적을 것

68. 피스톤 재료의 특성이 아닌 것은? 2004.07.18

① 열팽창계수가 작아야 한다. ② 열전달이 양호해야 한다.
③ 비중량이 커야 한다. ④ 내마모성이 커야 한다.

➡해설 비중량이 크면 고속회전에 부적합하다.

69. 피스톤 재질로서 가장 거리가 먼 것은? 2010.03.28

① 화이트메탈 ② 구리계의 Y합금
③ 특수 주철 ④ 규소계의 Lo-Ex합금

70. 피스톤과 실린더의 간극을 측정할 때 피스톤의 어느 부분에서 측정하여 피스톤과 실린더의 간극을 측정하는가? 2011.04.17

① 피스톤헤드부 ② 피스톤보스부 ③ 피스톤링 홈부 ④ 피스톤스커트부

71. 기관에서 피스톤의 구비조건으로 맞지 않는 것은? 2007.04.01

① 열전도율이 커서 방열작용이 좋으며, 열팽창이 적어야 한다.
② 관정의 영향을 크게 하기 위하여 되도록 무거워야 한다.
③ 헤드부분은 폭발압력에 견딜 수 있도록 충분한 강성을 가져야 한다.
④ 실린더의 마멸이 적으며 가스 누출을 막기 위한 기밀장치가 있어야 한다.

정답 66. ③ 67. ① 68. ③ 69. ① 70. ④ 71. ②

72. 오버스퀘어엔진의 장점이 아닌 것은? 2007.07.15

① 피스톤 평균속도를 올리지 않고 회전속도를 높일 수 있다.
② 흡·배기의 지름을 크게 할 수 있어 단위실린더체적당 흡입효율을 높일 수 있다.
③ 엔진의 높이를 낮게 할 수 있다.
④ 엔진의 길이가 짧고 진동이 작다.

73. 윤활유의 구비조건으로 맞지 않는 것은? 2004.04.04

① 알맞은 점성을 가질 것 ② 카본 생성이 적을 것
③ 열에 대한 저항력이 없을 것 ④ 부식성이 없을 것

해설 고급 윤활유일수록 열에 대한 저항력이 커야 한다. 즉, 높은 열에서 유막이 잘 형성되어야 한다.

74. 내연기관에서 실린더의 불완전윤활의 원인으로 틀린 것은? 2010.03.28

① 상사점 및 하사점에서 속도가 0이 되므로 연소실 압력이 낮아져 유막이 파괴된다.
② 고온가스에 의한 점도저하로 유막이 파괴된다.
③ 링플러터(Ring Flutter)에 의한 가스 누설, 열화증발 및 연소 등에 의하여 유막이 파괴된다.
④ 연소에 의한 카본 발생으로 링이 고착되면 블로바이가스 때문에 유막이 파괴된다.

75. 윤활유의 성질 중에서 가장 중요한 것은? 2012.04.08

① 점도 ② 비중 ③ 밀도 ④ 응고점

76. 유압이 규정보다 낮은 원인이 아닌 것은? 2002.07.21

① 오일팬의 오일량 부족 시 ② 오일점도 과대
③ 유압조절밸브의 스프링장력 약화 ④ 오일펌프의 마모

77. 기관오일의 유압이 높을 때의 원인과 관계없는 것은? 2009.03.29

① 윤활유의 점도가 높을 때
② 유압조정밸브 스프링의 장력이 강할 때
③ 오일파이프의 일부가 막혔을 때
④ 베어링과 축의 간격이 클 때

 정답 72. ④ 73. ③ 74. ① 75. ① 76. ② 77. ④

78. 원동기의 윤활계통에 대한 세부검사내용과 방법을 나타낸 것들 중에서 적합하지 않은 것은?
2008.07.13

① 윤활계통의 누유를 확인할 주요 부분은 실린더헤드커버, 오일팬, 오일필터 등의 개스킷부분 등이다.
② 원동기가 시동 중이고 변속레버를 "D" 위치로 한 상태에서 실시한다.
③ 윤활장치 각 연결부의 기름 누출 여부를 자동차의 상부, 하부에서 관능에 의해 확인한다.
④ 누유 흔적이 있는 경우에는 원동기를 시동시킨 상태에서 누유상태를 다시 확인한다.

79. 어떤 내연기관의 윤활장치에서 오일여과기의 막힘에 의해 과열이 생겨 마찰부에 고장이 생겼다면 이 기관은 어떤 여과방식을 사용했겠는가?
2004.07.18

① 분류식 ② 샨트식 ③ 합류식 ④ 전류식

80. 오일펌프에서 압송한 오일 전부를 오일여과기에서 여과한 다음 각 부분으로 공급하는 오일순환방식은?
2005.07.17, 2009.07.12

① 전류식 ② 분류식 ③ 일체식 ④ 복합식

81. 자동차용 기관오일의 기본적인 역할을 설명한 것 중 틀린 것은? 2002.04.07

① 마찰을 감소시켜 동력손실을 줄인다.
② 연소가스의 Blow-Down현상을 방지한다.
③ 마찰운동부의 냉각작용을 한다.
④ 접촉부의 녹이나 부식을 방지한다.

82. 자동차 기관에서 오일에 의한 윤활작용에 대한 설명 중 틀린 것은? 2003.07.20

① 접동부의 소착방지 및 마찰·마모방지
② 마찰열의 냉각 및 고온부분의 냉각
③ 부식의 발생방지 및 엔진의 신뢰성, 내구성 유지
④ 응력을 집중시켜 엔진효율 증대

➡해설 윤활작용은 응력을 분산시킨다.

정답 78. ② 79. ④ 80. ① 81. ② 82. ④

83. 윤활유의 특징을 열거한 것 중 옳은 것은? 2008.07.13

① 윤활유는 온도가 오르면 점도가 높아진다.
② 윤활유의 점도가 크면 동력손실이 증대된다.
③ 윤활유의 점도가 높을수록 유막은 약하다.
④ 그리스윤활은 오일윤활에 비하여 마찰저항이 적다.

84. 경계윤활영역에서, 접촉면 중앙의 최고압력부분에서 경계층이 항복을 일으켜서 마찰계수가 급격히 증가하는 상태에 달하는 단계는? 2005.04.03

① 제1영역 ② 천이영역
③ 부분적 접촉 ④ 완전접촉융착

85. 중합올레핀, 부틸중합물, 섬유에스텔 등을 윤활유에 첨가하여 온도 변화에 따른 영향을 적게 하는 첨가제는? 2006.07.16

① 점도지수향상제 ② 유성향상제
③ 유동점강하제 ④ 소포제

86. 자동차용 윤활유에 물리적 또는 화학적 성질을 강화하여 윤활성을 향상시키기 위해 사용하는 첨가제가 갖추어야 할 조건으로 틀린 것은? 2010.07.11

① 윤활유에 대한 첨가제의 용해가 충분할 것
② 휘발성이 낮을 것
③ 물에 대한 안정성이 우수할 것
④ 첨가제 상호 간 빠른 반응으로 침전될 것

87. 자동차용 윤활유의 첨가제로 옳지 않은 것은? 2011.07.31

① 유성향상제 ② 청정분산제 ③ 점도강하제 ④ 산화방지제

88. 엔진 냉각수가 비등점이 낮아져 냉각수에 기포가 발생되어 물 펌프의 임펠러 및 펌프 몸체를 손상시킬 수 있는 현상을 무엇이라 하는가? 2011.04.17

① 캐비테이션(Cavitation) ② 퍼컬레이션(Percolation)
③ 베이퍼록(Vapor Lock) ④ 헤지테이션(Hesitation)

 정답 83. ② 84. ② 85. ① 86. ④ 87. ③ 88. ①

89. 기관이 과랭되었을 때 기관에 미치는 영향으로 적당하지 않은 것은? 2010.03.28

① 연료의 응축으로 연소가 불량해진다.
② 열효율이 저하된다.
③ 연료소비율이 감소된다.
④ 기관의 오일점도가 높아져 회전저항이 커진다.

90. 기관에서 실린더 냉각이 불량하여 과열될 때 일어나는 현상이 아닌 것은? 2001.09.23

① 충전효율 감소 ② 프리이그니션
③ 화염전파거리 감소 ④ 윤활유 작동 불량

91. 구동벨트의 장력이 규정치보다 헐거울 경우 기관에 미치는 영향으로 가장 거리가 먼 것은? 2005.04.03

① 기관이 과열되기 쉽다.
② 발전기의 출력이 저하된다.
③ 소음이 발생하며 구동벨트의 손상이 촉진된다.
④ 흡배기밸브의 개폐시기가 변하여 기관출력이 감소한다.

92. 기관의 과열원인으로 틀린 것은? 2006.07.16

① 라디에이터 압력캡의 스프링 장력 부족
② 라디에이터 코어 막힘
③ 팬벨트의 장력 부족이나 끊어짐
④ 수온조절기가 열린 상태로 고장

93. 가솔린기관이 과열되었을 때 기관이 미치는 영향으로 가장 적당하지 않은 것은? 2008.03.30

① 피스톤의 슬랩이 커져 소음이 증가한다.
② 윤활 불충분으로 각 부품이 손상된다.
③ 조기점화 또는 노크가 발생한다.
④ 냉각수 순환이 불량해지고 금속 산화가 촉진된다.

정답 89. ③ 90. ④ 91. ④ 92. ④ 93. ①

94. 발열기관에서 압력밸브와 부압밸브를 설치한 주요 목적이 아닌 것은? 2006.04.02

① 압력 조정　② 냉각효과 증대　③ 동파 방지　④ 비점 상승

95. 자동차 운행 중 냉각수 온도가 비정상적으로 높게 올라갔을 경우에 발생 가능한 고장원인과 거리가 먼 것은? 2003.03.30, 2009.03.29

① 냉각수량이 부족하다.
② 수온조절기가 불량하다.
③ 냉각수펌프의 구동벨트가 헐겁다.
④ 피스톤의 압축링이 심하게 마모되었다.

96. 수랭식 기관 냉각장치의 냉각 역할과 거리가 먼 것은? 2004.07.18

① 배출가스의 온도를 낮추어 배기손실을 줄이기 위하여
② 윤활유를 냉각시켜 열화 및 성능저하를 방지하기 위하여
③ 기관 각 부의 과열을 방지하여 부품의 내구성을 확보하기 위하여
④ 연소실의 온도를 최적으로 유지하여 출력과 연비성능을 향상시키기 위하여

97. 항공기의 냉각방법에 실용화된 것으로, 에틸렌글리콜(Ethylene Glycol)과 같은 비등점이 높은 액체를 사용하여 액체의 온도를 수랭식(水冷式)보다 훨씬 높여서 방열효과를 높인 냉각방법은? 2003.07.20

① 증발냉각방법　② 특수고체냉각방법
③ 밀폐형 강제순환냉각방법　④ 특수액체냉각방법

98. 자동차 기관용 부동액으로 적당하지 않은 것은? 2007.04.01

① 메탄올　② 글리세린　③ 에틸렌글리콜　④ 수산화나트륨

99. 기관의 부동액 구비조건으로 가장 옳지 않은 것은? 2007.07.15

① 비등점이 물보다 낮아야 한다.
② 물과 혼합이 잘 되어야 한다.
③ 응고점이 물보다 낮아야 한다.
④ 내부식성이 크고 팽창계수가 적어야 한다.

정답 94. ③ 95. ④ 96. ① 97. ④ 98. ④ 99. ①

100. 라디에이터의 온도조절기에서 왁스실에 왁스를 넣어 온도가 높아지면 팽창하여 냉각수 통로가 열리는 온도조절기는? 2002.07.21, 2010.07.11, 2012.04.08

① 벨로즈형 ② 펠릿형
③ 바이패스형 ④ 바이메탈형

101. 라디에이터 압력캡의 진공밸브가 열리는 시점으로 옳은 것은? 2009.07.12

① 라디에이터 내의 압력이 대기압보다 높을 때
② 라디에이터 내의 압력이 대기압보다 낮을 때
③ 라디에이터 내의 압력이 규정치보다 높을 때
④ 보조탱크 내의 압력이 규정보다 낮을 때

102. 냉각장치에서 물의 끓는 온도를 높여 냉각효과 및 엔진의 효율을 증대하기 위한 부품은? 2012.07.22

① 코어 ② 수온조절기
③ 압력식 캡 ④ 라디에이터

103. 유체커플링방식 냉각팬에 가장 많이 사용하는 작동유는? 2002.04.07, 2008.07.13

① 실리콘오일 ② 냉동오일
③ 기어오일 ④ 자동변속기오일

104. 디젤기관 연료펌프의 조속기는 어떤 작용을 하는가? 2003.07.20

① 분사시기를 조정한다. ② 착화성을 조정한다.
③ 분사량을 조정한다. ④ 분사압력을 조정한다.

105. 디젤기관의 분사펌프에서 조속기의 기능상 분류 중 가장 거리가 먼 것은? 2008.07.13

① 복합최대속도조속기 ② 최소/최대속도조속기
③ 전속도조속기 ④ 기계식/전자식 조속기

정답 100. ② 101. ② 102. ③ 103. ① 104. ③ 105. ④

106. 연료분사장치의 노즐에서 성능점검에 해당되지 않는 것은? 2002.07.21

① 관통(Penetration) ② 무화(Atomization)
③ 해리(Dissociation) ④ 분산(Dissipation)

107. 보쉬형 분사장치에서 노즐분사압력을 조정하는 부위는? 2004.07.18

① 여과기 오버플로밸브스프링 ② 노즐홀더
③ 분사펌프의 딜리버리밸브 ④ 분사펌프의 플런저

108. 디젤기관의 분사노즐에 요구되는 조건이 아닌 것은? 2006.04.02

① 후적이 일어나지 않게 할 것
② 분무의 입자크기를 크게 할 것
③ 분무의 상태가 연소실의 구석구석까지 뿌려지게 할 것
④ 연료를 미세한 안개모양으로 하여 쉽게 착화되게 할 것

109. 디젤기관의 연료분사장치를 설명한 것 중 잘못 설명된 것은 어느 것인가? 2007.04.01

① 연료분사요건은 적당한 무화, 분포, 관통력이다.
② 딜리버리밸브는 노즐의 분사 단절을 좋게 하여 후적을 방지한다.
③ 플런저의 길이 홈과 리드는 분사량을 조절한다.
④ 분사시기가 늦으면 역회전하며 분사시기가 빠르면 기관출력이 저하된다.

110. 노즐에서 분사되는 연료의 입자크기에 관한 설명 중 알맞은 것은? 2007.04.01

① 노즐오리피스의 지름이 크면 연료의 입자크기는 작다.
② 배압이 높으면 연료의 입자크기는 커진다.
③ 분사압력이 높으면 연료의 입자크기는 커진다.
④ 공기온도가 낮아지면 연료의 입자크기는 커진다.

111. 디젤기관의 분사장치에서 고압의 연료가 노즐에서 분사될 때 3대 구비요건 중 거리가 먼 것은? 2011.04.17

① 관통력 ② 희석도
③ 미립화 ④ 분포

정답 106. ③ 107. ② 108. ② 109. ④ 110. ④ 111. ②

112. 디젤기관의 연료분사펌프에서 딜리버리밸브의 작용이 아닌 것은? 2002.04.07, 2001.07.31

① 배럴 안의 연료압력이 규정값에 달하면 연료를 분사파이프로 압축한다.
② 분사파이프에서 펌프로 연료가 역류하는 것을 방지한다.
③ 분사노즐의 분사단절을 좋게 하여 후적현상을 방지한다.
④ 분사압력이 낮으면 딜리버리밸브 홀더의 스프링으로 조절한다.

113. 디젤기관 분사펌프의 딜리버리밸브 역할과 가장 거리가 먼 것은? 2004.04.04

① 고압파이프 내 연료의 잔압 유지
② 분사펌프의 연료분사량 증감
③ 연료의 역류 방지
④ 후적을 방지

해설 분사펌프의 연료분사량은 플런저가 증감한다.

114. 디젤기관에서 분사펌프의 딜리버리밸브 기능으로 틀린 것은? 2010.03.28

① 연료잔압 유지
② 연료분사량 증감
③ 역류 방지
④ 후적 방지

해설 딜리버리밸브
① 분사노즐에 연료를 공급하는 역할을 한다.
② 분사 종료 후 연료가 역류되는 것을 방지한다.
③ 분사파이프 내의 잔압을 연료분사압력의 70~80% 정도로 유지한다.
④ 분사노즐의 후적을 방지한다.

115. 연료파이프가 어떤 원인에 의해 국부적으로 열을 받으면 어떤 현상이 유발되는가? 2005.04.03

① 프리이그니션
② 포스트이그니션
③ 노크
④ 베이퍼록

116. 디젤기관의 분사량 부족원인이 아닌 것은? 2008.03.30

① 기관의 회전속도가 낮다.
② 분사펌프의 플런저가 마모되었다.
③ 딜리버리밸브 시트가 손상되었다.
④ 딜리버리밸브가 헐겁게 설치되었다.

정답 112. ④ 113. ② 114. ② 115. ④ 116. ①

117. 디젤기관에 사용되는 분사펌프에서 플런저에 관계되는 설명 중 틀린 것은? 2009.07.12

① 보통의 플런저스프링은 분사펌프의 회전속도가 2,000rpm 정도에서 서징현상이 발생되므로 스프링정수가 큰 스프링을 사용한다.
② 고속태핏은 조정스크루를 두지 않으므로 태핏 간극은 태핏과 아래 스프링 시트 사이에 시임을 넣어 조정한다.
③ 플런저의 유효행정이 길어지면 분사량이 감소하고 짧을수록 분사량이 증대된다.
④ 정리드플런저는 분사펌프의 캠축에 대해 연료의 송출기간이 시작은 일정하고 종결이 변화된다.

118. 디젤엔진의 보쉬형 연료분사펌프의 분사시기는 어느 것으로 조정하는가? 2001.03.04

① 조속기의 스프링
② 래크와 피니언
③ 펌프와 타이밍기어의 커플링
④ 피니언과 커플링

119. 디젤기관에서 연료분사펌프의 분류로 틀린 것은? 2012.04.08

① 독립펌프식
② 분배식
③ 축압분배식
④ 고온냉각식

120. 디젤기관에서 와류실식 연소실의 장점으로 틀린 것은? 2009.03.29

① 무과급디젤기관 중에서 평균유효압력이 가장 높다.
② 기관 냉각 시 시동이 용이하다.
③ 리터마력이 크다.
④ 직접분사식에 비해 공기이용률이 높다.

121. 디젤기관 직접분사실식의 장점이 아닌 것은? 2002.07.21

① 구조가 간단하다.
② 연소실체적에 대한 표면적의 비가 작기 때문에 냉각손실이 적다.
③ 사용연료의 착화성에 민감하다.
④ 기동이 비교적 쉽고 예열플러그가 필요 없다.

정답 117. ③ 118. ③ 119. ④ 120. ② 121. ③

122. 직접분사실식을 다른 형식의 연소실과 비교했을 때의 장점이 아닌 것은? 2003.07.20

① 열효율이 좋다. ② 연소실이 간단하다.
③ 연료의 착화성이 둔감하다. ④ 기동이 용이하다.

해설 직접분사실식은 연료의 착화성이 아주 예민하다.

123. LPG의 설명 중 틀린 것은? 2002.04.07, 2003.07.20

① 발열량은 약 12,000kcal/kg이다.
② 기화된 상태에서는 공기보다 비중이 작다.
③ 옥탄가가 높아 노킹을 잘 일으키지 않는다.
④ 노말부탄과 프로판을 주성분으로 한 탄화수소의 혼합물이다.

해설 기화된 상태에서는 공기보다 2배 정도 무겁다.

124. 자동차용 LPG가 갖추어야 할 조건으로 틀린 것은? 2004.04.04, 2008.03.30

① 적당한 증기압(1~20kgf/cm^2)을 가져야 한다.
② 불포화(올레핀계) 탄화수소를 함유하지 않아야 한다.
③ 가급적 불순물이 함유되지 않아야 한다.
④ 프로필렌, 부틸렌 등의 함유가 충분해야 한다.

해설 LPG(Liquefied Petroleum Gas : 액화석유가스)
천연가스 생산 또는 원유 정제 시 부산물로 발생하는 가스를 가압(3~8kgf/cm^2)하여 액화한 가스이며, 프로판(C_3H_8), 부탄(C_4H_{10})이 주성분이고 기타 프로필렌, 부틸렌으로 이루어져 있다.

125. LPG차량의 장점에 대한 설명으로 틀린 것은? 2008.07.13

① 연소실에 카본 퇴적이 적어 점화플러그의 수명이 연장된다.
② 유황분이 많아 배기관이나 머플러의 손상이 적다.
③ 엔진오일의 수명이 길다.
④ 퍼컬레이션(Percolation)이나 베이퍼록(Vapor Lock)현상이 없다.

해설 연료 자체의 불순물이 적다(황성분<9ppm). 유황분이 적어 배기관이나 머플러의 손상이 적다.

정답 122. ③ 123. ② 124. ④ 125. ②

126. LPG기관의 장점에 대한 설명으로 적합한 것은? 2009.07.12

① 연료가격이 가솔린에 비해 저렴하지만 유해배기가스의 배출이 많다.
② 연소가 균일하지 못하고 소음이 많이 발생한다.
③ 가스 저장용기로 인하여 차량 중량이 증가한다.
④ LPG의 옥탄가가 가솔린보다 높다.

127. LPG(액화석유가스)의 특성이 아닌 것은? 2011.04.17

① 순수한 LPG는 무색, 무취, 무미이다.
② 액체LPG는 물보다 가벼우나 기체LPG는 공기보다 무겁다.
③ 액체LPG는 기화할 때 약 250배 팽창한다.
④ 가솔린의 옥탄가가 LPG의 옥탄가보다 높다.

128. 자동차에 사용되는 LPG연료의 특징이 아닌 것은? 2011.07.31

① 연소범위가 좁아 다른 가스에 비해 안전하다.
② 발열량이 가솔린과 유사하다.
③ 옥탄가가 가솔린보다 높다.
④ 공기와 혼합이 잘 되고 노킹이 적다.

129. LPI기관에서 인젝터의 연료분사 후 기화잠열에 의한 수분빙결현상을 방지하기 위한 것은? 2012.04.08

① 아이싱팁 ② 가스온도센서
③ 릴리프밸브 ④ 과류방지밸브

➡해설 LPI인젝터
액상연료를 분사하는 인젝터와 연료분사 후 기화잠열에 의한 수분빙결현상을 방지하기 위한 아이싱팁으로 구성

130. 전자제어식 LPG엔진의 믹서를 점검하는 방법을 설명한 것이다. 틀린 것은? 2007.04.01

① 메인듀티 솔레노이드밸브, 슬로우듀티 솔레노이드밸브, 시동솔레노이드밸브의 각 단자저항을 측정하여 저항이 규정값 내에 들어 있으면 양호하다고 판정할 수 있다.
② 슬로우듀티 솔레노이드밸브는 단자에 배터리 전원을 인가했을 때 통로가 연결되고, 전원을 Off했을 때 차단되면 정상이라고 할 수 없다.

 정답 126. ④ 127. ④ 128. ② 129. ① 130. ③

③ 시동솔레노이드밸브는 단자에 배터리 전원을 Off하면 플런저는 작동을 멈추고, 슬로우듀티 솔레노이드의 통로가 연결되면 정상이다.
④ 시동솔레노이드밸브는 단자에 배터리 전원을 인가했을 때 플런저가 작동되면 정상이다.

➡해설 시동솔레노이드밸브(슬로듀티 솔레노이드밸브)는 기관을 시동할 때, 각종 부하가 On이 되었을 때 부족한 LPG를 믹서에 공급하여 기관에 최적의 공연비가 될 수 있도록 컴퓨터가 제어한다.

131. 피드백믹서방식의 LPG기관에서 긴급차단 솔레노이드밸브의 역할은? 2010.07.11

① 급가속 시 솔레노이드밸브를 열어 연료를 보충한다.
② 기온이 낮을 때 솔레노이드밸브를 여는 역할을 한다.
③ 주행 중 엔진정지 시 ECU에 의해 솔레노이드밸브가 Off되어 연료를 차단시킨다.
④ 주행 중 돌발사고로 엔진정지 시 ECU는 액·기상 솔레노이드밸브를 연다.

➡해설 긴급차단 솔레노이드밸브는 주행 중에 사고가 발생한 경우 엔진정지 시 유출되는 LPG를 막기 위해서 작동이 된다.(Off)

132. LPG기관에서 베이퍼라이저가 하는 일이 아닌 것은? 2002.07.21

① 감압작용 ② 기화작용
③ 압력조절기능 ④ 액화제어식

133. LPG기관의 베이퍼라이저압력이 규정에 맞지 않는 경우 어떻게 해야 하는가? 2007.07.15

① 봄베의 공급압력을 조절한다.
② 압력조정스크루를 돌려 조정한다.
③ 액·기상 솔레노이드듀티로 조정한다.
④ 베이퍼라이저는 조정이 불가하므로 교환한다.

134. LPG연료 제어시스템의 공연비제어시스템 중 베이퍼라이저의 슬로우 컷 솔레노이드는 어떤 경우에 작동을 하는가? 2008.03.30

① 엔진구동 중 재시동 시, 감속 시
② 아이들(Idle) 시, 시동 후 제어 시
③ 아이들(Idle) 시, 아이들 업(Idle-up) 제어 시
④ 타행주행 시, 고속주행 시

정답 131. ③ 132. ④ 133. ② 134. ①

135. LPG기관의 베이퍼라이저 2차실의 역할과 기능을 바르게 표현한 것은? 2008.07.13

① 믹서로 유출되는 것을 방지하기 위하여 거의 대기압 수준으로 감압한다.
② 베이퍼라이저에서 믹서로 유출이 잘 될 수 있도록 하기 위하여 믹서의 압력보다 0.3kgf/cm^2 이상 높게 조정한다.
③ 1차실에서 유입된 연료는 2차실로 들어올 때 압력이 떨어지는 것을 방지하기 위하여 약간 상승시킨다.
④ 엔진이 작동되면 베이퍼라이저의 압력이 떨어지므로 2차실에서는 이의 보충을 위한 예비공간이다.

136. LPG연료장치에서 베이퍼라이저에 대한 설명으로 틀린 것은? 2009.03.29

① 연료가 1차실로 들어가면 1차압 조절기구에 의해 가압된다.
② 시동성을 좋게 하려고 슬로우 컷 솔레노이드가 있다.
③ 동결 방지를 위해 냉각수 통로가 있다.
④ 2차실 압력을 대기압에 가깝게 감압하는 작용을 한다.

137. LPG기관에서 베이퍼라이저의 기능이 아닌 것은? 2011.07.31

① 감압작용 ② 기화작용
③ 압력조절작용 ④ 액화작용

138. 다음은 LPG차량의 봄베에 부착된 충진밸브와 안전밸브의 작동에 대한 설명이다. 틀린 것은? 2006.07.16

① 충진밸브는 충진 시 사용하는 밸브로, 내부에 안전밸브와 일체로 되어 있다.
② 안전밸브는 봄베 주변 온도 상승으로 인하여 내압이 24kgf/cm^2 이상이 되면 열려 외부로 방출시킨다.
③ 안전밸브는 내압이 높아져 열렸다가 내압이 16kgf/cm^2 이하로 떨어지면 닫힌다.
④ 안전밸브는 충진 시 뜨개가 일정 이상으로 높아지면 연료 유입을 차단하는 밸브이다.

➡해설 안전밸브가 부착된 충진밸브는 LPG(액상)를 충진할 때 사용하는 밸브이다. 안전밸브는 봄베의 주변 온도 상승(화재 등)으로 봄베의 내압력이 상승하여 24kgf/cm^2 이상이 되면 안전밸브가 작동하여 봄베 내의 연료압력을 일정하게 유지시켜 폭발 등의 위험을 방지하는 기능을 하며 밸브의 색상은 초록색으로 도색되어 있다.

정답 135. ① 136. ① 137. ④ 138. ④

139. LPG연료장치에서 봄베 내의 압력이 일정 압력 이상이 되면 자동으로 용기 내의 LPG를 방출하는 밸브는? 2012.07.22

① 과충전방지밸브 ② 송출밸브
③ 과류방지밸브 ④ 안전밸브

140. 다음은 LPG연료 제어시스템의 공연비제어를 위해 사용되는 각종 액추에이터의 종류를 나열한 것이다. 해당되지 않는 것은? 2005.04.03

① 메인듀티 솔레노이드(믹서)
② 시동솔레노이드(믹서)
③ 슬로우 컷 솔레노이드(베이퍼라이저)
④ 고속기상 솔레노이드밸브(믹서)

➡해설 액・기상 솔레노이드밸브는 LPG탱크에 달려 있다.

141. LPG자동차를 운행하던 중 연료소비가 크게 증가하는 원인으로 가장 거리가 먼 것은 2010.03.28

① 연료필터가 불량하여 연료의 송출량이 많을 경우
② 믹서의 스로틀 어저스팅 스크루조정이 잘못되었을 경우
③ 베이퍼라이저의 1차 압력조정이 잘못되었을 경우
④ 베이퍼라이저의 1, 2차 밸브가 타르에 의해 부식되었을 경우

142. LPG엔진의 연료장치에서 액상 또는 기상의 연료를 선택하여 공급하기 위해서는 어떤 신호를 받아야 하는가? 2009.07.12

① 엔진 회전수 ② 냉각수 온도
③ 흡입공기 온도 ④ 흡입공기량

143. 다음은 LPG자동차의 엔진이 시동되지 않는 원인이다. 해당되지 않는 것은? 2005.07.17

① LPG 배출밸브가 닫혀 있다.
② 솔레노이드밸브(Solenoid Valve)의 작동이 불량하다.
③ 연료필터가 막혀 있다.
④ 봄베(Bombe)의 액면표시장치가 불량하다.

정답 139. ④ 140. ④ 141. ① 142. ② 143. ④

144. 가솔린기관에서 가변흡기장치의 설명으로 적합하지 않은 것은? 2010.03.28

① 흡기밸브의 열림과 닫힘 시기를 조절하여 밸브오버랩을 증가시킨다.
② 엔진회전수와 엔진부하에 따라 흡기다기관의 길이를 변화시킨다.
③ 엔진이 저속회전 시 흡기다기관의 길이를 길게 하여 관성과급효과를 본다.
④ 엔진이 고속회전 시 흡기다기관의 길이를 짧게 하여 흡입저항을 줄인다.

145. 4행정 가솔린기관에서 흡기행정 중에 흡입되는 신(新)기체의 양이 이론적인 값보다 감소되어 흡입되는 이유로 옳지 않은 것은?? 2002.04.07

① 흡・배기밸브 개폐시기의 조정이 불완전하다.
② 흡・배기밸브의 관성이 피스톤운동을 따르지 못한다.
③ 피스톤링 및 밸브 등에서 가스누설이 생긴다.
④ 흡기압력이 대기압보다 낮고 실린더벽 온도는 대기 온도보다 높아 신기체가 팽창하여 밀도가 높아진다.

146. 혼합기가 흡기다기관으로 분배되어 공급되는 형식의 기관에서 각각의 실린더 안으로 유입되는 혼합기의 공연비 차를 발생시키는 주원인은? 2003.03.30

① 공연비가 지나치게 크므로
② 공기의 공급이 부족하므로
③ 기화되지 않은 연료입자가 굴곡면 등에 부착되어서
④ 흡기다기관의 온도가 높아 밀도의 감소로 인한 산소의 부족 때문에

147. 터보차저는 디젤차량의 엔진에 주로 사용되고 있는데 이것을 장착하는 주목적은 무엇인가? 2002.07.21

① 배출가스 중 NO의 생성을 억제하기 위하여
② 기관의 출력을 증대시키기 위하여
③ 압축압력 상승을 증대하기 위하여
④ 기관의 연소소음을 줄이기 위하여

148. 과급기가 없는 디젤기관을 과급기관으로 바꿀 때 변형사항으로 맞는 것은? 2005.07.17

① 압축비를 1.5~2 정도 낮춰 주어야 한다.
② 연료분사파이프의 직경을 크게 한다.
③ 분사노즐을 다공형으로 바꿔 주어야 한다.
④ 플라이휠의 무게와 크기를 늘린다.

정답 144. ① 145. ④ 146. ③ 147. ② 148. ①

149. 터보차저시스템에서 엔진을 급가속하면 펌핑된 다량의 공기는 배출가스의 양을 증가시키게 되고, 이 배출가스의 증가는 다시 흡입공기의 양을 증가시키는 일을 반복하게 되어 기관출력이 급속히 증가하여 통제가 안 되는 상황에 이를 수도 있게 된다. 따라서 배출가스의 양을 통제하는 기능이 필요하게 되어 밸브를 설치하는데 이 밸브를 무엇이라고 하는가?

2007.04.01, 2009.07.12

① 서모밸브 ② 터보밸브
③ 캐니스터밸브 ④ 웨스트게이트밸브

150. 터보차저 과급기를 사용하는 기관의 설명으로 틀린 것은? 2007.07.15

① 고온·고압의 배기가스에 의해 터빈을 고속회전시킨다.
② 고속주행 후 자동차를 정지시킬 경우에는 엔진을 정지시키지 않고 1~2분간 아이들링을 계속한 후 엔진을 정지한다.
③ 공기를 압축하여 흡기 온도가 상승하고 산소밀도가 증가하여 노킹을 일으키기 쉽다.
④ 흡기 온도를 낮추기 위하여 인터쿨러를 사용한다.

151. 기관에 과급기를 설치하는 가장 주된 목적은? 2008.03.30

① 압축압력을 높여 착화지연기간을 길게 하기 위하여
② 기관 회전수를 높이기 위하여
③ 연소소비량을 많게 하기 위하여
④ 공기밀도를 증가하여 출력을 향상시키기 위하여

152. 과급압력의 증가에 따라 연소압력이 상승되는데 이것을 보완하는 방법은? 2010.07.11

① 압축비를 증가시킨다.
② 급기의 밀도를 감소시킨다.
③ 급기를 냉각시킨다.
④ 냉각수 온도를 증가시킨다.

153. 관로의 도중에 큰 실을 설치하여 배기가스를 급격히 팽창시켜 온도를 하강시킴과 동시에 소음(消音)작용을 하도록 한 소음기는? 2005.07.17

① 용적형 ② 공명형
③ 흡수형 ④ 저항형

154. 자동차의 배기장치에 대한 설명으로 틀린 것은? 2006.04.02

① 기통수가 1개인 기관에서는 실린더에 배기매니폴드 없이 직접 배기파이프를 부착한다.
② 배기파이프는 배기가스를 외부로 방출하는 강관이며 배기가스 열의 일부를 발산하는 역할도 한다.
③ 소음기를 부착하면 기관의 배압이 감소하고 출력이 높아진다.
④ 배기관은 배기가스의 흐름에 저항을 주지 않아야 한다.

155. 기관에서 배기장치의 기능으로 틀린 것은? 2011.04.17

① 배기가스의 강한 충격음을 완화시킨다.
② 배기가스가 유출되는 데 큰 저항을 주지 않도록 한다.
③ 배기가스가 차실 내로 유입되지 않게 한다.
④ 소음기가 설치되어 배기가스의 유해물질을 저감시킨다.

156. 배기장치에 의해 일어나는 엔진의 배압이 더 커지게 되는 가장 큰 원인은? 2002.04.07

① 부식된 소음기
② 오버사이즈의 소음기
③ 부식된 배기관
④ 오일과 탄소알맹이로 막혀 있는 소음기

157. 먼지가 많은 곳에서 사용되는 여과기로, 흡입공기가 회전운동을 하면서 입자가 큰 먼지나 이물질을 분리시키는 형식의 여과기는? 2012.07.22

① 건식 여과기
② 습식 여과기
③ 오일배스여과기
④ 원심식 여과기

158. 흡기계통으로 유입되는 공기를 가열하는 방법이 아닌 것은? 2009.03.29

① 배기열의 일부를 이용하여 흡기매니폴드의 온도를 상승시킨다.
② 예열플러그를 사용하여 흡입공기를 가열한다.
③ 흡기매니폴드 주위에 물재킷을 만들어 온수를 순환한다.
④ 배기가스를 직접 흡기매니폴드의 일부로 유도하여 이용한다.

159. 기관의 효율을 향상시키기 위한 흡기다기관의 필요조건이 아닌 것은? 2005.04.03

① 흡입공기의 고온화
② 혼합기의 균일화
③ 연료 기화성의 향상
④ 체적효율의 향상

 정답 154. ③ 155. ④ 156. ④ 157. ④ 158. ② 159. ①

160. 다음 중 행정체적이나 회전속도에 변화를 주지 않고 기관의 흡기효율을 높이기 위한 방법은?
2008.07.13

① 공기여과기 설치
② 과급기 설치
③ 흡기관의 진공도 이용
④ EGR밸브 설치

161. 유해배기가스의 저감대책방안이 아닌 것은? 2011.07.31

① 압축비의 적정화
② 밸브오버랩의 적정화
③ 배기가스속도의 적정화
④ 연소실 및 행정체적의 적정화

➡해설 엔진 개선, 공연비제어, 산소센서, EGR, 연료분사 및 점화시기제어, 삼원촉매

162. 아래 그림은 3원촉매의 정화율을 나타낸 그래프이다. 각 선을 바르게 표현한 것은?
2001.03.04

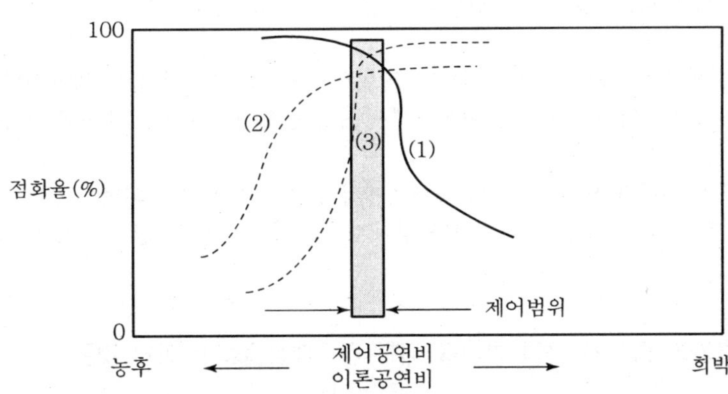

① (1) → NO_x, (2) → CO, (3) → HC
② (1) → NO_x, (2) → HC, (3) → CO
③ (1) → CO, (2) → NO_x, (3) → HC
④ (1) → HC, (2) → CO, (3) → NO_x

163. 삼원촉매변환기에서 촉매작용을 하는 금속이 아닌 것은? 2002.07.21

① 산화알루미늄
② 백금
③ 로듐
④ 파라듐

정답 160. ② 161. ③ 162. ② 163. ①

164. 배기 배출물의 정화에 사용되는 촉매의 설명 중 맞는 것은? 2004.04.04

① 산화촉매는 배기 중의 NO_X를 환원시켜 N_2와 CO_2로 만든다.
② 산화촉매는 배기 중의 CO와 HC를 산화시켜 CO_2와 H_2O로 만든다.
③ 3원촉매는 배기 중의 SO_x, HC, NO_x를 동시에 하나의 촉매로 처리한다.
④ 3원촉매는 배기 중의 SO_x, CO, NO_x를 동시에 하나의 촉매로 처리한다.

➡해설 산화촉매는 CO와 HC를 산화시켜 CO_2와 H_2O로 만든다.
3원촉매는 1개의 촉매로 CO와 HC를 산화시켜 CO_2와 H_2O로 만들고 NO_x를 환원시켜 N_2로 처리한다.

165. NO_x가 가장 많이 발생되는 공연비는? 2001.03.04

① 농후한 혼합비 ② 희박한 혼합비
③ 이론혼합비 ④ 실제혼합비

➡해설 NO_x는 혼합기가 연소실 내에서 연소하여 온도가 상승했을 때 질소와 산소가 반응하여 발생된 물질이다.
NO_x의 발생량은 연소온도와 관계되며 연소온도가 높은 경우에 많이 발생된다. 연소온도는 이론공연비보다 약간 희박한 혼합상태에서 가장 높으며 NO_x도 이 부근의 공연비에서 가장 발생이 많이 된다.
연소온도가 최대가 되는 15 : 1의 공연비에서 발생량이 최대가 되며 혼합기가 희박하거나 또는 농후한 상태에서는 연소온도가 낮아져 NO_x의 발생량이 감소한다.

166. 자동차의 배출가스 중에서 공해 방지를 위한 감소대상물질이 아닌 것은? 2003.03.30

① N_2 ② HC
③ CO ④ NO_x

➡해설 ① 공기성분 : 산소(O_2), 질소(N_2)
② 연료성분 : 수소(H), 탄소(C)
③ 유해배기가스 : 일산화탄소(CO), 탄화수소(HC), 질소산화물 (NO_x)
④ 무해배기가스 : 물(H_2O), 이산화탄소(CO_2), 질소(N_2), 산소(O_2), 수소(H)

167. 현재까지의 공해방지장치를 열거한 것 중 틀린 것은? 2006.07.16

① 촉매변환장치 ② 배기가스 재순환장치
③ 2차 공기공급장치 ④ 실리렌 배기장치

 정답 164. ② 165. ③ 166. ① 167. ④

168. 다음 중에서 일산화탄소(CO) 및 탄화수소(HC)의 배출을 감소시키기 위한 장치는?
2007.04.01

① 2차 공기공급장치 ② 블로우바이가스 환원장치
③ EGR장치 ④ 리드밸드장치

169. 자동차 배출가스는 그 배출원에 따라 3가지로 구분하는데 여기에 해당하지 않는 것은?
2008.03.30

① 불활성가스 ② 배기가스
③ 블로우바이가스 ④ 연료증발가스

170. 내연기관의 공해방지장치로서 배기관으로부터 배출되는 CO 및 HC를 높은 온도조건(900~1,000℃)과 산소를 공급하여 재연소시키는 장치는? 2008.03.30

① 열반응장치(Thermal Reactor)
② 촉매변환장치(Catalytic Converter)
③ 층상장치
④ 배기가스 재순환장치

171. 자동차의 유해배출가스와 원인에 대한 내용을 관계있는 것끼리 연결한 것 중 틀린 것은?
2008.07.13

① NO_x의 배출량 증가 - 연소온도의 낮음
② CO의 증가 - 불완전연소
③ HC의 증가 - 증발가스의 과다 배출
④ CO, HC, NO_x의 증가 - 3원촉매장치의 파손

172. 기관의 배기가스 중 HC를 감소시키는 요인으로 틀린 것은? 2009.07.12

① 점화전압 증가 ② 희박연소
③ 실린더 벽면의 온도 상승 ④ 압축비의 감소

정답 168. ① 169. ① 170. ① 171. ① 172. ④

173. 디젤자동차의 배출가스 후처리장치인 DPF(Diesel Particulate Filter)를 설명한 것 중 틀린 것은?
2012.07.22

① 포집된 매연(PM)을 재생(연소)하기 위해 사후분사를 실시함
② 포집된 매연(PM)을 재생(연소)할 때의 온도는 대략 100℃ 정도임
③ 포집된 매연(PM)을 재생(연소)할 때의 DPF의 앞뒤 압력센서의 신호를 받음
④ 배기관의 매연(PM)을 포집하고 재생(연소)하는 장치임

➡해설 매연(PM)을 재생(연소)할 때의 온도는 대략 550~600℃

174. 압축 및 폭발행정 시 실린더 벽과 피스톤 사이로 연소가스가 새어 나오는 것을 무엇이라 하는가?
2001.09.23, 2004.04.04, 2005.04.03

① 블로다운
② 베이퍼록
③ 블로바이
④ 피스톤슬랩

➡해설 ① 블로다운(Blow Down) : 배기행정 초기에 배기밸브가 열려 배기가스 자체의 압력에 의하여 배기가스가 배출되는 현상이다.
② 블로바이(Blow By) : 압축 및 폭발행정 시 실린더 벽과 피스톤 사이로 연소가스가 새어 나오는 현상이다.

175. 배기가스 정화장치인 촉매변환기의 정화율은 촉매변환기 입구의 배기가스 온도에 관계되는데, 약 몇 ℃ 이상에서 높은 정화율을 나타내는가? 2005.07.17

① 50
② 150
③ 250
④ 350

➡해설 300~800℃ 범위에서 촉매작용, 약 600℃에서 최대효율을 발휘

176. 배출가스 정화에 사용되는 촉매물질의 종류가 아닌 것은? 2006.04.02

① 산화촉매
② 원촉매
③ 흑연촉매
④ 환원촉매

177. 촉매변환기가 가장 좋은 정화성능을 발생시키는 공기와 연료의 혼합비는? 2010.03.28

① 최대출력혼합비
② 최소출력혼합비
③ 이론공기연료혼합비
④ 희박공기연료혼합비

정답 173. ② 174. ③ 175. ④ 176. ③ 177. ③

178. 디젤 배기가스 전처리장치 적용방식에 속하지 않는 것은? 2011.04.17

① 과급기제어
② PM포집제어
③ 가변 및 다밸브제어
④ 커먼레일분사제어

179. 연료탱크로부터 발생한 증발가스를 저장했다가 운전 중 흡입부압을 이용하여 인테이크 매니폴드에 보내는 것은? 2003.07.20, 2010.07.11

① 캐니스터
② 에어컨트롤밸브
③ 인탱크필터
④ 에어바이패스 솔레노이드밸브

180. 다음 설명 중 옳은 것은? 2003.07.20

① 산소센서의 출력전압은 과잉공기율 1에서 가장 크다.
② 기관이 과잉공기율 1에서 운전하는 가장 큰 이유는 출력 증가를 위해서이다.
③ P.C.V(Purge Control Valve)는 캐니스터에 포집된 증발가스를 제어하는 밸브이다.
④ 노크센서는 엔진의 가속 시에만 작동되고 사용온도 범위는 130℃ 정도이다.

181. 증발가스 제어장치의 퍼지컨트롤 솔레노이드밸브(PCSV)의 작동을 설명한 것으로 틀린 것은? 2012.07.22

① 일정시간 작동하다가 캐니스터에 포집된 증발가스가 없다고 ECU에서 판단되면 작동 중지
② 퍼지컨트롤 솔레노이드밸브는 평상시 열려 있는 방식(Normal Open)의 밸브임
③ 공회전상태에서도 연료탱크 및 증발가스라인의 압력을 줄이기 위해 작동은 되나 주로 공전 이외의 영역에서 작동함
④ 엔진이 웜업(Warm－Up)된 상태에서 작동함

182. 배기가스 재순환장치는 배기가스 중 어떤 가스를 제어하는 목적으로 사용되는가? 2002.04.07, 2004.07.18

① 일산화탄소(CO)
② 탄화수소(HC)
③ 질소산화물(NO_x)
④ 탄산가스(CO_2)

정답 178. ② 179. ① 180. ③ 181. ② 182. ③

183. EGR(Exhaust Gas Recirculation)밸브가 열린 상태로 고착되었을 때 나타나는 증상과 거리가 먼 것은? 2012.04.08

① 엔진이 부조한다.
② HC가 증가한다.
③ 엔진출력이 저하된다.
④ NO_x 발생이 증가한다.

184. 배기가스의 유해가스 저감장치 중 E.G.R방식이란? 2005.04.03

① 배기가스 정화방식
② 배기가스 재순환방식
③ 촉매 재연소방식
④ 배기가스 조절방식

185. 다음은 전자제어기관에 대한 설명이다. (   ) 안에 들어갈 내용으로 맞는 것은? 2009.07.12

> 감속 시는 스로틀밸브가 (   ) 때문에 흡기관 내 압력은 (   )진다. 따라서 흡기밸브 및 그 주위의 부착연료는 기화가 촉진되기 때문에 가속 시와는 반대로 공연비는 (   )해지므로 그 분량만큼 연료의 (   )이 필요하다.

① 열리기, 낮아, 농후, 감량
② 열리기, 높아, 희박, 증량
③ 닫히기, 낮아, 농후, 감량
④ 닫히기, 높아, 희박, 증량

186. 전자제어 가솔린기관에서 공연비 피드백(Feed-Back)제어에 대한 설명으로 틀린 것은? 2009.07.12

① 산소센서의 출력신호를 이용한다.
② 산소센서(지르코니아방식)의 출력전압이 낮으면 연료분사량을 감량시킨다.
③ 배기가스의 정화능력이 향상되도록 이론공연비를 유지한다.
④ 연료분사량을 증량 또는 감량시킨다.

187. 전자제어식 가솔린분사장치에서 연료의 기본 분사량을 결정하는 가장 중요한 인자는? 2007.07.15

① 기관 회전수와 흡입공기량
② 점화시기와 기관 회전수
③ 냉각수 온도와 흡입공기량
④ 점화시기와 냉각수 온도

➡해설 ① 기본분사시간$=k \times A/R$(k : 정수, A : 흡입공기량, R : 엔진회전수)
② 보정계수 : 냉각수온, 흡기 온도, 대기압, 부하
③ 무효분사시간 : 인젝터 작동시간 지연(노화, 불량)

 정답 183. ④ 184. ② 185. ③ 186. ② 187. ①

188. MAP센서방식의 전자제어 연료분사장치기관에서 분사밸브의 분사시간 I_t(ms)를 구하는 공식으로 맞는 것은?(단, 기본분사시간 P_t, 기본분사시간 수정계수 c, 분사밸브의 무효분사시간 V_t) 2010.07.11

① $I_t = P_t \times c + V_t$
② $I_t = P_t + c + V_t$
③ $I_t = c \times V_t + P_t$
④ $I_t = P_t \times V_t + c$

해설 연료분사시간(I_t) = 기본분사시간(P_t)×보정계수(c) + 무효분사시간(V_t)

189. 점화간격의 60%를 드웰각으로 할 때, 4행정 사이클 6실린더기관에서의 드웰각은 몇 도인가? 2003.07.20

① 60°
② 54°
③ 48°
④ 36°

해설 드웰 계산법 $= \dfrac{360°}{6(\text{기통수})} \times 0.6 = 36°$

190. 전자제어 가솔린연료 분사기관의 특성으로 옳지 않은 것은? 2011.07.31

① 기화기식 기관에 비해 연비를 향상시킬 수 있다.
② 급격한 부하변동으로 연료공급이 신속히 이루어진다.
③ 압축압력이 상승하여 토크가 증가한다.
④ 연소가스 중에 유해배기가스가 감소한다.

191. 전자식 연료분사장치에서 L-Jetronic의 장점 중 틀린 것은? 2004.07.18

① L-Jetronic은 공기흡입계통에 기화기와 같이 벤투리를 설치할 필요가 없어 흡입저항이 적다.
② 연료의 과잉공급이 억제되어 운전조건에 이상적인 혼합기 공급으로 동일 출력에 대한 연비가 절감된다.
③ 희박한 혼합기에서도 운전이 가능하나 유해배출가스가 다량 발생된다.
④ 연료의 무화가 양호하기 때문에 시동성이 매우 좋다.

해설 전자식 연료분사장치의 가장 큰 목적은 유해배출가스를 감소시키는 것이다.

정답 188. ① 189. ④ 190. ③ 191. ③

192. 간헐분사방식으로 공기의 체적을 직접 계량하는 전자제어 연료분사방식을 사용하는 것은? 2005.07.17

① L – Jetronic　② K – Jetronic
③ LH – Jetronic　④ KE – Jetronic

193. 전자제어 가솔린 분사기관에서 연소 시 1회에 필요한 연료의 질량을 결정하는 요소에 들지 않는 것은? 2005.07.17

① 기관 회전속도　② 흡기공기의 질량
③ 목표 공연비　④ 기관의 압축압력

194. 가솔린기관에서 연료분사장치를 사용할 때의 장점에 해당되지 않는 것은? 2004.07.18, 2007.04.01

① 체적효율이 증대된다.
② 소기에 의한 연소손실이 없다.
③ 역화의 염려가 없다.
④ 증기폐쇄가 발생 시 연료분사량이 정확하다.

➡해설 과열로 인하여 증기 폐쇄(베이퍼 록)현상이 발생하면 연료분사량이 부정확하다.

195. 전자제어 연료분사장치의 장점이 아닌 것은? 2008.07.13

① 시동분사량을 제어하여 시동할 때 매연발생이 없다.
② 에어컨 및 조향장치 등의 동력손실에 관계없이 안정된 공전속도를 유지한다.
③ ECU에 의해 분사량이 보정되어 동력전달 시 헌팅현상을 일으킬 수 있다.
④ 가속위치와 회전력의 특성이 ECU에 입력되어 주행상태에 따라 제어된다.

196. 전자제어 가솔린기관에서 연료분사량에 대한 설명으로 틀린 것은? 2012.04.08

① 축전지전압이 낮을 경우 인젝터 무효분사기간이 길어져 연료분사량이 증가한다.
② 엔진이 냉각된 상태에서는 연료를 증량보정한다.
③ 감속 시에는 흡기관압력이 낮아 공연비가 농후하게 되므로 감량보정한다.
④ 감속 시와 고회전 시 일정시간 연료를 차단한다.

 정답 192. ① 193. ④ 194. ④ 195. ③ 196. ①

해설 ① 기본연료분사량 : 일정한 공연비(A/F)를 만들기 위해 흡입공기량을 계측하여 기관 회전수로 나눠 결정(흡기 온도, 냉각수 온도, 대기압에 따라 보정)
② 목표 공연비 : 엔진의 동력성능, 응답성, 배기가스 정화, 연료의 경제성 등을 고려하여 목표 공연비가 결정되면, 목표 공연비로부터 연소 1회에 필요한 연료질량이 결정된다.

197. 연료압력조절기는 연료의 압력을 일정하게 유지시키는 역할을 한다. 연료압력조절기 내의 압력이 일정 압력 이상일 경우 어떻게 하는가? 2009.03.29

① 흡기다기관의 압력을 낮추어 준다.
② 연료를 연료탱크로 되돌려 보내 압력을 조정한다.
③ 연료펌프의 공급압력을 낮추어 공급시킨다.
④ 인젝터의 분사압을 높여 준다.

198. 가솔린기관에서 기관 회전속도와 점화진각의 관계는? 2002.07.21

① 회전수의 증가와 더불어 점화진각을 크게 한다.
② 회전수의 감소와 더불어 점화진각을 크게 한다.
③ 회전수에 관계없이 점화진각을 일정하게 한다.
④ 토크의 증가에 따라 점화진각을 크게 한다.

199. 점화시기가 너무 늦을 때 일어나는 현상이 아닌 것은? 2008.07.13

① 노킹현상이 발생한다.
② 연료소비량이 증대한다.
③ 엔진이 과열된다.
④ 배기통로에 카본이 퇴적된다.

해설 가솔린기관에서 점화시기가 너무 빠를 때는 노킹현상이 발생된다.

200. 자동차 점화장치에서 점화요구전압에 영향을 미치지 않는 인자는? 2007.04.01

① CO 배출농도 ② 압축압력
③ 혼합기의 온도 ④ 자동차의 속도

정답 197. ② 198. ① 199. ① 200. ④

201. 그림과 같은 동시점화방식 회로에서 ECU의 6번 단자에서 파워트랜지스터로 연결된 B_1 단자의 연결시간이 길어지면 어떤 현상이 일어날지를 맞게 설명한 것은? 2008.07.13

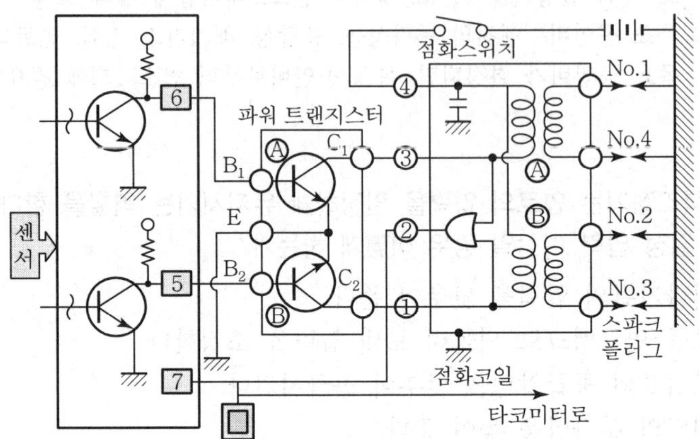

① 2, 3번에 사용되는 점화코일의 드웰(Dwell)이 길어진다.
② 1, 4번에 동시 사용되는 점화코일의 드웰(Dwell)이 길어진다.
③ 3, 4번 점화코일의 고압발생시간이 증가하여 드웰(Dwell)이 길어진다.
④ 어떤 경우에든지 동시점화방식이므로 변화가 없다.

202. 그림과 같은 동시점화방식 회로에서 ECU의 5, 6번 단자에서 파워트랜지스터로 연결된 단자에 계속해서 전원이 인가된다면 어떤 현상이 발생하는지 바르게 설명한 것은? 2009.07.12

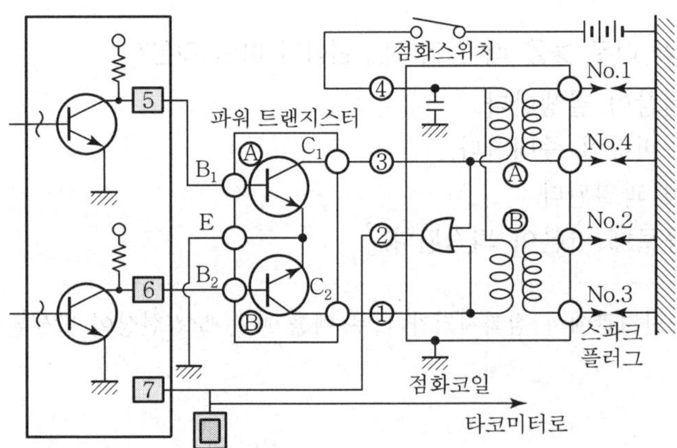

① 점화코일에는 항상 고전압이 발생된다.
② 1, 4번 실린더에만 고압이 발생된다.
③ 점화코일에 고압이 발생하지 않는다.
④ 2, 3번 실린더에만 고압이 발생된다.

 정답 201. ② 202. ③

203. 전자제어 가솔린기관에서 피드백제어가 해제되는 경우가 아닌 것은? 2004.04.04

① 전부하 출력 시 ② 연료 차단 시
③ 희박신호가 길게 계속될 때 ④ 냉각 수온이 높을 때

해설 전부하 출력 시, 연료 차단 시, 희박신호가 길게 계속될 때는 피드백제어를 하지 않는다.

204. 엔진 ECU에서 직접 제어하지 않는 것은? 2001.09.23

① 인젝터 ② 공회전제어
③ 연료펌프릴레이 ④ 점화시기

해설 ECU의 Big 3 Control
① Fuel Injection
② Ignition Timing
③ Idling Control

205. 전자제어 차량에서 기관의 전자제어 컨트롤모듈(ECM)에 입력되는 신호가 아닌 것은? 2003.03.30

① 스로틀밸브 열림장치 ② 1번 실린더 상사점 위치
③ 배출되는 가스의 산소농도 ④ 연료인젝터 가동시간

206. 전자제어 자동차 ECU의 기억장치 중 미리 정해진 데이터를 장기적으로 기억하는 소자는? 2004.07.18

① ROM ② RAM
③ MSI ④ ECM

해설 ROM(Read-Only Memory) : 읽기 전용 메모리
RAM(Random Access Memory) : 읽기, 쓰기를 자유롭게 할 수 있는 메모리

207. 직접분사식(GDI)을 간접분사식과 비교했을 때 단점은? 2011.04.17

① 연료분사압력이 상대적으로 낮다.
② 희박혼합기모드에서는 NO_x의 발생이 현저하게 증가한다.
③ 분사밸브의 작동전압이 너무 낮다.
④ 내부 냉각효과가 너무 낮다.

정답 203. ④ 204. ③ 205. ④ 206. ① 207. ②

208. GDI방식의 장점이 아닌 것은? 2009.03.29

① 내부 냉각효과를 이용할 수 있다.
② 부분부하영역에서는 혼합기의 질을 제어할 수 있어, 평균유효압력을 높일 수 있다.
③ 간접분사방식에 비해 기관이 냉각된 상태에서 또는 가속할 때 혼합기를 더 농후하게 해야 된다.
④ 충상급기를 통해 EGR비율을 높일 수 있다.

➡해설 간접분사식은 GDI방식에 비해 기관이 냉각된 상태에서 또는 가속할 때 혼합기를 더욱 농후하게 해야 된다.

209. OBD－II 시스템의 주요 감시기능에 속하지 않는 것은? 2009.03.29

① 촉매기의 기능감시
② 2차 공기시스템의 기능감시
③ 공기비센서의 기능감시
④ 고전압분배 기능감시

➡해설 OBD(On-Board Diagnostic : 배출가스 자기진단장치)의 감시기능
① 촉매기의 기능감시
② 공기비센서의 기능감시
③ 기관실화 감시
④ EGR 기능감시
⑤ 증발가스제어장치의 기능감시
⑥ 2차 공기시스템의 기능감시

210. 점화장치에서 파워TR베이스 신호구간 설명과 거리가 먼 것은? 2011.07.31

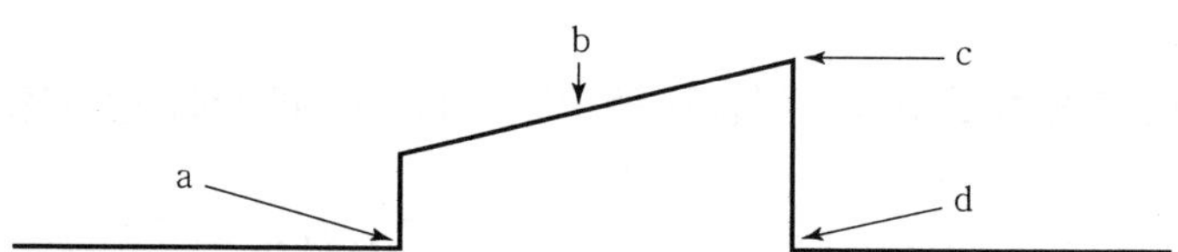

① a : 점화 1차 코일에 전류가 흐르기 시작한다.
② b : 점화 1차 코일에 전류가 흐르는 기간이다.
③ c : 점화 2차에 역기전력이 발생된다.
④ d : 점화 2차 전압이 소멸된다.

211. 산소센서의 전해질로 쓰이는 물질은 무엇인가? 2001.03.04

① 규소 ② 알루미늄 ③ 구리 ④ 지르코니아

➡해설 전해질이란 전류가 흐르는 물질을 의미하며 산소센서에서는 지르코니아, 또는 티타니아가 사용된다.

정답 208. ③ 209. ④ 210. ④ 211. ④

212. 산소센서가 피드백하지 않는 조건을 기술한 내용으로 틀린 것은? 2001.03.04

① 냉각수 온도 10℃ 이하 ② 연료 컷 상태
③ 혼합비 리치(농후)세트 ④ 산소센서의 정상

해설 산소센서가 정상일 때는 피드백을 한다.

213. 기관에서 산소센서를 설치하는 목적으로 가장 알맞은 것은? 2002.04.07

① 정확한 공연비제어를 위해서
② 일시적인 인젝터의 작동 차단을 위해서
③ 연소실의 불완전연소를 해소하기 위해서
④ 연료펌프 작동압의 정확한 조정을 위해서

214. 지르코니아 O_2센서의 설명 중 틀린 것은? 2004.04.04

① 백금전극을 보호하기 위해 전극 외측에 세라믹을 도포한다.
② 센서 내측에는 배출가스를, 외측에는 대기를 도입한다.
③ 지르코니아 소자는 내외면의 산소농도차가 크면 기전력이 발생한다.
④ 산소농도의 차이가 클수록 기전력의 발생도 커진다.

해설 센서 내측에는 신선한 공기(대기)가, 외측에는 배출가스가 각각 접하고 있다.

215. 그림은 엔진이 정상적인 난기상태에서 정화장치(촉매) 앞뒤에 설치된 산소센서 출력이다. 설명 중 옳은 것은? 2004.04.04, 2008.03.30

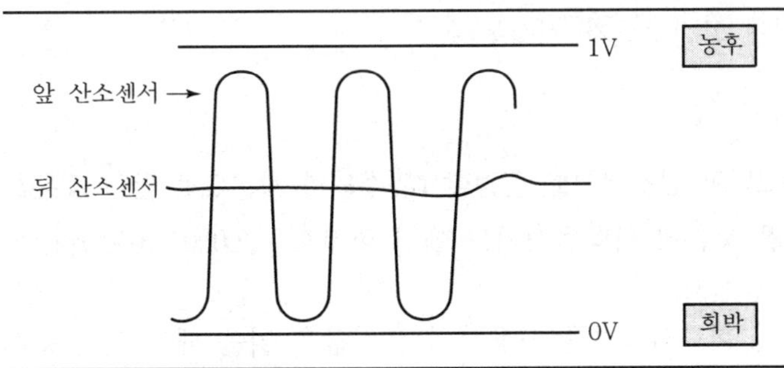

① 정화장치(촉매) 고장이다.
② 뒤쪽에 설치된 산소센서 고장이다.
③ 정화장치(촉매)가 정상적인 작용을 하고 있다.
④ 앞쪽 산소센서가 정상적으로 동작할 때 뒤쪽 산소센서는 동작을 멈춘다.

정답 212. ④ 213. ① 214. ② 215. ③

➡해설 촉매 앞에 설치된 산소센서는 정상적으로 피드백제어를 하고 있으며 뒤의 산소센서는 촉매의 산화작용으로 0.5V 근처의 출력값을 나타낸다.

216. 전자제어 연료분사방식에 사용되는 지르코니아방식의 산소센서에 대한 설명으로 맞지 않는 것은? 2004.07.18

① 이론공연비 부근에서 센서의 전압변화가 급격하게 일어난다.
② 산소센서에서 발생되는 전압은 0~1V이다.
③ 농후한 혼합기로 연소시켰을 경우에 기전력은 0V에 가까워진다.
④ 센서 표면의 산소농도 차이가 클수록 기전력의 발생이 커진다.

➡해설 혼합기가 농후할 때는 기전력이 1V에 가까워지고 희박할 때는 0V에 가까워진다.

217. 질코니아 소자를 이용하여 만든 O_2센서는 λ값 얼마를 경계로 출력이 급격하게 변하는가? 2006.04.02

① 0.6 ② 0.8
③ 1.0 ④ 1.2

218. 산소센서의 고장 시 나타나는 결과가 아닌 것은? 2006.07.16

① 가속력출력이 부족하다.
② 규정 이상의 CO 및 HC가 발생한다.
③ 연료소비율이 일정하다.
④ ECU에 고장코드가 저장된다.

219. 산화 질코니아 산소센서를 점검할 때 주의할 사항으로 틀린 것은? 2010.07.11

① 엔진을 충분히 워밍업시키고 엔진 회전수를 2,000~3,000rpm까지 상승시켜 배기관을 뜨겁게 한다.
② 디지털 회로시험기를 사용하여 출력값을 읽을 때는 전압으로 선택하여 출력단자에 접속한 후 엔진의 가동상태에서 측정한다.
③ 배기관이 뜨거워진 상태에서 측정하며, 엔진 회전수에 따라 출력값의 변화를 확인한다.
④ 엔진의 가동상태에서 출력전압은 항상 일정하게 출력되어야 정상이며, 값이 변동 시에는 센서를 교환한다.

 정답 216. ③ 217. ① 218. ③ 219. ④

220. 자동차에 사용되는 반도체센서 중 압력을 검출하는 센서가 아닌 것은? 2010.07.11

① 대기압센서　② 과급압력센서
③ 맵센서　④ 핫필름센서

➡해설 핫필름센서는 흡입질량에 비례하는 전압으로 검출

221. MPI(Multipoint Injection)계통의 차량에서 ECU(컴퓨터)로의 입력센서가 아닌 것은? 2006.04.02

① 공기흐름센서　② 산소센서
③ 스로틀포지션센서　④ 퍼지컨트롤센서

222. 전자제어 가솔린기관에서 엔진컴퓨터(ECU)로 입력되는 센서가 아닌 것은? 2010.03.28

① 공기흐름센서　② 산소센서
③ 스로틀포지션센서　④ 퍼지컨트롤센서

➡해설 연료증발가스 제어장치에는 캐니스터와 스로틀보디 사이에 퍼지컨트롤 솔레노이드밸브가 설치되어 있어 컴퓨터제어에 의해 통로를 개폐하는 역할을 한다.

223. 다음 그림은 전자제어기관의 흡기다기관 압력센서(MAP센서)파형이다. 전압변동파형을 2차 트리거(1번 실린더 점화시점 기준)하여 나타낸 설명 중 틀린 것은? 2001.03.04

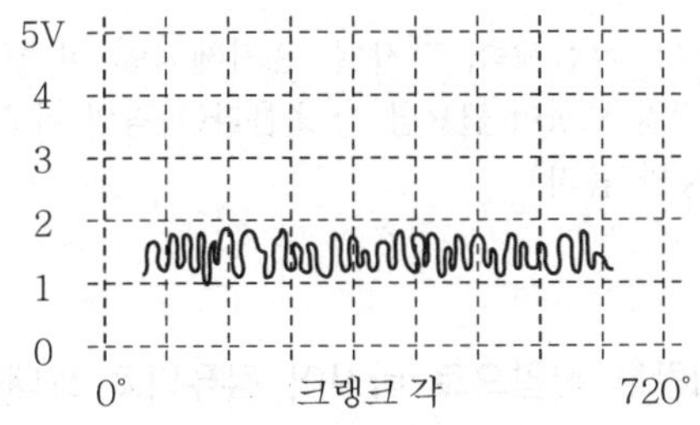

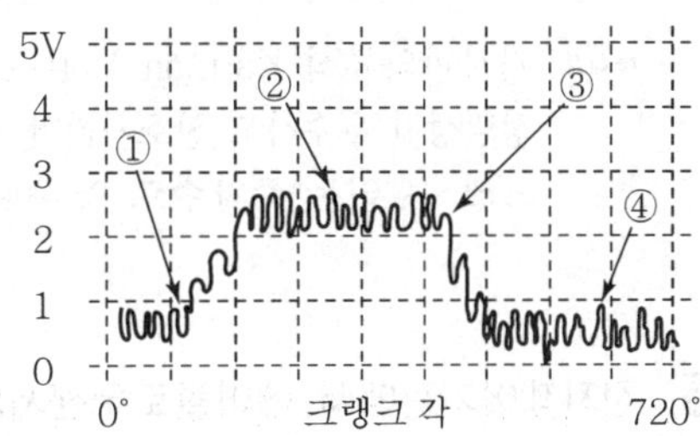

① 급가속하면 파형이 내려간다.
② 그림의 상태는 공회전상태이다.
③ 키스위치만 On한 상태에서는 파형이 올라간다.
④ 가속을 계속하고 있는 상태에서도 유사한 높이에서 파형이 나온다.

해설 ① 공기흡입 시작 : 1V 이하
② 흡입맥동파형 : 흡입되는 공기의 맥동이 나타난다.(밸브 서징현상 등에 의해 파형 증가)
③ 스로틀밸브 닫힘 : 감속속도에 따라 파형 변화
④ 공회전상태 : 0.5V 이하
• 역할 : 흡입매니폴드의 압력변화를 전압으로 변화시켜 ECU로 보낸다. 즉, 급가속 시에는 매니폴드 내의 압력이 대기압과 농등한 압력으로 상승하게 되므로 MAP센서의 출력전압은 5V로 높아지고, 급감속 시에는 매니폴드 내의 압력이 급격히 떨어지므로 MAP센서의 출력값은 낮아지게 된다. ECU는 이 신호에 의해서 엔진의 부하상태를 판단할 수 있고, 흡입공기량을 간접계측할 수 있으므로 연료분사시간을 결정하는 주 신호로 사용한다.

224. 흡기다기관의 압력 변화로 엔진의 공기흡입량을 측정하는 센서는? 2001.09.23

① TPS ② MAP센서 ③ O_2센서 ④ ATS

해설 맵센서(MAP Sensor) : 전자식, 간접계측, 아날로그, 흡기체적에 비례하는 전압 사용이 많으나 고장률 높음, 대기압 보정 필요

225. 가솔린분사장치의 공기량 계량방식에서 칼만와류식은 어느 계량방식에 속하는가? 2002.07.21

① 기계식 체적유량 계량방식 ② 베인식 질량유량 계량방식
③ 초음파식 체적유량 계량방식 ④ 열선식 질량유량 계량방식

해설 카르만와류식(Kármán Vortex) : 전자식, 직접계측, 디지털, 흡기체적에 비례하는 주파수, 정밀성이 우수하고 신호처리가 쉬움, 대기압 보정이 필요함 → 초음파(사람의 귀로는 소리로서 느낄 수 없는 주파수로 약 20kHz 이상의 음파)

226. 전자제어기관에서 에어플로우센서의 감지량을 전압으로 바꾸어 컴퓨터로 보내는 부품은? 2002.07.21

① 포텐시오메터 ② 흡기온도센서
③ 대기온도센서 ④ 스로틀포지션센서

해설 센서플랩의 축에 설치된 포텐시오미터(Potentio Meter)가 센서플랩의 개도를 전기적 신호로 변환시켜 ECU에 전달한다.

 정답 224. ② 225. ③ 226. ①

227. 핫필름타입(Hot Film Type)의 에어플로우센서에 대한 특징을 설명한 것 중 맞는 것은?
2003.03.30, 2012.04.08

① 세라믹 기판을 층저항으로 집적시켰다.
② 자기청정기능의 열선이 있다.
③ 백금선을 사용한다.
④ 와류에 의한 주파수를 검출하여 공기량을 측정한다.

228. 전자제어 연료분사장치기관에서 흡입되는 공기유량을 검출하는 방식으로 맞지 않는 것은?
2003.03.30

① 베인식 에어플로우미터
② 공기유량 열량식 미터
③ 칼만와류식 에어플로우미터
④ 열선식 에어플로우미터

229. 흡입공기량을 직접 검출하는 에어플로우미터(A.F.M)에 속하는 것이 아닌 것은?
2003.07.20

① 칼만볼텍스식(Karman Vortex Type)
② 베인식(Vane Type)
③ 핫와이어식(Hot Wire Type)
④ 맵센서식(Map Sensor Type)

해설 맵센서식은 간접계량방식이다.

230. 흡입공기량 직접 검출방식이 아닌 장치는? 2005.04.03

① L – Jetronic
② LU – Jetronic
③ D – Jetronic
④ LH – Jetronic

해설 D – Jetronic 연료분사방식
MAP센서를 이용하여 간접적으로 흡입공기량을 검출하는 방식이다.

231. 전자제어 가솔린분사기관의 에어플로미터 중 기관이 흡입하는 공기가 통과할 때 생기는 압력차에 의하여 메저링플레이트가 밀려서 열리는 원리를 이용하여 흡입공기량을 계측하는 에어플로미터는?
2005.04.03

① 베인식 에어플로미터
② 칼만와류식 에어플로미터
③ 핫와이어식 에어플로미터
④ 핫필름식 에어플로미터

정답 227. ① 228. ② 229. ④ 230. ③ 231. ①

232. 흡입공기량을 직접 검출하는 에어플로우미터(Air Flow Meter)에 속하는 것이 아닌 것은?
2007.04.01

① 칼만볼텍스식(Karman Vortex Type)
② 베인식(Vane Type)
③ 핫와이어식(Hot Wire type)
④ 맵센시식(Map Sensor type)

233. 가솔린분사장치의 공기량 계측방식에서 칼만와류식은 어느 계측방식에 속하는가?
2009.07.12

① 기계식 체적유량 계측방식
② 베인식 질량유량 계측방식
③ 초음파식 체적유량 계측방식
④ 열선식 질량유량 계측방식

234. 흡입공기통로에 발열저항체를 설치하여 공기량에 따라 발열저항체의 온도를 일정하게 유지하도록 공급전류를 변화시켜 그 전류값으로 공기량을 계측하는 방식은? 2010.03.28

① 칼만맴돌이식 에어플로미터
② 베인플레이트식 에어플로미터
③ 핫와이어식 에어플로미터
④ 흡입부압 에어플로미터

235. 전자제어 가솔린기관에서 속도-밀도방식의 공기유량센서가 직접 계측하는 것은?
2011.04.17

① 흡기관의 압력
② 흡기관의 유속
③ 흡입공기의 질량유량
④ 흡입공기의 체적유량

236. 다음 보기의 공기량측정센서의 종류와 거리가 먼 것은? 2012.07.22

① 열선식 공기량센서
② 핫필름 공기량센서
③ 칼만와류식 공기량센서
④ 열선식 바이패스 계측 공기량센서

정답 232. ④ 233. ③ 234. ③ 235. ① 236. ③

237. 다음 그림은 아이들(Idle)상태에서 급가속 후 나타난 MAP센서 출력파형이다. 파형의 각 구간별 설명으로 틀린 것은? 2009.03.29

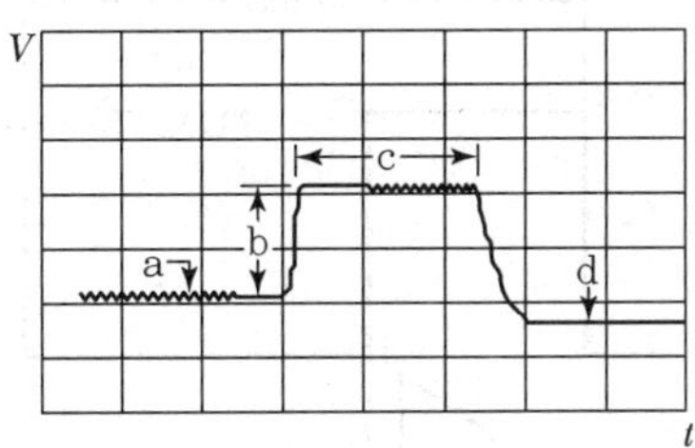

① a : 아이들(Idle)상태에서의 출력을 보여 준다.
② b : 급가속 시 스로틀밸브가 빠르게 열리고 있다.
③ c : 스로틀밸브가 전개(WOT) 부근에 있다.
④ d : 급가속에 의한 흡입공기량 변화로 진공도가 높아지기 때문에 전압이 낮아짐을 보여 준다.

238. 전자제어식 가솔린분사장치의 크랭크 각 위치센서의 역할은? 2006.04.02

① 단위시간당의 기관 회전속도 검출
② 단위시간당의 기관 출력 검출
③ 매 사이클당의 흡입공기량 계산
④ 매 회전수당의 고압송전횟수 검출

239. 크랭크위치센서를 점검할 때 가장 적합한 시험기는? 2007.07.15

① 디지털볼트시험기
② 오실로스코프시험기
③ 볼트, 저항시험기
④ 아날로그전류시험기

240. 그림과 같이 크랭크 각 센서(CAS)의 한 주기가 180°일 경우 점화시기는? 2011.07.31

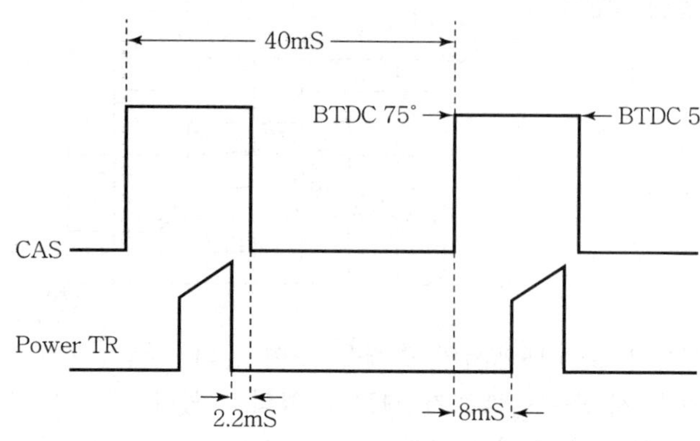

① 약 BTDC 5°
② 약 BTDC 10°
③ 약 BTDC 15°
④ 약 BTDC 39°

241. 그림과 같이 자석식 크랭크 앵글센서파형에서 화살표 [A]가 표시된 부분의 전압이 낮아질 경우 고장원인으로 옳은 것은? 2011.07.31

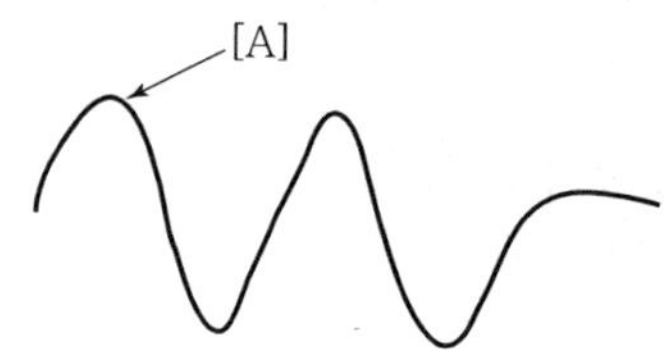

① 센서입력전원이 높은 경우
② 센서 간극이 클 때
③ 센서입력전원이 낮은 경우
④ 센서 간극이 작을 때

242. 가솔린기관의 연료분사장치에서 흡기관의 절대압력과 기관의 회전수로부터 흡입공기량을 간접적으로 계량하는 방식은? 2011.04.17

① MAP센서
② 핫와이어식
③ 핫필름식
④ 메저링플레이트식

243. 흡기다기관 내의 절대압력 변화에 따라 실린더로 흡입되는 공기량을 간접적으로 검출하는 것은? 2011.07.31

① MAP센서식
② 공기량조정식
③ 멀티포인트식
④ 매니폴드제어식

 정답 240. ③ 241. ② 242. ① 243. ①

244. 전자제어 연료분사식의 엔진에 사용되는 센서 중 서미스터(Thermistor) 소자를 이용한 센서는? 2011.04.17

① 냉각수온센서, 산소센서
② 흡기온도센서, 대기압센서
③ 대기압센서, 스로틀포지션센서
④ 냉각수온센서, 흡기온도센서

245. MTIA(Main Throttle Idle Actuator)장치의 점검내용과 거리가 먼 것은? 2008.03.30

① 아이들스위치가 On=0V이다.
② MPS출력이 높아지면 공기바이패스량이 증가한다.
③ MPS출력전압의 변화로 DC모터가 작동 중임을 알 수 있다.
④ 아이들스위치가 On일 때 TPS출력값의 변동은 모터의 움직임이다.

246. 전자제어 가솔린기관에서 연료분배파이프 내에서 일어나는 연료압력의 파동을 억제하고 소음을 저감시키는 장치는? 2010.07.11

① 롤러펌프
② 맥동댐퍼
③ 마그넷모터
④ 연료압력조절기

247. 전자제어 가솔린기관에서 연료펌프 내에 설치되어 기관이 정지하면 곧바로 닫혀 압력회로의 압력을 일정시간 동안 유지시키는 밸브는? 2012.07.22

① 체크밸브
② 니들밸브
③ 릴리프밸브
④ 딜리버리밸브

248. 전자제어기관에서 연료압력조절기는 무엇과 연계하여 연료압력을 조절하는가? 2004.04.04

① 압축압력
② 흡기다기관압력
③ 점화시기
④ 냉각수 온도

249. 전자제어 가솔린연료 분사방식의 인젝터에서 연료분사압력을 항상 일정하게 유지시키기 위한 장치는? 2006.07.16

① 릴리프밸브
② 체크밸브
③ 연료압력조절기
④ 맥동댐퍼

정답 244. ④ 245. ② 246. ② 247. ① 248. ② 249. ③

250. 전자제어 가솔린기관의 연료리턴방식에서 연료압력조절기는 무엇과 연계하여 연료압력을 조절하는가? 2009.07.12

① 압축압력 ② 흡기다기관압력
③ 점화시기 ④ 냉각수 온도

251. 전자제어 가솔린분사기관의 연료압력조절기는 연료의 압력을 항상 일정하게 조정하는데, 일정압력의 기준압력은? 2008.03.30

① 대기압과 비교하여 항상 일정하게 조절
② 흡기 매니폴드의 압력과 비교하여 일정하게 조절
③ 흡기량에 따라 인젝터의 분사압력을 조절하여 라인압을 일정하게 조절한다.
④ 흡기량에 따라 연료펌프의 분사압력을 가감하여 분사압을 일정하게 조절한다.

252. 전자제어 가솔린분사의 연료압력조절기에 대해 옳게 설명한 것은? 2008.07.13

① 연료압력은 흡기관부압에 대해 일정하게 작동하도록 한다.
② 연료압력은 공기유량에 대해 일정하게 작동하도록 한다.
③ 연료압력은 분사시기에 대해 일정하게 작동하도록 한다.
④ 연료압력은 감지기의 종류에 따라 일정하게 작동하도록 한다.

253. 전자제어 연료분사장치의 연료펌프에 있어서 체크밸브는 주로 어떠한 역할을 하는가? 2001.03.04

① 연료의 회전을 원활하게 한다.
② 연료압력이 높아지는 것을 방지한다.
③ 베이퍼록 방지 및 연료압력을 유지하는 역할을 한다.
④ 과도한 연료압력을 방지한다.

➡해설 연료펌프가 작동 중 멈추면 체크밸브(Check Valve)는 스프링의 힘에 의해 닫히고, 일정압력이 연료라인에 남게 되는데, 연료라인에 남은 일정한 압력은 엔진의 재시동을 용이하게 하며, 높은 온도에서의 베이퍼록을 방지한다.

 정답 250. ② 251. ② 252. ① 253. ③

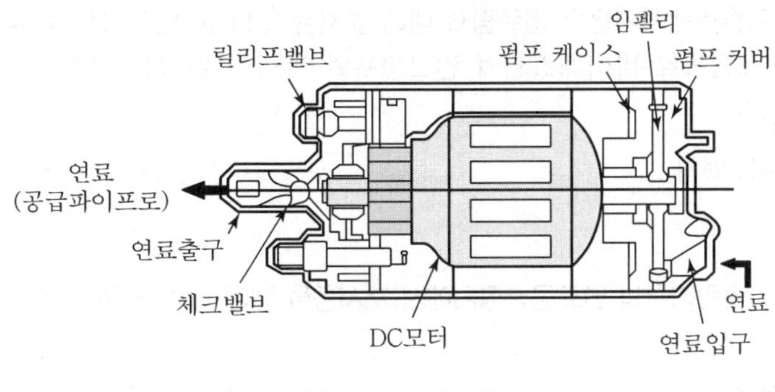

[연료펌프 구조]

254. 전자제어 연료분사방식에 사용되는 연료펌프 체크밸브의 기능이 아닌 것은? 2001.09.23, 2003.07.31

① 연료라인 내의 잔압 유지
② 과도한 연료압력 상승 방지
③ 엔진 재시동 시 시동성 향상
④ 엔진정지 시 연료라인 내에 발생하는 베이퍼록 방지

255. 전자제어 가솔린기관의 연료펌프 내에 설치되며 기관이 정지하면 곧바로 닫혀 압력회로의 압력을 일정시간 동안 유지시키는 밸브는? 2002.04.07

① 체크밸브 ② 니들밸브
③ 릴리프밸브 ④ 딜리버리밸브

256. 전자제어 가솔린분사기관의 연료펌프에 있는 체크밸브는 어떤 역할을 하는가? 2002.07.21

① 연료라인에 문제가 생겨 연료공급이 중단되면 밸브를 열어 보충한다.
② 연료의 공급량이 과다할 경우 연료를 차단하는 역할을 담당한다.
③ 압송이 정지될 때 연료가 리턴되는 것을 방지한다.
④ 연료의 압력이 낮을 때 압력을 증가시킨다.

257. 인-탱크형(In-Tank Type) 연료펌프에서 연료의 압력이 규정 이상이 되면 밸브가 열려 회로 내의 압력상승을 제한하는 가장 대표적인 압력제어밸브는? 2003.03.30

① 니들밸브 ② 체크밸브
③ 셔틀밸브 ④ 릴리프밸브

정답 254. ② 255. ① 256. ③ 257. ④

258. 전자제어 가솔린분사기관의 연료펌프 내에 설치된 밸브 중 연료압력이 일정압력 이상 상승하면 연료를 연료탱크로 바이패스시켜 연료펌프와 라인의 손상을 방지하는 것은? 2006.04.02

① 체크밸브 ② 진공스위칭밸브
③ 핫스타트밸브 ④ 릴리프밸브

259. 전자제어 가솔린기관의 연료공급장치에서 재시동을 쉽게 하여 고온 시 베이퍼록현상을 방지시키는 것은? 2010.03.28

① 체크밸브 ② 세이프티밸브
③ 릴리프밸브 ④ 다이어프램

➡해설 체크밸브의 기능
① 엔진정지 시 연료라인에 잔압을 유지시킨다.
② 온도 상승에 의한 베이퍼록을 방지한다.
③ 엔진을 재시동할 때 시동성을 향상시킨다.

260. 전자제어 가솔린분사장치에서 연료펌프에 대한 내용으로 틀린 것은? 2010.07.11

① 시동 시에는 축전지전원으로 구동되고, 시동 후에는 컨트롤유닛(ECU)에 의해 제어된다.
② 일반적으로 베이퍼록 방지 및 정비성 향상을 위해 연료탱크 외부에 설치한다.
③ 비교적 큰 전류가 흐르므로 컨트롤릴레이 등에서 전원을 제어한다.
④ 엔진회전신호가 검출되어야 정상적으로 작동한다.

261. 순차분사방식의 인젝터회로에 대한 설명으로 옳은 것은? 2001.03.04

① 전원 측 릴레이의 접속불량은 인젝터 구동시간 부위의 전압에 턱이 생기게 한다.
② 인젝터 4개 각각의 서지전압은 인젝터에서 ECU까지의 접속불량과 무관하다.
③ 인젝터 분사시간의 최소단위는 1ms이다.
④ 인젝터 1개의 접속불량은 해당 인젝터구동전류에만 영향을 줄 뿐 다른 인젝터와는 상관이 없다.

➡해설 ① 전원전압 : 발전기에서 발생되는 전압(12~13.5V 정도)이다.
② 서지전압 : 서지전압 발생구간으로 서지전압(65~85V)이 낮으면 전원과 접지의 불량, 인젝터 내부의 문제로 볼 수 있다. 역기전압은 발전기의 충전전압, 분사시간 등에 의해 발생전압에 영향이 있으므로 각 인젝터별로 큰 차이가 없으면 정상으로 보면 된다.

 정답 258. ④ 259. ① 260. ② 261. ④

③ 접지전압 : 인젝터에서 연료가 분사되고 있는 구간(0.8V 이하)으로서 접지전압이 상승하면 인젝터에서 ECU까지 저항이 있는 것으로 판단하고 커넥터의 접촉상태를 점검한다. 이 부분이 경사졌을 경우에는 인젝터배선에서 ECU배선까지와 ECU 내부의 TR 불량을 나타낸다.

262. 전자제어 연료분사장치에서 기본 분사량 계산에 기본이 되는 것은? 2001.09.23

① 스로틀 위치와 흡기온도
② 엔진rpm과 공기유량
③ 차속센서와 엔진rpm
④ 흡기온도와 공기유량

263. 연료분사장치에서 인젝터의 솔레노이드코일에 전류가 통하는 시간으로 결정되는 것은? 2002.04.07, 2003.07.20

① 응답성 ② 분사량 ③ 분사압력 ④ 흡인력

264. L-Jetronic 가솔린연료 분사장치에서 기본 분사량은 무엇에 의해 결정되는가? 2002.04.07

① 냉각수 온도와 기관 회전수
② 흡입공기량과 스로틀밸브 개도
③ 흡입공기 온도와 냉각수 온도
④ 기관 회전수와 흡입공기량

265. 자동차 연료분사장치의 인젝터제어방식으로 맞는 것은? 2002.07.21

① 전류제어식
② 전력제어식
③ 저항제어식
④ 기계제어식

266. 전자제어 가솔린기관의 인젝터에서 분사하는 분사시간의 결정요소에 들지 않는 것은? 2004.07.18

① 기본분사시간
② 기본분사시간의 보정계수
③ 인젝터의 무효분사시간
④ 가솔린의 옥탄가

➡해설 ① 기본분사시간$=k\times A/R$(k : 정수, A : 흡입공기량, R : 엔진회전수)
② 보정계수 : 냉각수온, 흡기 온도, 대기압, 부하
③ 무효분사시간 : 인젝터 작동시간지연(노화, 불량)

정답 262. ② 263. ② 264. ④ 265. ① 266. ④

267. 기관의 전자제어 연료장치에서 인젝터의 주요 구성품이 아닌 것은? 2006.04.02

① 플런저 ② 니들밸브
③ 솔레노이드코일 ④ 압력조정스프링

268. 가솔린기관의 전자제어 연료분사장치에서 인젝터의 연료분사량은 무엇에 의해 결정되는가? 2006.07.16

① 인젝터의 솔레노이드밸브에 가해지는 전압에 따라
② 인젝터의 솔레노이드코일에 흐르는 통전시간에 따라
③ 인젝터에 작용하는 연료압력에 따라
④ 인젝터의 니들밸브 행정에 따라

269. 전자제어 연료분사기관에서 사용되는 전기, 전자부품의 구성품 설명으로 틀린 것은? 2008.03.30

① 인젝터 등에는 솔레노이드밸브가 사용되며 동전되는 시간의 유무에 의해 개폐된다.
② 릴레이는 기본 전원을 연결했을 경우 주회로에 연결되기 때문에 스위치 기능이 있는 에어컨릴레이 등에 사용된다.
③ 트렌지스터에는 NPN형과 PNP형이 있으며, 베이스전류를 흘려 준 경우에만 전류가 흐른다.
④ 다이오드에는 여러 종류가 있는데 어느 것이나 순방향으로 전원을 인가했을 경우에만 전류가 흐른다.

270. 전자제어 가솔린분사장치의 인젝터에 대한 설명으로 틀린 것은? 2012.04.08

① 인젝터 점검은 작동음, 인젝터저항, 연료분사량, 연료분무형태 등을 점검한다.
② 인젝터는 ECU(ECM)에 의하여 제어되는 솔레노이드를 가진 분사노즐이다.
③ 흡입공기량 및 엔진회전수로부터 기본연료분사시간을 계산한다.
④ 크랭크 각 센서, TDC센서 등으로부터 보정연료분사시간을 산출한다.

➡해설 ① 기본분사시간 $= k \times A/R$(k : 정수, A : 흡입공기량, R : 엔진회전수)
② 보정계수 : 냉각수온, 흡기온도, 대기압, 부하
③ 무효분사시간 : 인젝터 작동시간지연(노화, 불량)

 정답 267. ④ 268. ② 269. ④ 270. ④

271. 점화장치의 파형을 분석한 그림이다. 그림과 같은 점화 2차 파형에서 화살표부분의 스파크 라인 감쇄진동부가 없는 경우 고장 분석을 맞게 표현한 것은? 2007.04.01

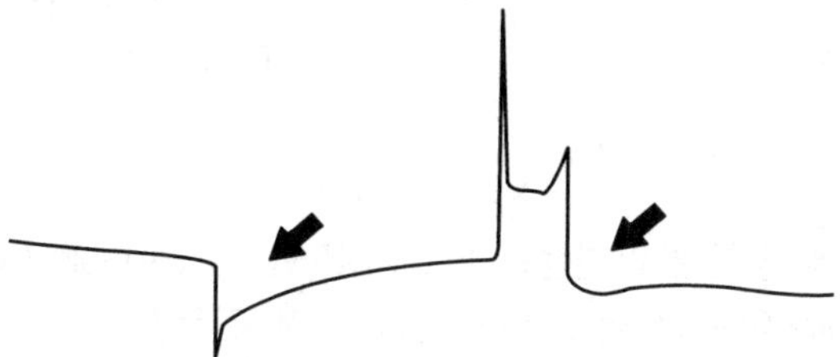

① 스파크라인의 케이블 불량이다.
② 점화플러그의 손상으로 누전된다.
③ 점화코일의 불량이다.
④ 점화플러그 간극이 크다.

➡해설 감쇄작동부
점화코일에 잔류한 에너지가 1차 코일 측으로 감쇄・소멸하는 상태(3~4회), 감쇄진동부가 없을 경우 → 점화코일 불량

272. 커먼레일 디젤기관에서 디젤링현상을 억제하기 위해 설치된 장치는? 2007.07.15

① EGR밸브 ② 공기질량센서
③ 부스트압력센서 ④ 스로틀 액추에이터

➡해설 디젤링(Dieseling)이란 Key SW Off한 뒤에도 과열된 연소실 내에 부착된 카본 등이 발화원이 되어 자연발화되는 현상을 뜻한다.

273. 커먼레일기관의 크랭킹 시 레일압력조절밸브의 공급전원이 0V일 때, 나타나는 증상은?
2005.04.03, 2007.04.01, 2009.03.29

① 시동 안 됨 ② 가속 불량
③ 매연 과다발생 ④ 아이들(Idle) 부조

➡해설 레일 측 압력제어
① 전원인가(듀티 증가) → 밸브 닫힘 → 리턴량 감소 → 연료압력 상승
② 전원차단(듀티 감소) → 밸브 열림 → 리턴량 증가 → 연료압력 하강(시동 꺼짐)

정답 271. ③ 272. ④ 273. ①

274. 커먼레일 전자제어 디젤연료분사장치에서 컴퓨터(ECU)에 입력시키는 요소가 아닌 것은? 2001.03.04

① 가속도센서 ② 기관 회전속도
③ 레일압력센서 ④ 분사시기센서

275. 커먼레일기관에 장착된 가변용량 터보차저(VGT ; Variable Geometry Turbocharger)장치의 터보제어 솔레노이드 점검요령과 거리가 먼 것은? 2008.07.13

① 터보제어 솔레노이드 듀티 변화를 관찰한다.
② 엔진 회전수와 부스터압력센서의 변화를 관찰한다.
③ 연료분사량과 부스터압력센서의 변화를 관찰한다.
④ 가속 시 부스터압력센서의 출력변화는 없어야 한다.

 정답 274. ④ 275. ④

Subject

02

자동차 새시

Contents

1 동력전달장치

Section

1. 클러치

1) 작동원리

① 마찰 클러치는 플라이 휠과 클러치 판의 마찰력에 의해 엔진의 동력을 전달하는 클러치로서 건조한 상태에서 접촉하는 건식 클러치와 오일 속에서 접촉시키는 습식 클러치로 분류된다.

② 클러치 페달을 놓으면 클러치 압력판 스프링에 의해 클러치 판이 플라이 휠에 압축되어 크랭크 축과 클러치 축이 함께 회전하므로 엔진의 동력이 전달된다.

③ 또한 클러치 페달을 밟으면 릴리스 베어링이 릴리스 레버를 누르게 되어 압력판이 변속기 쪽으로 이동하여 플라이 휠과 접촉되지 않으므로 동력의 전달이 차단된다.

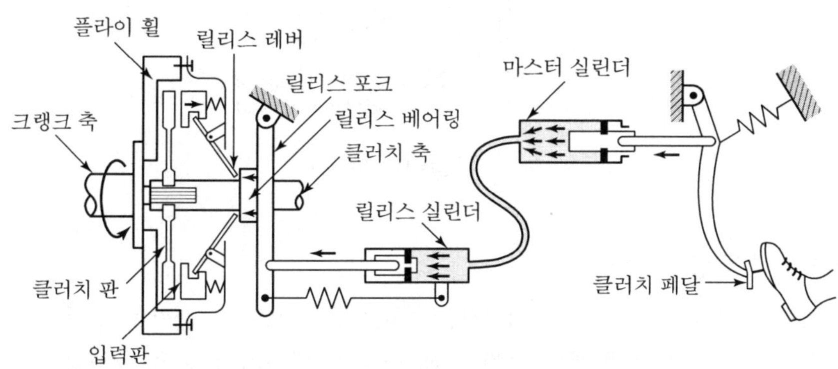

[마찰 클러치의 작동원리]

Tip

다이어프램식

바깥쪽 끝은 압력판과 접촉하며 중앙의 핑거는 약간 볼록하게 되어 있다. 바깥쪽 끝 약간 떨어진 부분에 피벗 링을 사이에 두고 클러치 커버에 설치되어 이 피벗 링을 지점으로 해서 압력판을 눌러준다. 또한 클러치 스프링과 릴리스 레버 대신 접시모양 판을 사용한다.

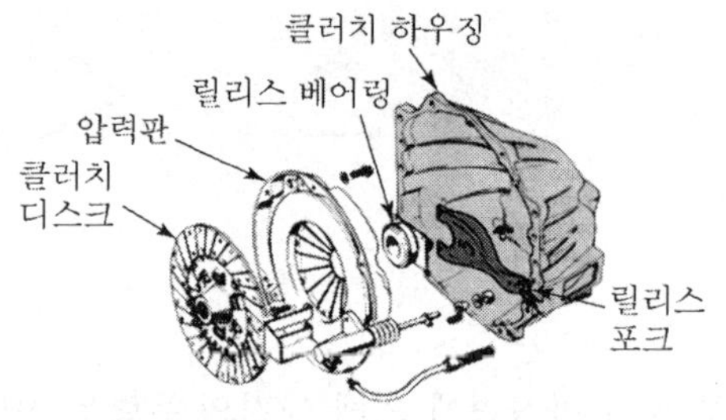

[다이어프램식 클러치]

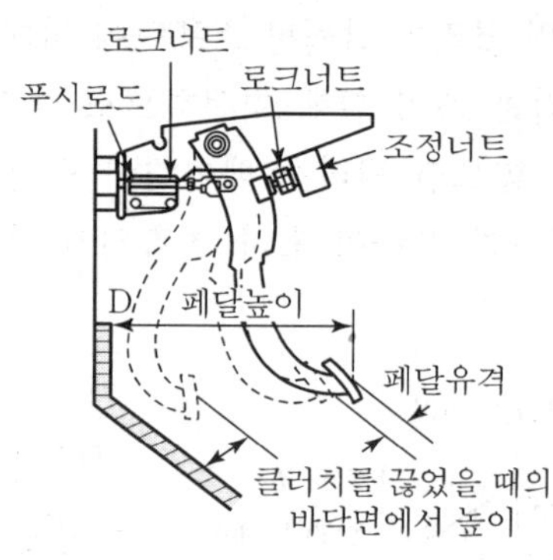

[클러치 유격]

2) 클러치 스프링의 점검

① 클러치 스프링 점검에는 직각도, 자유길이, 스프링의 장력이 있다.

② 인장강도는 어떤 물체를 늘렸을 때 끊어질 때까지의 힘을 말한다.

3) 클러치가 미끄러지는 조건

① 클러치 페달의 자유간극이 큰 경우는 클러치의 차단이 불량하고 자유간극이 작은 경우는 클러치가 미끄러지는 원인이 된다.

② 마찰면의 경화 및 오일 부착

③ 클러치 스프링의 장력 약화 및 파손

④ 플라이 휠 압력판의 손상

Tip

클러치가 미끄러지면 엔진 동력전달이 불량하고 클러치 디스크의 소손 및 연료 소비율이 많아진다.

2. 수동변속기

1) 싱크로 메시

① 기어의 속도가 일치되지 않은 상태에서 물리게 되었을 때 소음 발생을 방지하고 파손의 원인을 해결하기 위한 기구로서 기어의 원주속도를 신속하게 일치시켜 기어의 물림을 원활하게 한다.

② 싱크로나이저 링은 각 기어에 마련된 경사면 7°에 결합되어 변속 시에는 경사면과 접촉하여 마찰력에 따라 클러치 작용을 하기 때문에 주축에 물려 있는 허브와 변속기어를 동기화시키는 작용을 한다.

③ 감속비가 서로 다른 톱니바퀴는 원주속도 또한 제 각각이므로 달리는 도중 기어를 바꾸면 부드럽게 맞물리지 못하고, 억지로 맞물리게 하면 덜컥 소리가 나면서 기어에 무리가 간다.

④ 싱크로 메시란 감속비가 다른 기어를 맞물리게 하기 전에 원추형의 원판을 서로 마찰시켜 회전속도를 일치시킨 뒤 힘을 전하는 장치를 말한다.

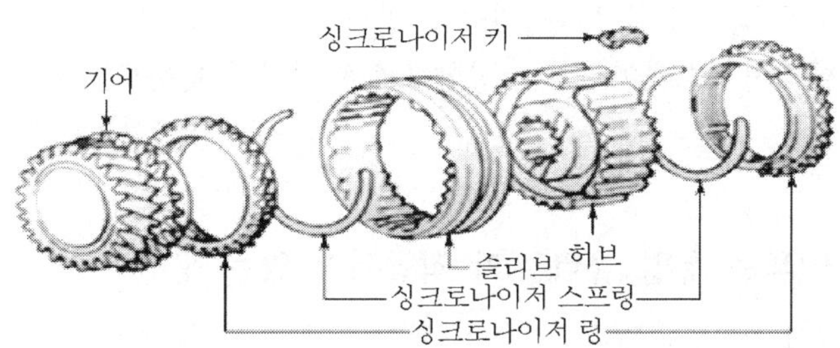

2) 동기 물림식의 특징

① 원활한 기어 물림이 가능하고 변속조작이 용이하다.

② 다른 방식보다 가속성능을 크게 향상시킬 수 있다.

③ 변속소음이 거의 없다.

④ 기어가 보호되어서 수명이 길다.

⑤ 헬리컬 기어를 사용하므로 하중 부담 능력이 크다.

3. 자동변속기 유압 및 제어장치

1) 토크 컨버터

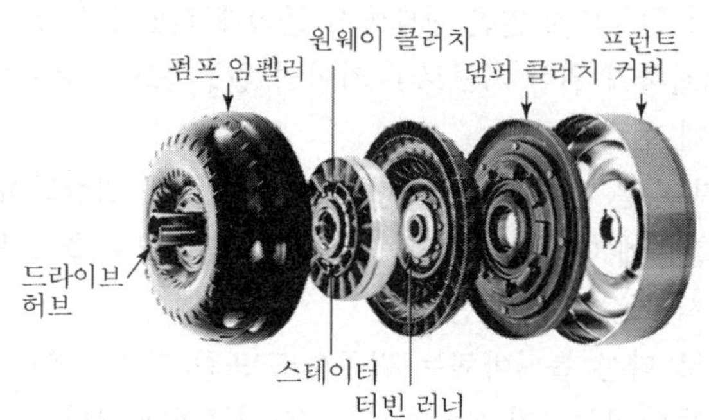

① 임펠러 : 엔진의 크랭크 축과 같이 회전하며 오일펌프를 구동한다.
② 터빈 러너 : 출력 요소로서 변속기 입력 축에 연결되어 있다. 임펠러와 거의 유사하나 터빈의 날개는 임펠러의 날개와 정반대로 되어 있다. 임펠러로부터 운동에너지를 받은 유체는 터빈의 날개를 때리게 되며 터빈이 회전하면 동력이 변속기에 전달된다.
③ 스테이터 : 반력 요소로서 터빈을 회전시키고 비산된 와류 오일을 다시 한 번 더 비산함으로써 토크 손실을 막는 기능을 한다.
④ 원웨이 클러치 : 스테이터가 역방향으로 회전하지 못하도록 하여 토크 증대의 효과를 얻음

2) 댐퍼 클러치(또는 록업 클러치)가 작동되지 않는 구간

① 1단 주행시
② ATF(또는 냉각수)가 일정온도 이하일 때(작동의 안정화를 위하여)
③ 브레이크 페달을 밟았을 때
④ 엔진 rpm 신호가 입력되지 않았을 때
⑤ 발진 및 후진시(발진 및 가속성 확보)
⑥ 3속에서 2속으로 시프트 다운될 때
⑦ 엔진 회전수가 800rpm 이하일 때
⑧ 엔진이 2,000rpm 이하에서 스로틀 밸브 열림이 클 때
⑨ 주행 중 변속할 때

3) 자동변속기

① 자동변속기 컨트롤 유닛 제어항목

㉠ 라인압 제어

㉡ 변속 제어

㉢ 시프트 패턴선택 제어

㉣ 록업 제어(댐퍼 클러치)

㉤ 엔진 브레이크 제어

② 스톨테스트

브레이크 페달을 밟은 상태에서 엔진을 최대한 회전시켜 엔진 문제 토크컨버터나 자동변속기의 마찰요소들에서 발생되는 슬립의 양을 회전수(rpm)로 판단하는 방법이다.

㉠ 목적

스톨테스트는 선택 레버를 D 또는 R에 위치시키고 스로틀을 완전히 개방시켰을 때 최고 엔진 속도를 측정하여 엔진 성능, 트랜스미션의 성능을 시험하기 위한 것으로 다음의 사항들을 점검한다.

ⓐ 엔진의 구동력 시험

ⓑ 토크 컨버터의 동력전달 기능

ⓒ 클러치의 미끄러짐

ⓓ 브레이크 밴드의 미끄러짐

㉡ 시험방법

ⓐ 엔진을 워밍업시킨다.

ⓑ 뒷바퀴 양쪽에 고임목을 받친다.

ⓒ 엔진 타코메타를 연결한다.

ⓓ 주차 브레이크를 당기고, 브레이크 페달을 완전히 밟는다.

ⓔ 선택 레버를 “D”에 위치시킨 다음 액셀레이터 페달을 완전히 밟고 엔진 rpm을 측정한다(이때, 주의할 사항은 이 테스트를 5초 이상하지 않는다.).

ⓕ ⓔ항의 테스트를 R에서도 동일하게 실시한다.

ⓖ 규정값 : 2,000～2,400rpm

Tip

자동변속기 입력센서	
① 스로틀 센서 신호 ② 차속센서 1(출력축 회전센서) ③ 차속센서 2 신호 ④ 엔진 회전수 신호 ⑤ 터빈센서 1 ⑥ 터빈센서 2(4속시만)	⑦ 인히비터 스위치 ⑧ SNOW 스위치(2WD만) ⑨ 스톱 램프 스위치 ⑩ 유온 센서 1, 2 ⑪ TCU 전원전압신호

㉢ 판정

ⓐ "D" 레인지에서 규정치 이상일 때 : 뒤 클러치나 오버러닝 클러치의 슬립

ⓑ "R" 레인지에서 규정치 이상일 때 : 앞 클러치나 로 브레이크의 슬립

ⓒ "D"와 "R"에서 규정치 이하일 때 : 엔진 출력 저하 및 토크컨버터 고장

③ 오버드라이브 장치에서 킥 다운의 효과

오버드라이브(Overdrive)란 증속구동이며, 트랜스미션의 출력축을 엔진보다 빠르게 회전하도록 하여, 고속 주행시 엔진의 회전 속도를 낮게 유지하여 마모나 소음을 적게 한다. 오토매틱 트랜스미션은 차속과 엔진 회전 관계로 순차적으로 업 시프트해 가는 구조로 되어 있지만, 킥다운(Kickdown)이라는 것은 급가속을 얻기 위해 액셀레이터 페달을 끝까지 밟으면 페달 아래의 킥다운 스위치가 작동해 현재의 기어 단수보다 한 단계 낮은 기어로 선택되면서 순간적으로 강력한 가속력을 얻을 수 있다. 이때, 기어 변환에 따라 차량이 주춤거리는 현상이 있을 수 있으나, 이것은 가속력을 얻기 위한 정상적인 현상이다.

④ 타임래그 테스트(Time Lag Test)

㉠ 목적

엔진 공회전 상태에서 셀렉트 레버를 변환할 때 충격을 느끼기 전에 약간의 시간이 소요되는데, 변화된 순간부터 충격을 느끼는 순간까지의 시간을 측정함으로써 저단 클러치, 리버스 클러치와 저단 & 후진브레이크 등의 작동상태를 점검하기 위함이다.

Tip

주의사항

- 정상 작동온도에서 실시한다.
- 테스트 사이에는 1분 정도의 여유를 가지고 실시한다.
- 3회 측정하여 평균치를 산출한다.

㉡ 요령

ⓐ 차량을 평탄한 곳에 주차시킨 후 주차 브레이크를 당긴다.

ⓑ 엔진을 시동한 다음 아이들 rpm이 규정치인지 점검한다.

ⓒ 브레이크를 밟는다.

ⓓ 셀렉터 레버를 N위치에서 D위치로 변환한 다음 쇼크를 느낄 때까지의 시간을 측정한다.

ⓔ 셀렉터 레버를 N위치에서 R위치로 변환한 다음 쇼크를 느낄 때까지의 시간을 측정한다.

규정값 20℃	N → D	0.6초 이하
	N → R	0.9초 이하

⑤ 인히비터 스위치

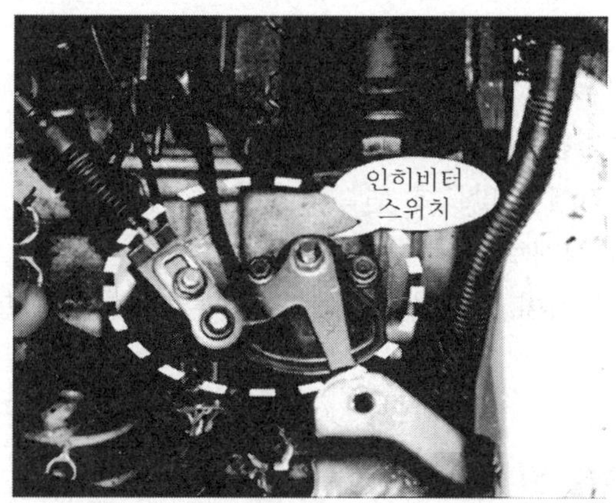

㉠ 인히비터 스위치는 자동변속기의 변속위치가 P나 N레인지에서만 시동이 걸릴 수 있게 한 안전통제장치이다.

㉡ 인히비터 스위치는 변속레버를 P 또는 N레인지 위치에서만 시동이 가능하도록 하고 그 외 위치에서는 시동이 불가능하며 R레인지에서는 후퇴등이 점등된다.

⑥ 고장코드의 삭제

㉠ 자연소거 : 최신 자기진단 코드가 기억된 시점에서부터 TF 온도가 상승해서 50℃에 도달한 횟수가 200회가 되면 기억하고 있는 자기진단 코드번호를 전부 소거한다.

㉡ 강제소거 : 배터리 터미널을 15초 이상 탈거

㉢ 진단장비를 이용한 소거 조건

ⓐ IG KEY ON

ⓑ 엔진 회전수 검출 무(시동이 걸리지 않은 상태)
ⓒ 차속 센서로부터 검출 무(차량 정지 상태)
ⓓ 출력축 속도센서로부터 검출 무(차량 정지 상태)
복합 유성기어장치(라비뇨 형식)

4. 무단변속기 유압 및 제어장치

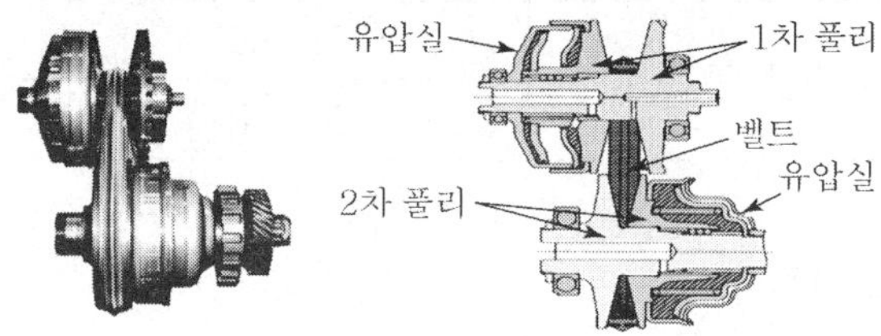

1) 무단변속기의 장점

① 운전이 쉬우며 변속충격이 거의 없다.
② 차량 주행 조건에 알맞도록 변속되어 동력성능 향상
③ 최저연료소비 설계로 연비 향상
④ 엔진의 출력 특성이 최대한 유지되도록 파워트레인 통합제어의 기초

5. 드라이브라인과 액슬 및 종 감속장치

1) 추진축

① 휠링(굽음 진동)
추진축에서 기하학적 중심과 질량적 중심이 일치하지 않으면 발생하는 현상을 말한다.

② 추진축의 진동 및 소음의 원인
㉠ 센터 베어링의 마모
㉡ 추진축의 휨
㉢ 십자축 베어링의 마모
㉣ 요크, 플랜지, 슬립조인트의 스플라인 불량

2) 자재 이음

① 버필드 조인트 : 자동차 동력전달 계통의 이음 중 구동축과 회전축의 경사각이 30° 이상에서 동력전달이 가능한 이음

② 더블 오프셋 조인트 : 축방향의 길이변화가 가능하도록 볼이 이동하는 홈을 축과 평행한 직선으로 하고, 볼케이지 내외 구면에 옵셋을 주어 볼이 2등분면 상에 유리하도록 하여 등속이 되도록 한 이음

③ 십자형 자재 이음 : 두 개의 요크를 니들 롤러베어링과 십자축으로 연결하는 방식

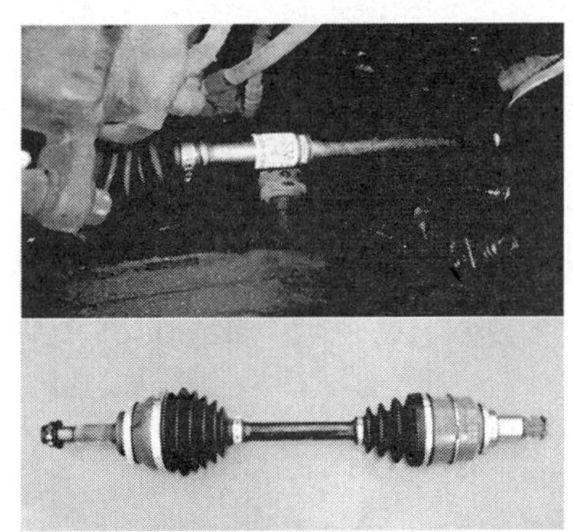

• 차륜측 : 버필드 조인트(고정된 형식)
• 변속기측 : 더블 오프셋 조인트(슬라이드 형식)

3) 차동기어장치의 필요성

유성기어장치에 있어서, 서로 연동하면서 만나는 3개 이상의 기어 중 2개의 기어에 회전을 주면, 그것에 의해 나머지 기어의 회전수가 결정되는 기어장치이다.

① 토크를 전달시키면서 필요시 두 차축의 회전속도를 바꾼다.

② 선회시 두 바퀴의 회전속도를 다르게 해준다.

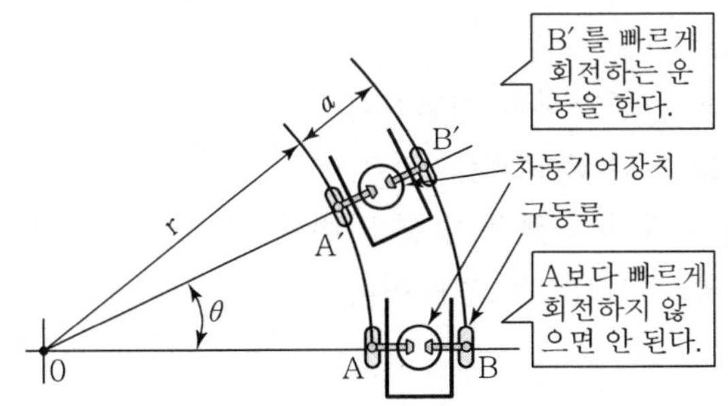

4) 하이포이드 기어

① 원리

구동 피니언과 링기어를 옵셋시켜 물리게 한 것으로 구동 피니언이 링기어의 중심보다 10~20% 낮게 위치한 기어이다. 승용차뿐만 아니라 대형차에도 사용한다.

[하이포이드 기어]

② 특징

㉠ 추진축의 높이를 낮게 할 수 있다.
㉡ 차실의 바닥이 낮게 되어 거주성이 향상된다.
㉢ 자동차의 전고가 낮아 안정성이 증대된다.
㉣ 구동 피니언 기어를 크게 할 수 있어 강도가 증대된다.
㉤ 극압 윤활유를 사용하여야 하고 제작이 어렵다.

5) 종감속장치

① 종감속비는 엔진 출력, 차량 중량, 가속 성능, 등판 능력에 따라 정해진다.
② 종감속비가 크면 가속 성능과 등판능력이 향상되나 고속성능이 저하하고, 종감속비가 작으면 고속성능은 향상되나 가속성능과 등판능력이 저하된다.

※ 주요 기능

- 회전토크를 증가시켜 전달한다.
- 회전속도를 감소시킨다.
- 필요에 따라 동력전달 방향을 변환시킨다.
- 구동력을 증대시키는 기능이다.

6) 차동제한장치(LSD ; Limited Slip Differential)

① 미끄러운 길 또는 진흙 길 등에서 주행할 때 한쪽 바퀴가 헛돌며 빠져나오지 못할

경우, 쉽게 빠져나올 수 있도록 도와주는 장치를 말한다. LSD는 회전 시의 좌우 구동력의 오차값을 조절한다.

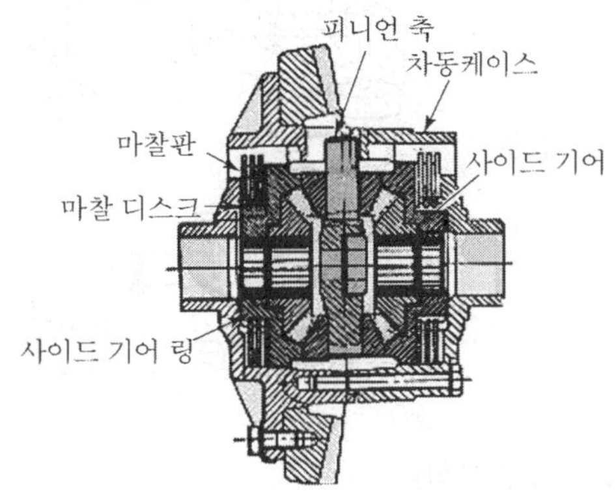

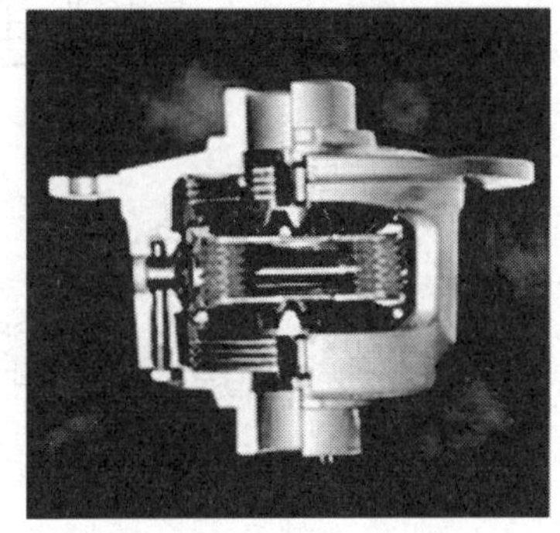

[차동제한장치]

② LSD의 특징
   ㉠ 눈길, 미끄러운 길 등에서 미끄러지지 않으며, 구동력이 증대된다.
   ㉡ 코너링 시나 횡풍이 강할 때에도 주행 안전성을 유지한다.
   ㉢ 진흙길이나 웅덩이에 빠졌을 때 탈출이 용이하다.
   ㉣ 경사로에서의 주・정차가 쉽다.
   ㉤ 차동제한 차동기어장치는 슬립으로 공전하고 있는 바퀴의 동력을 감소시키고 반대쪽의 저항이 큰 바퀴에 감소된 만큼의 동력이 더 전달되게 함으로써 슬립에 따른 공전 없이 주행할 수 있게 한다. 또한 미끄러운 노면에서 출발을 용이하게 하고 타이어의 슬립을 방지하여 수명을 연장하며, 급・가속할 때 안정성이 양호하다.

③ 고속주행 시 직진안정성 향상은 4WD(4륜 구동)의 장점이다.

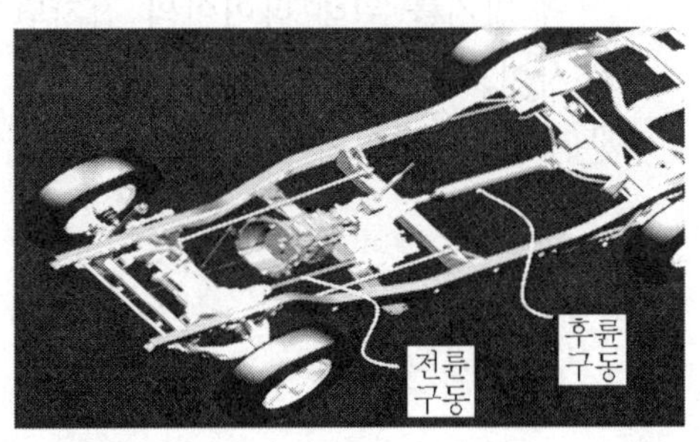

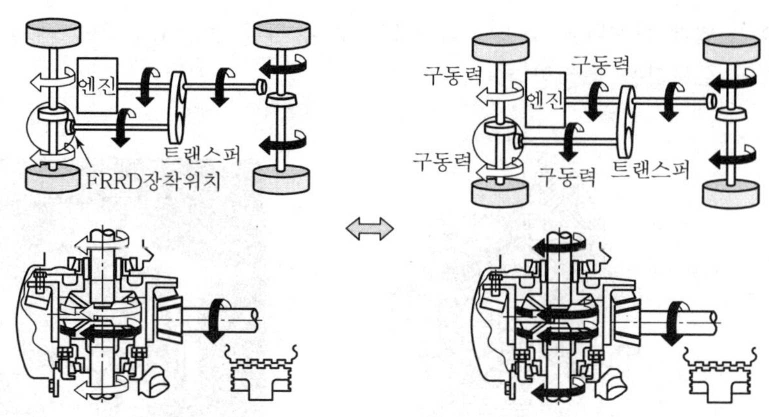

[4륜구동방식]

6. 휠 및 타이어

1) 타이어의 구조

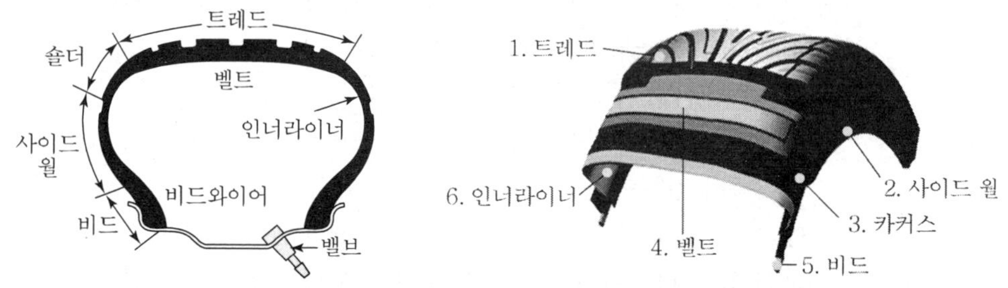

① 트레드 : 원어는 '밟는다'는 뜻으로 자동차의 경우에는 타이어가 노면에 접하는 면을 뜻하고 또 좌우 바퀴의 간격 치수를 의미하기도 한다. 트레드 패턴이라고 하면, 미끄럼 방지를 위해 타이어의 접지면에 새겨진 무늬를 말한다.

② 사이드 월 : 타이어의 측면

③ 카커스 : 타이어의 골격으로 코드 양면에 고무를 피복한 것을 맞대어 성형한 부분을 말한다.

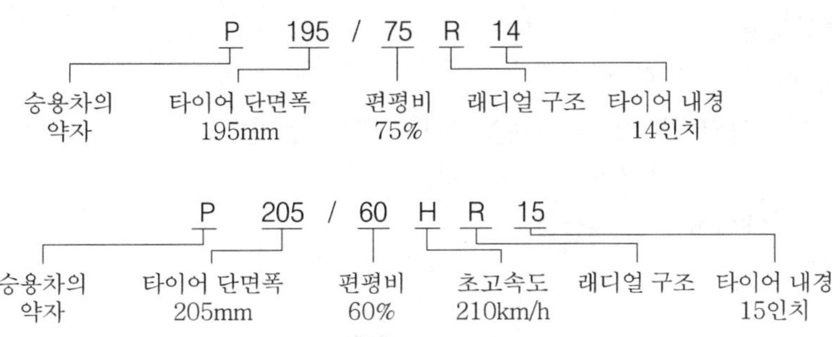

[타이어의 호칭표기법]

2) 타이어 검사내용

① 타이어의 요철형 무늬 깊이 및 공기압을 계측기로 확인

② 재생타이어 장착 여부 확인

③ 타이어의 손상·변형 및 돌출 여부 확인

④ 타이어 접지부분의 임의의 한 점에서 120° 각도가 되는 지점마다 접지부분의 1/4 or 3/4 지점 주위의 트레드 홈 깊이를 측정한다.

⑤ 트레드 마모 표시(1.6mm로 표시된 경우에 한 함)가 되어 있는 경우에는 마모 표시를 확인한다.

⑥ 각 측정점의 측정값을 산술 평균하여 이를 트레드의 잔여 깊이로 한다.

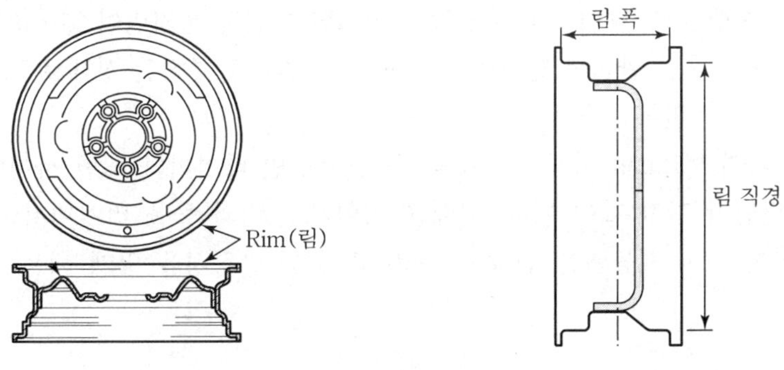

[휠의 구조]

3) 스탠딩 웨이브

① 현상

고속주행시 타이어가 과열되어 타이어의 트레드가 받는 원심력과 타이어 내부의 공기압에 의하여 타이어가 노면에서 벗어난 직후에 볼록한 부분이 생기는데, 이러한 상태가 계속되면 트레드가 원심력을 견디지 못하고 떨어져 나가 타이어가 파손된다. 상당히 위험하다.

② 방지대책

㉠ 저속주행을 한다.

㉡ 타이어의 공기압을 표준보다 10~30% 높인다.

㉢ 강성이 큰 타이어를 사용한다.

㉣ 새 타이어로 교환한다.

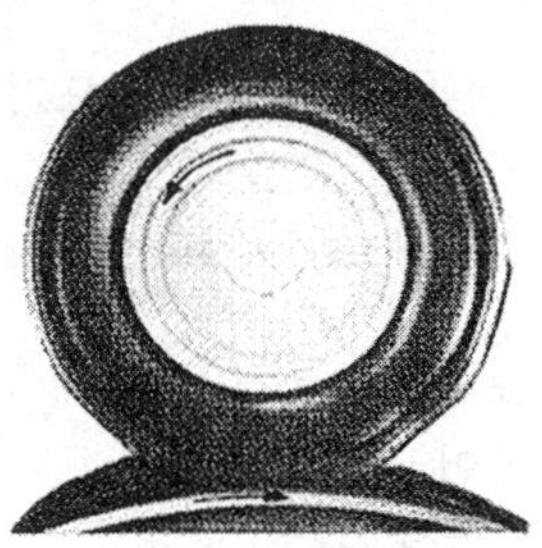

[스탠딩 웨이브 현상]

4) 하이드로 플래닝 현상

① 현상

강우 등으로 도로 표면에 2~3mm 이상의 물이 덮여 있는 노면 위를 자동차가 고속으로 주행할 때 타이어의 공기압이 적으면 노면과 접지면이 넓어지므로 타이어의 트레이드가 물을 완전히 밀어내지 못하고 물 위를 활주하는 상태로 되어 노면과 타이어의 마찰이 없어진다.

자동차가 90km/h 이상으로 수막 위를 달리면 타이어와 노면 사이에 물이 순간적으로 단단한 판자 같이 된다. 이때 타이어가 노면의 물을 밀어내지 못하고 수막 위를 달리게 되어 제동력을 전달할 수 없고 조향 안정성을 잃게 되는 현상이다.

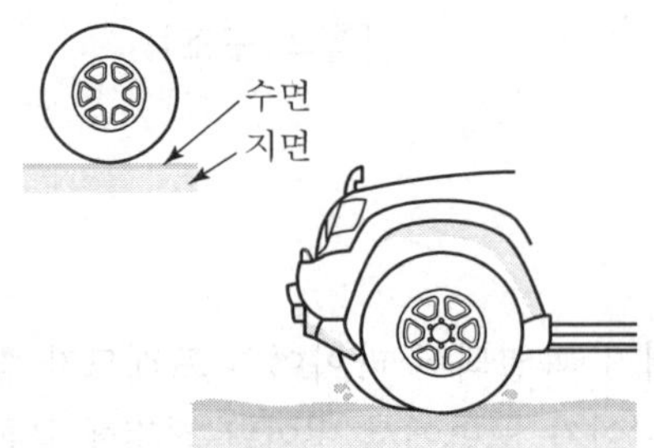

② 방지대책

㉠ 저속주행(수막이 제거되는 속도)한다.

㉡ 타이어의 공기압력을 10~30% 높인다.

㉢ 리브패턴 타이어를 사용한다.

㉣ 트레드가 양호한 타이어를 사용한다.

㉤ 트레드에 카프형으로 가공한 타이어를 사용한다.

5) 4륜 구동방식의 장점

험로나 눈길에서 발진할 때 네 바퀴의 모든 힘을 끌어낼 수 있기 때문에 안정적으로 출발할 수 있으며, 특히 눈길, 빗길 등 미끄러운 노면에서의 조종안정성 우수(제동 안정성이 아님)

6) TCS(Traction Control System)

① 원리

연료분사량, 점화시기, 스로틀밸브를 조절하여 엔진 출력을 떨어뜨리는 시스템과 구동바퀴에 브레이크를 걸어 직접 제동하는 시스템으로 이루어진다.

그 원리는 구동바퀴가 미끄러지는 것을 컴퓨터가 탐지하면, 자동으로 엔진 출력을 떨어뜨려 휠 스핀을 방지하고 브레이크를 작동시켜 미끄러짐을 억제하는 것이다. 코너링 때에는 한쪽 타이어가 겉도는 것을 방지함으로써 코너링 성능도 개선된다. 간단한 시스템의 경우, 앞바퀴에만 작용하고 고도의 시스템에서는 4개의 타이어를 독립적으로 제어하기도 한다. 악천후나 험한 길에서 주행 능력은 향상되지만, 운전자의 의도적인 미끄러짐까지 방지하므로 스포츠용 주행에는 오히려 방해가 된다.

② TCS 특징

㉠ 미끄러지기 쉬운 노면에서의 발진과 가속 시의 미묘한 액셀 조작이 불필요하게 된다.

㉡ 가속성능과 가속 선회성능이 향상된다.

㉢ 일반 노면에서 선회중의 가속에서도, 보다 안정하게 선회할 수 있고, 목표로 하는 코스를 트레이스하는 것이 가능하다.

㉣ 선회 가속시 조타량 및 액셀 조작 빈도의 저감을 도모할 수 있다.

③ 작동 시기

㉠ 타이어가 미끄러졌을 때

㉡ 좌우 타이어의 회전수에 차이가 있을 때

㉢ 타이어가 펑크 났을 때 작동한다.

7) 정속주행 시스템

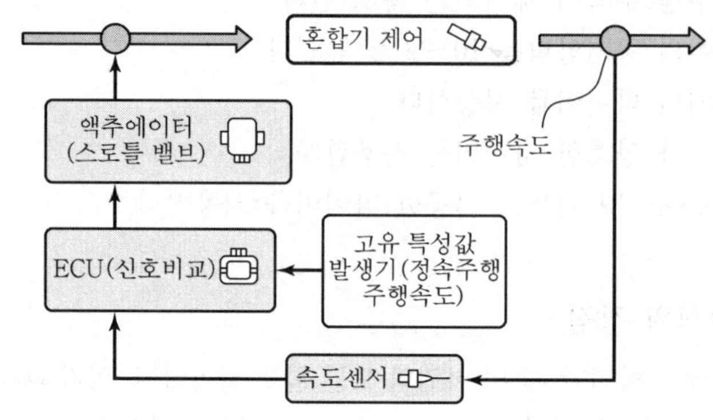

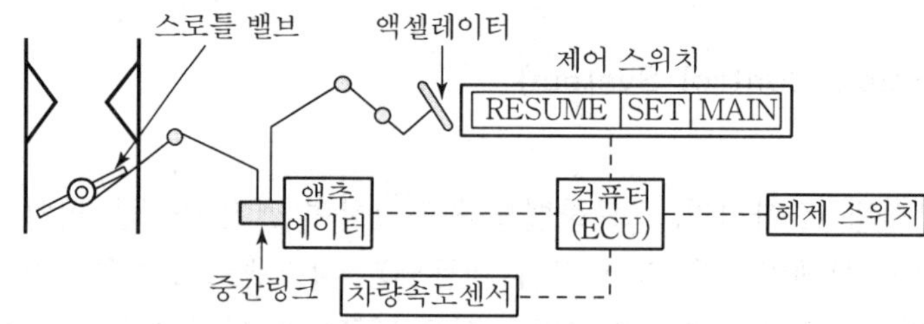

Tip

정속주행 모드가 해제되는 경우
① 주행 중 브레이크 페달을 밟을 때
② 수동 변속기 차량에서 클러치를 차단할 때
③ 자동변속시 차량에서 인히비터 스위치를 P나 N위치에 놓았을 때
④ 자동차 주행속도가 40km/h 이하일 때

2 현가 및 조향장치

Section

1. 일반 현가장치

1) 독립 현가장치

① 종류

㉠ 맥퍼슨형 현가장치 : 조향 너클과 일체로 되어 쇼크 업서버가 설치된 스트러트와 현

가 암, 현가 암과 아랫부분을 연결하는 볼 조인트 및 스프링 등으로 구성되어 있다.

㉡ 위시본형 현가장치 : 바퀴에 발생하는 제동력이나 선회 구심력은 모두 서스펜션 암이 지지하고 스프링은 수직방향의 하중만을 지지하는 구조로 되어 있다.

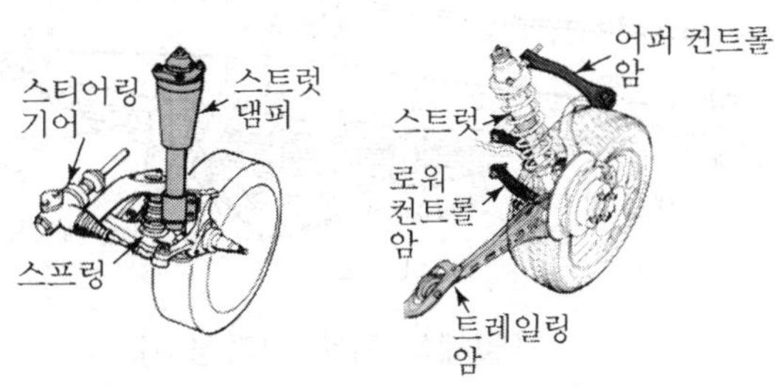

[맥퍼슨형 현가장치] [위시본형 현가장치]

Tip

진동수와 승차감
① 걸어가는 경우 : 60~70cycle/min
② 뛰어가는 경우 : 120~160cycle/min
③ 양호한 승차감 : 60~120cycle/min
④ 멀미를 느끼는 경우 : 45cycle/min 이하
⑤ 딱딱한 느낌의 경우 : 120cycle/min 이상

② 독립 현가장치의 장점

㉠ 스프링 밑 질량이 적어 승차감이 우수하다.
㉡ 바퀴의 시미현상이 적어 로드 홀딩이 우수하다.
㉢ 스프링 정수가 작은 것을 사용할 수 있고, 승차감 및 안전성이 우수하다.

Tip

- 스태빌라이저 : 자동차의 차체가 좌우로 기우는 것을 줄이기 위해 장착하는 자세 안정장치이다.
- 공기 스프링 : 완충장치의 일종으로 공기의 탄성을 이용한 스프링이다.
- 토션바 스프링 : 비틀림 탄성에 의한 복원성을 이용하여 완충 작용을 한다.
- 쇼크 업서버 : 진동을 흡수하고 진동시간을 단축시키며 스프링의 부담을 감소시키는 장치이다.

2) 일체 차축 현가장치

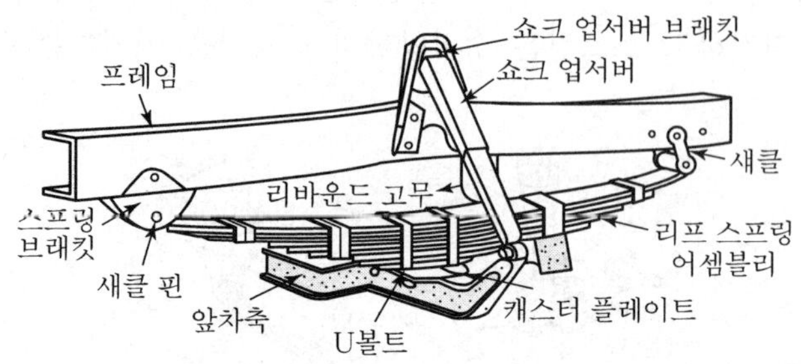

[일체식 차축 현가장치]

① 일체 차축 현가장치의 특징

㉠ 구조가 간단하다.

㉡ 선회 시 차체의 기울기가 작다.

㉢ 승차감이 좋지 못하다.

㉣ 앞바퀴에 시미가 일어나기 쉽다.

㉤ 로드 홀딩이 나쁘다.

〈일체 차축 현가장치의 장단점〉

장점	단점
• 차축의 위치를 정하는 링크나 로드가 필요 없다. • 구조가 간단하고 부품수가 적다. • 자동차가 선회 시 차체의 기울기가 작다.	• 스프링 밑 질량이 크기 때문에 승차감이 저하된다. • 스프링 상수가 너무 작은 것은 사용할 수 없다. • 앞바퀴에 시미가 발생되기 쉽다.

3) 공기 스프링 현가장치

① 고유진동이 작기 때문에 효과가 유연하다.

② 공기 자체에 감쇠성이 있기 때문에 작은 진동을 흡수할 수 있다.

③ 하중의 변화와 관계없이 차체의 높이를 일정하게 유지할 수 있다.

④ 스프링의 세기가 하중에 비례하여 변화되기 때문에 승차감의 변화가 없다.

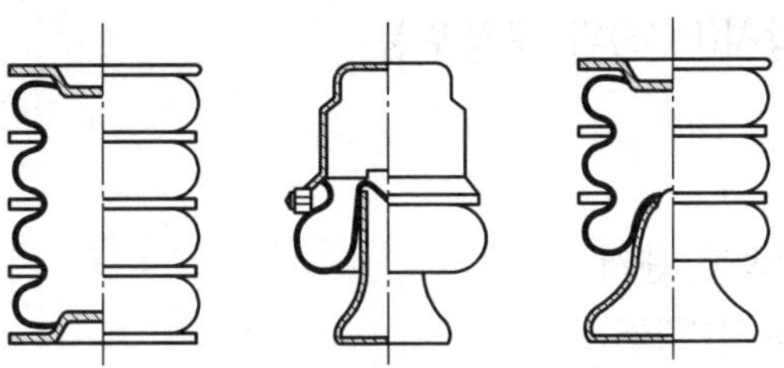

[공기 스프링의 형상]

> **Tip**
>
> 자동차의 고유진동
>
> • 스프링 위 무게 진동현상은 바운싱(상하진동), 롤링(좌우진동), 요잉(차체 회전진동), 피칭(앞뒤진동)이 있다.
>
> • 스프링 아래 질량은 휠 홉, 휠 트램프, 와인드 업 등이 있다.

2. 전자제어 현가장치

전자제어 현가장치(ECS)는 정지할 때 현가특성(스프링 길이 및 감쇄력)이 ECU에 의해 자동적으로 조절된다.

1) ECS 입력센서

차속센서, 차고센서, 조향핸들각도 센서, 스로틀 포지션 센서, 중력센서, 전조등 릴레이, 발전기 L단자, 브레이크 압력 스위치, 도어 스위치 등이 입력된다.

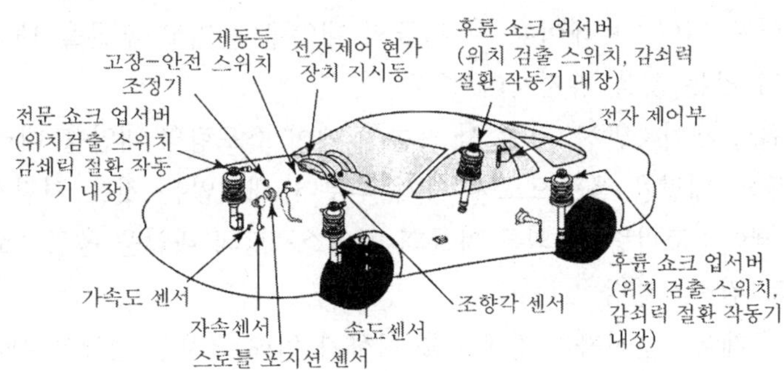

[ECS 구성요소]

2) 전자제어 현가장치(ECS)의 구성부품

① 차속센서
② 차고센서
③ 조향 핸들 각속도 센서
④ 스로틀 위치센서(TPS)
⑤ 컴퓨터(ECU)
⑥ G(gravity)센서-중력센서
G(gravity)센서는 휨 가속도 등으로 인한 차체의 쏠림 같은 것을 전기적 신호로 변환하여주는 센서이다.

3) ECS의 기능

① 급제동 시 노즈 다운을 방지한다.
② 급선회 시 원심력에 의한 기울어짐을 방지한다.
③ 노면의 상태에 따라 차의 높이를 조정한다.
④ 노면의 상태에 따라 승차감을 조절한다.
⑤ 차속에 따라 차의 높이를 조절한다.

[Anti-Roll, Anti-Squat, Anti-dive, Anti-Bounce 제어]

㉠ 다이브 제어 : 브레이킹 시 전륜의 내압을 올리고 후륜을 내림으로 차체 전부가 내려 앉는 것을 방지시켜 준다.
㉡ 스쿼드 제어 : 발진, 가속 시 전륜의 에어 스프링의 내압을 내리고 후륜의 에어 스프링의 내압을 올림으로써 차체 후부가 내려앉는 것을 저감시킨다.
㉢ 롤 제어 : 코너링 시 외륜 차륜의 에어스프링의 내압을 올림으로써 롤 양을 대폭적으로 감소시킨다.
㉣ 요잉 제어 : 운전자가 장애물을 피하기 위해 급차선 변경을 하거나 바퀴가 미끄러지면 차체가 좌우로 심하게 흔들리는 요잉이 일어나 스핀을 일으킬 수 있다. 이러한 위험요소를 컴퓨터를 이용해 바로잡는 차체자세 제어장치이다.

Tip

목표 차고와 실제 차고가 다르더라도 커브길 급선회시, 급가속시, 급제동 시에는 차고 조정이 이루어지지 않는다.

3. 조향장치

1) 오버 스티어링과 언더 스티어링

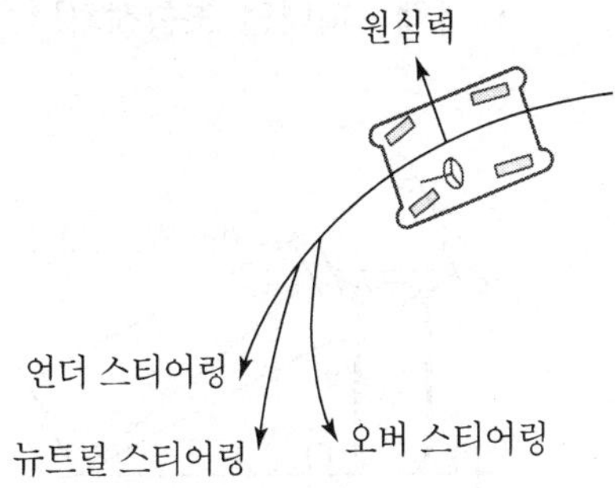

[오버 스티어링과 언더 스티어링]

① O/S : 앞바퀴에 발생하는 코너링 포스가 커지면 선회 시 목표진로보다 조향각도가 작아지는 현상이다(선회 반지름이 작아진다).
② U/S : 뒷바퀴에 발생하는 코너링 포스가 커지면 선회 시 목표진로보다 조향각도가 커지는 현상이다(선회 반지름이 커진다).
③ 자동차는 직진성을 좋게 하기 위하여 기본적으로 언더 스티어링을 선호한다.
현대자동차의 에쿠스(EQUUS)는 이러한 오버 스티어링과 언더 스티어링을 방지하기 위하여 각각 VDC(Vehicle Dynamic Control System) 제어를 하고 있다.

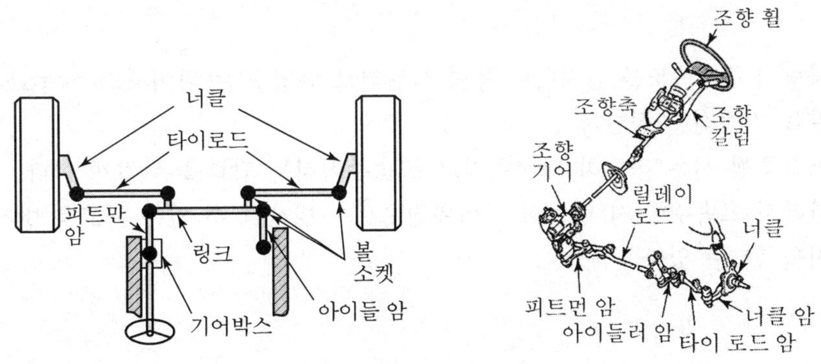

[링 케이지 조향장치]

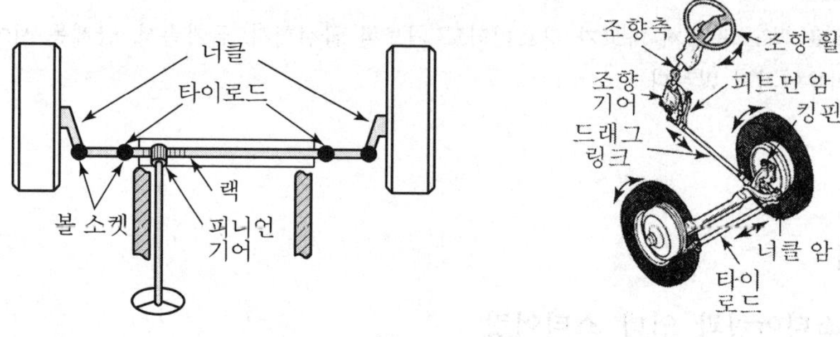

[랙－피니언 조향장치]

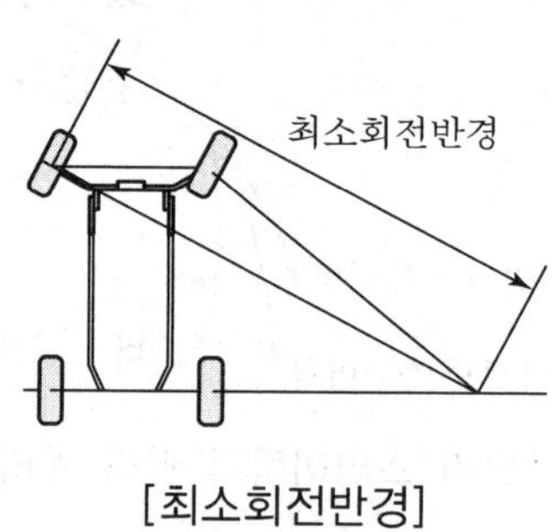

[최소회전반경]

4. 전자제어 조향장치

1) 동력 조향장치

운전자가 주행 중에 바람직한 조향을 할 수 있도록 하기 위해서는 조향력이 주행 속도에 따라 알맞게 변화되어야 한다. 공회전이나 저속주행 중에서는 가벼운 조향을 할 수 있도록 조향력이 가벼워야 하고, 고속영역에서는 운전자가 조향을 안정하게 할 수 있도록 조향력이 적당히 무거워야 한다.

- 차량의 주행속도를 감지하여 동력 실린더로 유입 또는 바이패스(by pass)되는 오일의 양을 적정히 조절한다.
- 저속주행 시는 적당히 가벼워지고 고속주행시는 답력을 무겁게 한다.
- 따라서 고속주행 시 핸들이 가벼워짐으로써 발생할 수 있는 사고를 방지하여 안전운전을 할 수 있다.

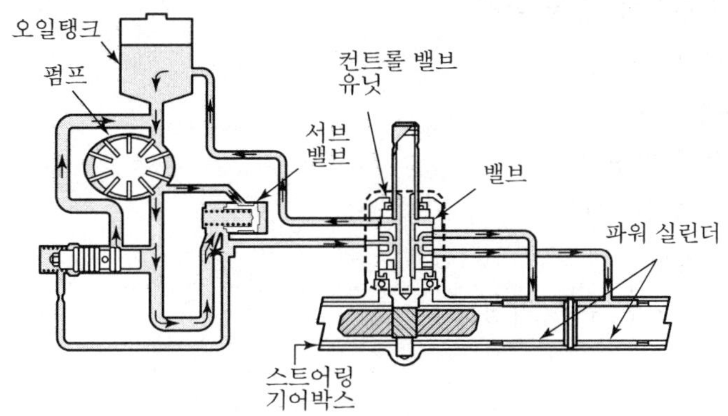

[동력 조향장치의 기본구조]

① 주요 구성장치

동력장치(오일 펌프, 파워 실린더, 컨트롤 밸브), 작동장치, 제어장치

② 동력 조향장치의 장점

㉠ 작은 힘으로 조향 조작을 할 수 있다.

㉡ 조향 기어비를 조작력에 관계없이 선정할 수 있다.

㉢ 노면의 충격을 흡수하여 핸들에 전달되는 것을 방지한다.

㉣ 앞바퀴의 시미 모션을 감쇄하는 효과가 있다.

㉤ 노면에서 발생되는 충격을 흡수하기 때문에 킥 백을 방지할 수 있다.

③ 유량 제어식 ESP 제어의 종류

㉠ 속도 감응식 : 솔레노이드 밸브나 전동 모터를 차량의 속도와 기타 조향력에 필요한 정보에 의해 고속과 저속모드에 필요한 유량으로 제어하는 방식이다.

㉡ 전동 펌프식 : 모터 구동 펌프를 차속과 조향량에 의해 시내, 교외, 산간로, 고속도로 등의 주행상태를 판별하여 펌프의 회전속도를 최적화하여 조향력을 제어하는 방식이다.

[ESP제어 개요도]

㉢ 유압 반력제어식 : 유압 반력제어 밸브에 의해 차속의 상승에 따라 유압 반력실에 유입되는 반력 압력을 증가시켜 반력기구의 강성을 가변제어하여 직접적으로 조향력을 제어하는 방식이다.

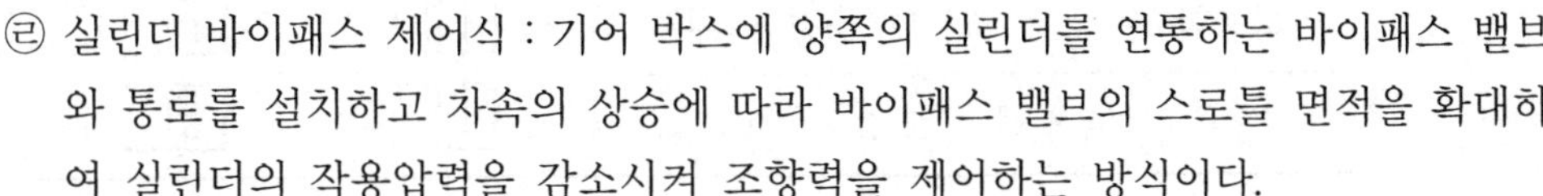

㉣ 실린더 바이패스 제어식 : 기어 박스에 양쪽의 실린더를 연통하는 바이패스 밸브와 통로를 설치하고 차속의 상승에 따라 바이패스 밸브의 스로틀 면적을 확대하여 실린더의 작용압력을 감소시켜 조향력을 제어하는 방식이다.

2) 4WS의 조종안정 성능 요소

① 고속 직진 안정성
② 차선변경 용이성
③ 고속 선회 안정성
④ 저속 시 회전 용이
⑤ 주차 편리성
⑥ 미끄러운 도로 주행 안정성

Tip

조향각 센서

스티어링 휠 하단부에 장착되어 있으며 핸들의 조향속도, 조향방향을 검출하는 역할을 한다. EPS, ECU는 두 신호를 입력 받아 운전자가 원하는 조향이 가능하도록 브레이크를 제어하여 상황에 맞는 차량자세제어를 수행한다.

5. 휠 얼라인먼트

범 위	가상화면 3차원 바그래프	표준 바그래프
허용값을 벗어남(그래프 범위 벗어남)		-0.08° 1.20° 0.08°
허용값을 벗어남		1.2°
허용할 수 있는 조정(허용값 이내)		0.8°
우선하는 조정		0.4°

[휠 얼라인먼트 시험 개요]

휠 얼라이먼트 시험기 측정 항목은 토인(Toe in), 캠버(Camber), 캐스터(Caster), 킹핀 경사각(Kingpin Angle)이다.

① 토인 : 앞 바퀴를 위에서 보았을 때 좌우 타이어 중심선 간의 거리가 앞쪽이 뒤쪽보다 좁은 것을 말한다. 토인은 일반적으로 2~6mm 정도이다.

② 캠버 : 자동차를 앞 또는 뒤에서 보았을 때 수직선에 대해서 바퀴의 상부가 안이나 바깥으로 기울어진 각도

③ 캐스터 : 킹핀을 옆에서 보았을 때 킹핀 중심선이 수직선에 대하여 경사져 있는 각을 캐스터라 한다. 캐스터 각은 일반적으로 +1～+3° 정도를 둔다.

④ 킹핀 경사각 : 앞 바퀴를 앞에서 보았을 때, 킹핀 상부가 안쪽으로 비스듬히 설치되어 있는데 노면에 대한 수직선과 킹핀의 중심선이 이루는 각을 킹핀 경사각이라 한다. 일반적으로 7~9°를 둔다.

1) 토인의 필요성

① 앞바퀴를 평행하게 한다.
② 바퀴의 사이드 슬립 방지와 타이어 마멸을 방지한다.
③ 조향 링 케이지의 마멸에 의해 토 아웃됨을 방지한다.
④ 캠버로 인해 토 아웃됨을 방지한다.

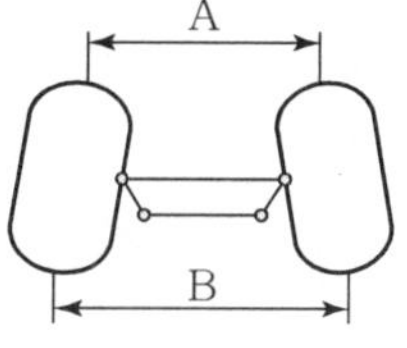

2) 캠버의 필요성

① 수직하중에 의한 일차 축의 휨을 방지한다.
② 조향 조작력을 가볍게 한다.
③ 스위블 반지름을 작게 한다.

3) 캐스터의 필요성

① 킹핀 각과 같이 핸들의 조향 조작력을 쉽게 한다.
② 앞차축의 휨을 방지한다.

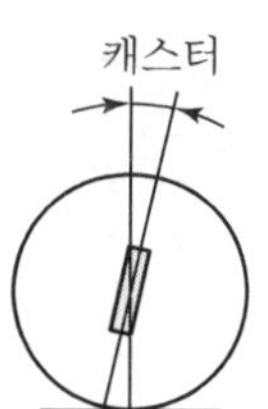

4) 킹핀 경사각

① 캠버와 같이 핸들의 조향력을 적게 한다.
② 조향 시 바퀴에 복원력을 준다.

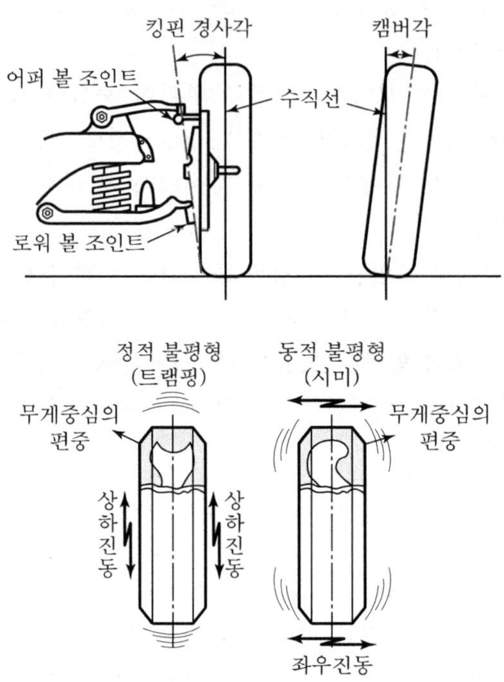

[타이어의 정적, 동적 불평형]

Tip

휠 밸런스

고속으로 주행할 때에는 특히 휠 밸런스가 정확히 유지되어야 한다. 휠 밸런스는 그 성질상 정적 평형과 동적 평형으로 나눌 수 있다. 이것은 타이어가 정지된 상태에서의 평형이며, 정적 불평형일 경우에는 바퀴가 상하로 진동하는 트램핑 현상을 일으킨다.

3 제동장치

1. 유압식 제동장치

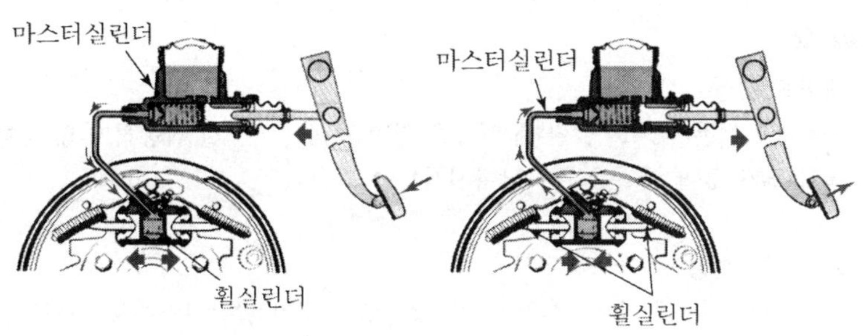

[제동장치의 작용과 해제]

1) 브레이크 오일이 갖추어야 할 조건

① 화학적으로 안정되고 침전물이 생기지 않을 것
② 알맞은 점도를 가지고 온도의 변화에 대한 점도 변화가 적을 것
③ 흡습성이 적고 윤활성이 있을 것
④ 비점이 높아 베이퍼록을 일으키지 않을 것
⑤ 빙점이 낮고 인화점은 높을 것
⑥ 금속, 고무 제품에 대해 부식, 연화, 팽윤을 일으키지 않을 것

2) 디스크 브레이크의 장단점

장 점	단 점
• 디스크가 대기 중에 노출되어 방열성이 좋아 제동력이 안정된다. • 제동력의 변화가 적어 제동 성능이 안정된다. • 한쪽만 브레이크되는 경우가 적다. • 고속으로 주행 시 반복하여 사용하여도 제동력의 변화가 작다. • 디스크에 물이 묻어도 제동력의 회복이 빠르다.	• 마찰면적이 작기 때문에 패드를 압착하는 힘을 크게 하여야 한다. • 자기 작동 작용을 하지 않기 때문에 페달을 밟는 힘이 커야 한다. • 패드는 강도가 큰 재료로 만들어야 한다.

3) 브레이크 드럼이 갖추어야 할 조건

① 마찰계수가 커야 한다(마찰계수가 없으면 계속 회전한다).
② 충분한 강성이 있을 것
③ 마찰 면에 충분한 내마멸성이 있을 것
④ 방열이 잘 되고 가벼울 것

Tip

페이드 현상
자동차가 빠른 속도로 달릴 때 제동을 걸면 브레이크가 잘 작동하지 않는 현상(라이닝이나 디스크 온도가 높아 마찰계수가 낮아져서)

베이퍼록 현상
열로 인한 기포가 생겨 브레이크를 밟아도 스펀지 밟는 듯 푹푹 꺼지는 현상

Tip

유압회로에 잔압을 두는 이유
- 브레이크 작동 지연 방지
- 베이퍼 록 방지
- 유압회로 내의 공기유입 방지
- 휠 실린더에서 오일 누출 방지

2. 기계식 및 공기식 제동장치 : 에어 브레이크의 구성품

① 브레이크 밸브 : 제동 시 압축 공기를 앞 브레이크 체임버와 릴레이 밸브에 공급하는 역할을 한다.
② 릴레이 밸브 : 압축 공기를 뒤 브레이크 체임버에 공급하는 역할을 한다.
③ 언로더 밸브 : 압력 조절 밸브와 연동되어 작용하며, 공기탱크 내의 압력이 5~7kgf/cm^{2}이상으로 상승하면 공기 압축기의 흡입 밸브가 계속 열려 있도록 하여 압축작용을 정지시키는 역할을 한다.

3. 전자제어 브레이크 장치(ABS ; Anti-lock Brake System)

기존에 운전자가 사용하던 유압, 링크 등의 기계적인 결합에 의해 작동시키던 것에 전자제어 장치를 추가하여 성능을 향상시켰으며 컨트롤 유닛이 작동하지 않으면 종전의 기계식만 작동한다.

1) ABS의 원리

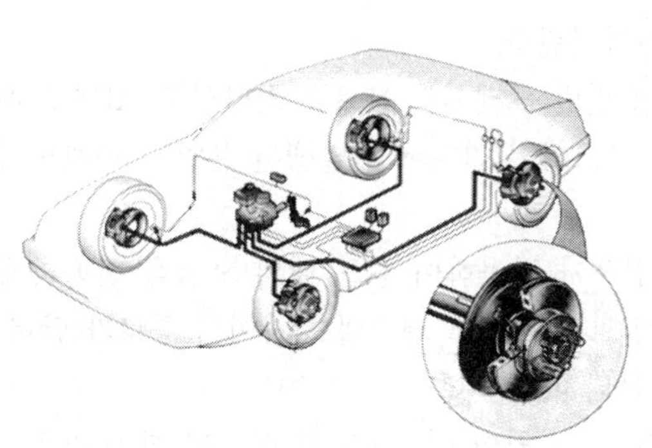

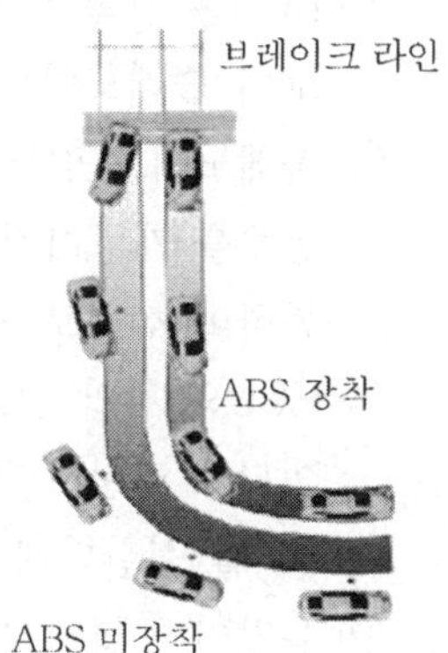

[ABS의 효과]

① 자동차가 달릴 때는 4개의 바퀴에 똑같은 무게가 실리지 않는다. 이런 상태에서 급제동을 하면 일부 바퀴에 로크업(lock-up)현상, 즉 바퀴가 잠기는 현상이 발생한다. 이것은 차량은 여전히 진행하고 있는데도 바퀴는 완전히 멈춰선 상태를 말하는데, 이때 차량이 미끄러지거나 옆으로 밀려 운전자가 차의 방향을 제대로 제어할 수 없게 된다.

② 이러한 문제를 방지하려면 바퀴가 잠기지 않도록 브레이크를 밟았다 놓았다 하는 펌핑을 해주어야 한다. 이 펌핑 작동을 전자제어장치나 기계적인 장치를 이용하여 1초에 10회 이상 반복되면서 제동이 이루어지도록 한 것이 그 원리이다.

③ ABS는 보통 브레이크와 같은 시스템의 부스터와 마스터실린더에 전자제어장치인 ECU(Electronic Control Unit), 유압조정장치인 HCU(Hydraulic Control Unit), 바퀴의 속도를 감지하는 휠 센서(Wheel Sensors), 브레이크를 밟은 상태를 감지하는 PTS(Pedal Travel Switch)로 이루어진다.

④ ABS가 장착된 자동차는 바퀴마다 스피드센서가 달려 있어, 여기서 감지되는 정보를 분석하여 만일 한쪽 바퀴가 잠기면 그 바퀴만 펌핑을 해줘 네 바퀴의 균형을 유지시킨다. 따라서 자동차가 미끄러지는 스키드 현상이 일어나지 않아 조종력을 잃지 않으며 바퀴가 잠기지 않아 제동거리도 훨씬 짧아진다. 다만, 브레이크 조작과 관련된 기계적 반동이 페달에도 그대로 전달되어 페달이 떨리고 소음이 발생하는 수가 있다.

⑤ ABS가 장착된 차량에서는 초당 수십 회씩 브레이크를 밟았다 놓았다 하는 효과를 낸다. 엔진룸을 열어 보면 마스터실린더에서 나오는 튜브들이 하나로 모이는 네모난 상자를 볼 수 있다. 그것이 바로 ABS 시스템의 유압 조절 장치인 하이드롤릭 유닛이다. ABS 비장착 차량에는 이 유닛이 없다.

⑥ 감압 시 ABS의 작동

㉠ 브레이크 페달을 밟을 때 휠 속도 센서에서 바퀴의 회전수 신호를 ECU에 입력한다.

㉡ ECU는 한쪽 바퀴가 고착(Lock)되는 현상이 검출되면 감압 신호를 모듈레이터로 보내 솔레노이드 밸브를 여자시킨다.

㉢ 솔레노이드 밸브가 여자되면 일반 브레이크 통로를 차단하고 ABS 브레이크 섬프 통로를 개방시킨다. 따라서 마스터 실린더에서 발생된 유압은 솔레노이드 밸브를 통하여 섬프로 공급된다.

㉣ ECU의 감압 신호에 의해 펌프가 작동하여 섬프 내의 오일을 신속하게 어큐뮬레이터로 리턴시킨다. 이때 P밸브와 릴리스 체크밸브 사이의 통로가 닫혀 있기 때문에 휠 실린더에 유압이 공급되지 않는다.

㉤ 유압이 공급되지 않은 상태에서 감압이 이루어지기 때문에 한쪽 바퀴가 고착되는 현상을 방지한다.

Tip

하이드롤릭 유닛

자동차를 비롯한 기계장치에서 하이드롤릭이라고 하면 유압을 사용하는 것을 말한다. 특히, 브레이크 시스템에서 많이 사용하고 있다. 우리가 브레이크 페달을 밟으면 그 압력이 엔진룸 안의 마스터실린더로 전달되고, 마스터실린더에서 4바퀴까지 가는 튜브가 설치되어 있고 내부에는 브레이크 오일이 있다. 마스터실린더의 유압은 각 바퀴의 캘리퍼까지 전달되어서 패드를 디스크에 밀착시키게 한다. 특히, ABS가 장착된 차량에서는 초당 수십 회씩 브레이크를 밟았다 놓았다하는 효과를 낸다. 엔진룸을 열어보면 마스터실린더에서 나오는 튜브들이 하나로 모이는 네모난 상자를 볼 수 있다. 그것이 바로 ABS 시스템의 유압을 조절하는 장치인 하이드롤릭 유닛이다. ABS 비장착 차량에는 이 유닛이 없다.

2) ABS의 장점

① 제동거리를 단축시킨다.

② 제동 시 조향성을 확보해준다.

③ 제동 시 방향 안정성을 유지한다.

④ 제동 시 스핀으로 인한 전복을 방지한다.

⑤ 제동 시 옆방향 미끄러짐을 방지한다.

⑥ 최대의 제동효과를 얻을 수 있도록 한다.

⑦ 어떤 조건에서도 바퀴의 미끄러짐이 없도록 한다.

3) ABS 주요 구성품

① 휠스피드 센서

차륜의 회전상태를 검출한다.

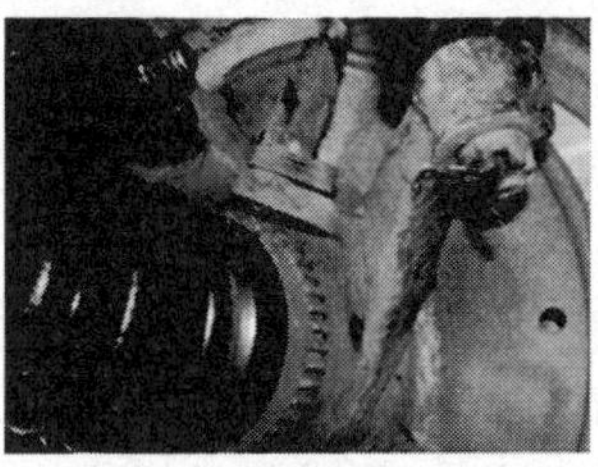

② ECU

차륜의 상황을 파악하여 하이드롤릭 유닛에 작동신호를 보낸다.

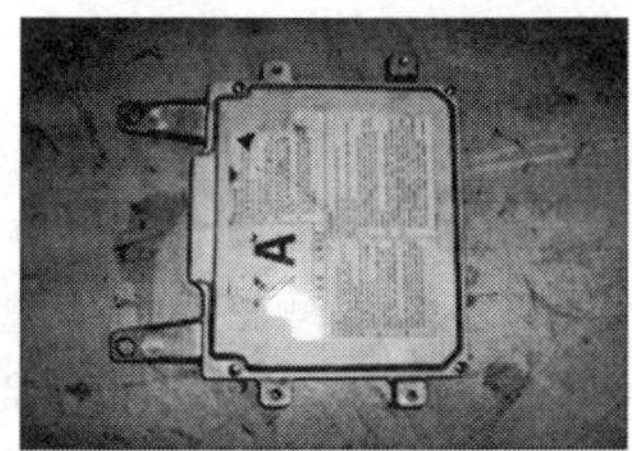

③ 하이드롤릭 유닛

유압을 제어하는 유닛으로, 밸브와 모터의 작동을 통해 제동장치를 작동시킨다.

④ LSPV 밸브

로드 센싱 프로포셔닝 밸브는 뒷바퀴 쪽 유압제어 개시점이 하중에 의하여 변동되어 앞뒤 바퀴의 제동력이 평형을 유지하도록 한 밸브이다. LSPV는 마스터 실린더와 뒷바퀴 휠 실린더 사이의 판 스프링에 레버를 설치하여 자동차의 중량을 감지함으로써 제동할 때 뒷바퀴의 휠 실린더 유압을 증압하여 앞뒤 바퀴의 제동력이 평형을 이룬다.

Tip

리미팅 밸브

브레이크 페달을 강력하게 밟았을 때 뒷바퀴에 먼저 제동이 걸리지 않게 하기 위해서 유압이 어느 일정 압력을 초과하게 되면 그 이상 뒷바퀴 쪽으로 가는 유압을 상승시키지 않는 형태의 조정 밸브이다.

Tip

프로포셔닝 밸브

프로포셔닝 밸브(Proportioning Valve) 또는 P밸브라고도 한다. 이 밸브는 마스터 실린더와 휠 실린더 사이에 설치되어 브레이크를 밟을 때 생기는 유압을 앞바퀴와 뒷바퀴의 유압에 의한 제동력이 평행이 되도록 해주는 장치이다.

Tip

EBD 시스템과 프로포셔닝 밸브

EBD(Electronic Brake-force Distribution) 시스템과 프로포셔닝 밸브(P-밸브)는 자동차가 급제동 시 차의 하중이 앞으로 쏠림과 동시에 뒷바퀴가 먼저 고착(Lock)되므로 선회의 안전성과 제동안전성을 위하여 뒷바퀴가 먼저 고착(Lock)되지 않게 하는 시스템이다. 뒷바퀴가 먼저 고착이 되면 뒷바퀴의 유압을 감압시켜서 고착되지 않게 한다.

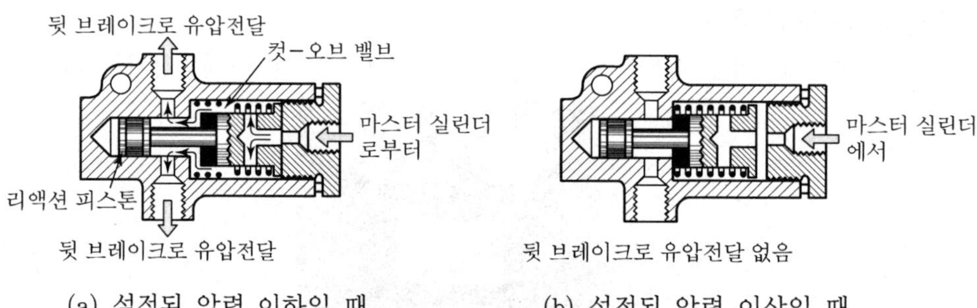

(a) 설정된 압력 이하일 때 (b) 설정된 압력 이상일 때

[프로포셔닝 밸브의 작동]

- 설정된 압력 이상일 때는 컷-오브밸브가 유로를 차단하기 때문에 휠 실린더에 유압이 공급되지 않는다.
- 유압이 공급되지 않는 상태에서 감압이 이루어지기 때문에 한쪽 바퀴가 고착되는 현상을 방지한다.

4 새시에서 요구되는 각종 공식

1) 클러치 용량

① 단판 클러치

$$C \leqq T \cdot f \cdot r$$

② 다판 클러치

$$C \leqq T \cdot f \cdot r \cdot n$$

여기서, C : 엔진 최고 출력, T : 스프링 장력, f : 마찰계수
r : 클러치판 반경, n : 클러치판 수

③ 클러치에 의해 전달되는 마력

$$P = \frac{2\pi RT}{60 \times 75} = \frac{RT}{716}$$

$$T = \frac{P \times 60 \times 75}{2\pi R} = \frac{P \times 716}{R}$$

여기서, P : 마력, T : 토크(m · kg), R : 회전속도(rpm)

④ 클러치의 토크를 구하는 식

$$P = \frac{F}{\frac{\pi}{4}(D^2 - d^2)}$$

$$T = \mu F\left(\frac{R + r}{2}\right)n$$

위 식을 전 스프링의 힘 F를 구하는 식으로 고치면

$$F = \frac{T}{\mu\left(\frac{R + r}{2}\right)n}$$

여기서, P : 클러치판의 압력, F : 전 스프링의 힘, T : 토크
D : 디스크의 외경, d : 디스크의 내경, R : 디스크의 외측 반경

r : 디스크의 내측 반경, μ : 마찰계수
n : 접촉하는 마찰면의 수(단판일 경우 2가 되며 복판일 경우 4가 된다. 즉, 매수×2가 된다.)

2) 클러치 전달효율

$$\frac{\text{출력}}{\text{입력}}\times 100(\%)=\frac{\text{클러치로부터 얻은 동력}}{\text{클러치에 주어진 동력}}\times 100(\%)=\frac{T_2\times N_2}{T_1\times N_1}\times 100(\%)$$

여기서, T_1 : 기관 발생 회전력, T_2 : 클러치 출력 회전력
N_1 : 기관의 회전수, N_2 : 클러치 출력 회전수

3) 변속비(감속비)

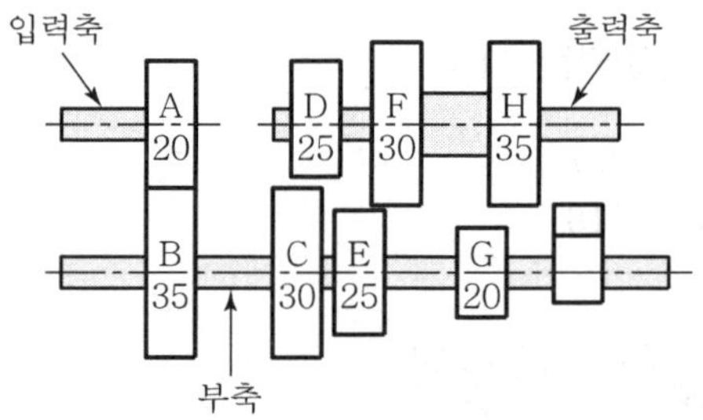

① 변속비

$$\frac{\text{부축 기어수}}{\text{주축 기어수}}\times\frac{\text{주축 기어수}}{\text{부축 기어수}}$$

㉠ 제1속에서는 기어 ABGH가 물리므로 기어 비는 다음과 같다.

$$r_1=\frac{B}{A}\times\frac{H}{G}=\frac{35}{20}\times\frac{35}{20}=3.06$$

㉡ 제2속에서는 기어 ABEF가 물리므로 기어 비는 다음과 같다.

$$\frac{B}{A}\times\frac{F}{E}=\frac{35}{20}\times\frac{30}{25}=2.10$$

㉢ 제3속에서는 기어 ABCD가 물리므로 기어 비는 다음과 같다.

$$r_3=\frac{B}{A}\times\frac{D}{C}=\frac{35}{20}\times\frac{25}{30}=1.46$$

㉣ 제4속에서는 직결이므로 기어 비는 다음과 같다.

$r_4 = 1.00$

㉤ 추진축의 회전수를 계산하면 다음과 같다.

제1속 : $P_1 = \frac{1,500}{3.06} = 490(\text{rpm})$

제2속 : $P_2 = \frac{1,500}{2.10} = 714(\text{rpm})$

제3속 : $P_3 = \frac{1,500}{1.46} = 1,030(\text{rpm})$

제4속 : $P_4 = \frac{1,500}{100} = 1,500(\text{rpm})$

② 자동차의 주행속도

㉠ 제1속에서의 주행속도

$$V_1 = \pi D \times \frac{N}{rfr_1}(\text{m/min}) = \pi D \times \frac{N}{rfr_1} \times \frac{60}{1,000}(\text{km/h})$$

㉡ 제2속에서의 주행속도

$$V_2 = \pi D \times \frac{N}{rfr_2} \times \frac{60}{1,000}(\text{km/h})$$

㉢ 제3속에서의 주행속도

$$V_3 = \pi D \times \frac{N}{rfr_3} \times \frac{60}{1,000}(\text{km/h})$$

여기서, N : 엔진 회전수(rpm)
r_1 : 변속비의 제1 기어비
r_2 : 변속비의 제2 기어비
r_3 : 변속비의 제3 기어비
rf : 종감속비
D : 바퀴의 지름(m)

③ 종감속비

$$\frac{\text{링기어 잇수}}{\text{구동피니언의 잇수}}$$

④ 총 감속비

변속비×종감속비

⑤ 구동 바퀴에 전달되는 토크

기관의 토크(m－kg)×종감속비

4) 유성기어

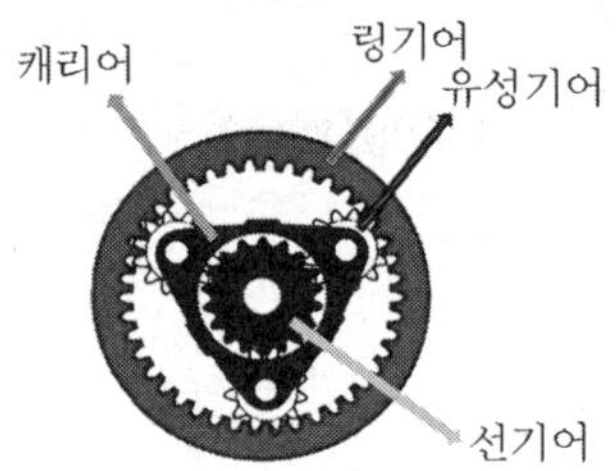

$$N = \frac{S+R}{R} \times C_n$$

여기서, N : 링기어 회전수, S : 선기어 잇수
R : 링기어 잇수, C_n : 유성기어 캐리어 회전수

※ 유성기어 장치의 3요소 조합

① 선기어(A) 고정하고 캐리어(C)를 구동하면 링기어(D)는 증속

A : 기어의 이수 : 20

B : 기어의 이수 : 10

D : 기어의 이수 : 50

$$\frac{D}{A+D} = \frac{50}{70} = 0.714$$

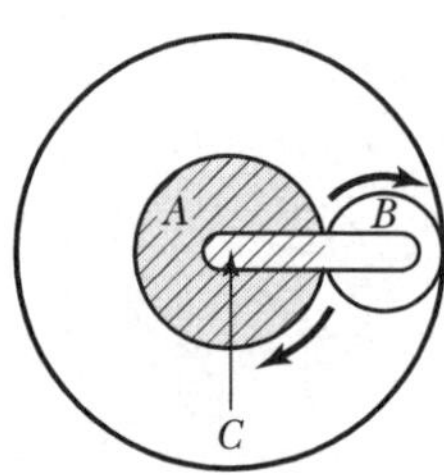

A고정, C구동

② 선기어(A) 고정하고 링기어(D)를 구동하면 캐리어(C)는 감속

$$\frac{A+D}{D}=\frac{70}{50}=1.40$$

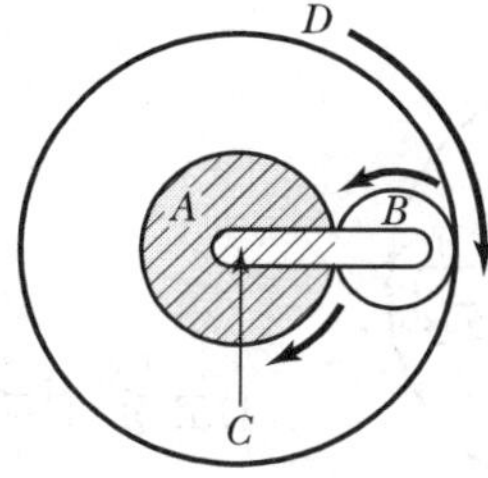

A고정, D구동

③ 캐리어(C) 고정하고 링기어(D)를 구동하면 선기어(A)는 역전증속

$$\frac{-A}{D}=\frac{-20}{50}=-0.4$$

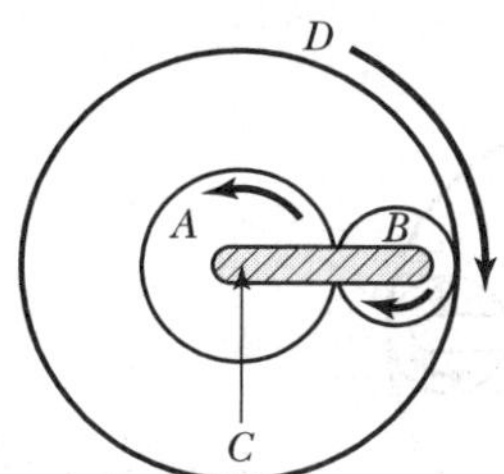

C고정, D구동

④ 캐리어(C) 고정하고 선기어(A)를 구동하면 링기어(D)는 역전감속

$$\frac{-D}{A}=\frac{-50}{20}=-2.5$$

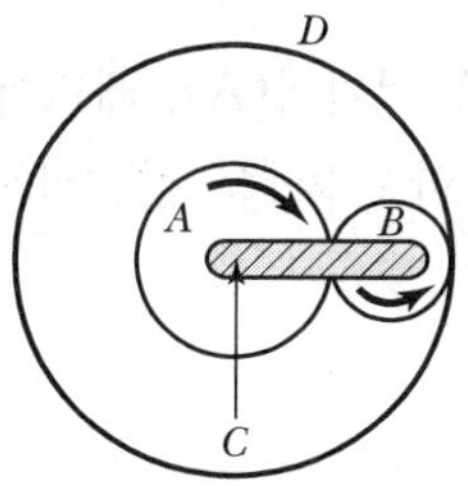

C고정, A구동

⑤ 링기어(D) 고정하고 캐리어(C)를 구동하면 선기어(A)는 증속

$$\frac{A}{A+D}=\frac{20}{70}=0.286$$

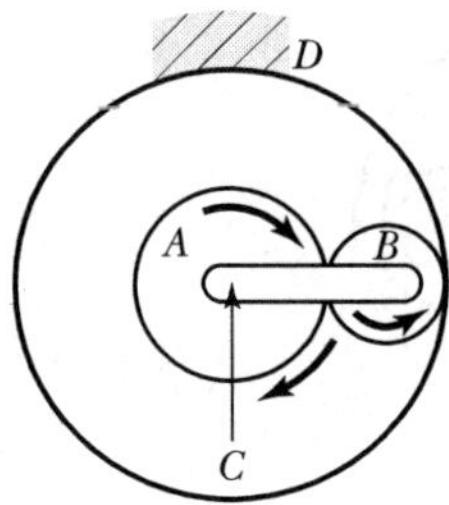

D고정, C구동

⑥ 링기어(D) 고정하고 선기어(A)를 구동하면 캐리어(C)는 감속

$$\frac{A+D}{A}=\frac{20+50}{20}=3.50$$

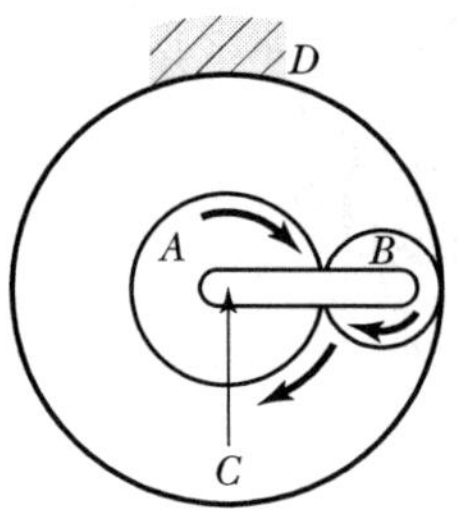

D고정, A구동

⑦ 2요소를 서로 고정하면, 즉 선기어(A)와 캐리어(C), 링기어(D)와 캐리어(C) 또는 선기어(A)와 링기어(D)의 어느 것을 서로 고정하면 각 기어는 개별적으로 회전할 수 없게 되고 유성기어는 일체로 되어 회전한다. 따라서 직결된다.

⑧ 3요소를 전부 자유롭게 하면, 즉 선기어(A), 캐리어(C), 링기어(D)의 모든 것을 자유롭게 회전하게 하면 동력은 아무것에도 전달되지 않는다. 따라서 중립이 된다.

3요소 결합상태	피동축 회전상태	변속비
고 정 : 선기어(A) 구 동 : 캐리어(C) 피 동 : 링기어(D)	증 속	$\frac{D}{A+D}$
고 정 : 선기어(A) 구 동 : 링기어(D) 피 동 : 캐리어(C)	감 속	$\frac{A+D}{D}$
고 정 : 캐리어(C) 구 동 : 링기어(D) 피 동 : 선기어(A)	역전증속	$-\frac{A}{D}$
고 정 : 캐리어(C) 구 동 : 선기어(A) 피 동 : 링기어(D)	역전감속	$-\frac{D}{A}$
고 정 : 링기어(D) 구 동 : 캐리어(C) 피 동 : 선기어(A)	증 속	$\frac{A}{A+D}$
고 정 : 링기어(D) 구 동 : 선기어(A) 피 동 : 캐리어(C)	감 속	$\frac{A+D}{A}$

※ 토크 컨버터의 효율=속도비×토크비×100(%)

5) 차동장치

$$N=\frac{L+R}{2}$$

여기서, N : 피니언의 회전수
L : 좌측 바퀴의 회전수
R : 우측 바퀴의 회전수

6) 조향 기어비(감속비)

$$\frac{\text{조향핸들이 움직인 양}}{\text{피트먼 암이 움직인 양}}$$

7) 최소 회전 반경

$$R = \frac{L}{\sin\alpha} + r$$

여기서, R : 최소 회전 반경(m), L : 축거(m)
α : 앞 차륜 바깥 바퀴의 조향각, r : 바퀴 접지면 중심과 킹핀과의 거리(m)

8) 구동력

구동력(F)은 바퀴가 자동차를 미는 힘이고 바퀴의 반경을 r, 축의 토크를 T라 하면

$$F(\text{kg}) = \frac{\text{토크}}{\text{바퀴의반경}} = \frac{\text{T(m} \cdot \text{kg)}}{\text{r(m)}}$$

9) 스프링 정수

$$\text{정수} = \frac{\text{가한힘(kg)}}{\text{변형량(mm)}}$$

10) 스프링 진동수

$$c = \frac{1}{2\pi}\sqrt{\frac{k \cdot g}{w}}$$

여기서, C : 스프링 진동수(c/sec), k : 스프링 정수(kg/mm)
g : 중력가속도(9.8m/sec^2), W : 외력(kg)

11) 속도와 가속도

① 속도(V)[m/sec]

단위시간에 움직인 거리

$$V = \frac{S}{t}$$

여기서, t : 시간(sec)
S : 거리(m)

② 가속도(a)[m/s²]

$$a = \frac{v_2 - v_1}{t}$$

여기서, v_1 : 처음속도(m/s), v_2 : 나중속도(m/s), t : 시간(s)

③ 등가속도(a)[m/s²]

$$a = \frac{V_2^2 - V_1^2}{2S},\ V_2 = V_1 + a \times t$$

$$S = V_1 \times t + \frac{1}{2} \times at^2,\ 2 \times a \times S = V^2_{-\ V_1^2 2}$$

여기서, V_2 : 나중속도, V_1 : 처음속도
a : 가속도, t : 시간, S : 거리

$$a = \frac{\text{나중속도} - \text{처음속도}}{2 \times \text{거리}} = \frac{V_2^2 - V_1^2}{2S}$$

④ 감속도(b)[m/s²]

$$b = \frac{m \times g}{F}$$

여기서, b : 감속도(m/s²), m : 질량(kg)
g : 중력가속도(9.8m/s²), F : 제동력(kg), 1kg=9.8N

$$b = \frac{v_1 - v_2}{t}$$

여기서, b : 감속도(m/s²), v_1 : 처음속도(m/s)
v_2 : 나중속도(m/s), t : 시간(s)

⑤ 감속시 정지거리(S)[m]

$$S = \frac{V^2}{2a}$$

여기서, V : 제동 초속도(m/sec), a : 감속도(m/sec²)

12) 브레이크

① 공주거리(S_1)[m]

장애물을 발견하여 브레이크 페달을 밟아서 제동 개시까지 걸리는 시간이 공주시간이고 이때 진행한 거리를 공주거리라 한다(보통 공주시간은 0.1초 정도이다).

$$S_1 = \frac{V}{3.6} \times t = \frac{V}{36}$$

여기서, V : 속도[km/h]
t : 공주시간[0.1초]

② 제동거리(S_2) [m]

$$S_2 = \frac{V^2}{254} \times \frac{(W + W')}{F}$$

③ 정지거리 = $S_1 + S_2$

$$S = \frac{V}{36} + \frac{V^2}{254} \times \frac{(W + W')}{F}$$

여기서, S_1 : 제동거리, S_2 : 공주거리
F : 제동력(kg), W : 차량 총중량(kg)
V : 제동 초속도(km/h)
W' : 회전 부분의 상당 중량(kg)

$$S = \frac{V^2}{2\mu g}$$

여기서, V : 주행속도(m/sec)
μ : 타이어와 노면의 마찰 계수
g : 중력가속도(9.8m/sec²)

Tip

법규에 의한 제동거리

$$S = \frac{V^2}{100} \times 0.88$$

여기서, V : 제동 초속도(km/h)

④ 마스터 실린더에 작용하는 힘

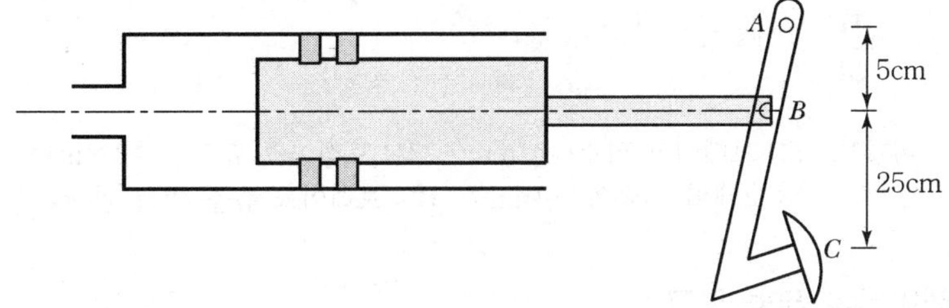

㉠ 그림에서 페달에 20kg의 힘을 가할 때 마스터 실린더에 작용하는 힘

$$5 \times B = (5 + 25) \times C$$

$$B = \frac{600}{5} = 120\text{kg}$$

㉡ 마스터 실린더의 내면적이 5cm²일 때 발생하는 유압

$$P = \frac{120}{5} = 24\text{kg/cm}^2$$

㉢ 그림에서 페달에 150kg의 힘을 가할 때 피스톤 면적이 10cm²인 경우 마스터 실린더에 작용하는 유압

$$P = \frac{5 \times 150}{10} = 75\text{kg}$$

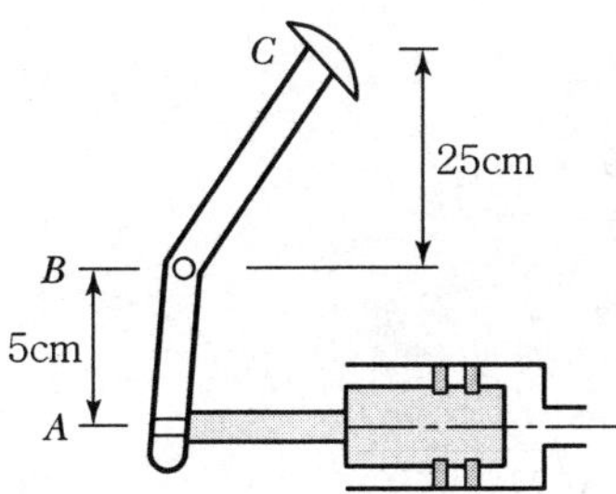

⑤ 브레이크 파이프의 압력

$$P = \frac{W}{A}$$

여기서, P : 브레이크 파이프의 압력(kg/cm²)
A : 마스터 실린더의 단면적(cm²)
W : 푸시로드를 미는 힘(kg)

⑥ 브레이크의 압력

$$P = \frac{W}{St}$$

여기서, P : 브레이크 압력(kg/mm²), S : 브레이크 슈의 길이(mm)
t : 브레이크 슈의 폭(mm), W : 브레이크 슈를 미는 힘(kg)

⑦ 브레이크의 제동 토크

$$T = \mu Fr$$

여기서, T : 제동 토크(mm-kg)
μ : 브레이크 라이닝의 마찰계수
F : 드럼에 걸리는 전체의 힘
r : 드럼의 반경(mm)

13) 미끄럼률

$$S_n = \frac{V - WR}{V} \times 100(\%)$$

여기서, S_n : 미끄럼률(%)
V : 자동차의 주행속도(m/s)
WR : 타이어의 원주속도(m/s)

14) 추진축의 위험 회전수

$$N_C = \frac{60\pi}{2\ell^2}\sqrt{\frac{EIg}{A\gamma}}$$

※ 강관의 경우

$$N_C = 1,206 \times 10^5 \frac{\sqrt{D^2 + d^2}}{\ell^2}$$

여기서, ℓ : 축의 길이(mm), γ : 비중량(kg/mm³)
I : 단면 2차 모멘트(mm⁴), D : 추진축 외경(mm)
A : 축의 단면적(mm²), E : 세로 탄성계수(kg/mm²)
g : 중력가속도(m/s²)

15) 주행저항

① 구름저항

㉠ 도로와 타이어 변형에 대한 저항

㉡ 도로의 굴곡 충격에 대한 저항

㉢ 타이어의 미끄러짐에 의한 저항 등에 관계되고 저항은 항상 차의 중량 W에 비례한다.

$$R_1 = f_1 \cdot W$$

여기서, f_1 : 구름 저항계수
W : 차량 총 중량

② 공기저항

자동차 전, 후면에서의 공기저항과 와류 발생에 의한 저항

$$R_2 = f_2 \cdot A \cdot V^2$$

여기서, f_2 : 공기 저항계수
A : 자동차 전면의 투영면적(m^2)
V : 자동차 주행속도(m/s)

③ 구배저항(등판저항)

㉠ 자동차가 비탈길을 올라갈 때 비탈길의 경사에 따른 중력의 분력이 구동력에 대해 반대 방향의 힘으로 작용하는 저항이다. 이때 θ각이 적을 때는 $\tan\theta$와 $\sin\theta$가 근삿값이므로 $\sin\theta \fallingdotseq \tan\theta$라 해도 실용상 지장은 없다.

㉡ 내리막의 등판저항은 (−)값이다.

$$R_3 = W \cdot \sin\theta \fallingdotseq W \cdot \tan\theta = \frac{W \cdot G}{100}$$

여기서, θ : 구배각도
G : 구배(%)

④ 가속저항

$$R_4 = \frac{(W + W') \times a}{g}$$

여기서, W : 차량 총 중량(kg)
W' : 회전부분 상당 중량(kg)
a : 가속도(m/sec^2)
g : 중력가속도(9.8m/sec^2)

⑤ 전 주행저항

자동차가 주행 시 구름저항, 공기저항, 구배저항, 가속저항의 총합 이전 주행저항 R로 표시한다.

$$R = R_1 + R_2 + R_3 + R_4$$

⑥ 구동마력과 주행저항마력

㉠ 구동마력

$$PS = \frac{F \cdot V}{75 \times 3.6}$$

여기서, F : 구동력(kg)
V : 자동차 속도(km/h)

㉡ 소요마력(실마력)

$$PS = \frac{F \cdot V}{\eta \times 75 \times 3.6}$$

여기서, η : 동력전달 효율(%)

㉢ 주행저항마력

$$PS = \frac{P \cdot V}{75 \times 3.6}$$

여기서, P : 주행저항
V : 자동차 속도(km/h)

16) 타이어 부하율

① 타이어 부하율

$$\text{타이어 부하율(\%)} = \frac{\text{앞 또는 뒤 하중}}{\text{허용하중} \times \text{타이어 개수}} \times 100$$

② 타이어 접지압

적재 상태인 자동차의 타이어에 걸리는 하중을 타이어의 전체 접지면적으로 나눈 값

$$\text{타이어 접지압} = \frac{\text{적재상태의 축중}}{\text{접지폭} \times \text{축 타이어 개수}}$$

● 분류별 기출예상문제

제2과목 자동차새시

01. FR(후축구동) 형식 자동차의 동력전달 순서로 맞는 것은? 2003.07.20, 2007.04.01

① 클러치 → 변속기 → 종감속 및 차동장치 → 추진축 → 차축 → 바퀴허브
② 클러치 → 변속기 → 차축 → 종감속 및 차동장치 → 바퀴허브
③ 클러치 → 변속기 → 종감속 및 차동장치 → 차축 → 바퀴허브
④ 클러치 → 변속기 → 추진축 → 종감속 및 차동장치 → 차축 → 바퀴허브

➡해설 Front(엔진), Rear(후축구동)

02. 릴리스 레버의 상호 간의 차이가 너무 심할 때 일어나는 현상은? 2004.07.18

① 클러치 판이 빨리 마모된다. ② 클러치 페달 유격이 많아진다.
③ 클러치 단속이 잘 안 된다. ④ 클러치가 미끄러진다.

➡해설 릴리스 레버와 릴리스 베어링의 간극을 클러치 자유간극(유격)이라 한다. 이 유격이 크면 클러치의 단속이 어려워 기어 변속이 어렵다.

03. 장력 300N의 코일스프링이 6개 설치된 클러치가 있다. 이 클러치의 정지마찰계수는 0.3이다. 페이싱 한 면에 작용하는 마찰력은 몇 N인가? 2004.07.18, 2009.03.29

① 90 ② 540 ③ 600 ④ 150

➡해설 마찰력＝장력×스프링개수×마찰계수＝300N×6×0.3＝540N

04. 주행 중 기관을 급가속하였을 때 기관의 회전은 상승하나 자동차의 속도가 증가하지 않을 때 그 원인은 어디에 있는가? 2003.07.20, 2011.04.17

① 릴리스 포크가 마멸되었다.
② 파일럿 베어링이 마모되었다.
③ 클러치 스프링의 장력이 감소되었다.
④ 클러치 페달의 유격이 규정보다 크다.

 정답 01. ④ 02. ③ 03. ② 04. ③

해설 기관의 회전이 상승하므로 기관은 정상이다. 그러므로 차속이 증가하지 않는 것은 동력전달장치의 결함이다. 그중에서도 특히 클러치의 미끄럼이 가장 큰 영향을 미친다. 클러치가 미끄러지는 조건은 클러치 스프링의 장력이 감소, 압력판이 경화되었을 경우이다.

05. 클러치가 미끄러지지 않기 위한 조건은? (단, 클러치 압력스프링의 장력 t, 마찰 계수 μ, 평균반경 r, 엔진 회전력 T인 경우) 2004.04.04

① $t \cdot \mu \cdot r \le T$
② $T \cdot \mu \cdot r \ge t$
③ $t \cdot \mu \cdot r \ge T$
④ $T \cdot \mu \cdot r \le t$

해설 클러치가 미끄러지지 않기 위해서는 엔진 회전력(T)보다는 클러치 토크가 크거나 같아야 한다.

06. 엔진의 출력이 100PS이고 클러치판과 압력판 사이의 마찰계수가 0.3, 그리고 클러치판의 평균반경이 40cm, 엔진의 회전수가 3,000rpm일 때 클러치가 미끄러지지 않으려면 스프링 장력의 총합은 얼마 이상이어야 하는가? 2012.04.08

① 약 50kgf
② 약 100kgf
③ 약 150kgf
④ 약 200kgf

해설 $PS = \frac{NT}{716}$, $T = \frac{716 \times 100}{3,000} = 23.86\text{kgf} \cdot \text{m}$, $T = F \cdot \gamma \cdot \mu$, $F = \frac{23.86}{0.4 \times 0.3} = 198.8\text{kgf}$

07. 클러치 디스크의 페이싱이 마모되면 클러치 페달의 유격은 어떻게 변화하는가? 2002.04.07

① 커진다.
② 작아진다.
③ 변화 없다.
④ 증가하거나 작아진다.

해설 클러치판이 마모되면 클러치판의 두께가 얇아지므로 압력판이 많이 눌린다. 그 결과 압력판을 작동하는 릴리스 레버의 높이가 높아지고 이는 릴리스베어링을 뒤러 밀게 된다. 그러므로 클러치 페달의 유격이 작아지고 클러치를 밟으면 클러치가 완전 작동하지 않고 미끄럼 현상이 일어난다.

08. 주행 자동차의 클러치에 작용하는 면압이 50kgf/cm^{2}이고 클러치판의 외경이 30cm, 내경 20cm인 경우 클러치의 전달 회전력(cm · kgf)은?(단, 단판클러치이고, 마찰계수는 0.35) 2002.04.07

① 218.8
② 437.5
③ 525
④ 875

정답 05. ③ 06. ④ 07. ② 08. ②

➡해설 $T=\mu Fr=0.35\times 50\times\left(\frac{30+20}{2}\right)=437.5\text{cm}\cdot\text{kgf}$

09. 클러치의 전달토크와 직접 관계가 없는 것은? 2002.07.21

① 클러치 스프링 장력　② 마찰계수
③ 클러치판의 유효 반지름　④ 플라이휠의 크기

➡해설 $T=F\cdot r\cdot\mu$

10. 단판 마찰클러치 접속 시 발생하는 회전충격을 흡수하는 스프링은? 2005.04.03

① 쿠션 스프링　② 토션 스프링
③ 클러치 스프링　④ 막 스프링

11. 클러치 스프링의 총 장력이 150kgf이고 레버비가 3 : 1일 때 페달을 조작하는 힘은 몇 kgf인가? 2007.07.15

① 40　② 50　③ 75　④ 450

➡해설 힘의 평형조건(고정점기준), $150\times 1=F\times 3$, $F=\frac{150}{3}=50\text{kgf}$

12. 클러치 페달 레버에서 작용점의 힘이 120kgf일 때 페달의 답력은?(단, 작용점에서 페달까지와 작용점에서 고정점까지의 비는 5 : 2) 2010.07.11

① 약 17.2kgf　② 약 24.3kgf
③ 약 34.3kgf　④ 약 86.2kgf

➡해설 힘의 평형조건, $120\times 2=$ 답력 $\times 7$, 답력 $=\frac{120\times 2}{7}=34.3\text{kgf}$

13. 클러치 디스크의 페이싱이 마모되면 클러치 페달의 유격은? 2011.07.31

① 증가한다.　② 감소한다.
③ 변화없다.　④ 증가 후 감소한다.

정답 09. ④ 10. ② 11. ② 12. ③ 13. ②

14. 기어 변속 시 기어 크래시(Crash)를 방지하는 변속기 내의 특수 장치 명칭은? 2005.04.03

① 헬리컬기어 ② 카운터기어
③ 싱크로나이저 ④ 시프트 포크

해설 싱크로나이저 링은 각 기어에 마련된 경사면 7°에 결합되어 변속 시에는 경사면과 접촉하여 마찰력에 따라 클러치 작용을 하기 때문에 주축에 물려 있는 허브와 변속기어를 동기화시키는 작용을 한다.

15. 수동 변속기 차량에서 기어 변속된 후에 기어가 가끔 빠질 때 무엇을 점검하여야 하는가? 2008.07.13

① 인터록 장치 ② 록킹 볼
③ 시프트 레일 ④ 후진 오동작 방지 장치

해설 록킹 볼 : 변속 시에 기어의 빠짐을 방지

16. 수동 변속기의 종류 중 동기 물림식(Synchro Mesh Type)의 장점에 대한 설면으로 틀린 것은? 2011.04.17

① 변속 시 소음이 적고 변속이 용이하다.
② 각단 기어의 동기화가 쉽게 이루어질 수 있다.
③ 변속하기 위해 특별히 가속 페달을 밟거나 더블 클러치를 조작할 필요가 없다.
④ 클러치 조작 없이 변속하여도 변속이 된다.

17. 변속기에서 록킹 볼이 마모되었을 때의 증상은? 2001.09.23

① 기어가 들어가지 않는다. ② 기어가 빠진다.
③ 클러치가 미끄러진다. ④ 클러치가 차단되지 않는다.

해설 록킹 볼 : 변속시에 기어의 빠짐을 방지

18. 변속기 내의 록킹 볼이 하는 역할이 아닌 것은?
2002.07.21, 2003.07.20, 2004.04.04, 2010.07.11, 2012.07.22

① 시프트 포크를 알맞은 위치에 고정한다.
② 기어가 빠지는 것을 방지한다.

정답 14. ③ 15. ② 16. ④ 17. ② 18. ④

③ 시프트 레일을 알맞은 위치에 고정한다.
④ 기어가 2중으로 치합되는 것을 방지한다.

➡해설 록킹 볼 : 변속시에 기어의 빠짐을 방지

19. 변속기의 기어물림을 톱(Top)으로 하였을 때는? 2008.03.30

① 구동바퀴의 회전력 가장 크게 된다.
② 구동바퀴의 회전력은 변함없다.
③ 구동바퀴의 회전력이 가장 작게 된다.
④ 총 감속비가 크게 된다.

➡해설 1단(로우)1 : 4 → 출발할 때 사용, 힘은 강하고 속도 느림, 4단(톱)1 : 1 → 중, 고속 주행시에 사용하는 위치, 5단(오버 톱)1 : 0.97 → 고속주행 시 사용하는 위치

20. 수동변속기에서 주행 중 기어 변속이 어려운 원인으로 부적합한 것은? 2010.03.28

① 클러치 페달의 자유간극 과대
② 클러치 면 또는 압력판의 마모
③ 클러치 디스크의 런 아웃 과대
④ 입력 축 스플라인의 마모

➡해설 클러치 면 또는 압력 판이 마모되면 클러치가 미끄러지는 원인이 된다.

21. 입력축, 부축, 출력축으로 구성된 수동 변속기에서 변속비에 대한 설명으로 옳은 것은? 2012.04.08

① (부축기어 잇수/입력축기어 잇수)×(부축기어 잇수/출력축기어 잇수)
② 출력축 회전속도/엔진 회전 속도
③ 변속비가 1일 때 구동축과 피동축의 회전 속도는 같다.
④ 변속비가 1보다 적을 경우는 감속이 된다.

➡해설 $변속비 = \frac{부축기어}{입력축기어} \times \frac{출력축기어}{부축기어}$

22. 변속기에 있는 싱크로 메시기구가 작용하는 시기는? 2002.04.07, 2003.03.30

① 기어가 물릴 때
② 기어 물림이 풀릴 때
③ 정지할 때
④ 고속에서

해설 싱크로 메시는 각 기어에 마련된 경사면 7°에 결합되어 변속 시에는 경사면과 접촉하여 마찰력에 따라 클러치 작용을 하기 때문에 주축에 물려 있는 허브와 변속기어를 동기화시키는 작용을 한다.

23. 수동변속기에서 동기치합식의 장점이 아닌 것은? 2006.04.02

① 변속소음이 거의 없고 변속이 용이하다.
② 변속기의 수명이 길다.
③ 기어의 이가 헬리컬형이므로 하중부담 능력이 크다.
④ 변속기 특별히 가속시키거나 더블클러치를 조작할 필요가 있다.

해설 변속 시 특별히 가속시키거나 더블클러치를 조작할 필요가 있는 형식은 상시 물림식 변속기이다.

24. 동기 치합식(키식) 수동변속기에서 동기화란 주축상에 회전하는 단기어(Shift Gear)의 콘부와 (①)의 접촉 마찰에 의해 (②)와 단기어의 원주 속도가 같아져 (③)가 쉽게 치합되는 것을 말한다. 다음 ( ) 안에 들어갈 명칭은? 2006.07.16

① ① 싱크로나이저링, ② 클러치 허브, ③ 클러치 슬리브
② ① 클러치 허브, ② 클러치 슬리브, ③ 싱크로나이저링
③ ① 클러치 허브, ② 싱크로나이저링, ③ 클러치 슬리브
④ ① 싱크로나이저링, ② 클러치 슬리브, ③ 클러치 허브

25. 동기 치합식(Synchro-mesh Type) 변속기의 장·단점으로 맞는 것은? 2007.07.15, 2009.03.29

① 변속 소음이 크고 변속이 어렵다.
② 구조가 간단할 뿐만 아니라 기어 이가 헬리컬(Helical)형이므로 하중 부담 능력이 적다.
③ 원활한 변속을 위해 가속을 하거나 더블(Double) 클러치를 조작할 필요가 없다.
④ 변속 시 도그(Dog) 슬리브가 단기어(Shift Gear)의 도그와 치합될 때 소음을 피할 수 없다.

정답 22. ① 23. ④ 24. ① 25. ③

26. 변속기가 하는 일이 아닌 것은? 2005.07.17

① 기관의 회전력을 변환시켜 전달한다.
② 기관에서 발생한 회전속도를 변환시켜 전달한다.
③ 자동차의 후진을 가능하게 한다.
④ 차체의 진동을 완화시킨다.

27. 수동변속기의 오작동 방지 기구에 대한 필요성과 작동에 대한 설명으로 틀린 것은? 2009.07.12

① 시프트 레일에 각 기어를 고정시키기 위한 홈을 두고 이 홈에는 기어가 빠지는 것을 방지하기 위해 로킹 볼(Locking Ball)과 스프링이 설치되어 있다.
② 클러치 슬리브나 슬라이딩 기어의 이동거리는 정확하게 정해져 있으며, 인터록(Inter Lock)에 의해 제한된다.
③ 후진으로 변속할 때 기어가 파손되는 것을 방지하기 위해 변속레버를 누르거나 들어 올려야만 변속되게 하는 후진 오조작 방지 기구가 있다.
④ 하나의 기어가 물려 있을 때 다른 기어는 중립에서 이동하지 못하도록 하여 기어의 이중물림을 방지하는 장치를 인터록(Inter Lock)이라 한다.

➡해설 인터록 장치는 이동거리를 제한하는 것이 아니다. 이동거리는 변속기어가 설계될 때 정해지는 것이다. 인터록 장치는 2중 물림 방지나 기어물림을 고정한다.

28. 동력전달장치의 안전을 위하여 점검사항으로 볼 수 없는 것은? 2005.07.17

① 변속기의 오일 누유
② 추진축 및 자재이음의 진동 여부
③ 변속 링키지의 이탈 여부
④ 변속기의 각인

29. 수동 변속기의 종류에 해당하지 않는 것은? 2004.07.18

① 섭동 기어식
② 상시 물림식
③ 위상 물림식
④ 동기 물림식

정답 26. ④ 27. ② 28. ④ 29. ③

30. 변속기 입력 축의 토크가 4.6kgf · m이고, 변속비(감속)가 1.5이다. 이때 변속기 출력축의 토크는? 2008.07.13

① 3.45kgf · m ② 6.9kgf · m
③ 4.5kgf · m ④ 7.9kgf · m

해설 출력 축토크 = 입력축 토크×변속비 = 4.6kgf · m×1.5 = 6.9kgf · m

31. 자동차 변속기 입력축 기어 잇수 20개, 입력축과 치합되는 카운터 기어 잇수가 40개이며, 출력축 3단 기어 잇수가 30개, 3단 기어와 물리는 카운터 기어 잇수가 50개인 수동변속기에서 기관의 회전수가 2,400rpm이고 3속으로 주행 시 추진축의 회전수는 몇 rpm인가? 2007.07.15

① 1,800 ② 1,900
③ 2,000 ④ 2,100

해설 $\text{추진축회전수} = \dfrac{\text{엔진회전수}}{\text{변속비}} = \dfrac{2,400}{\dfrac{40}{20} \times \dfrac{30}{50}} = 2,000\text{rpm}$

32. 수동변속기 차량과 비교할 때 자동변속기 차량의 장점이 될 수 없는 것은? 2002.07.21

① 조작미숙으로 인해 시동이 꺼지는 경우가 적다.
② 기어변속조작을 하지 않기 때문에 운전이 편리하다.
③ 동력이 오일을 매개로 전달되기 때문에 출발 및 가감속이 원활하다.
④ 각부의 진동과 충격을 오일이 흡수해 줌으로 최고 속도가 빠르고 연료소비량이 적다.

해설 엔진의 토크를 오일을 통하여 전달하므로 연료 소비율이 증대하므로 비경제적이다.

33. 자동변속기 차량을 밀거나 끌어서 시동을 할 수 없는 이유로 부적합한 것은? 2010.03.28

① 토크 컨버터가 마찰열에 의해 파손을 가져 오기 때문이다.
② 구동 바퀴로부터의 동력이 회전부분의 마찰을 가져오기 때문이다.
③ 윤활이 충분히 안 되어 구동부품의 소결을 가져오기 때문이다.
④ 중량이 무겁고 또한 밀어서 시동을 걸 경우 축전지의 손상을 가져오기 때문이다.

해설 중량이 가볍다 하더라도 클러치의 연결이 유체에 의해서 이루어지기 때문에 밀어서 엔진의 크랭크 축을 회전시킬 수 없어 ㉮, ㉯, ㉰의 손상원인이 된다.

정답 30. ② 31. ③ 32. ④ 33. ④

34. 토크 컨버터가 유체 클러치로서 작용할 때 가장 적당한 것은? 2007.04.01, 2012.07.22

① 터빈의 속도가 펌프속도의 5/10에 도달했을 때
② 펌프속도가 터빈속도의 5/10에 도달했을 때
③ 터빈의 속도가 펌프속도의 8/10에 도달했을 때
④ 펌프속도가 터빈속도의 8/10에 도달했을 때

➡해설 토크컨버터가 유체클러치로 작용할 때를 클러치 점이라 한다. 이때 속도비(터빈/펌프)는 0.85 정도이다.

35. 유체클러치 오일의 구비조건이 아닌 것은? 2002.07.21

① 응고점이 낮을 것 ② 점도가 낮을 것
③ 착화점이 높을 것 ④ 윤활성이 낮을 것

36. 유체클러치의 펌프와 터빈 사이의 관계로 틀린 것은? 2005.07.17, 2010.03.28

① 펌프 임펠러는 크랭크 축에 연결되고 터빈 러너는 변속기 입력축에 연결
② 전달효율은 최대 98% 정도이다.
③ 미끄럼값은 2~3% 정도이다.
④ 회전력 변화율은 3 : 1 정도이다.

➡해설 유체클러치의 토크 변화율은 1 : 1이며, 토크 컨버터의 토크 변화율은 2~3 : 1이다.

37. 자동변속기에 사용되는 토크 컨버터에서 크랭크샤프트와 직접 연결되어 구동하는 것은? 2006.04.02

① 펌프임펠러 ② 터빈러너
③ 스테이터 ④ 원웨이 클러치

38. 토크 컨버터에서 전달효율을 바르게 나타낸 것은? 2006.07.16

① $\frac{\text{터빈축 토크} \times \text{펌프축 회전속도}}{\text{펌프축 토크} \times \text{터빈축 회전속도}}$ ② $\frac{\text{터빈축 토크} \times \text{터빈축 회전속도}}{\text{펌프축 토크} \times \text{펌프축 회전속도}}$

③ $\frac{\text{펌프축 토크} \times \text{펌프축 회전속도}}{\text{터빈축 토크} \times \text{터빈축 회전속도}}$ ④ $\frac{\text{펌프축 토크} \times \text{터빈축 회전속도}}{\text{터빈축 토크} \times \text{펌프축 회전속도}}$

 정답 34. ③ 35. ④ 36. ④ 37. ① 38. ②

해설 토크컨버터의 효율 $= \frac{\text{출력}}{\text{입력}} = \frac{\text{터빈의 토크} \times \text{터빈회전속도}}{\text{펌프의 토크} \times \text{펌프회전속도}}$

39. 자동변속기용 토크 컨버터에 대한 설명 중 틀린 것은? 2003.03.30

① 임펠러는 엔진의 크랭크 축에 의해 구동된다.
② 터빈이 공전을 시작하는 점을 클러치 포인트라고 한다.
③ 스테이터는 오일의 흐름 방향을 바꿔 토크의 증대를 도모한다.
④ 토크비는 속도비가 제로(0)일 때 최대이다.

해설 토크 컨버터의 스테이터가 공전하기 시작하는 점을 클러치 포인트라 한다.

40. 자동변속기에서 규정 차속 이상이 되면 펌프 임펠러와 터빈 러너를 기계적으로 직결시켜 미끄럼에 의한 손실을 없게 하고 연비와 정숙성 향상을 도모하는 장치는? 2003.03.30

① 킥다운 장치(Kick Down)
② 히스테리시스 장치
③ 펄스 제너레이션 장치
④ 록업(Lock Up) 장치

41. 토크비가 3이고 속도비가 0.3이다. 이때 펌프가 5,000rpm으로 회전할 때 토크 효율은? 2003.07.20

① 0.3
② 0.6
③ 0.9
④ 1.2

해설 토크컨버터의 효율 $= \frac{\text{출력}}{\text{입력}} = \frac{\text{터빈의 토크} \times \text{터빈의 효율}}{\text{펌프의 토크} \times \text{펌프의 효율}} = \text{토크비} \times \text{속도비}$

42. 자동 변속기에서 동력을 한쪽 방향으로 자유롭게 전달하지만 반대 방향으로는 전달하지 못하는 기구를 무엇이라고 하는가? 2004.04.04

① 다판 클러치
② 일방향 클러치
③ 브레이크 밴드
④ 토크 컨버터

정답 39. ② 40. ④ 41. ③ 42. ②

43. 자동변속기의 토크 컨버터에 관계된 설명으로 틀린 것은? 2011.07.31

① 속도비=터빈 축 회전속도/펌프 축 회전속도
② 효율=(출력/입력)×100
③ 토크비=터빈 축 토크/펌프 축 토크
④ 속도비가 클수록 토크비가 커진다.

44. 토크 컨버터의 성능곡선에서 알 수 없는 것은? 2008.03.30

① 속도비 ② 전달효율
③ 토크비 ④ 마력

45. 토크 컨버터의 성능곡선에서 토크비가 1 : 1이 되는 점은? 2009.07.12

① 클러치점 ② 변속점
③ 슬립점 ④ 토크점

46. 토크 컨버터에서 토크비가 3이고, 속도비가 0.3이다. 이때 펌프가 5,000rpm으로 회전할 때 토크 효율은? 2008.07.13, 2012.04.08

① 0.3 ② 0.6 ③ 0.9 ④ 1.2

➡해설 $효율 = \frac{출력}{입력} = \frac{터빈의\ 토크 \times 터빈회전속도}{펌프의\ 토크 \times 펌프회전속도} = 토크비 \times 속도비 = 3 \times 0.3 = 0.9$

47. 자동변속기에서 토크비가 가장 클 때는 언제인가? 2001.03.04

① 속도비가 0일 때
② 속도비가 1/2일 때
③ 속도비가 1/4일 때
④ 엔진 회전수와 터빈이 같을 때

➡해설 변속비가 0일 때에는 터빈이 정지한 경우이며 이때를 스톨 포인트라 한다. 즉, 스톨 포인트에서는 토크비가 최대가 된다. 터빈이 회전하기 시작하여 속도비가 증가하면 토크비는 저하되어 어느 속도에 달하면 거의 1에 이른다. 이 점이 클러치점이 된다. 클러치 점의 속도비는 0.8~0.9이다.

정답 43. ④ 44. ④ 45. ① 46. ③ 47. ①

48. 록업 클러치(Lock-Up Clutch)의 작동조건이 아닌 것은? 2001.03.04

① 3단 기어가 작용될 때
② 자동차 속도가 70km/h 이상일 때
③ 브레이크 페달이 작동될 때
④ 냉각수온이 75℃ 이상일 때

➡해설 유체클러치나 토크 컨버터는 클러치점 이상의 속도에서는 유체 간의 마찰에 의한 손실이 있다. 이 손실을 줄이기 위해 일정 회전속도 이상에서는 마찰클러치와 마찬가지로 마찰력으로 클러치 작용을 할 수 있도록 한 컨버터를 록업 클러치(토크 컨버터 클러치 또는 댐퍼 클러치)라 한다. 록업 클러치는 급제동 시 엔진이 정지하는 것을 방지하기 위해 브레이크 페달 작동시는 작동하지 않는다.

49. 댐퍼 클러치가 작동될 조건은? 2001.09.23

① 공회전시
② 감속시
③ 엔진브레이크 작동 시
④ 냉각수온도가 65℃ 이상 시

➡해설 다음 조건에서 로크-업 클러치는 접속되지 않는다.
엔진 냉각수온도 스위치 OFF 상태(온도 낮음), 브레이크 스위치 ON 상태, 스로틀 밸브 개도 0%

50. 자동 변속기에서 댐퍼 클러치(록업 클러치)의 기능이 아닌 것은? 2004.04.04, 2008.07.13

① 저속시나 급출발시 작용한다.
② 펌프와 터빈을 기계적으로 직결시킨다.
③ 동력 전달 시 미끄럼 손실을 최소화한다.
④ 연료소비율 향상과 정숙성을 도모한다.

➡해설 댐퍼 클러치는 급제동 시, 급출발 시, 저속 시에는 엔진이 정지하는 것을 방지하기 위하여 작동되지 않는다.

51. 자동변속기에서 규정 차속 이상이 되면 펌프 임펠러와 터빈 러너를 기계적으로 직결시켜 미끄럼에 의한 손실을 없게 하고 연비향상과 정숙성 향상을 도모하는 장치는? 2007.04.01

① 킥다운(Lick Down) 장치
② 히스테리시스 장치
③ 펄스 제너레이션 장치
④ 록업(Lock Up) 장치

정답 48. ③ 49. ④ 50. ① 51. ④

52. 자동변속기에서 변속진행 중 토크와 회전속도의 변화를 매끄럽게 하기 위한 변속품질 제어가 아닌 것은? 2010.07.11

① 록업 클러치 제어
② 라인압력 제어
③ 변속 중 점화시기 제어
④ 피드백 학습 제어

➡해설 록업 클러치는 댐퍼 클러치와 같은 말로 입력인 펌프와 출력인 터빈이 직결되며 매끄럽지는 않다.

53. 다음 그림과 같은 유성기어 장치에서 A=5rpm이며, 댐퍼 클러치 작동일 때 D와 B는 일체로 결합된다. 이때 C의 회전속도는? 2007.07.15

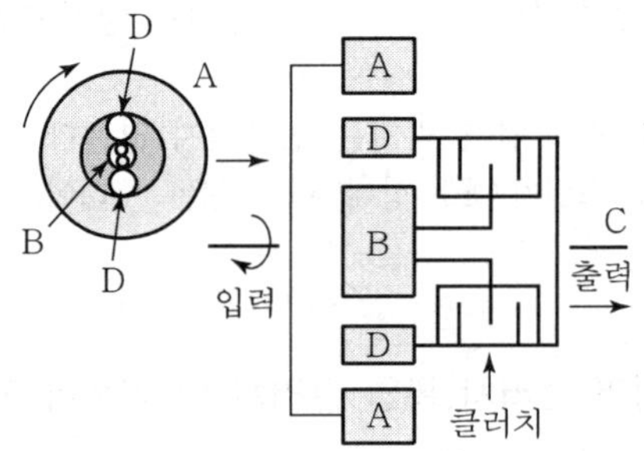

① 회전하지 않는다.
② 5rpm
③ 10rpm
④ 20rpm

➡해설 댐퍼 클러치는 펌프와 출력인 터빈의 속도를 같게 하는 것을 말한다. 이렇게 하면 동력소비가 작아진다.

54. 수동변속기 차량과 비교할 때 자동변속기 차량의 장점이 될 수 없는 것은? 2009.03.29

① 조작 미숙으로 인해 시동이 꺼지는 경우가 적다.
② 기어 변속 조작을 하지 않기 때문에 운전이 편리하다.
③ 동력이 오일을 매개로 전달되기 때문에 출발 및 가·감속이 원활하다.
④ 각 부의 진동과 충격을 오일이 흡수해 줌으로 최고속도가 빠르고 연료소비량이 적다.

 정답 52. ① 53. ② 54. ④

55. 자동변속기 오일의 역할 중 가장 거리가 먼 것은? 2010.03.28

① 기어나 베어링부의 윤활
② 토크 컨버터의 작동 유체로서 동력 전달
③ 밸브 보디의 작동유
④ ATF 냉각기의 냉각

해설 ATF 냉각기의 냉각은 라디에이터의 냉각수에 의해서 이루어진다.

56. 자동변속기 오일을 점검하였더니 흑갈색이라면 고장 사항으로 가장 적합한 설명은? 2011.04.17, 2009.07.12

① 클러치판이 마찰에 의해 마모되었다.
② 냉각수가 유입되었다.
③ 엔진 윤활유가 함유되었다.
④ 유량이 부족한 상태이다.

57. 자동변속기 차량에서 스톨 테스트(Stall Test) 결과 후 판단할 수 있는 내용으로 적당치 않은 것은? 2006.04.02

① 엔진출력 부족 여부
② 토크컨버터의 원웨이 클러치 작동 여부
③ 라인압력, 저하 여부
④ 킥다운 여부

해설 스톨 테스트란 브레이크 페달을 밟은 상태에서 엔진을 최대한 회전시켜 (D, R 위치) 엔진과 자동변속기의 회전수 마찰 요소들에서 발생되는 슬립의 양을 회전수(RPM)로 판단하는 방법이다.

58. 자동변속기의 스톨시험으로 옳지 않은 것은? 2007.04.01

① 시험 전 바퀴에 고임목을 설치하고 주차 브레이크를 당겨 놓는다.
② 각 레인지마다 10초 이상씩 모두 측정시험을 실시한다.
③ 가속페달을 최대한 밟았을 때의 기관 회전속도를 판정한다.
④ 스톨속도의 제한 및 판정은 각 회사별 형식에 따라 다른 값을 나타낸다.

정답 55. ④ 56. ① 57. ④ 58. ②

59. 자동변속기의 스톨시험을 실시하는 이유로 볼 수 없는 것은? 2007.07.15, 2011.07.31

① 밸브 보디의 라인압 이상 유무
② 자동변속기의 각종 클러치 및 브레이크 이상 유무
③ 펄스 발생기의 이상 유무 판단
④ 유성 기어의 파손 및 토크 컨버터의 이상 유무

60. 자동변속기 고장점검을 위한 스톨 테스트(Stall Test)에 대한 설명 중 틀린 것은? 2002.04.07, 2008.03.30

① 변속기 오일의 온도가 정상인 상태에서 실시한다.
② 제동을 확실히 하는 등 안전사고에 주의한다.
③ 시험시간은 5초를 초과하지 말아야 한다.
④ 완전 제동상태에서 스로틀 밸브를 50% 정도 열고 한다.

➡해설 스톨테스트는 변속레버를 D또는 R위치에서 엔진 스로틀을 완전 개방한 상태에서 토크컨버터의 속도비가 '0'일 때 엔진의 최대 속도를 측정하여 토크컨버터의 스테이터, 원웨이 클러치 작동과 클러치 및 브레이크 계통의 성능을 점검하는데 사용된다.

61. 자동변속기의 고장점검을 위하여 "D" 위치에서 스톨 테스트를 실시한 결과 스톨 스피드가 규정보다 낮다. 이때의 결함 원인으로 가장 적절한 설명은? 2003.03.30

① 라인 압력이 너무 낮다.
② 엔진출력이 부족하다.
③ 클러치 및 브레이크가 미끄러진다.
④ 오일양이 부적절하다.

62. 자동차 자동변속기에 대한 타임래그 테스트 결과 규정보다 지연시간이 길다. 이때의 결함 원인으로 적절한 설명은? 2003.07.20

① 라인 압력이 너무 낮다.
② 라인 압력이 너무 높다.
③ 브레이크 밴드 조임 토크가 크다.
④ 클러치 디스크 틈새가 너무 작다.

➡해설 타임래그 시험 중립(N)상태에서 D나 R 상태로 변속했을 때 변속기의 기어가 구동되어 바퀴가 회전하게 되는 시간, 즉 변속 시 응답에 걸리는 시간을 측정하는 시험이다. 보통 0.6초 이내여야 한다. 이 시간보다 길다면 압력의 부족으로 작동이 늦기 때문이다.

 정답 59. ③ 60. ④ 61. ② 62. ①

63. 자동변속기의 거버너 압력을 가장 잘 설명한 것은? 2002.07.21, 2007.07.15

① 자동차의 주행속도에 비례한다.
② 자동차의 주행속도에 반비례한다.
③ 스로틀 밸브 열림각도에 비례한다.
④ 스로틀 밸브 열림각도에 반비례한다.

➡해설 ① 거버너 압력이란 차량의 속도에 맞는 압력을 말한다.
② 차속이 빠를수록 거버너 압력이 증가하여 변속단을 점점 증가시킨다.

64. 유압식 자동변속기에서 출력축에 부착되어 자동차의 속도에 따라 유압을 제어하도록 하는 밸브는? 2005.04.03, 2006.04.02

① 거버너 밸브 ② 스로틀 밸브
③ 가속 밸브 ④ 시프트 밸브

65. 자동변속기 제어장치에서 스로틀 밸브가 설치되는 곳은? 2005.04.03

① 밸브보디 ② 유성기어유닛
③ 액추에이터 ④ 흡기다기관

66. 자동변속기의 유성기어장치에 대한 설명으로 틀린 것은? 2001.03.04

① 유성 캐리어 구동 시에는 항상 증속된다.
② 유성 캐리어 고정 시에는 항상 역전된다.
③ 링기어 구동, 선기어 피동 시 증속된다.
④ 링기거 피동, 선기어 구동 시 증속된다.

➡해설 링기거 피동, 선기어 구동 시 감속된다.

67. 유성기어장치의 구성부품이 아닌 것은? 2001.03.04

① 선기어 ② 링기어
③ 유성기어 ④ 베벨기어

정답 63. ① 64. ① 65. ① 66. ④ 67. ④

68. 선기어의 잇수가 25, 링기어 잇수 50인 유성기어에서 선기어를 고정하고 유성 캐리어가 80회전하였다면 이때 링기어의 회전수는? 2001.03.04

① 240 ② 160 ③ 120 ④ 40

해설 선기어를 고정하고 캐리어를 구동하면 링기어는 피동이므로

$$변속비=\frac{피동기어\ 잇수}{구동기어\ 잇수}=\frac{50(링기어)}{25(선기어)+50(링기어)}=0.667$$

$$피동\ 회전수=\frac{1}{변속비}\times 구동회전수=\frac{1}{0.667}\times 80=120\ 회전$$

69. 선기어 잇수가 30, 링기어 잇수가 60, 선기어를 고정하고 캐리어가 50회전했을 경우 링기어는? 2001.09.23

① 75회전 증속 ② 150회전 감속 ③ 120회전 증속 ④ 120회전 감속

해설 선기어를 고정하고 캐리어를 구동하면 링기어는 피동이므로

$$변속비=\frac{피동기어\ 잇수}{구동기어\ 잇수}=\frac{60(링기어)}{30(선기어)+60(링기어)}=0.666$$

$$피동\ 회전수=\frac{1}{변속비}\times 구동\ 회전수=\frac{1}{0.666}\times 50=75회전\ 증속$$

70. 자동변속기의 유성기어장치에서 선기어를 고정하고 링기어를 구동시키면 유성기어 캐리어의 회전속도는? 2005.07.17

① 감속 ② 증속 ③ 역전증속 ④ 역전감속

71. 유성기어장치에서 선기어 잇수가 20, 유성기어 잇수가 10, 링기어 잇수가 40이고 구동쪽의 회전수가 100회전을 하고 있다. 이때 선기어를 고정하고 캐리어를 100회전했을 때 링기어는 몇 회전하는가? 2006.07.16, 2010.07.11

① 150회전 증속 ② 150회전 감속
③ 130회전 증속 ④ 130회전 감속

해설 선기어를 고정하고, 캐리어를 구동하면, 링기어는 피동이므로

$$변속비=\frac{피동기어\ 잇수}{구동기어\ 잇수}=\frac{40(링기어)}{20(선기어)+40(링기어)}=0.666$$

$$피동\ 회전수=\frac{1}{변속비}\times 구동\ 회전수=\frac{1}{0.666}\times 100=150회전증속$$

 정답 68. ③ 69. ① 70. ① 71. ①

72. 유성기어장치를 이용하여 역전시키고자 한다. 적절한 조치는? 2008.07.13

① 유성 캐리어를 구동시킨다.
② 선기어를 단속시킨다.
③ 유성 캐리어를 고정시킨다.
④ 링기어를 단속시킨다.

73. 선기어 잇수가 20개, 링기어 잇수가 40개의 유성기어에서 선기어를 고정하고 링기어가 75회전하였다면 캐리어의 회전수는? 2012.04.08

① 30회전 ② 50회전
③ 90회전 ④ 120회전

해설 선기어를 고정하고, 캐리어를 구동하면, 링기어는 피동이므로

$$\text{변속비} = \frac{\text{피동기어 잇수}}{\text{구동기어 잇수}} = \frac{20(\text{선기어}) + 40(\text{링기어})}{40(\text{링기어})} = 1.5$$

$$\text{피동 회전수} = \frac{1}{\text{변속비}} \times \text{구동 회전수} = \frac{1}{1.5} \times 75 = 50\text{회전}$$

74. 전자제어 자동변속기에서 파워(Power) 모드를 선택했을 때 변속기의 작동을 바르게 설명한 것은? 2002.04.07, 2005.07.17

① 오버드라이브를 조기 작동시킨다.
② 출발 시 2단 출발하도록 한다.
③ 변속시점이 고정되어진다.
④ 변속시점을 지연시켜 바퀴의 구동력을 증대시킨다.

75. 홀드모드의 기능이 있는 자동변속기 차량에서 홀드모드를 사용하는 내용으로 맞는 것은? 2012.07.22

① 운전자의 판단에 따른 강제 변속 상태로 유지시키는 모드이다.
② 운전자의 의지와 관계없이 항상 최적의 운전조건이 되도록 작동하는 모드이다.
③ 눈길에서 작동되는 모드로서 스로틀밸브의 열림량에 따라서만 작동되는 모드이다.
④ 운전자의 의지에 따라 스로틀포지션 센서의 열림량이 최대일 때만 작동되는 모드이다.

해설 홀드기능 2단출발기능, 출발시 미끄러짐 방지

정답 72. ③ 73. ② 74. ④ 75. ①

76. 자동변속기 전자제어 시스템에서 컴퓨터는 변속패턴 제어를 위하여 스로틀 밸브 열림양 보정을 어떻게 하는가? 2009.03.29

① 스로틀포지션 센서의 출력을 기초로 엔진 급가속시 회전속도 보정 및 에어컨 스위치 ON시 부하보정을 한다.
② 스로틀포지션 센서의 출력을 기초로 엔진 공회전 때의 보정 및 에어컨 스위치 ON시 부하보정을 한다.
③ 오버드라이브 출력보정 및 에어컨 스위치 ON시 부하보정을 한다.
④ 점화코일의 펄스에 의하여 엔진의 각 회전상태를 기초로 하여 에어컨 스위치 ON시 부하보정을 한다.

77. 다음은 자동변속기에 변속되는 주행패턴을 설명한 것이다. 해당되는 것은? 2011.07.31

엔진스로틀 밸브를 많이 열어 놓은 주행상태에서 갑자기 스로틀 개도를 낮추어 (액셀레이터 페달을 놓는다) 증속 변속선을 지나 고속 기어로 변속된다.

① 리프트 풋 업 ② 업 시프트
③ 킥 다운 ④ 록 업

78. 자동변속기의 시프트 레버의 작동을 유압으로 바꾸는 밸브이며 운전대에 있는 시프트 레버의 작동과 연동되어 레버의 위치와 같은 P, R, N, D, L의 각 레인지로 오일 라인의 압력을 전환시키는 밸브는? 2001.03.04

① 시프트 밸브 ② 드로틀 밸브
③ 매뉴얼 밸브 ④ 거버너 밸브

➡해설 매뉴얼 밸브는 방향을 제어하는 밸브이다.

79. 자동차의 속도와 액셀 페달을 밟는 정도에 따라 프런트, 리어 클러치나 프런트, 리어 브레이크 등에 오일을 유도하여 자동변속이 되도록 하는 밸브는? 2001.03.04

① 시프트 밸브 ② 드로틀 밸브
③ 매뉴얼 밸브 ④ 거버너 밸브

➡해설 시프트 밸브(Shift Valve)는 오일의 압력을 제어하여 자동변속이 되도록 하는 밸브이다.

 정답 76. ② 77. ① 78. ③ 79. ①

80. 차속이나 기관의 부하에 따라 유성기어장치의 저속과 고속기어를 자동적으로 전환시키는 작용을 하는 밸브는? 2003.07.20

① 스로틀 밸브 ② 거버너 밸브
③ 시프트 밸브 ④ 매뉴얼 밸브

81. 자동변속기 차량으로 엔진 공회전 상태에서 선택 레버를 N→D, N→R로 변속할 때 엔진 시동이 꺼졌다. 고장 원인과 거리가 먼 것은? 2012.07.22

① 밸브 보디 고장 ② 엔드(O/D)클러치 고장
③ 댐퍼 클러치 고장 ④ 토크 컨버터의 고장

82. 오버드라이브 장치의 목적과 관계없는 것은? 2001.09.23

① 연료소비율 향상 ② 출력회전수 증가로 전달효율 향상
③ 엔진의 회전력 증가 ④ 타이어 마모 감소

➡해설 오버드라이브 장치의 장점
① 평탄한 도로 주행 시 연료를 20% 정도 절약할 수 있다.
② 엔진의 운전이 정숙하며 수명이 연장된다.
③ 차량의 속도를 30% 정도 빠르게 할 수 있다.

83. 오버드라이브 장치에 관한 설명으로 가장 옳은 것은? 2005.04.03

① 언덕길 주행 시 작동한다.
② 크랭크 축 회전속도보다 추진축 회전속도를 빠르게 한다.
③ 저속 시에 작동한다.
④ 회전력을 증대시킬 때 작동한다.

84. 오버드라이브 오프(O/D off) 기능이 있는 전자제어 자동변속기에서 스위치를 오프(O/D off) 시켰을 때의 내용으로 맞는 것은? 2010.03.28

① 오버드라이브 작동이 제한된다.
② 출발 시 2단으로 출발하게 한다.
③ 변속 시점을 변경시킨다.
④ 주행 중 스위치를 오프(O/D off)시키면 안 된다.

정답 80. ③ 81. ② 82. ③ 83. ② 84. ①

85. 엔진의 회전 속도보다 추진축의 속도를 빠르게 하여 연비를 향상시키는 장치는? 2010.07.11

① 댐퍼 클러치 장치 ② 자동 클러치 장치
③ 차동 제한장치 ④ 증속 구동장치

86. 오버드라이브(Over Drive) 장치의 목적과 관계없는 것은? 2011.04.17

① 연료 소비율의 향상
② 출력 회전수 증가로 전달 효율 향상
③ 엔진의 소음 감소
④ 엔진의 회전력 증가

87. 자동변속기에서 유압 점검 시 모든 유압이 낮을 때 예상되는 고장으로 관계없는 것은? 2012.04.08

① 오일펌프 불량 ② 레귤레이터 밸브 불량
③ 매뉴얼 밸브 불량 ④ 밸브보디 부착 불량

88. 자동변속기의 킥 다운에 대한 설명으로 잘못된 것은? 2009.07.12

① 주행 중의 급가속을 위해 둔다.
② 스로틀 밸브를 급격히 전개 상태에 가깝게 밟을 때 작동한다.
③ 주행 중인 변속단에서 1~2단을 낮춘다.
④ 모든 조건에서 1단씩 낮춘다.

➡해설 킥 다운 고속 주행의 경우 3속에서 2속으로 감속이 이루어지고 저속 주행의 경우 3속에서 1속으로 감속이 이루어진다.

89. 자동변속기 전자제어 시스템 중 퍼지(Fuzzy)제어 시스템에서 퍼지 제어를 거부하는 조건을 설명한 것으로 틀린 것은? 2008.03.30

① 정상온도 작동 D레인지의 경우 ② 홀드모드가 ON인 경우
③ 오일온도가 일정 이하인 경우 ④ N에서 D로 제어 중일 경우

➡해설 퍼지(Fuzzy)제어 자동변속기가 비정상적인 상태에서는 작동하지 않는다.
즉, 정상온도에서 D레인지의 경우에 작동한다.

정답 85. ④ 86. ④ 87. ③ 88. ④ 89. ①

90. 전자제어 4단 자동변속기(4EC－AT)에서 TCU(Trans Axle Control Unit)로 입력되는 요소 중 펄스제너레이터(Pulse Generator)와 같은 기능을 가진 부품은? 2006.04.02

① 엔진회전속도 ② 차속센서
③ 크랭크각 센서 ④ 인히비터 스위치

91. 전자제어 자동변속기에서 컴퓨터 제어장치(TCU)에 입력되는 각 부품 신호와 거리가 먼 것은? 2011.04.17

① 펄스 제너레이터 신호 ② 시프트 솔레노이드 신호
③ 스로틀포지션센서 신호 ④ 유온센서 신호

92. 자동변속기에서 1차 스로틀 압력은 흡기다기관의 진공도에 따라 어떻게 변화하는가? 2001.09.23, 2004.07.18

① 거의 반비례한다. ② 거의 비례한다.
③ 거의 제곱에 비례한다. ④ 거의 제곱에 반비례한다.

➡해설 기관이 고속일 때(흡기관의 진공도가 낮다) 자동변속기의 스로틀 밸브가 스프링의 장력에 의해 눌려 스로틀 라인의 유압이 상승하게 된다. 즉, 흡기관의 진공도와 A/T의 스로틀 밸브 압력은 반비례한다.

93. 오토미션에서 R, D가 작동이 되지 않을 때 가장 관계가 적은 것은? 2001.09.23

① 오일량 ② 오일펌프
③ 오일필터 및 개스킷 ④ 스로틀 밸브

94. 자동변속기 장착 차량의 경우 인히비터 스위치가 드라이브 모드(D 위치)에 있을 때는 시동이 되지 않는데 그 이유는 무엇인가? 2006.07.16

① D 위치에서만 시동전동기 ST 단자와 회로가 연결되기 때문
② D 위치에서는 시동전동기 ST 단자와 회로가 연결되지 않기 때문
③ D 위치에서는 엔진 ECU에 회로가 연결되지 않기 때문
④ D 위치에서만 엔진 ECU에 회로가 연결되기 때문

정답 90. ② 91. ② 92. ① 93. ④ 94. ②

95. 바퀴의 지름이 80cm이고 변속비가 3 : 1, 종감속비가 5 : 1인 자동차의 기관 회전속도가 1,500rpm 일 때 차량의 속도는? 2010.07.11

① 약 10km/h ② 약 15km/h ③ 약 20km/h ④ 약 25km/h

➡해설 $V = \frac{\pi \times D \times \text{엔진회전수}}{\text{변속비} \times \text{종감속비}} = \frac{\pi \times 80 \times 1,500 \times 60}{3 \times 5 \times 100 \times 1,000} = 15\text{km/h}$

96. 구동축(Drive Shaft)에 대한 설명으로 틀린 것은? 2008.07.13

① 추진축은 주로 속이 빈 강관으로 제작된다.
② 슬립조인트는 길이 변화를 위한 것이다.
③ 앞바퀴 구동자동차에서는 플렉시블 조인트가 많이 사용된다.
④ 유니버설 조인트는 각도 변화에 대비한 것이다.

97. 기어 오일의 필요한 조건을 설명한 것이다. 틀린 것은? 2007.04.01

① 내하중성, 내마모성이 뛰어날 것
② 점도가 높고, 온도에 따른 점도변화가 있을 것
③ 산화안정성이 뛰어날 것
④ 거품이 적고, 거품제거성능이 우수할 것

98. 동력전달장치를 통하여 바퀴를 돌리면 구동축은 그 반대방향으로 돌아가려는 힘이 작용하는데 이 작용력을 무엇이라고 하는가? 2004.04.04

① 코어링 포스 ② 휠 트램프
③ 윈드 업 ④ 리어 앤드 토크

99. 베어링의 브리넬링(Brinelling) 결함원인으로 가장 적합한 것은? 2011.07.31

① 이물질에 의한 패임이다.
② 연마제의 미립자에 의해 발생한다.
③ 베어링 장착부위 외측에서 진동 형태로 발생된다.
④ 큰 입자가 롤러와 레이스 사이에 박힘으로써 발생한다.

➡해설 브리넬링은 베어링의 정지 또는, 저속 회전 시에 큰 하중이 가해져서 베어링의 궤도면과 전동면의 접촉점에 눌린 자국이 발생한 것

 정답 95. ② 96. ③ 97. ② 98. ④ 99. ③

100. 주행 중 노면의 상태에 따라 추진축의 길이를 조절해주는 것은? 2010.03.28

① 자재이음 ② 평형추
③ 슬립이음 ④ 토션 댐퍼

101. 종감속비(Final Reduction Gear Ratio)의 설명으로 틀린 것은? 2004.07.18

① 종감속비는 링기어의 잇수와 구동 피니언의 잇수의 비로 표시된다.
② 종감속비는 엔진의 출력, 차종, 중량 등에 의해 정해진다.
③ 종감속비를 크게 하면 감속성능(구동력)이 향상된다.
④ 종감속비를 크게 하면 고속성능이 향상된다.

102. 종감속비의 설명으로 틀린 것은? 2012.04.08

① 종감속비는 링기어의 잇수와 구동피니언의 잇수비로 나타낸다.
② 특정의 이가 항상 물리는 것을 방지하여 이의 편마멸을 방지하기 위해 종감속비는 정수비로 하지 않는다.
③ 변속비와 종감속비의 곱을 총 감속비라 하고 변속기어 가 톱(Top) 기어이면 엔진의 감속은 종감속 기어에서만 이루어진다.
④ 종감속 기어비가 크면 등판능력이 저하되나 가속 성능과 고속 성능은 향상된다.

103. 동력전달장치에서 종감속장치의 기능이 아닌 것은? 2006.07.16, 2012.07.22

① 회전 토크를 증가시켜 전달한다.
② 회전속도를 감소시킨다.
③ 좌 우 구동륜의 회전속도를 차동 조절한다.
④ 필요에 따라 동력전달 방향을 변환시킨다.

104. 차동 제한 장치(LSD ; Limited Slip Differential)의 장점이 아닌 것은? 2009.03.29

① 미끄러지기 쉬운 모랫길이나 습지 등과 같은 노면에서 발진 및 주행이 용이하다.
② 악로 주행 시 좌우 바퀴의 회전수가 균일하므로 안전하게 주행할 수 있다.
③ 미끄러운 노면에서는 차동시스템이 공회전함으로 타이어의 마멸이 적다.
④ 좌우 바퀴의 구동력 차이가 없으므로 안정된 주행 성능을 얻을 수 있다.

정답 100. ③ 101. ④ 102. ④ 103. ③ 104. ③

➡해설 차동 제한장치의 장점
① 미끄러운 노면에서 출발 용이
② 요철 노면 주행 시 차량 후부 흔들림 방지
③ 가속, 커브길 선회 시 바퀴의 공전 방지
④ 타이어 슬립 방지하여 수명 연장
⑤ 급속 직진 주행에 안전성 양호

105. 자동 차동제한장치에 대한 설명 중 틀린 것은? 2009.07.12

① 수렁 탈출에 용이하다.
② 요철 노면 주행 시 피시테일(Fish Tail) 운동이 발생한다.
③ 커브 시의 바퀴 공진을 방지할 수 있다.
④ 발진 시 바퀴 공진을 방지할 수 있다.

106. 자동차 종감속기어에 주로 사용되는 하이포이드 기어의 장점으로 틀린 것은? 2005.04.03

① 추진축의 높이를 낮게 할 수 있다.
② 동일 조건하에 스파이럴베벨기어에 비해 구동피니언을 크게 할 수 있어 강도가 증가된다.
③ 링기어 지름의 8.12%를 중심 위로 오프셋시킨다.
④ 회전이 정숙하다.

➡해설 하이포이드 기어의 장점
① 추진축의 높이를 낮게 할 수 있다.
② 차실의 바닥이 낮게 되어 거주성이 향상된다.
③ 자동차의 전고가 낮아 안전성이 증대된다.
④ 구동 피니언 기어를 크게 할 수 있어 강도가 증가된다.
⑤ 기어의 물림률이 크기 때문에 회전이 정숙하다.
⑥ 설치 공간을 작게 차지한다.

107. 종감속 장치에 사용되는 기어 중 하이포이드 기어의 특징으로 틀린 것은? 2008.03.30

① 운전이 정숙하다.
② 구동피니언과 링기어의 중심선이 일치하지 않는다.
③ 차체의 중심이 낮아져서 안정성 및 거주성이 향상된다.
④ 하중 부담 능력이 작다.

 정답 105. ② 106. ③ 107. ④

108. 종감속장치에서 구동피니언의 잇수가 6, 기어의 잇수가 30이다. 추진축이 1,000rpm일 때 왼쪽 바퀴가 180rpm이었다. 이때 오른쪽 바퀴는 몇 rpm인가? 2002.04.07, 2011.07.31

① 180 ② 200

③ 220 ④ 400

해설 뒷바퀴 회전수= $\frac{\text{추진축회전수}}{\text{종감속비}} = \frac{1,000}{5} = 200$, $400 - 180 = 220$rpm (차동기어에 의해)

109. 기관의 회전수가 3,000rpm이고, 제2속 변속비가 2 : 1, 최종 감속비가 3 : 1인 자동차의 타이어 반지름이 50cm라 할 때 이 자동차의 속도는 몇 km/h인가? 2002.07.21, 2004.07.18

① 47 ② 60

③ 94 ④ 141

해설 $3,000 \times \frac{1}{2} \times \frac{1}{3} \times 3.14 \times 60 \times \frac{1}{1,000} = 94.2$

110. 종감속장치의 피니언 잇수 9, 링기어 잇수 63이다. 추진축이 2,100rpm으로 회전하여 오른쪽 바퀴는 180rpm으로 회전하고 있다. 왼쪽바퀴의 회전수는 몇 rpm인가? 2002.07.21, 2005.07.17

① 120 ② 180

③ 300 ④ 420

해설 $2,100 \times \frac{9}{63} = 300$, 오른쪽이 180rpm이면 왼쪽은 600－180＝420rpm

111. 기관회전수 4,000rpm, 총감속비 5, 타이어 유효지름이 60cm일 때 주행속도는? 2003.03.30

① 90.5km/h ② 95.5km/h

③ 100.5km/h ④ 105.5km/h

해설 $V = \pi D \times \frac{N}{rfr}(\text{m/min}) = \pi D \times \frac{N}{rfr} \times \frac{60}{1,000}(\text{km/h})$

$= 3.14 \times 0.6 \times \frac{4,000}{5} \times \frac{60}{1,000} = 90.5(\text{km/h})$

정답 108. ③ 109. ③ 110. ④ 111. ①

112. 종감속 기어에서 구동피니언 잇수가 8개, 링기어 잇수가 40개인 차량이 평탄한 도로를 직진할 때 추진축의 회전수가 1,800rmp이라면 액슬축의 회전수는? 2006.04.02

① 360rpm ② 450rpm
③ 510rpm ④ 700rpm

113. 타이어 공기압 부족 경보 장치의 설명으로 틀린 것은? 2007.04.01

① 타이어 공기압이 부족하면 타이어 직경이 작아진다.
② 타이어 직경이 작아지면 차륜속도 센서의 출력 값이 감소한다.
③ 타이어 공기압이 부족으로 판단되면 경고등을 점등한다.
④ 차륜속도 센서의 출력 값이 증가하면 공기압 부족으로 판단한다.

114. 타이어 공기압 부족 시 나타나는 현상이 아닌 것은? 2009.07.12

① 타이어 바깥쪽이 과다하게 마모될 수 있다.
② 브레이크를 밟았을 때 미끄러지기 쉽다.
③ 코드의 절단 및 타이어가 파열될 수 있다.
④ 타이어 수명이 단축된다.

115. 타이어 공기압 부족 경보 장치의 설명으로 틀린 것은? 2012.07.22

① 운행 중 바퀴의 유효 직경이 작아지면 공기압 부족으로 판단한다.
② 반드시 타이어 공기압이 저하되었을 때만 경고등이 점등된다.
③ 타이어 공기압 부족으로 판단되면 경고등을 점등한다.
④ 차륜 속도 센서의 출력 값이 상대적으로 증가하면 공기압 부족으로 판단한다.

116. 어떤 자동차의 기관 토크 14kgf·m, 총 감속비 4.0, 전달효율 0.9, 구동바퀴의 유효반경 0.3m일 때 구동력은? 2002.07.21

① 50.4kgf ② 51.0kgf
③ 168.0kgf ④ 186.7kgf

➡해설 $T = Fr,\ F = \frac{T}{r} = \frac{14}{0.3} \times 4 \times 0.9 = 168.0\text{kgf}$

 정답 112. ① 113. ② 114. ② 115. ② 116. ③

117. 구동바퀴의 구동력을 크게 하려면? 2003.03.30

① 축의 회전력을 작게 한다.
② 구동바퀴의 반지름을 작게 한다.
③ 구동바퀴의 반지름을 크게 한다.
④ 접지면이 작은 타이어를 사용한다.

해설 구동력(F)은 바퀴가 자동차를 미는 힘이고 바퀴의 반경을 r, 축의 토크를 T라 하면

$$F(kg) = \frac{\text{토크}}{\text{바퀴의 반경}}$$

118. 타이어의 반경이 0.4m인 자동차가 48km/h로 주행시 회전력이 12kgf · m였다. 이때 자동차의 구동력은 몇 kgf인가?(단, 마찰계수는 무시함) 2003.07.20

① 9.6 ② 10 ③ 30 ④ 33

해설 구동력(F)은 바퀴가 자동차를 미는 힘이고 바퀴의 반경을 r, 축의 토크를 T라 하면

$$F(kg) = \frac{\text{토크}}{\text{바퀴의 반경}} = \frac{T(m-kg)}{r(m)} = \frac{12}{0.4} = 30kg$$

119. 타이어에 표시되는 사항이 아닌 것은? 2004. 07.18

① 타이어의 폭 ② 타이어의 종류
③ 허용최소속도 ④ 허용최대하중

해설 타이어의 폭, 타이어의 종류, 허용최고속도, 허용최대하중이 표시된다.

120. 레이디얼 타이어 호칭에서 195/60 R 14에서 60은 무엇을 표시하는가? 2006. 07.16, 2010.07.11

① 타이어 폭 ② 속도
③ 하중지수 ④ 편평비

121. 레이디얼 타이어의 장점이 아닌 것은? 2003. 03.30

① 선회 시 옆 미끄럼이 적다. ② 내마모성이 우수하다.
③ 구름저항이 적다. ④ 고속주행 시 안전성이 저하된다.

정답 117. ② 118. ③ 119. ③ 120. ④ 121. ④

122. 차량의 급브레이크 또는 코너링 시에 발생되는 타이어 트레드 고무와 노면상의 미끄럼에 의한 소음을 무엇이라 하는가? 2007.04.01

① 펌핑(Pumping) 소음
② 트레드(Tread) 충돌소음
③ 카커스(Carcase) 진동소음
④ 스퀼(Squeal) 소음

123. 스노우 타이어(Snow Tire)의 장점에 속하지 않는 것은? 2010.03.28

① 제동성이 우수하다.
② 구동력이 크다.
③ 체인을 탈 부착하여야 하는 번거로움이 없다.
④ 눈이 없는 포장노면에서도 주행 소음이 적다.

124. 고속주행 시 타이어 스탠딩웨이브 현상을 방지하기 위한 방법으로 맞는 것은? 2006.04.02

① 타이어의 공기압을 표준보다 낮춰준다.
② 타이어의 공기압을 표준보다 높여준다.
③ 타이어의 공기압을 낮추되 광폭으로 교체한다.
④ 휠을 알루미늄 휠로 교체한다.

125. 차량 속도가 50km/h, 차륜 속도가 40km/h일 때 슬립률은 얼마인가? 2006.07.16, 2011.07.31

① 10% ② 20%
③ 30% ④ 40%

126. 타이어에 발생하는 힘의 성분 중 조향(Cornering) 저항에 대한 설명으로 옳은 것은? 2010.03.28

① 타이어 진행 방향에 대한 직각 방향의 성분
② 타이어 진행 방향과 같은 방향의 성분
③ 타이어 회전 방향에 대한 직각 방향의 성분
④ 타이어 회전 방향과 같은 방향의 성분

 정답 122. ④ 123. ④ 124. ② 125. ② 126. ②

127. 타이어 손상에 관한 용어에서 트레드 패턴(Tread Pattern)을 형성하는 고무가 떨어져 나가는 현상은? 2011.04.17

① 오픈 스프라이스(Open Splice) ② 청킹(Chunking)
③ 크랙(Crack) ④ 비드 버스트(Bead Burst)

128. 주행 시 타이어에서 나는 소음 중에 스퀼(Squeal)음에 대해 가장 적절한 것은? 2011.07.31

① 급격한 가속, 제동, 선회 시에 타이어와 노면과의 사이에 미끄러짐이 발생하면서 나는 소음
② 직진 주행 시 발생되는 소음으로 트레드 디자인에 같은 간격으로 배열된 피치가 노면을 규칙적으로 치는 데서 발생되는 소음
③ 거친 노면을 주행할 때 타이어가 노면이나 자갈 등을 치는 소리로 차량의 현가장치나 차체를 통하여 차 내에 전달되는 진동음
④ 타이어가 접지했을 때 트레드 홈 안의 공기가 압축되어 방출될 때 발생하는 소음

129. 타이어 트레드 패턴(Tread Pattern)의 필요성에 대한 설명으로 틀린 것은?
2004.04.04, 2008.03.30, 2012.04.08

① 공기누설을 방지한다.
② 타이어 내부에서 발생한 열을 방산한다.
③ 트레드에 발생한 파손이나 손상 등의 확산을 방지한다.
④ 사이드 슬립(Side Slip)이나 전진방향의 미끄럼을 방지한다.

130. 타이어 트레드 패턴 중 러그 패턴(Lug Pattern)에 대한 설명으로 틀린 것은?
2005.07.17, 2007.07.15, 2008. 03. 30, 2012.04.08

① 제동성과 구동성이 좋다.
② 주행특성이 원활하다.
③ 타이어 숄더(Shoulder)부의 방열이 안 된다.
④ 고속주행 시 편마모가 발생된다.

131. 물이 고인 부분을 지날 때 자동차에 일어나는 현상은?
2001.09.23, 2001.09.23, 2005.04.03, 2009.03.29

① 스탠딩 웨이브 ② 페이드 현상
③ 하이드로 프레닝 ④ 베이퍼 록 현상

정답 127. ② 128. ① 129. ① 130. ③ 131. ③

132. 하이드로 플래닝(Hydro Planing) 현상을 방지하기 위한 방법 중 틀린 것은? 2003.07.20

① 마모가 적은 타이어를 사용한다.
② 타이어 공기압을 낮춘다.
③ 배수효과가 좋은 타이어를 사용한다.
④ 주행속도를 낮춘다.

133. 자동차의 휠 종류 중에서 프레스에 의해 접시형으로 성형한 후 림을 리벳이나 스폿 용접(Spot Welding) 등으로 접합하는 방식의 휠은? 2012.07.22

① 강판 휠(Steel Wheel)
② 경합금 휠(Alloy Wheel)
③ 경선 스포크 휠(Steel Wire Spoke Wheel)
④ 스파이더 휠(Spider Wheel)

134. 독립현가장치 중 맥퍼슨 형식의 특징이 아닌 것은? 2006.04.02

① 스프링 윗부분 중량이 크기 때문에 접지성이 불량하다.
② 위시본 형식에 비해 구조가 간단하다.
③ 부품수가 적으므로 마모나 손상을 발생하는 부분이 적고 수리가 용이하다.
④ 엔진실 유효체적을 크게 할 수 있다.

135. 독립현가 방식인 맥퍼슨 형식의 특징과 관계없는 것은? 2008.03.30

① 기관실의 유효 체적을 넓게 할 수 있다.
② 기구가 간단하여 고장이 적고 보수가 쉽다.
③ 스프링 아래 질량이 적기 때문에 로드홀딩이 양호하다.
④ 바퀴가 들어 올려지면 부의 캠버로 변한다.

136. 드가르봉식 소바의 특징이 아닌 것은? 2002.07.21, 2003.03.30

① 구조가 복잡하고 피스톤이 1개이다.
② 실린더 내부의 압력이 약 30kgf/cm^2 걸려 있기 때문에 분해하는 것은 위험하다.
③ 실린더가 하나로 되어 있기 때문에 방열효과가 좋다.
④ 오랫동안 작동을 반복해도 감쇠효과가 저하되지 않는다.

정답 132. ② 133. ① 134. ① 135. ④ 136. ①

137. 노스 업(Nose Up)이나 노스 다운(Nose Down)을 방지할 수 있는 쇼크 업서버는?

2006.07.16

① 텔레스코핑형 단동식　　② 레버형 단동식
③ 텔레스코핑형 복동식　　④ 드가르봉식

138. 자동차 선회시 기울어짐에 영향을 주지 않고 좌우 복원성을 좋게 하는 것은? 2001.09.23

① 코일스프링　　② 스테빌라이저
③ 판스프링　　④ 쇼크 업서버

➡해설 스태빌라이저
자동차가 커브 길을 주행할 때, 원심력에 의해 커브 바깥쪽으로 기울어지는 현상을 억제하여 차의 평형을 유지해주는 역할을 한다.
Anti-Roll Bar 또는 Anti-Sway Bar, Sway Bar라고도 불린다. 즉, 차가 좌우로 흔들리는 것을 막아 안정된 주행을 하게 한다.
특히, 코너링이나 급격한 차선 변경시 차가 좌우로 흔들리는 것을 억제해 주어 안정된 도로 주행을 해주는 장치이다.

139. 차체의 롤링을 방지하며 차체의 기울기를 감소시켜 평형을 유지하는 기구는?

2003.07.20, 2004.04.04, 2009.03.29

① 스태빌라이저　　② 쇼크 업서버
③ 판 스프링　　④ 아래 컨트롤 암

140. 스태빌라이저에 관한 설명으로 적당치 않은 것은? 2007.07.15

① 차체의 롤링 현상을 억제시킨다.
② 독립현가장치에 주로 사용한다.
③ 차체의 피칭 현상을 방지한다.
④ 일종의 토션바 역할을 한다.

141. 판 스프링에서 아이(Eye)의 중심거리를 무엇이라 하는가? 2002.04.07

① 섀클(Shackle)　　② 스팬(Span)
③ 캠버(Camber)　　④ 닙(Nip)

정답 137. ③ 138. ② 139. ① 140. ③ 141. ②

142. 현가장치에서 스프링이 갖추어야 할 조건 중 틀린 것은? 2003.03.30, 2010.03.28

① 자유고의 변화가 적어야 한다.
② 설치공간을 적게 차지해야 한다.
③ 장력의 변화가 적어야 한다.
④ 적차 또는 공차상태에서 차체의 최저 지상고 변화가 많아야 한다.

143. 자동차의 진동 중 스프링과 관련된 진동이 아닌 것은? 2003.07.20

① 바운싱 ② 피칭
③ 롤링 ④ 트램프

144. 하중이 2ton이고 압축스프링 변형량이 2cm일 때 스프링상수는 얼마인가?
2004.04.04, 2007.04.01, 2012.07.22

① 100kgf/mm ② 120kgf/mm
③ 150kgf/mm ④ 200kgf/mm

해설 스프링상수$=\dfrac{2\times 1{,}000}{2\times 10}=100\text{kgf/mm}$

145. 위시본식 평행사변형 현가장치에서 장애물에 의해 바퀴가 들어 올려지면 바퀴 정렬의 변화는?
2011.07.31

① 캠버는 변화가 없다. ② 더욱 부의 캠버가 된다.
③ 더욱 정의 캠버가 된다. ④ 더욱 정의 캐스터가 된다.

146. 일체 차축 현가장치의 장점이 아닌 것은? 2001.09.23

① 승차감이 우수하다.
② 부품수가 적고 구조가 간단하다.
③ 선회할 때의 차체 기울기가 적다.
④ 차축의 위치를 정하는 링크나 로드가 필요치 않다.

해설 판 스프링(Leaf Spring)을 주로 사용하기 때문에 코일 스프링을 사용하는 독립현가장치에 비해 승차감이 떨어진다.

 정답 142. ④ 143. ④ 144. ① 145. ① 146. ①

147. 일체식 뒤 차축의 구동축 지지방식이 아닌 것은? 2003.03.30

① 전부동식 ② 3/4 부동식
③ 반부동식 ④ 1/4 부동식

148. 다음 중 가장 좋은 승차감을 얻을 수 있는 진동수는? 2001.03.04

① 10~40cyc/min ② 60~120cyc/min
③ 130~150cyc/min ④ 150~200cyc/min

149. 자동차의 진동에 대해 설명한 것이다. 틀린 것은? 2005.07.17, 2008.07.13

① 바운싱(Bouncing) : 상하운동
② 롤링(Rolling) : 좌우진동
③ 피칭(Pitching) : 앞뒤진동
④ 요잉(Yawing) : 차체 앞부분 진동

150. 토션바 스프링에 대한 내용으로 틀린 것은? 2001.09.23

① 단위 중량당의 에너지 흡수율이 대단히 크다.
② 스프링의 힘은 바의 길이와 단면적에 의해 결정된다.
③ 진동의 감쇠작용이 커서 쇼크 업서버를 병용할 필요가 없다.
④ 스프링은 좌우로 사용되는 것이 구분되어 있다.

➡해설 토션바 스프링(Torsion-Bar Spring)
스프링 강봉으로 되어 있으며 비틀었을 때 탄성에 의해 제자리로 되돌아가려는 성질을 이용한 것이다. 양단에 스플라인 부분이 차륜에 연결된 스프링 레바에 끼워져 차체와 차륜 사이의 스프링 기능을 보완한다. 주로 독립현가장치의 위시보운 형식에서 쇼크 업서버와 함께 사용된다.

151. 현가장치의 특성에 대한 설명 중 맞는 것은? 2005.04.03, 2011.04.17

① 스프링 아래 질량이 커야 요철 노면주행에 유리하다.
② 스프링 상수는 작용하는 힘과 스프링 변형량의 비로 나타낸다.
③ 자동차가 무겁고 스프링이 약하면 주파수는 많고 진폭은 작다.
④ 토션바 스프링의 길이를 길게 하면 비틀림각이 작으므로 스프링 작용은 크다.

정답 147. ④ 148. ② 149. ④ 150. ③ 151. ②

152. 엔진룸의 유효면적을 넓게 확보할 수 있으며 부품수가 적고 정비성이 좋아서 앞 차측에 가장 많이 사용되는 독립현가 방식은? 2010.07.11

① 위시본형
② 트레일 링크형
③ 맥퍼슨형
④ 스윙 차축형

153. 앞 현가장치에서 차축식과 비교한 독립현가장치의 특징으로 틀린 것은? 2012.04.08

① 승차감이 좋아진다.
② 타이어와 노면의 접지성이 좋아진다.
③ 차륜의 상하 운동에 의한 얼라이먼트의 변화가 적다.
④ 유연한 새시 스프링을 사용할 수 있다.

154. 자동차용 현가장치에서 공기스프링의 장점에 대한 설명으로 잘못된 것은? 2004.07.18

① 구조가 간단하고 고장이 없으며 영구 사용한다.
② 고유 진동을 낮게 할 수 있어 유연하다.
③ 자체에 감쇄성이 있기 때문에 작은 진동을 흡수한다.
④ 차체의 높이를 일정하게 유지한다.

155. 액티브(Active) 전자제어 현가장치와 관련된 구성부품이 아닌 것은? 2007.04.01

① 인히비터 스위치
② 액셀 포지션 센서
③ ECS 모드 선택 스위치
④ 클러치 스위치

156. 주행 중 브레이크 페달을 밟게 되면 차량의 무게가 앞으로 이동하면서 차체의 앞쪽은 내려가고 뒤쪽은 올라가는 현상을 무엇이라 하는가? 2006.04.02

① ANTI-ROLL ② BOUNCING
③ SQUART ④ DIVE

정답 152. ③ 153. ③ 154. ① 155. ④ 156. ④

157. 다음 그림의 회로는 전자제어 현가장치의 어떤 센서인가? 2004.04.04

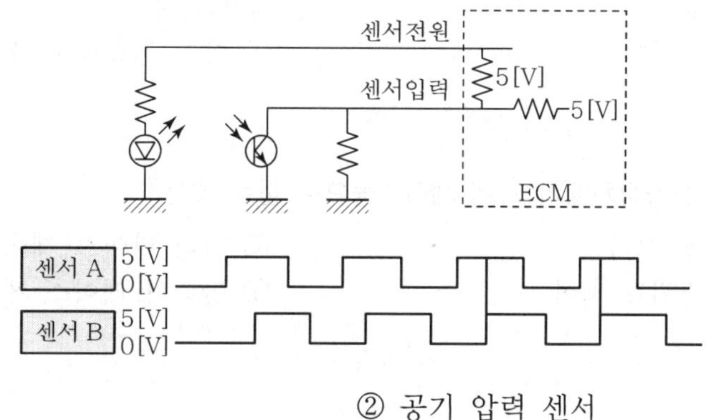

① G센서 ② 공기 압력 센서
③ 차고 센서 ④ 조향각 센서

158. 전자식 현가장치(ECS)에서 안티 다이브(Anti Dive) 제어와 관계없는 것은? 2008.07.13

① 스티어링 휠의 위치 ② 제동등 스위치의 입력
③ 차량 속도 센서의 입력 ④ 앞 쇼크 업서버 유압 밸브의 작동

➡해설 안티 다이브는 직선주행시 발생하는 앞쏠림을 제어하는 것으로 스티어링 핸들의 각도와는 상관이 없다.

159. 전자제어 현가장치(ECS)에서 안티 다이브(Anti Dive) 제어가 실행되기 위한 조건이 아닌 것은? 2009.07.12

① 차량속도는 약 40km/h 이상이어야 한다.
② 제동스위치의 작동신호가 입력되어야 한다.
③ 자동변속기는 오버 드라이브 상태가 아니어야 한다.
④ ECS 컨트롤 유닛 자체의 결함은 없어야 한다.

➡해설 안티 다이브 제어 브레이킹 시 전륜의 내압을 올리고 후륜을 내림으로 차체 전부가 내려앉는 것을 방지시켜 준다. 차량속도가 약 40km/h 이상이 되면 오버드라이브 상태가 된다.

160. 전자제어 현가장치의 입력되는 센서와 거리가 먼 것은? 2011.04.17

① 조향각 센서 ② 펄스 제너레이터 센서
③ G센서 ④ 차속 센서

정답 157. ④ 158. ① 159. ③ 160. ②

161. 다음 중 공기식 전자제어 현가장치의 구성에서 입력 요소가 아닌 것은? 2007.07.15

① 차고 센서 ② G센서
③ 도어 스위치 ④ 에어 컴프레서 릴레이

162. 전지제이 현가장치에시 자세 제어기능으로 틀린 것은? 2010.07.11

① 안티 롤 제어 ② 안티 다이브 제어
③ 안티 스쿼트 제어 ④ 안티 트레이스 제어

163. 전자제어 현가장치에서 자세 제어의 설명으로 적합하지 않은 것은? 2011.07.31

① 안티롤 제어 : 선회 시 좌우 움직임을 작게 한다.
② 안티 다이브 제어 : 급가속 시 차체 앞부분의 들어 올림 양을 작게 한다.
③ 안티 스쿼트 제어 : 급발진 시 차체 앞부분의 들어 올림 양을 작게 한다.
④ 안티 바운스 제어 : 차체의 상하 진동을 작게 한다.

164. 전자제어 현가장치(ECS)의 종합적인 제어기구 항목이 아닌 것은? 2005.07.17

① 스프링 상수제어 ② 차중량 제어기구
③ 감쇠력 가변기구 ④ 차고 조정기구

165. 전자제어 현가장치에서 제어 항목이 아닌 것은? 2009.07.12

① 안티 롤 제어 ② 안티 다이브 제어
③ 안티 피칭, 바운싱 제어 ④ 안티 토크 제어

166. 전자제어 현가장치에서 조향각 센서의 설명으로 틀린 것은? 2010.03.28

① 조향각 센서는 광단속기 타입의 센서이다.
② 조향각 센서는 조향휠과 컬럼 시프트에 설치되어 있다.
③ 조향각 센서 고장 시 핸들이 무거워진다.
④ 조향각 센서는 광 단속기와 디스크로 구성된다.

 정답 161. ④ 162. ④ 163. ② 164. ② 165. ④ 166. ③

167. 전자에서 서스펜션 구성부품 중 차고센서가 감지하는 것은?

2001.09.23, 2005.04.03, 2008.03.30

① 지면과 차체　　② 액슬과 지면
③ 지면과 프레임　　④ 액슬과 차체

168. 전자제어 현가장치에서 차고센서에 대한 설명으로 틀린 것은? 2003.07.31, 2009.03.29

① 레버로 연결된 로드와 센서 보디로 구성되어 있다.
② 레버의 회전량이 센서로 전달된다.
③ 액슬과 바퀴의 중심점 위치 변화를 감지한다.
④ 검출방식에는 초음파 방식과 광 단속기 방식이 있다.

169. 전자현가장치에서 제어하지 않는 차고는? 2001.09.23

① 목표차고보다 높게　　② 목표차고
③ 목표차고보다 낮게　　④ 주행차고

170. 전자제어 현가장치의 설명 중 틀린 것은? 2004.07.18

① 승차감과 주행 안전성을 동시에 향상시킬 수 있다.
② 차고 센서는 앞뒤 차축에 기본으로 2개씩 설치되어 차체와 차축 위치를 검출한다.
③ 에어 라인에 에어가 누설되면 경고등이 점등된다.
④ 배기 솔레노이드 밸브 제어 배선 단선 시 경고등이 점등된다.

➡해설 차고 센서는 앞뒤 차축에 기본으로 1개씩 설치되어 차체와 차축 위치를 검출한다.

171. E.C.S(전자제어 현가장치)의 기능이 아닌 것은? 2002.04.07

① 주행 안정성 확보 및 승차감 향상
② 급커브 또는 급회전 시 원심력에 의한 차량의 기울어짐 방지
③ 노면의 상태에 따라 차체 높이 제어 가능
④ 쇼크 업서버의 감속력 변화는 불가하나 차고 조절 가능

정답 167. ④ 168. ③ 169. ④ 170. ② 171. ④

172. 공기타입의 전자제어 현가장치(ECS)에서 사용되는 센서와 관계가 없는 것은? 2002.07.21

① 차고 센서 ② 조향휠 각도 센서
③ 오일압력 센서 ④ 차속 센서

173. 전자식 현가장치(ECS)에서 안티 롤(Anti Roll) 제어가 불량해지는 원인과 관계없는 것은? 2004.04.04

① 조향각 센서의 불량 ② 차속 센서의 불량
③ 유량 절환 밸브의 불량 ④ 제동등 스위치의 불량

174. 전자제어 현가장치의 설명 중 틀린 것은? 2008.07.13

① 스텝 모터가 고장이 나면 감쇠력 제어를 할 수 없다.
② 액셀 포지션 센서 신호는 급가속 시 안티 스쿼트 제어를 이행할 때 주로 사용된다.
③ 인히비터 스위치 신호는 N→D, N→R 변환 시 진동을 억제하기 위한 차고제어를 이행할 때 사용된다.
④ 에어 탱크는 공기를 저장하는 장치이다.

➡해설 인히비터 스위치 신호 자동변속기의 P, N 위치를 검출하여 차량 정차 시 승하차로 인한 차체의 진동을 방지해 주는 안티 쉐이크 제어와 변속 레버 조작 시 발생되는 차체의 진동을 방지해 주는 안티 시프트 스쿼트 제어를 실행한다.

175. 전자제어 현가장치(ECS)의 설명으로 옳은 것은? 2012.04.08

① HARD 모드는 주행 중 안락한 승차감을 제공한다.
② SOFT 모드는 주행 중 안정된 조향성을 제공한다.
③ 선회 주행 중 급가속 시 노즈 다운(Nose Down)을 억제하여 발진성 향상을 도모한다.
④ 급제동 시 노즈 다운(Nose Down)이 작도록 억제하여 제동 안정성을 좋게 한다.

176. 감쇠력 가변식 ECS 장치에서 승객이나 화물 등의 적재나 하차 시 차량의 움직임을 최소화하기 위해 쇼크 업서버의 감쇠력을 Soft에서 Hard로 변환시키는 것은? 2012.04.08

① 안티 바운스(Anti Bounce) 제어 ② 안티 쉐이크(Anti Shake) 제어
③ 안티 롤(Anti Roll) 제어 ④ 안티 스쿼트(Anti Squat) 제어

정답 172. ③ 173. ④ 174. ③ 175. ④ 176. ②

177. 전자제어 현가장치(ECS)의 기능이 아닌 것은? 2012.07.22

① 주행 안전성 확보 및 승차감 향상
② 급 선회전 시 원심력에 의한 차량의 기울어짐 방지
③ 노면의 상태에 따른 차체 높이 제어 기능
④ 급제동 시 노스 다운을 방지하여 제동력 강화 기능

178. 가변 기어비형 조향기어에 대한 설명으로 틀린 것은? 2009.03.29

① 핸들 직진 시에는 조향 기어비가 크고, 핸들을 최대로 돌렸을 때는 조향 기어비가 작도록 되어 있다.
② 핸들 회전량은 같더라도 직진 시와 최대 조향 시의 샤프트 회전각도는 다르다.
③ 직진 주행 시는 핸들의 조종성이 좋다.
④ 골목길을 돌 때나 차고에 넣을 때는 핸들의 조작이 가볍다.

179. 조향장치의 구비요건으로 부적당한 것은? 2002.07.21, 2008.03.30

① 조작이 가볍고 원활해야 한다.
② 회전반경이 커야 한다.
③ 주행 중 노면의 충격이 조향장치에 영향을 미치지 않아야 한다.
④ 조향 중 차체나 새시 각 부에 무리한 힘이 작용되지 않아야 한다.

180. 조향 기어비를 작게 하면 어떻게 되는가? 2011.04.17

① 조향 핸들의 조작이 민감하게 된다.
② 조향 조작이 가볍게 된다.
③ 비가역성의 경향이 크게 된다.
④ 바퀴가 받는 충격이 핸드에 전달되지 않는다.

181. 조향륜의 사이드 슬립량을 측정한 결과 우측값이 IN 8mm, 좌측값이 OUT 2mm이었을 때 사이드 슬립 양은? 2009.03.29

① IN 3mm　② OUT 3mm
③ IN 6mm　④ OUT 6mm

정답 177. ④ 178. ① 179. ② 180. ① 181. ①

182. 사이드 슬립 측정기로 미끄럼 양을 측정한 결과 왼쪽바퀴는 안(in) 7mm, 오른쪽 바퀴는 바깥(out) 3mm를 표시하였다. 이 경우 미끄럼 양은? 2009.07.12

① 10(in)mm ② 5(in)mm
③ 2(out)mm ④ 2(in)mm

183. 사이드 슬립(Side Slip)에 대한 설명으로 틀린 것은? 2009.07.12

① 사이드 슬립의 주요 원인은 토인(Toe In)과 캠버(Camber)이다.
② 사이드 슬립량은 타이로드(Tie Rod)의 길이로 조정한다.
③ 타이로드가 차축 중심의 뒷부분에 있으면 길이를 줄일수록 토인(Toe In)이 된다.
④ 직진 시 캠버각이 크면 타이어는 옆 미끄럼을 일으키고 마모의 원인이 된다.

184. 사이드 슬립 시험결과 왼쪽바퀴가 바깥쪽으로 7mm, 오른쪽 바퀴는 안쪽으로 3mm 움직일 때 전체 미끄럼 양은 얼마인가? 2001.03.04

① 안쪽으로 1mm ② 안쪽으로 2mm
③ 바깥쪽으로 1mm ④ 바깥쪽으로 2mm

185. 앞바퀴의 사이드 슬립 양을 조정할 수 있는 부분의 명칭은? 2002.04.07

① 스트럿 바 ② 타이로드
③ 어퍼 컨트롤 암 ④ 킹핀

186. 사이드슬립시험 결과 왼쪽 바퀴가 바깥쪽으로 4mm, 오른쪽 바퀴는 안쪽으로 6mm 움직일 때 전체 미끄럼 양은 얼마인가? 2004.07.18, 2011.04.17

① 안쪽으로 1mm ② 안쪽으로 2mm
③ 바깥쪽으로 1mm ④ 바깥쪽으로 2mm

187. 조향각을 일정하게 하고 차의 속도를 증가시켰을 대선회반경이 커지는 현상을 표시하는 것은? 2006.04.02, 2006.07.16, 2011.07.31

① 뉴트럴 스티어링 ② 오버 스티어링
③ 언더 스티어링 ④ 리버스 스티어링

 정답 182. ④ 183. ③ 184. ④ 185. ② 186. ① 187. ③

188. 슬립각의 크기에 따른 조향 특성을 설명한 것으로 옳은 것은? 2012.07.22

① 후륜과 전륜의 슬립각이 같으면 언더 스티어링의 특성을 나타낸다.
② 후륜의 슬립각이 전륜의 슬립각보다 크면 언더스티어링의 특성을 나타낸다.
③ 후륜의 슬립각이 전륜의 슬립각보다 크면 오버스티어링의 특성을 나타낸다.
④ 후륜의 슬립각이 전륜의 슬립각보다 크면 중립스티어링의 특성을 나타낸다.

189. 주행 중 조향핸들이 한쪽으로 쏠리는 원인으로 틀린 것은? 2002.04.07

① 조향핸들 축의 축방향 유격이 크다.
② 앞차축 한쪽의 현가 스프링이 절손되었다.
③ 뒤차축이 차의 중심선에 대하여 직각이 아니다.
④ 타이어의 공기압력이 서로 다르다.

190. 주행 중 핸들이 한쪽으로 쏠리는 원인이 아닌 것은? 2003.07.20

① 타이어의 공기압이 균등하지 않다.
② 조향기어의 조정 불량
③ 앞 현가 스프링의 결손
④ 속도계 불량

191. 애커먼 장토식 조향원리에 대한 설명으로 틀린 것은? 2010.07.11

① 조향방향과 조향각이 변화하여도 하중이 분포하는 면적은 거의 변화가 없다.
② 킹핀과 타이로드의 양단을 잇는 그 연장선이 후차축의 중심과 일치하여 한다.
③ 좌우 전륜의 회전축 연장선이 후차축의 연장선에서 만나서 차륜이 동일점을 중심으로 선회하여야 한다.
④ 외측륜의 조향각이 내측의 조향륜이 조향각보다 커야 한다.

192. 자동차의 진동에 관한 설명 중 수직축(Z축)을 중심으로 차체가 좌우로 회전하는 진동을 무엇이라고 하는가? 2009.07.12

① 러칭(Lurching) ② 피칭(Pitching)
③ 요잉(Yawing) ④ 바운싱(Bouncing)

정답 188. ③ 189. ① 190. ④ 191. ④ 192. ③

193. 주행 중 바람이 가로 방향에서 불 때 횡력에 의해 발생하는 요잉 모멘트(Yawing Moment) 저감 대책으로 맞는 것은? 2010.03.28

① 고속 주행을 할 때 풍압에 영향을 덜 받는 언더 스티어링 차량이 유리하다.
② 차량 앞면에는 에어댐을 설치한다.
③ 차량 뒷면에 리어 스포일러를 장착한다.
④ 몰딩, 미러, 머드 가이드를 공기 저항이 줄도록 실계한다.

194. 전차륜 정렬의 요소가 아닌 것은? 2001.09.23

① 리이드 ② 토우아웃
③ 토인 ④ 캠버

195. 조향핸들이 1회전하였을 때 피트먼 암이 60° 움직였다면 조향 기어비는? 2001.03.04

① 6 : 1 ② 7 : 1
③ 8 : 1 ④ 9 : 1

196. 조향핸들을 2회전시켰더니 피트먼 암은 30°회전하였다. 조향 기어비는 얼마인가? 2004.04.04

① 24 : 1 ② 15 : 1
③ 60 : 1 ④ 12 : 1

➡해설 $\text{조향기어비} = \frac{\text{조향핸들 회전각도}}{\text{피트먼 암 회전각도}} = \frac{720°}{30°} = 24$

197. 조향 기어비를 작게 하면 어떻게 되는가? 2005.07.17

① 조향핸들의 조작이 민감하게 된다.
② 조향조작이 가볍게 된다.
③ 비가역성의 경향이 크게 된다.
④ 바퀴가 받는 충격이 핸들에 전달되지 않는다.

 정답 193. ① 194. ① 195. ① 196. ① 197. ①

198. 조향 기어비가 적을 때 일어나는 것은? 2001.09.23

① 조향핸들의 조작이 민감해진다.
② 핸들의 조작력이 가볍다.
③ 조향성이 좋다.
④ 노면의 충격이 핸들에 전달되지 않는다.

199. 조향핸들의 조작을 가볍게 하는 방법은? 2002.07.21

① 타이어 공기압을 낮춘다.
② 캐스터를 규정보다 크게 한다.
③ 저속으로 주행한다.
④ 조향 기어비를 크게 한다.

200. 자동차의 회전 조작력을 측정하려고 한다. 적합하지 않은 것은? 2007.04.01

① 좌, 우로 선회하면서 조향력을 측정할 것
② 평탄한 노면에서 반경 12m 원주를 선회할 것
③ 선회속도는 10km/h로 할 것
④ 공차상태에서 표준공기압으로 할 것

201. 조향핸들의 유격 조정 방법으로 옳은 것은? 2012.07.22

① 볼 너트 형식은 센터 축 조정 스크루를 조이면 유격이 감소한다.
② 볼 너트 형식은 요크 플러그를 조이면 유격이 감소한다.
③ 랙 피니언 형식은 센터 축 조정 스크루를 조이면 유격이 감소한다.
④ 랙 피니언 형식은 요크 플러그를 조이면 유격이 증가한다.

202. 다음은 조향이론에 대한 여러 가지 설명이다. 옳지 않은 것은? 2008.07.13

① 롤 스티어란 코너링 때 차체의 기울어짐에 따라 스프링의 인장과 압축에 의한 토의 변화로 조향각(슬립각)을 변화시키는 선회특성이다.
② 토크 스티어란 가속 시 한쪽으로 쏠리면서 조향 휠이 돌아가는 현상이다.
③ 컴플라이언스 스티어란 코너링 때 원심력에 의해 링키지 연결부와 러버 부시의 인장 압축에 의해 얼라이먼트가 변화하는 것이다.
④ 피치 스티어란 원심력에 의해 한쪽으로 쏠리면서 조향휠이 바깥쪽으로 돌아가는 현상이다.

정답 198. ① 199. ④ 200. ④ 201. ① 202. ④

203. 조향축(Steering Shaft)은 조향휠(Steering Wheel)의 회전을 바퀴에 전달해 주는 회전축이다. 운전자 보호의 목적으로 고안된 충격흡수 조향축의 종류와 가장 거리가 먼 것은? 2007.07.15

① 메시형(Mesh Type)
② 스틸 볼형(Steel Ball Type)
③ 벨로즈형(Bellows Type)
④ 래크 스티어링형(Tack Steering Type)

204. 공차 시 차량 중량이 1,400kgf(후축중 600kgf)인 자동차에서 축거가 2.4m로 측정되었다. 공차상태에서 이 자동차 조향륜에 걸리는 하중 비율은? 2007.07.15

① 35.7%　　② 42.8%
③ 50.0%　　④ 57.1%

해설 $공차시\ 전륜하중비율 = \frac{공차시\ 전륜하중합}{차량중량} \times 100 = \frac{1,400-600}{1,400} \times 100 = 57.1\%$

205. 어떤 자동차에서 축거가 2.7m이고, 바퀴 접지면과 킹핀과의 거리가 10cm, 바깥쪽 앞바퀴의 조향각이 35°, 안쪽 앞바퀴의 조향각이 25°일 때 이 자동차의 최소 회전반경은? 2001.03.04

① 3m　　② 4.5m
③ 4.9m　　④ 7.2m

해설 $\mathrm{R} = \frac{L}{\sin\alpha} + r = \frac{2.7}{\sin 35°} + 0.1 = 4.807\mathrm{m}$

206. 어떤 자동차의 축거가 2.4m, 조향각은 내측이 35°, 바깥쪽이 30°이다. 이 자동차의 최소 회전반경은 얼마인가?(단, 바퀴의 접지면 중심과 킹핀의 거리는 20cm) 2002. 04.07

① 4.1m　　② 4.3m
③ 4.8m　　④ 5.0m

해설 $R = \frac{2.4}{\sin 30°} + 0.2 = 5\mathrm{m}$

정답 203. ④ 204. ④ 205. ③ 206. ④

207. 축거가 2.5m인 자동차가 주행 중 선회 시 바깥바퀴의 조향각이 30°, 안쪽바퀴의 조향각이 35°이다. 최소 회전반경은 몇 m인가?(단, 킹핀 중심과 바퀴의 접지면 중심 간 거리는 15cm이다.)

2003.03.30, 2009.07.12

① 4.36 ② 4.51 ③ 5.01 ④ 5.15

해설 $R = \frac{2.5}{\sin 30} + 0.15 = 5.15\text{m}$

208. 자동차의 축거가 2.2m, 바깥쪽 바퀴의 조향각이 30°이다. 최소 회전반경은 얼마인가?(단, 바퀴접지면 중심과 킹핀의 거리는 20cm이다.) 2003.07.20

① 3.6m ② 4.6m ③ 5.6m ④ 6.6m

해설 $R = \frac{2.2}{\sin 30} + 0.2 = 4.6\text{m}$

209. 어떤 자동차의 축거가 2.4m, 조향각 내측이 35°, 조향각 바깥 쪽 30°이다. 최소 회전반경은 얼마인가?(단, 바퀴의 접지면 중심과 킹핀과의 거리는 20cm) 2004.07.18

① 4.1m ② 4.3m ③ 4.8m ④ 5.0m

해설 $R = \frac{L}{\sin\alpha} + r = \frac{2.4}{\sin 30°} + 0.2 = 5\text{m}$

210. 승용 자동차가 좌회전을 하고 있다. 축거가 2.4m, 바깥쪽 바퀴의 최대 조향각이 30°, 안쪽 바퀴의 최대 조향각이 45°일 때 이 자동차의 최소 회전반경과 적합 여부는? 2008.03.30

① 4.8m 적합 ② 4.8m 부적합
③ 3.4m 적합 ④ 3.4m 부적합

211. 자동차의 최소 회전반경은 바깥쪽 앞바퀴 자국의 중심선을 따라 측정했을 때에 몇 미터를 초과해서는 안 되는가? 2010.07.11

① 15m ② 11m
③ 12m ④ 13m

정답 207. ④ 208. ② 209. ④ 210. ① 211. ③

212. 어떤 자동차의 축거가 2.4m, 바깥쪽 앞바퀴의 조향각이 30°이다. 최소 회전반경은 얼마인가? (단, 바퀴의 접지면 중심과 킹핀 중심의 거리는 20cm) 2005.04.03

① 5.2m ② 4.5m ③ 5.0m ④ 4.8m

➡해설 $R=\frac{L}{\sin\alpha}+r=\frac{2.4}{\sin 30°}+0.2=5\text{m}$

213. 자동차의 축간거리가 2.4m, 바깥쪽 바퀴의 조향각이 30°, 안쪽 바퀴의 조향각이, 33°일 때 최소 회전반경은?(단, 바퀴의 접지면 중심과 킹핀 중심과의 거리는 15cm) 2006.07.16

① 4.95m ② 6.30m ③ 6.80m ④ 7.30m

214. 자동차의 축간거리가 2.8m 바퀴 접지 면과 킹 핀과의 거리가 20cm인 자동차를 좌측으로 회전하였을 때 최소 회전반경은?(단, 내측바퀴 조향각 30°, 외측바취 조향각 35°) 2012.04.08

① 약 4m ② 약 5m ③ 약 6m ④ 약 7m

215. 자동차가 선회할 때 원심력에 견디는 힘은 주로 무엇에 의해 결정되는가? 2001.09.23

① 스러스트 ② 사이드 포스
③ 코너링 포스 ④ 슬립각

216. 자동차의 타이어에서 발생하는 힘에 대한 성분으로 항력(Drag)에 대해 설명한 것은? 2010.07.11

① 타이어 진행 방향에 대한 직각 방향의 성분
② 타이어 진행 방향과 같은 방향의 성분
③ 타이어 진행 방향에 대한 직각 방향의 역성분
④ 타이어 진행 방향과 같은 방향의 역성분

217. 자동차가 선회운동을 할 때 구심력의 역할을 하는 것은? 2006.04.02

① 코너링 포스 ② 점착력
③ 조향력 ④ 옆방향 힘

 정답 212. ③ 213. ① 214. ② 215. ③ 216. ④ 217. ①

218. 차량이 선회할 때 코너링 포스(Cornering Force)에 직접 영향을 주는 요소와 거리가 먼 것은?

2010.07.11

① 바퀴의 수직 하중 ② 바퀴의 동적 평형
③ 림(rim)의 폭 ④ 바퀴의 공기 압력

219. 코너링 포스에 영향을 주는 요인이 아닌 것은? 2008.07.13

① 타이어의 하시니스(Harshness) ② 타이어의 수직하중
③ 타이어의 림 폭 ④ 타이어의 공기압

➡해설 하시니스(Harshness)는 포장도로 이음매 등의 돌기를 타이어가 넘어갈 때 발생하는 충격음에 뒤이어 나타나는 단발적인 진동을 말하며, 레이디얼 타이어로 30~60km/h로 주행하고 있을 때 특히 크게 느껴지고 고속 주행에서는 별로 느껴지지 않는 것이 특징이다.

220. 타이어에 발생되는 힘의 성분 그림에서 횡력(Side Force)에 해당하는 것은?

2005.07.17, 2012.04.08

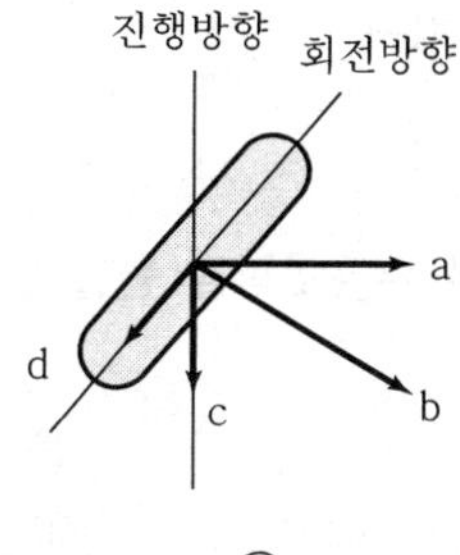

① a ② b ③ c ④ d

221. 구동력 조절장치(Traction Control System)의 구성품 중 가속 페달의 조작 상태를 검출하는 센서는?

2011.04.17

① 스로틀 포지션 센서 ② 조향휠 각도 센서
③ 요레이트 센서 ④ 횡 방향 G센서

222. 4륜구동의 자동차가 선회시 타이트 코너 브레이크 현상을 방지할 수 있는 것은?

2001.09.23, 2009.03.29

① 타이어 공기압을 높인다.

② 전차륜 정렬을 한다.
③ 앞뒤 차축 중앙에 차동기어를 장착한다.
④ 전륜에 추진축 두 개를 설치한다.

223. 동력조향장치에서 핸들의 복원이 잘 되지 않을 때의 원인 중 틀린 것은? 2008.07.13

① 유압 호스가 막혔다.
② 오일 압력 조절 밸브가 손상되었다.
③ 피니언 베어링이 손상되었다.
④ 오일펌프의 설치볼트가 풀렸다.

224. 동력조향장치에서 조향 휠을 좌우로 회전할 때 소음이 발생하는 원인과 가장 거리가 먼 것은? 2012.04.08

① 조향 기어 박스 내의 기어의 백 래시가 너무 크다.
② 파워 오일양이 부족하다.
③ 파워 오일펌프가 불량하다.
④ 오일 라인에 공기가 차있다.

225. 동력조향장치가 고장났을 때 수동조작을 원활히 할 수 있도록 제어밸브 하우징에 설치되어 있는 것은? 2003.03.30

① 릴리프밸브 ② 안전체크밸브
③ 제어밸브 ④ 동력 실린더

226. 동력조향장치의 세프티 체크 밸브(Safety Check Valve)의 역할로 잘못된 것은? 2004.07.18, 2007.04.01

① 세프티 체크 밸브는 컨트롤 밸브에 설치되어 있다.
② 세프티 체크 밸브는 엔진의 정지, 오일펌프의 고장 등 유압이 발생할 수 없는 경우 기계적으로 작동이 가능하게 해준다.
③ 세프티 체크 밸브는 압력차에 의해 자동으로 열린다.
④ 세프티 체크 밸브는 유압계통이 정상일 경우 밸브 시트에서 열려 오일이 잘 통과하도록 되어 있다.

정답 223. ④ 224. ① 225. ② 226. ④

➡해설 안전 체크 밸브는 기관의 정지, 오일펌프의 고장 및 오일의 누출 등의 원인으로 유압이 발생되지 않을 경우에도 조향휠의 조작이 기계적으로 이루어질 수 있도록 되어 있으나, 조향휠을 조작하여 링크가 작동하면 동력 실린더가 연동하여 실린더의 한쪽 체임버의 오일을 압축하고 다른 쪽 체임버를 부압상태로 만들기 때문에 큰 영향을 받게 된다. 이와 같은 경우 안전 체크 밸브가 그 압력 차이에 의해서 자동적으로 열리고 압력이 가해진 체임버의 오일을 부압측에 체임버에 유입시켜 수동 조향 조작이 원활하게 되도록 한다.

227. 오일의 운동에너지를 직선운동의 기계적 일로 변화시켜 주는 액추에이터는?

2003.07.20, 2008.03.30

① 유압 실린더 ② 유압 모터
③ 유압 터빈 ④ 축압기

228. 전자제어 동력 조향장치에서 컨트롤 유닛(CU)으로 입력되는 항목으로 맞는 것은?

2004.04.04

① 냉각수온 신호 ② 차속 신호
③ 자동변속기 D레인지 신호 ④ 에어컨 작동 신호

➡해설 차속 신호를 받아 유압펌프의 압력을 제어한다.

229. 유량 제어식 전자제어 동력조향장치의 파워 실린더 작동압을 제어하는 방법으로 알맞은 것은?

2011.04.17

① 솔레노이드 밸브가 열리면 고압측 오일이 드레인에 연결되어 있는 저압측과 통해 작동압이 저하하여 배력작용이 감소
② 솔레노이드 밸브가 열리면 저압측 오일이 드레인에 연결되어 있는 고압측과 통해 작동압이 증가하여 배력작용이 증가
③ 솔레노이드 밸브가 닫히면 고압측 오일이 드레인에 연결되어 있는 저압측과 통해 작동압이 저하하여 배력작용이 감소
④ 솔레노이드 밸브가 닫히면 저압측 오일이 드레인에 연결되어 있는 고압측과 통해 작동압이 증가하여 배력작용이 감소

정답 227. ① 228. ② 229. ①

230. 전동식 동력조향장치의 주요 제어기능에 대한 사항으로 옳은 것은? 2010.03.28

① 노면 대응 제어 ② 인터로크 회로 기능
③ 등강판 제어 ④ 스카이 훅 제어

231. 다음 중 전자제어 조향장치의 제어방식이 아닌 것은? 2008.03.30

① 속도 감응식 ② 전동식
③ 유압반력식 ④ 피스턴 바이패스 제어식

232. 전자제어 동력 조향장치에서 갑자기 핸들의 조작력이 증가되는 원인으로 틀린 것은? 2007.07.15

① 클러치 스위치 신호 불량 ② 차속 신호 불량
③ 컨트롤 유닛 불량 ④ 전원측 전압 불량

233. 다음 중 안티 롤(Anti-Roll)을 제어할 때 가장 중요한 센서는? 2006.07.16

① 차고 센서 ② 홀 센서
③ 압력 센서 ④ 조향각 센서

234. 전자제어 조향장치(Electronic Power Steering)의 구성 요소 중 조향각 센서에 대한 설명으로 옳은 것은? 2009.03.29

① 기존 동력조향장치의 캐치 업(Catch-Up) 현상을 보상하기 위한 센서
② 자동차의 속도를 검출하여 컨트롤 유닛에 입력하기 위한 센서
③ 차속과 조향각 신호를 기초로 하여 최적상태의 유량을 제어하기 위한 센서
④ 스로틀 밸브의 열림 양을 감지하여 컨트롤 유닛에 입력하기 위한 센서

235. 동력조향장치에서 핸들이 무거운 원인으로 맞는 것은? 2010.07.11

① 호스나 유압라인에 공기가 유입되었다.
② 오일의 온도가 약간 상승하였다.
③ 타이어의 공기압이 높다.
④ V벨트의 유격이 없다.

정답 230. ② 231. ④ 232. ① 233. ④ 234. ① 235. ①

236. 전자제어 동력조향장치의 종류가 아닌 것은? 2011.07.31

① 속도감응식
② 전동 펌프식
③ 공압 반력 제어식
④ 밸브 특성 제어식

237. 전자제어 동력 조향장치에서 전자제어 시스템의 고장이 발생할 경우 차량의 현상으로 맞는 것은? 2005.07.17

① 일반 기계식 핸들 조작으로 주행이 가능하다.
② 핸들이 로크(Lock)되어 주행이 불가능해진다.
③ 유압이 누유되므로 핸들조작이 불가능해진다.
④ 시동을 끄기 전까지 전혀 문제가 없다.

238. 차속 감응형 동력조향시스템(EPS)에서 고속주행 시 조향력 제어로 맞는 것은? 2006.07.16

① 조향력을 가볍게 한다.
② 조향력을 무겁게 한다.
③ 고속 제어는 하지 않는다.
④ 조향력 제어를 순간적으로 정지한다.

➡해설 전자제어 파워 스티어링(EPS)
① 차량속도가 고속이 될수록 조향조작력이 커진다.
② 엔진 회전수에 따라 조향력을 변화시키는 회전수의 감응식이 있다.
③ 차속에 따라 조향력을 변화시키는 차속감응식이 있다.
④ 고속에서 스티어링 휠이 어느 정도 저항감을 지니도록 해준다.

239. 전자제어 파워 스티어링 장치에 대한 다음 설명 중 틀린 것은? 2007.04.01

① 회전수 감응식은 엔진 회전수에 따라 조향력을 변화시킨다.
② 고속에서만 스티어링 휠의 조작을 가볍게 하여 운전자의 피로를 줄인다.
③ 차속 감응식은 차속에 따라 조향력을 변화시킨다.
④ 파워 스티어링의 조향력은 파워실린더에 걸리는 압력에 의하여 결정된다.

정답 236. ③ 237. ① 238. ② 239. ②

240. 전자제어 조향장치(EPS)에 대한 설명으로 적합하지 않은 것은? 2009.07.12

① 전자제어 조향장치(EPS)에는 차속센서, 솔레노이드가 사용된다.
② 전자제어식 EPS는 차속센서의 고장 시 조향력을 유지하기 위한 신호로 스로틀 위치센서(TPS)가 이용되기도 한다.
③ 차속감응식의 경우 저속에서는 가볍게, 고속에서는 무겁게 조향할 수 있는 특성이 있다.
④ 전동진자제어식에시는 속도에 따라 솔레노이드 밸브에 흐르는 전압을 듀티비로 제어한다.

241. 전자제어 동력조향장치의 효과로서 틀린 것은? 2012.07.22

① 저속 시 조향 휠의 조작력을 적게 한다.
② 고속 시 전·후륜이 동위상으로 조향되서 코너링이 향상된다.
③ 앞바퀴의 시미(Shimmy)현상을 감소하는 효과가 있다.
④ 노면으로 부터의 충격으로 인한 조향 휠의 킥 백(Kick Back)을 방지할 수 있다.

242. 구동력 조절장치(Traction Control System)의 제어방식으로 틀린 것은? 2004.04.04

① 엔진 토크 제어
② 유압 반력 제어
③ 브레이크 토크 제어
④ 차동 장치 제어

➡해설 TCS
엔진 토크 제어·브레이크 토크 제어·차동 장치 제어·통합(엔진+브레이크) 제어방식이 있다.

243. 구동력 조절장치(Traction Control System)의 구성품 중 가속 페달의 조작 상태를 검출하는 센서는? 2004.07.18

① APS(Accelerator Position Sensor)
② 조향휠 각속도 센서
③ 요 레이트 센서
④ 횡 G 센서

244. 구동력 조절장치(Traction Control System)에서 TCS 경고등이 점등되는 조건이 아닌 것은? 2007.07.15

① TCS 관련 고장 시
② TCS OFF 모드 시
③ 액추에이터 강제 구동 시
④ 엔진 회전수가 높을 때

 정답 240. ④ 241. ② 242. ② 243. ① 244. ④

245. 구동력 조절장치(Traction Control System)의 구성품에 해당되지 않는 것은? 2008.07.13

① 휠 속도 센서 ② 조향 각속도 센서
③ 충돌 센서 ④ 가속페달 위치 센서

246. 자동차 차륜 정렬에서 기하학적 중심선과 뒷바퀴가 정렬에서 벗어난 상태의 각도를 무엇이라고 하는가? 2012.04.08

① 협각 ② 셋 백
③ 스러스트 각 ④ 스크러브 레디우스

247. 저속시미(Shimmy) 현상의 원인이 아닌 것은? 2002.07.21

① 캐스터, 캠버, 토인의 조정이 불량하다.
② 타이어가 이상 마모 및 변형되었다.
③ 타이어의 공기압이 높다.
④ 조향링키지의 마모 또는 볼조인트가 마모되었을 때

해설 타이어의 공기압불량은 차량주행의 한쪽 쏠림 즉, 사이드슬립을 발생시킨다.

248. 앞바퀴 정렬 측정 전 준비사항과 거리가 먼 것은? 2005.04.03

① 차량을 적재 상태로 한다.
② 타이어 공기압을 규정으로 맞춘다.
③ 조향 링키지 체결상태를 확인한다.
④ 타이로드 엔드의 헐거움을 점검한다.

249. 전차륜 정렬의 예비 점검사항 중 틀린 것은? 2005.07.17

① 현가 스프링의 피로 점검
② 허브 베어링의 헐거움 점검
③ 앞 범퍼의 수평도 점검
④ 타이어의 공기압력 점검

정답 245. ③ 246. ③ 247. ③ 248. ① 249. ③

250. 바퀴정렬의 목적이 아닌 것은? 2006.04.02

① 조향휠의 복원성 향상 ② 주행속도의 증대
③ 타이어 마모 감소 ④ 조향휠의 조작력 경감

251. 앞바퀴 정렬 중 캐스터에 대한 설명으로 틀린 것은? 2009.03.29

① 킹핀 중심선의 연장이 노면과 교차하는 지점을 캐스터 점이라 한다.
② 캐스터 점과 타이어 접지면 중심과의 거리를 트레일이라 한다.
③ 캐스터는 주행 중 바퀴에 복원성을 준다.
④ 캐스터 점은 일반적으로 차량 후방에 있다.

252. 캠버에 관한 설명 중 틀린 것은? 2007.04.01

① 정면에서 보았을 때 차륜 중심선이 수직선에 대해 경사되어 있는 상태를 말한다.
② 정(+)의 캠버란 차륜 중심선의 위쪽이 안으로 기울어진 상태를 말한다.
③ 정(+)의 캠버는 직진성을 좋게 한다.
④ 부(-)의 캠버는 커브 주행시 선회력을 증가시킨다.

253. 앞바퀴 정렬에서 캠버의 설명으로 적합하지 않은 것은? 2007.07.15

① 조향 핸들의 조작을 가볍게 하기 위해서 둔 다.
② SLA형식은 캠버가 부(-)의 방향으로 변화 한다.
③ 수직방향의 하중에 의한 앞차축의 휨을 방지하기 위해 둔다.
④ 평행사변형식은 캠버의 변화가 많다.

254. 앞바퀴에 수직방향으로 작용하는 하중에 의한 앞차축의 휠을 방지하고 조향 휠의 조작을 가볍게 하기 위한 앞바퀴의 정렬 요소는? 2008.07.13

① 캐스터 ② 토인 ③ 캠버 ④ 킹핀경사각

255. 차체 정렬에서 캠버 스러스트(Camber Thrust)에 관한 설명으로 틀린 것은? 2010.03.28

① 캠버 각을 가지고 굴러가는 타이어에 작용하는 횡력을 말한다.
② 캠버 스러스트는 캠버 각에 비례하여 커진다.
③ 공기압을 일정하게 한 채 하중이 증가하면 캠버 스러스트도 증가한다.
④ 공기압을 증가시키면 캠버 스러스트도 증가한다.

 정답 250. ② 251. ④ 252. ② 253. ④ 254. ③ 255. ④

256. 다음 중 캠버의 역할로 가장 알맞은 것은? 2001.03.04

① 바퀴의 시미현상을 방지하며 구조상 조정하게 되어 있지 않다.
② 핸들 조작을 가볍게 하고 수직 하중에 의한 앞차축 휨을 방지한다.
③ 바퀴를 평행하게 회전시키고 바퀴의 사이드 슬립과 마멸을 방지한다.
④ 주행 중 조향 바퀴에 방향성과 복원성을 준다.

해설 ㉮는 킹핀경사각, ㉰는 토인, ㉱는 캐스터의 역할이다.

257. 앞바퀴에 수직방향으로 작용하는 하중에 의한 앞차축의 휨을 방지하고 조향핸들의 조작을 가볍게 하기 위하여 시험하는 앞바퀴의 정렬방식은? 2002.04.07

① 캐스터 ② 토인
③ 캠버 ④ 킹핀경사각

258. 부(-)의 킹핀 오프셋 중에 관한 설명 중 틀린 것은? 2008.03.30

① 제동 시 차륜이 안쪽으로부터 바깥쪽으로 벌어지도록 작용한다.
② 노면과 좌우 차륜 간의 마찰계수가 서로 다른 경우 마찰계수가 큰 차륜이 안쪽으로 더 크게 조향되므로 자동차는 주행 차선을 그대로 유지하게 된다.
③ 제동시 차륜이 안쪽으로 조향되는 특성을 나타낸다.
④ 차륜 중심선의 접지점이 킹핀 중심선의 연장선의 접지점보다 안쪽에 위치한 상태를 말한다.

259. 다음 중 토인의 필요성이 아닌 것은? 2001.03.04

① 앞바퀴를 평행하게 회전시킨다.
② 수직하중에 의한 앞차축의 휨을 방지한다.
③ 조향링키지 마모에 의한 토아웃이 되는 것을 방지한다.
④ 앞바퀴의 사이드 슬립과 타이어 마모를 최소로 한다.

260. 토우의 필요성이 아닌 것은? 2002.07.21

① 핸들을 돌렸을 때 복원력을 주는 역할을 한다.
② 앞바퀴를 평행하게 회전시킨다.
③ 바퀴가 옆방향으로 미끄러지는 것과 타이어의 마모를 방지한다.
④ 조향링키지의 마모에 의해 토인 또는 토아웃되는 것을 방지한다.

정답 256. ② 257. ③ 258. ① 259. ② 260. ①

261. 토인에 대한 설명 중 적당하지 않은 것은? 2003.03.30

① 토인은 앞바퀴의 조향을 쉽게 하기 위하여 둔다.
② 토인의 조정이 불량하면 타이어가 편마모된다.
③ 토인은 캠버와 함께 타이어의 직진성을 유도한다.
④ 토인은 타이로드의 길이로 조정한다.

262. 토인의 필요성에 대한 설명 중 틀린 것은? 2004.04.04

① 앞바퀴를 평행하게 직진시키기 위해서
② 수직방향 하중에 의한 앞차축 휨을 방지하기 위하여
③ 앞바퀴의 옆미끄럼과 마멸을 방지하기 위하여
④ 조향기구의 마멸에 의한 토아웃을 방지하기 위하여

➡해설 수직방향 하중에 의한 앞차축 휨을 방지하기 위하여 캠버를 둔다.

263. 토인 측정 시 먼저 점검하여야 할 것에 들지 않는 것은? 2006.07.16

① 타이어 공기압
② 허브 베어링 유격
③ 볼 조인트 마모 및 현가장치의 절손상태 유무
④ 차량의 무게

264. 휠얼라인먼트에 대한 설명으로 옳은 것은? 2011.07.31

① 캠버(Camber)와 토아웃(Toe Out)의 작용으로 조향 핸들의 복원성을 부여한다.
② 캐스터(Caster)의 작용으로 앞바퀴의 사이드 슬립과 타이어 마멸을 최소로 한다.
③ 선회할 때 모든 바퀴가 동심원을 그리려면 선회할 때 토아웃(Toe Out)이 되어야 한다.
④ 주행시 캠버로 인해 양쪽 바퀴가 바깥쪽을 향하게 벌어지려는 경향이 발생하므로 캐스터를 두어 직진성을 준다.

265. 제동장치에서 듀어 서보형 브레이크에 대한 설명으로 옳은 것은? 2012.07.22

① 전진에서만 2개의 슈가 자기작동을 한다.
② 후진에서만 2개의 슈가 트레일링 슈로 작동한다.
③ 전진 또는 후진에서 모두 2개의 슈가 자기작동을 한다.
④ 전진 또는 후진에서 해당 슈 1개만 자기작동을 한다.

정답 261. ① 262. ② 263. ④ 264. ③ 265. ③

266. 브레이크 드럼의 구비조건이 아닌 것은? 2003.07.20

① 무거울 것
② 강성과 내마모성이 있을 것
③ 방열이 잘 될 것
④ 정적·동적 평형이 잡혀 있을 것

267. 브레이크 드럼의 지름이 500mm, 드럼에 작용하는 힘이 300kgf, 마찰계수가 0.2일 때 드럼에 작용하는 토크는? 2006.07.16

① 45kgf·m ② 25kgf·m
③ 15kgf·m ④ 35kgf·m

해설 $T = F \times \gamma \times \mu = 300 \times \frac{0.5}{2} \times 0.2 = 15\text{kgf} \cdot \text{m}$

268. 디스크 브레이크의 특징을 설명한 것 중 틀린 것은? 2004.04.04, 2007.04.01

① 고속에서 사용하여도 안정된 제동력을 발휘한다.
② 안정된 제동력을 얻기가 비교적 어렵다.
③ 디스크가 노출되어 회전하므로 방열성이 좋다.
④ 마찰면적이 작기 때문에 패드를 압착하는 힘을 크게 하여야 한다.

269. 디스크 브레이크의 특성을 드럼 브레이크와 비교하여 설명한 것 중 디스크 브레이크의 장점이 아닌 것은? 2007.07.15, 2012.04.08

① 페이드(Fade) 현상이 적다. ② 자기작동 작용(서보 작용)을 한다.
③ 편 제동 현상이 없다. ④ 패드(Pad) 교환이 용이하다.

270. 디스크브레이크의 점검항목이 아닌 것은? 2006.04.02

① 디스크 마모의 손상
② 토크플레이트 샤프트 실링의 손상
③ 하이드로백점검
④ 디스크런아웃 점검

정답 266. ① 267. ③ 268. ② 269. ② 270. ②

271. 브레이크 장치에서 자동차의 하중에 따라 뒤 브레이크의 유압을 조정하는 밸브는?
2011.04.17

① 로드 센싱 밸브 ② 릴레이 밸브
③ 체크 밸브 ④ 리듀싱 밸브

272. 브레이크 마스터 실린더에 잔압의 필요성으로 옳지 않은 것은? 2001.03.04

① 브레이크 오일의 누설 방지 ② 공기의 혼입 방지
③ 브레이크 작동지연 ④ 베이퍼 록 방지

해설 브레이크 작동지연을 방지한다.

273. 아래 그림과 같은 브레이크 페달에 가하는 힘이 15kg이고 피스톤의 단면적이 3cm²일 때 실린더에 가하는 힘과 압력은?
2001.09.23

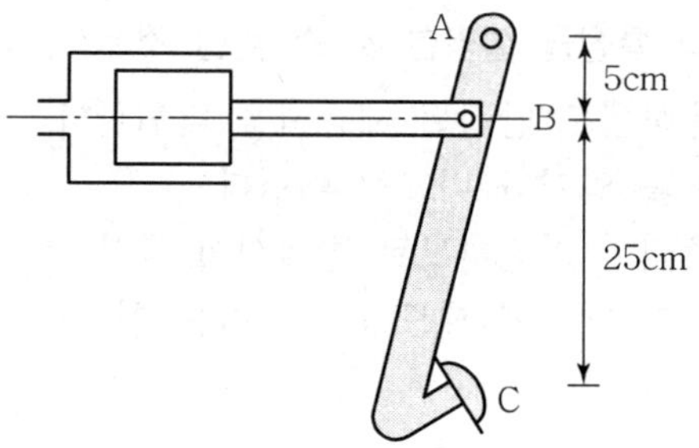

① 25kg, 38kg/cm² ② 70kg, 45kg/cm²
③ 90kg, 30kg/cm² ④ 105kg, 30kg/cm²

해설 $5 \times x = 30 \times 15$, $x = 90\text{kg}$, $P = \frac{90}{3} = 30\text{kg/cm}^2$

274. 제동장치에서 텐덤 마스터 실린더의 사용 목적은? 2002.07.21, 2004.07.18

① 브레이크 라이닝의 마모를 적게 한다.
② 브레이크 오일의 소모를 줄일 수 있다.
③ 브레이크 드럼의 마모를 적게 한다.
④ 앞뒤 바퀴의 브레이크 제동을 분리시켜 제동안정을 얻게 한다.

 정답 271. ① 272. ③ 273. ③ 274. ④

275. 어떤 자동차 마스터 실린더의 푸시로드에 작용하는 힘이 150kgf, 피스톤 면적이 3cm²라고 하면 이때 마스터 실린더 내에 발생하는 유압은 몇 kgf/cm²인가? 2005.04.03, 2008.03.30

① 40 ② 50 ③ 60 ④ 70

➡해설 $\frac{150}{3} = 50\text{kgf/cm}^2$

276. 제동장치 베이퍼 록 현상의 원인이 아닌 것은? 2002.04.07, 2006.07.16

① 공기 브레이크의 과도한 사용
② 드럼과 라이닝의 끌림에 의한 가열
③ 긴 비탈길에서 브레이크의 사용 빈도가 많은 운전
④ 오일의 변질에 의한 비등점의 저하

277. 브레이크 라이닝 및 브레이크 액이 구비해야 할 조건으로 틀린 것은? 2010.07.11

① 라이닝은 내열성, 내구성을 갖추어야 한다.
② 라이닝은 고속 슬립상태에서도 마찰계수가 일정해야 한다.
③ 브레이크 액은 압축성이 있어야 한다.
④ 브레이크 액은 빙점이 낮아야 한다.

278. 브레이크 페달을 밟았을 때 자동차가 한쪽으로 쏠리는 원인이 아닌 것은? 2005.04.03

① 라이닝 간극 조정 불량 ② 앞바퀴 정렬 상태 불량
③ 타이어 공기압 불균일 ④ 조향기어 유격 과소

279. 다음 설명에 해당되는 장치는? 2009.03.29

> 이 장치는 언덕길에서 일시 정차 후 출발 시 차량이 뒤로 밀리는 것을 방지하는 장치로 언덕길에서 브레이크 페달을 밟으면 롤케이지가 움직여 작동한다.

① 로드센싱 프로포셔닝 장치
② ABS
③ 안티 롤 장치
④ 페일세이프 장치

정답 275. ② 276. ① 277. ③ 278. ④ 279. ③

280. 브레이크 페달의 지렛대 비가 5 : 1이다. 페달을 35kgf의 힘으로 밟았을 때에 푸시로드에 작용되는 힘은? 2006.04.02

① 7kgf ② 125kgf
③ 175kgf ④ 225kgf

해설 지렛대 비=5 : 1
푸시로드에 작용하는 힘=지렛대 비×페달 밟는 힘=5×35kgf=175kgf

281. 브레이크 페달의 전체 길이는 25cm이고 페달의 고정점에서 푸시로드와 연결된 지점까지 거리가 5cm일 때 페달을 35kgf의 힘으로 밟았다면 푸시로드에 작용되는 힘은? 2012.07.22

① 7kgf ② 125kgf
③ 175kgf ④ 225kgf

282. 그림과 같은 브레이크 장치가 있다. 피스톤의 면적이 $3cm^2$일 때 푸시로드에 가해주는 힘(kgf)과 유압(kgf/cm^2)은? 2009.07.12

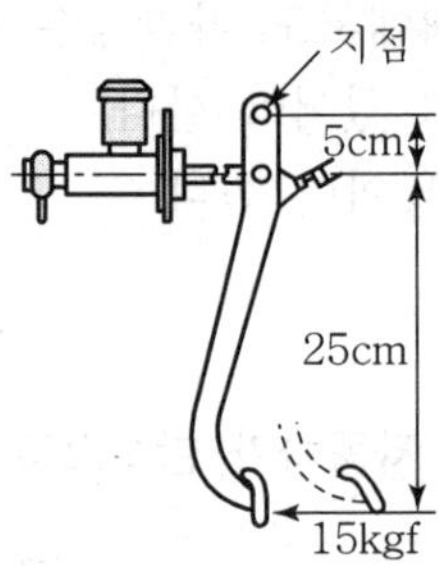

① 푸시로드에 45kgf 힘, 유압은 $45kgf/cm^2$
② 푸시로드에 70kgf 힘, 유압은 $45kgf/cm^2$
③ 푸시로드에 90kgf 힘, 유압은 $30kgf/cm^2$
④ 푸시로드에 105kgf 힘, 유압은 $30kgf/cm^2$

해설 지렛대 비=(5+25) : 5=6 : 1
푸시로드에 작용하는 힘=지렛대 비×페달 밟는 힘=6×15kg=90kg

$$P=\frac{F}{A}=\frac{90}{3}=30kg/cm^2$$

 정답 280. ③ 281. ③ 282. ③

283. 다음 설명 중 틀린 것은? 2006.04.02

① 드럼브레이크에서는 자기작동에 의해 확장력이 증폭된다.
② 자동차의 총제동력은 각 차륜에 작용하는 제동력의 합으로 표시한다.
③ 자동차의 총제동력은 제동시 질량에 의해 발생되는 관성력과 동일한 방향으로 작용한다.
④ 최대 제동력은 점착마찰계수에 비례한다.

284. 주행속도 90km/h의 자동차에 브레이크를 작용시켰을 때 정지거리는?(단, 마찰계수는 0.2) 2011. 04.17

① 45m ② 90m ③ 159m ④ 180m

해설 $S_1 = \frac{V^2}{2\mu g} = \left(\frac{90}{3.6}\right)^2 \times \frac{1}{2 \times 0.2 \times 9.8} = 159.44\text{m}$

285. 내경이 50mm인 마스터 실린더에 30N의 힘을 작용하였을 때 내경이 80mm인 휠 실린더에 미치는 제동력은? 2011.07.31

① 약 1.52N ② 약 24.6N
③ 약 76.8N ④ 168.6N

해설 파스칼의 원리가 적용, $P_1 = P_2$, $\frac{F_1}{A_1} = \frac{F_2}{A_2}$, $F_2 \frac{F_1 \times A_2}{A_1} = \frac{30 \times 80^2}{50^2} = 76.8\text{N}$

286. 유압식 브레이크 장치에서 제동시 제동 이음이 발생하는 원인으로 거리가 먼 것은? 2010.07.11

① 브레이크 드럼에 먼지 및 이물질 과다 유입
② 브레이크 라이닝 표면의 경화
③ 브레이크 라이닝 과다한 마모
④ 브레이크 라이닝 오일 유입

287. 자동차 브레이크 유압회로를 2계통으로 하여 안전성을 높이는 장치는? 2005.07.17

① 하이드로백 ② 탠덤 마스터 실린더
③ 부스터 ④ 하이드로 에어백

288. 제동장치에서 탠덤 마스터 실린더의 사용 목적은? 2010.03.28

① 브레이크 라이닝의 마모를 적게 한다.
② 브레이크 오일의 소모를 줄일 수 있다.
③ 브레이크 드럼의 마모를 적게 한다.
④ 앞·뒤브레이크 제동을 분리시켜 안정을 얻게 한다.

289. 빈번한 브레이크 작동으로 마찰력이 축적되어 마찰계수가 떨어져 제동력이 감소하는 현상은? 2001.09.23

① 베이퍼 록 현상 ② 페이드 현상
③ 스폰지 현상 ④ 스틱 현상

290. 브레이크 페이드 현상이 일어났을 때의 응급처리 방법으로 가장 적당한 것은? 2002.04.07

① 자동차의 주행속도를 조금 올려준다.
② 자동차를 세우고 브레이크 드럼의 열이 식도록 한다.
③ 브레이크를 자주 밟아 열을 발생시킨다.
④ 주차 브레이크를 주 브레이크로 대신 사용한다.

291. 브레이크 장치 중 뒤쪽 유압회로의 중간에 설치되어 있으며 제동력이 증대하면 뒤쪽의 유압증가 비율을 앞쪽보다 작게 하여 뒷바퀴의 조기고착에 의한 조종 불안정을 방지하기 위한 밸브는? 2002.07.21, 2008.07.13

① 프로포셔닝 밸브 ② 압력차 경고밸브
③ 미터링 밸브 ④ 블리이더 밸브

292. 브레이크 페달의 유효행정이 짧아지는 원인으로 옳지 않은 것은? 2001.03.04

① 유압라인에 공기가 섞여 있다.
② 드럼과 라이닝의 간극이 과대하다.
③ 과도한 브레이크 사용으로 베이퍼 록 현상이 발생한다.
④ 마스터 실린더 체크밸브가 잔압을 유지한다.

➡해설 마스터 실린더 체크밸브 불량으로 잔압이 저하한다.

정답 288. ④ 289. ② 290. ② 291. ① 292. ④

293. 브레이크 페달이 점점 딱딱해져서 주행불능 상태가 되었을 때는 어떤 고장인가?
2003.03.30, 2008.07.13

① 마스터 실린더 피스톤 캡의 고장이다.
② 브레이크 오일의 양이 적어졌다.
③ 슈 리턴 스프링의 장력이 강력해졌다.
④ 마스터 실린더 바이패스 포트가 막혔다.

294. 공기브레이크에서 유압식 브레이크의 마스터실린더와 같은 기능을 하는 것은?
2002.04.07, 2002.07.21

① 브레이크밸브　② 브레이크체임버
③ 퀵릴리스밸브　④ 릴레이밸브

295. 공기식 브레이크 장치의 브레이크 밸브와 브레이크 체임버 사이에 설치되어 브레이크가 빠르고 확실하게 풀리도록 하는 것은?　2003.03.30, 2009.03.29

① 공기 압축기　② 압력 조정기
③ 퀵릴리스밸브　④ 체크 및 안전밸브

296. 공기 브레이크에서 압축 공기압에 의해 캠의 회전력을 발생하게 하는 구성품은?
2003.07.20

① 브레이크체임버　② 브레이크밸브
③ 퀵릴리스밸브　④ 릴레이밸브

297. 다음 중 풀 에어 브레이크(Full Air Brake) 시스템의 구성부품이 아닌 것은?　2004.04.04

① 투웨이밸브　② 로드센싱밸브
③ 브레이크체임버　④ 릴레이밸브

298. 압축 공기식 브레이크에서 공기 탱크의 압력을 일정하게 유지하고 공기 탱크 내의 압력에 의해 압축기를 다시 가동시키는 역할을 하는 장치는?　2004.07.18

① 드레인 밸브(Drain Valve)　② 언로더 밸브(Unloader Valve)
③ 체크 밸브(Check Valve)　④ 로드 센싱 밸브(Load Sensing Valve)

정답 293. ④ 294. ① 295. ③ 296. ① 297. ② 298. ②

299. 공기 브레이크식 제동장치에서 공기탱크 내의 공기압력은 일반적으로 몇 kgf/cm^2 정도인가? 2005.04.03

① 1~4 ② 5~7
③ 10~13 ④ 14~17

300. 압축공기식 브레이크 장치 구성 부품 중 운전자의 브레이크 페달 밟는 정도에 따라 제동효과를 통제하는 것은? 2005.07.17

① 풋브레이크 밸브 ② 로드 센싱 밸브
③ 브레이크 드럼 ④ 퀵릴리스 밸브

301. 압축 공기식 브레이크 장착 차량에서 제동 시 차량이 한쪽으로 쏠림 현상이 발생했다. 그 원인이 아닌 것은? 2006.07.16

① 압축 공기 압력이 최대 압력에 도달하지 못함
② 규격이 다른 브레이크 실린더 장착
③ 불균일한 타이어 마모
④ 브레이크 라이닝의 불균일한 마모

302. 공기식 제동장치 차량에서 다음 조건의 적차상태의 제동률(%)은?(단, 총 제동력 4,900 N, 자동차의 질량 1800kg, 브레이크 공기압력 7.0bar, 블록킹 한계압력 4.5bar, 초기압력 0.4bar) 2007.04.01

① 23.6% ② 36.7% ③ 44.7% ④ 57.1%

해설 $\eta_{AB} = \dfrac{(P_1 - P_0) \times F}{(P_2 - P_0) \times W} = \dfrac{(P_1 - P_0) \times F}{(P_2 - P_0) m \times G} = \dfrac{(7 - 0.4) \times 4{,}900}{(4.5 - 0.4) \times 1{,}800 \times 9.8} \times 100 = 44.7\%$

303. 공기식 브레이크 장치에서 제동 시 떨림 현상의 발생 원인은? 2008.03.30

① 퀵릴리스밸브에 공기 배출이 잘 안 됨
② 압축공기 탱크의 압축공기 저하
③ 토인 불량 또는 프론드 엔드 볼 조인트 유격 과다
④ 주차브레이크 에어 압력 저하

 정답 299. ② 300. ① 301. ① 302. ③ 303. ③

304. 공기식 배력장치의 하이드로 에어백에 관한 설명이 맞지 않는 것은? 2008.07.13

① 하이드로 에어백은 압축 공기를 이용하기 때문에 일반적으로 공기 압축기를 비치한 대형 차량에 사용한다.

② 압축 공기 압력이 최고 6kgf/cm^{2}에 달하기 때문에 하이드로백에 비하여 그 작동 압력차가 크므로 동력 피스톤의 직경을 작게 하여도 강력한 제동력을 얻을 수 있다.

③ 공기 브레이크에 비해 공기 소비량이 크다.

④ 공기 압축기를 필요로 하기 때문에 전체적으로 제작비가 비싸다.

305. 다음 중 공기식 브레이크 장치에서 에어 드라이어의 역할이 아닌 것은? 2008.07.13

① 각 기기류의 부식방지 ② 각 기기류의 수명연장

③ 하절기 압축공기 과열방지 ④ 동절기 압축공기 동결을 방지

306. 압축 공기식 디스크 브레이크 장치 장착 차량에서 브레이크가 과열되는 원인은? 2009.07.12

① 압축공기 누설

② 브레이크 캘리퍼 피스톤의 고착

③ 브레이크 디스크 두께 변화

④ 브레이크 체임버 리턴 스프링의 장력 약화

307. 공기 브레이크에서 압축 공기압에 의해 캠을 작동시키는 구성품은? 2012.04.08

① 브레이크 체임버 ② 브레이크 밸브

③ 퀵 릴리스 밸브 ④ 릴레이 밸브

308. 소형 차량의 핸드 브레이크에서 좌 · 우 뒷바퀴의 제동력 균형을 잡아주는 것은? 2007.07.15

① 스프링 체임버(Spring Chamber)

② 보상 레버(Compensation Lever)

③ 콤비네이션 실린더(Combination Cylinder)

④ 브레이크 슈(Brake Shoe)

정답 304. ③ 305. ③ 306. ② 307. ① 308. ②

309. 소형차량 핸드 브레이크에서 브레이크 조작 레버의 조작력을 좌우 바퀴에 등분하는 역할을 하는 것은? 2011.07.31

① 스프링 체임버(Spring Chamber)
② 이퀄라이저(Equalizer)
③ 콤비네이션 실린더(Combination Cylinder)
④ 브레이크 슈(Brake Shoe)

➡해설 이퀄라이저는 "균등하게 하는 것"이다. 즉, 핸드브레이크에서 브레이크 조작 레버의 조작력을 좌우 바퀴에 균등하게 등분하는 역할을 한다.

310. 공기식 브레이크가 풀리지 않거나 브레이크가 끌리는 원인은? 2011.04.17

① 체크 밸브가 열려 있다.
② 다이아프램이 파손되었다.
③ 휠 실린더의 리턴이 불량하다.
④ 릴레이 밸브 피스톤의 복귀가 불량하다.

311. ABS 경고등이 점등되는 조건에 대한 설명 중 틀린 것은? 2004.07.18

① ABS ECU로 전원전압이 인가되지 않을 때
② 알터네이터 "L"단자 전압이 7V 이하로 떨어진 경우
③ ABS 시스템이 정상적으로 작동 중일 때
④ ABS 시스템 이상 발생 시 페일세이프 기능에 따라 기능이 정지하여 자기 보정 시

312. ABS에서 시동을 껐다가 다시 켤 때 ABS 경고등이 계속 점등되는 경우 예상 원인으로 틀린 것은? 2011.04.17

① ECU 내부 고장
② 솔레노이드 불량
③ 하이드롤릭 펌퍼 전원 불량
④ 휠 실린더 리턴 불량

313. ABS 브레이크 장치에서 사용되는 구성품이 아닌 것은? 2006.04.02, 2010.07.11, 2011.07.31

① ABS 컨트롤 유닛
② 휠스피드 센서
③ 리어차고센서
④ 하이드롤릭 유닛

정답 309. ② 310. ④ 311. ③ 312. ④ 313. ③

314. 제동 시 유압증가 비율을 전륜보다 감소시켜 후륜의 조기고착을 방지함으로서 방향 안정성을 좋게 하기 위한 밸브는? 2012.07.22

① 프로포셔닝 밸브　② 압력차 경고 밸브
③ 미터링 밸브　④ 브리더 밸브

315. 바퀴 잠김 방지식 제동장치(ABS)의 기능 설명 중 틀린 것은? 2005.04.03, 2007.07.15

① 방향 안정성 확보　② 조향 안정성 확보
③ 제동 거리 단축　④ 주행 성능 향상

316. ABS 장치 중 유압 모듈레이터의 구성품이 아닌 것은? 2003.07.20

① 컨트롤 피스톤　② 프로포셔닝밸브
③ 휠 속도 센서　④ 솔레노이드밸브

➡해설 하이드롤릭 유닛(모듈레이터)은 프로포셔닝 밸브, 체크 밸브, 솔레 노이드밸브 리저브 펌프 어큐물레이터로 구성되어 있다. 하이드롤릭 유닛의 역할은 ECU로부터의 작동 명령에 따라 솔레노이드밸브를 작동시켜 적당한 제동력을 만든다.

317. ABS ECU로 입력되는 휠 스피드 센서 신호(교류파형)를 가지고 차륜 속도를 연산하는 방법이 틀린 것은? 2006.07.16

① 주파수 측정방식　② 주기 측정방식
③ 평균 주기 측정방식　④ 최대 주파수 측정방식

318. 전자제어 제동장치(ABS)에서 휠 스피드 센서(마그네틱 방식)의 파형에 관한 설명으로 틀린 것은? 2008.03.30

① 각 바퀴의 회전속도를 검출하여 컴퓨터로 입력시킨다.
② 파형으로 휠 스피드 신호 측정 시 주기적으로 파형이 빠지는 경우는 대부분 톤 휠이 손상된 경우다.
③ 일반적으로 에어갭은 적을수록 유리하다.
④ 차량의 속도가 증가하면 주파수도 증가하고 P-P전압도 상승하다.

정답 314. ① 315. ④ 316. ③ 317. ④ 318. ③

319. 차량 주행 중 ABS 작동조건에 해당되지 않았음에도 불구하고 ABS 작동 진동(맥동)이 발생되었을 때 예상할 수 있는 고장원인으로 가장 적합한 것은? 2009.07.12

① 제동등 스위치 커넥터 접촉 불량
② 하이드로릭 유닛 내부 밸브 릴레이 불량
③ 휠 스피드 센서 에어 갭 불량
④ 차속센서(Vehicle Speed Sensor) 불량

➡해설 휠 스피드 센서의 갭(간극)이 불량하면 휠 스피드를 파악하기 힘들다. 즉, 센서가 출력되었다, 안 되었다 하므로 ABS 자동 진동(맥동)이 발생될 수 있다.

320. ABS 컨트롤 유닛의 휠 스피드 센서에 대한 고장 감지사항과 관련 없는 것은? 2010.03.28

① Key 스위치 ON부터 주행까지 항상 감시한다.
② ABS가 작동될 때만 감시한다.
③ 전압과 주파수에 대한 감시도 한다.
④ 휠 스피드 센서가 고장이 나면 즉시 경고등을 점등한다.

321. ABS 시스템에서 스피드 센서에 의해 4륜 각각의 차륜속도 및 차륜 감가속도를 연산하여 차륜의 슬립상태를 판단하며 각종 솔레노이드 밸브에 대한 증압 및 감압형태를 결정하는 부품은? 2004.04.04

① 모터 및 펌프
② ABS ECU
③ 하이드롤릭 유닛
④ EBD

322. 타이어에 작용하는 힘을 제어하여 엔진 토크를 항상 타이어 슬립 한계 내에 두도록 하는 것은? 2009.07.12

① 4WD(4 Wheel Drive)
② ECS(Electric Control Suspension)
③ ABS(Anti-lock Brake System)
④ TCS(traction Control System)

 정답 319. ③ 320. ② 321. ② 322. ④

323. 차량이 주행 중 ABS 작동조건에 해당되지 않음에도 불구하고 ABS 작동 진동(맥동)음이 발생되었을 때 예상할 수 있는 고장원인으로 적합한 것은? 2005.07.17

① 제동등 스위치 커넥터 접촉 불량
② 하이드롤릭 유닛 내부 밸브 릴레이 불량
③ 휠스피드센서 에어갭 과다
④ 차속센서(Vehicle Speed Sensor) 불량

324. ABS 장치에서 제어 채널의 종류에 속하지 않는 것은? 2009.07.12

① 4센서 3채널
② 4센서 4채널
③ 4센서 1채널
④ 4센서 2채널

325. 제동장치 중 ABS(Anti-Lock Brake System)에 대한 설명 중 틀린 것은? 2002.04.07

① 제동 시 바퀴가 고정되는 현상을 방지하여 준다.
② 방향의 안정성 및 조종성의 확보가 가능하다.
③ ABS가 없는 보통의 제동장치에 비하여 미끄럼이 없는 제동효과를 얻을 수 있다.
④ ABS가 고장이 발생할 경우 페일 세이프 기능이 없는 단점이 있다.

326. 전자제어 제동장치(ABS)에서 페일세이프(Fail Safe) 상태일 때 나타나는 현상으로 옳은 것은? 2012.04.08

① 모듈레이터 솔레노이드 밸브는 열림상태로 고정된다.
② 모듈레이터 모터가 작동된다.
③ ABS가 작동되지 않아서 브레이크가 작동되지 않는다.
④ ABS가 작동되지 않아서 평상시의 브레이크가 작동된다.

327. 미끄러운 노면에서 브레이크를 밟았을 때 타이어가 고착(Lock)되지 않도록 조정하는 장치를 무엇이라고 하는가? 2003.03.30

① ECU
② TCU
③ ABS
④ ECS

정답 323. ③ 324. ③ 325. ④ 326. ④ 327. ③

328. ABS 장치에 포함된 것으로 초기 제동 시 전륜보다 후륜이 먼저 록킹(Locking)되는 것을 방지하기 위해 후륜의 유압을 알맞게 제어하는 것은? 2010.07.11

① 셀렉트 로(Select Low) 제어
② BAS(Brake Assist System) 제어
③ EBD(Electormic Brake-force Distribution) 제어
④ 트랙션(Traction) 제어

329. ABS 시스템에서 스피드센서에 의해 4륜 각각의 차륜속도 및 차륜 감가속도를 연산하여 차륜의 슬립상태를 판단하며 각종 솔레노이드 밸브에 대한 증압 및 감압형태를 결정하는 부품은? 2007.04.01

① 모터 및 펌프(MOTOR & PUMP) ② ABS ECU
③ 하이드롤릭 밸브 ④ EBD

330. 4륜 구동 ABS 장치 차량에서 제동 시 차체의 기울기를 판단하여 가·감속을 감지하는 센서는? 2009.03.29

① G(Gravity) 센서 ② 차속 센서
③ 휠 스피드 센서 ④ 차고 센서

해설 4륜 구동 ABS 장치 차량에서 제동 시 차체의 기울기를 판단하는 센서가 G(중력가속도)센서이고 이 신호를 바탕으로 ECU가 각 바퀴의 가·감속을 조절한다.

331. 공기 배력식(Hydro Air Pack) 유압 제동장치의 설명으로 틀린 것은? 2011.07.31

① 파워피스톤을 에어 컴프레셔의 압축된 공기 압력과 대기압의 차이에 따라서 작동하여 유압을 발생시켜 휠실린더에 전달하는 역할을 하는 것은 브레이크 부스터이다.
② 하이드로 에어팩(Hydro Air Pack)은 공기탱크 등을 설치하여야 하므로 하이드로 백 장치에 비해 약간 복잡하다.
③ 하이드로 에어팩(Hydro Air Pack)은 동력 실린더부, 릴레이 밸브부, 하이드롤릭 실린더부로 구성되어 있다.
④ 하이드로 에어팩(Hydro Air Pack)으로 작동되는 제동 계통은 베이퍼 록이 일어나지 않아 공기 빼기가 필요없다.

해설 하이드로 에어팩의 경우에도 유압실린더를 사용한다. 즉, 공기빼기를 해야 한다. 그러나 공기 브레이크의 경우는 공기압에 의해 제동되는 것으로 공기빼기를 할 필요가 없다.

 정답 328. ③ 329. ② 330. ① 331. ④

332. 공기식 배력장치의 하이드로 에어백에 관한 설명이 맞지 않는 것은? 2005.07.17

① 하이드로 에어백은 압축공기를 이용하기 때문에 일반적으로 공기 압축기를 비치한 대형 차량에 사용한다.
② 압축공기 압력이 최고 $6kgf/cm^2$에 달하기 때문에 하이드로백에 비하여 그 작동 압력차가 크므로 동력 피스톤의 직경을 작게 하여도 강력한 제동력을 얻을 수 있다.
③ 공기 브레이크에 비해 공기 소비량이 크다.
④ 공기 압축기를 필요로 하기 때문에 전체적으로 제작비가 비싸다.

➡해설 하이드로 에어백은 압축공기에 의해 배력시키는 장치로 공기브레이크에 비해 공기 소비량이 적다.

333. 공기 배력 브레이크의 작동 부품이 아닌 것은? 2006.07.16

① 에어 서보　② 공기 탱크
③ 압축기　④ 응축기

334. 공기압 배력 장치의 종류가 아닌 것은? 2007.04.01

① 공기 배력 브레이크　② 에어 오버 하이드롤릭 브레이크
③ 에어 언더 하이드롤릭 브레이크　④ 풀 에어 브레이크

335. 브레이크 페달을 놓았을 때 하이드로 백 릴레이밸브의 작용에 대하여 맞는 것은? 2003.03.30

① 공기밸브가 먼저 닫힌 다음 진공밸브가 열림
② 공기밸브가 먼저 열린 다음 진공밸브가 닫힘
③ 진공밸브가 먼저 닫힌 다음 공기밸브가 열림
④ 진공밸브가 먼저 열린 다음 공기밸브가 닫힘

336. 제동장치에서 마스터 백은 무엇을 이용하여 브레이크에 배력작용을 하게 한 것인가? 2002.07.21, 2004.04.04, 2012.04.08

① 배기가스 압력 이용　② 대기 압력만 이용
③ 흡기다기관의 압력만 이용　④ 대기압과 흡기다기관의 압력차 이용

정답 332. ③ 333. ④ 334. ③ 335. ① 336. ④

➡해설 제동력을 증가시키기 위하여 승용차에서는 대기압과 흡기다기관의 압력차를 이용한 하이드로 백(Hydro Vac)이 있고, 화물자동차나 버스에서는 대기압과 압축공기의 압력차를 이용한 하이드로 에어 팩(Hydro Air Pack)이 있다.

337. 유압 배력장치 중 마스터 백에 대한 설명 중 맞지 않는 것은? 2009.07.12

① 마스터 백에는 파워 실린더와 파워 피스톤이 있다.
② 제동 시에는 브레이크 조절 밸브에 의해 페달의 답력에 따라 제어된 유압을 휠 실린더로 보낸다.
③ 압축기에 의해 가압된 압축 공기를 작동 매체로 한다.
④ 브레이크를 작동시키지 않을 때 대기 밸브는 닫히고 진공 밸브는 열려 있어 실린더 양쪽실은 진공상태이다.

➡해설 압축기에 의해 가압된 압축 공기를 매체로 배력작용을 하는 장치는 공기식 배력장치이다.

338. 자동차에서 부압과 대기압의 차압을 이용하는 형식의 배력장치를 무엇이라고 하는가? 2004.07.18

① 진공식 ② 압축공기식
③ 유압식 ④ 자석식

339. 진공식 분리형 제동 배력장치에서 파워 피스톤을 미는 힘이 12kgf이고 하이드롤릭 피스톤의 지름이 3cm라고 한다면 발생유압은? 2010.03.28

① 약 0.7kgf/cm^2 ② 약 1.7kgf/cm^2
③ 약 17kgf/cm^2 ④ 약 2.7kgf/cm^2

➡해설 $P=\frac{F}{A}$, $P=\frac{12}{0.785\times 3^2}=1.69\text{kgf/cm}^2$

340. 유압식 배력 브레이크를 설명한 것 중 틀린 것은? 2007.07.15

① 유압 배력 브레이크는 유압 펌프에 의해 보내지는 작동유를 유압 부스터에 의해 증압하고 증압된 작동유는 마스터 실린더를 거쳐 각 휠 실린더를 작동시킨다.
② 유압 배력 브레이크의 작용 원리는 브레이크 페달을 밟으면 푸시로드를 거쳐 스풀이 작동하고 가변 오리피스를 스로틀링하여 파워 피스톤에 배력 유압을 가한다.

 정답 337. ③ 338. ① 339. ② 340. ③

③ 유압 펌프가 정지하면 스풀이 직접 마스터 실린더의 피스톤을 작동시키는 것이 불가능하므로 답력에 비례하여 제동력을 발생시킬 수 없다.
④ 유압 펌프가 정지해도 스풀이 직접 마스터 실린더의 피스톤을 작동시키는 것이 가능하므로 답력에 비례하여 제동력을 발생시킬 수 있다.

341. 진공식 브레이크 배력장치에 대한 설명으로 틀린 것은? 2006.04.02

① 배력장치에 이용되는 외력으로 기관의 흡입부압을 이용한다.
② 배력장치가 고장일 경우 운전자의 페달 답력만으로도 브레이크를 조작할 수 있어야 한다.
③ 진공식 배력장치는 응축수가 생성되는 단점이 있다.
④ 진공식 배력장치에서 배력도는 다이어프램의 유효직경에 비례한다.

➡해설 진공식 배력장치는 진공을 이용하므로 응축수가 없다. 하이드로 에어백은 압축공기를 이용하므로 응축수가 생기는 단점이 있다.

342. 자동차 진공식 제동 배력장치의 부압을 도입하는 부위는? 2008.03.30

① 흡기 매니폴드
② 릴레이 밸브
③ 파워 실린더
④ 파워 밸브

343. 진공식 분리형 제동 배력장치에서 브레이크 페달 작동과 관련된 작동으로 틀린 것은? 2011.04.17

① 브레이크 페달을 밟지 않을 경우에는 배력장치가 작동하지 않고 있는 상태에서 릴레이 밸브는 진공밸브가 열리고 에어 밸브는 닫혀 있다.
② 브레이크 페달을 밟을 경우에는 마스터 실린더에서 보내오는 유압은 하이드롤릭 피스톤의 체크밸브를 지나서 휠 실린더로 전달되어 브레이크를 작동시킨다.
③ 브레이크 페달을 놓았을 경우에는 밸브 피스톤에 걸리는 유압이 내려가서 릴레이밸브 피스톤 및 다이어프램은 리턴스프링에 의해 에어 밸브가 닫힌다.
④ 브레이크 페달을 놓았을 경우에는 밸브 피스톤에 걸리는 유압이 올라가서 릴레이밸브 피스톤 및 다이어프램은 리턴스프링에 의해 에어 밸브가 닫힌다.

정답 341. ③ 342. ① 343. ④

344. 제동장치에 사용되는 배력장치의 크기를 결정 하는 요소는? 2009.03.29, 2012.07.22

① 진공 탱크의 크기와 진공 탱크의 재질
② 진공 탱크의 크기와 진공의 크기
③ 진공의 크기와 진공 탱크의 재질
④ 진공 탱크의 형상과 압력의 크기

해설 배력장치란 제동력을 배가(증가)시키는 장치이므로 진공의 크기에 의해 결정된다. 즉, 진공탱크에 크기와 진공의 크기에 의해서 결정된다.

345. 하이드로 마스터의 진공 계통을 이루는 주요 부품은? 2003.07.20

① 체크밸브, 하이드롤릭실린더
② 체크밸브, 파워실린더, 릴레이밸브, 파워피스톤
③ 릴레이밸브, 진공펌프, 하이드롤릭실린더
④ 진공펌프, 오일파이프, 파워실린더

해설 하이드로 마스터(백)는 진공 계통을 개폐하는 부품으로는 릴레이밸브 및 릴레이, 피스톤 다이어프램, 진공밸브, 공기밸브가 있다.

346. 제동 배력 장치 중에 파워 실린더의 내압은 항상 진공을 유지하고 작동시에 공기를 보내어 파워 피스톤을 미는 형식은? 2010.07.11

① 브레이크 부스터(Brake Booster)
② 하이드로 마스터(Hydro Master)
③ 마스터 백(Master Vac)
④ 에어 마스터(Air Master)

해설 마스터 백을 다른 말로 진공부스터라고 한다. 이는 하이드로 백과 같이 흡기다기관의 진공압과 대기압의 압력차로 배력을 시킨다.

347. 브레이크 페달을 밟았을 때 하이드로 백 내의 작동 중 잘못 설명된 것은? 2005.04.03

① 공기 밸브는 닫힌다.
② 진공 밸브는 닫힌다.
③ 동력 피스톤이 하이드롤릭 실린더 쪽으로 움직인다.
④ 동력 피스톤 앞쪽은 진공 상태이다.

정답 344. ② 345. ② 346. ② 347. ①

Subject

03

시험 및 검사

Contents

1 자동차 검사

Section

1. 자동차의 안전기준

1) 자동차 정기 검사

- 자동차의 구조 · 장치가 자동차관리법 시행규칙의 검사기준과 자동차안전기준에 관한 규칙에 적합한지 여부
- 배출가스(CO, HC, λ, 매연)가 대기환경보전법에서 정한 배출가스 허용기준에 적합한지 여부
- 경적음 및 배기소음이 소음 · 진동규제법의 허용기준에 적합한지 여부
- 구조 · 장치의 임의 변경 여부

① 검사 항목

㉠ 기기 검사(7개 항목)

- 조향륜 옆 미끄럼량(Side Slip Test) : 차량의 앞바퀴 정렬 상태를 확인한다.
  - 토인, 토아웃, 편마모 원인 등을 검사
- 제동력 측정 : 앞, 뒤축의 제동력, 각 축의 좌우 바퀴의 제동력 편차, 전체 제동력의 합, 주차 브레이크의 제동력을 검사
- 속도계 오차 : 현재 내 차의 속도계와 실제 자동차의 속도 사이의 편차를 검사
- 전조등 광도 및 광축 : 전조등의 빛의 방향, 광도가 기준치 내에 드는지 검사
- 배출가스 농도 : 휘발유 차량의 경우는 CO · HC · 공기과잉률 검사, 경유자동차는 매연 도수 검사
- 경적음 및 배기소음 : 경적음이 정상 작동하는지, 음의 크기 · 음색 등은 법규 내에 있는지 검사, 배기(머플러 소음)소음 검사
- 액화석유가스 누출 : LPG 연료를 사용하는 자동차의 경우 연료탱크, 연료라인, 기화기, 믹서 등에서 누출이 있는지 검사

② 육안 검사(14개 항목)

㉠ 동일성 확인

- 차대번호 및 원동기형식의 상이(자형 등의 위조 · 변조 및 훼손을 포함한다.)
- 등록번호판의 상이 · 훼손 또는 망실 및 봉인훼손
- 영 제8조의 규정에 의한 구조 및 장치의 제원 허용오차 초과 또는 안전기준의 부적합 여부

ⓛ 주행장치
- 차축 및 휠의 휨 또는 균열
- 타이어의 손상 및 요철무늬의 깊이가 허용기준을 초과하여 마모
- 휠 및 타이어의 돌출

ⓒ 조향장치 중 사이드슬립측정기에 의한 검사결과 허용기준 초과 및 변형·용접·느슨함 또는 누유

ⓔ 제동장치중 제동시험기에 의한 검사결과 허용기준 초과 및 제동계통의 손상 및 누유

ⓜ 연료장치 중 조속기 봉인탈락 및 연료(액화석유가스를 포함한다.)의 누출

ⓑ 전기전자장치 중 엔진정지 또는 화재발생의 우려가 있는 결함

ⓢ 차체 및 차대
- 차체 및 차대의 심한 부식, 심한 변형 또는 절손
- 후부 안전판 및 측면 보호대의 손상 또는 훼손

ⓞ 견인차 및 피견인차의 연결장치의 변형 또는 손상

ⓙ 물품적재장치 중 위험물·유해화학물·산업폐기물·쓰레기 등 운반차량의 적재장치의 부식·변형

ⓒ 창유리 규격품의 미사용 또는 심한 균열

ⓚ 대기환경보전법 제37조의2, 소음·진동규제법 제37조의2의 규정에 의한 운행차정기검사의 허용기준 초과

ⓣ 등화장치
- 전조등·방향지시등·번호등 및 제동등의 점등상태 불량 또는 등색과 설치상태의 기준 부적합
- 택시표시등의 자동점등상태 불량
- 전조등의 전조등시험기에 의한 검사결과, 기준 미달
- 안전기준에 위배되는 등화설치

ⓟ 계기장치 중 운행기록계·속도제한장치의 미설치(설치상태불량을 포함한다.) 및 속도계시험기에 의한 검사결과 허용기준 초과

ⓗ 자동차관리법 제34조의 규정에 의한 승인을 얻지 아니하고 변경한 자동차의 구조·장치의 임의 변경 여부

③ 택시미터 사용검정
- 봉인이 탈락되지 아니하고 겉모양이 파손되지 않을 것
- 표기 및 표시가 확실하게 부착되어 있을 것
- 속도계 오차 : 현재 내 차의 속도계와 실제 자동차의 속도 사이의 편차를 검사
- 구조검정 기준에 적합한 것에 대하여 주행검사 시행

• 택시미터 기본거리와 이후 거리의 허용오차

2) 자기인증제도 신설

① 자동차를 제작·조립 또는 수입하는 때에 그 자동차의 구조·장치가 안전기준에 적합한지 여부를 정부가 사전에 확인하는 형식승인제 폐지

② 제작사 등이 자동차의 안전성을 스스로 보증하는 자기인증제도 신설

• 시행시기 : 2003년 1월

• 관련법규 : 자동차관리법 제30조(자동차의 자기인증 등)

㉠ 자동차를 제작·조립 또는 수입(이하 "제작등"이라 한다)하고자 하는 자는 그 자동차의 형식이 제29조의 규정에 의한 안전기준에 적합함을 스스로 인증(이하 "자기인증"이라 한다)하여야 한다.

3) 자동차안전기준에 관한 규칙 : 제4조(길이·너비 및 높이)

① 자동차의 길이·너비 및 높이는 다음의 기준을 초과하여서는 아니 된다.

1. 길이 : 13미터(연결자동차의 경우에는 16.7미터를 말한다)
2. 너비 : 2.5미터(후사경·환기장치 또는 밖으로 열리는 창의 경우 이들 장치의 너비는 승용자동차에 있어서는 25센티미터, 기타의 자동차에 있어서는 30센티미터. 다만, 피견인자동차의 너비가 견인자동차의 너비보다 넓은 경우 그 견인자동차의 후사경에 한하여 피견인자동차의 가장 바깥쪽으로 10센티미터를 초과할 수 없다)
3. 높이 : 4미터

② 제1항의 규정에 의한 자동차의 길이·너비 및 높이는 다음 각 호의 상태에서 측정하여야 한다.

1. 공차상태
2. 직진상태에서 수평면에 있는 상태
3. 차체밖에 부착하는 후사경, 안테나, 밖으로 열리는 창, 긴급자동차의 경광등 및 환기장치 등의 바깥 돌출부분은 이를 제거하거나 닫은 상태

4) 자동차 소음 보정

측정값-암소음	3	4~5	6~9
보정치	3	2	1

5) 자동차등록번호판의 부착위치

자동차등록번호판은 자동차의 앞쪽과 뒤쪽에 다음의 기준에 적합하게 부착해야 한다. (자동차관리법 시행규칙 제3조)

① 차량중심선을 기준으로 등록번호판의 좌우가 대칭될 것(자동차구조에 따라 예외 인정)

② 자동차의 앞쪽과 뒤쪽에서 볼 때에 차체의 다른 부분이나 장치 등에 의하여 등록번호판이 가려지지 않을 것

③ 뒤쪽 등록번호판의 부착위치는 차체의 뒤쪽 끝으로부터 65센티미터 이내일 것(자동차 구조에 따라 예외 인정)

6) 중량 · 하중분포 · 타이어 부하율 등

① 측정조건

㉠ 자동차는 공차 또는 적차상태로 한다.

㉡ 공차상태의 중량분포로서 적차상태의 중량분포를 산출하기가 어려울 때에는 공차상태와 적차상태를 각각 측정한다.
이 경우 좌석정원의 인원은 정위치에, 입석정원의 인원은 입석에 균등하게 승차하며, 물품은 물품적재장치에 균등하게 적재한 것으로 한다.

㉢ 연결자동차는 연결한 상태에서 측정한다.

㉣ 측정단위는 kg으로 한다.

② 측정방법

㉠ 차량중량 및 공차 시 중량

ⓐ 공차상태 : 자동차에 사람이 승차하지 아니하고, 물품(예비부분품 및 공구 기타 휴대물품을 포함한다.)을 적재하지 아니한 상태에서 연료 냉각수 및 윤활유를 만재하고 예비타이어(예비타이어를 장착할 수 있는 자동차에 한한다.)를 설치하여 운행할 수 있는 상태를 말한다.

ⓑ 차량중량 : 공차상태의 자동차의 중량을 말한다.

ⓒ 자동차를 수평한 상태로 하여 각 차축마다 중량을 측정하고 그 합을 차량 중량으로 한다.

㉡ 차량 총 중량 및 적차 시 축중

ⓐ 자동차의 차량 총 중량은 20톤(화물자동차 및 특수자동차의 경우에는 40톤), 축중은 10톤, 윤중은 5톤을 초과하여서는 아니 된다.

ⓑ 적차상태 : 공차상태의 자동차에 승차정원의 인원이 승차하고 최대적재량의 물품이 적재된 상태를 말한다.

이 경우 승차정원이 1인(13세 미만의 자는 1.5인을 승창정원 1인으로 본다.)의 중량은 65킬로그램으로 계산하고, 좌석정원의 인원은 정위치에, 입석정원의 인원은 입석에 균등하게 승차시키며, 물품은 물품적재장치에 균등하게 적재시킨 상태이어야 한다.

ⓒ 축중 : 자동차가 수평상태에 있을 때에 1개의 바퀴가 수직으로 지면을 누르는 중량을 말한다.
자동차를 수평상태로 하여 각 차축마다 중량을 측정하거나 앞에서 측정한 차량중량 및 공차 시 축중을 기초로 하여 다음 산식에 의해 계산한다.

㈎ 차량 총 중량
차량 총 중량은 다음 산식에 의한다.
차량 총 중량=차량중량+최대적재량+승차정원
(1명당 65kg, 12세 미만의 자인 경우에는 1.5인을 승차정원 1인으로 계산)
또는

$$W = wf + wr + P1 + P2 + \dots\dots\dots + Pn$$

W : 차량총중량,
wf : 공차상태의 전축중
wr : 공차상태의 후축중
$P1$, $P2$, Pn : 적재물 또는 승차인원의 하중

㈏ 2차 축식
- 적차상태의 전축중

$$Wf = wf + \frac{p1a1 + p2a2 + p3a3 + \cdots + pnan}{L}$$

- 적차상태의 후축중

$$W_r = W - W_f$$

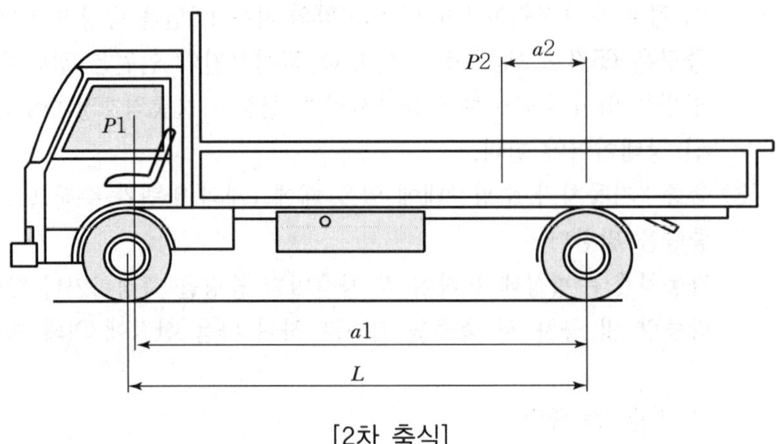

[2차 축식]

W : 차량 총 중량, Wf : 적차상태의 전축중, L : 축 간 거리
Wr : 적차상태의 후축중, wf : 공차상태의 전축중
wr : 공차상태의 후축중
$P1$, $P2$ ··· Pn : 승차인원 하중 및 적재화물 하중
$a1$, $a2$, an : 하중작용점부터 후차축까지의 수평거리(후축에 대하여 전축과 반대방향에 있을 경우에는 마이너스(부)의 값으로 함)

㈐ 후 2차 축식

• 적차상태의 전축중

$$Wf = wf + \frac{p1a1 + p2a2 + pnan}{L - K}$$

• 적차상태의 후 전축중

$$Wrf = wrf(p1 + p2 - pf) \times \frac{\frac{1}{2} + K}{\ell}$$

• 적차상태의 후 후축중

$Wrr = W - (Wf + Wrf)$

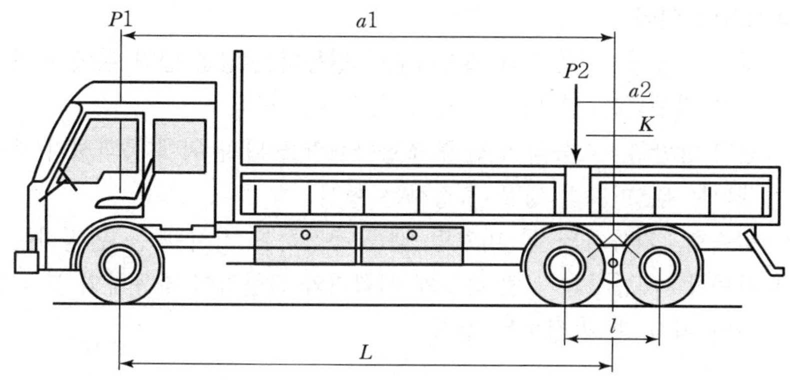

[후 2차 축식]

W : 차량 총 중량
Wf : 적차상태의 전축중
wf : 공차상태의 전축중
Wrf : 적차상태의 후 전축중
Wrr : 적차상태의 후 후축중
wrf : 공차상태의 후 전축중
$p1$: 승차인원 하중
$p2$: 적재물품 하중
pf : $p1$과 $p2$의 전축에 걸리는 하중 몫(적차 시 전축중－공차 시 전축중)
L : 축 간 거리(전축중심과 뒤 2축 중심 간의 수평거리)
K : 트러니언 축과 뒤 2축 중심 간의 수평거리
ℓ : 후 2축 간의 거리
$a1$: 승차인원 하중의 무게중심으로부터 트러니언 축 중심에 이르는 수평거리
$a2$: 적재물품 하중의 무게중심으로부터 트러니언 축 중심에 이르는 수평거리

2. 자동차 검사 실무

1) 사이드 슬립 측정기

① 측정방법

㉠ 자동차를 측정기와 정면으로 대칭시킨다.
㉡ 측정기에 진입속도는 5km/h로 서행한다.
㉢ 조향핸들에서 손을 떼고 5km/h로 서행하면서 계기의 눈금을 타이어의 접지 면이 측정기 답판을 통과 완료할 때 읽는다.
㉣ 자동차가 1m 주행 시 옆 미끄러짐 양을 측정하는 것으로 한다.(5mm 이내)
㉤ 조향계통의 변형과 느슨함 및 누유가 없어야 한다.
㉥ 동력조향 작동유의 유량이 적정하여야 한다.

② 측정기의 형식

㉠ 답판 연동형 : 자동차의 조향바퀴를 연동하는 양쪽 답판 위에 통과시켜 주행에 의하여 발생되는 옆 미끄럼 양을 측정하는 형식

㉡ 단일 답판형 : 자동차의 한쪽 조향바퀴만을 답판 위에 통과시켜 주행에 의하여 발생되는 옆 미끄럼 양을 측정하는 형식

㉢ 단순형 : 자동차의 옆 미끄럼 양을 측정하여 지시 또는 판정하는 형식

㉣ 자동형 : 제동시험기 및 속도계 시험기와 복합하여 자동차의 옆 미끄럼 양을 측정하여 지시 및 판정하는 형식

③ 측정기의 정밀도 검사기준

㉠ 0점 지시 : ±0.2mm/m 이내

㉡ 5mm 지시 : ±0.2mm/m 이내

㉢ 판정 : ±0.2mm/m 이내

2) 제동력 시험기

① 제동시험기 정밀도에 대한 검사기준

㉠ 좌우 제동력 지시 : ±5% 이내(차륜 구동형은 ±2% 이내)

㉡ 좌우 합계 제동력 지시 : ±5% 이내

㉢ 좌우 차이 제동력 지시 : ±25% 이내

㉣ 중량 설정 지시 : ±5% 이내

※ 제동시험기 롤러는 기준직경의 5% 이상 과도하게 손상 또는 마모된 부분이 없을 것

② 운행자동차의 제동능력 측정조건

㉠ 자동차는 공차상태의 자동차에 운전자 1인이 승차한 상태로 한다.

㉡ 자동차는 바퀴의 흙, 먼지, 물 등의 이물질은 제거한 상태로 한다.

㉢ 자동차는 적절히 예비운전이 되어 있는 상태로 한다.

㉣ 타이어의 공기압은 표준공기압으로 한다.

③ 운행자동차의 주차 제동능력 측정방법

㉠ 자동차를 제동시험기 정면에 대칭되도록 한다.

㉡ 측정 자동차의 차축을 제동 시험기에 얹혀 축중을 측정하고 롤러를 회전시킨다.

㉢ 당해 차축의 주차제동능력을 측정한다.

㉣ ㉡의 측정방법에 따라 다음 차축에 대하여 반복 측정한다.

④ 제동장치 안전기준

㉠ 측정자동차의 공차상태에서 운전자 1인이 탑승한 상태일 것

㉡ 각 축의 제동력의 합이 차량중량의 50% 이상일 것

㉢ 제동력의 좌·우 편차는 당해 축중의 8% 이하일 것

㉣ 제동력의 복원은 브레이크 페달을 놓을 때에 제동력이 3초 이내에 당해 축중의 20% 이하로 감소될 것

3) 속도계 시험기

① 구성부품

㉠ 지시계 : 속도 지시값은 과도한 변동이 없는 상태일 것

㉡ 롤러 : 롤러 등 회전부는 지시계가 지시하는 최고속도에 상당하는 회전 수로 작동하는 경우라도 과도한 진동 및 이음이 없을 것

㉢ 판정장치 : 자동형 기기는 판정장치의 작동에 이상이 없을 것

㉣ 기록장치 : 자동차 검사에 사용되는 기기는 기록장치의 작동에 이상이 없을 것

㉤ 롤러 고정장치 : 자동차를 롤러에 안전하게 진입 및 퇴출시킬 수 있는 롤러 고정장치의 작동 상태에 이상이 없을 것

㉥ 바퀴 이탈 방지장치 : 바퀴 이탈 방지장치는 손상이 없는 상태에서 이상 없이 작동할 것

㉦ 리프트 : 자동차의 입·퇴출용 리프트의 작동에 이상이 없을 것

㉧ 형식 등 표시 : 속도계 시험기의 형식, 제작 번호, 허용 축중(중량), 제작 일자 및 제작 회사가 확실하게 표시되어 있을 것

② 속도계 시험기 오차

㉠ 정의 오차 : 측정값×(1+2.5)

㉡ 부의 오차 : 측정값×(1−0.1)

4) 조향장치의 검사

① 기준 및 방법

㉠ 조향 핸들의 회전 조작력과 조향비는 좌·우 현저한 차이가 없을 것

㉡ 조향륜 옆 미끄럼 양은 1m 주행에 5mm 이내일 것

㉢ 조향 핸들의 유격은 당해 자동차의 조향 핸들 지름의 12.5% 이내일 것

② 유격 측정조건

㉠ 자동차는 공차상태의 자동차에 운전자 1인이 승차한 상태로 한다.

㉡ 타이어의 공기압은 표준공기압으로 한다.

㉢ 조향축의 바퀴를 직진위치로 자동차를 정차시키고, 원동기는 시동한 상태로 한다.

㉣ 자동차의 제동장치는 작동하지 않는 상태로 한다.

Tip

자동차 안전기준 14조

조향장치에 에너지를 공급하는 장치는 제동장치에도 사용할 수 있으며, 에너지를 저장하는 장치의 오일기준유량(공기식의 경우에는 기준 공기압)이 부족할 경우 이를 알려주는 경고장치를 갖출 것

5) 최소 회전반경(Turning Radius)

① 자동차가 최대 조향각으로 저속회전할 때 바깥쪽 바퀴의 접지면 중심이 그리는 원의 반지름을 말한다.

② (안전규칙 제9조)자동차의 최소회전반경은 12m 이하여야 하며, 견인자동차와 피견인 자동차를 연결한 상태에서도 이 기준에 적합하여야 한다.

Tip

시험조건

① 시험자동차는 공차상태이어야 한다.

② 시험자동차는 시험 전에 충분한 길들이기 운전을 하여야 한다.

③ 시험자동차는 시험 전 조향륜의 정렬을 점검 조정한다.

④ 시험도로는 평탄하며, 수평하고 건조한 포장도로이어야 한다.

6) 자동차 회전 조작력 측정조건

① 적차상태의 자동차로서 타이어의 공기압은 표준 공기압으로 한다.

② 평탄한 노면에서 반경 12m의 원주를 선회하여야 한다.

③ 선회 속도는 10km/h로 한다.

④ 원주궤도에 도착하여 원주궤도와 일치하는 외측 조향륜의 조향시간은 4초 이내이어야 한다.

⑤ 좌우로 선회하여 조향력을 측정한다.

⑥ 풍속은 3m/s 이하에서 측정하는 것을 원칙으로 한다.

7) 최고속도 측정조건

① 자동차는 적차상태(연결자동차는 연결된 상태의 적차상태)이어야 한다.
② 자동차는 측정 전에 충분한 길들이기 운전을 하여야 한다.
③ 자동차는 측정 전 제원에 따라 엔진, 동력전달장치, 조향장치 및 제동장치 등을 점검 및 정비하고 타이어 공기압을 표준 공기압 상태로 조정하여야 한다.
④ 측정도로는 평탄 수평하고 건조한 직선 포장도로이어야 한다.
⑤ 측정은 풍속 3m/s 이하에서 실시하는 것을 원칙으로 하며, 측정결과는 왕복 측정해 평균값을 구한다.

8) 최고속도 제한장치 설치 대상 자동차

① 차량 총 중량이 10톤 이상인 승합자동차
② 차량 총 중량이 16톤 이상인 화물자동차
③ 차량 총 중량이 16톤 이상인 특수자동차
④ 최대적재량이 8톤 이상인 화물자동차
⑤ 최대적재량이 8톤 이상인 특수자동차
⑥ 고압가스를 운송하기 위해 필요한 탱크를 설치한 화물자동차

9) 주행장치의 검사기준

① 차축의 외관, 휠 및 타이어의 손상변형 및 돌출이 없고 수나사 및 암나사가 견고하게 조여 있을 것
② 타이어 요철형 무늬의 깊이는 안전기준에 적합하여야 하며, 타이어 공기압이 적정할 것
③ 여객자동차 운수사업용 버스의 앞바퀴에는 재생 타이어를 사용하지 아니할 것
④ 시외 우등고속, 시외 고속 및 시외 직행버스의 앞바퀴는 튜브가 없는 타이어를 사용할 것

10) 정밀도 검사를 받아야 하는 기계·기구

① 제동 시험기
② 전조등 시험기
③ 사이드 슬립 측정기
④ 속도계 시험기
⑤ 택시미터 주행검사기
⑥ 가스누출 감지기

11) 성능시험 대행자가 갖추어야 할 안전검사시설

① 중량계 ② 제동 시험기
③ 전조등 시험기 ④ 가스누출 측정기
⑤ 가시광선투과율 측정기 ⑥ 공기과잉률 측정기
⑦ 최대안전경사각도 시험기 ⑧ 사이드슬립 측정기
⑨ 소음 및 매연 측정기 ⑩ 일산화탄소 측정기

12) 전조등

① 측정방법

㉠ 자동차는 적절히 예비 운전되어 있는 공차상태의 자동차에 운전자 1인이 승차한 상태로 한다.
㉡ 축전지는 충전한 상태로 한다.
㉢ 원동기는 공회전 상태로 한다.
㉣ 타이어 공기압은 표준 공기압으로 한다.
㉤ 4등식 전조등의 경우 측정하지 아니하는 등화에서 발산하는 빛을 차단한 상태로 한다.

Tip

제38조(전조등) 주행빔의 비추는 방향은 자동차의 진행방향과 같아야 하고, 그 주광축은 상향이 아니어야 하며, 전방 10미터 거리에서 주광축의 좌우측 진폭은 30cm 이내, 하향진폭은 등화설치높이의 10분의 3 이내일 것. 다만, 좌측 전조등의 경우 좌측 방향의 진폭은 15cm 이내이어야 하며, 운행자동차의 하향진폭은 30cm 이내로 하게 할 수 있다.

Tip

각종 등화의 1등당 광도
① 전조등의 주행빔(2등식) : 15,000~112,500cd, 4등식 : 12,000~112,500cd
② 후퇴등(수평선상부) : 80~600cd
③ 차폭등(수평선상부) : 4~125cd
④ 후미등 : 2~25cd
⑤ 안개등 : 940~10,000cd
⑥ 제동등 : 40~420cd

Tip

제동등

① 주 제동장치가 작동된 경우 점등되고 제동력이 해제될 때까지 작동상태가 유지되어야 한다.
② 등광색은 적색이어야 한다.
③ 1등당 광도는 40~420cd 이하일 것
④ 다른 등화와 겸용하는 제동등은 그 광도가 3배 이상 증가할 것
⑤ 1등당 유효 조광면적은 $22cm^2$ 이상일 것

Tip

번호등

번호등의 등록번호표 숫자 위의 조도는 어느 부분에서도 8Lux 이상이어야 하며, 최고 조도점 2점의 평균조도는 최소 조도점 2점의 평균조도의 20배 이내일 것

13) 경적소음

① 측정방법

㉠ 자동차의 원동기를 가동시키지 아니한 정차상태에서 자동차의 경음기를 5초 동안 작동시켜 최대 소음도를 측정한다.
㉡ 2개 이상의 경음기가 장치된 자동차에 대하여는 경음기를 동시에 작동시킨 상태에서 측정한다.
㉢ 교류식 경음기인 경우 원동기 회전속도 3,000±100rpm인 상태에서 측정한다.

② 경음기의 법적 기준

㉠ 동일한 음색으로 연속하여 소리를 내는 것이어야 한다.
㉡ 경적음 크기는 일정하여야 하며, 차체 전방에서 2m 떨어진 지상높이 1.2+0.05 or 1.2−0.05m가 되는 지점에서 측정한 값이 다음 각 목의 기준에 적합해야 한다.
㉢ 음의 최소크기는 90dB 이상일 것
㉣ 음의 최대크기는 규정에 의한 자동차의 소음허용 기준에 적합할 것

③ 암소음 보정치

측정소음과 암소음의 차이	3dB	4dB	5dB	6dB	7dB
보정치	3	2	2	1	1

※ 자동차 소음이 86이고 암소음이 82일 경우 86−82=4dB
∴ 보정치는 2가 되기 때문에 86−2=84dB이다.

● 분류별 기출예상문제

제3과목 시험 및 검사

Subject

01. 자동차의 정기검사시 검사항목이 아닌 것은? 2004.04.04

① 조종장치 ② 주행장치
③ 동일성 확인 ④ 차체 및 차대

해설 조종장치의 검사는 신규검사에 한한다.

02. 1998년에 출고된 휘발유 승용차의 운행 시 배출가스 허용기준과 측정방법은? 2004.07.18

	허용기준	측정방법
①	CO 1.4% 이하, HC 260ppm 이하	무부하 급가속 시 측정
②	CO 1.2% 이하, HC 220ppm 이하	공전 시 측정
③	CO 4.5% 이하, HC 1,200ppm 이하	공전 시 측정
④	CO 2.0% 이하, HC 800ppm 이하	무부하 급가속 시 측정

해설 제작일자 : 1988. 1. 1~2000. 12. 31 → CO 1.2% 이하, HC 220ppm 이하

03. 자동차를 제작, 조립 또는 수입하고자 하는 자가 자동차의 형식이 안전기준에 적합함을 스스로 인증하는 것은? 2009.03.29

① 자동차의 형식승인 ② 자동차의 자기인증
③ 자동차의 안전승인 ④ 자동차 제작판매인증

해설 자동차의 자기인증
제작사 등이 자동차의 안전성을 스스로 보증하는 자기인증제도 신설

04. 자동차의 안전기준에 관한 규칙으로 틀린 것은? 2012.07.22

① 자동차의 높이는 3m를 초과할 수 없다.
② 최저 지상고는 공차상태에서 지면과 12cm 이상이어야 한다.
③ 자동변속장치의 중립 위치는 전진 위치와 후진 위치 사이에 있어야 한다.

정답 01. ① 02. ② 03. ② 04. ①

④ 앞 방향으로 개폐되는 후드 걸쇠장치는 2차잠금 또는 2개소 잠금이 가능한 구조이어야 한다.

해설 높이 : 4m를 초과하여서는 안 된다.

05. 속도제한장치를 부착하지 않아도 되는 자동차는? 2004.07.18

① 차량 총 중량이 10톤 이상인 운송사업용 승합자동차
② 비상구급자동차
③ 차량 총 중량이 16톤 이상인 화물자동차
④ 덤프형 및 콘크리트 운반 전용의 화물자동차

06. 암소음이 80db인 장소에서 자동차 배기 소음이 85db이었을 때 배기 소음의 최종 측정값은? 2011.04.17

① 80db ② 82db ③ 83db ④ 85db

07. 자동차의 검사기준 및 방법에서 원동기의 검사 기준을 나타낸 것들이다. 원동기의 검사기준으로 적합하지 않은 것은? 2006.07.16

① 팬 벨트 및 방열기 등 냉각계통의 손상이 없고 냉각수의 누출이 없을 것
② 점화, 충전, 시동장치의 작동에 이상이 없을 것
③ 시동상태에서 심한 진동 및 이상음이 없으며, 윤활유 계통에서 윤활유의 누출이 없을 것
④ 배기 매니폴드의 장착과 촉매컨버터의 작동이 확실할 것

08. 자동차의 전조등을 교환 정비 후 전조등 시험기로 광도 및 광축을 측정하려고 한다. 측정이 잘못된 사항은? 2006.07.16

① 타이어 공기압을 규정에 맞도록 조정한 후 측정한다.
② 자동차는 최대 적재상태에서 측정하고 규정에 맞도록 조정한다.
③ 시동을 걸어 축전지는 충전이 된 상태에서 측정한다.
④ 4등식인 경우 측정하지 않는 등화는 빛을 차단한 후 측정한다.

해설 자동차는 적절히 예비운전되어 있는 공차상태의 자동차에 운전자 1인이 승차한 상태로 한다.

정답 05. ② 06. ③ 07. ④ 08. ②

09. 투영식 전조등 시험기에 대한 설명으로 옳은 것은? 2011.07.31

① 1m의 측정거리에서 투영 스크린에 전조등의 상을 투영시켜 측정하는 방식이다.
② 수광부는 중앙에 수광 렌즈와 상, 하, 좌, 우에 2개의 광속계가 부착되어 있다.
③ 광축계의 지시치를 영(Zero)으로 하여 상, 하, 좌, 우 광전지를 비추는 빛의 양을 같게 하여 주광축을 얻는다.
④ 투영 스크린의 수광 위치에 의한 광축의 광속을 측정히고, 동시에 광속계의 지시에 의한 광축을 측정한다.

10. 광도가 200cd일 때 거리가 5m인 곳의 조도는 몇 lux인가? 2002.04.07, 2003.07.20

① 200 ② 40 ③ 8 ④ 5

해설 $조도(lux) = \frac{cd}{r^2} = \frac{200}{5^2} = 8lux$

11. 20,000cd의 전조등(광원)으로부터 10m 떨어진 위치에서의 밝기는 몇 lux인가? 2004.07.18

① 2,000 ② 200 ③ 20 ④ 20,000

해설 $조도(lux) = \frac{cd}{r^2} = \frac{20{,}000}{10^2} = 200lux$

12. 자동차에서 50m 떨어진 거리에서 조도를 측정 하였더니 8lux가 나왔다. 자동차의 전조등에서 광원의 광도는 얼마인가? 2007.04.01, 2010.03.28

① 12,500cd ② 15,000cd ③ 20,000cd ④ 22,000cd

해설 $조도(lux) = \frac{cd}{r^2}$, $광도(cd) = lux \times r^2 = 8 \times 50^2 = 20{,}000cd$

13. 조명에 대한 용어 중 조도의 설명으로 틀린 것은? 2009.03.29

① 조도는 광원으로부터의 거리의 제곱에 비례한다.
② 조도란 빛을 받는 면의 밝기 정도를 나타내는 용어이다.
③ 일반적으로 피조면의 조도는 광원의 광도에 비례한다.
④ 조도의 단위는 lux이다.

 정답 09. ③ 10. ③ 11. ② 12. ③ 13. ①

14. 타원체형(Ellipsoid Form) 전조등과 포물선형(Paraboloid Form) 전조등을 비교할 때 타원체형 전조등의 특징이 아닌 것은? 2003.03.30

① 크기가 작다. ② 멀리까지 조명할 수 있다.
③ 노면에 대한 광분포가 불균일하다. ④ 효율이 높다.

15. 자동차 검사 시행 요령에서 등화장치 후부 반사기 등의 세부검사내용을 설명한 것 중 틀린 것은? 2004.07.18

① 반사기의 손상 유무 및 설치위치 적합 여부
② 반사기의 규격 적합 여부
③ 반사기의 형상 및 색상 적합 여부
④ 반사광의 색상 적정 여부

해설 후부 반사기 등의 세부검사 내용은 반사기에 의한 반사광의 색상 적합 여부를 검사하는 것이지 반사기의 색상 적정 여부를 검사하는 것이 아니다.

16. 정밀도 검사대상인 기계·기구가 아닌 것은? 2002.04.07, 2005.04.03

① 제동력 시험기 ② 사이드슬립 측정기
③ 속도계 시험기 ④ 엔진 성능 시험기

17. 정밀도 검사를 받아야 하는 기계, 기구가 아닌 것은? 2012.07.22

① 엔진 성능 시험기 ② 택시미터 주행 검사기
③ 가스 누출 감지기 ④ 속도계 시험기

18. 자동차의 제원 측정에 관한 설명으로 틀린 것은? 2008.03.30

① 배기관 개구방향은 배기관의 개구부와 차량중심선 또는 기준면과의 각도를 각도 게이지 등으로 측정한다.
② 가스용기 후단과 차체 최후부 간의 거리는 가스용기의 후단과 범퍼 등 차체의 최후단과 최대거리를 차량 중심선에서 평행하게 측정한다.
③ 등록번호판의 부착위치는 차체 최후단으로부터 등록 번호표 중심 사이의 최대거리를 차량 중심선에 평행하게 측정한다.
④ 조종장치의 배치간격은 차량중심선과 평행항 조향핸들 중심면을 기준으로 좌우에 설치되어 있는 조종장치와의 최대거리를 말한다.

정답 14. ③ 15. ③ 16. ④ 17. ① 18. ②

19. 자동차의 길이, 너비 및 높이에 대한 측정 조건이 아닌 것은? 2012.04.08

① 공차 상태
② 타이어 공기압력은 표준공기압 상태
③ 외개식의 창, 환기장치는 열린 상태
④ 직진 상태에서 수평면에 있는 상태

20. 자동차 연속좌석의 너비가 7,165mm로 측정되었다. 연속좌석의 승차인원은 몇 명으로 산정할 수 있는가? 2005.07.17

① 16 ② 17 ③ 18 ④ 20

해설 연속좌석 정원 $= \frac{\text{좌석너비(mm)}}{400\text{(mm)}} = \frac{7{,}165\text{mm}}{400\text{mm}} = 17.91 = 17$명

21. 자동차가 54km/h로 달리다가 급가속하여 10초 후에 90km/h가 되었을 때, 가속도는 얼마인가? 2004.04.04, 2007.07.15

① 2m/sec^2 ② 1m/sec^2 ③ 3m/sec^2 ④ 4m/sec^2

해설 가속도 $= \frac{\text{나중속도} - \text{처음속도}}{\text{시간}} = \frac{(90-54)\times 1000}{10\times 60\times 60} = 1\text{m/sec}^2$

22. 자동차의 중량 1,275kg, 여유 구동력 200kg, 회전부분 상당중량은 자동차 중량의 5%일 때 가속도는? 2005.04.03

① 1.16m/sec^2 ② 1.26m/sec^2
③ 1.36m/sec^2 ④ 1.46m/sec^2

해설 가속저항 $= \frac{(W+W')\times\alpha}{g}$, $200 = \frac{(1{,}275+1{,}275\times 0.05)\times\alpha}{9.8}$

$\alpha = \frac{9.8\times 200}{(1{,}275+1{,}275\times 0.05)} = 1.46\text{m/sec}^2$

23. 차량의 질량이 1,800kg이고 차량의 제동률이 44.7%인 차량의 제동 감속도(m/s^2)는? 2010.03.28

① 약 3.4 ② 약 4.5 ③ 약 4.9 ④ 약 9.8

 정답 19. ③ 20. ② 21. ② 22. ④ 23. ②

해설 제동 감속도 = 제동률×중력가속도 = 0.447×9.8 = 4.4m/sec^2

24. 차량중량 1,500kg의 자동차가 시속 100km/h의 속도로 주행하고 있다. 6초 동안 30km/h로 감속 하는 데 필요한 감속력은? 2008.03.30

① 356.3kg ② 497.3kg ③ 567.3kg ④ 638.3kg

해설 $감속력 = \frac{W}{g} \times 감속도 = \frac{1,500}{9.8} \times 3.24 = 495.9\text{kgf}$

25. 1,500kg 중량의 자동차가 출발하여 90km/h의 속도까지 가속하는 데 20초 걸렸다면 이 자동차의 가속저항은 몇 kg인가?(단, 회전부분 상당중량은 무시) 2005.04.03, 2009.07.12

① 75 ② 90 ③ 153.1 ④ 191.3

해설 $가속도 = \frac{v_1 - v_o}{t} = \frac{90 \times 1,000 - 0}{3,600} \times \frac{1}{20} = 1.25[\text{m/sec}^2]$

여기서, v_o : 처음속도(m/sec)

v_1 : 나중속도(m/sec)

t : 시간(sec)

$가속저항 = \frac{(W + W') \times a}{g} = \frac{(1,500 \times 1.25)}{9.8} = 191.3[\text{kg}]$

26. 자동차의 전면투영면적이 20% 증가될 때 공기저항의 증가비율은?(단, 공기저항계수 및 차량의 속도는 동일 조건) 2009.03.29

① 20% ② 40%

③ 60% ④ 80%

27. 차량 총 중량이 1,200kgf인 차량이 4%의 등판길을 올라갈 때 구배저항은? 2005.07.17, 2012.07.22

① 48kgf ② 24kgf

③ 4.8kgf ④ 2.4kgf

28. 차량 총 중량이 1,000kgf인 자동차가 주행 시 구름저항계수가 0.015라면 구름저항은 몇 kgf인가? 2008.07.13

① 10kgf ② 15kgf
③ 100kgf ④ 150kgf

29. 주행저항 중 자동차 중량과 관계가 먼 것은? 2002.04.07

① 공기저항 ② 구름저항
③ 구배저항 ④ 가속저항

30. 승용차가 100km/h로 주행하기 위해 필요한 기관 소요마력(PS)은?(단, 이때 전 주행저항은 80kgf, 동력전달효율은 75%) 2002.04.07

① 약 30 ② 약 40
③ 약 60 ④ 약 108

➡해설 $PS = \frac{P \times V}{75 \times \eta} = \frac{80 \times 100 \times 1,000}{75 \times 0.75 \times 3,600} = 39.5PS$

31. 자동차의 주행저항에 해당되지 않는 것은? 2006.04.02

① 구름저항 ② 공기저항
③ 등판저항 ④ 구동저항

32. 주행속도 90km/h의 자동차에 브레이크를 작용시켰을 때 정지거리는 얼마인가?(단, 차륜과 도로면의 마찰계수는 0.2이다.) 2003.03.30

① 45m ② 90m
③ 159m ④ 180m

➡해설 $S = \frac{V^2}{2\mu g} = \left(\frac{90}{3.6}\right)^2 \times \frac{1}{2 \times 0.2 \times 9.8} = 159.4m$

여기서, V : 주행속도(m/sec)
μ : 타이어와 노면의 마찰계수
g : 중력가속도(9.8m/sec²)

 정답 28. ② 29. ① 30. ② 31. ④ 32. ③

33. 2,000kgf의 자동차가 60km/h로 주행할 경우 이론적인 제동거리는 몇 m인가?(단, 마찰계수 0.6, 관성상당중량 0.05W, 좌제동력 400kgf, 우제동력 450kgf이다.) 2003.07.20

① 15 ② 25 ③ 35 ④ 50

➡해설
$$S_2 = \frac{V^2}{254} \times \frac{W + W'}{F}$$
$$= \frac{60^2}{254} \times \frac{2000 + (2000 \times 0.05)}{400 + 450}$$
$$= 35\text{m}$$

34. 주행속도가 120km/h인 자동차에 브레이크를 작동시켰을 때 제동거리는?(단, 바퀴와 도로면의 마찰계수는 0.25이다.) 2009.03.29

① 약 226.7m ② 약 236.7m
③ 약 247.6m ④ 약 237.6m

➡해설
$$S = \frac{V^2}{2\mu g} = \left(\frac{120,000}{60 \times 60}\right)^2 \frac{1}{2 \times 0.25 \times 9.8} = 226.7\text{m}$$

35. 주행장치에서 안전성을 위한 방법으로 틀린 것은? 2011.07.31

① 스탠딩 웨이브 방지를 위해 표준 공기압보다 낮게 주입한다.
② 타이어 마모 상태를 확인한다.
③ 차축의 마모 및 베어링의 소음 여부를 확인한다.
④ 접지 면적이 좋은 타이어를 사용한다.

36. 자동차의 최대 안전 경사각도를 경사각도 측정기를 이용하여 측정하는 방법을 설명한 내용 중 틀린 것은? 2010.03.28

① 자동차는 공차 상태로 하고, 좌석은 정위치에, 창유리 등은 닫은 상태로 한다.
② 측정단위는 도(°)로 하고 소수점 첫째 자리까지 측정한다.
③ 측정기에 설치된 차륜 정지장치에 좌측 또는 우측의 모든 차륜을 밀착시키고 반대측의 모든 차륜이 측정기의 답판에서 떨어지는 순간 답판이 수평면과 이루는 각도를 좌측 방향과 우측 방향에 대하여 각각 측정한다.
④ 공기 스프링 장치를 가진 자동차에 대하여는 레벨링 밸브가 작동하는 상태로 한다.

정답 33. ③ 34. ① 35. ① 36. ④

37. 자동차의 중량 및 하중분포를 측정하는 조건으로 맞지 않는 것은? 2007.04.01

① 자동차는 공차 또는 적차 상태를 각각 측정한다.
② 연결자동차는 연결한 상태로 측정한다.
③ 공차상태의 중량 분포로서 적차 상태의 중량 분포를 산출하기가 어려울 때에는 공차상태만 측정한다.
④ 측정단위는 kgf으로 한다.

38. 후 2차축식 차량에서 적차 상태의 후 후축중을 구하는 산식으로 맞는 것은? 2012.04.08

① 차량 중량-(적차 상태의 전축중+적차 상태의 전축중)
② 차량 중량-(공차 상태의 전축중+공차 상태의 후축중)
③ 차량 총 중량-(적차 상태의 후축중+적차 상태의 후 후축중)
④ 차량 총 중량-(적차 상태의 전축중+적차 상태의 후 전축중)

 정답 37. ③ 38. ④

Subject

자동차 전기전자 04

Contents

1 전기전자

1. 전기전자 일반

1) 전기저항

① 전기저항의 크기를 나타내는 단위는 Ω(옴)이다. 1Ω은 1V(볼트)의 전압으로 1A(암페어)의 전류가 흐를 때의 저항이다.

② 저항값은 물질의 종류에 따라 다르다. 은과 구리는 전기저항이 가장 작은 금속이기 때문에 전선을 만드는 재료로 많이 사용한다.

③ 전기저항은 길이에 비례하고 단면적에 반비례한다. 즉, 도선의 길이가 길면 전자가 지나가야 할 길이 길기 때문에 저항이 크고, 단면적이 넓으면 전자가 이동하기 쉬우므로 저항이 작다. 도선은 굵게 만들수록 저항이 작아져서 더 효율적이지만 재료가 더 많이 사용되므로, 용도와 가격에 맞는 적당한 굵기로 만든다.

④ 일반적으로 물질의 저항값은 온도에 따라 변하는데 도체는 온도가 상승하면 전기저항이 증가하지만 반도체나 절연체에서는 오히려 작아지는 경향을 보인다.

▣ 병렬회로의 특징

㉠ 합성 저항은 각 저항의 역수의 합의 역수와 같다.

㉡ 각 저항에 흐르는 전류의 합은 축전지에서 공급되는 전류와 같다.

㉢ 각 회로에 흐르는 전류는 다른 회로의 저항에 영향을 받지 않기 때문에 전류는 상승한다.

㉣ 각 회로에 동일한 전압이 가해지므로 전압은 일정하다.

㉤ 동일 전압의 축전지를 병렬 접속하면 전압은 1개 때와 같고 용량은 개수 배가 된다.

병렬회로	직렬회로
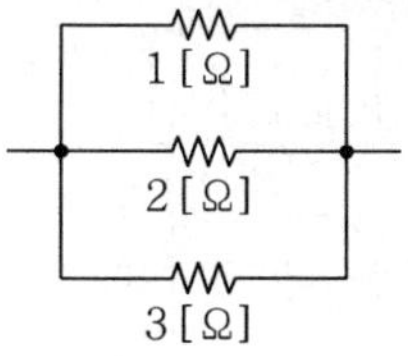 1[Ω], 2[Ω], 3[Ω]	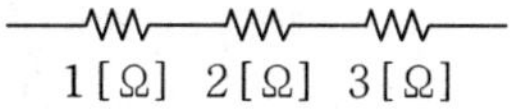 1[Ω] 2[Ω] 3[Ω]

2) 전류의 작용

① 자기작용

전기에 의해 동력을 발생하는 기기나 지침으로 표시하는 계측기 등은 바로 전류의 자기작용을 이용한 것이다. 이것은 도체에 전류가 흐르면 자기장이 생기는 현상을 응용하는 것으로 전동기를 비롯하여 전자석이나 스피커 등 다양한 분야에 널리 활용되고 있다.

② 발열작용

전류가 발열작용을 하는 것은 전류의 흐름을 방해하려는 전기저항의 작용 때문이다. 저항체에 전류를 흘리면 열이 발생한다. 발생하는 열량은 저항의 크기에 비례하고 전류 크기의 제곱에 비례하여 많아지며 또한 시간이 길수록 많이 발생한다.

③ 화학작용

전류의 작용에 의해 여러 가지 물질에 화학 변화를 일으키도록 하는 것이며 물의 전기 분해나 전기 도금, 전해 정련 그리고 건전지나 축전지 등에 활용되고 있다.

㉠ 전류계는 부하에 직렬로 접속하여야 한다.

㉡ 전압계는 부하에 병렬로 접속하여야 한다.

㉢ 전선의 접촉은 접촉저항이 작도록 해야 한다.

3) 자기유도작용

① 코일에 흐르는 전류를 ON/OFF시켜 그 자체의 자계를 변화시키면 코일의 양끝에서 기전력이 발생한다.

② 철심 코일에 12V의 전류를 흐르게 한 후 스위치를 OFF시키면, 코일의 양 끝에서 100V 이상의 전압이 발생한다.

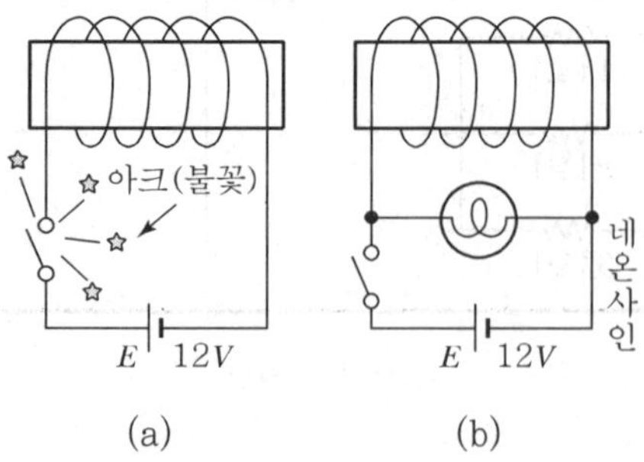

[자기유도작용을 이해하기 위한 실험]

③ 잔류자기현상

자기가 포화한 생태에서 자화력을 제거해도 철심에 자속이 남는다. 이것을 잔류자기 현상(히스테리시스) 또는 자기이력이라고도 한다.

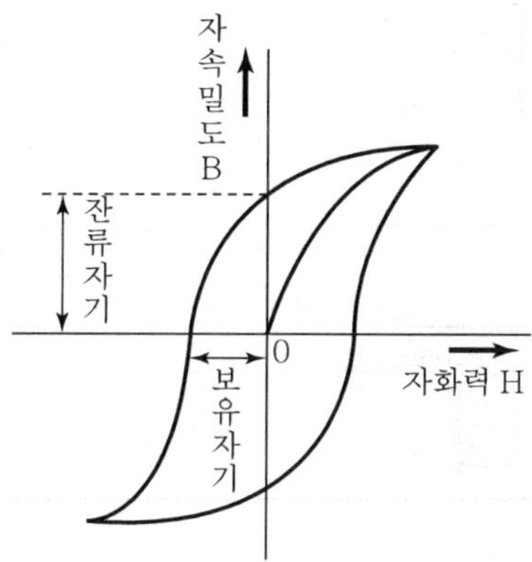

[잔류자기현상(히스테리시스)]

④ 분자 자석설

철 등의 강자성체는 자화되지 않은 경우는 극히 작은 자극을 가진 분자 자석으로 되어 있다고 생각한다. 자화하는 힘이 외부에서 가해지지 않을 때는 분자 자석은 불규칙하게 여러 방향으로 놓여 있기 때문에 각 분자의 자력은 서로 상쇄되어 철 전체는 자석의 성질을 나타내지 않는다.

⑤ 전자석(Electro Magnet)

㉠ 전자석은 흐르는 전류의 방향이 같으면 자력이 합성되고 다르면 상쇄된다.
㉡ 전자석은 코일의 권수와 흐르는 전류의 곱에 비례하여 증가한다.
㉢ 전자석은 영구자석과는 관계가 없다.

〈릴레이의 원리〉

Coil에 전류 무여자 시	Coil에 전류 여자 시
	자기장 발생
접점 OPEN	접점 CLOSE

4) 반도체

① 반도체란 무엇인가?

모든 전자제품은 반도체로 구성되며 이는 20세기 최대의 발명품이다. 주로 PN접합으로 구성되어 있다.

② PN접합의 종류

㉠ 무접합 : 서미스터, 광도전 셀(Cds)

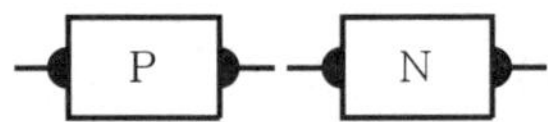

㉡ 단접합 : 정류, 검파용 다이오드, 제너 다이오드, 전계효과 트랜지스터(FET)

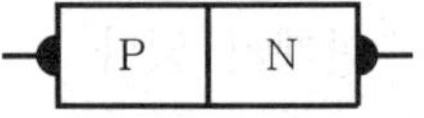

㉢ 2중 접합 : PNP 및 NPN 트랜지스터, 발광다이오드

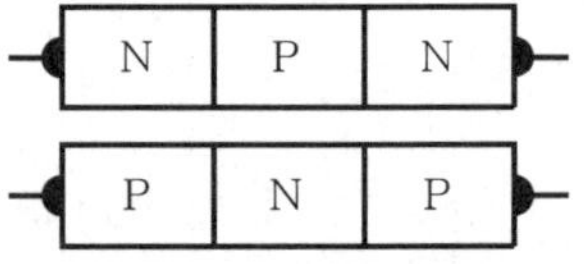

㉣ 다중 접합 : 사이리스터, 트라이액, 포트 트랜지스터

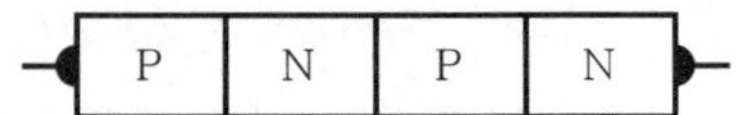

③ 반도체의 특성

㉠ 반도체는 가열하면 저항이 작아진다.

㉡ 반도체에 섞여 있는 불순물의 양에 따라 저항을 매우 커지게 할 수 있다.

㉢ 정류작용을 할 수 있다.

㉣ 광전효과가 있다.

㉤ 어떤 반도체는 전류를 흘리면 빛을 내기도 한다.

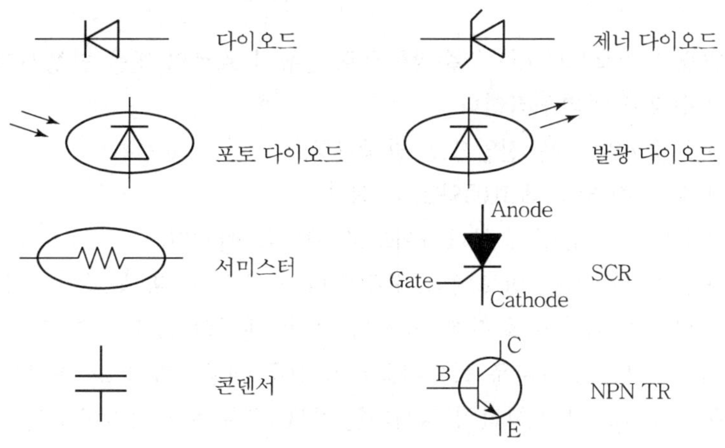

[반도체의 여러 가지 기호]

④ 여러 가지 반도체

㉠ 실리콘 다이오드 : 교류 전기를 직류 전기로 변환시키는 정류용 다이오드이다.

㉡ 포토 다이오드 : 접합면에 빛을 가하면 역방향으로 전류가 흐르는 다이오드이다.

㉢ 제너 다이오드 : 전압이 어떤 값에 이르면 역방향으로 전류가 흐르는 정전압용으로, AC발전기에서 제너 다이오드는 스테이터 코일에서 제너전압(약 13.8~14.8V 정도) 이상으로 발전할 경우 역방향으로 전류를 흘려보낸다.

- 일반 PN접합 다이오드의 역방향 특성을 이용하기 위한 다이오드이다.
- P형 및 N형 반도체에 불순물의 양을 증가시킨 것으로 정전압 다이오드라고도 한다.
- 역방향의 전압이 어떤 값에 이르면 역방향으로 전류가 흐른다.
- 역방향의 전압이 처음 상태로 낮아지면 전류가 흐르지 않는다.
- 제너 현상 : 전압이 어떤 값에 이르면 역방향 전류가 흐르고 전압을 낮추면 전류가 흐르지 않는 현상을 말한다.
- 브레이크 다운 전압 : 역방향으로 전류가 흐를 때의 전압을 말한다.
- 사용처 : 제너 현상을 이용하여 전압 조정기의 전압 검출, 정전압 회로, 트랜지스터식 점화장치의 트랜지스터 보호용으로 사용한다.

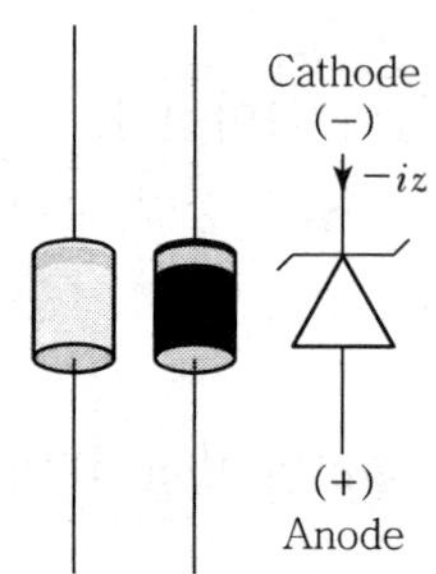

㉣ 발광 다이오드(LED) : 순방향으로 전류가 흐르면 빛을 발생시키는 다이오드이다.
- 수명이 반영구적이다.
- 2~3V의 낮은 전압으로 발광한다.
- 소비 전력이 약 0.05와트로 적다.
- 점멸의 응답성이 약 1마이크로 세크로 빠르다.
- 발광하는 색은 반도체의 재료에 따라 적 · 녹 · 황색 등이 있으며, 자동차에서는 디지털 미터의 회전계, 배전기, 차속 센서의 발광 소자로 이용하고 있다.

㉤ 서미스터는 전자부품으로 사용하기 쉬운 저항값과 온도 특성을 가진 반도체이며 온도가 오르면 저항값이 떨어지는 NTC(부특성 서미스터), 온도가 올라가면 저항값이 올라가는 PTC(정특성) 서미스터가 있다.

㉥ 사이리스터(Thyristor : SCR)는 순방향 도통은 게이트(Gate)로부터 음극(Cathode)에 게이트 전류를 흘리는 것으로, 애노드(Anode)와 음극 사이를 도통(Turn on)시킬 수 있는 3단자의 반도체 소자이다.

㉦ 콘덴서 : 전기를 일시적으로 저장하였다가 방출할 수 있다.

㉧ TR : 스위치와 증폭작용을 한다.

㉨ 피에조 : 특정 방향으로 압력을 가하면 결정체(수정, 전기석 등)의 표면에서 전기가 발생하는 성질을 이용한 것으로 압력계에 사용되며, 폭발 등의 급격한 압력변화 측정에 쓰인다.

▣ 듀티

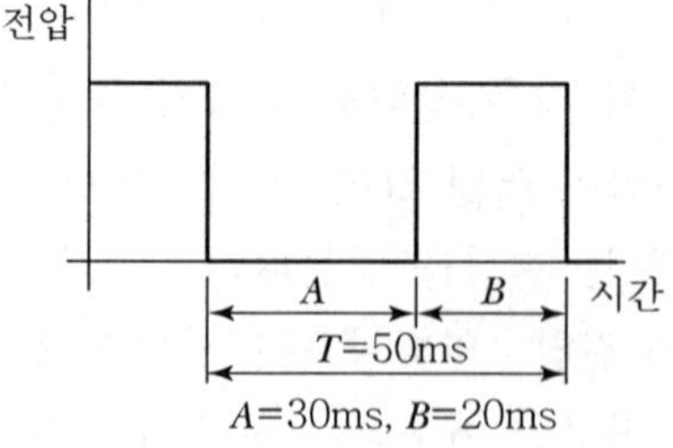

듀티에서 1초에 몇 번 On, Off되는가가 주파수 또는 Hz이며, 1sec는 1,000ms이다.

$$T = \frac{1}{f}$$

여기서, T : 1주파를 완료하는 시간(sec), f : 주파수(Hz)

$$f = \frac{1}{T} = \frac{1 \times 1,000}{50\text{ms}} = 20\text{Hz}$$

▣ 평활회로

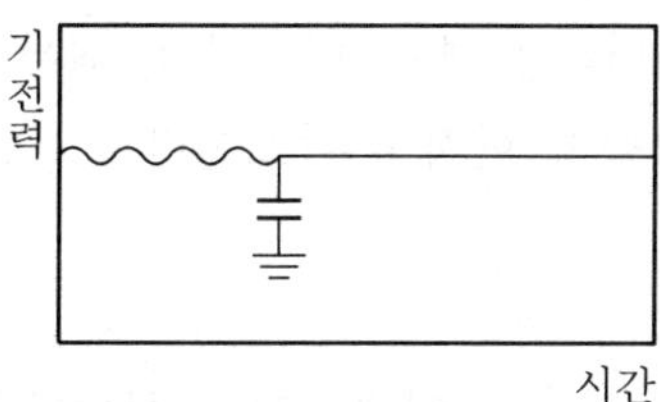

발전기를 통하여 발생된 전류의 높낮이 차이로 인하여 사용상의 어려움이 있는데 이때 콘덴서를 활용하여 전류의 전압을 일정하게 하는 회로이다.

▣ NPN TR의 저항시험

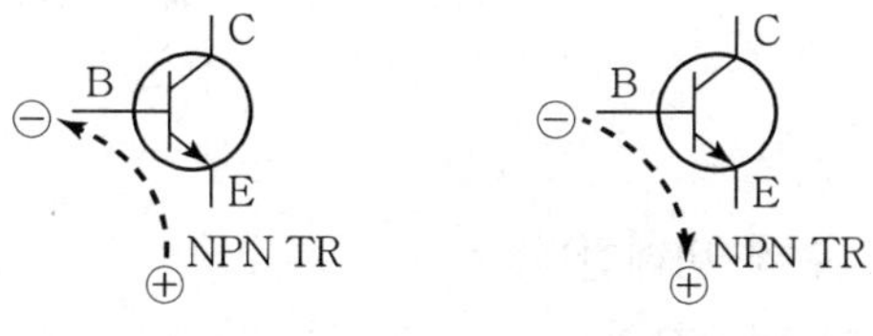

[역방향 저항시험] [순방향 저항시험]

- 아날로그 테스터기의 저항 측정 시 흑색 리드선은 (+)이고, 적색 리드선은 (−)이다.

2 시동 및 점화장치

1. 축전지

1) 납산 축전지

① 특징

㉠ 에너지 밀도가 작다.

㉡ 배터리 내부의 전해액이 충·방전이 이루어지는 동안 조금씩 줄어들어 주기적으로 전해액의 양을 점검하여 필요시 증류수를 보충해 주어야 한다.

㉢ 겨울철 추위에 배터리는 매우 민감하다. 내부 전해액의 활성도가 매우 떨어지게 되어 배터리의 성능이 현저히 감소한다.

② 구성

약 2V의 전지 6개를 직렬로 연결하여 구성된다.(총 약 12V)

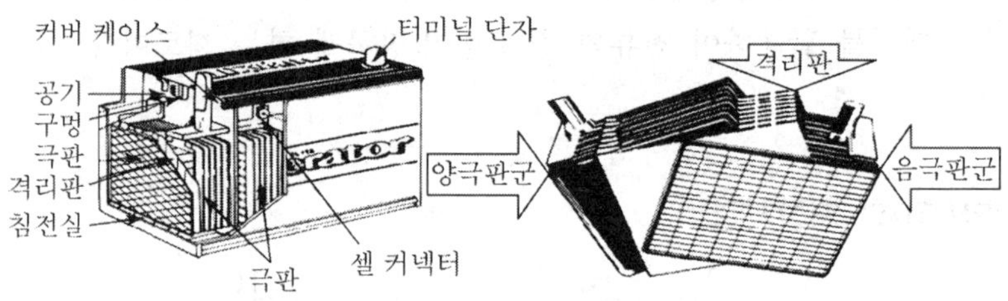

③ 축전지 용량

㉠ 셀당 극판의 수에 비례한다.

㉡ 극판의 크기에 비례한다.

㉢ 전해액(황산)의 양에 비례한다.

㉣ 용량은 전해액의 온도에 따라 비례한다.

㉤ 12V 배터리는 6개의 셀이 직렬로 연결되어 있다.

㉥ 배터리 용량은 "전류×방전시간"으로 표시되어 있다.

㉦ 같은 전압, 같은 용량의 배터리를 직렬로 연결하면 용량은 같고 전압이 배가 된다.

④ 자기 방전

외부에 방전함이 없이 축전지 내부에서 자연적으로 축전지의 용량을 감소시키는 작용이다.

㉠ 전지온도가 높을수록 자기방전량은 증가하는데,
㉡ 이 증가의 비율은 온도 25℃까지는 거의 직선적으로 증가하며
㉢ 그 이상의 온도에서는 가속적으로 증가하게 된다.
㉣ 자기방전은 충전완료 직후(비중이 높다.)가 가장 많으며
㉤ 시간이 경과함에 따라 점차 감소한다.
㉥ 또 축전지가 신품일 때는 자기방전이 작고 오래된 것일수록 자기방전이 많다.

⑤ 설페이션 현상

㉠ 배터리를 방전상태로 방치해두면 극판 표면에 유백색의 결정이 생긴다.
㉡ 이 결정은 부도체성의 황산납이며, 이와 같은 현상을 설페이션이라 한다.
㉢ 이 설페이션 상태가 진행되면 충전해도 극판은 본래의 과산화인 해면상으로 환원하지 않는다.

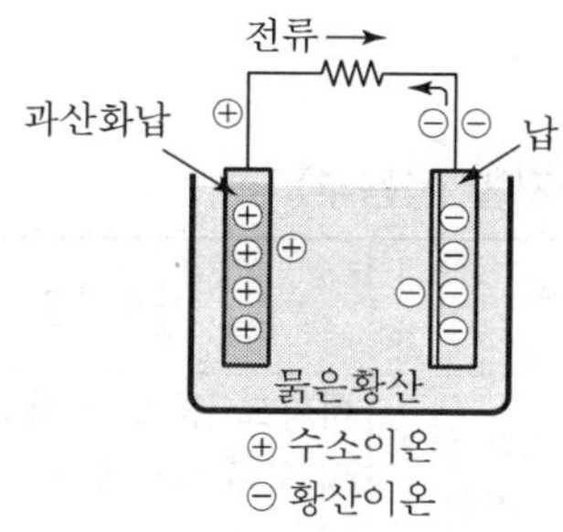

2. 시동장치

1) 기동전동기가 갖추어야 할 조건

① 소형 경량이면서 출력이 커야 한다.
② 기동 회전력이 커야 한다.
③ 전원 용량이 적어야 한다.
④ 방진 및 방수형이어야 한다.
⑤ 기계적인 충격에 견딜만한 충분한 내구성이 있어야 한다.

2) 직권 전동기의 특징

① 직권 전동기에 부하가 걸렸을 때는 회전속도는 낮으나 토크가 크고
② 부하가 작아지면 토크는 감소되나 회전속도는 점차적으로 빨라진다.
③ 직권 전동기는 짧은 시간 안에 큰 토크를 필요로 하는 장치에 알맞다.

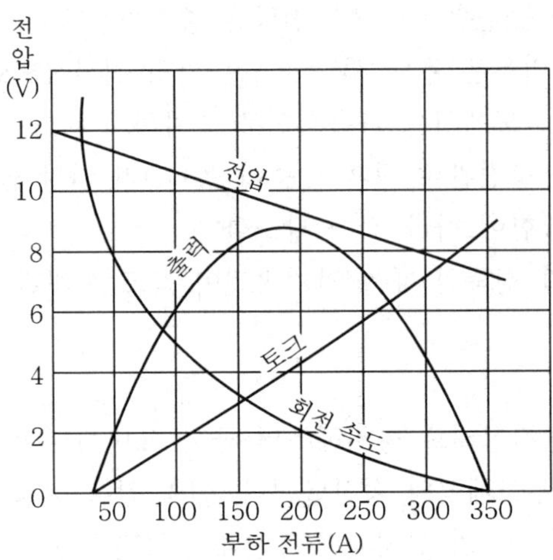

[기동 전동기의 성능특성]

〈키 스위치 단자별 사용부〉

전원의 종류	명칭	설명	사용부품
B+	배터리 플러스	IGN KEY 조작 없이 상시 흐르는 전원	하자드 램프, 스톱램프, 룸 램프, 혼테일 램프, 클럭, 백업 전원
ACC	악세사리	IGN KEY 1단 시 흐르는 전원	시거 라이터, 오디오, 악세사리 소켓
IG 1	이그니션 1	IGN KEY 2단 시 흐르는 전원으로 Starting 시에도 전원 On	클러스터, 에어 백, 이모빌라이저, 엔진 센서류 백업 램프, 터 시그널 램프
IG 2	이그니션 2	IGN KEY 2단 시 흐르는 전원으로 Starting 시는 전원 Off	와이퍼, 히터, 에어 컨 썬루프, 헤드 램프, 포그 램프 파워 윈도우, 각종 유닛
ST	스타트	IGN KEY ST에 의해 흐르는 전원	스터터 모터

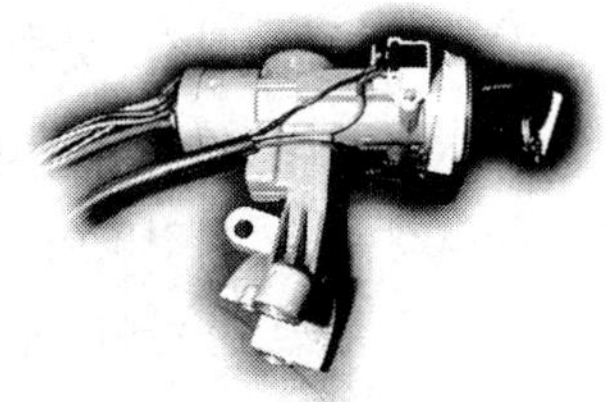

3. 점화장치

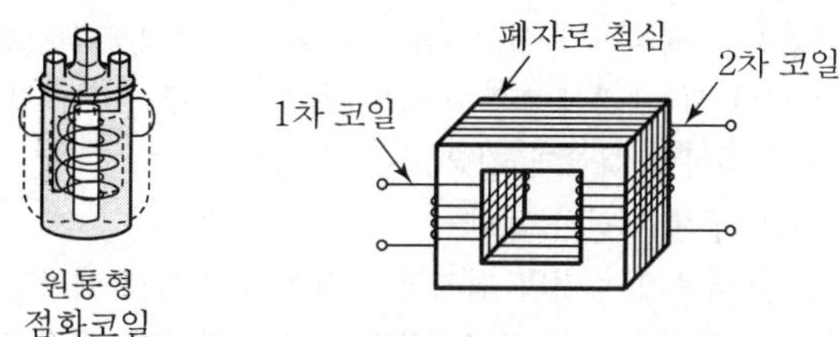

[점화코일의 종류]

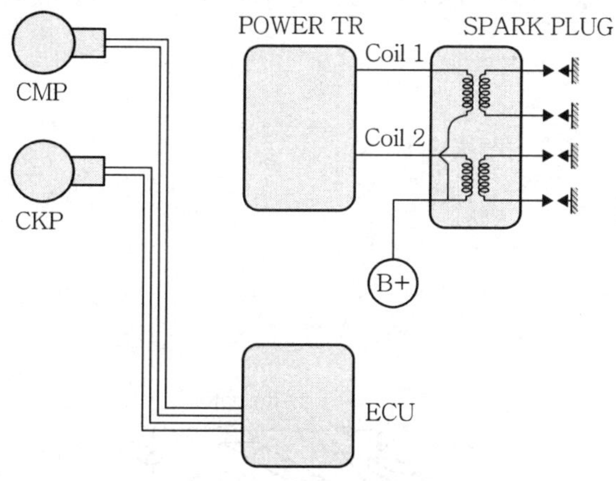

[DLI 시스템의 개략도]

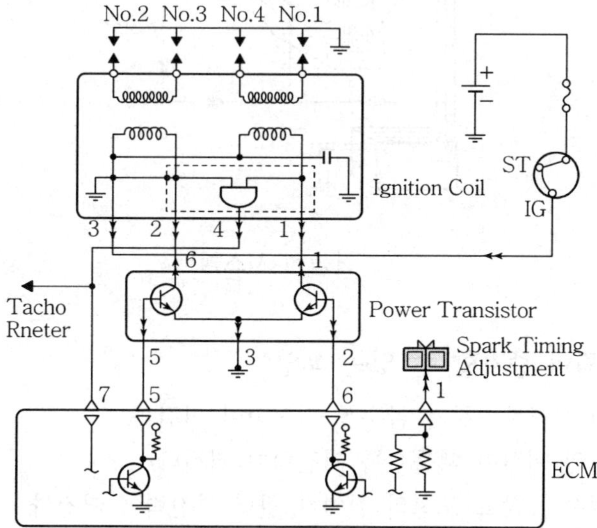

[DLI 시스템의 상세도]

Tip

DLI 점화 시스템

전자점화 배전방식은 배전기가 없고 1개의 점화 코일로 2개의 실린더에 동시 배분하는 동시점화방식과 각 실린더마다 1개의 점화코일과 1개의 점화플러그가 결합되어 있는 독립점화방식이 있다. 배전기식에 비하여 다음과 같은 특징이 있다.

① 배전기에 의한 배전 누전이 없다.
② 배전기가 없기 때문에 로터와 접지전극 사이에 고전압 에너지 손실이 없다.
③ 배전기식은 로터와 접지전극 사이로부터 진각 폭의 제한을 받지만 DLI는 진각 폭에 따른 제한이 없다.
④ 배전기 캡에서 발생하는 전파 방해 잡음이 없다.

3 충전장치

1. 충전장치

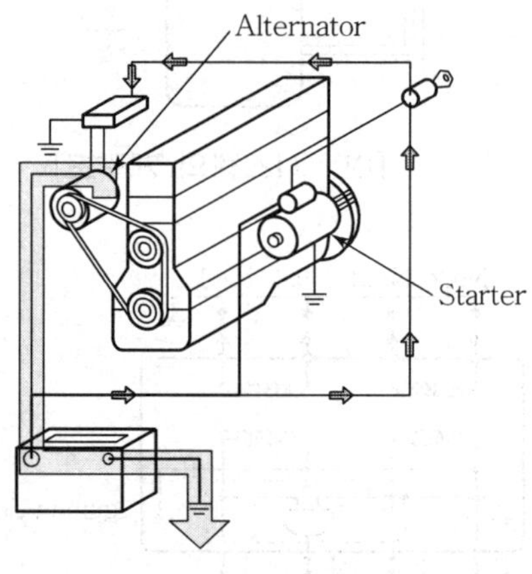

[충전 시스템]

1) 발전기 기전력이 증가할 수 있는 요인

① 로터 코일의 여자전류가 클수록 기전력이 커진다.
② 로터 코일의 회전이 빠를수록 기전력이 커진다.
③ 코일의 권수가 많고 도선의 길이가 길면 기전력이 커진다.
④ 자극의 수가 많아질수록 기전력이 커진다.

⑤ 교류발전기는 일반적으로 공회전 시에는 정격출력의 30% 정도, 2,000rpm 이상에서 100%의 출력을 얻을 수 있으면 정상으로 볼 수 있다.

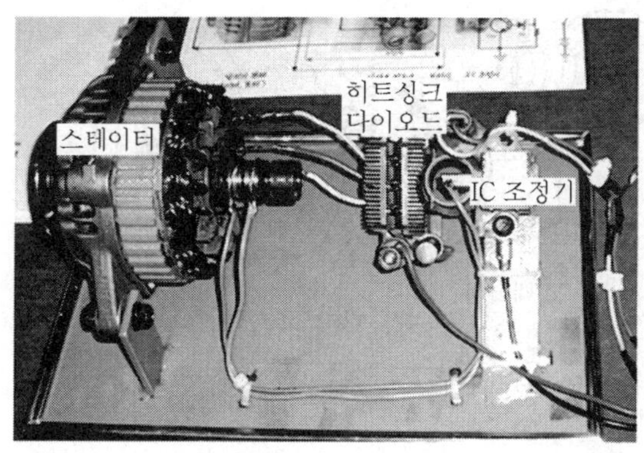

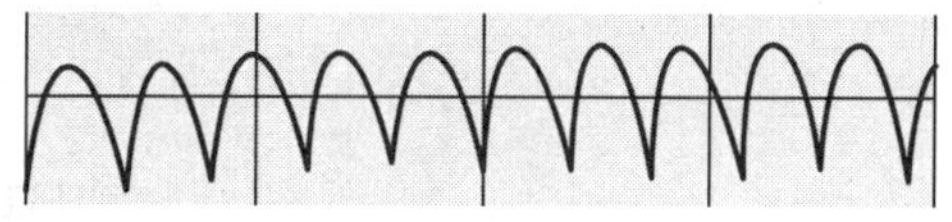

[교류발전기와 출력파형]

2) 교류발전기의 특징

① 3상 발전기로 저속에서 충전 성능이 우수하다.
② 정류자가 없기 때문에 브러시의 수명이 길다.
③ 정류자를 두지 않아 풀리비를 크게 할 수 있다.(허용 회전속도 한계가 높다.)
④ 실리콘 다이오드를 사용하기 때문에 정류 특성이 우수하다.
⑤ 발전 조정기는 전압 조정기뿐이다.
⑥ 경량이고 소형이며, 출력이 크다.

3) 교류발전기의 작동원리

① 엔진이 가동되면 구동 벨트에 의하여 구동되는 로터가 회전하고 스테이터는 로터의 자속을 끊기 때문에 스테이터 코일에는 3상 교류 전압이 발생한다.
② 이 교류 전압은 6개의 실리콘 다이오드에 의하여 정류되어 직류 전압이 B단자로 출력된다.
③ 12V 교류발전기에서 제너 다이오드는 IC 레귤레이터에 설치되어 있으며 스테이터 코일에서 제너전압(약 13.8~14.8V 정도) 이상으로 발전할 경우 역방향으로 전류를 흘려 로터의 여자전류를 차단한다.
④ 충전 경고등이 점등할 조건은 알터네이터에서 발전을 하지 않을 때이다.
⑤ 원인으로는 벨트가 느슨하거나 알터네이터 자체 불량, 충전회로 불량 등이다.

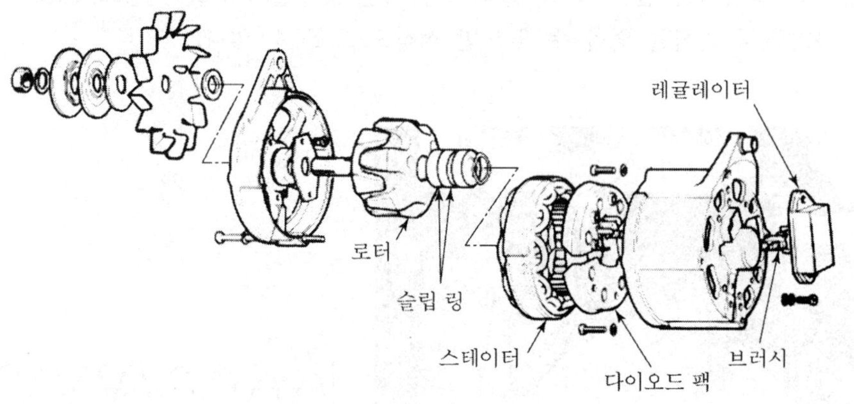

[교류발전기 분해도]

▣ 일반적인 로터 코일 저항 기준값은 4Ω 정도임(로터 코일은 여자전류가 흐르는 길이므로 단선되거나 과도한 저항이 나와서는 안 된다.)

4) 교류발전기의 결선

- Y결선 : 주로 높은 출력전압을 필요로 하는 교류발전기에 사용
  선 간 전압= $\sqrt{3}$상 전압
- Δ결선 : 주로 큰 전류를 필요로 하는 교류발전기에 사용
  선 간 전류= $\sqrt{3}$상 전류

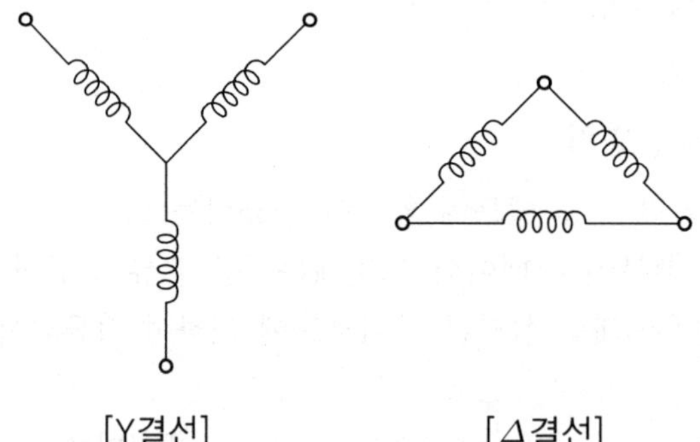

[Y결선] [Δ결선]

▣ 암전류 측정법

① 배터리 (－)케이블을 탈거하기 전에 배터리 (－)단자와 차량의 (－)케이블을 점프선을 이용하여 연결한다.

⇒ 점프선은 단면적이 2.0mm^2 이하인 얇은 배선을 사용하여야 한다. 점프선을 이용하는 이유는 차량의 배터리를 먼저 탈거하면, 각종 전자제어 유닛이 적용된 차량 System이 초기화될 수 있기 때문에 차량의 상태를 그대로 유지한 채 정확한 암전류를 측정하기 위함이다.

② 아래 그림과 같이 배터리 (－)단자와 배터리 (－)케이블에 전류계를 직렬로 연결한다.

③ 점프선을 분리하여 암전류를 측정한다.

④ 암전류는 최소 30초 정도 측정한다.

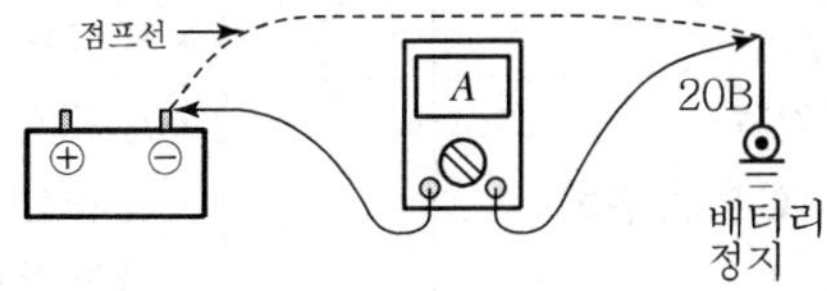

4 계기 및 보안장치

Section

1. 계기 및 보안장치

1) 계기장치

① 냉각수 온도계, 연료 부족 경고등은 NTC서미스터를 이용하여 감지하는 방식이고

② 엔진오일 경고등은 스위치 접점회로이다.

2) 보안장치

ETACS란 Electronic Time Alarm Control System의 약자로 자동차의 전기적인 편의장치 각종 제어에 필요한 스위치 신호를 입력받아 시간제어 및 경보제어에 관련된 기능을 출력하는 컴퓨터이다.

ELECTRONIC : 전자, TIME : 시간, ALARM : 경보, CONTROL : 제어, SYSTEM : 장치

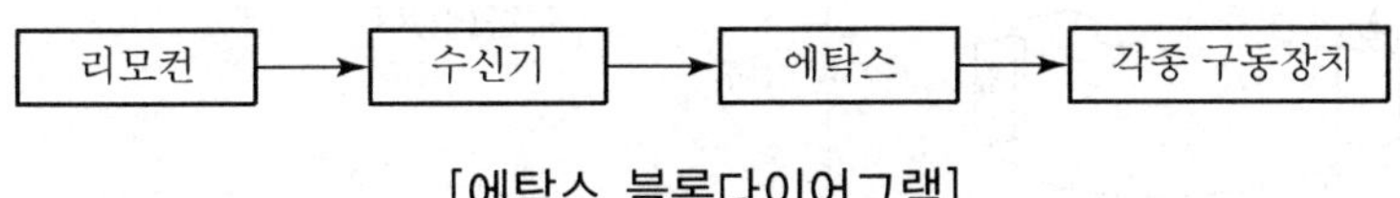

[에탁스 블록다이어그램]

〈ETACS의 입출력도〉

입력	제어	출력
• B^+.ACC, IG1, IG2 • ALT "L" • 핸들 LOCK 스위치 • 트렁크스위치 • 후드스위치 • 트렁크 UNLOCK 스위치 • 비상경고등 스위치 • 열선스위치 • 운전석 도어스위치 • 운전석(뒤) 도어스위치 • 운전석(뒤) 도어 ACT 스위치 • P포지션 스위치 • 충돌감지 센서 • B^+(방향지시등, 도어 LOCK)	E T A C S	• 시트벨트 경고등 제어 • 뒷유리 열선 타이머 제어 • IG 키 홀 조명 제어 • IG 키 탈거 경보 제어 • 파워윈도우 타이머 제어 • 집중 도어 LOCK/UNLOCK 제어 • 키 리마인더 제어 • 충돌감지 도어 UNLOCK 제어 • 트렁크 OPEN 제어 • AUTO DOOR LOCK 제어 • 감광식 룸 램프 제어 • 방향지시등 & 비상경고등 제어 • 버글러 알람 제어

EQUSS 에탁스 시스템

▣ 트립 컴퓨터에서 제공하는 정보

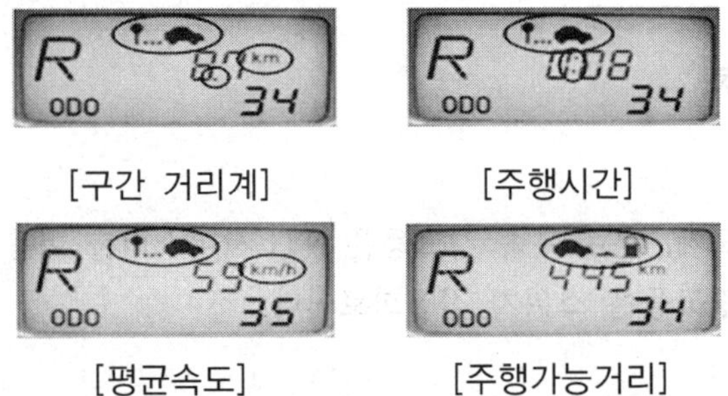

[구간 거리계] [주행시간]

[평균속도] [주행가능거리]

2. 전기회로(등화 안전장치)

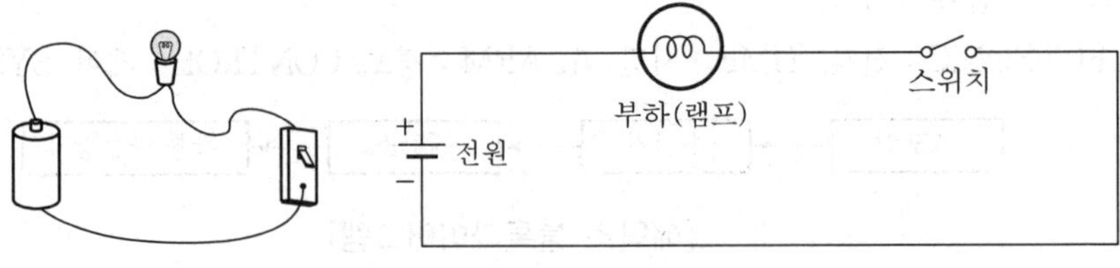

[전기회로의 기본]

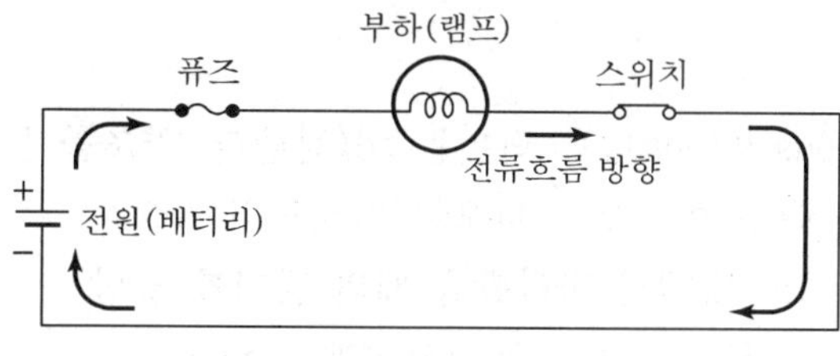

[전류의 흐름]

▣ 선간전압

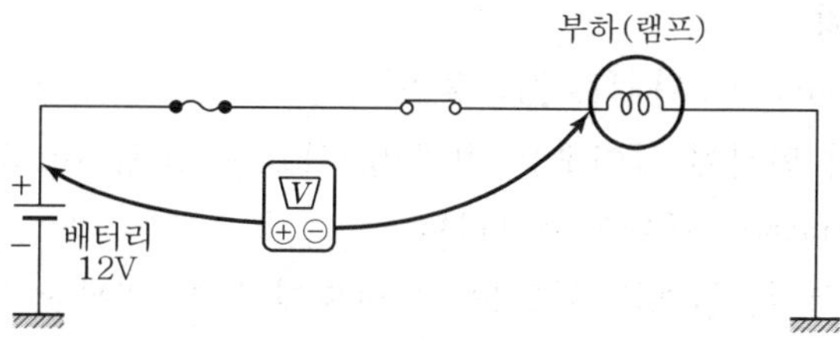

[선간 전압의 측정]

① 위의 그림과 같이 배터리(+)에서 램프(+)까지 전압을 측정하면 전압이 나올까? 라는 의문을 갖는 이도 있겠지만 이것이 선간 전압의 개념이다.
② 보통 이러한 회로에서 선간 전압은 0.6~1.2V 이하가 나오면 정상이라 판단해도 무관하다.
③ 그림과 같이 같은 배선의 선간 전압은 12V가 측정되면 단선, 0V가 측정되면 측정구간 내에는 저항성분이 "zero"라는 뜻이 된다.
④ 그러나 선간 전압 측정 시 1.2V 이상이 나온다면 측정구간에 저항성분이 보통 차량보다 많다는 뜻으로 측정구간을 좁혀가며 불량 부위를 찾아내야 한다.

3. 등화장치

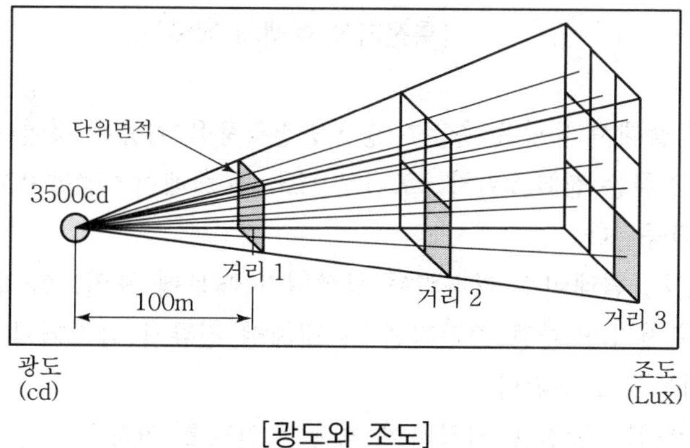

[광도와 조도]

1) 빛의 단위

① 광도(Luminous Intensity) : 단위는 cd(칸델라, 양초를 뜻하는 candle에서 유래)
  ㉠ 광원에서 특정 방향으로 나오는 가시광의 강도
  ㉡ 초 1개를 1m 밖에서 바라봤을 때의 밝기를 말함

② 광속(Luminous Flux) : 단위는 lm(루멘 lumen)
  ㉠ 광원으로부터 나오는 가시광의 총량
  ㉡ 1lm은 모든 방향에 대하여 1cd의 광도를 갖는 표준점 광원에서 단위 체적당 방출하는 광량

③ 조도(Luminance) : 단위는 lux(룩스)
물체의 단위 면적에 들어오는 빛의 양(1lux=1m^{2}당 1lm의 조도)

④ 휘도(Brightness) : 단위는 nit(니트)
특정방향에서 본 물체의 광도를 그 방향에서 본 외관상 면적으로 나눈 값
(1nit=1m^{2}당 1cd의 휘도)

2) 방향지시등

방향지시등의 종류는 전자 열선식, 축전기식, 반도체식으로 나눈다.

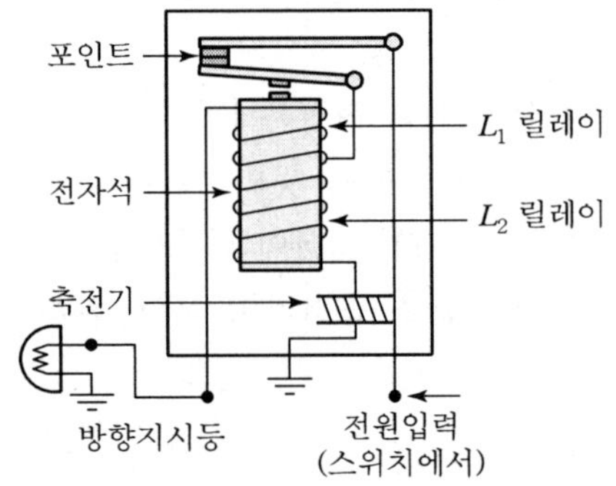

[축전기식 플래셔 유닛]

① 축전기식 플래셔 유닛은 축전기 충·방전작용을 이용한 것이며 방향지시등 스위치를 ON하면 전류는 점화스위치 – 포인트 – L_1, L_2 릴레이 – 방향지시등으로 흘러서 방향지시등이 점등된다.
② 이때 L_1, L_2 릴레이는 기자력이 상쇄되기 때문에 포인트를 열지 못한다.
③ 그러나 축전기가 완전 충전되면 L_2 릴레이 전류가 감소되기 때문에 포인트는 열려 방향지시등이 소등된다.
④ 이때 축전기는 방전을 시작하여 계속 포인트를 연다.

⑤ 축전기의 방전전류가 감소되면 다시 포인트는 스프링 힘으로 닫힌다.

⑥ 이상의 작동을 반복하여 방향지시등을 점멸시킨다.

4. 안전 및 편의장치

1) 에어백

① 입력 구성요소

㉠ 시트벨트스위치

㉡ 프리텐셔너

㉢ 임펙트 센서

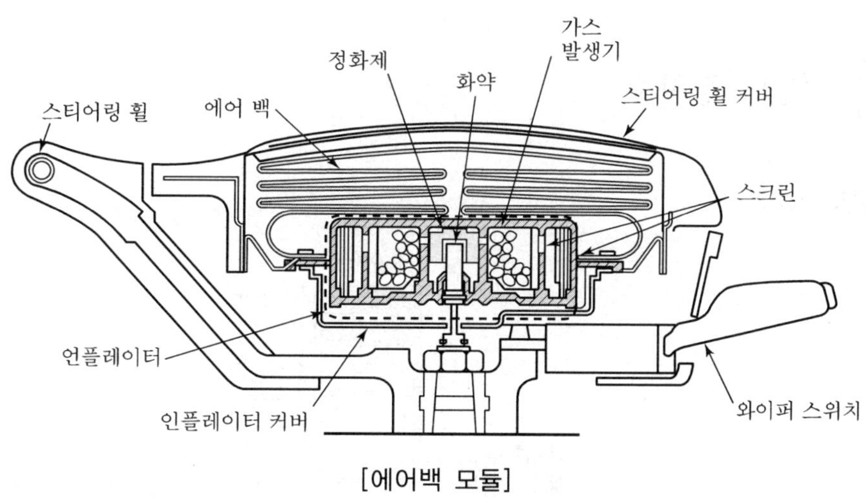

[에어백 모듈]

② 기본 구성부품

㉠ 가속도 센서

㉡ 시트부하 감지센서

㉢ 시트 벨트 스위치(프리텐셔너)

㉣ 에어백 ECU

㉤ 에어백 모듈(가스발생기, 에어백, 클럭 스프링)

㉥ 경고등

③ 에어백의 작동원리

㉠ 차량 충돌 시 출력제어 회로는 전기신호를 판단하여 설정값을 초월할 때 신호를 출력하여 에어백이 터진다.

㉡ 인플레이터는 에어백의 가스 발생장치이며 점화장치에 의하여 가스 발생제를 순간적으로 연소시켜 여기서 나온 질소가스로 에어백을 부풀게 하는 역할을 한다.

㉢ 인플레이터는 화약, 점화제, 가스 발생기, 디퓨저 스크린 등을 알루미늄제 용기에 넣은 것으로 에어백 모듈 하우징에 장착된다. 오작동 방지를 위해 단자에 단락용 클립(단락 바)이 설치되어 있다.

㉣ 즉, 전압이 상승하면 에어백이 터지므로 위험하다. 그렇기 때문에 에어백 회로 점검 시 아날로그 테스터기는 불리하다.

㉤ 에어백은 축전지 고장에 대비한 비상전원 기능(전원용 충전 콘덴서)이 있어 배터리의 전원을 분리하더라도 10분 동안 에어백을 전개할 수 있는 충분한 전압을 유지하고 있기 때문에 일정시간 기다린 후 에어백 모듈을 탈거한다.

5 냉난방 장치

1. 냉난방 장치

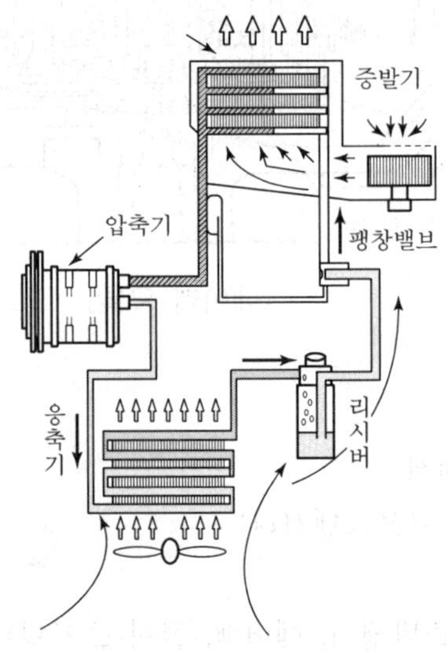

[에어컨의 기본구성]

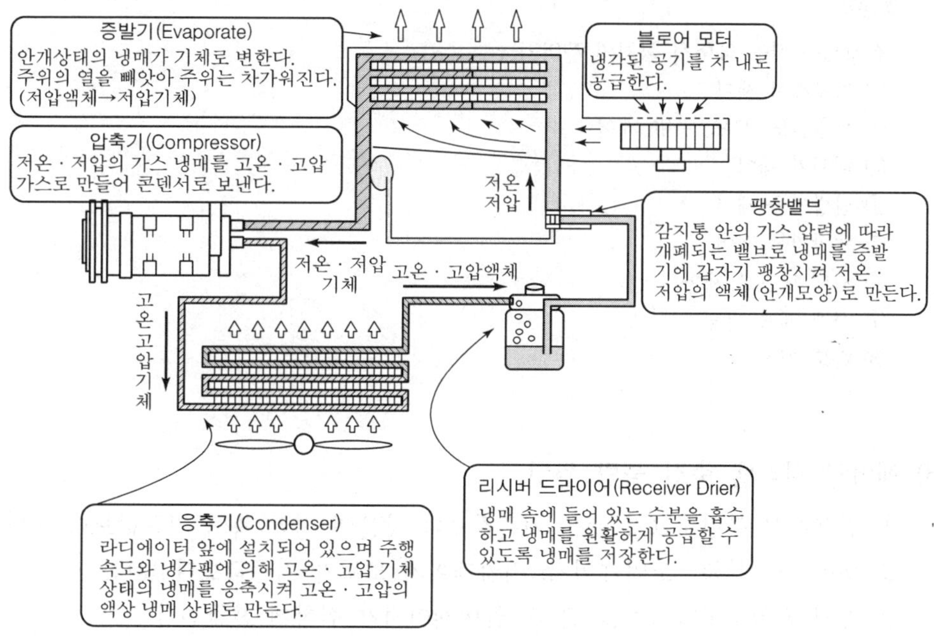

[에어컨 구성품의 역할]

1) 에어컨 냉매의 흐름

압축기(저온 · 저압가스 → 고온 · 고압가스) → 응축기(고온 · 고압가스 → 중온 · 고압액체) → 리시버 드라이어(중온 · 고압액체) → 팽창밸브(중온 · 고압액체 → 저온 · 저압액체) → 증발기(저온 · 저압액체 → 저온 · 저압가스) → 압축기

2) 오토에어컨의 입출력 요소

입력요소	출력요소
1. 실내온도 센서	1. 온도조절 액추에이터
2. 외기온도 센서	2. 내외기 액추에이터
3. 냉각수온 센서	3. 풍향조절 액추에이터
4. 일사량 센서	4. 파워 트렌지스터
5. 습도 센서	5. 하이 블로어 릴레이
6. 핀서모 센서	
7. 온조조절 액추에이터 위치센서	

Tip

전자제어 자동 에어컨 장치의 제어기능
① 컴프레서 제어
② 토출온도, 모드, 풍량 제어
③ 내외기 제어
④ 난방기동 제어
⑤ 냉방기동 제어
⑥ 최대 냉난방 제어
⑦ 성애 제거 기능
⑧ 습도 제어

3) 에어컨 시스템 충전 불량 원인

① 컴프레서 불량 : 고압 측은 기준값보다 낮은데 저압 측이 기준값보다 높다.
② 냉매가스 부족 : 고압게이지, 저압게이지 모두가 기준값보다 낮다.
③ 공기 혼입 : 고압밸브를 열 때 압력게이지가 심하게 흔들린다.
④ 냉매가스 과다 : 고압게이지, 저압게이지 모두가 기준값보다 높다.

6 전기 주요 계산공식

Section

1. 옴의 법칙

① $I = \frac{E}{R}$

② $R = \frac{E}{I}$

③ $E = IR$

여기서, I : 전류, 단위는 A(암페어)
R : 저항, 단위는 Ω(옴)
E : 전압, 단위는 V(볼트)

2. 합성저항

① 직렬접속의 합성저항

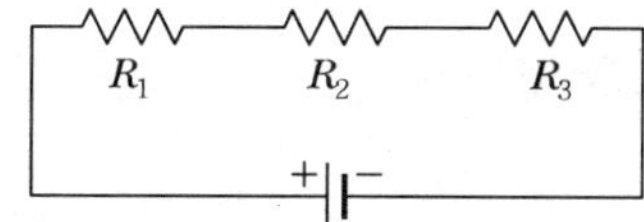

$$R = R_1 + R_2 + R_3 + \cdots R_n$$

② 병렬접속의 합성저항

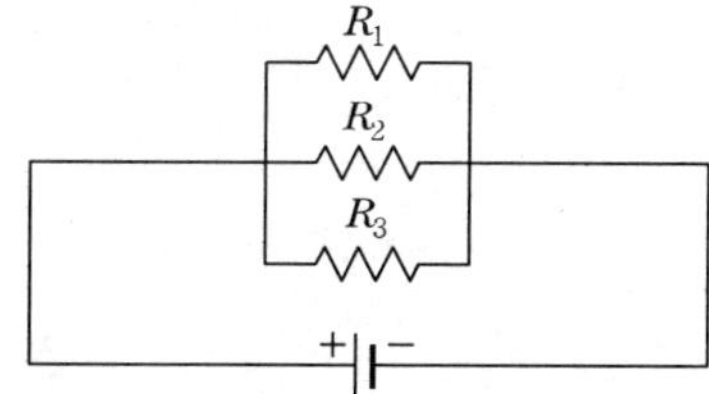

$$R = \frac{1}{\frac{1}{R_1} + \frac{1}{R_2} + \frac{1}{R_3} + \cdots \frac{1}{R_n}}$$

3. 도체의 저항

$$R = \rho \frac{L}{A}$$

여기서, ρ : 도체의 고유저항(Ωcm)
A : 도체의 단면적(cm^2)
L : 도체의 길이(cm)

4. 키르히호프의 법칙

① 제1법칙

회로 내의 임의의 분기점에 흘러 들어가는 전류의 세기의 합은 흘러나오는 전류의 세기의 합과 같다.

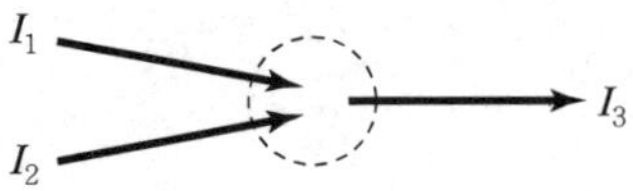

$$I_1 + I_2 = I_3 \qquad \sum I = 0$$

② 제2법칙

임의의 폐회로에서 한 방향으로 흐르는 전류에 의한 강하의 총합은 기전력의 총합과 같다.

$$\sum IR = \sum E$$

5. 전지의 접속

① 직렬 접속

$$I = \frac{nE}{R + nr}$$

여기서, I : 전류(A)
n : 전지 개수
E : 기전력(전압 V)
R : 외부저항, r : 내부저항

② 병렬접속

$$I = \frac{E}{\frac{r}{m} + R}$$

여기서, m : 전지의 개수

③ 직 · 병렬접속

$$I = \frac{nE}{\frac{nr}{m} + R}$$

여기서, I : 전류, n : 직렬 개수, r : 내부저항
E : 기전력, m : 병렬 개수, R : 외부저항

6. 전력과 전력량

① 전력

$$P=EI(W),\ P=I^2R,\ P=\frac{E^2}{R}$$

여기서, P : 전력, E : 전압, I : 전류, R : 저항, W : 전력량

② 전력량

$$W=P\times t$$
$$W=I^2Rt$$

여기서, t : 시간

7. 줄의 법칙

$$H=0.24EIt=0.24I^2Rt=0.24\frac{E^2}{R}t$$

여기서, H : 줄열(cal), E : 전압
I : 전류, t : 시간(초), R : 저항

8. 쿨롱의 법칙

$$F\propto\frac{m_1m_2}{r^2}$$

$$\therefore F=k\frac{m_1m_2}{r^2}$$

여기서, F : 두 자극 사이에 작용하는 힘
$+F$=척력(반발력), $-F$=인력
r : 자극 간의 거리(m), κ : 비례상수(보통 6.33×10^4)
m_1, m_2 : 자극의 세기(Wb)

9. 전해액 표준온도 환산공식

$$S_{20} = S_t + 0.0007(t-20)$$

여기서, S_{20} : 20℃일 때의 비중
S_t : t℃에서 실측한 비중값
t : 실측 시의 비중액 온도(℃)

10. 축전지 용량

완전 충전된 축전지를 일정의 전류로 연소 방전하여 방전종지 전압까지 꺼낼 수 있는 전기량으로 표시

$$AH = A \times H$$

여기서, AH : 암페어시 용량
A : 일정 방전 전류
H : 연속 방전시간

11. 전해액 비중 / 충방전량

① AH 방전 시 → 비중이 저하하므로
- 황산(H_2SO_4) 3.66g 소비
- 물 0.67g 생성

② AH 충전시 → 비중이 상승하므로
- 황산(H_2SO_4) 3.66g 생성
- 물 0.67g 소비

12. 점화코일의 2차 전압

$$E_2 = \frac{N_2}{N_1} E_1$$

여기서, E_1 : 1차 전압, E_2 : 2차 전압
N_1 : 1차 코일의 감긴 수, N_2 : 2차 코일의 감긴 수

13. 점화 파형(6기통일 경우)

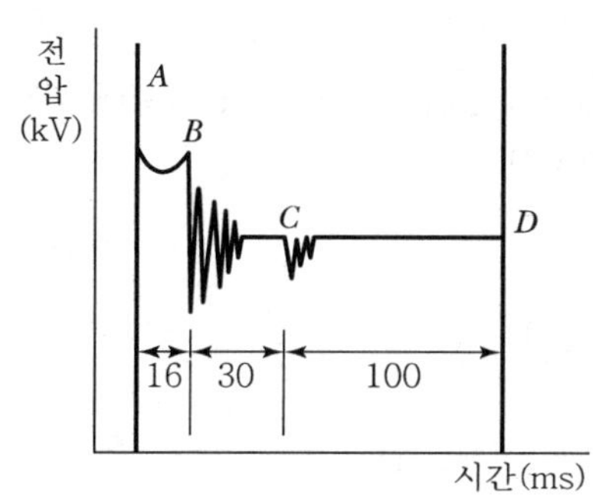

$$캠각계산법 = \frac{360°}{6(기통수)} \times \frac{100ms}{146ms} = 41.1°$$

14. 조도·광도

① 조도[lux]

면의 밝기를 말하며, 단위는 룩스

$$lux = \frac{cd}{r^2}$$

여기서, lux : 조도
cd : 광도
r : 거리(m)

② 광도[cd]

광원의 세기를 말하며, 단위는 칸델라

15. 축전기(Condenser)

전압을 가하여 전하를 저장할 수 있는 것을 축전기라 한다.

① 정전용량

축전기가 전하를 축전할 수 있는 능력

$$Q = CE$$

$$\therefore C = \frac{Q}{E}(\text{F})$$

여기서, Q : 전기량(Coulomb), C : 정전용량(Farad)
E : 전압(V)

② 축전기의 접속

- 직렬 접속시 합성 정전용량

$$C = \frac{1}{\frac{1}{C_1} + \frac{1}{C_2} + \cdots \frac{1}{C_n}}(\text{F})$$

- 병렬 접속시 합성 정전용량

$$C = C_1 + C_2 + C_3 + \cdots C_n(\text{F})$$

16. 주파수와 회전수

① 주파수[f]

1초 동안에 포함되는 사이클 수로 표시(c/sec)

② 주기[T]

1주파에 소요되는 시간(sec)

$$T = \frac{1}{f}(\text{sec}) \qquad f = \frac{1}{T}(\text{Hz})$$

- 상용 주파수 : 주로 60Hz로서 대전력용으로 사용한다.
- 가청 주파수 : 사람의 귀로서 느낄 수 있는 20~2,000Hz 정도의 주파수
- 무선 주파수 : 30kHz~3×10^5MHz까지의 넓은 주파수로서 무선 통신에 사용한다.

③ 자극수 P인 발전기가 1분간 N회전할 때 발생하는 교류 주파수

$$f = \frac{P \times N}{120}(\text{Hz})$$

17. 논리회로

기 호	회로명	입 력		출 력
	AND 논리적 회 로 (직렬)	0	0	0
		0	1	0
		1	0	0
		1	1	1
	OR 논리합 회 로 (병렬)	0	0	0
		0	1	1
		1	0	1
		1	1	1
	NOT 논 리 부 정	0		1
		1		0
	NAND 논리적 부 정	0	0	1
		0	1	1
		1	0	1
		1	1	0
	NOR 논리합 부 정	0	0	1
		0	1	0
		1	0	1
		1	1	0

18. 단위 환산

- 1kg · m = 9.8J
- 1kW = 1,000J/s = 102kg · m/s = 1.36PS
- 1PS = 75kg · m/s = 0.735kW
- 1kcal = 1/860kW = 427kg · m(1kg의 물을 1℃ 높이는 열량)
- 절대온도 K(kelvin 온도)
  0℃ = 273K
  100℃ = 373K
- 일의 열상당량 : $\frac{1}{427}$kcal/kg − m
- 열의 일상당량 : 427kg − m/kcal
- 1kg/cm^2 = 10^{4}kg/m^2 = 14.22PSI

19. 단위표시

- 토크(회전력) : m－kg
- 일의 양 : kg－m
- 조도 : lux
- 광도 : cd
- 속도 : km/h, m/sec
- 가속도 : m/sec^2
- 인젝터 분사시간 : ms
- 배기량 : cc(cm^3), ℓ
- 동력 : PS, kW
- 전류 : A
- 전압 : V
- 전력 : W
- 매분 회전 수 : rpm
- 축전기 용량 : F, μF
- 축전지 용량 : AH
- 연료소비율 : g/ps·h, km/ℓ, ℓ/km
- 음의 강도 : dB
- 음량 : Ph(혼)

● 분류별 기출예상문제

Subject

제4과목 자동차전기전자

01. 저항을 병렬 연결하여 구성된 회로를 점검한 내용으로 맞는 것은? 2010.03.28

① 합성 저항은 각 저항의 합과 같다.
② 회로 내의 어느 저항에서나 똑같은 전류가 흐른다.
③ 회로 내의 어느 저항에서나 똑같은 전압이 가해진다.
④ 각 저항에 걸리는 전압의 합은 전원 전압과 같다.

02. 기전력 2Volt, 내부저항 0.2Ω의 전지 10개를 병렬로 접속했을 때 부하 4Ω에 흐르는 전류는? 2001.03.04

① 0.333A　　② 0.498A
③ 0.664A　　④ 13.64A

➡해설 회로 내의 합성저항을 구하면, $R=\dfrac{1}{\left(\dfrac{1}{0.2}\right)\times 10}+4=4.02\Omega$

전압은 병렬이므로 2V 변화가 없으며, 전구에 흐르는 전류는 옴의 법칙에 따라 다음과 같다.

$\mathrm{I}=\dfrac{\mathrm{E}}{\mathrm{R}}=\dfrac{2}{4.02}=0.498\mathrm{A}$

03. 아래 그림에서 I_2의 전류는 얼마인가? 2001.03.04

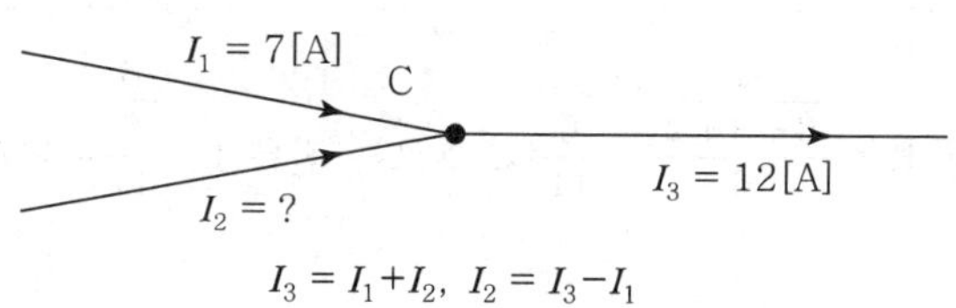

$I_3 = I_1+I_2,\ I_2 = I_3-I_1$

① 19A　　② 5A
③ 1.7A　　④ 84A

➡해설 키르히호프의 제1법칙에 따라 임의의 한 점을 기준으로 흐르는 유입전류와 유출전류는 같다.

04. 아래 그림과 같은 병렬 접속회로에서 Ⓐ에 흐르는 전류에 대한 설명으로 옳은 것은?

2001.03.04

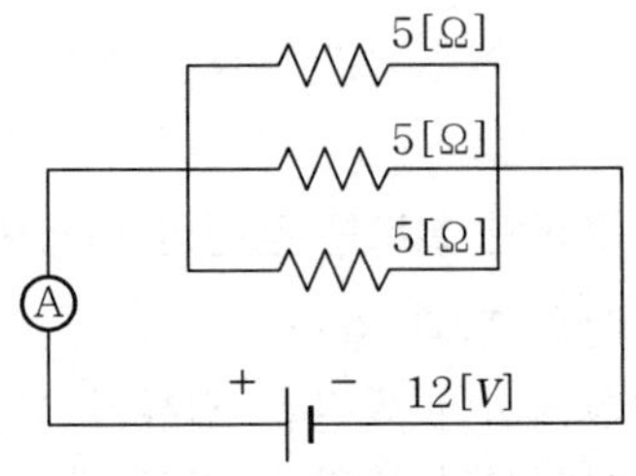

① 현재의 회로에서 모든 저항을 6Ω으로 교환하면 흐르는 전류는 증가한다.
② 현재의 회로에서 모든 저항을 4Ω으로 교환하면 흐르는 전류는 감소한다.
③ 모든 저항을 직렬로 연결하면 흐르는 전류는 증가한다.
④ 배터리를 24V로 교환하면 흐르는 전류는 증가한다.

➡해설 직렬이나 병렬회로에서는 각각의 저항이 증가하면 흐르는 전류는 감소한다.
배터리를 24V로 교환하면 전원이 높아졌으므로 흐르는 전류는 증가한다.

05. 그림과 같이 6V 전원에 1Ω, 2Ω, 3Ω의 저항이 병렬로 연결되었을 때 전류(I)는 몇 A인가?

2002.04.07

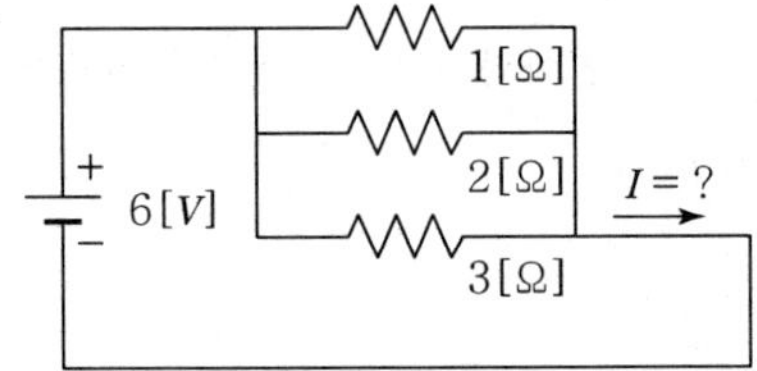

① 6 ② 10 ③ 11 ④ 12

➡해설 합성저항 $R = \dfrac{1}{\dfrac{6+3+2}{6}} = \dfrac{6}{11}\Omega$, 흐르는 전류 $I = \dfrac{6}{\dfrac{6}{11}} = 11A$

06. 4기통 디젤기관에 저항이 5Ω인 예열 플러그를 각 기통에 병렬로 연결하였다. 이 기관에 설치된 예열 플러그의 합성저항은 몇 Ω인가?(단, 기관의 전압은 24V)

2002.07.21

① 1.25 ② 1.5 ③ 2 ④ 12

➡해설 $R = \dfrac{1}{\dfrac{1}{R_1} + \dfrac{1}{R_2} \cdots\cdots + \dfrac{1}{R_n}} = \dfrac{1}{\dfrac{1}{5} + \dfrac{1}{5} + \dfrac{1}{5} + \dfrac{1}{5}} = \dfrac{5}{4} = 1.25\Omega$

 정답 04. ④ 05. ③ 06. ①

07. 4기통 디젤기관에 저항이 0.5Ω인 예열 플러그를 각 기통에 병렬로 연결하였다. 이 기관에 설치된 예열 플러그의 합성저항은 몇 Ω인가?(단, 기관의 전원은 24V) 2004.04.04

① 0.13 ② 0.5 ③ 2 ④ 12

➡해설 $R=\dfrac{1}{\dfrac{1}{0.5}+\dfrac{1}{0.5}+\dfrac{1}{0.5}+\dfrac{1}{0.5}}=\dfrac{0.5}{4}=0.13\Omega$

08. 코일에 흐르는 전류를 단속하면 코일에서 유도전압이 발생하는 작용은? 2012.07.22

① 자력선 감쇠작용 ② 상호 유도작용
③ 전류 완성작용 ④ 자기 유도작용

09. 자기 인덕턴스 0.5H 코일의 전류가 0.1초간 1A 변화하면 몇 V의 유도기전력이 발생하는가? 2006.04.02

① 0.05 ② 0.5 ③ 5 ④ 50

➡해설 $\text{유도기전력}=\dfrac{\text{자기인덕턴스}\times\text{변화된 전류}}{\text{전류가 흐른 시간}}=\dfrac{L\times di}{dt}=\dfrac{0.5\times 1}{0.1}=5\text{V}$

10. 1차 코일의 자기인덕턴스가 0.8이고, 1차 전류가 6A로 흐르다가 0.01초 만에 전류가 차단된다면 발생되는 역기전력은? 2008.03.30

① 100V ② 360V ③ 480V ④ 540V

➡해설 $\text{유도기전력}=\dfrac{\text{자기인덕턴스}\times\text{변화된 전류}}{\text{전류가 흐른 시간}}=\dfrac{L\times di}{dt}=\dfrac{0.8\times 6}{0.01}=480\text{V}$

11. 코일의 권수 150회선 코일에 5A의 전류를 흐르게 하였을 때 6×10－2Wb의 자속이 쇄교하였다. 이 코일의 자기인덕턴스는 얼마인가? 2004.07.18

① 0.75H ② 1.30H ③ 1.80H ④ 2.20H

➡해설 $L=\dfrac{150\times 6\times 10^{-2}}{5}=1.8H$

12. 자속밀도 0.8Wb/m²의 평균 자속 내에 길이 0.5m의 도체를 직각으로 두고 30m/s의 속도로 운동시키면 이 도체에는 몇 V의 기전력이 발생하겠는가? 2003.03.30, 2012.04.08

① 8 ② 12 ③ 16 ④ 18

해설 기전력＝자속밀도×도체길이×속도＝0.8×0.5×30＝12V

13. 길이가 10,000cm, 단면적이 0.01cm²인 어떤 도선의 저항을 20℃에서 측정하였더니 2.5Ω이었다. 20℃일 때 이 도선의 저항계수는? 2003.07.20, 2012.07.22

① 2.4×10^{-6}Ωcm ② 2.5×10^{-6}Ωcm

③ 2.6×10^{-6}Ωcm ④ 2.7×10^{-6}Ωcm

해설 도체의 저항은 길이에 비례하고 단면적에 반비례한다.

$R = \frac{\rho \times l}{A}$ 에서 $\rho = \frac{R \times A}{l}$

$$\rho = \frac{2.5\Omega \times 0.01\text{cm}^2}{10{,}000\text{cm}} = 2.5 \times 10^{-6}\Omega\text{cm} = 2.5\Omega\text{cm}$$

14. 점화코일의 1차 코일 저항값이 20℃일 때 5Ω이었다. 작동 시(80℃)의 저항은?(단, 구리선의 저항온도계수는 0.004이다.) 2004.04.04, 2009.03.29

① 6.20Ω ② 4.76Ω ③ 5.76Ω ④ 4.24Ω

해설 금속은 온도가 상승하면 저항이 증가한다.

R＝5{1+0.004(80－20)}＝6.20Ω

15. 자동차 전기 장치에 대한 설명으로 틀린 것은? 2002.04.07

① 파워 윈도우 장치에서 윈도우의 상승 하강은 윈도우 모터 브러시의 극성 변환에 의해 이루어진다.

② 와이퍼 장치에서 자동 정위치 정지원리는 정지위치에 있을 때 점화스위치를 Off시키는 방식이다.

③ 와이퍼 장치에서 모터의 회전속도는 2단계로 속도 조절이 가능하다.

④ 간헐 와이퍼는 정해진 시간에 따라 와이퍼 장치가 On과 Off를 반복한다.

 정답 12. ② 13. ② 14. ① 15. ②

16. 절연저항이 2MΩ인 고압 케이블에 12kV의 고전압이 인가될 때 누설 전류는? 2007.07.15

① 0.6mA ② 6mA ③ 12mA ④ 24mA

➡해설 $I = \frac{E}{R} = \frac{12,000}{2,000,000} = 0.006A = 6\text{mA}$

17. 축전기 시험에 해당되지 않는 것은? 2001.09.23

① 직렬저항시험 ② 용량시험 ③ 누설시험 ④ 고주파시험

18. 퓨즈 사용에 있어서 바르지 못한 것은? 2001.09.23

① 퓨즈 대신 철사를 사용한다.
② 퓨즈는 항상 여유분을 보관한다.
③ 스타팅 회로에는 퓨즈가 사용되지 않는다.
④ 회로에 맞는 규정값의 퓨즈를 사용한다.

19. 직류전동기에서 회전운동 힘의 방향을 설명한 법칙은? 2012.07.22

① 렌츠의 법칙 ② 플레밍의 왼손 법칙
③ 플레밍의 오른손 법칙 ④ 앙페르의 법칙

20. 그림과 같이 12V의 축전지에 24W의 전구 2개를 접속하였을 때 Ⓐ에 흐르는 전류는? 2003.03.30

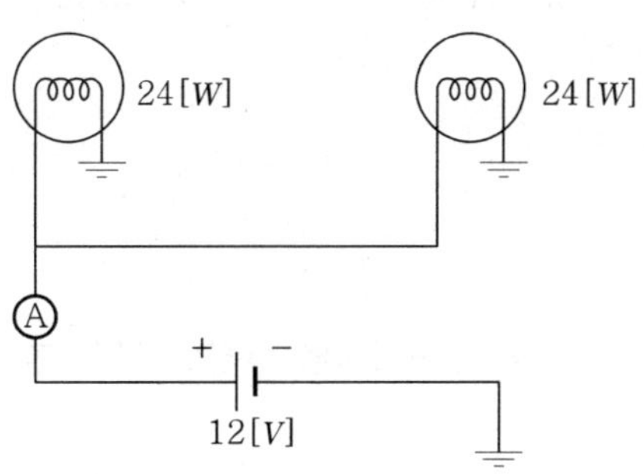

① 2A ② 3A ③ 4A ④ 6A

➡해설 $P = EI$에서, $I = \frac{P}{E} = \frac{24 \times 2}{12} = 4\text{A}$

21. 자동차의 전조등에서 45W의 전구 2개를 병렬 연결하였다. 축전지는 12V－60AH일 때 회로에 흐르는 총 전류는? 2005.07.17, 2008.03.30, 2012.07.22

① 3.75A ② 5A ③ 7.5A ④ 9A

➡해설 $P=E\times I$에서 $I=\frac{P}{E}=\frac{45\times 2}{12}=7.5A$

22. 12V의 축전지에 36W의 전구 2개를 그림과 같이 접속하였을 때 Ⓐ에 흐르는 전류는? 2010.07.11

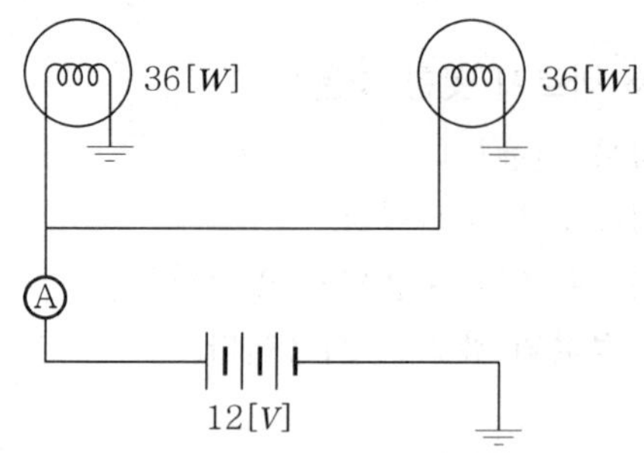

① 2A ② 3A ③ 6A ④ 8A

➡해설 $P=E\times I$, 전력(W)＝전압×전류, $I=\frac{P}{E}=\frac{36\times 2}{12}=6A$

23. 저항 R_1＝4Ω, R_2＝6Ω을 병렬 접속하였다. 합성저항 R은 몇 Ω인가? 2005.04.03

① 2.4Ω ② 0.42Ω ③ 10Ω ④ 2Ω

➡해설 $R=\frac{4\times 6}{4+6}=2.4\Omega$

24. 12V－45AH의 배터리에 24W 전구 2개를 직렬로 접속 후 작동시켰을 경우 회로 내에 흐르는 전류는 몇 A인가? 2006.07.16

① 0.5 ② 1 ③ 1.5 ④ 2

➡해설 $P=E\times I=\frac{E^2}{R}$에서 $R=\frac{E^2}{P}=\frac{12^2}{24}=6\Omega$, $I=\frac{E}{2R}=\frac{12}{2\times 6}=1A$

 정답 21. ③ 22. ③ 23. ① 24. ②

25. 12V-55W의 안개등이 병렬로 연결되어 있다. 이 회로에 사용되는 알맞은 퓨즈는 약 몇 A인가?

2008.07.13

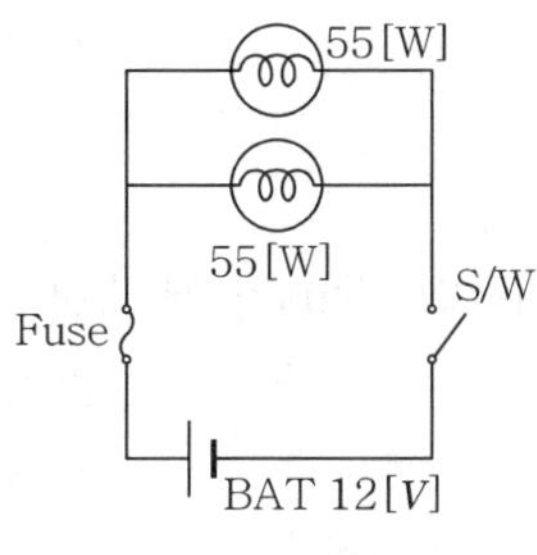

① 10A ② 15A ③ 20A ④ 30A

해설 $P=E\times I$에서, $I=\frac{P}{E}=\frac{55\times 2}{12}=9.2A$

안전율 1.6을 적용하면, $9.2\times 1.6=14.72A$

26. 그림의 회로에서 퓨즈의 용량으로 가장 적합한 것은?

2010.07.11

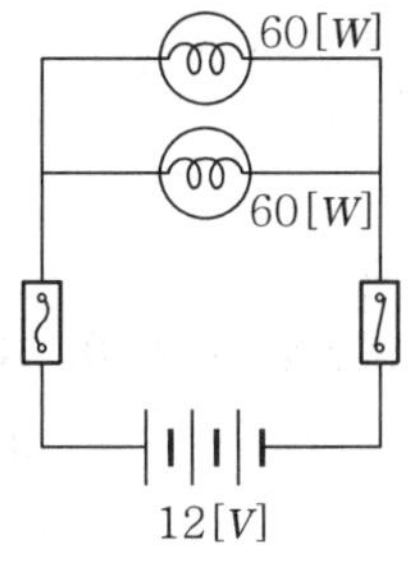

① 5A ② 10A ③ 15A ④ 30A

해설 $P=E\times I$에서, $I=\frac{P}{E}=\frac{60\times 2}{12}=10A$

안전율 1.6을 적용하면, $10\times 1.6=16A$

27. 전기회로의 배선방법에 대한 설명 중 틀린 것은?

2011.04.17

① 단선식은 부하의 한끝을 차체에 접지하는 방식이다.
② 큰 전류가 흐르면 전압강하가 발생되므로 단선식을 사용한다.
③ 복선식은 접지 쪽에도 전선을 사용하는 방식이다.
④ 전조등과 같이 큰 전류가 흐르는 회로에 복선식을 사용한다.

정답 25. ② 26. ③ 27. ②

28. 전기·전자회로에서 기본 논리회로가 아닌 것은? 2007.07.15

① AND 회로 ② NAND 회로
③ OR 회로 ④ NNOT 회로

29. 주파수가 20Hz이고 가동시간이 15ms일 때, Duty(%)는? 2005.07.17, 2010.03.28

① 15% ② 30%
③ 50% ④ 35%

해설 $f=\frac{1}{T}$, $T=\frac{1\times1,000}{f}=\frac{1,000}{20}=50\text{ms}$, 듀티율 $=\frac{\text{ON타임}}{\text{전체 타임}}=\frac{15\text{ms}}{50\text{ms}}\times100=30\%$

30. 교류 발전기에서 4극 발전기를 3,000rpm으로 운전할 경우 주파수(f)는 몇 Hz인가? 2005.04.03

① 80Hz ② 100Hz ③ 120Hz ④ 150Hz

해설 $f=\frac{P\times N}{120}(\text{Hz})=\frac{4\times3,000}{120}=100\text{Hz}$

31. 4극 발전기를 1,800rpm으로 운전할 경우 이 발전기의 주파수(f)는 몇 Hz인가? 2007.04.01

① 120 ② 450 ③ 60 ④ 50

32. 차량의 전파 통신 부분에서, 주파수를 계산할 수 있는 식을 바르게 표시 한 것은?(단, F : 주파수(Hz), λ : 파장(m), C : 속도(m/sec), T : 주기) 2008.03.30

① $F=\lambda/C$ ② $\lambda\times C/T$
③ $F=C/\lambda$ ④ $F=C\times T$

33. 다음 중 반도체 소자의 접합방식의 분류에 속하지 않는 것은? 2001.03.04

① 단접합 ② 무접합
③ 2중접합 ④ 3중접합

 정답 28. ④ 29. ② 30. ② 31. ③ 32. ③ 33. ④

34. 다음 그림은 다이오드를 이용한 자동차용 전구회로이다. 옳게 설명한 것은? 2001.03.04

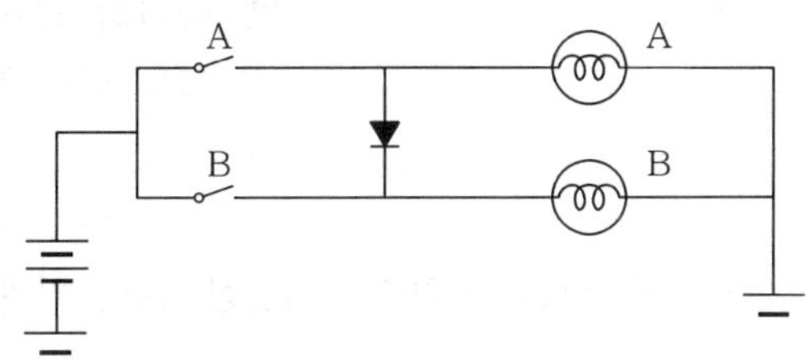

① 스위치 A가 ON일 때 전구 Ⓐ만 점등된다.
② 스위치 A가 ON일 때 전구 Ⓑ만 점등된다.
③ 스위치 B가 ON일 때 전구 Ⓑ만 점등된다.
④ 스위치 B가 ON일 때 전구 Ⓐ, Ⓑ가 모두 점등된다.

35. 정류회로에 있어서 맥동하는 출력을 평활화하기 위해서 쓰이는 부품은? 2001.03.04

① 다이오드 ② 콘덴서 ③ 저항 ④ 트랜지스터

➡해설 콘덴서는 전기를 일시적으로 충전도하고 방전도 할 수 있다.

36. 수온센서에 사용되는 반도체는? 2001.09.23

① NTC 서미스터 ② PTC 서미스터
③ 포토다이오드 ④ 발광다이오드

37. 자동차에서 온도센서로 사용하는 부특성(NTC) 서미스터의 특성 중 맞는 것은? 2006.04.02

① 온도가 올라가면 저항값도 같이 상승한다.
② 온도가 올라가면 저항값은 감소한다.
③ 온도가 올라가면 저항값은 변하지 않는다.
④ 온도가 올라가면 저항값은 상승하다가 감소한다.

38. 반도체의 특징이 아닌 것은? 2002.07.21

① 내부 전력손실이 적다.
② 고유저항이 도체에 비하여 적다.
③ 온도가 상승하면 특성이 몹시 나빠진다.
④ 정격값을 넣으면 파괴되기 쉽다.

정답 34. ③ 35. ② 36. ① 37. ② 38. ②

39. 반도체 소자 중 파형 정류회로나 정전압 회로에 주로 사용되는 것은? 2005.07.17

① 서미스터 ② 사이리스터
③ 제너 다이오드 ④ 포토 다이오드

40. 일반적으로 자동 정속 주행장치라 불리는 전자순항 제어장치의 3가지 작동 모드가 아닌 것은? 2006.07.16

① 순항 모드 ② 제동 모드
③ 감속 모드 ④ 가속 모드

41. 트랜지스터의 3단자가 아닌 것은? 2009.07.12

① 이미터 ② 컬렉터
③ 베이스 ④ 게이트

42. 레인센서 방식의 와이퍼 제어 시스템에서 앞 유리의 빗물 양을 감지하기 위한 반도체 소자는? 2011.04.17

① 정전압다이오드, 포토다이오드 ② 정전류다이오드, 발광다이오드
③ 발광다이오드, 포토다이오드 ④ 포토다이오드, 정류다이오드

43. 자동차에 사용되는 각종 전기·전자 소자 구성품에 대한 내용으로 틀린 것은? 2012.07.22

① 인젝터는 솔레노이드 밸브가 사용되며 통전되는 시간에 따라 분사량이 결정된다.
② 릴레이는 기본 전원을 연결했을 경우 주 회로에 연결되기 때문에 스위치 기능이 있는 에어컨 등에 주로 사용된다.
③ 트랜지스터는 NPN형과 PNP형이 있으며 베이스 전류를 흘려준 경우에만 전류가 흐른다.
④ 다이오드에는 여러 종류가 있는데 어느 것이나 순방향으로 전원을 연결했을 경우에만 전류가 흐른다.

44. 컨트롤 유닛에서 액추에이터를 구동 할 때는 PWM(주파수변조) 신호를 사용하게 되는데, PWM 기본 주파수를 200Hz로 선택한 후 12V를 인가했을 때 듀티 50%이면 가해지는 평균전압은 몇 볼트인가? 2007.04.01

① 24 ② 8 ③ 6 ④ 2

 정답 39. ③ 40. ② 41. ④ 42. ③ 43. ④ 44. ③

45. NPN 트렌지스터의 설명으로 옳은 것은? 2008.03.30

① 이미터는 베이스 전극에 비해 높은 전기를 가한다.
② 이미터와 베이스 사이에는 순방향 전압을 가한다.
③ 이미터의 단자는 P형 반도체에 접속되어 있다.
④ 베이스의 단자는 N형 반도체에 접속되어 있다.

46. 자동차용 축전지에 대한 설명 중 틀린 것은? 2005.07.17

① 셀당 극판은 음극판을 1개 더 많이 제작한다.
② 전기부하를 걸지 않았는데도 화학적 에너지가 자연히 소실되기도 한다.
③ 축전지의 용량은 20시간율을 사용하여 표시한다.
④ 극판의 면적이 커지면 화학적으로 안정되어 전압이 낮아진다.

47. 축전지에서 격리판의 홈이 있는 면이 양극판 쪽으로 끼워져 있는 이유와 거리가 먼 것은? 2007.04.01

① 전해액의 확산을 좋게 하기 위하여
② 양극판에 전해액을 원활히 통하도록 하기 위하여
③ 양극판의 작용물질이 탈락되는 것을 방지하기 위하여
④ 양극판에 산화에 의하여 격리판이 부식되는 것을 방지하기 위하여

48. 배터리의 비중이 1.273이며, 전해액의 온도는 30℃이다. 표준상태(20℃)의 비중으로 환산하면 얼마인가? 2002.07.21

① 1.203 ② 1.266 ③ 1.280 ④ 1.283

해설 $1.273 + \{0.0007 \times (30 - 20)\} = 1.280$

49. 축전지 설페이션의 원인은 다음 중 어느 것인가? 2001.03.04

① 충전전압이 높다. ② 전해액 온도가 높다.
③ 축전지 전해액이 부족하다. ④ 충전전류가 높다.

해설 축전지의 설페이션 현상이란 전지가 방전된 상태(비중이 낮음)에서 장기 방치될 경우 (+), (−)극 판이 모두 전기가 통하지 않는 부도체의 물질인 황산납의 상태로 굳어져서 아무리 충전해도 전지가 회복되지 않는 현상이다. 그러므로 비중이 낮은 상태에서는 필히 보충전하여 보관하여야 한다.

정답 45. ② 46. ④ 47. ③ 48. ③ 49. ③

50. 축전지의 설페이션 현상의 원인으로 가장 적합한 것은? 2009.07.12

① 충전 전류가 크다.
② 충전 전압이 높다.
③ 전해액의 양이 부족하다.
④ 전해액의 온도가 낮다.

51. 축전지에서 황산화(sulfation) 현상의 직접적인 발생 원인으로 거리가 먼 것은? 2012.04.08

① 축전지를 방전상태로 장기간 방치한 경우
② 전해액이 부족해 극판이 공기 중에 장기간 노출된 경우
③ 충전 전류 및 충전 전압을 과도하게 높게 한 경우
④ 전해액의 비중이 높거나 불순물이 혼입된 경우

52. 납산 축전지의 수명이 단축되는 원인으로 가장 옳지 못한 것은? 2003.07.20

① 충전 부족으로 인한 설페이션
② 전해액 중에 불순물 혼입
③ 과충전 또는 과방전
④ 비중값이 1.200 이상일 때

53. 축전지를 방전상태로 오래 두면 사용할 수 없는 가장 큰 이유는? 2006.04.02

① 극판에 수소가 형성되기 때문에
② 극판에 묽은 황산이 형성되기 때문에
③ 황산이 증류수로 되기 때문에
④ 극판이 영구 황산납이 되기 때문에

54. 축전지의 수명을 단축하는 요인이 아닌 것은? 2006.07.16

① 순수한 증류수 보충
② 과충전에 의한 온도 상승
③ 전해액 부족
④ 기계적 외부진동

 정답 50. ③ 51. ③ 52. ④ 53. ④ 54. ①

55. 120Ah의 축전지가 매일 5%의 자기방전을 할 때 이것을 보충하기 위하여 정전류 충전전류는 시간당 몇 A로 조정하면 되는가? 2001.03.04

① 0.10 ② 0.15 ③ 0.20 ④ 0.25

➡해설 $120\text{Ah} \times \frac{5}{100} \times \frac{1}{24\text{h}} = 0.25\text{A}$

56. 20℃에서 양호한 상태인 160AH 축전지는 40A의 전기를 얼마 동안 발생시킬 수 있는가? 2002.04.07, 2007.07.15

① 4분 ② 15분 ③ 60분 ④ 240분

➡해설 $\text{H} = \frac{160\text{AH}}{40\text{A}} = 4\text{H} = 240$분

57. 5A의 일정한 전류로 20시간 방전을 계속할 수 있는 축전지의 용량을 표시하면? 2003.03.30

① 45AH ② 55AH ③ 100AH ④ 150AH

58. 120Ah의 축전지가 매일 1%의 자연방전을 할 때 시간당 방전량은? 2003.07.20

① 0.05A ② 0.5A ③ 5A ④ 1.5A

➡해설 $\frac{120\text{Ah} \times 0.01}{24\text{h}} = 0.05\text{A}$

59. 20시간율의 전류로 방전하였을 경우 축전지의 셀당 방전 종지 전압은 몇 V인가? 2004.07.18

① 1.65 ② 1.75 ③ 1.90 ④ 2.0

60. 100AH 축전지의 일일 자기 방전량이 1%일 때 이것을 보존하기 위한 충전전류는 몇 A로 조정해주면 되는가? 2006.07.16

① 0.01A ② 0.04A ③ 0.5A ④ 1A

정답 55. ④ 56. ④ 57. ③ 58. ① 59. ② 60. ②

해설 하루를 기준하여 A와 h로 나누어 계산한다.

$$\frac{100Ah}{24h} = 4.17A,\ \frac{4.17}{100} = 0.04A$$

61. 100Ah의 축전지가 매일 1%의 자기방전을 할 때 시간당 방전전류량은? 2012.04.08

① 0.042A ② 0.52A
③ 5A ④ 1.5A

해설 하루를 기준하여 A와 h로 나누어 계산한다.

$$\frac{100Ah}{24h} = 4.17A,\ \frac{4.17A}{100} = 0.0417A$$

62. 12V 100AH의 축전지 5개를 병렬로 접속하면 전압과 용량은 어떻게 되는가? 2008.07.13

① 12V 500AH ② 60V 500AH
③ 60V 100AH ④ 12V 100AH

해설 전압과 용량이 동일한 배터리를 병렬로 연결하면 전압은 1개 때와 같고 용량은 개수 배가 되며, 직렬로 연결하면 전압은 개수 배가 되고 용량은 1개 일 때와 같다.

63. 납산축전지 자기방전량에 대한 설명으로 틀린 것은? 2011.04.17

① 1일 자기방전량은 실제 용량의 0.3~1.5%정도이다.
② 자기방전량은 전해액의 온도가 높을수록 비중이 낮을수록 크게 된다.
③ 자기방전량은 날이 갈수록 많아지나 그 비율은 충전 후의 시간 경과에 따라 줄어든다.
④ 충전된 축전지라도 방치해 두면 조금씩 자연방전되어 용량이 감소한다.

64. 배터리의 자기방전에 가장 큰 영향이 되는 것은? 2001.09.23

① 과충전
② 전해액 부족
③ 증류수 보충
④ 배터리 내에 불순물 침투

 정답 61. ① 62. ① 63. ② 64. ④

65. 배터리 및 발전기에 대한 설명 중 틀린 것은? 2002.07.21, 2009.07.12

① 기관 정지 시에는 배터리만 전기장치의 전원으로 사용한다.
② 기관 시동 시에는 배터리만 시동모터와 점화코일에 전원을 공급한다.
③ 차량 전기 사용량이 발전기의 전원 공급량보다 많을 때에는 배터리에서도 공급한다.
④ 기관 시동 시 예열장치의 전원은 발전기가 공급한다.

➡해설 초기 시동에 필요한 전원은 배터리에서 공급하고 시동 후에는 알터네이터에서 전원을 공급한다.

66. 축전지의 자기방전에 대한 설명으로 틀린 것은? 2010.03.28

① 자기방전량은 전해액 비중이 크고 고온일수록 많다.
② 20℃ 표준온도에서 1일 자기방전량은 0.5% 정도이다.
③ 자기방전량은 시간이 경과할수록 적어지나 그 비율은 충전 후의 시간경과에 따라 점차 커진다.
④ 축전지를 사용하지 않는 경우 약 15일 정도마다 보충전할 필요가 있다.

67. 축전지 전해액에 관한 설명 중 틀린 것은? 2008.07.13

① 전해액의 비중은 전해액 온도의 변화에 따라 변동한다.
② 온도가 높으면 비중은 높아지고 온도가 낮으면 비중이 낮아진다.
③ 비중의 변화량은 1℃에 대해 0.0007이다.
④ 비중 측정 시는 표준온도일 때의 비중으로 환산해서 판단한다.

68. 축전지 내부에서 일어나는 화학반응에서 방전할 때 양극과 음극은 무엇으로 되는가? 2003.03.30

① PbO_2　　② H_2SO_4
③ $PbSO_4$　　④ H_2O

69. 축전지의 충전 및 방전의 화학식이다. (　　) 속에 알맞은 화학식은? 2004.04.04

$$PbO_2 + (\quad\quad) + Pb \rightleftarrows PbSO_4 + 2H_2O + PbSO_4$$

① H_2O　　② $2H_2O$　　③ $2PbSO_4$　　④ $2H_2SO_4$

➡해설 충전 시 $PbO_2 + 2H_2SO_4 + Pb \rightleftarrows$ 방전 시 $PbSO_4 + 2H_2O + PbSO_4$

정답 65. ④ 66. ③ 67. ② 68. ③ 69. ④

70. 완전 충전되어 있는 축전지의 전해액은 다음 어느 것에 해당하는가? 2005.04.03

① H_2SO_4 ② H_2O
③ $PbSO_4$ ④ PbO_2

71. 1AH의 방전 시 전해액 속에 물이 0.67g 생성될 때 황산은 몇 g 소비되는가? 2005.07.17

① 1.66g ② 3.06g
③ 3.60g ④ 3.66g

➡해설 1Ah의 방전에 대해 전해액 중의 황산은 3.660g이 소비되고 0.67g이 물이 생성된다. 또한, 1Ah의 충전량에 대해 0.67g의 물이 소비되고 3.660g의 황산이 생성된다.

72. 축전지의 기전력과 전해액 비중, 전해액 온도와의 관계로 틀린 것은? 2008.03.30

① 전해액의 온도가 상승하면 전해액 비중은 커진다.
② 전해액의 비중이 커질수록 기전력은 커진다.
③ 전해액의 온도가 상승하면 기전력은 커진다.
④ 전해액의 온도가 저하하면 전해액의 저항이 증가해 기전력은 작아진다.

73. 자동차용 축전지가 완전 충전되어 있는 상태의 전해액은? 2010.07.11

① H_2SO_4 ② H_2O
③ $PbSO_4$ ④ PbO_2

74. 자동차용 MF배터리(납산)의 특징에 대한 설명으로 적합하지 않은 것은? 2011.04.17

① 충전 상태 점검창이 녹색이면 충전이 필요한 상태, 백색이면 방전 상태, 적색이면 완전 충전 상태를 나타낸다.
② 극판의 재질로 납과 저안티몬 합금 또는 납과 칼슘합금을 사용함으로써 국부전지를 형성하지 않아 정비가 필요하다.
③ 증류수를 보충할 필요가 없고 자기방전이 적기 때문에 장기간 보관할 수 있다.
④ 화학 반응 시 생긴 수소 및 산소가스를 물로 환원하여 다시 보충되며, 벤트 플러그는 밀봉 촉매 마개를 사용한다.

 정답 70. ① 71. ④ 72. ① 73. ① 74. ①

75. MF납산축전지의 특징을 설명한 내용 중 틀린 것은? 2011.07.31

① 축전지의 극판은 납-칼슘 합금을 사용한다.
② 자기방전이 적고 보존성이 우수하다.
③ 비중계로 전해액 비중을 측정할 때 용이하다.
④ 충전 중에 양극에서 발생하는 가스를 음극에서 흡수하여 물로 전환시킨다.

76. 배터리 (+) 측 부근의 극 주위나 커넥터가 벌레 먹은 것처럼 부식되는 원인은? 2012.07.22

① 음극판의 해면상납(Pb)이 전해액(H_2SO_4)과 반응하기 때문이다.
② 양극판에 발생하는 수소와 산소가 반대 극에 닿을 때 환원, 산화를 일으키기 때문이다.
③ 전해액 중 존재하는 불순금속이 국부전지를 구성하기 때문이다.
④ 축전기 표면이 젖어있고 표면에 황산 먼지가 붙었기 때문이다.

77. 기동전동기 전기자 코일과 계자 코일 사용 시 코일형태를 평각선으로 하는 이유는? 2001.09.23

① 절연을 유지하기 위해
② 전류 흐름을 좋게 하기 위해
③ 작업하기 좋게 하기 위해
④ 열 방출을 좋게 하기 위해

➡해설 기동전동기 특성상 큰 전류를 흘려야 하기 때문에 단면적이 큰 평각 구리선이 사용된다.

78. 기동 전동기의 동력전달방식에 속하지 않는 것은? 2005.04.03

① 피니언 섭동식
② 벤딕스식
③ 전기자 섭동식
④ 스프래그식

79. 시동 모터와 마그네틱 스위치를 시험하는 방법 중 옳은 것은? 2016.07.10

① 정확한 시험을 위해 30초 이상 시험을 진행하여야 한다.
② 풀인 시험 시 S터미널과 바디 사이에 12V 배터리를 연결한다.
③ 홀드인 시험 시 S터미널과 M터미널 사이에 12V 배터리를 연결한다.
④ 풀인, 홀드인 시험 시 마그네틱 스위치의 M터미널에서 커넥터를 분리시킨다.

정답 75. ③ 76. ④ 77. ② 78. ④ 79. ④

80. 기관 시동 시 기관 자체가 회전을 시작하면 기동 전동기 쪽으로 회전력이 전달되어 파괴될 위험이 있다. 이를 막아주는 역할을 하는 것은? 2003.07.20

① 마그네트 스위치 ② 아마추어
③ 오버러닝 클러치 ④ 피니언

81. 시동회로와 관련이 없는 부품은? 2005.07.17

① 축전지 ② 점화 스위치
③ 기동 전동기 ④ 전압 조정기

82. 직류 직권 전동기에 대한 설명으로 옳은 것은? 2008.03.30

① 토크는 전기자 코일에 흐르는 전류와 여자 코일에 흐르는 전류에 비례한다.
② 전기자 코일에 흐르는 전류의 제곱에 비례한다.
③ 반도전기자 전류(부하)의 변화에 따라 회전속도는 큰 변화가 없다.
④ 직권식 모터의 토크는 전기자 전류에만 비례한다.

83. 다음 그림에서 기동 전동기의 구성품에 대한 설명으로 틀린 것은? 2009.07.12

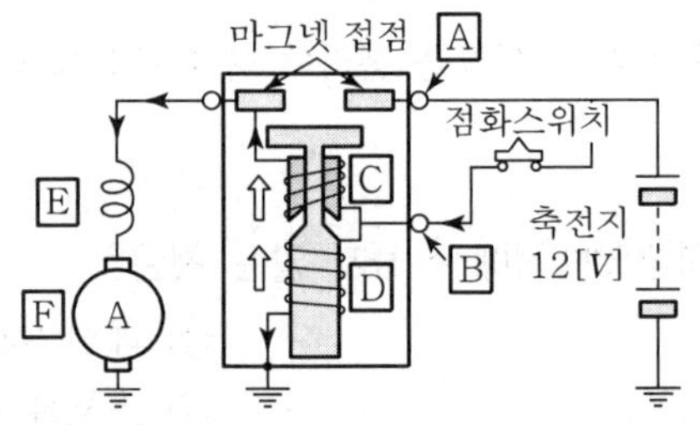

① "C"는 풀링(pull in) 코일이다. ② "D"는 홀드인(hold in) 코일이다.
③ "E"는 리턴 스프링이다. ④ "F"는 전기자(armature)이다.

해설 "E"는 계자 코일이다.

84. 기동전동기에서 정류자에 미끄럼 접촉을 하면서 전기자 코일에 전류를 공급해 주는 것은? 2010.03.28

① 브러시 ② 아마추어 코일
③ 필드 코일 ④ 솔레노이드 스위치

 정답 80. ③ 81. ④ 82. ② 83. ③ 84. ①

85. 다음 중 그롤러 시험기로 시험할 수 없는 것은? 2004.04.04

① 전기자 코일의 단락
② 코일 밸런스
③ 전기자 코일 단선
④ 계자코일의 단락

86. 기동전동기의 유도 기전력 6V, 축전지 전압 12V, 기동전동기의 전기저항이 0.05Ω일 때, 기동전동기에 흐르는 전류는 얼마인가? 2011.07.31

① 240A
② 120A
③ 72A
④ 12A

87. 승용자동차에 사용하는 일반적인 기동전동기의 무부하 시험에 대한 설명으로 틀린 것은? 2006.04.02

① 전류계를 충전된 축전지의 (−)단자와 기동전동기의 마그넷 스위치 메인 단자 사이를 병렬로 연결한다.
② 리드선을 사용하여 메인단자와 단자를 접속한다.
③ 기동전동기의 회전상태 점검과 전류계의 지침을 읽는다.
④ 기준전압을 가했을 때 전류계의 지시와 전기자의 회전수는 50A 이하에서 6,000rpm이면 좋다.

88. 다음 중 기동전동기의 성능시험 항목이 아닌 것은? 2008.07.13

① 무부하 시험
② 중부하 시험
③ 회전력 시험
④ 저항 시험

89. 가솔린기관과 디젤기관의 비교 시 가솔린기관의 특징이 아닌 것은? 2003.07.20

① 점화장치가 필요하다.
② 디젤기관보다 시동전동기의 힘이 커야 한다.
③ 기화기가 필요하다.
④ 디젤기관보다 마력당 무게가 작다.

해설 가솔린기관의 시동전동기는 디젤기관의 절반이라고 생각하면 된다.(동일마력에서)

정답 85. ④ 86. ② 87. ① 88. ② 89. ②

90. 자동차용 직류 분권식 전동기의 특징으로 틀린 것은? 2010.07.11

① 전기자 코일과 계자 코일이 병렬로 연결된 방식이다.
② 전기자 코일과 계자 코일에 공급되는 전압이 일정하다.
③ 전동기의 회전속도 변동이 작다.
④ 기관을 크랭킹하는 기동 전동기에 적합하다.

91. 자동차용 전동기에서 토크가 가장 큰 형식은? 2012.04.08

① 직권 전동기 ② 분권 전동기
③ 복권 전동기 ④ 페라이트 자석식 전동기

92. 총 배기량은 1,500cc이고 회전저항이 6m · kgf인 기관의 플라이 휠 기어 잇수가 120이다. 기동전동기 피니언 잇수가 12이면 필요로 하는 최소회전력은 몇 m · kgf인가? 2002.04.07

① 0.6 ② 1.0 ③ 3.47 ④ 25

해설 필요 회전력 $= 6 \times \frac{12}{120} = 0.6\text{m} \cdot \text{kgf}$

93. 시동모터의 피니언 기어 잇수가 9개, 링기어 잇수가 114개일 때 엔진구동에 필요한 토크가 6kgf · m이면 시동모터에 필요한 토크는 몇 kgf · m인가? 2003.03.30

① 0.53 ② 0.47 ③ 76 ④ 74.3

해설 필요 회전력 $= 6 \times \frac{9}{114} = 0.47\text{kgf} \cdot \text{m}$

94. 링기어 잇수 130, 피니언 잇수 13일 때 총 배기량은 1,600cc이고, 기관의 회전저항이 6kgf · m라면 기동전동기가 필요로 하는 최소 회전력은 몇 kgf · m인가? 2004.07.18

① 0.45 ② 0.60 ③ 0.75 ④ 0.90

해설 회전력 $= 6 \times \frac{13}{130} = 0.6\text{kgf} \cdot \text{m}$

정답 90. ④ 91. ① 92. ① 93. ② 94. ②

95. 링기어 잇수 150, 피니언 잇수 15일 때 총 배기량은 1,600cc이고, 기관의 회전 저항이 8kg · m이라면 시동모터에 필요로 하는 회전력은 몇 kgf · m인가? 2011.04.17

① 0.95 ② 0.80 ③ 0.75 ④ 0.60

96. 직권전동기에 가해지는 전압이 11, 전류 50A일 때 5,000rpm이었다. 가해지는 전압이 7V가 되고 부하 전류가 같다면 회전수는 얼마가 되겠는가?(단, 전기자 및 계자회로의 저항은 합하여 0.02Ω이다.) 2006.04.02

① 1,500rpm ② 2,000rpm
③ 2,500rpm ④ 3,000rpm

97. 섭동식 기동전동기의 고장에서 클러치가 떨면서 시동 불량을 일으키는 원인과 가장 관계가 있는 것은? 2002.07.21

① 계자코일의 (+) 쪽 브러시 1개 단선
② 계자코일의 (-) 쪽 브러시 2개 단선
③ 마그넷 스위치 (ST)단자의 단선
④ 마그넷 스위치 홀딩코일의 단선

98. 시동이 걸린 상태에서 시동 스위치를 계속 누르고 있을 때의 결과 중 틀린 것은?
2004.07.18

① 피니언 기어가 소손된다.
② 베어링이 소손된다.
③ 아마추어가 소손된다.
④ 충전이 잘된다.

99. 기동 전동기에 전류는 많이 흐르지만 작동하지 않을 경우의 원인이 아닌 것은?
2007.07.15, 2009.03.29

① 전기자 코일이 접지되었을 때
② 계자 코일이 단락되었을 때
③ 전기자 축 베어링이 고착되었을 때
④ 전기자 코일 또는 계자 코일이 개회로되었을 때

정답 95. ② 96. ④ 97. ④ 98. ④ 99. ④

100. 점화코일의 성능 특성과 관계가 없는 것은? 2002.04.07

① 인덕턴스 ② 절연특성
③ 냉각특성 ④ 온도특성

101. 1차 코일에 발생된 자기유도 전압이 150V, 1차 코일의 권수는 150회 , 2차 코일의 권수는 20,000회이면 2차 코일에 유기되는 전압은? 2011.04.17

① 10,000V ② 15,000V
③ 20,000V ④ 25,000V

해설 $v_2 = \frac{v_1 \times n_2}{n_1} = \frac{150 \times 20,000}{150} = 20,000\text{V}$

102. 점화플러그의 열값에 대한 설명으로 옳은 것은? 2004.07.18

① 열값이 크면 냉형이다. ② 열값이 크면 열형이다.
③ 냉형은 냉각효과가 적다. ④ 냉형은 저속회전 엔진에 사용한다.

103. 점화플러그의 착화성을 향상시키기 위한 방법 중 가장 관련이 없는 것은? 2005.07.17

① 플러그의 전극 간극을 크게
② 플러그의 중심 전극을 가늘게
③ 플러그의 접지 전극을 U홈 또는 V홈으로
④ 중심전극의 돌출량을 작게

104. 점화플러그 절연재로 가장 많이 사용되는 것은? 2004.04.04

① 산화알루미늄(Al_2O_3) ② 자기(Porcelain)
③ 스티어타이트($H_2O_3MgO_4SiO_2$) ④ 유리

해설 점화플러그 절연재는 자기(Ceramic)를 사용하고 있다. 자기의 주성분은 산화알루미늄(Al_2O_3)이다. 국내의 챔피언 플러그(미국과 기술제휴)나 NGK 플러그(일본과 기술제휴) 모두 절연재는 수입해서 사용하고 있다.

- 자기(Porcelain) : 금속 표면에 유리질 유약을 피복시킨 것이다.
- 자기(Ceramics) : 일반적으로 요업제품을 말한다. 가정용품으로서 우리 주변에 있는 도자기류는 거의 세라믹스이다.

정답 100. ③ 101. ③ 102. ① 103. ④ 104. ①

105. 그림과 같이 점화 플러그의 세라믹(Ceramic) 절연체를 물결(Corrugation) 모양으로 만든 이유로 가장 적합한 것은? 2009.03.29

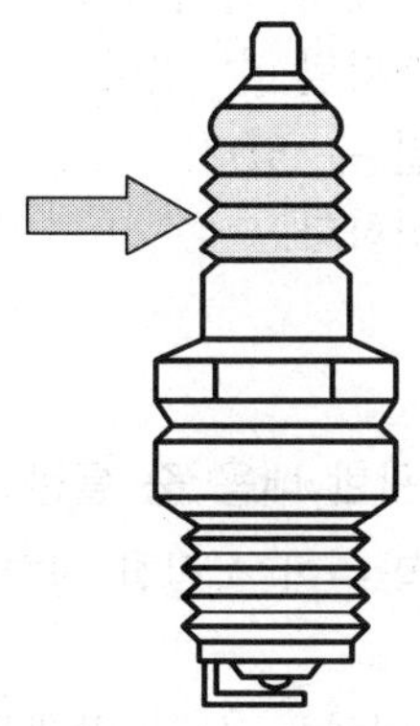

① 불꽃 방전 시 코로나(Corona) 방전 현상을 막기 위해
② 고전압 인가 시 플래시 오버(Flash Over)현상을 방지하기 위해
③ 플러그 배선 끝 고무 부트(Boots)의 고정을 위해
④ 이물질 또는 수분 등의 원활한 배출을 위해

106. 캠각(Cam Angle)이 규정보다 작을 경우 나타나는 현상으로 옳은 것은? 2001.03.04

① 접점간극이 작아진다.
② 1차 전류가 커진다.
③ 점화시기가 늦어진다.
④ 고속에서 실화되기 쉽다.

➡해설 캠각 또는 드웰각(Dwell Angle)은 기계식 점화장치의 배전기 포인트가 닫혀 있는 사이에 돌아가는 캠의 각도를 말한다. 포인트 간격을 크게 하면 캠각은 작아지고, 점화시기는 빨라진다. 표준의 캠각은 360°를 실린더 수로 나눈 값의 50~60% 각도로 한다.

107. 기관의 점화장치 중 DLI시스템에 대한 설명으로 틀린 것은? 2005.04.03, 2012.04.08

① 잡음에 대해 유리하다.
② 고속이 되어도 발생전압이 거의 일정하다.
③ 점화시기의 위치 결정을 위한 센서가 필요하다.
④ 점화코일이 성능은 떨어지나 간단한 구조이다.

정답 105. ② 106. ④ 107. ④

108. 점화장치에서 DLI(Distributor Less Ignition : 무배전기 점화장치)의 특징을 설명한 것 중 옳은 것은? 2002.07.21, 2007.07.15

① 배전기식보다는 성능 면에서 떨어진다.
② 2차 전압의 손실을 최소화할 수 있다.
③ 점화코일의 개수를 줄일 수 있다.
④ 고속형 기관에서는 불리하다.

109. 무배전기 점화장치(DLI)에 관한 내용 중 틀린 것은? 2006.07.16

① 엔진 회전수 및 부하에 맞추어 적절한 점화시기를 얻기 위하여 전자 제어장치로 사용한다.
② 고압 코드의 저항에 기인하는 실화 발생률이 높다.
③ 각 기통 또는 2개 기통마다 점화 코일을 설치한다.
④ 배전기 내의 배전에 의한 전파장애 발생이 적다.

110. 점화장치에서 전자 배전 점화장치(DLI)의 특징으로 맞는 것은? 2010.07.11

① 배전기식보다는 성능면에서 떨어진다.
② 2차 전압의 손실을 최소화할 수 있다.
③ 점화 코일의 수량을 줄일 수 있다.
④ 고속형 기관에서 불리하다.

111. 트랜지스터 점화장치 등에 사용되는 회로는? 2002.04.07

① 스위칭 증폭 회로
② 정전압 회로
③ 변조 회로
④ AND 회로

112. NPN형 트랜지스터가 작동될 때 각 단자의 전원이 바르게 표시된 것은? 2009.03.29

① 베이스(+), 콜렉터(+), 에미터(−)
② 베이스(−), 콜렉터(−), 에미터(+)
③ 베이스(+), 콜렉터(+), 에미터(+)
④ 베이스(−), 콜렉터(−), 에미터(−)

정답 108. ② 109. ② 110. ② 111. ① 112. ①

113. 파워TR 내부의 TR3와 화살표에 표기된 저항이 어떤 작용을 하는가? 2010.03.28

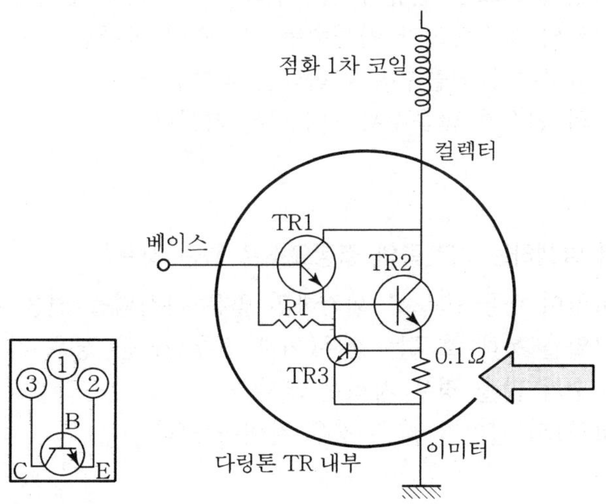

① TR의 열화를 방지한다.
② 1차 코일에 흐르는 전류를 제한한다.
③ 1차 코일에서 발생하는 유도전압을 제한한다.
④ 베이스와 이미터에 흐르는 전류를 제한한다.

114. AC발전기의 특징을 설명한 것 중 틀린 것은? 2003.03.30

① 브러시에는 계자전류가 흐르기 때문에 불꽃발생이 많다.
② 속도변화에 따른 적응범위가 넓다.
③ 브러시의 수명이 길다.
④ 컷아웃 릴레이가 필요 없다.

115. 교류 발전기에서 직류 발전기의 계자 코일과 계자 철심에 해당하며 자속을 만드는 구성품은?
2012.07.22

① 로터(Rotor)
② 스테이터(Stator)
③ 브러시(Brush)
④ 정류기(Rectifier)

정답 113. ② 114. ① 115. ①

116. 발전기의 기전력에 대한 설명으로 옳은 것은? 2008.03.30

① 로터 코일에 흐르는 전류가 많을수록 기전력은 커진다.
② 로터 코일의 회전속도가 빠를수록 기전력이 작아진다.
③ 발전기 자극수가 적을수록 기전력은 작아진다.
④ 각 코일의 권수가 많을수록 기전력은 커진다.

117. 발전기에서 발생하는 기전력의 결정요소로 틀린 것은? 2011.04.17

① 로터 코일이 빠른 속도로 회전하면 많은 기전력을 얻을 수 있다.
② 로터 코일을 통해 흐르는 전류(여자 전류)가 큰 경우 기전력은 크다.
③ 자극의 수가 많을 경우 자력은 크다.
④ 도선(코일)의 길이가 짧은 경우 자력이 크다.

118. 발전기에서 발생되는 유도 기전력의 크기와 관계없는 것은? 2001.03.04

① 전자석의 크기 ② 전기자 코일의 권수
③ 정류자편의 수 ④ 발전기 회전속도

119. 교류 발전기에서 직류 발전기의 컷 아웃 릴레이와 같은 일을 하는 것은? 2001.03.04

① 로터 ② 히트 싱크
③ 실리콘 다이오드 ④ 전압 조정기

해설

120. 교류발전기에서 직류발전기의 컷 아웃 릴레이와 같은 일을 하는 것은? 2003.07.20

① 로터 ② 히트 싱크
③ 실리콘 다이오드 ④ 전압 조정기

121. AC발전기에서 B단자를 떼어내고 발전기를 회전시킬 때 다이오드 손상을 방지하기 위한 방법은? 2004.07.18

① N단자를 떼어낸다. ② L단자를 떼어낸다.
③ F단자를 떼어낸다. ④ IG단자를 떼어낸다.

정답 116. ② 117. ④ 118. ③ 119. ③ 120. ③ 121. ③

122. AC발전기의 출력단자(B)에서 전선을 떼어낸 상태에서 엔진을 시동해서는 안 되는 이유는? 2009.07.12

① 축전지가 과충전된다.
② 전구가 끊어진다.
③ 다이오드가 손상된다.
④ 스테이터 코일이 파손된다.

123. 충전장치의 AC전압조정기에서 전압을 일정하게 유지할 수 있도록 제어하는 반도체 소자의 명칭은? 2006.04.02

① 제너다이오드
② 발광다이오드
③ 포토다이오드
④ 일반다이오드

124. "3상 코일의 결선방법에서 3상 전력은 결선방법에 관계없이 같다."는 식을 바르게 표시한 것은? 2003.07.20

① 3상 전력=3×선간전압×선전류×역률[W]
② 3상 전력= $\sqrt{2}$ ×선간전압×선전류×역률[W]
③ 3상 전력= $\sqrt{3}$ ×선간전압×선전류×역률[W]
④ 3상 전력=2×선간전압×선전류×역률[W]

125. 충전장치에서 자여자 발전기에 대한 설명으로 틀린 것은? 2008.07.13

① 축전지의 전원을 이용하여 계자코일을 여자한다.
② 자동차용으로 정전압 발생에 가장 가까운 분권 발전기를 사용한다.
③ 발생되는 전압은 코일이 1초 동안에 흐르는 자속 수에 비례한다.
④ 플레밍의 오른손 법칙을 이용하여 직류(DC) 발전기로 이용된다.

126. 발전기에서 주로 실리콘 다이오드를 사용하여 3상 교류를 전파 정류하여 직류로 변환하는 구성품은? 2011.07.31

① 로터(Rotor)
② 스테이터(Stator)
③ 브러시(Brush)
④ 정류기(Rectifier)

정답 122. ③ 123. ① 124. ③ 125. ① 126. ④

127. 자동차 충전장치에서 교류를 직류로 바꾸는 것을 무엇이라 하는가? 2011.07.31

① 정류 ② 단상
③ 반파 ④ 충전

128. 정격용량 75A의 발전기 출력전류 점검 시 부하 단계별 출력파형이 그림과 같다면 어떤 상태인가? 2010.03.28

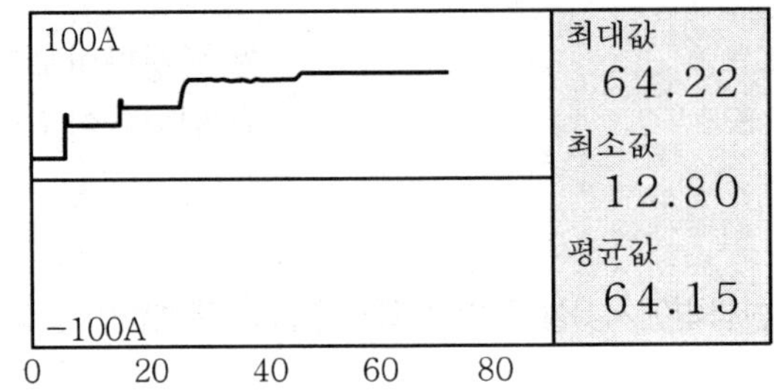

① 정상이다.
② 스테이터 코일이 열화되었다.
③ 발전기 구동벨트의 장력이 약하다.
④ 다이오드 1개 단선이다.

129. 정전류 충전에서 최대 충전전류는 표준 충전전류의 몇 배인가? 2009.03.29

① 4배 ② 3배
③ 2배 ④ 1.5배

➡해설 정전류 충전전류(20시간율) 표준은 용량의 10%(최대 20%, 최소 5%, 급속 50%)

130. AC 발전기에 대한 설명으로 틀린 것은? 2007.07.15

① 히트 싱크는 다이오드의 열을 방열시킨다.
② 전류가 발생하는 곳은 스테이터이다.
③ 공전속도에서 충전 효율이 좋지 않다.
④ 보통 1개의 계자 코일과 6개의 다이오드가 사용된다.

정답 127. ① 128. ① 129. ③ 130. ③

131. AC 발전기의 발생전압을 조정하는 방식에 대한 설명으로 틀린 것은? 2009.03.29

① 컷 아웃 릴레이는 발전기 정지 시 또는 충전전압이 낮을 때 역전류를 방지하는 조정방식이다.

② 접점식 조정기는 접점방식에 의해 발생 전압에 따라 충전 경고등 점등, 로터코일의 여자전류 등을 조정하는 방식이다.

③ 트랜지스터식 조정기는 접점대신 트랜지스터의 스위칭 작용을 이용하여 로터 전류의 평균값을 변화시켜 전압을 제어하는 방식이다.

④ IC 조정기는 작동이 안정되고 신뢰성이 높으며 초소형이기 때문에 발전기 내부에 내장시켜 외부 배선이 없는 장점이 있다.

132. 트랜지스터 전압 조정기는 기존의 접점식에 비해 여러 가지 장점이 있다. 틀린 것은? 2002.04.07, 2004.04.04

① 스위칭 타임이 짧아 제어공차가 적다.
② 전자식 온도 보상이 가능하므로 제어공차가 적다.
③ 스위칭 전류가 크기 때문에 레귤레이터의 이용 범위가 넓다.
④ 충격과 진동에 약하다.

133. 레귤레이터의 3유닛에 해당하지 않는 것은? 2002.07.21

① 솔레노이드 ② 전압 조정기
③ 전류 조정기 ④ 컷아웃 릴레이

134. 그림은 ECU가 발전기 전류를 제어하는 회로도이다.(그림에서 엔진 가동 시 ECU B20번 단자에서는 크랭크 각 센서 1주기에서 FR신호를 입력받는다.) 회로에 대한 설명 중 거리가 먼 것은? 2004.04.04

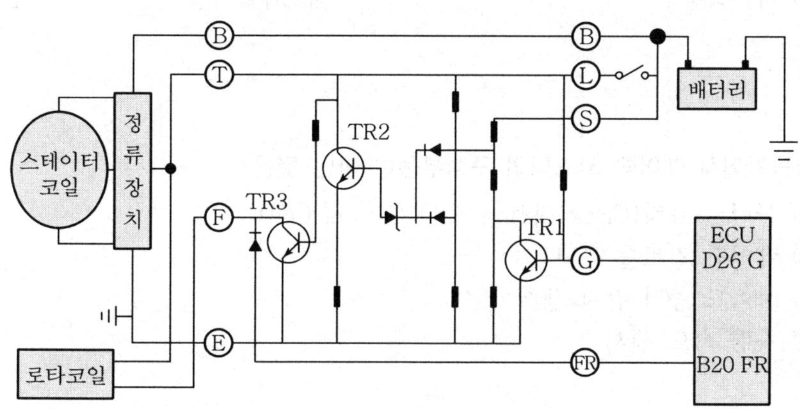

① TR3가 동작할 때는 발전 중이다.
② TR2가 동작되면 TR3가 동작한다.
③ TR1이 동작할 때 TR2는 동작하지 않는다.
④ ECU D26단자가 접지되지 않으면 TR1이 동작한다.

➡해설 TR2가 동작되면 TR3의 베이스 단자에 전류가 흐르지 않으므로 동작하지 않는다.

135. 교류발전기의 스테이터 결선 방법 중 Y결선을 설명한 내용이다. 잘못된 것은?
2007.04.01, 2010.07.11

① 각 코일의 한 끝을 공통점에 접속하고 다른 한 끝 셋을 끌어낸 것
② 선간 전압은 각 상전압의 $\sqrt{3}$ 배가 된다.
③ 전류를 이용하기 위한 결선방법이다.
④ 저속에서 발생 전압이 높다.

136. 경음기가 울리지 않는 원인이 아닌 것은? 2005.04.03

① 배터리 방전 ② 퓨즈 단선
③ 접촉 불량 ④ 시동 불량

137. 전기식 경음기는 전류의 어떠한 작용에 의해 진동판을 진동시키는가? 2010.03.28

① 분류작용 ② 발열작용
③ 자기작용 ④ 화학작용

138. 자동차에서 에어백 시스템의 구성부품이 아닌 것은? 2006.07.16

① 클럭 스프링(Clock Spring 또는 Control Coil)
② 에어백 컨트롤 유닛
③ 사이드 충격 감지 센서
④ 차량 속도 센서

정답 135. ③ 136. ④ 137. ③ 138. ④

139. 다음 중 자동차 에어백 장치의 각 기능을 설명한 것으로 틀린 것은? 2007.07.15

① 프리텐셔너는 에어백 전개 시 승객을 고정시켜 전방으로 튕겨 나가는 것을 방지한다.
② 로드 리미트는 안전벨트에 일정 하중 이상이 가해질 경우 승객의 가슴부위 상해를 최소화해주는 기능이 있다.
③ 클럭 스프링은 조향 휠의 에어백과 조향 컬럼 사이에 설치되어 있다.
④ 안전센서는 승객의 안전벨트 착용 여부를 감지하는 센서이다.

➡해설 시트 벨트 스위치(센서)는 승객의 안전벨트 착용 여부를 감지하는 센서이다.

140. 에어백 시스템에서 제어모듈의 주요 기능이 아닌 것은? 2003.03.30, 2011.07.31

① 에어백 작동 시(충돌 시)의 축전지 고장에 대비한 비상전원 기능(전원용 충전 콘덴서)
② 축전지 전압저하에 대비한 전압상승 기능
③ 안전성과 신뢰성 제고를 위한 자기진단 기능
④ 충돌시 충돌에너지 측정 기능

141. 정속주행장치의 주요 구성부품이 아닌 것은? 2002.07.21

① 차속 센서
② ECU
③ 액추에이터
④ 차고 센서

142. 다음 회로는 브레이크 패드 마모 경고등을 나타낸 것이다. 바른 설명은? 2005.07.17

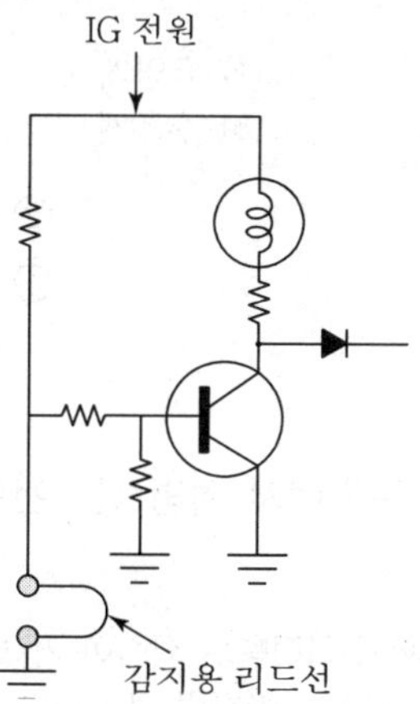

① 감지용 리드선이 열을 받으면 마모 경고등이 켜진다.
② 회로 내의 다이오드에 역기전류가 작용하면 마모 경고등이 켜진다.
③ 감지용 리드선이 브레이크 디스크 판과 접촉하여 끊어지게 되면 마모 경고등이 켜진다.
④ 회로 내 트랜지스터 베이스 측의 저항이 끊어졌을 때 마모 경고등이 켜진다.

143. 자기식의 계기 중에서 영구자석의 회전으로 전자유도 작용에 의하여 로터에 발생된 맴돌이 전류와 영구자석의 상호작용에 의해 작동되는 계기는? 2009.07.12

① 수온계 ② 전류계
③ 유압계 ④ 속도계

144. 밸런싱 코일식 연료계에서 계기의 지침과 연료 유닛의 뜨개에 대해 바르게 설명한 것은? 2007.04.01

① 연료계기의 지침이 "E"에 위치하면 뜨개에 흐르는 전류는 많아진다.
② 연료가 줄어들면 뜨개의 연료 유닛에 흐르는 저항은 작아진다.
③ 연료가 없어지면 뜨개에 전류가 많이 흘러 온도는 올라가고 연료 잔량 경고등이 점등한다.
④ 연료계기의 지침이 "F"에 위치하면 뜨개의 저항은 작아진다.

145. 자동차용 계기장치에서 작동원리가 유사하게 짝지어진 것은? 2010.07.11

[보기]
(1) 기관 회전계 (2) 유압계 (3) 충전경고등
(4) 연료계 (5) 수온계 (6) 차량 속도계

① (3) – (5) ② (1) – (2) – (4)
③ (1) – (6) ④ (2) – (4) – (6)

146. 내비게이션 활용기술 중 보기에서 설명하는 것은? 2011.07.31

[보기]
고속으로 회전하는 회전체의 회전축은 외력이 가해지지 않는 한 한 공간에 대해 항상 일정한 방향을 유지하려고 하는데, 외력을 가하면 그 축과 직교하는 축 주위에 회전운동을 일으키는 성질이 있다.

 정답 143. ④ 144. ④ 145. ③ 146. ③

① 원심력 효과 ② 구심력 효과
③ 자이로 효과 ④ 지자기 효과

➡해설 고속으로 회전하는 회전체가 회전축을 항상 처음의 상태로 일정하게 유지하려는 성질을 자이로 효과라고 한다.

147. 다음 중 자동차용 도난방지장치가 작동하지 않는 경우는? 2008.07.13

① 점화키를 사용하지 않고 트렁크를 열었을 때
② 경보장치 작동 중 축전지 단자를 분리할 때
③ 점화키 없이 기관을 기동할 때
④ 시동이 걸린 상태에서 엔진 후드를 열었을 때

➡해설 정상적으로 시동을 걸 때는 도난방지장치가 작동되지 않는다.

148. 자동차 도난방지장치에서 도난경계모드에 진입하는 경우가 아닌 것은? 2011.04.17

① 엔진후드 스위치가 닫혀 있을 것
② 트렁크 스위치가 모두 닫혀 있을 것
③ 각 도어 스위치가 모두 닫혀 있을 것
④ 각 윈도 모터의 스위치가 모두 닫혀 있을 것

➡해설 도난경계모드는 완전히 자동차를 잠근 상태부터 경계한다.

149. 자동차 편의장치(ETACS, ISU)는 어떠한 기능을 작동시키기 위해서 각종 신호를 입력받아 상황을 판단한 후 출력제어를 한다. 다음 중 에탁스 입력 요소로 옳지 않은 것은? 2004.04.04, 2006.04.02

① 열선 스위치 ② 감광식 룸램프
③ 차속 센서 ④ 와셔 스위치

150. 자동차 운행의 편리성과 안전운전을 도모하기 위하여 편의장치(ETACS)를 적용하고 있다. 다음 중 편의장치에 해당되지 않는 것은? 2010.03.28

① 와이퍼 제어 ② 열선 제어
③ 파워윈도우 제어 ④ 파워TR 제어

정답 147. ④ 148. ④ 149. ② 150. ④

151. 차량의 바디 전장 부분에서 사용되고 있는 다중 정보 통신시스템의 데이터 구조에 속하지 않는 것은? 2005.04.03

① 스타트 비트 ② 바이트 비트
③ 데이터 프레임 ④ 스톱 비트

152. 편의장치(이수, Intelligent Switching Unit)의 구성부품인 운전석 도어 열림 스위치의 기능과 가장 관련이 없는 제어기능은? 2005.07.17

① 키회수 경고(Key Remind Warning) 제어
② 라이트 소등 경고 제어
③ 운전석 시트벨트 착용경고 제어
④ 실내등 점등 및 감광 제어

153. 파워윈도 장치에 대한 설명으로 옳은 것은? 2008.03.30

① 컨트롤유닛은 일반적으로 타이머가 내장되어 있다.
② 파워윈도 모터는 상승용과 하강용 모터가 각각 구성되어 있다.
③ 파워윈도 모터는 하나의 파워윈도 릴레이가 총합제어한다.
④ 일반적으로 파워윈도 스위치는 원-스텝 방식과 투-스텝 방식이 있다.

154. 종합 편의 및 안전장치에서 차속신호를 받아 작동하는 기능은? 2011.07.31

① 감광식 룸 램프제어 기능 ② 파워 윈도 제어 기능
③ 도어록 제어 기능 ④ 엔진오일 경고제어 기능

155. 종합 경보장치의 오토 도어록 관련 부품이 아닌 것은? 2012.07.22

① 차속센서 ② 도어록 릴레이
③ 도어록 스위치 ④ 윈도우 레귤레이터

156. 종합경보장치의 기능 중에 미등자동소등 제어 입력요소가 아닌 것은? 2012.07.22

① 키 삽입 스위치 ② 도어 록 릴레이
③ 라이트 미등 스위치 ④ 운전석 도어 스위치

정답 151. ② 152. ③ 153. ② 154. ③ 155. ④ 156. ②

➡해설 Lamp Auto Cut 기능

미등이 켜져 있는 상태로 운전자가 시동을 끄고 하차하기 위해 운전석 도어를 열면 그 즉시 미등이 자동으로 소등되는 기능이다. 이 배터리 세이버 기능은 ETACS(Electronic Time Alarm Control System) 컴퓨터에 의해 전자적으로 제어되며, ETACS 컴퓨터는 배터리 세이버 기능을 제어하기 위해 시동키 ON/OFF 신호, 미등 스위치 ON/OFF 신호, 운전석 도어 열림/닫힘 신호 등을 감지하여 미등을 자동으로 소등시켜 준다.

157. 방향지시등 한 개가 계속 켜져 있을 때의 설명으로 가장 알맞은 것은? 2001.03.04

① 발전기 충전전압이 너무 높게 걸려 있는 상태이다.
② 한 개 이상의 램프 필라멘트가 끊어졌거나 접지 불량이다.
③ 전압이 낮거나 회로 내에 저항이 크다.
④ 퓨즈나 스위치 연결부위 불량이다.

158. 전자 열선식 방향지시등(프레셔 유닛)의 작동에 대한 설명으로 틀린 것은? 2012.04.08

① 램프에 흐르는 전류를 일정한 주기로 단속하여 램프를 점멸시킨다.
② 열선이 가열되어 늘어나면 유닛 접점이 열린다.
③ 열에 의한 열선의 신축작용을 이용한 것이다.
④ 램프에 흐르는 전류를 매분당 60회 이상 120회 이하의 주기로 단속한다.

159. 전조등의 감광장치가 아닌 것은? 2002.07.21, 2005.04.03, 2007.07.15

① 저항을 쓰는 방법 ② 이중 필라멘트를 쓰는 방법
③ 부등을 쓰는 방법 ④ 굵은 배선을 쓰는 방법

160. 자동 전조등(Auto Light System)에 사용되는 센서는? 2012.04.08

① 광도 센서 ② G센서
③ 조도 센서 ④ 발광 센서

➡해설 조도 센서

cds는 조사광에 따라서 내부 저항이 변화하는 일종의 저항기이다.(오토라이트에 사용)

161. 자동차의 냉방 장치에 관한 내용으로 틀린 것은? 2011.04.17

① 고압 액상 냉매는 팽창밸브 통과 후 저압의 안개 상태의 냉매로 변화한다.
② 증발기는 파이프 내에서 냉매를 액화하고 이때 주위의 외기에 열을 방출한다.
③ 고온 · 고압가스의 냉매는 콘덴서를 통과하면서 액화된다.
④ 리시버 드라이어에는 흡습제와 필터가 봉입되어 있다.

162. 자동차용 에어컨의 기본 구성부가 아닌 것은? 2003.07.20

① 압축기(Compressor) ② 팽창기(Expansion Valve)
③ 증발기(Evaporator) ④ 소음기(Muffler)

163. 냉동효과란 무엇을 말하는가? 2001.03.04

① 증발기에서의 흡입 열량
② 응축기에서의 방출 열량
③ 공급에너지에 대한 냉동할 수 있는 열량의 비
④ 압축기에서의 공급되는 에너지

➡해설 냉동효과란 증발기(Evaporator)에서 냉매가 증발하여 대상물로부터 열량을 흡수할 때의 냉동효과를 말한다. 이는 성적계수와 잘 구분해서 기억해야 한다.

$$\text{성적계수} = \frac{\text{저열원에서 흡수하는 열량(증발기)}}{\text{압축기일의 열상당량}}$$

164. 다음은 냉매 취급시의 안전 및 주의사항이다. 적당하지 않은 것은? 2002.07.21

① 냉매를 다룰 때에는 장갑 및 보안경을 착용한다.
② 냉매를 빨리 충진시키기 위하여 R-134a 용기를 60℃ 정도로 가열한다.
③ 냉매의 교환은 맑고 건조한 날에 행한다.
④ 냉매의 교환은 넓고 개방된 장소에서 행한다.

165. 차량용 냉방장치에서 냉매교환 및 충진 시의 진공작업에 대한 설명 중 옳지 않은 것은? 2004.07.18, 2007.07.15

① 시스템 내부의 공기와 수분을 제거하기 위한 작업이다.
② 시스템 내부의 압력을 낮게 함으로써 수분이 쉽게 기화되도록 한다.
③ 실리카겔 등의 흡수제로 수분을 제거한다.
④ 진공펌프나 컴프레서를 이용한다.

정답 161. ② 162. ④ 163. ① 164. ② 165. ③

166. 자동차용 냉방장치에서 냉매를 팽창밸브로 통과시킨 때의 상태가 아닌 것은?

① 온도가 강하한다.
② 압력은 강하한다.
③ 엔탈피는 일정하다.
④ 엔트로피는 감소한다.

해설 팽창밸브는 증발기 입구에 설치되어 리시버 드라이어로부터 유입되는 중온 고압의 액체 냉매를 교축작용을 통하여 저온·저압의 습포화 증기 상태의 냉매로 변화시키는 역할을 하며, 엔탈피의 변화가 없다.

167. 자동차 에어컨 냉방 사이클에서 냉매가 흐르는 순서가 맞는 것은?(단, 어큐뮬레이터 오리피스 튜브 방식이다.) 2008.07.13, 2011.07.31

① 압축기 – 응축기 – 증발기 – 어큐뮬레이터 – 오리피스 튜브
② 압축기 – 응축기 – 오리피스 튜브 – 증발기 – 어큐뮬레이터
③ 압축기 – 오리피스 튜브 – 응축기 – 어큐뮬레이터 – 증발기
④ 압축기 – 오리시프 튜브 – 어큐뮬레이터 – 증발기 – 응축기

168. 냉방장치의 어큐뮬레이터(Accumulator) 기능이 아닌 것은? 2007.04.01

① 압축기로 들어가는 냉매 중의 액체상태의 냉매를 분리하여 저장기능
② 냉매 중에 포함된 수분이나 이물질 제거기능
③ 냉매오일 저장기능
④ 팽창밸브로 들어가는 냉매 중의 기체상태의 냉매를 분리하여 저장기능

169. 냉방장치에서 자동차 실내의 냉방효과는 어떤 경우에 나타나는가? 2010.07.11

① 증발기에 흡입 열량이 있을 때
② 응축기에서 방출 열량이 있을 때
③ 공급에너지에 열량의 비가 발생될 때
④ 압축기에서 공급되는 에너지가 있을 때

170. 자동차 에어컨 시스템의 구성품 중 리시버 드라이어의 역할이 아닌 것은? 2004.04.04

① 팽창밸브로 들어가는 냉매 중의 기포분리 저장
② 냉매 중에 함유되어 있는 수분이나 이물질 제거
③ 압축기에 들어가는 냉매 중 액체상태의 냉매 분리저장
④ 냉매의 온도나 압력이 비정상적으로 높을 때 안전판 역할

정답 166. ④ 167. ② 168. ④ 169. ① 170. ③

171. 자동차 냉방장치의 아이들 업(Idle Up) 장치에 대한 설명으로 틀린 것은? 2008.03.30

① 엔진의 공회전 시 또는 급가속 시 작동한다.
② 냉방장치 가동에 따른 과부하로 엔진이 정지하거나 부조하는 것을 방지한다.
③ EUC가 아이들 업 액추에이터를 작동시켜 엔진 회전수를 상승시킨다.
④ 컴프레서의 마그네틱 클러치를 차단하는 것과 상호 보완적으로 작동한다.

➡해설 공회전 속도는 다음과 같은 조건에서 보정된다.(즉, idle-up 구간)
① 차가운 엔진, ② 자동 변속기 → 드라이브 위치, ③ A/C → ON, ④ 전기부하 S/W → ON(헤드라이트)

172. 에어컨 구성부품인 오리피스튜브의 기능이 맞는 것은? 2005.07.17

① 냉방부하에 따른 냉매량 조정
② 과열도를 일정하게 유지
③ 증발기가 얼지 않도록 온도조정
④ 냉매 압력을 떨어드린다.

➡해설 오리피스 튜브의 기능은 기본적으로 팽창 밸브의 기능과 동일하나 냉매의 유량을 조절하는 기능은 없다. 오리피스 튜브는 일반적으로 리퀴드 파이프 속에 삽입되어 있다.

173. 에어컨 증발기 온도 센서의 작동기능 및 설명으로 거리가 먼 것은? 2012.04.08

① 가변 토출식 압축기 사양에 적용된다.
② 증발기가 빙결되는 것을 방지한다.
③ 증발기 온도가 설정온도 이상이면 압축기가 작동한다.
④ 센서는 온도에 따라 저항값이 변한다.

➡해설 에바포레이터 코어의 온도를 감지하여 에바포레이터 결빙을 방지할 목적으로 컴프레셔를 제어한다. 센서 내부는 부특성 서미스터로 온도에 반비례하는 특성을 가진다. 증발기 온도센서(핀 서모센서)의 온도를 기준으로 컴프레셔를 제어하게 된다.

174. 에어컨 시스템에서 기화된 냉매를 액화하는 장치는? 2001.03.04

① 컴프레서 ② 콘덴서
③ 리시버 드라이어 ④ 익스팬션 밸브

 정답 171. ① 172. ④ 173. ① 174. ②

175. 라디에이터 앞쪽 정면에 설치되고, 고온과 고압의 냉매가 응축점에서 냉각되어 고압의 액체 상태가 되게 하는 냉방 장치의 부품은? 2002.04.07, 2010.03.28

① 콘덴서 ② 리시버 드라이어
③ 에버퍼레이터 ④ 블로어 유닛

176. 에어컨의 온도식 자동 팽창 밸브(Thermal Expansion Valve)에 대한 설명으로 틀린 것은? 2001.03.04

① 응축기에서 응축된 고온·고압의 액냉매를 증발기에서 증발하기 쉽도록 저온·저압의 액냉매로 만들고 부하변동에 따라 적당한 냉매량을 증발기에 공급해 주는 기기이다.
② 증발기 출구의 흡입증기 냉매의 과열도를 일정하게 유지하며 개폐된다.
③ 냉동부하의 변동에 따라 개도가 조절되는 구조로 되어 있으며 부하가 감소되면 밸브가 열리고 증가하면 밸브가 닫힌다.
④ 본체의 구조에 따라 벨로즈(Bellows)식과 다이어프램(Diaphragm)식이 있으며 감온구의 충전방식에 따라 가스충전식, 액충전식, 크로스 충전식으로 구분된다.

➡해설 부하가 감소되면 밸브가 닫히고 증가하면 밸브가 열린다.

177. 냉방장치에 사용되는 팽창밸브의 역할로 적당하지 않은 것은? 2003.03.30

① 냉매량 조절
② 에바페레이터 온도감지
③ 기체상태의 냉매를 액체화
④ 실내온도 조절

178. 차량에서 열적부하 요소 중 아래의 설명에 해당되는 것은? 2009.03.29

> 주행 중 도어나 유리의 틈새로 외기가 들어오거나, 실내의 공기가 빠져나가는 자연환기가 이루어진다.

① 인적 부하 ② 복사 부하
③ 환기 부하 ④ 관류 부하

➡해설
- 복사부하 : 직사광선에 의한 열
- 승차인원부하 : 승객에 의한 발열
- 환기부하 : 자연 또는 강제 환기

179. 에어컨이나 히터에서 블로어 모터가 1단(저속)은 작동되는데 2단이 작동하지 않을 때 결함 가능성이 있는 부품은 어느 것인가? 2001.03.04

① 블로어 스위치 ② 블로어 저항
③ 블로어 모터 ④ 퓨즈

해설 1단이 작동되면 블로어 저항 · 모터 · 퓨즈가 정상이다. 따라서 스위치가 1단에서만 통전이 되고 2단에서는 통전이 안 된다고 볼 수 있다.

180. 응축기 냉각핀이 막혀 공기흐름이 막혔을 경우, 저 · 고압 측 압력변화가 정상일 때와 비교해서 맞는 것은? 2005.04.03, 2009.07.12

① 저압 측 압력이 떨어진다.
② 저압 측 압력은 상승되고 고압 측은 떨어진다.
③ 저 · 고압 모두 압력이 상승된다.
④ 저 · 고압 모두 압력이 떨어진다.

해설 응축기에서 충분히 냉각시키지 못했으므로 잔류가스로 인하여 저 · 고압 모두 압력이 상승된다.

181. 자동차 냉방장치에서 저 · 고압 측 압력이 정상치보다 높을 때의 결함 원인으로 거리가 먼 것은? 2006.07.16, 2012.07.22

① 냉매 과충진 ② 응축기 팬 작동 안 됨
③ 응축기 핀 막힘 ④ 팽창밸브 막힘

 정답 179. ① 180. ③ 181. ④

Subject

05

차체수리

Contents

1 자동차 차체수리

Section

1. 자동차 보디 구조

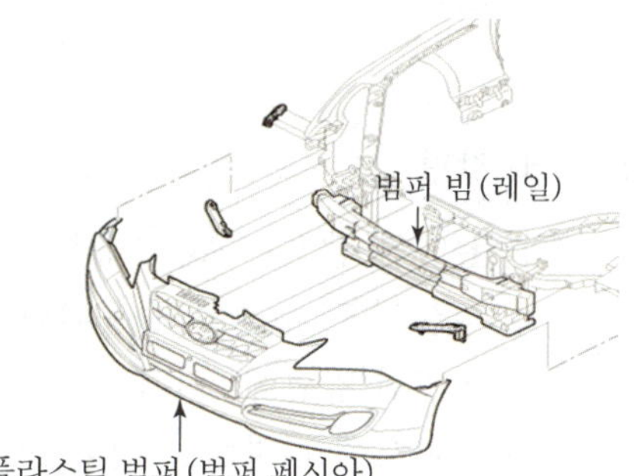

[화이트 보디]

[쿠페(2인승 승합차)]

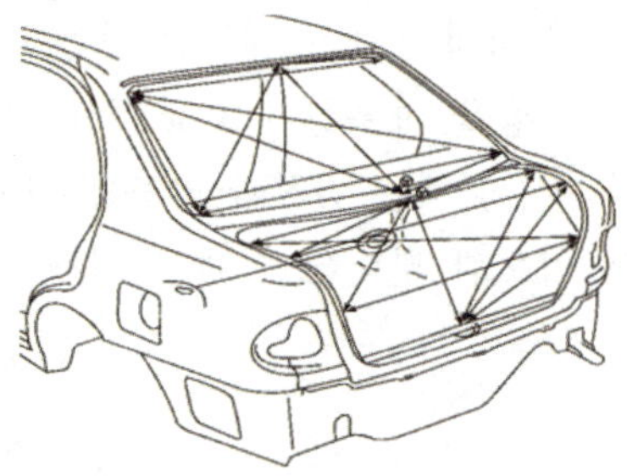

[트렁크 계측]

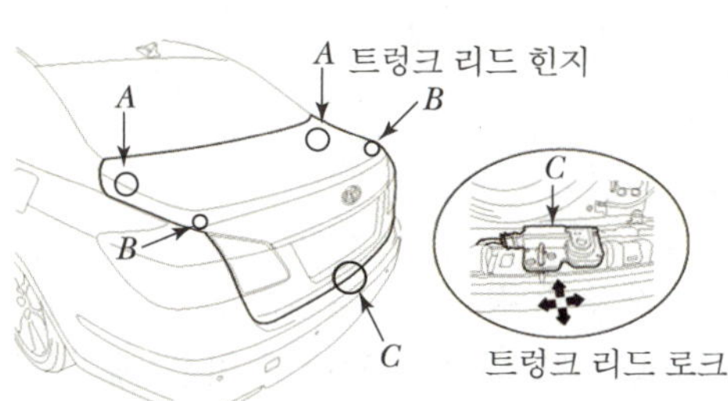

2. 힘의 전달 및 차체강도

1) 차체 관계 손상 진단 시 착안사항

① 가해진 외력의 크기

② 방향, 접촉 부위 및 그 분포 상태가 집중적인 경우와 분산된 경우

③ 차체에 사용된 부재의 성질, 판 두께, 형상, 조립상태 등에 의해 손상 발생의 경향도 달라진다.

2) 압연 강판

① 열간 압연 강판은 A_3 변태점(910℃) 이상에서 압연한 강판으로 1.4mm 이상의 비교적 두꺼운 강도 부재에 사용된다.

② 냉간 압연 강판에 비하여 프레스의 성형성이 떨어지며, 표면의 원활도(圓滑度)도 뒤지기 때문에 디자인에 영향을 주는 외부 부품에는 사용되지 않는다(깊은 홈이 없는 내장 부품에는 사용된다). 냉간 압연 강판에 비하여 저렴하다.

3) 바우싱거 효과

한 번 소성 변형된 재료는 앞에 주어진 응력과 역방향의 응력에 대해서 항복점이 저하되는 현상을 바우싱거 효과라고 한다.

따라서 물체는 인장과 압축을 반복해서 받게 되면 보다 낮은 하중에서도 영구적인 변형을 일으킬 뿐더러 쉽게 파괴될 수 있다.

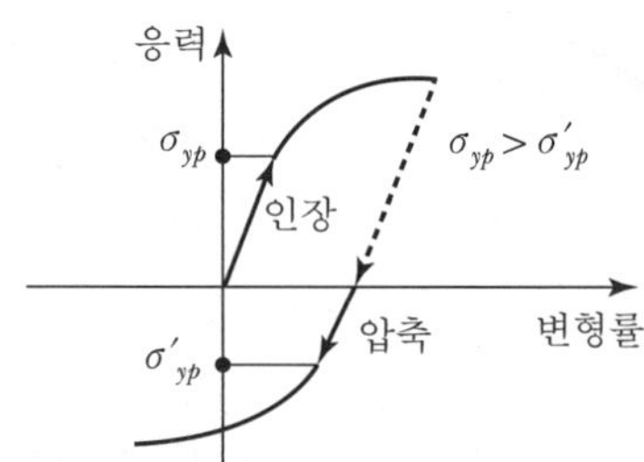

4) 철금속의 성질

① 가공경화 → 냉간 가공시 강도 및 경도가 증가하는 성질

② 탄성 → 외력을 가했을 때 변형이 되나 외력을 제거하면 원래의 상태로 되돌아오는 성질

③ 가단성 → 고체가 외부에서 작용하는 힘에 의해 외형이 변하는 성질. 금속을 성형할 때 중요한 기술로, 가단성이 크면 외부의 큰 힘을 받아도 부러지지 않는다.

5) 안전계수(Safety Factor) 또는 안전율

$$안전계수 = \frac{기준강도}{허용응력}$$

① 안전계수가 너무 크면 안전성은 좋지만 경제성 저감
② 안전계수를 가능한 한 작게 선정하여 최적설계

6) 응력 변형률 선도

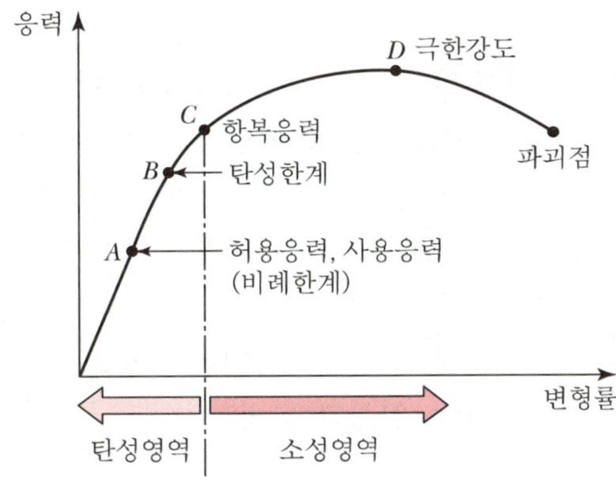

7) 응력 집중부분

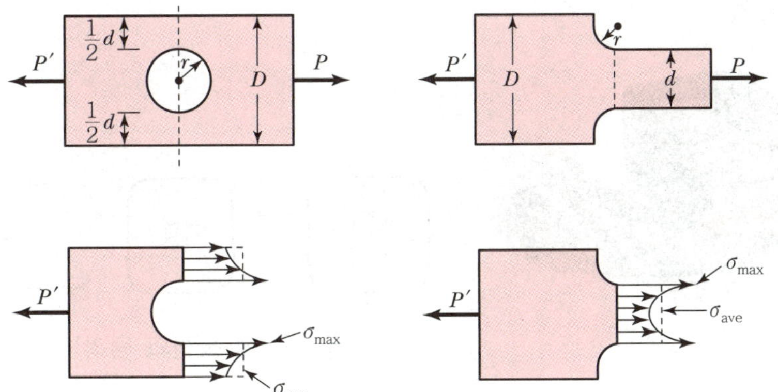

8) 킥업

전・후 충돌 등의 충격을 받았을 경우에 멤버 자체가 변형하여 차실에 영향을 미치는데 이때 영향이 덜 미치도록 부분적으로 만든 굴곡을 말함

9) 열간 가공의 특징

① 냉간 가공에 비해 비교적 작은 힘이 들지만 성형기가 재료의 높은 온도를 견뎌야 한다는 단점이 있다.

② 열간 가공의 경우 압력을 가하게 되어도 열에너지가 재료에 제공되므로 원자 간의 결합이 끊어졌다가

③ 다시 결합하게 되어 냉간과 달리 Grain Size(결정 입자)가 일정하게 유지되거나 오히려 커진다.

10) 적열취성

적열취성은 황(S)으로 인해 발생된다. 강철을 1,200℃에서 압착 가공할 때 결정 입자 경계에 있는 공정 조직이 녹는데, 이것이 원인이 되어 강철이 부스러지는 것이다.

① 풀림 : 금속 재료를 적당한 온도로 가열한 다음 서서히 상온으로 냉각시키는 방법

② 불림 : 강(鋼)을 표준상태로 만들기 위한 열처리로 강을 단련한 후, 오스테나이트의 단상이 되는 온도범위에서 가열하여 대기 속에 방치하여 자연냉각한다.

③ 뜨임 : 담금질 후 A^1 변태점 이하로 재가열하여 경도는 다소 작아지나 인성을 증가시켜 강인한 조직으로 만드는 열처리 방법

3. 판금 및 용접

1) 스폿 용접

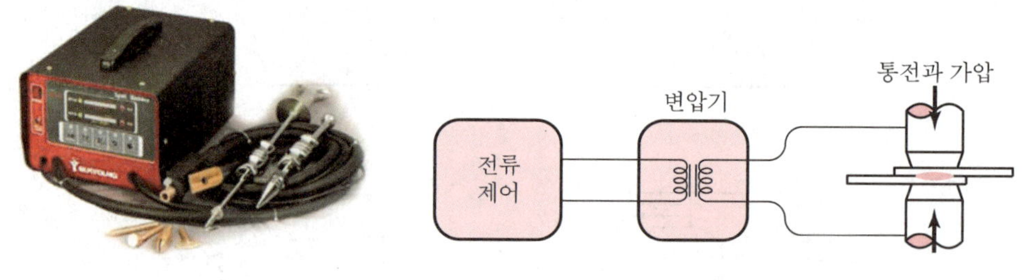

[스폿 점 용접의 원리]

2) 직류용접의 정극성 용접과 역극성 용접

① 정극성 : 모재에 (+)극, 용접봉에 (−)극을 연결하는 용접으로 모재가 두꺼울 때 이용된다.

② 역극성 : 모재에 (−)극을, 용접봉에 (+)극을 연결하는 용접으로 모재가 얇을 때 이용된다.

3) 미그용접(MIG arc welding, 소모전극식)

미그용접은 전극선을 이용해 그 앞 끝과 모재 사이에 아크를 발생시켜, 이 둘을 동시에 용융시켜 용접하는 방법이다.

4) 전기저항용접(Resistance Welding)

- 열과 압력 동시 사용
- 열은 용접물의 전기저항과 접촉에 의해 발생
- 압력은 외부로부터 제공되고 용접 사이클 중에도 다양하게 변함
- 용접물 사이의 접촉을 유지하기 위하여 일정한 압력을 초기에 가함
  ⇒ 접촉부 저항 조절
- 적절한 온도에 다다르면 접합을 촉진시키기 위해 압력 증가
  ⇒ 낮은 온도에서 접합

4. 차체교정 및 수리

1) 차체의 손상 진단에 확인해야 할 사항

차체의 손상발생은 가해진 외력의 크기, 방향, 접촉부위 및 그 분포 상태가 집중적인 경우와 분산된 경우 등에 의해 그 상태가 달라지며, 차체에 사용된 부재의 성질, 판 두께, 형상, 조립상태 등에 의해 손상 발생의 경향도 달라진다. 따라서 손상 진단에 확인해야 할 사항은 (1) 형상의 변화 부분, (2) 단면 형상의 변화 부분, (3) 지점의 변화부분이다.

2) 모노코코 보디의 손상형태

① 새그 : 사이드 레일의 상단 표면에 가장 현저히 나타나는 휨의 상태를 표현한 것으로, 데이텀 라인 차원에서 변형된 것

② 사이드 스웨이 : 센터라인을 중심으로 좌측 또는 우측으로 변형된 것이며, 일반적으로 전방 측면, 후방 측면에 생긴다.

③ 쇼트레일 : 프레임 구조 또는 하체의 한 부분이 충돌에 의해서 짧아진 상태

④ 트위스트 : 차체의 하체면이 데이텀라인에 평행하지 않은 비틀림 상태

⑤ 다이아몬드 : 프레임의 한쪽 면이 전면쪽이나 후면쪽으로 밀려난 상태를 말하며, 차체의 사각형이 다이아몬드형으로 변형된 것

3) 접합유리(laminated glass, 接合琉璃)

① 유리 파손시 파편이 되어 날아가는 것을 방지하기 위하여 두 개 이상의 유리판 사이에 수지 층을 넣어 만든 유리

② 일반유리 판 사이에 플라스틱으로 접합된 유리섬유를 끼워 넣은 유리를 말한다.

2 자동차 보수도장

1. 자동차 도료

1) 도료의 구성

구 분	기 능
부식방지 (Rust Prevention)	부식방지기능은 맨 철판 위에 직접 도장되는 언더코트(퍼티, 프라이머-서페이서 등)에 있어서 중요한 기능이다.
메꿈기능 (Filling)	손상된 부위에 언더코트 도장하여 표면의 흠, 샌딩자국, 핀홀 등을 메꾸는 데 사용된다.
실링기능 (Sealing)	퍼티와 다른 언더코트 재료들은 무수히 많은 기공들을 만들 수 있다. 그러한 기공이 있는 표면위에 상도를 직접 도장할 때 기공들이 젖은 도료를 흡수하여 상도도막은 광택을 잃게 된다. 상도도료가 흡수되는 것을 방지하기 위해 차단효과가 있는 도료를 상도도장 전에 도장해야 한다. 부분적으로 철판이 드러난 부위가 있는 언더코트에 상도도장할 때 노출된 부위에서 흐름현상이 나타날 수도 있다.
외관 향상 (Cosmetic Quality)	공정에 맞게 도장이 된다면 도료는 표면에 색상, 광택, 부드러움을 준다. 추가적으로 이런 것들은 오랜 기간 동안 지속되어야 한다.
부착기능 (Adhesion)	차량이 사용 중에 도막이 벗겨지지 않도록 부착력을 가져야 한다.
작업성 (Workability)	도료는 사용하는 데 쉬워야 한다. 쉽게 혼합되고, 쉽게 도장되고, 쉽게 건조되며, 샌딩작업이 쉬워야 한다.

유 형	개 요
퍼 티	• 판금면의 움푹 파진 곳을 수정하거나 손상부위 흠자리, 기완성된 도막의 두께차이, 요철을 수정하는 목적으로 쓰인다. • 퍼티는 건조 후 샌드페이퍼 등으로 잘 연마하여 표면을 평활하게 한다.
PP(범퍼) 프라이머	자동차 범퍼의 주소지인 PP(폴리프로필렌)에 대한 후속상도의 부착 향상을 기하기 위해 도장한다.
서페이서	퍼티면의 흡입을 억제하여 얕은 흠을 메꿔주며 연마를 하여 도장면을 평활하게 한다.
유색상도	차체에 색상을 부여해 주는 기능을 하며, Solid, Metallic, Pearl 색상뿐만 아니라 최근에는 3Coat Pearl 색상까지 점차 다양해지고 있다.
투 명	보수도장의 최종 광택, 외관 및 물성을 좌우하며, 최근에는 내후성, 내스크래치성의 중요성이 부각되고 있다.

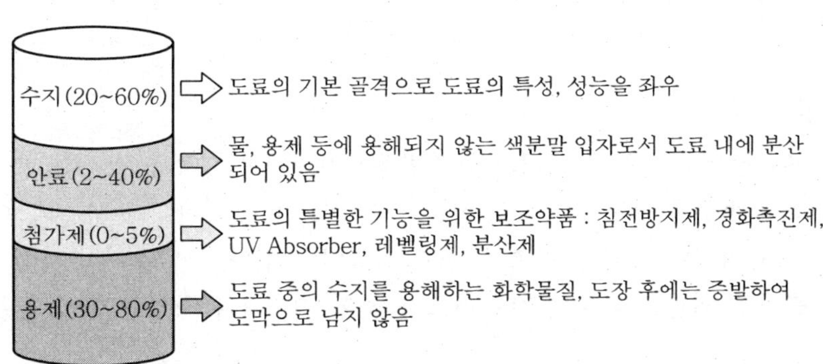

2) 프라이머-서페이서 기능

- 부착력 향상
- 부식방지
- 충격에 의한 완충작용
- 상도에 좋은 외관제공
- 메꿈기능

3) 안료

도료 조성의 3성분은 안료, 수지, 용제이고 4성분은 첨가제를 추가하면 된다.

① 안료 : 색상을 나타내는 분말

흰색, 검정, 빨강, 노랑, 파랑, 갈색, 녹색, 형광색 안료

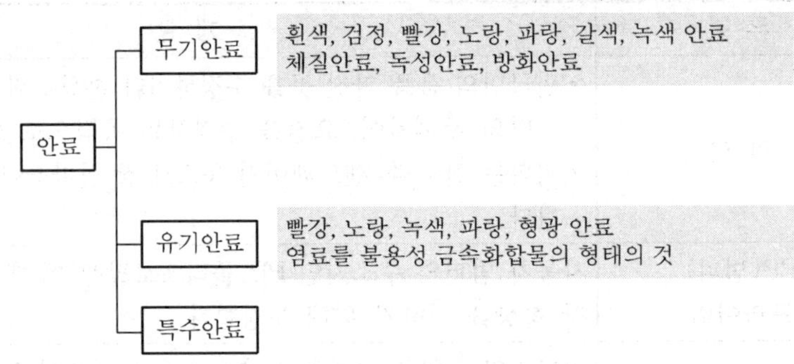

4) 용제(Solvent, 희석제)가 갖추어야 할 조건

도료를 유동상태에서 사용하기 위해 유동성을 부여하는 용매(30~80%)

① 적정한 증발속도이어야 한다.

② 수지를 잘 용해하여야 한다.

③ 무색이거나 연한 색이어야 한다.

④ 악취나 독성이 없어야 한다.

5) 우레탄 도료

① 차체수리에서 경화제를 첨가하여 반응시킨 2액형 도료를 말한다.

② 경화제와 주제를 보통 4 : 1로 하는 것을 아크릴 우레탄이라 하는데, 이 타입은 도막의 성능이 우수하지만 건조가 늦고 취급이 어렵다.

③ 아름다운 외관을 나타내지만 건조가 늦어 래커보다 작업성이 좋지 못하다.

6) 도료의 저장 중에 발생하는 결함

① 침전 : 수지와 안료가 분해되어 안료가 도료 용기의 바닥에 가라앉지 않아 굳어지는 현상

② 겔화 : 도료의 점도가 높아져 도료가 유동성이 없는 젤리처럼 되는 현상

③ 피막 : 도료의 표면에 건조한 가죽모양의 형상이 생기는 현상

7) 합성수지 특징

열가소성, 열경화성, 가벼운 점, 전기의 절연성, 비열성이 나쁘고 열팽창이 크다는 것이 결점이다.

2. 조색

1) 색의 3요소

① 색상 : 색 자체의 명칭으로 명도와 채도에 관계없이 빨강, 노랑, 파랑과 같이 각 색에 붙인 명칭

② 명도 : 물체색의 밝고 어두운 정도

③ 채도 : 색의 선명하고 탁한 정도를 말하며 색의 맑기, 색의 순도(색의 강하고 약한 정도)라고도 한다.

2) 보색(Complementary color, 補色)

임의의 2가지 색광을 일정 비율로 혼색하여 백색광이 되는 경우, 또는 색상이 다른 두 색의 물감을 적당한 비율로 혼합하여 무채색이 되는 경우로 색상환에서 서로 대응하는 위치의 색. 이 두 색을 서로 상대방에 대한 보색 또는 여색(餘色)이라 한다.

3) 메타메리 현상

눈의 신경에 혼란이 오는 것으로, 색상 구별이 순간적으로 중단되는 것을 말한다.

4) 메탈릭 컬러

알루미늄 조색제가 혼합되어 빛이 반사되면 반짝이는 효과와 중금속의 색감이 나는 컬러를 말한다. 이는 보는 각도에 따라 색 또는 명암이 달리 보이므로 조색시 밝게 하기 위해 흰색을 첨가하면 안 됨을 주의해야 한다.

3. 보수도장

1) 도료의 건조 기구 : 도막이 되는 조건

① 용제 증발형 건조

- 도료 중의 용제(희석제)가 증발하여 도막이 되는 것으로 수지 분자의 결합이 없다.
- 신나로 닦으면 도막이 용해한다. 일반적으로 아크릴 래커계 도료의 건조기구이다.

② 용제 증발에 따른 반응형

- 서로 다른 수지 분자가 용제가 증발하면서 다른 수지와 서로 결합하는 형태

• 용제가 증발하지 않으면 도막의 형성이 이루어지지 않는다.
• 도료의 형태에 따라서 용제에 녹는 도막도 있다.(망상구조가 엉성하면 할수록 용제에 쉽게 녹는다.)

③ 반응 건조형

• 산화중합 건조(酸化重合 乾燥)
수지 분자가 공기 중의 산소를 흡수하여 산화하는 것에 따라 중합을 일으켜 망상구조를 형성한다. 그러나 망상구조가 엉성하므로 도막성능이 별로 좋지 않고, 망상구조가 완성되기까지 많은 시간(최소 8시간 이상)이 걸리기 때문에 자동차용 도료로써 거의 사용되지 않는다. 단, 프라이머 또는 서페이서로써 저급품 또는 대형 차량이 색도료로 일부 사용하고 있다.
• 열(熱)중합 건조
일반적으로 120℃ 이상의 온도에서 가열(열을 줌)하여 수지의 반응이 일어나 치밀한 망상구조를 만들기 때문에 도막성능이 우수하고 용제에 녹지 않는다.(신차도막의 대부분이 이 형태임)
• 2액 중합건조
주제와 경화제를 혼합함으로써 수지의 반응을 일으키고 망상구조가 형성된다. 온도가 높아지면 반응속도가 빨라지며 온도가 낮으면 반응속도가 늦어진다.(5℃ 이하에서는 반응 거의 안 됨) 망상구조가 치밀하며 도막성능이 신차도막과 동등이상이다. 단, 경화제 양을 적게 사용하면 도막이 약해져 균열광택 소실이 생기며 경화제를 많이 사용하면 건조가 느려지고 물성의 변화가 있으므로 주의해야 한다.

2) 에어스프레이 도장의 장점

① 피도물의 재질이나 형상에 관계없이 도장할 수 있다.
② 효율적으로 도장할 수 있다.
③ 아름다운 외관을 얻을 수 있다.

3) 에어스프레이 도장의 단점

① 분무시켜 도장하기 때문에 도료의 손실이 많다.
② 스프레이 점도를 유지시키기 위하여 많은 양의 시너가 필요하다.
③ 작업장에 비산먼지가 많이 발생한다.

4) 스프레이건 노즐의 분공은 여러 종류가 있기 때문에 노즐의 선택은 작업 전에 분무하는 도료나 도색작업의 내용에 따라 선택하여야 하며, 상도는 분공이 1.3mm, 프라이머 서페이서는 분공이 1.5mm가 기본이 된다.

5) 퍼티의 도포상태와 작업 상황에 따라 적절한 연마지를 선택하여야 하는데 보통 1차 퍼티 시에는 #80~180, 2차 퍼티 시에는 #180~400을 사용해야 한다. 퍼티의 순서는 다음과 같다.
   ① 퍼티는 2~3회 나눠서 알맞게 바른다.
   ② 퍼티를 바른 다음 자연온도로 건조시킨다.
   ③ 퍼티의 점도가 높을 때 시너를 희석시켜서 사용한다.

6) 프라이머-서페이서의 종류

① 래커계 프라이머 서페이서(1액형) : 니트로셀룰로스와 알키드 수지, 아크릴 수지로 구성
② 우레탄계 프라이머 서페이서(2액형) : 이소시아네이트의 경화제 사용
③ 합성수지계 프라이머 서페이서
④ 에폭시계 프라이머 서페이서

4. 도장의 결함 및 대책

도장 결함의 종류는 다음과 같다.

- 핀홀(PIN HOLE)
- 브리스터(BLISTER)
- 오렌지필(ORANGE PEEL)
- 주름(WRINKLE)
- 부착불량/메탈릴얼룩(CLOUDING)
- 샌딩자국(SANDING MARK)
- 싱케이지(SINKAGE)
- 색분리(DISCOLORATION)
- 크래터링(CRATERING)
- 갈라짐(CRACK)
- 브리딩(BLEEDING)
- 플로팅(FLOATING)
- 흐름(RUN, SAGGING)
- 부풀음(SWELLING)
- 시딩(SEEDING)

1) 핀홀(PIN HOLE) → 솔벤트 팝(SOLVENT POP)

① **현상** : 도장 표면에 작은 구멍이나 기포 발생

[핀홀(PIN HOLE)]

② 원인

- 1회에 두껍게 도장 시
- Setting Time이 너무 짧을 때
- 고온에서 강제 건조시켰을 때
- 건조가 너무 빠른 시너 사용 시
- 열원이 너무 가까울 때

③ 대책

- 제품별 추천 도장횟수, 도장 두께 준수
- Setting Time 준수 및 서서히 온도 상승
- 적정 시너 사용

④ **보수방법** : 불량 부위 연마 후 재도장

2) 크래터링(CRATERING)

① **현상** : 도장표면에 주위가 둥글고 볼록하게 나오며 가운데는 원형의 구멍이 발생

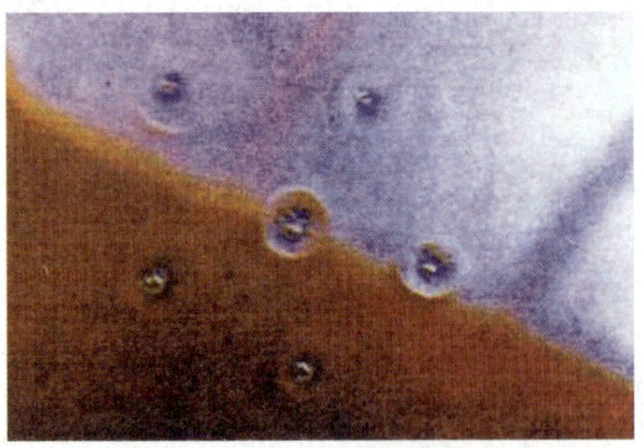

[크래터링(CRATERING)]

② 원인
- 표면이 완전히 세정되지 않았을 경우(오일, 왁스, 실리콘 등의 오염)
- 공기압축기에서 유분이나 수분이 나올 때
- 도료 포장용기에 이형제 잔존 시

③ 대책
- 도장표면 깨끗이 세정 후 도장
- 공기압축기 등 설비 정기적 점검

④ **보수방법** : 크래터링 발생부위까지 샌딩 후 재도장

3) 브리스터(BLISTER)

① **현상** : 도막 층에 크고 작은 기포 발생

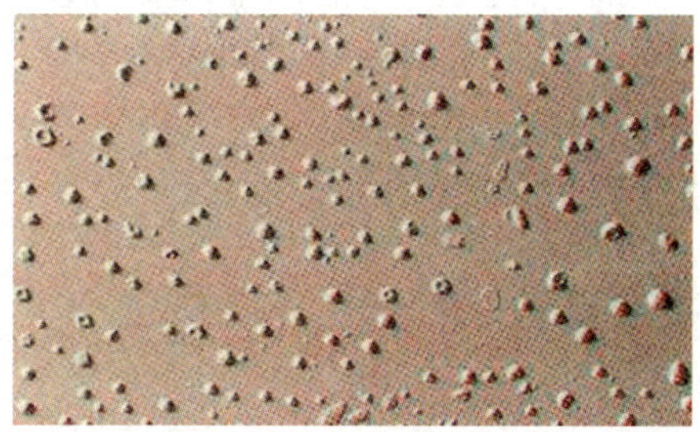

[브리스터(BLISTER)]

② 원인
- 작업 시 수분, 오일 등 오염물 침투
- 퍼티 수연마로 인한 수분 잔존 시
- 상도표면 손상에 의한 수분 침투
- 고습도 지역에 장기간 노출 시

③ 대책
- 도장표면 깨끗이 세정 후 도장
- 퍼티 샌딩 시 수연마 배제
- 완전 건조 후 후속도장
- 공기압축기 등 정기적 설비 점검

④ **보수방법** : 기포가 발생한 부위까지 샌딩 후 재도장

4) 갈라짐(CRACK)

① **현상** : 도막 표면이 불규칙하게 갈라지는 현상

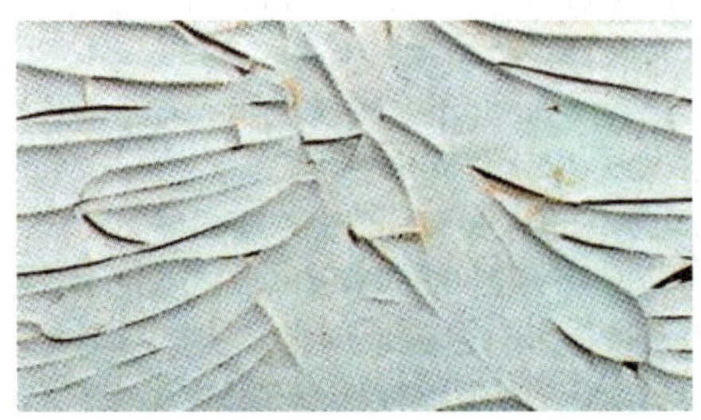

[갈라짐(CRACK)]

② **원인**

- 도막을 너무 두껍게 도장했을 때
- 상·하도 간 수축률, 신장률이 다른 페인트 사용 시
- 갈라짐(Crack)이 있는 구도막에 보수작업을 했을 때

③ **대책** : 추천 도막두께 및 제품 사용법 준수

④ **보수방법** : 크랙이 발생한 부위까지 연마 후 재도장

5) 오렌지필(ORANGE PEEL)

① **현상** : 건조된 도막이 귤껍질 같이 나타나는 현상

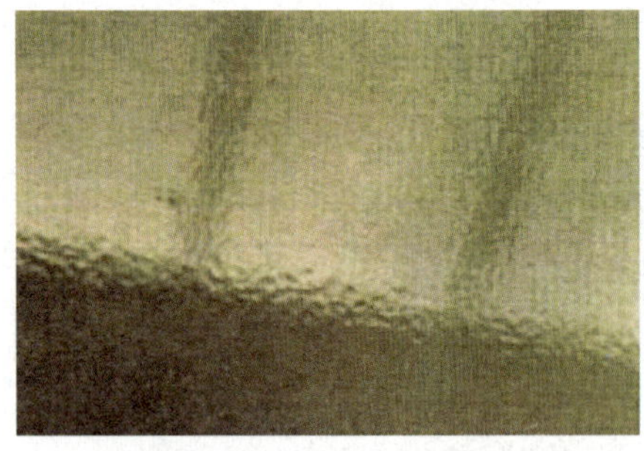

[오렌지필(ORANGE PEEL)]

② **원인**

- 도료 점도가 너무 높을 때
- 시너 건조가 너무 빠를 때

- 건조도막 두께가 너무 얇을 때
- 표면온도, Booth 온도가 높을 때
- 건(Gun) 토출 시 미립화가 잘 안 될 때
- 스프레이건에서 공급되는 페인트량이 적을 때

③ 대책

- 추천 점도 준수
- 적당한 작업 온도 및 적당한 시너 사용
- 스프레이건 점검

④ **보수방법** : 심하지 않을 경우 광택을 내거나, 샌딩 후 재도장

6) 블리딩(BLEEDING)

① **현상** : 상도 표면에 하도 색상 성분이 떠올라서 변색을 일으킴

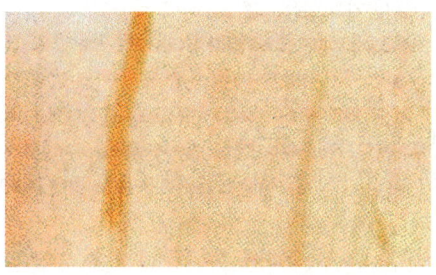

[블리딩(BLEEDING)]

② 원인

- 상도 도장 시 구도막이 용제에 용해되어 떠오름
- 퍼티 경화제가 과량으로 들어갔을 때
- 차체에 묻은 타르 성분이 남아 있을 때

③ 대책

- 서페이서로 구도막 차단
- 퍼티 경화제의 적정량 사용 및 충분한 혼합

④ **보수방법** : 결함 부위 샌딩 후 재도장

7) 주름(WRINKLE)

① **현상** : 도막 표면에 주름이 생기는 현상

[주름(WRINKLE)]

② 원인

- 하도가 불안정할 때(에나멜 구도막에 우레탄 도장 시 등)
- 상도가 너무 두껍게 도장되었을 때
- 도장 시 온도, 습도가 높을 때

③ 대책

- 추천도막 두께, 건조조건 준수
- 상이한 Type의 도료 사용 시 충분한 하지 처리(서페이서 사용)

④ 보수방법

- 완전 건조, 샌딩 후 재도장(심할 시 구도막 제거 후 재도장)
- 용도 · 제품 검색

8) 플로팅(FLOATING)

① **현상** : 상도 표면에 반점이나 그늘진 것 같이 불규칙한 모양이 나타남

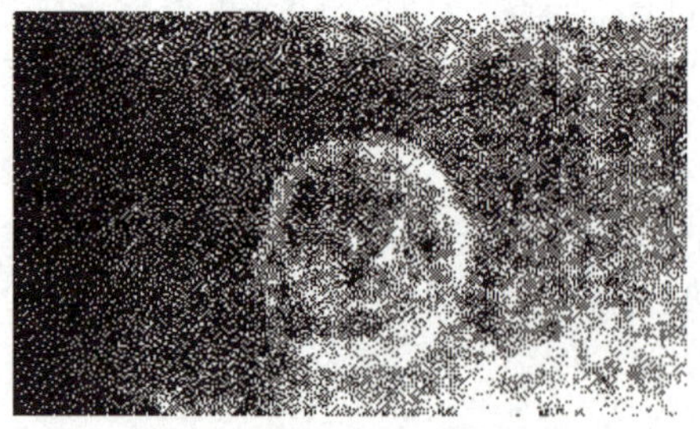

[플로팅(FLOATING)]

② 원인

- 상도도장을 균일하지 않게 도장하였거나 과도하게 도장했을 경우
- 스프레이건의 압력이 너무 높거나 너무 낮을 때
- 부적절한 시너 사용 시

③ 대책

- 추천 도막으로 균일하게 도장
- 도장 매뉴얼 준수

④ 보수방법

- 건조 후 표면을 얇게 샌딩한 다음 재 도장
- 용도 · 제품 검색

9) 부착 불량

① 현상 : 구도막과 보수도막 층이 박리되는 현상

[부착 불량]

② 원인

- 불완전한 소지 조정(실리콘, 왁스, 녹 등 잔유물/샌딩 미실시 또는 부족 시)
- 소지에 맞지 않는 하도 적용
- 하도나 베이스코트가 너무 얇게 도장되었거나 너무 많이 건조되었을 경우

③ 대책

- 완전한 소지 조정(세정 및 샌딩)
- 소지에 적절한 하도 선택
- 건조시간 준수
- 스프레이 더스트가 많이 발생치 않도록 주의

④ 보수방법

- 부착불량 부위까지 샌딩 후 재도장
- 용도 · 제품 검색

10) 메탈릴 얼룩(CLOUDING)

① **현상** : 메탈릭 상도 도장 시 얼룩 발생

[메탈릴 얼룩(CLOUDING)]

② 원인

- 베이스코트가 균일하지 않게 도장되었을 때
- 베이스코트 도장 후 Setting Time을 충분히 주지 않고 투명도장
- 1회에 두껍게 투명도장 했을 때

③ 예방법

- 베이스코트를 두껍지 않게, 균일한 도장을 한다.
- 충분한 Setting Time 준수

④ 보수방법

- 건(Gun)의 압력을 낮추고 적당량의 시너 희석 후 신속히 도장
- 용도 · 제품 검색

11) 흐름(RUN, SAGGING)

① 현상 : 수직으로 흐르는 자국이나 방울이 나타나는 현상

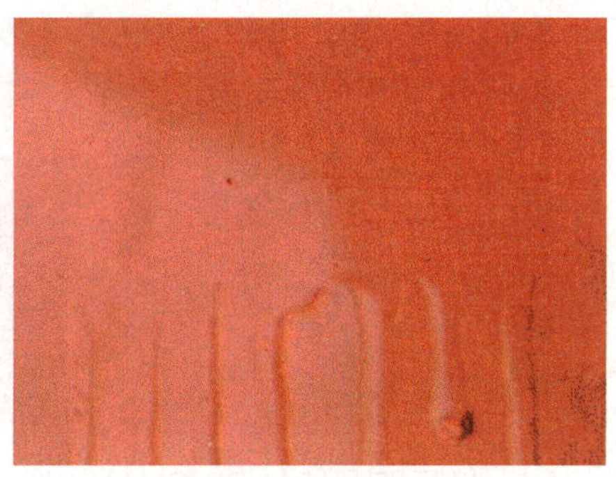

[흐름(RUN, SAGGING)]

② 원인

- 도료 점도가 낮을 때
- 1회에 두껍게 도장했을 때
- 프레시 타임 없이 두껍게 도장했을 때
- 도장 온도가 너무 높거나 낮을 때
- 스프레이 압력이 너무 낮은 경우

③ 대책

- 도장 매뉴얼 준수(점도, 도막두께, 도장횟수 등)
- Setting Time 준수
- 작업조건에 맞는 경화제, 시너 사용

④ 보수방법

- 미량인 경우 컴파운드로 샌딩하고, 심할 경우 샌딩 후 재도장
- 용도 · 제품 검색

12) 샌딩자국(SANDING MARK)

① **현상** : 상도 도장 시 중·하도 샌딩부위의 흠이 보이는 현상

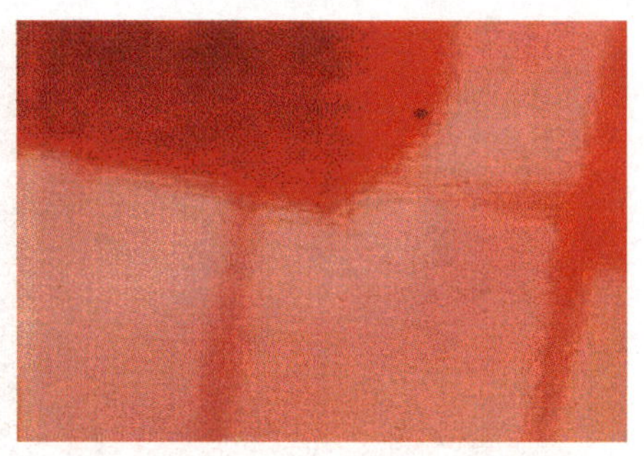

[샌딩자국(SANDING MARK)]

② **원인**

- 거친 샌드 페이퍼 사용 시
- 하도 도장 후 불충분한 건조 시

③ **대책**

- 도료에 적합한 샌드 페이퍼 사용
- 충분한 하도 건조

④ **보수방법**

- 샌딩 후 재도장 실시
- 용도·제품 검색

13) 부풀음(SWELLING)

① **현상** : 보수 도막 주변의 부풀음 현상

② **원인**

- 구도막의 불완전한 소지 조정(불완전 샌딩)
- 퍼티의 과도한 도포 또는 불충분한 건조
- 구도막을 차단시키지 못하는 경우

③ **대책**

- 고운 연마지를 사용하여 소지 조정

• 보수부분 주변을 조금 넓게 작업
• 충분한 건조 및 서페이서로 구도막 차단

④ **보수방법**
• 외부의 결함부위가 보이는 곳까지 샌딩한 후 중도, 상도를 재도장
• 용도 · 제품 검색

14) 싱케이지(SINKAGE)

① **현상** : 상도 표면에 균일하지 않은 작은 구멍 발생

② **원인**
• 하도의 불충분한 건조
• 하도면이 너무 거칠었을 때
• 하도가 너무 두껍게 도장되어 건조 지연 시
• 상도가 얇게 도장되었을 때
• 상도를 두껍게 도장했을 경우 도막에 존재하는 용제의 증발이 서서히 일어날 때

③ **대책**
• 충분한 하도 건조 및 Setting Time 준수
• 도장 매뉴얼 준수

④ **보수 방법**
• 열처리하여 완전 건조시킨 후 약간의 샌딩을 한 다음 재도장
• 용도 · 제품 검색

15) 시딩(SEEDING)

① **현상** : 도료 원액에 서로 다른 형태, 크기의 알갱이가 들어있는 상태

② **원인**
• 도료를 장기간 저장하거나 고온에서 보관했을 때
• 경화제나 희석제 사용이 잘못되었을 때
• 이액형 도료일 경우 가사시간이 지난 제품을 사용했을 때
• 분산이나 교반이 충분하지 못했을 경우

③ 대책
- 규정된 시너, 경화제 사용
- 가사시간 준수
- 사용 전 충분한 교반
- 도료 사용 전 Filtering 실시

④ 보수방법
- 샌딩 후 재도장 실시
- 용도 · 제품 검색

16) 색분리(DISCOLORATION)

① 현상 : 상도도장 시 안료들이 서로 분리되어 얼룩 형성

② 원인 : 도료생산 시 원료의 불균일한 혼합

③ 대책 : 용해력이 좋은 시너 사용, 도료 사용 전 충분한 교반

④ 보수방법 : 샌딩 후 재도장

● 분류별 기출예상문제

제5과목 차체수리

Subject

01. 다음 중 자동차의 보디에 해당되지 않는 것은? 2009.07.12

① 도어 ② 펜더
③ 루프 ④ 섀시

02. 차체의 형상에서 모노코크 구조의 설명 중 틀린 것은? 2002.07.21

① 차체의 무게가 가볍다.
② 차체 바닥면에 낮아지므로 실내 공간이 넓다.
③ 일체 구조로 되어 있어 충격 흡수의 효과가 좋다.
④ 충돌시 손상상태가 간단하여 수리 복원이 쉽다.

03. 일체형 차체인 모노코크 보디의 특징이 아닌 것은? 2003.07.20

① 일체형 구조이므로 중량이 가볍다.
② 단독 프레임이 없기 때문에 차고가 높다.
③ 차량 충돌 시 충격 흡수율이 좋고 안전성이 높다.
④ 충돌에 대한 손상 형태가 복잡하여 복원 수리가 비교적 어렵다.

04. 모노코크 바디의 설명으로 잘못된 것은? 2005.04.03

① 충격을 흡수할 수 있도록 일부러 약한 부위를 만들어준다.
② 충격을 받으면 서스펜션 조립부가 상향으로 올라가는 변형을 일으킨다.
③ 충격흡수를 위해 두께를 바꾸거나 구멍을 만들어준다.
④ 충격 흡수를 위해 사다리형 프레임을 바디와 별도로 사용한다.

05. 승용차 보디의 구성 중 전면부 보디에 속하는 명칭은? 2002.04.07

① 프론트 휠 하우스 ② 사이드 라커 패널
③ 센터 필러 포스트 ④ 백 패널

정답 01. ④ 02. ④ 03. ② 04. ④ 05. ①

06. 차체에서 화이트 보디(White Body)를 구성하는 부품 중 틀린 것은?
2004.04.04, 2008.07.13, 2012.07.22

① 사이드 바디
② 도어(앞 · 뒤문짝)
③ 범퍼
④ 엔진 후드, 트렁크 리드

07. 차량 충돌 시 충격을 흡수하기 위한 범퍼의 구성품이 아닌 것은? 2011.04.17

① 범퍼 가드 ② 플라스틱 범퍼
③ 범퍼 빔 ④ 범퍼 페시아

08. 승용차에서 센터 필러(Center Pillar)가 없는 보디 구조를 지닌 것은? 2010.07.11

① 세단(4인승) ② 쿠페
③ 리무진 ④ 스테이션 왜건

09. 도어나 트렁크 리드가 닫혔을 때 본체와 닿는 면을 부드럽게 하기 위한 고무로서 개스킷 식으로 된 부품의 명칭은? 2012.04.08

① 웨더 스트립(Weather Strip) ② 그릴(Grille)
③ 몰딩(Molding) ④ 트림(Trim)

10. 트렁크 리드의 구성 요소가 아닌 것은? 2007.07.15, 2011.04.17

① 트렁크 리드 힌지 ② 토션 바
③ 트렁크 리드 로크 ④ 패키지 트레이

11. 차체에 사용되는 패널 중 볼트 온 패널로 맞는 것은? 2007.04.01

① 센터 필러 ② 쿼터 패널
③ 라커 패널 ④ 프런트 펜더

정답 06. ③ 07. ① 08. ② 09. ① 10. ④ 11. ④

12. 손상 패널의 수리방법을 결정할 때 분석의 내용이 아닌 것은? 2003.03.30

① 충돌의 각도 ② 충돌물의 중량 및 강도
③ 충돌물의 속도 ④ 파손된 강판의 크기

13. 승용차의 보디 구조를 이루고 있는 패널의 주요 재료가 아닌 것은? 2010.03.28

① 냉간압연 강판 ② 고장력 강판
③ 열간압연 강판 ④ 표면 처리 강판

➡해설 열간 압연 강판은 A_3 변태점(910℃) 이상에서 압연한 강판으로 1.4mm 이상의 비교적 두꺼운 강판 부재에 사용된다.

14. 다음 중 자동차 프레임의 종류에 속하지 않는 것은? 2004.07.18

① 사다리형 프레임 ② X형 프레임
③ 페리미터 프레임 ④ 박스형 프레임

➡해설 프레임의 종류
① 조합형(H형, 페리미터형) ② 플레이트폼형
③ X형 ④ 일체형
⑤ 스페이스(골조)형

15. 한 방향만의 위치를 제한하고 있는 지점으로 반력도 하나로 되고, 휨모멘트에는 저항을 하지 않는 지점을 무엇이라 하는가? 2005.07.17

① 회전지점 ② 고정지점 ③ 균일지점 ④ 가동지점

➡해설 한 방향만의 위치를 제한하고 있는 지점으로 반발력도 하나로 되고, 휨 모멘트에는 저항을 하지 않는 지점을 가동지점이라 한다.

16. 다음 중 차체 변형 교정 작업 시 주의할 사항이 아닌 것은? 2007.04.01

① 고정장치를 확실하게 고정한다.
② 인장 체인에 안전 고리를 걸고 작업한다.
③ 과도한 압력으로 한번에 작업한다.
④ 차체 인장 방향과 일직선에 서지 않는다.

정답 12. ④ 13. ③ 14. ④ 15. ④ 16. ③

17. 보디 고정 작업에 대한 설명으로 맞는 것은? 2003.07.20, 2009.03.29

① 보디 고정에는 기본 고정만 있다.
② 고정용 클램프는 열십자(+) 형태로 연결한다.
③ 기본 고정은 라커 패널 아래의 플랜지 네 곳에서 한다.
④ 라커 패널 아래의 플랜지가 없는 자동차는 고정할 수 없다.

➡해설 보디 고정에는 기본고정과 추가고정(2개소 고정)이 있다.

18. 모노코크 보디 구조에서 측면 충돌에 대한 충격 흡수와 강도 보강을 위해 사용되는 패널과 가장 거리가 먼 것은? 2011.07.31

① 로커패널 ② 시트 크로스멤버
③ 대시 패널 ④ 사이드 멤버

19. 손상된 보디를 기본적인 고정을 하고 인장 작업을 위해 추가적인 고정을 하는 이유가 아닌 것은? 2004.04.04, 2012.07.22

① 보디 중심에 필요한 회전 모멘트를 발생하기 위해서
② 과도한 인장력을 방지하기 위해서
③ 스포트 용접부를 보호하기 위해서
④ 고정한 부분까지 힘을 전달하기 위해서

20. 인장방향의 재료에 압축방향의 변형이 이루어지도록 힘을 가하면 탄성한계는 처음보다 낮아지게 되는 것은? 2009.07.12

① 이방성 ② 바우싱거 효과
③ 가공경화 ④ 재결정

➡해설 한 번 소성 변형된 재료는 앞에 주어진 응력과 역방향의 응력에 대해서 항복점이 저하되는 현상을 바우싱거 효과라고 한다.

21. 자동차의 차체 제작성형은 철금속의 어떤 성질을 이용한 것인가? 2004.07.18

① 가공경화 ② 소성
③ 탄성 ④ 가단성

 정답 17. ③ 18. ④ 19. ① 20. ② 21. ②

22. 재료의 인장강도와 허용응력의 비율을 무엇이라 하는가? 2003.07.20, 2010.03.28

① 변형률 ② 반력
③ 안전율 ④ 전단력

해설 안전계수(Safety Factor) 또는 안전율(기준강도/허용응력)
- 안전계수가 너무 크면 안전성은 좋지만 경제성 저감
- 안전계수를 가능한 한 작게 선정하여 최적설계

23. 원래 길이가 200mm, 늘어난 길이가 262mm일 때 연신율은? 2001.09.23

① 25% ② 12%
③ 31% ④ 50%

해설 $연신율 = \frac{262-200}{200} \times 100 = 31\%$

24. 바깥 지름이 D, 안지름이 d인 강관에 인장 하중 W가 작용할 때 관에 발생하는 응력은? 2011.07.31

① $\sigma = \frac{W}{(D^2 - d^2)}$ ② $\sigma = \frac{4W}{(D^2 - d^2)}$
③ $\sigma = \frac{W}{\pi\left(\frac{D^2}{d^2}\right)}$ ④ $\sigma = \frac{4W}{\pi(D^2 - d^2)}$

25. 응력 변형률 선도에서 변형률이 가장 적은 곳은? 2001.09.23

① 항복점 ② 극한강도
③ 하항복점 ④ 비례한도

26. 재료의 응력 변형 선도에서 다음의 응력값 중 가장 작은 것은? 2008.03.30

① 극한강도 응력 ② 비례한도 응력
③ 상항복점 응력 ④ 하항복점 응력

정답 22. ③ 23. ③ 24. ④ 25. ④ 26. ②

27. 다음은 차체에 작용하는 응력의 종류들이다. 틀린 것은? 2006.04.02

① 전단응력 ② 중력응력
③ 비틀림응력 ④ 압축응력

28. 강판이 외력을 받았을 때 응력이 집중되는 부분이 아닌 것은? 2006.07.16

① 2중 강판 부분 ② 구멍이 있는 부분
③ 단면적이 작은 부분 ④ 곡면이 있는 부분

29. 차체의 리벳 이음에 작용하는 하중이 P이고 리벳 지름이 d일 때 리벳에 발생하는 전단 응력은? 2007.07.15

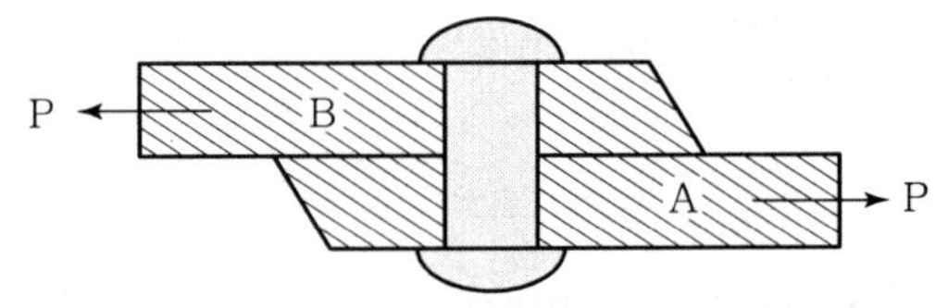

① $\tau = \dfrac{P}{\pi \cdot d^2}$ ② $\tau = \dfrac{2 \cdot P}{\pi \cdot d^2}$
③ $\tau = \dfrac{3 \cdot P}{\pi \cdot d^2}$ ④ $\tau = \dfrac{4 \cdot P}{\pi \cdot d^2}$

30. 차체의 손상에 영향을 미치는 것이 아닌 것은? 2002.04.07

① 외력의 크기 ② 외력의 방향
③ 접촉하는 부위 ④ 외력의 형상

31. 전면 충돌 등의 강한 충격을 받을 경우 멤버 자체가 변하여 객실에 영향이 적게 하도록 굴곡을 두는 것을 무엇이라 하는가? 2003.03.30, 2008.03.30

① 비딩 ② 스토퍼
③ 마운트 ④ 킥업

 정답 27. ② 28. ① 29. ④ 30. ④ 31. ④

➡해설

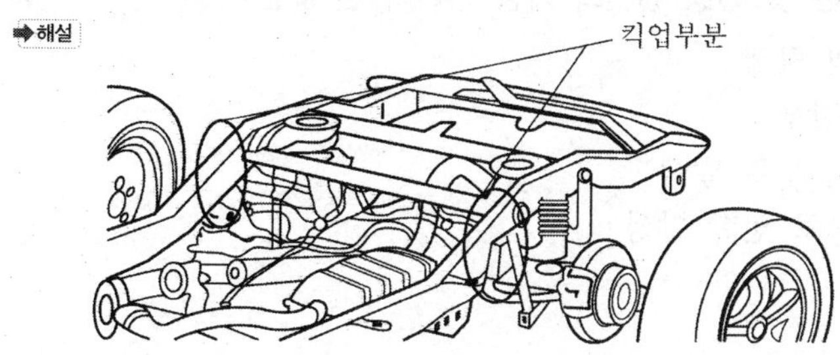

32. 열간 가공의 특징이 아닌 것은? 2010.07.11

① 큰 변형을 줄 수 있다.
② 재질이 고르다.
③ 처음 단계의 소성 변형에 적합하다.
④ 동력의 소요가 적다.

➡해설 열간 가공의 특징

냉간 가공에 비해 비교적 작은 힘이 들지만 성형기가 재료의 높은 온도를 견뎌야 한다는 단점이 있다. 열간 가공의 경우 압력을 가하게 되어도 열에너지가 재료에 제공되므로 원자간의 결합이 끊어졌다가 다시 결합하게 되어 냉간과 달리 Grain Size(결정 입자)가 일정하게 유지되거나 오히려 커진다.

33. 탄소강에서 적열취성(Red Shortness)의 성질을 가지게 하는 원소는? 2012.07.22

① Mn ② P ③ S ④ Si

➡해설 적열취성

황(S)은 열간 가공을 해치는 적열취성을 가져오는데, 이것은 강철이 빨갛게 달았을 때 나타나는 부스러지는 성질을 말한다.

34. 강을 가열한 후 급냉시켜 강도를 증가시키는 열처리 방법은? 2009.03.29

① 풀림 ② 풀림
③ 뜨임 ④ 담금질

정답 32. ② 33. ③ 34. ④

35. 자동차 차체 프레임의 파손 및 변형 원인과 가장 거리가 먼 것은? 2002.07.21

① 극단적인 휠 모멘트의 발생
② 충돌이나 전복 사고 발생
③ 장기간의 방치로 인한 노후 발생
④ 부분적인 집중 하중으로 인한 발생

36. 자동차의 하중 분포를 계산하여야 할 작업이 아닌 것은? 2004.04.04

① 오버 항 연장
② 라디에이터 길이 연장
③ 휠 베이스의 연장
④ 하대 개조 및 하대 오프셋의 변경

37. 자동차 판금작업에서 줄을 사용하는 방법으로 가장 적당한 것은? 2006.04.02

① 접촉하는 면적이 20cm 이상이 되도록 한다.
② 판금줄의 크기는 2인치 정도의 것을 쓴다.
③ 밀 때 절삭되도록 한다.
④ 새로 사용하는 줄은 단단한 것부터 사용하여 길들인다.

해설 ㉮ 접촉하는 면적(길이)이 5~6cm 이상이 되도록 한다.
㉯ 판금줄의 크기는 14인치 정도의 것을 쓴다.
㉰ 밀 때 절삭되도록 한다.

38. 그림과 같은 보에서 W의 무게로 눌렀을 때 이 보를 정지시킬 수 있는 반력은? 2012.04.08

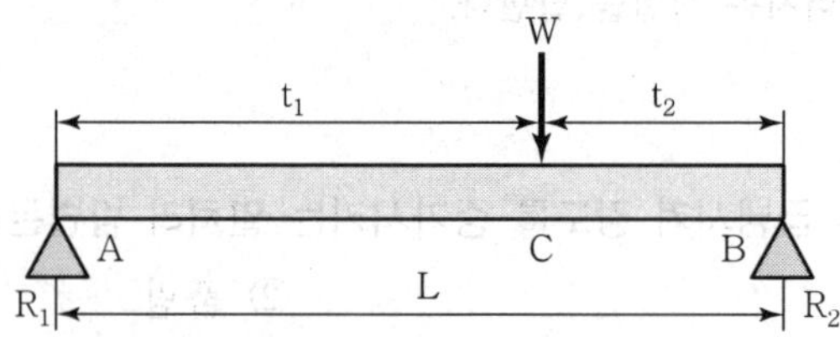

① $W = R_1 + R_2$
② $W = R_1 - R_2$
③ $W = R_1 A \times R_2 B$
④ $W = WR_1 + WR_2$

 정답 35. ③ 36. ② 37. ③ 38. ①

39. 스포트 용접기를 사용할 때 중요사항이 아닌 것은? 2002.07.21

① 용접할 시간　② 용접하려는 판의 두께
③ 용접하려는 부분의 형상　④ 용접 부분의 판 표면 상태

40. 점 용접 3단계의 순서로 맞는 것은? 2004.04.04

① 가압 → 냉각고착 → 통전　② 냉각고착 → 가압 → 통전
③ 가압 → 통전 → 냉각고착　④ 통전 → 가압 → 냉각고착

41. 전기 스포트 용접 과정에 속하지 않는 것은? 2004.07.18, 2009.07.12

① 가압밀착시간　② 통전융압시간
③ 냉각고착시간　④ 전극접촉시간

해설 가압→통전→냉각고착으로 스포트 용접이 이루어진다.

42. 스포트 용접의 전극 재질은 무엇을 많이 사용하는가? 2010.03.28

① 텅스텐　② 마그네슘
③ 구리합금, 순구리　④ 알루미늄

43. 용접 후에 발생되는 팽창과 수축은 어떤 결함에 속하는가? 2005.04.03

① 치수상 결함　② 성질상 결함
③ 화학적 결함　④ 구조상 결함

44. 용접 작업 후에 변형이 발생되는 가장 큰 이유는? 2007.04.01

① 용착 금속의 수축과 변형　② 용착 금속의 경화
③ 용접 이음부의 가공 불량　④ 용착 금속의 용착 불량

45. 전기 용접봉의 표시기호에서 E43○△ 중 43이 의미하는 것은? 2006.07.16

① 사용 전류　② 피복제 종류
③ 융착 금속의 최저 인장강도　④ 용접 자세

정답 39. ① 40. ③ 41. ④ 42. ③ 43. ① 44. ① 45. ③

46. 모재에 (+)극을, 용접봉에 (−)극을 연결하는 아크용접은? 2003.07.20, 2007.07.15

① 역극성 ② 정극성 ③ 용극성 ④ 용융성

해설 정극성 용접과 역극성 용접
① 정극성 : 모재에 (+)극, 용접봉에 (−)극을 연결하는 용접으로 모재가 두꺼울 때 이용된다.
② 역극성 : 모재에 (−)극, 용접봉에 (+)극을 연결하는 용접으로 모재가 얇을 때 이용된다.

47. 다음 용접 중 저항 용접에 속하지 않는 것은? 2005.07.17, 2008.03.30

① 스포트 용접 ② 프로젝션 용접
③ 심 용접 ④ 미그 용접

48. 전기저항 용접에 해당되는 것은? 2011.04.17

① 심 용접 ② 플라즈마 용접
③ 피복 아크 용접 ④ 탄산 가스 아크 용접

49. 용접으로 결합된 손상 패널을 떼어내는 시기로 맞는 것은? 2010.07.11

① 엔진, 새시와 함께 제거
② 손상 차체 교정 전에 제거
③ 손상 패널을 우선 제거
④ 바디 주요부의 치수를 맞춘 후에 제거

50. 용접 패널의 절단에 대한 설명으로 옳은 것은? 2009.03.29

① 용접부위에 바로 드릴로 작업하면 편리하다.
② 패널 뒤쪽에 전기배선, 파이프 등은 절단한다.
③ 차종 부위에 따라 절단해서는 안 되는 부분도 있다.
④ 제작회사의 설명서를 참고로 용접부만 잘라낸다.

51. CO_2 가스 아크 용접 토치의 구조 중에서 용접용 와이어에 전류를 공급하여 주는 장치는?
2002.04.07

① 오리피스 ② 노즐 ③ 콘텍트 팁 ④ 스프링 라이너

정답 46. ② 47. ④ 48. ① 49. ④ 50. ③ 51. ③

52. CO_2 가스 아크 용접에서 토치의 노즐 끝부분과 모재와의 유지하여야 할 적합한 거리는? 2012.04.08

① 4mm ② 6mm
③ 8mm ④ 12mm

53. CO_2 가스 아크 용접 조건의 설명이 잘못된 것은? 2008.07.13, 2012.07.22

① 용접 전류는 용입량을 결정하는 요인이다.
② 아크 전압은 비드 형상을 결정하는 요인이다.
③ 와이어의 용융 속도는 아크 전류에 정비례하여 증가한다.
④ 와이어의 돌출 길이가 길수록 가스의 보호 효과가 크고 노즐이 스패터가 부착되기 쉽다.

54. 강재의 재질을 검사하는 방법으로 잘못된 것은? 2005.04.03

① 불꽃 시험방법 ② 두들겨서 소리로 시험하는 방법
③ 꺾어서 시험하는 방법 ④ 줄로 밀어서 시험하는 방법

55. 패널의 표면을 편평하고 매끄럽게 하는 공구로 각종 해머의 밑받침 역할을 하는 공구는? 2002.07.21

① 치즐 ② 돌리 ③ 쇼오 ④ 스푼

56. 바디 패널의 라인부를 수정할 때 사용되는 공구는? 2010.03.28

① 해머, 돌리 ② 돌리, 스푼
③ 해머, 판금 정 ④ 해머, 돌리, 스푼

57. 판금용 해머, 돌리, 스푼에 대한 설명으로 틀린 것은? 2011.04.17

① 해머는 가볍게 잡고 패널 면과 경사지게 때린다.
② 돌리는 패널 모양에 맞추어 꼭 맞는 것을 사용한다.
③ 판금용 해머는 패널수정 이외의 용도로 사용해서는 안 된다.
④ 스푼은 좁은 틈 사이로 집어넣어 패널을 밀어내는 역할을 한다.

정답 52. ④ 53. ④ 54. ② 55. ② 56. ③ 57. ①

58. 보디 수리에서 사용되는 공구는 목적과 부위에 따라서 사용법이 달라지는데 절단용 기구가 아닌 것은? 2002.04.07

① 에어 치즐 ② 에어 쇼우
③ 플라즈마 절단기 ④ 디스크 샌더

59. 강판의 무그러짐을 수정하는 데 사용하는 공구가 아닌 것은? 2006.04.02

① 슬라이드 해머 ② 핸드훅
③ 스푼 ④ 디스크 샌더

60. 모노코크 보디의 프레임에서 사용 중에 변형이 잘 일어나지 않는 것은? 2005.07.17

① 상, 하 굽음 ② 밀림
③ 좌, 우 굽음 ④ 파손

61. 모노코크 보디의 충격흡수 방식으로 적합하지 못한 것은? 2006.04.02

① 구멍을 내는 방법
② 두께를 바꾸는 방법
③ 급 각도로 커브를 주는 방법
④ 볼트힌지를 주는 방법

62. 보디 수리의 기본 요소가 아닌 것은? 2001.09.23

① 고정 ② 열처리
③ 견인 ④ 계측

해설 열처리는 도장 작업에 속한다.

63. 자동차의 보디(차체) 수리시에 절단을 피하여야 할 부위가 아닌 것은? 2008.03.30

① 보강 부품이 있거나 부품의 모서리 부위
② 패널의 구멍 부위
③ 서스팬션을 지지하고 있는 부위
④ 항상부 단면적이 변하지 않는 부위

 정답 58. ④ 59. ④ 60. ④ 61. ④ 62. ② 63. ④

64. 차체의 손상 진단에 확인해야 할 점으로 거리가 먼 것은? 2008.07.13

① 형상의 변화 부분 ② 단면 형상의 변화 부분
③ 장치의 관성 부분 ④ 지점의 변화 부분

65. 모노코크 보디 차량의 데이텀 라인을 중심으로 상방향으로 변형된 자동차의 파손 형태는? 2008.07.13

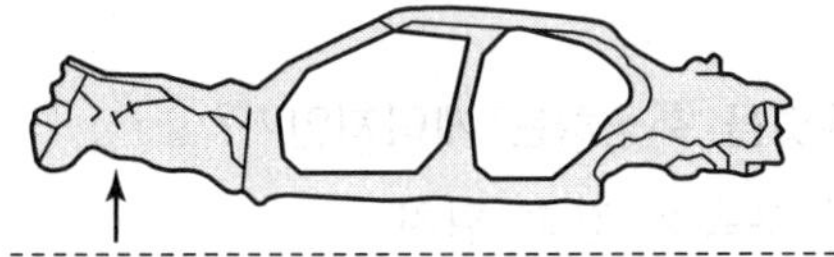

① 새그(Sag) ② 사이드 스웨이(Side Sway)
③ 쇼트 레일(Short Rail) ④ 트위스트(Twist)

66. 센터링 게이지로 차체 변형을 판독할 수 없는 변형은? 2009.07.12

① 새그 ② 쇼트 레일
③ 트위스트 ④ 사이드 웨이

➡해설 쇼트레일
프레임 구조 또는 하체의 한 부분이 충돌에 의해서 짧아진 상태

67. 자동차에 사용되는 안전유리에 대한 설명으로 틀린 것은? 2009.03.29

① 충격으로 깨어진 파편이 작은 동그라미 띠 형태로 되어야 한다.
② 안전유리로 강화유리가 사용되며 강화유리는 판유리를 약 600℃로 가열하여 급랭시켜 만든다.
③ 앞면 유리로 사용되는 접합유리는 일반 유리를 2겹으로 접합시킨 것이다.
④ 안전유리는 깨지기 어렵고, 깨질 경우에도 인체에 부상을 입히지 않아야 한다.

➡해설 접합유리
① 유리 파손 시 파편이 되어 날아가는 것을 방지하기 위하여 두 개 이상의 유리판 사이에 수지 층을 넣어 만든 유리
② 일반유리 판 사이에 플라스틱으로 접합된 유리섬유를 끼워 넣은 유리

정답 64. ③ 65. ① 66. ② 67. ③

68. 파손된 차체의 수리방법을 결정하는 요소가 아닌 것은? 2007.04.01

① 충돌물의 강도 ② 충돌물의 속도
③ 파손된 패널의 구조 ④ 인접된 패널의 구조

➡해설 손상패널 수리방법
충격을 준 충돌점과 충돌각도, 충돌물의 속도, 충돌력(힘), 충돌강도 등의 내용을 분석하여 수리방법을 결정한다.

69. 데이텀 게이지는 무엇을 측정하는 게이지인가? 2004.07.18

① 프레임 각 부의 부속품 접속 위치
② 프레임의 일그러짐
③ 프레임 기준선에 의한 프레임의 높이
④ 프레임 사이드 멤버와 크로스 멤버의 위치

70. 프레임 센터링 게이지란? 2005.04.03

① 프레임의 마운틴 포트 측정 ② 프레임의 중심선 측정
③ 프레임 센터의 개구부 측정 ④ 프레임 행거 측정

71. 측정 장비에 의한 파손 분석 요소 중 차량의 전후 축 방향에서 가상적인 중심축은? 2007.07.15

① 레벨 ② 데이텀
③ 치수 ④ 센터라인

72. 차체 클램프를 설치하는 방법으로 틀린 것은? 2001.09.23

① 체인을 꼬이지 않게 한다.
② 클램프의 톱니 사이에 이물질을 제거하여 사용한다.
③ 차체 부위에 상관없이 설치하여 사용한다.
④ 클램프의 볼트를 지나치게 체결해서는 안 된다.

 정답 68. ④ 69. ③ 70. ② 71. ④ 72. ③

73. 판금작업에서 심 부분이 풀리지 않도록 심의 마무리 작업에 쓰이는 것은? 2011.07.31

① 박자목 ② 판금 정
③ 그루브 ④ 핸드 시머

해설 그루브(Groove)
강판의 용접부에 용착 금속의 용입을 좋게 하여 강도를 높이기 위해서 피용접재의 가장자리 끝을 적당한 형상으로 가공하는 것(평면, 양면)

74. 차체 패널을 절단할 때 사용하는 공구와 가장 거리가 먼 것은? 2011.07.31

① 판금 정 ② 스폿 드릴
③ 에어 톱 ④ 에어 펀치

75. 모노코크 보디는 프레스 가공에 의한 대량생산이 가능한데 다음 중 보디 제작에 사용되는 프레스 가공법이 아닌 것은? 2006.07.16

① 업세팅(Up Setting) ② 플랜징
③ 비딩 ④ 헤밍

76. 프레임의 상하로 굽은 것을 수정하는 작업방법을 기술한 것이다. 그 작업방법에 들지 않는 것은? 2005.07.17

① 체인과 프랜지 훅을 사용하여 사이드 멤버를 고정시킨다.
② 굽은 부분은 잭으로 밀어올린다.
③ 굴곡의 수정과 동시에 가압상태로 사이드 멤버의 위쪽 또는 아래쪽 주름을 수정한다.
④ 굽은 부분에는 900~1,200℃ 정도 이하의 가열을 해야 한다.

77. 프레임의 점검 수정작업 중 틀린 것은? 2003.03.30

① 균열은 발생되면 커지므로 상태를 살핀 후 수리방법을 판단한다.
② 프레임 게이지, 센터링 게이지는 레이저 광선에 의한 측정을 한다.
③ 균열은 보강판을 대기 전에 균열 양끝 부분에 약 5mm 정도 크랙 스톱 홀을 만든다.
④ 보강판 끝 부분을 점 용접하는 것은 위험하다.

정답 73. ③ 74. ① 75. ① 76. ④ 77. ④

78. 프레임 파손이나, 변형의 원인이라고 볼 수 없는 것은? 2011.04.17

① 추돌
② 굴러 떨어진 사고
③ 극단적인 굽음 모멘트 발생
④ 장기간의 하중

79. 기본적으로 도료를 구성하는 3가지 요소가 아닌 것은? 2003.03.30

① 수지 ② 광택
③ 안료 ④ 용제

➡해설 도료는 수지, 안료, 용제 등의 3가지 성분으로 조성되며, 성분의 종류와 양을 변화시킴으로써 성질과 용도가 변화한다. 수지(resin)는 합성수지(플라스틱) 석유 정제 시에 생성된다.

80. 도료를 구성하는 4가지 요소가 아닌 것은? 2011.04.17

① 수지 ② 광택
③ 안료 ④ 용제

81. 솔리드 컬러 도료에 포함되지 않는 것은? 2005.07.17, 2012.07.22

① 안료 ② 메탈릭
③ 수지 ④ 용제

➡해설 도료를 구성하는 3요소
① 안료 : 유색의 불투명한 것으로, 일반 용제에 잘 녹지 않는 분말
② 수지 : 도료의 최종적인 도막의 주성분이 되는 여러 물질 중의 하나
③ 용제 : 용해하는 성분으로 희석하기도 하여 점도를 낮추어서 작업을 쉽고 편하게 해준다.

82. 상도 도료에 대한 설명 중 잘못된 것은? 2002.04.07, 2004.07.18

① 보수 도장 시 모든 메탈릭 컬러는 투명 작업을 필요로 한다.
② 자동차에 사용되는 펄 컬러인 경우도 투명 작업이 필요하다.
③ 최근 펄 컬러의 경우는 2코트 도장시스템 뿐만 아니라 3코트 도장시스템으로도 자동차에 적용되고 있다.
④ 모든 솔리드 컬러는 투명을 도장하지 않는 싱글 스테이지(S/S)로만 적용이 가능하다.

 정답 78. ④ 79. ② 80. ② 81. ② 82. ④

83. 보수 도장의 상도 도료에 대한 설명으로 가장 거리가 먼 것은? 2010.03.28

① 모든 메탈릭 컬러는 투명 작업을 필요로 한다.
② 펄 컬러인 경우도 투명 작업이 필요하다.
③ 최근 펄 컬러의 경우는 2코트뿐만 아니라 3코트 도장시스템으로도 적용되고 있다.
④ 모든 솔리드 컬러는 투명을 도장하지 않는 싱글 스테이지로만 적용이 가능하다.

84. 차체 수리 이음부분이나 배기가스 침투 및 소음을 차단하는 곳에 가장 적합하게 사용되는 것은? 2001.09.23

① 순간접착제 ② 실러
③ 퍼티 ④ 페인트

85. 패널을 연결하는 부위에 사용되며 방수 효과와 불순물이나 배기가스의 실내 진입을 방지하고 패널의 부식을 방지하기 위해 사용하는 것은? 2012.04.08

① 솔벤트 ② 실러
③ 방청제 ④ 데드너

86. 도료 중 요철 부위의 메움 역할과 맨 철판에 대한 부착기능 및 연마에 의한 표면조정을 위해 도장하는 도료는? 2004.04.04

① 퍼티 ② 프라이머
③ 서페이서 ④ 우레탄

➡해설 퍼티
판금작업 후 요철(흠집)을 메꾸는 데 사용하는 반죽 상태의 도료로서 메탈퍼티, 폴리에스테르 퍼티, 래커 퍼티의 3가지 종류가 있으며, 일반적으로 주걱으로 흠집을 두껍게 도포하고 건조시킨 다음 연마하여 표면을 조정한다.

87. 퍼티의 목적으로 가장 적합한 것은? 2005.04.03

① 소지 평활성에 있다.
② 부착력을 좋게 하기 위해서이다.
③ 광택을 내기 위해서이다.
④ 광택을 없애기 위해서이다.

정답 83. ④ 84. ② 85. ② 86. ① 87. ①

88. 맨 철판에 대한 부착기능, 큰 요철부위의 메움 역할을 위해 적용하는 도료는? 2007.04.01

① 워시 프라이머
② 퍼티
③ 프라이머-서페이서
④ 베이스 코트

89. 안료에 대한 설명 중 옳지 않은 것은? 2007.07.15, 2009.07.12

① 물, 기름, 용제 등에 용해되지 않는 분말이다.
② 안료는 조성에 따라 무기안료, 유기안료로 구분한다.
③ 안료는 도막을 유색 투명하게 하고 피막을 형성한다.
④ 화학적으로 안전해야 하며, 일광이나 대기 작용에 대하여 강해야 한다.

90. 특수 안료에 속하지 않는 것은? 2010.07.11

① 아산화동 ② 산화수은
③ 산화안티몬 ④ 크레이

91. 주로 하도 도료에 사용되며 연마성을 좋게 하는 안료는? 2003.07.20

① 무기안료 ② 착색안료
③ 체질안료 ④ 방청안료

92. 도장작업에서 용제의 구비조건으로 맞지 않는 것은? 2005.07.17

① 수지를 잘 용해할 것
② 무색이나 연한 색일 것
③ 도장작업시 증발속도가 적정할 것
④ 휘발성분 및 독성, 악취가 없을 것

해설 용제((SOLVENT)가 갖추어야 할 조건
- 증발속도가 적정할 것
- 수지를 잘 용해할 것
- 무색이나 연한 색일 것

 정답 88. ② 89. ③ 90. ④ 91. ③ 92. ④

93. 우레탄 도료에 대한 설명 중 잘못된 것은? 2002.07.21, 2009.03.29

① 경화제와 주제가 분리되어 있는 2액형 도료이다.
② 신차 라인에서 적용되는 도료에 비하여 가격이 저렴하고 도장 품질도 다소 떨어지는 편이다.
③ 래커 도료에 비하여 취급하기는 까다로우나 내구성 등 여러 가지 물성이 래커에 비하여 우수하다.
④ 주제와 경화제를 혼합한 후 일정 시간이 지나도록 사용하지 않으면 반응이 일어나 점도가 상승되어 사용이 불가능해질 수 있다.

94. 도료를 저장하는 중에 발생하는 결함현상이 아닌 것은? 2008.07.13

① 겔화 ② 침전 ③ 피막 ④ 기포

95. 중도 도료(Surfacer)의 기능으로 부적당한 것은? 2006.07.16

① 도막과 도막 층 간의 부착성 향상
② 도면의 최종적인 요철(흠집) 제거
③ 상도 도료의 용제 하도 침투 방지
④ 건조 촉진 및 부식의 기능 향상

96. 자동차 보수 도장에서 메탈릭과 펄(마이카) 도료의 가장 큰 차이점은? 2008.07.13

① 불투명 및 반투명으로 인한 색상 및 명암 차이가 있다.
② 펄은 빛을 반사하고 투과하지 못한다.
③ 메탈릭은 입자크기와는 관계없이 컬러가 같다.
④ 펄은 불투명하여 은폐력이 좋고 메탈릭은 반투명 하여 은폐력이 약하다.

➡해설 메탈릭 도료
불투명/은폐력이 좋다. 입자의 크기와 배열의 방향에 따라 금속의 독특한 빛을 발한다.

97. 금속 면에 적용하는 프라이머 서페이서에 대한 설명 중 잘못된 것은? 2006.04.02

① 방청성을 부여하기 위하여 사용
② 금속면과 도료의 부착력을 증진시키기 위하여 사용
③ 금속면의 평활성을 부여해 주기 위하여 사용
④ 금속면에 컬러감을 부여하기 위하여 사용

정답 93. ② 94. ④ 95. ④ 96. ① 97. ④

98. 금속면에 적용하는 워시 프라이머에 대한 설명 중 틀린 것은? 2008.03.30

① 방청성을 부여하기 위하여 사용한다.
② 금속면과 도료의 부착력을 증진시키기 위하여 사용한다.
③ 워시 프라이머는 얇게 도장하여 사용되며 2액형의 경우 경화제에 산이 포함되므로 취급 시 주의를 요한다.
④ 금속면의 평활성을 부여해 주기 위해 사용한다.

99. 자동차용 합성수지의 특징이 아닌 것은? 2003.03.30, 2010.07.11

① 고온에서 열 변형이 없다.
② 내식성, 방습성이 우수하다.
③ 비중이 0.9~1.3 정도로 가볍다.
④ 복잡한 형상의 성형성이 우수하다.

➡해설 합성수지의 특징은 열가소성, 열경화성, 가벼운 점, 전기의 절연성, 비열성이 나쁘고 열팽창이 크다는 것이 결점이다.

100. 색의 3요소가 아닌 것은? 2005.04.03, 2007.07.15

① 보색 ② 색상
③ 명도 ④ 채도

101. 다음은 색의 3요소에 대한 기술 중 틀린 것은? 2002.04.07

① 일반적으로 무채색과 유채색의 모든 색을 색의 3요소라고 한다.
② 색상은 색을 구별하는 것으로 빨강, 파랑, 노랑 등을 말한다.
③ 색의 밝고 어두운 정도를 명도라 하며 무채색과 유채색은 모두 명도를 가진다.
④ 색의 밝기를 말하며, 색의 선명도, 색채의 강하고 약한 정도를 채도라 한다.

102. 다음 중 색상이 맑고 탁한 정도를 나타내는 것은? 2005.07.17

① 색상 ② 명도
③ 채도 ④ 보색

 정답 98. ④ 99. ① 100. ① 101. ① 102. ③

103. 자동차 도장의 조색 및 색상과 관련된 설명으로 틀린 것은? 2006.07.16

① 보라색은 빨간색과 파란색의 혼합 색상이다.
② 색의 기본색은 빨간색 파란색 노란색이다.
③ 보색끼리 섞으면 검은색이 된다.
④ 흰색은 빛을 모두 반사하여 생긴 색이다.

104. 컬러 조색 시 보색관계를 이용하지 않는 가장 적합한 이유는? 2012.04.08

① 조색제 숫자가 많아지기 때문에
② 컬러가 어두워지기 때문에
③ 컬러가 탁해지기 때문에
④ 컬러가 맑아지기 때문에

➡해설 보색을 혼합하면 색이 탁해진다.

105. 조색 작업 시 주의사항이 아닌 것은? 2011.04.17

① 조색용 원색의 수를 최소화하여 선명한 색상을 만든다.
② 조색 작업 시 많이 소요되는 색과 밝은 색부터 혼합한다.
③ 계통이 다른 도료와의 혼용을 한다.
④ 필요 양의 약 7할 정도 만든다.

106. 솔리드 색상의 조색에서 혼합하는 도료의 색 수가 많을수록 일반적으로 채도는 어떻게 되는가?
2003.07.20, 2008.07.13

① 낮아진다. ② 아주 조금 높다.
③ 높아진다. ④ 변함이 없다.

107. 조색의 기본원칙을 설명한 것으로 틀린 것은? 2009.03.29

① 도료는 혼합하면 명도와 채도가 다 같이 낮아진다.
② 혼합하는 색이 많으면 많을수록 회색에 접근하게 되며 채도도 낮아진다.
③ 상호 간 보색 관계가 있는 색을 혼합하면 회색이 된다.
④ 가까운 색상을 혼합하는 편이 채도가 낮아진다.

정답 103. ③ 104. ③ 105. ③ 106. ① 107. ④

108. 서로 다른 두 가지 색이 특정 광원 아래에서는 같은 색으로 보이는 현상, 즉 물리적으로는 다른 색이 시각적으로 동일한 색으로 보이는 현상을 무엇이라 하는가? 2010.07.11

① 조건 등색 현상
② 보색 잔상 현상
③ 겔화 현상
④ 색 얼룩 현상

➡해설 조건 등색 현상
특수한 조명(백열등) 아래에서 서로 다른 색의 물체가 같은 색으로 보이는 현상

109. 알루미늄 입자의 크기를 정한 다음 조색용 원색으로서 가급적 투명한 색을 사용하지 않으면 어느 조건에서는 색이 꼭 맞아 있어도, 보는 각도, 조명색이 틀리면 색이 달라 보이는 경우가 있다. 이러한 현상은? 2008.03.30

① 메타메리 현상 ② 보색잔상 현상
③ 겔화 현상 ④ 색얼룩 현상

➡해설 메타메리 현상
눈의 신경에 혼란이 오는 것으로, 색상 구별이 순간적으로 중단되는 것을 말한다.

110. 메탈릭 컬러 조색 시 밝게 해주려고 첨가하는 것은?
2003.03.30, 2004.04.04, 2006.04.02, 2007.04.01, 2011.07.31

① 흰색
② 파랑
③ 알루미늄 조색제
④ 노랑

111. 메탈락 색상에서 어둡게 이색 현상이 발생했다. 밝게 조정할 수 있는 방법과 거리가 가장 먼 것은? 2010.03.28

① 동일 은분을 잘 혼합하여 소량 첨가하여 조색한다.
② 색감이 어둡게 나타날 때는 눌림(WET)도장으로 한다.
③ 동일 은분보다 작은 은분으로 조색한다.
④ 이색이 미세하고 측면이 어두우면 측면조정제로 조정한다.

 정답 108. ① 109. ① 110. ③ 111. ②

112. 자동차 보수 도장에서 색상이 틀리는 요인이 아닌 것은? 2012.07.22

① 스프레이건의 토출량, 패턴, 노즐 규격 등의 차이
② 작업기술, 도료의 점도, 도막 두께의 차이
③ 열처리 시간의 차이
④ 래커, 우레탄, 에나멜 등의 사용 도료에 의한 차이

113. 조색 시 색을 비교할 때의 조건으로 가장 거리가 먼 것은? 2009.07.12

① 30cm 떨어진 곳에서 한다.
② 계속해서 응시하는 것이 좋다.
③ 가끔 다른 색을 보게 한다.
④ 광원을 바꾸어 색상을 비교한다.

➡해설 계속해서 한 곳의 색을 응시하면 착색효과로 색을 구분하기가 힘들어진다.

114. 원적외선 건조로 내에 도막이 건조되는 과정으로 맞는 것은? 2003.07.20

① 외부로부터 건조된다.
② 내부로부터 건조된다.
③ 중간으로부터 건조된다.
④ 모두 동시에 건조된다.

115. 도료를 도장한 후 액체 상태의 도료가 고체 상태로 바뀔 때 사용하는 반응형 건조방법이 아닌 것은? 2008.07.13

① 산화 중합 건조(공기 건조형)
② 열 중합 건조(소부 건조형)
③ 용제 증발형
④ 자기 반응형

116. 자동차 도장의 목적과 거리가 먼 것은? 2011.07.31

① 물체의 미관 향상
② 방충 및 살균효과
③ 재해방지효과
④ 방청성 부여

정답 112. ③ 113. ② 114. ② 115. ③ 116. ②

117. PP범퍼 도장 작업시 범퍼용 프라이머를 도장하지 않았을 경우에 발생되는 가장 큰 문제점은? 2008.03.30

① 흐름(Sagging) 현상 ② 홀(Pin-hole) 현상
③ 박리(Peel-off) 현상 ④ 크랙(Crack) 현상

118. 압축 공기로 도료를 미립화시키는 권총 같이 생긴 공구로 도면으로부터 15~30cm 거리에서 도장하는 기구이다. 본문의 설명으로 가장 적당한 것은? 2007.04.01

① 스프레이건 ② 에어 트랜스포머
③ 구도막 샌더기 ④ 굴곡 시험기

119. 상도도장 중 도막의 색상을 견본보다 밝게 나타나게 하는 방법은? 2004.07.18

① 중복도장을 실시한다.
② 여러 방향에서 반복 도장한다.
③ 스프레이건의 선단과 물체의 거리를 멀게 한다.
④ 스프레이건의 운행속도를 규정보다 느리게 한다.

120. 에어 스프레이 작업 시 스프레이건의 조정이 필요치 않은 것은? 2002.04.07

① 공기량 ② 도료 분출량
③ 도료의 색상 ④ 패턴의 폭

해설 에어 스프레이는 공기량을 조정, 도료의 분출량, 패턴의 폭을 조정할 수 있다. 도료의 색상은 도색 전, 즉 스프레이 작업 전에 결정되어 있어야 한다.

121. 스프레이 도장 시 장점이 아닌 것은? 2001.09.23, 2012.04.08

① 붓 도장에 비하여 작업능률이 좋다.
② 넓은 부분에 균일하게 도장할 수 있다.
③ 작업능률이 우수하다.
④ 도료의 손실이 많다.

해설 도료의 손실이 많은 것은 단점이다.

 | 정답 117. ③ 118. ① 119. ③ 120. ③ 121. ④

122. 상도 도장작업 중에 에어 스프레이건에서 조절이 가능한 것이 아닌 것은? 2004.04.04

① 도료의 토출량 조절　　② 에어량 조절
③ 패턴 사이즈 조절　　④ 노즐 사이즈 조절

123. 도장 중 스프레이건을 조절하는 3가지 방법이 아닌 것은? 2004.07.18

① 공기 압력 조절
② 팁(노즐) 사이즈 조절
③ 패턴 폭 조절
④ 도료 분출량 조절

124. 스프레이건에 대한 설명 중 잘못된 것은? 2005.04.03

① 중력식건 : 중력에 의하여 도료가 공급되는 방식
② 흡상식건 : 공기의 분사에 의하여 도료가 위로 빨려 올라오는 방식
③ 에어레스건 : 도료에 고압의 압력을 가하여 스프레이 점도가 낮은 도료의 도장에 적당
④ 압송식 에어건 : 도료에 압력을 가하여 에어 스프레이건으로 분무되는 방식

해설 에어레스건
도료에 고압을 가하여 스프레이 점도가 높은 도료의 도장에 적당하다.

125. 도장할 수 있는 장소로 외부공기를 필터하여 공급하고, 내부의 도료 분진을 필터하여 배기시키는 장치와 열처리까지 가능한 설비는? 2002.07.21

① 스프레이 부스　　② 드라이 오븐
③ 해바라기 열풍기　　④ 적외선 건조기

126. 도장 작업 시 연마를 하는 가장 중요한 이유는? 2011.07.31

① 도료의 소모량을 줄이기 위하여
② 도장 작업 공정을 단축하기 위하여
③ 도료의 화학적 결합을 위하여
④ 도막을 평활하게 하여 도료의 부착 증진을 위하여

정답 122. ④ 123. ② 124. ③ 125. ① 126. ④

127. 자동차 보수도장의 연마 장비 및 공구에 해당되지 않는 것은? 2003.03.30

① 도료 교반기(Agiyator)
② 더블액션 샌더(Doble Action Sander)
③ 오비탈 샌더(Orbital Sander)
④ 핸드파일(Hand File)

➡해설 도료 교반기는 도료를 섞는 조색 기기이고, 샌더는 연마기이다. 이 밖의 도장공구로는 스프레이 건, 페인트 건조기 등이 있다.

128. 자동차 보수 도장 시 퍼티 연마의 초벌(1차) 작업 시 적용되는 연마지로 가장 적합한 것은? 2007.07.15

① #36 ② #80 ③ #180 ④ #320

➡해설 퍼티의 도포상태와 작업상황에 따라 적절한 연마지를 선택하여야 하는데 보통 1차 퍼티 시에는 #80~180, 2차 퍼티 시에는 #180~400을 사용해야 한다.

129. 도장 작업에서 은폐력의 부족원인으로 틀린 것은? 2001.09.23

① 안료의 침강 ② 교반 불충분
③ 고온다습 ④ 도막의 얇음

130. 메탈릭 색상에서 색상을 밝게 하고자 한다. 단지 스프레이 조건으로 색상을 밝게 하고자 할 때 올바른 것은? 2002.07.21

① 이동속도를 천천히 한다. ② 건의 거리를 가깝게 한다.
③ 공기압력을 높인다. ④ 토출량을 높인다.

131. 퍼티 작업 시 주로 곡선이나 둥근면을 바를 때 가장 적합한 주걱은? 2011.04.17

① 나무 주걱 ② 대나무 주걱
③ 고무 주걱 ④ 쇠 주걱

➡해설 고무 스푼을 사용하면 곡면부위, 구석진 부위를 쉽게 도포할 수 있다.

 정답 127. ① 128. ② 129. ③ 130. ③ 131. ③

132. 컴프레서의 설치장소로 부적당한 곳은? 2001.09.23

① 수평진동이 없어야 한다.
② 건조한 공기가 있어야 한다.
③ 수분, 먼지가 없어야 한다.
④ 스팀 배관으로부터 가까운 곳이어야 한다.

133. 퍼티 도장의 목적으로 적합한 것은? 2001.09.23, 2010.07.11

① 소지 평활성
② 부착력을 좋게 하기 위해서
③ 광택을 내기 위해서
④ 광택을 없애기 위해서

134. 퍼티에 대한 설명으로 맞는 것은? 2012.07.22

① 퍼티는 한번에 두껍게 바른다.
② 퍼티를 바른 다음 고온으로 즉시 건조시킨다.
③ 퍼티의 점도가 낮을 때 시너를 희석시켜서 사용한다.
④ 퍼티는 건식 샌딩을 권장한다.

135. 연마를 할 때 사용하지 않는 안전 보호구는? 2006.07.16, 2010.03.28

① 장갑
② 보안경
③ 방독 마스크
④ 방진 마스크

➡해설 방독 마스크는 유기용제용이다.

136. 자동차 보디 패널의 오목면과 골이 파인 좁은 곳에 사용하는 샌더는? 2006.07.16

① 벨트 샌더
② 디스크 샌더
③ 오비털 샌더
④ 스트레이트 샌더

137. 퍼티 작업 후의 연마 공정에 대한 설명으로 옳은 것은? 2009.03.29

① 연마 공구의 발전에 따라 수(水) 연마보다 건 연마를 많이 활용하고 있다.
② 생산성은 수 연마 방식이 건 연마 방식에 비하여 높다고 할 수 있다.
③ 건 연마 방식은 먼지 발생이 적고 연마 상태가 양호한 편이다.
④ 연마지의 사용량은 건 연마의 경우가 적게 들어간다.

정답 132. ④ 133. ① 134. ④ 135. ③ 136. ① 137. ①

138. 도장 면에 좋은 평활성을 얻으려면 어떠한 방법으로 연마하여야 하는가? 2009.07.12

① 전·후로만 실시한다.
② 전·후로 번갈아 실시한다.
③ 전·후·좌·우로 겹쳐 실시한다.
④ 처음 실시한 방향으로만 실시한다.

139. 프라이머-서페이서로 사용하는 도료의 타입이 아닌 것은? 2012.04.08

① 아크릴-멜라민계 중도　② 우레탄계 중도
③ 합성수지계 중도　④ 래커계 중도

140. 플라스틱 파트의 보수 도장에 대한 설명 중 틀린 것은? 2008.03.30

① 플라스틱은 탈지 시에 정전기가 발생하여 다른 부위보다 먼지가 더 많이 달라붙는다.
② PP(폴리 프로필렌) 소재로 만들어진 범퍼는 반드시 PP프라이머를 도장해야만 부착이 된다.
③ 자동차에 사용되는 모든 플라스틱의 도장은 자동차 철판의 도장 공정과 동일하다.
④ 플라스틱의 도장은 다른 철판 부위보다 도장 결함이나 부착 불량이 더 많이 생길 수 있다.

141. 도장 작업 중이나 건조과정 중에 불순물(먼지, 티 등)이 도막표면에 고착되었다. 예방책으로 적절하지 않은 것은? 2009.03.29

① 작업자의 청결 유지　② 피도면의 충분한 세정
③ 여과지 미사용　④ 스프레이건의 세척

142. 도장 작업 후 도막에 연마 자국이 많이 형성되었다. 연마 자국 결함의 주된 원인은? 2007.07.15

① 퍼티의 도포 불량　② 연마지 선택의 불량
③ 도막 건조 불량　④ 경화제 혼합 불량

➡해설 연마 자국의 주 결함은 연마지의 선택을 잘못했기 때문이다. 퍼티의 도포, 도막건조, 경화제 사용은 연마 자국과는 상관이 없다.

 정답 138. ③ 139. ① 140. ③ 141. ③ 142. ②

143. 리무버(Remover)에 대한 설명이다. 맞는 것은? 2006.04.02

① 도면을 평활하게 하는 데 사용하는 것
② 광택을 내는 데 사용하는 것
③ 오래된 도막을 박리하는 데 사용하는 것
④ 건조를 촉진시키는 것

144. 바탕처리(탈지, 탈청 오염물 제거 등)를 소홀히 함으로써 발생되는 결과가 아닌 것은? 2003.07.20

① 도막 들뜸(Lifting) ② 부풀음(Blistering)
③ 부착 불량(Peeling) ④ 오렌지필(Orange－peel)

145. 보수도장 면의 탈지작업이 제대로 안 되었을 경우에 나타나는 문제가 아닌 것은? 2005.07.17, 2012.04.08

① 도장 후에 부착 불량이 생길 수 있다.
② 도장 중에 도장 결함이(크레터링, 하지끼, 왁스끼) 생길 수 있다.
③ 도장 시에 페인트 소모량이 많아진다.
④ 도장 시에 용제 와이핑(Wiping) 자국이 생길 수 있다.

146. 다음 중 도장할 때 주름이 생기는 가장 큰 원인은? 2010.07.11

① 너무나 느리게 도장하기 때문에
② 너무나 빨리 도장하기 때문에
③ 너무나 두껍게 도장하기 때문에
④ 너무나 엷게 도장하기 때문에

147. 크레터링(하지끼, 왁스끼)이 생기는 원인이 아닌 것은? 2010.03.28

① 도장면에 오일이나 실리콘이 오염되었을 경우
② 프라이머－서페이서의 도막이 두꺼울 경우
③ 오염된 도막 위에 도장을 할 경우
④ 에어 호스의 유분이 묻어나올 경우

정답 143. ③ 144. ④ 145. ③ 146. ③ 147. ②

148. 도장 작업 시 페인트 도막을 너무 두껍게 올렸을 때 나타날 수 있는 도장 문제점이 아닌 것은?
2002.04.07, 2006.04.02

① 오렌지필 ② 주름 현상
③ 백화 현상 ④ 핀홀 또는 솔벤트 퍼핑

149. 도료를 도장했을 때 금속분이 균일하게 배열되지 않고 부분적으로 뭉쳐 얼룩져 보이는 현상이 메탈릭 얼룩이다. 방지 대책으로 틀린 것은? 2009.07.12

① 에어압을 높게 한다. ② 토출량을 작게 한다.
③ 점도를 높게 한다. ④ 운행속도를 느리게 한다.

➡해설 메탈릭 얼룩을 방지하는 방법은 토출압력을 높게 하면서 빠르게 도장을 행하는 것이다. 또한, 조색 시 점도를 높게 한다.

150. 메탈릭 얼룩 예방책으로 틀린 것은? 2012.07.22

① 초벌 클리어 도장 전 도료의 점도를 높여 가능한 두껍게 도장한다.
② 작업장 온도에 유의하고 적합한 시너를 사용하여 도료의 점도를 조절한다.
③ 시너의 증발 속도에 따라 적정한 프레시 타임을 설정하여 작업한다.
④ 스프레이건의 패턴 폭, 거리, 이동 속도 등을 일정하게 유지하여 작업한다.

151. 자동차 철판 중 아연도금강판에 폴리에스테르 퍼티를 직접 도포하여 발생되는 결함으로 가장 옳은 것은? 2005.04.03

① 브리스터(Blister, 부풀음) 현상
② 핀홀(Pin-Hole) 현상
③ 흐름(Sagging) 현상
④ 오렌지필(Orange-peel) 현상

152. 표면이 평평하고 귤껍질처럼 매끄럽지 않게 마무리되는 도막 결함은 어떠한 결함인가?
2002.07.21

① 오렌지필(Orange-peel) ② 흐름현상(Sagging 현상)
③ 웨이브 필(Wave Feel) ④ 크레터링(Cratering)

 정답 148. ③ 149. ④ 150. ① 151. ① 152. ①

153. 하절기에 클리어층의 표면에 바늘구멍과 같은 핀홀 현상이 발생한다. 이에 대한 설명으로 옳지 않은 것은? 2003.03.30

① 베이스 도료에 래커 희석제를 사용하면 건조가 느리게 되므로 발생한다.
② 베이스 도장 후 프레시 타임의 시간이 짧은 상태에서 크리어를 도장했을 경우 발생한다.
③ 외부의 온도가 높아 클리어 표면이 먼저 경화되면서 내부의 용제가 뚫고 올라와 발생한다.
④ 베이스의 도막이 두꺼워 용제 증발이 느려지고, 특히 어두운 색상에서 잘 발생한다.

154. 도장 작업 후 열처리 시에 부스의 온도를 급격하게 올렸을 때 나타날 수 있는 도장 문제점은? 2004.04.04, 2006.07.16

① 오렌지필
② 주름 현상
③ 핀홀 또는 솔벤트 퍼핑
④ 백화 현상

➡해설 핀홀 또는 솔벤트 퍼핑은 도장표면에 작은 구멍이나 기포가 발생하는 것인데 고온에서 강제 건조하거나 열원이 너무 가까이 있을 때 발생한다.

155. 도장 후 도막을 얻기 위하여 급격히 가열시키면 어떤 현상이 발생하는가? 2004.07.18

① 균열(Cracking) ② 핀홀(Pin Hole)
③ 오렌지필(Orange-peel) ④ 흐름(Sagging)

156. 여름철 도장 시 잘 발생하는 핀홀을 예방하기 위한 방법이 아닌 것은? 2007.04.01

① 도장 시에 증발 속도가 빠른 시너를 사용한다.
② 세팅 타임을 충분히 준다.
③ 도막 두께가 적정하게 올라가도록 작업한다.
④ 플래시 타임을 충분히 준다.

➡해설 핀홀은 도장 건조 후에 도막에 바늘로 찌른 듯한 조그만한 구멍이 생긴 상태로 도장 후 세팅타임을 주지 않고 급격히 온도를 올린 경우에 발생된다.

정답 153. ① 154. ③ 155. ② 156. ①

157. 도장 결함 중 핀홀(Pin Hoie) 발생의 원인으로 틀린 것은? 2011.04.17

① 용제의 증발이 빠르다.
② 세팅타임이 너무 길다.
③ 너무 두껍게 도장되었다.
④ 하도의 건조가 불량하다.

158. 도막 표면에 나타나는 핀홀(Pin Hole) 결함의 주된 원인이 되는 것은? 2011.07.31

① 급격한 과열 ② 첨가제 부족
③ 경화제 과다 ④ 과다한 연마

➡해설 핀홀 도막을 건조시킬 때 도막에 바늘구멍과 같이 생기는 현상으로 가공보다 작다.

발생 원인
① 세팅타임 없이 급격히 가열하는 경우
② 도막 속의 용제가 급격히 증발한 경우

 정답 157. ② 158. ①

Subject

06

공업경영

Contents

60

1 품질관리

Section

1. 품질관리 개론

고객이 요구하는 모든 품질을 확보, 유지하기 위하여 기업이 품질목표를 세우고 이것을 합리적·경제적으로 달성할 수 있도록 수행하는 모든 활동의 체계

1) 통계의 필요성

- 통계의 개념은 직관이 아니라 사실에 입각한 언어 창출이다.
- Data의 수집, 분석, 정리 등을 통해 불확실한 상황에서 의사결정에 도움을 준다.

2) 통계적 품질관리(SQC ; Statistical Quality Control)

고객이 요구하는 모든 품질을 확보, 유지하기 위하여 기업이 품질목표를 세우고 이것을 합리적이고도 경제적으로 달성할 수 있도록 수행하는 모든 통계적 수법을 응용하는 활동 체계

① 무결점운동(zero defects, 無缺點運動)

QC(품질관리)기법을 일반 사무관리까지 확대 적용하여 전사적으로 결점이 없는 일을 하자는 것이다.

② 품질관리의 4대 기능(데밍 사이클)

㉠ 품질설계(품질계획) : 무엇을 어떻게 만들 것인가를 결정하는 단계

㉡ 공정관리(품질시행) : 결정된 대로의 제품을 만드는 단계

㉢ 품질보증(품질확인, 판매) : 제품을 시장에 매출하는 단계. 고객에게 그 상품에 대한 지식 제공

㉣ 품질개선(품질조치, 조사) : 품질은 사용자에게 만족도 조사 후 품질의 질을 향상시키는 단계

③ 관리 사이클

㉠ 목적, 목표, 작업표준, 양식 등을 명확히 하고 그 일을 실시하기 위해 필요한 계획으로(P)

㉡ 그 계획에 따라 실시하며(D)

㉢ 실시결과를 계획과 대비하여 체크한다.(C)

㉣ 만약 계획과의 사이에 gap(차이)이 발견되면 그 gap을 해석하고 대책을 세우며 조치를 취한다.(A)

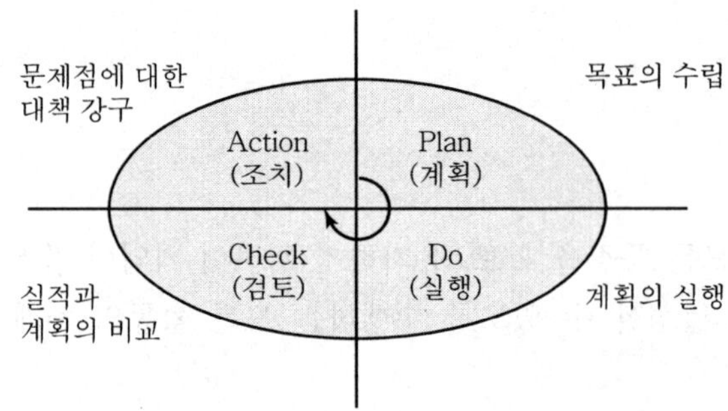

④ 사내표준의 충족조건

㉠ 실행 가능성이 있는 내용일 것

㉡ 당사자에게 의견을 말할 기회를 주는 방식으로 정할 것

㉢ 기록내용이 구체적이고 객관적일 것

㉣ 작업표준에는 수단 및 행동을 직접 지시할 것

㉤ 안전성이 있고 또한 기술의 진보와 변경에 적용할 수 있는 융통성을 갖고 있어야 할 것

⑤ 품질 코스트의 전형적인 모델

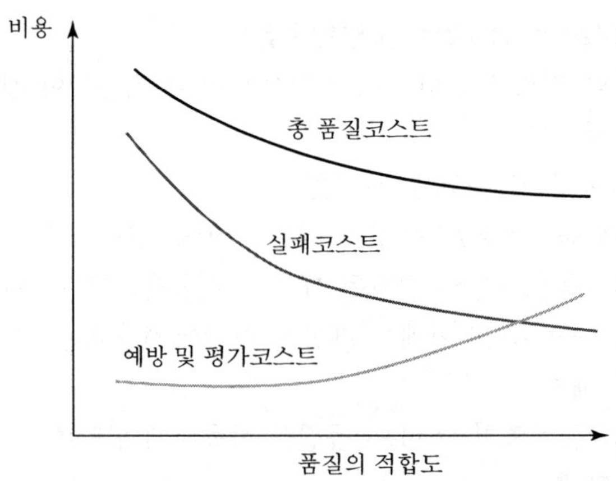

예방코스트는 총 품질코스트의 약 10%, 평가코스트는 약 25%, 실패코스트는 50~75% 정도이다.

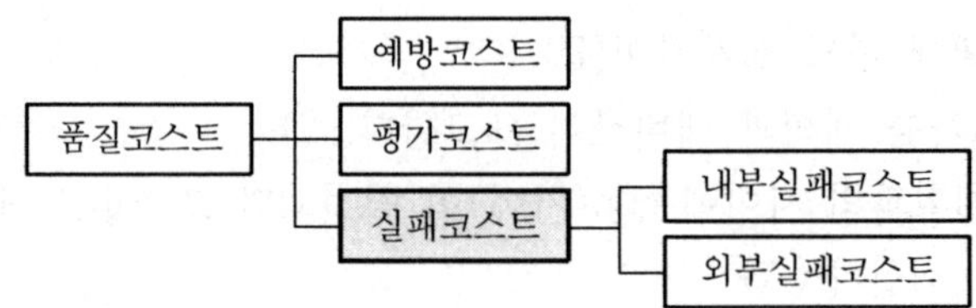

2. 데이터의 처리방법

1) 파레토 그림

① 불량, 결점, 고장 등의 발생 건수를 분류 항목별로 나누어 크기의 순서대로 나열해 놓은 그림

② 이 그림에서 불량, 결점, 고장 등에 대하여 "어떤 항목에 문제가 있는가", "그 영향은 어느 정도 인가"를 알수 있다.

③ 일반적으로 문제의 점유율이 높은 항목에 대하여 큰 요인을 추출하여 개선한다.

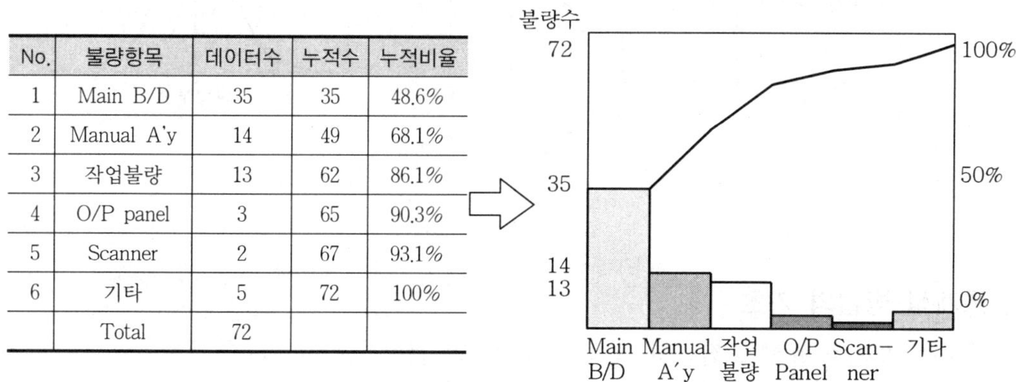

No.	불량항목	데이터수	누적수	누적비율
1	Main B/D	35	35	48.6%
2	Manual A'y	14	49	68.1%
3	작업불량	13	62	86.1%
4	O/P panel	3	65	90.3%
5	Scanner	2	67	93.1%
6	기타	5	72	100%
	Total	72		

2) 도수 분포

① 특성요인도(Causes-and-effects diagram)

- 결과에 원인이 어떻게 관계하고 있는가를 한눈으로 알 있도록 작성한 그림
- 관심이 있는 품질 특성에 대하여 품질 특성에 영향을 주는 요인을 4M 기준으로 가장 말단의 조치를 취할 수 있도록 일목요연하게 정리하여 그린 그림

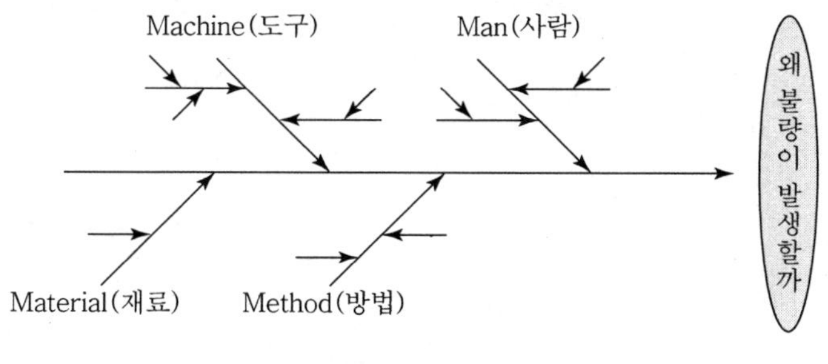

[특성 요인도]

② 최빈값(Mode)

통계자료의 대푯값의 하나, 최대의 도수를 가지는 수치

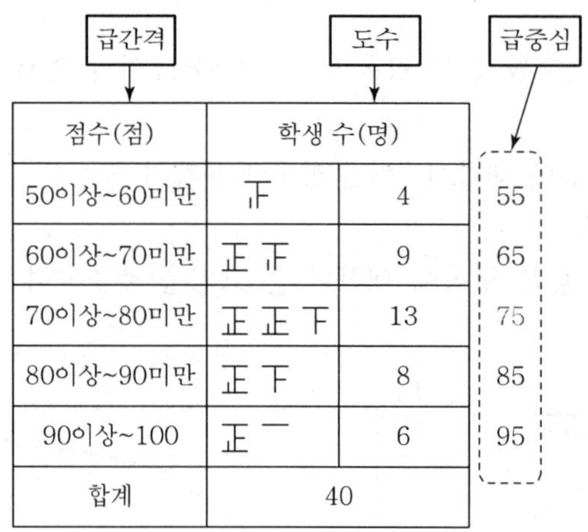

급간격 / 도수 / 급중심

점수(점)	학생 수(명)		급중심
50이상~60미만	𤴓	4	55
60이상~70미만	正 𤴓	9	65
70이상~80미만	正 正 下	13	75
80이상~90미만	正 下	8	85
90이상~100	正 一	6	95
합계	40		

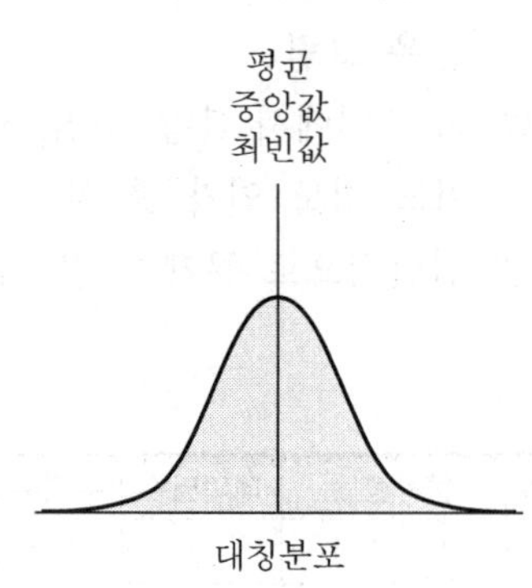

3. 통계적 방법의 기초

통계는 표본을 통해 모집단의 특성을 파악하는 것

1) 모집단과 표본

① 모집단(Population)

조사나 분석의 대상이 되는 어떤 특성을 가진 것들의 전체 집단(전 국민의 평균 수명, 전 국민의 출신 지역)

② 표본(Sample)

통계적 판단을 위해 모집단에서 선택된 작은 집단

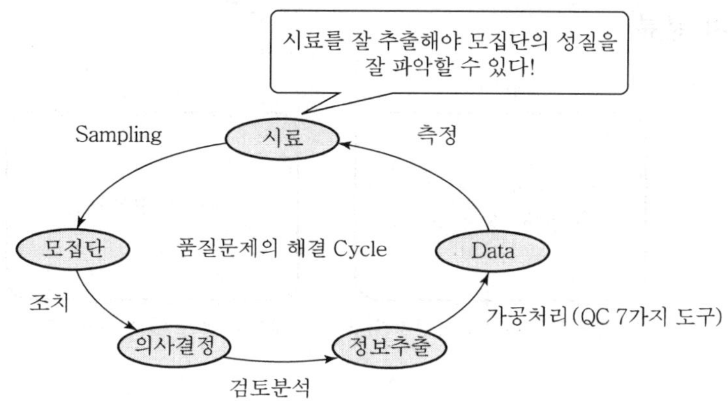

4. 샘플링

1) 모집단/샘플/데이터란?

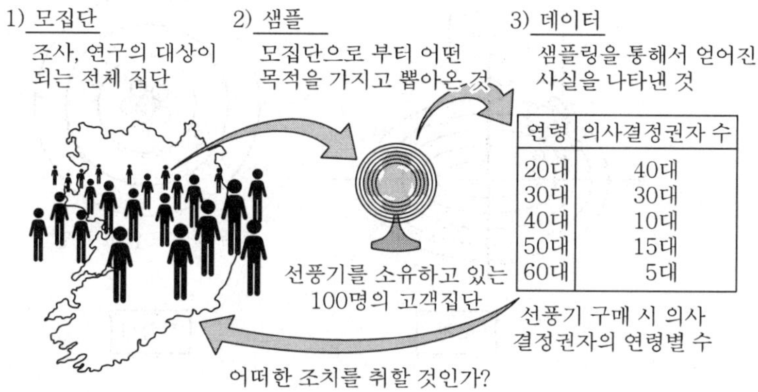

2) 랜덤 샘플링이란?

모집단에 있는 개개의 자료들이 뽑힐 수 있는 확률이 같도록 우연히 뽑아내는 것

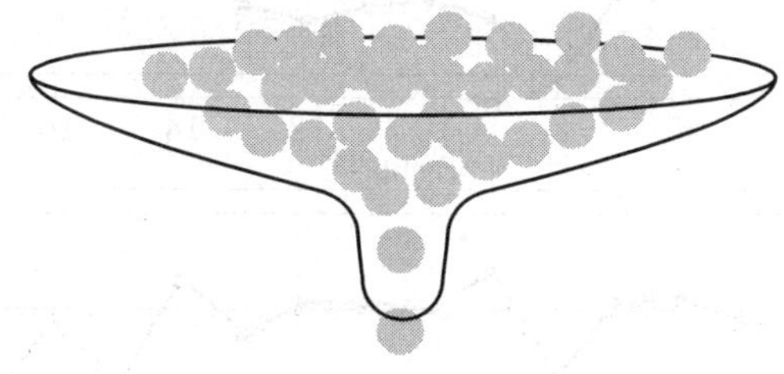

3) 데이터의 분류

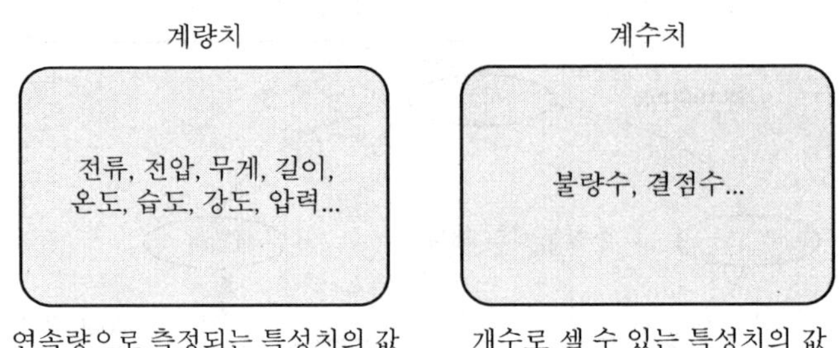

5. 관리도

공정을 관리상태(안정상태)로 유지, 개선하는 데 사용되는 도구

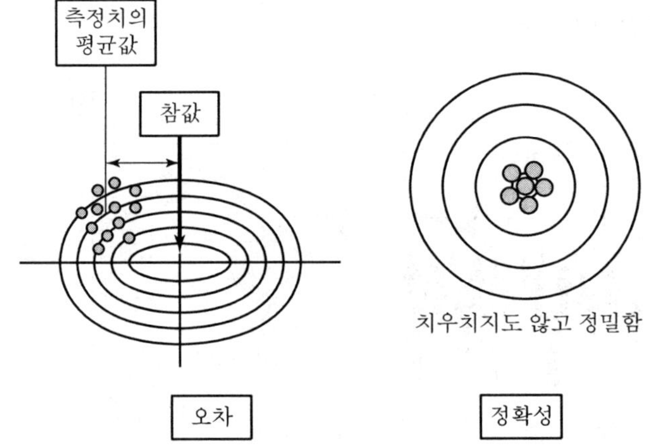

1) 관리도

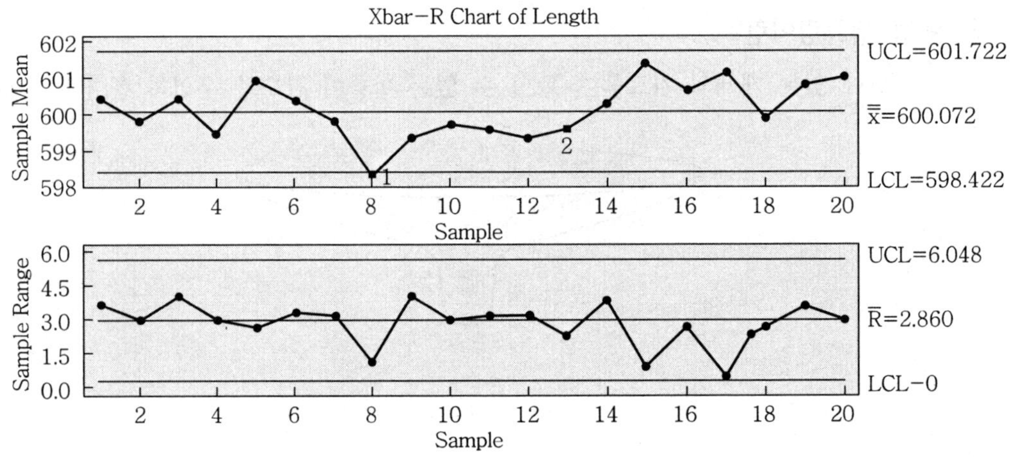

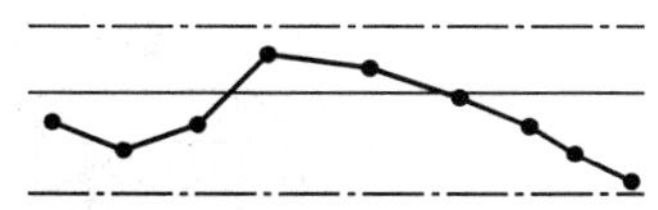

하강 또는 상승하는 경향이 있다

관리도의 작성		개 요	데이터 종류	적용이론(분포)
계량치의 경우	$\overline{X}-R$ 관리도	• $\overline{X}$ 관리도 : 평균치의 변화, R 관리도 : 산포의 변화 • 관리항목 : 치수무게, 수확률, 순도, 강도	길이, 중량, 강도, 압력, 공기량 등	정규분포
	X 관리도 (Me-R)	• 개개 측정치의 관리도 • 간격이 상당히 긴 경우나 군으로 나눌 수 없을 때 사용		
계수치의 경우	P 관리도	불량률로 공정을 관리할 경우에 사용	제품의 불량률	이항분포
	nP 관리도	샘플의 크기가 반드시 항상 일정한 경우에 사용 (개수 : n)	제품의 불량개수	
	C 관리도	• 일정한 단위 속에 나타나는 결점 수로 공정을 관리 • 관리항목 : 일정 면적 중의 흠의 수, 라디오 한 대 중 납땜 불량의 수	제품의 결점 수	포아송 분포
	U 관리도	• 면적이나 길이 등이 일정하지 않은 결점 수로 공정을 관리할 경우 사용 • 관리항목 : 직물의 얼룩 수, 에나멜 동선의 핀홀 수	wvna의 단위당 결점 수	

• 평균값 $(\mu)=\dfrac{1}{N}\sum_{i=1}^{N}x_i$

• 제곱의 합 $(S)=\sum_{i=1}^{n}(x_i-\overline{x})^2$

• 분산 $(V)=\dfrac{S}{n-1}$

• 범위 $(R)=x_{\max}-x_{\min}$

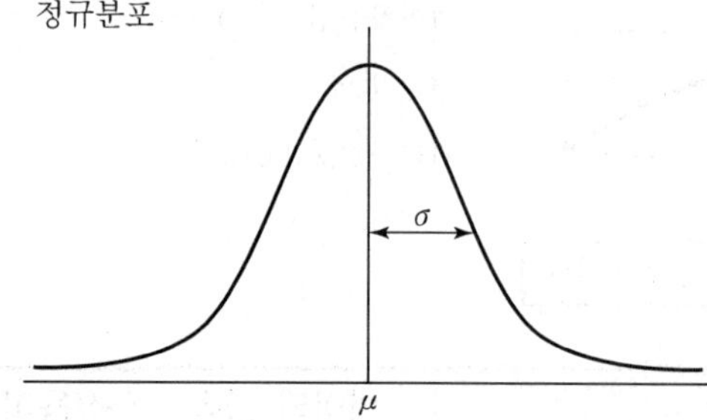

모집단 표본

모수
모평균 : μ
모분산 : σ^2
모표준편차 : σ

통계량
표본평균 : $\overline{x}$
표본분산 : s^2
표본표준편차 : s

종류	모수	통계량	종류	모수	통계량
평균치	μ	$\overline{x}$	범위	-	R
중앙치	-	Me	상관계수	ρ	r
분산	σ^2	S^2, V	부적합품률	P	$\overline{P}$
표준편차	σ	S	부적합수	m	x(혹은 c)

2) 이항분포

이항분포의 불량률 계산 부적합품률 (불량률) : $P(0.15)$ 시료 : $n(5)$ 부적합품 수 (불량품 개수) : $x=1$	$P(x)={}_nC_x \times P^x(1-P)^{n-x}$ $P(1)={}_5C_1 \times 0.15^1 \times (1-0.01)^{5-1}$ $=0.3915(\%)$

6. 샘플링 검사

1) 제품의 품질검사

① 전수검사

출하되는 모든 제품을 검사하는 방법으로, 자동차의 브레이크나 보석류. 파괴검사와 같이 검사의 성질상 전수검사가 비현실적인 경우도 있다.

② 샘플링 검사

제품을 로트 단위로 구분한 다음 로트로 부터 샘플을 취하여 검사한 결과를 합격판정 기준과 비교하여 로트에 대한 합격 여부를 판정하는 검사

검사항목에 의한 분류		검사공정에 따른 분류	
① 수량검사	② 외관검사	① 수입검사	② 공정검사
③ 중량검사	④ 치수검사	③ 최종검사	④ 출하검사
⑤ 성능검사		⑤ 기타검사	

2) 샘플링 검사의 유형

① **계수형 샘플링 검사**

로트의 합격, 불합격 판정기준을 불량 개수나 결점 수와 같은 계수치로 할 경우의 샘플링 검사

② **계량형 샘플링 검사**

로트의 합격, 불합격 판정기준을 길이, 무게, 인장강도 등과 같은 계량치로 할 경우의 샘플링 검사

3) 검사특성곡선

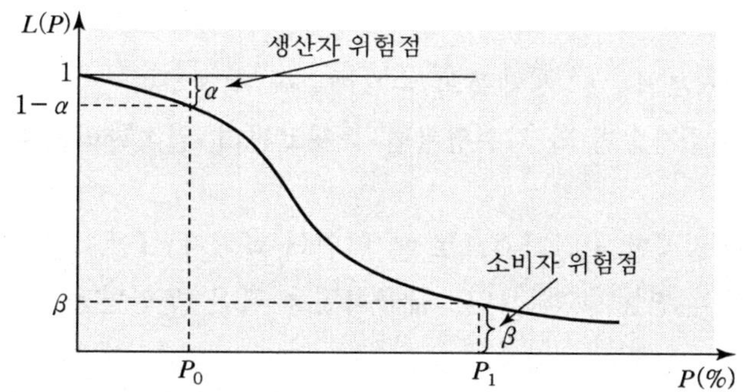

- 생산자 위험 (α) : 불량률이 낮음에도 불구하고 불합격할 확률

$$L(P_0) = 1 - \alpha$$

- 소비자 위험 (β) : 불량률이 높음에도 불구하고 합격할 확률

$$L(P_1) = \beta$$

불량률이 P인 경우,
그 Lot가 합격할 확률($L(P)$)을 나타낸다.

4) 샘플링 검사방식

① 규준형 : 생산자요구와 소비자요구를 동시 만족

② 조정형 : 소비자 쪽에서 검사의 정도(까다로운 검사, 보통검사, 수월한 검사) 조절 생산자에 대한 자극이 강함

③ 선별형 : 불량품의 수가 합격 판정개수를 넘을 경우 로트의 나머지를 전수검사하여 불량품을 양호품과 교체. 검사량이 많아질 수 있다.

④ 연속 생산형 : 연속 생산되는 제품에 대하여 실시. 최초에 1개씩 조사해서 양호품이 일정 개수 계속되면, 일정 개수 간격으로 샘플링 검사하고, 불합격품이 나오면 다시 1개씩 검사

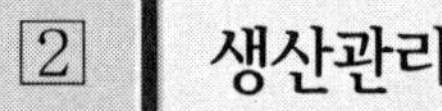

2 생산관리

1. 수요예측

① 의견 분석(시장조사법) : 신제품의 수요예측에 적절하다.

② 시계열분석(최소자승법 과 지수평활법) : 재고관리, 일정관리를 위한 단기적인 생산활동의 예측

- 시계열이란 일정한 시간간격으로 본 일련의 과거자료(예 : 일별, 주별, 월별 판매량) · 추세 · 계절적 변동 · 순환요인 · 불규칙변동 혹은 우연변동

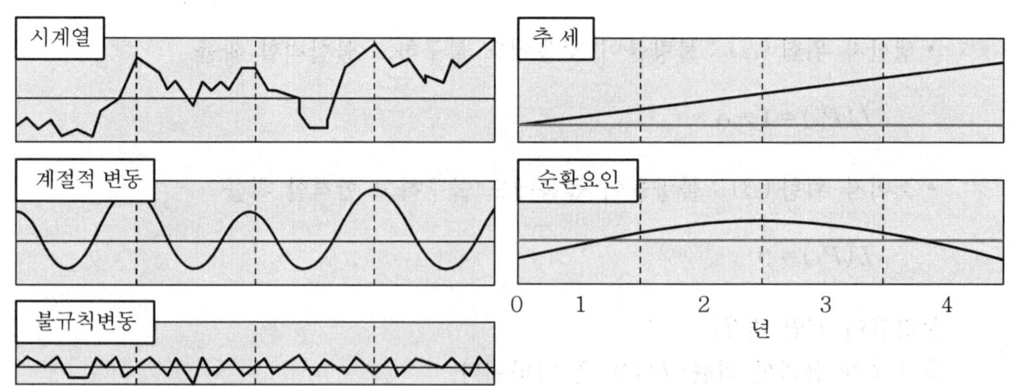

- 시계열의 구성요소

  시계열이란 일정한 시간간격으로 본 일련의 과거자료(예 : 일별 · 주별 · 월별 판매량) · 추세 · 계절적 변동 · 순환요인 · 불규칙변동 혹은 우연변동

③ 수요예측 모델

- 지수평활법(Exponetial Smoothing method) : 최근 데이터일수록 높은 가중치를 부여하여 이동평균하는 방법
- 과거 데이터의 중요성에 입각하기보다는 최근자료에 무게를 둠으로써 미래수요 예측이 더 현실을 잘 반영하는 것으로 해석함
- 모델의 문제점으로, 데이터의 경향에 비해서 느리게 추종하기 때문에 경향성이 많은 데이터에 적용하기 어려움

2. 생산계획

1) Lot (로트) 단위생산량

'일정한 조건하에서 생산되거나 취급된 식품의 양'을 로트라 한다.

즉, 예정생산 목표량이 결정되면 이를 몇 회로 분할하여 생산할 것인가 하는 제조횟수를 말한다.

$$\text{로트의 크기} = \frac{\text{예정생산 목표량}}{\text{로트 수}} = \frac{1{,}000\text{ 개}}{10\text{ 회}} = 100\text{ 개}$$

2) 생산계획

① 일정계획

절차계획에 의거 하여 제조에 필요한 모든 작업이나 업무의 착수 시기와 완료시기를 결정. 즉, 제조요구에 의하여 지정된 기일까지 생산을 끝낼 수 있도록 각 공정작업의 착수 시기를 그 순서에 따라서 일별 또는 시간별로 계획

② 절차계획(순서계획)

제품 또는 부품의 생산을 위한 작업의 순서 및 방법으로 작업의 절차와 각 작업의 표준시간 및 각 작업이 이루어져야 할 장소를 결정하고 배정

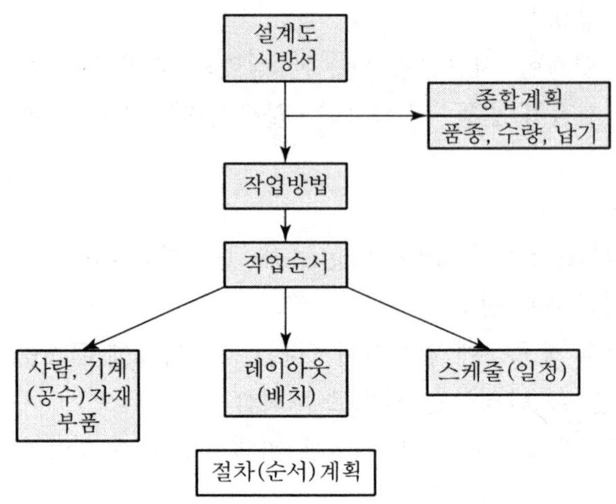

③ **공수계획**

생산계획표에 의하여 결정된 제품별의 납기와 생산량에 대하여 작업량을 구체적으로 결정하고 이것을 현재 인원이나 기계의 능력과 대조하여 조정을 도모하는 기능, 즉 공수계획이란 부하와 능력의 조정을 도모

- 人日(1일 단위) : Man Day - 개략적
- 人時(시간 단위) : Man Hour - 보편적
- 人分(분 단위) : Man Minute - 세부적

3. 생산통제

1) 생산보전

① **사후보전**

고장이 난 후에 보전하는 쪽이 비용이 적게 드는 설비에 적용하는 방식으로 설비의 열화 정도가 수리한계를 지난 경우에 사용되는 기법

② **개량보전**

고장 원인을 분석하여 보전 비용이 적게 들도록 설비의 기능 일부를 개량해서 설비 그 자체의 체질을 개선하는 기법

③ **예방보전**

설비를 사용하는 중에 예방보전을 실시하는 쪽이 사후보전을 하는 것보다 비용이 적게 드는 설비에 대해서 정기적인 점검 및 검사와 조기 수리를 행하므로써 생산 활동 중에 기계고장을 방지하는 기법

④ 보전예방

설비의 설계 및 설치시에 고장이 적은 설비를 선택해서 설비의 신뢰성과 보전성을 향상시키는 기법

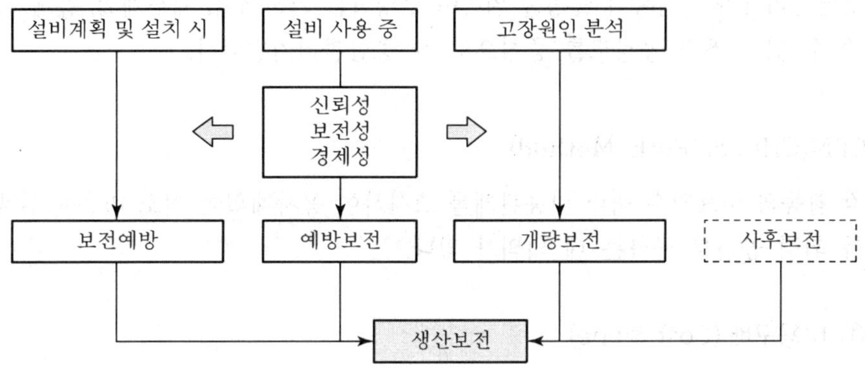

2) 성능열화곡선

시간이 경과함에 따라 설비의 성능이 저하되는 열화현상을 나타낸 것

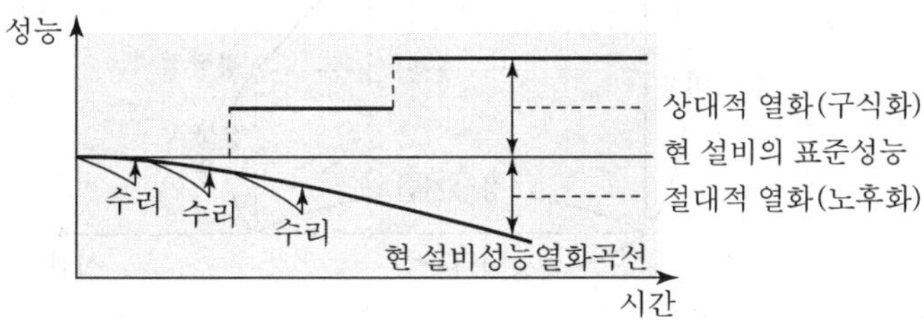

3) 보전조직 4종류

① 집중보전

중앙에 한 개 있고 나머지 파견 보냄. 가동률 높음(단점 : 사후보전에 대한 반응이 느리다.)

② 지역보전

각 지역별로 보전조직 있음(단점 : 지역별로 가동률이 다르며, 배치전환 등 인사문제가 많다.)

③ 부문보전

각 제조군의 감독자 밑에 보전조직을 놓음

④ 절충보전

절충안(지역보전그룹+집중보전그룹)

4. PERT · CPM

1) PERT(Program Evaluation & Review Technique)

경영관리자가 사업목적 달성을 위하여 수행하는 기본계획, 세부계획, 통제기능에 도움을 줄 수 있는 계획 공정도를 중심으로 한 종합관리기법이다.

2) CPM(Critical Path Method)

각 활동의 소요일수 대비 비용관계를 조사하여 공사계획이 최소 비용에 진행될 수 있도록 최적 공기를 구하는 데 의의가 있다.

① 비용구배 (Cost Slope)

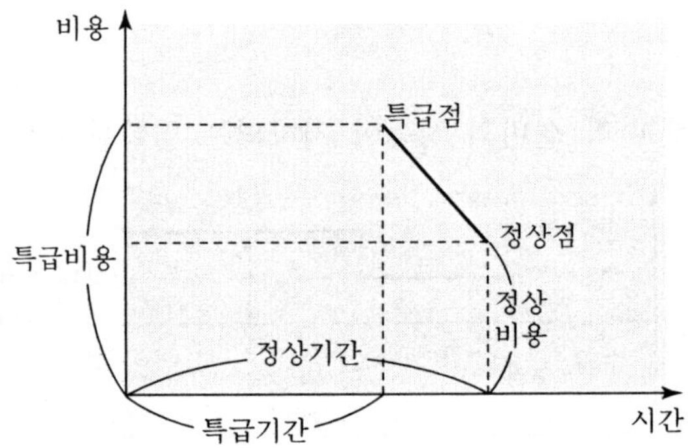

$$비용구배 = \frac{특급\ 소용비용 - 정상\ 소용비용}{정상\ 소요시간 - 특급\ 소요시간}$$

② 계획공정도(Network)

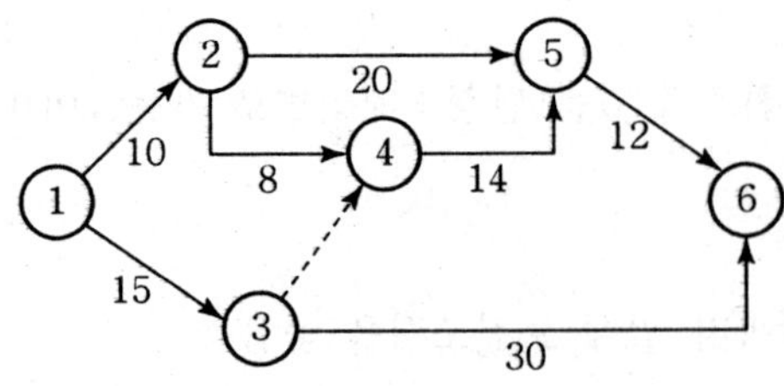

㉠ 주공정 : 처음에서 끝까지의 활동시간이 가장 긴 공경을 연결한 선을 말한다.

㉡ 명목상의 활동(Dummy) : 점선 화살표로 표시

㉢ 네트워크 다이어그램 PERT는 계획 내용인 프로젝트의 달성에 필요한 전 작업을 작업 관련 내용과 순서를 기초로 하여 네트워크상으로 파악한다.

㉣ 통상 프로젝트를 구성하는 작업내용은 이벤트(Event)라 하여 원으로 표시하며, 각 작업의 실시는 액티비티(Activity)라 하여 소요시간과 함께 화살표로 표시한다.

㉤ 따라서, 계획내용은 이벤트, 액티비티 및 시간에 의해서 네트워크 모양으로 표시된다.

③ 손익 분기점

손익분기점(Break Even Point)이란 총매출과 그것을 위해 지출된 총비용이 일치되는 매출액을 의미한다. 즉, 일정기간의 매출액이 그 기간에 지출된 비용과 같아서 이익도 손실도 발생하지 않는 지점을 의미한다.

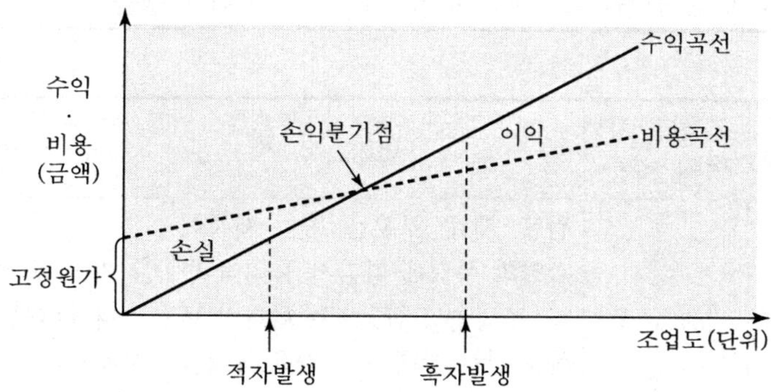

3 작업관리

Section

1. 작업관리개론

1) 작업관리(Design and Measurement of Work)의 의의

① 최선의 작업방법 추구

현장의 여러 작업 방법이나 작업조건 등을 조사·연구하여 무리와 낭비가 없는 원활한 작업

② 최적의 작업방법 추구

작업의 악영향을 미치는 조건을 개선

방법 연구 분야	측정방법
• 공정에 대한 분석 • 공정을 이루는 각 작업에 대한 분석 • 사람의 움직임을 분석하는 동작연구	• 스톱워치 • 표준 자료, PTS • 워크 샘플링

요소 공정	기호 명칭	기호	의미	비교[예]
가공	가공	○	원료, 재료, 부분품 또는 제품이 작업의 목적에 따라서 물리적 변화[조립을 포함] 또는 화학적 변화를 받는 상태 또는 다음 공정을 위한 준비가 행해지는 상태	◈ 가공 중에 검사를 동시에 한다.[바깥쪽이 주가 되는 공정]
운반	운반	○ ⇨	원료, 재료, 부분품 또는 제품이 어떤 위치로부터 다른 위치로 이동되는 경우에 일어나는 상태	운반기호의 크기는 가공기호 지름의 1/2~1/3로 한다. 기호 ○ 대신 기호 ⇨를 사용해도 좋다. 단, 이 기호는 운반의 방향을 뜻하는 것이 아니다.
정체	저장	▽	원료, 재료, 부분품 또는 제품이 가공 또는 검사되지 않고, 지체, 대기 또는 저장되어 있는 상태	△ 소재의 저장 ▽ 반제품 · 제품의 저장
	대기	D	원료, 재료, 부분품 또는 제품이 계획과는 달리 대기상태에 있는 상태	공정 간의 정체 가공 중의 일시정체[로트대기]

검사	수량 검사	□	원료, 재료, 부분품 또는 제품의 양이나 개수를 측정하여 그 결과를 기준과 비교하여 차이를 아는 과정	품질과 수량의 검사 [품질이 주]
	품질 검사	◇	원료, 재료, 부분품 또는 제품의 품질특성을 시험하여 그 결과를 기준과 비교하여 로트의 합격·불합격, 또는 개품[個品]의 양·불량을 판정하는 과정	수량과 품질의 검사

〈표준시간의 구성〉

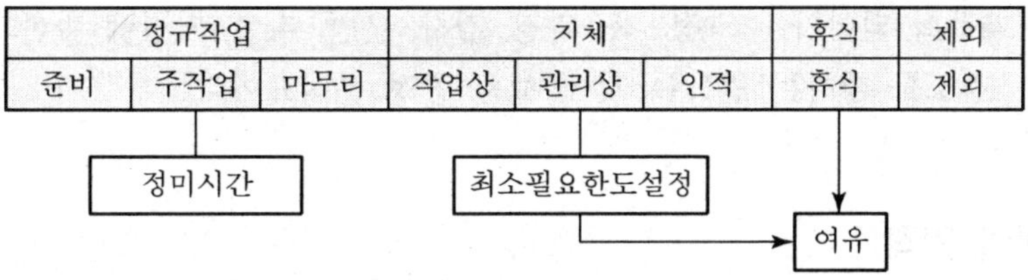

① 표준시간 = 정미시간 + 여유시간

- 정미시간 : 작업수행에 직접 필요한 시간
- 여유시간 : 작업의 지연, 기계고장, 재료부족 등으로 소요되는 시간

② 외경법 표준시간 = 정미시간 + 여유시간

= 정미시간 × (1 + 여유율)

③ 내경법 표준시간 = 정미시간 × $\left(\frac{1}{1-\text{여유율}}\right)$

2. PTS법

1) PTS(Predetermined Time Standard) : 기정(旣定) 시간 표준법

① 작업을 세밀하게 분해해 보면 보편적인 몇 가지 기본동작으로 결합하여 구성되어 있음
② 기본동작은 어떤 작업 조건하에서 모든 사람이 같은 시간에 행한다고 생각하는 방식
③ 기준이 되는 시간치를 설정하여 작업의 내용을 기본동작과 작업조건으로 분해
④ 각각의 기준이 되는 시간 치에서 그 작업의 작업시간을 구한다.

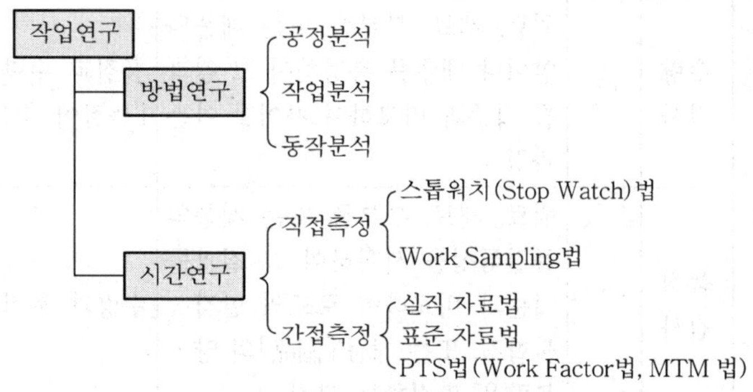

3. 공정분석

원재료가 제품화 되어가는 과정 즉, 과정, 검사, 운반, 지연, 저장에 관한 정보를 수집하여 분석 하고 검토를 행하는 만드는 것이 제품 공정 분석표이다.

4. 동작경제의 원칙

동작경제의 원칙은 최선의 작업방법과 작업역 결정을 위해 착안되었다.

① 신체 사용에 관한 원칙,

② 작업장의 배치에 관한 원칙

③ 공구류 및 설비의 디자인에 관한 원칙 3가지가 있음

〈서블릭(Therblig) 기호〉

기호	내용	기호	내용
	빈손이동(빈 접시 모양)		분해(하나를 뗀 모양)
∩	잡다(물건을 잡는 모양)		놓다(운반을 거꾸로 모양)
	운반(접시에 물건을 담은 모양)	0	검사(렌즈 모양)
9	위치설정 (물건이 손가락 끝에 있는 모양)		찾는다(눈으로 찾는 모양)
#	조립(조립시킨 모양)	→	선택(화살표)
U	사용(Use의 머리글자 모양)		생각한다. (머리에 손대고 있는 모양)

● 분류별 기출예상문제

제6과목 공업경영

Subject

01. 다음 중 품질관리시스템에 있어서 4M에 해당하지 않는 것은? 2008.07.13

① Man ② Machine
③ Material ④ Money

➡해설 품질관리 시스템은 최상의 데이터를 보관하기 위해 4M을 강화한다.
Man, Machine, Material, Method(방법)

02. 소비자가 요구하는 품질로서 설계와 판매정책에 반영되는 품질을 의미하는 것은? 2012.07.22

① 시장품질 ② 설계품질
③ 제조품질 ④ 규격품질

➡해설 시장품질은 품질을 달성시키기 위해서는 설계에서부터 시장품질과 회사의 공정능력을 경제적으로 균형시킬 수 있는 시방을 설정하여야 하며 제조단계에서는 시방에 적합한 품질의 제품을 제조하여야 한다.

03. TQC(Total Quality Control)란? 2004.04.04

① 시스템적 사고방법을 사용하지 않는 품질관리기법이다.
② 애프터서비스를 통해 품질을 보증하는 방법이다.
③ 전사적인 품질정보의 교환으로 품질향상을 기도하는 기법이다.
④ QC부의 정보분석 결과를 생산부에 피드백하는 것이다.

➡해설 TQC(Total Quality Control) : 전사적 품질관리

04. "무결점운동"이라고 불리우는 것으로 품질 개선을 위한 동기부여 프로그램은 어느 것인가? 2007.07.15, 2011.07.31

① TQC ② ZD ③ MIL-STD ④ ISO

➡해설 무결점운동(Zero Defects, 無缺點運動)

정답 01. ④ 02. ① 03. ③ 04. ②

05. 품질관리 기능의 사이클을 표현한 것으로 옳은 것은? 2009.03.29

① 품질개선 – 품질설계 – 품질보증 – 공정관리
② 품질설계 – 공정관리 – 품질보증 – 품질개선
③ 품질개선 – 품질보증 – 품질설계 – 공정관리
④ 품질설계 – 품질개선 – 공정관리 – 품질보증

06. 다음 중 관리의 사이클을 가장 올바르게 표시한 것은?(단, A : 조처, C : 검토, D : 실행, P : 계획)
2007.04.01, 2012.04.08

① P–C–A–D ② P–A–C–D
③ A–D–C–P ④ P–D–C–A

➡해설 관리도 사이클
계획(Plan) – 실시(Do) – 체크(Check) – 조치(Action)

07. 다음 중 사내표준을 작성할 때 갖추어야 할 조건으로 옳지 않은 것은? 2009.07.12

① 내용이 구체적이고 주관적일 것
② 장기적 방침 및 체계하에서 추진할 것
③ 작업표준에는 수단 및 행동을 직접 제시할 것
④ 당사자에게 의견을 말하는 기회를 부여하는 절차로 정할 것

08. 품질관리 활동의 초기단계에서 가장 큰 비율로 들어가는 코스트는? 2003.03.30,2008.03.30

① 평가코스트 ② 실패코스트
③ 예방코스트 ④ 검사코스트

09. 품질코스트(Quality Cost)를 예방코스트, 실패코스트, 평가코스트로 분류할 때, 다음 중 실패코스트(Failure Cost)에 속하는 것이 아닌 것은? 2011.04.17

① 시험 코스트
② 불량대책 코스트
③ 재가공 코스트
④ 설계변경 코스트

 정답 05. ② 06. ④ 07. ① 08. ② 09. ①

10. 파레토 그림에 대한 설명으로 가장 거리가 먼 내용은? 2005.04.03

① 부적합품(불량), 클레임 등의 손실금액이나 퍼센트를 그 원인별·상황별로 취해 그림의 왼쪽에서부터 오른쪽으로 비중이 작은 항목부터 큰 항목 순서로 나열한 그림이다.
② 현재의 중요 문제점을 객관적으로 발견할 수 있으므로 관리방침을 수립할 수 있다.
③ 도수분포의 응용수법으로 중요한 문제점을 찾아내는 것으로서 현장에서 널리 사용된다.
④ 파레토 그림에서 나타난 1~2개 부적합품(불량) 항목만 없애면 부적합품(불량)률은 크게 감소된다.

➡해설 Pareto Diagram 점유율이 큰 것을 왼쪽으로 배치해서 히스토그램을 그리고 그 위에 누적 꺽은 선 그래프를 그린 것을 말한다.

11. 다음 중 데이터를 그 내용이나 원인 등 분류 항목별로 나누어 크기의 순서대로 나열하여 나타낸 그림을 무엇 이라고 하는가? 2008.03.30

① 히스토그램(Histogram)
② 파레토 다이어그램(Pareto Diagram)
③ 특성요인도(Causes and Effects Diagram)
④ 체크시트(Check Sheet)

12. 도수분포표에서 도수가 최대인 곳의 대표치를 말하는 것은? 2002.04.07, 2004.07.18

① 중위수
② 비대칭도
③ 모드(Mode)
④ 첨도

➡해설 모드(Mode)는 최빈값이라고도 하며 자료의 분포에서 빈도수가 가장 많이 관찰되는 곳이다.

13. 도수분포표를 만드는 목적이 아닌 것은? 2002.07.21

① 데이터의 흩어진 모양을 알고 싶을 때
② 많은 데이터로부터 평균치와 표준편차를 구할 때
③ 원 데이터를 규격과 대조하고 싶을 때
④ 결과나 문제점에 대한 계통적 특성치를 구할 때

정답 10. ① 11. ② 12. ③ 13. ④

14. 도수분포표를 작성하는 목적으로 볼 수 없는 것은? 2011.07.31

① 로트의 분포를 알고 싶을 때
② 로트의 평균치와 표준편차를 알고 싶을 때
③ 규격과 비교하여 부적합품률을 알고 싶을 때
④ 주요 품질항목 중 개선의 우선순위를 알고 싶을 때

15. 문제가 되는 결과와 이에 대응하는 원인과의 관계를 알기 쉽게 도표로 나타낸 것은? 2006.04.02

① 산포도 ② 파레토도
③ 히스토그램 ④ 특성요인도

➡해설 특성요인도
문제의 특성이 어떤 요인(원인)으로 일어나는지 그 원인관계를 살펴보고 도식화하여 문제점을 파악하고 해결을 생각하는 기법이다.

16. 다음 중 브레인스토밍(Brainstorming)과 가장 관계가 깊은 것은? 2010.07.11

① 파레토도 ② 히스토그램
③ 회귀분석 ④ 특성요인도

17. 다음 중 모집단의 중심적 경향을 나타낸 측도에 해당하는 것은? 2012.04.08

① 범위(Range) ② 최빈값(Mode)
③ 분산(Variance) ④ 변동계수(Coefficient of variation)

➡해설 최빈값
가장 많이 관측 되는 즉 주어진 값에서 가장 자주 나오는 값

18. 다음 데이터로부터 통계량을 계산한 것 중 틀린 것은? 2005.07.17

[데이터] : 21.5, 23.7, 24.3, 27.2, 29.1

① 중앙값(Me) = 24.3 ② 제곱합(S) = 7.59
③ 시료분산(s^2) = 8.988 ④ 범위(R) = 7.6

정답 14. ④ 15. ④ 16. ④ 17. ② 18. ②

19. 다음 중 통계량의 기호에 속하지 않는 것은? 2010.03.28

① σ ② R

③ s ④ $\overline{x}$

20. 이항분포를 이용하여 관리 한계선을 구하는 관리도는? 2003.07.20

① Pn 관리도 ② U 관리도

③ X－R 관리도 ④ X 관리도

21. 이항분포(Binomial Distribution)의 특징으로 가장 옳은 것은? 2007.07.15

① P＝0일 때는 평균치에 대하여 좌 · 우 대칭이다.

② P≤0.1이고 nP＝0.1～10일 때는 포아송 분포에 근사한다.

③ 부적합품의 출현 개수에 대한 표준편차는 0(x)＝nP이다.

④ P≤0.5이고 nP≥5일 때는 포아송 분포에 근사한다.

22. 부적합 품률이 1%인 모집단에서 5개의 시료를 랜덤하게 샘플링할 때, 부적합품 수가 1개일 확률은 약 얼마인가?(단, 이항분포를 이용하여 계산한다.) 2009.03.29

① 0.048 ② 0.058 ③ 0.48 ④ 0.58

➡해설 $P(x) = {}_nC_x \times P^x(1-P)^{n-x}$

$P(1) = {}_5C_1 \times 0.01^1 \times (1-0.01)^{5-1}$

$= 0.048(\%)$

23. 로트 크기 1,000, 부적합품질이 15%인 로트에서 5개의 랜덤 시료 중에서 발견된 부적합품 수가 1개일 확률을 이항분포로 계산하면 약 얼마인가? 2011.04.17

① 0.1648 ② 0.3915

③ 0.6085 ④ 0.8352

➡해설 $P(x) = {}_nC_x \times P^x(1-P)^{n-x}$

$P(1) = {}_5C_1 \times 0.15^1 \times (1-0.01)^{5-1}$

$= 0.3915(\%)$

정답 19. ① 20. ① 21. ② 22. ① 23. ②

24. 다음의 데이터를 보고 편차 제곱합(S)을 구하면?(단, 소수 셋째 자리까지 구하시오.)

2003.07.20

[Data] : 18.8, 19.1, 18.8, 18.2, 18.4, 18.3, 19.0, 18.6, 19.2

① 0.338 ② 1.028
③ 0.114 ④ 1.014

해설 $S=\sum_{i=1}^{n} di^2$, $\sum_{i=1}^{n}(xi-\overline{x})^2$, $\overline{x}$: 18.711

$$\begin{aligned} S &= (18.8-18.711)^2+(19.1-18.711)^2+(18.8-18.711)^2 \\ &\quad +(18.2-18.711)^2+(18.4-18.711)^2+(18.3-18.711)^2 \\ &\quad +(19.0-18.711)^2+(18.6-18.711)^2+(19.2-18.711)^2 \\ &= 0.525+0.503=1.028 \end{aligned}$$

25. 어떤 측정법으로 측정 데이터와 모집단의 참값의 차이를 무엇이라 하는가?

2001.09.23, 2002.04.07

① 오차 ② 신뢰성
③ 정확성 ④ 정밀도

해설 정확성
어떤 측정방법으로 동일 시료를 무한 횟수 측정하였을 때 데이터 분포의 평균치

26. 어떤 측정법으로 동일 시료를 무한 횟수 측정하였을 때 데이터 분포의 평균치와 참값의 차이를 무엇이라 하는가?

2003.07.20, 2006.07.16, 2009.07.12, 2011.07.31

① 신뢰성 ② 정확성
③ 정밀도 ④ 오차

27. 로트의 크기 30, 부적합품률이 10%인 로트에서 시료의 크기를 5로 하여 랜덤 샘플링할 때, 시료 중 부적합품 수가 1개 이상일 확률은 약 얼마인가?(단, 초기하분포를 이용하여 계산한다.)

2010.07.11

① 0.3695 ② 0.4335
③ 0.5665 ④ 0.6305

 정답 24. ② 25. ① 26. ② 27. ②

28. 관리도에서 점이 관리 한계 이내에 있고 중심선 한쪽에 연속해서 나타나는 점을 무엇이라 하는가? 2002.04.07, 2010.07.11

① 경향 ② 주기 ③ 런 ④ 산포

해설 런(run)
중심선에 대해서 점이 한쪽에 연속해서 나타나는 것

29. 관리도에서 측정한 값을 차례로 타점했을 때 점이 순차적으로 상승하거나 하강하는 것을 무엇이라 하는가? 2011.07.31

① 런(Run) ② 주기(Cycle) ③ 경향(Trend) ④ 산포(Dispersion)

해설 경향(Trend)
관리도에서 점의 상승 또는 하강의 현상이 나타나는 것

30. 관리도에 대한 설명 내용으로 가장 관계가 먼 것은? 2003.03.30

① 관리도는 공정의 관리만이 아니라 공정의 해석에도 이용된다.
② 관리도는 과거 데이터의 해석에도 이용된다.
③ 관리도는 표준화가 불가능한 공정에는 사용할 수 없다.
④ 계량치인 경우에는 $\overline{X}-R$관리도가 일반적으로 이용된다.

해설 관리도
공정을 관리상태(안정상태)로 유지 개선하는 데 사용되는 도구
- 과거의 상황을 척도로 함
- 현재의 상황이 정상인지 이상인지를 객관적으로 판단함

31. nP관리도에서 시료군마다 $n=100$이고, 시료군의 수가 $k=20$이며, $\Sigma nP=77$이다. 이때 nP관리도의 관리상한선 UCL을 구하면 얼마인가? 2005.04.03

① UCL=8.94 ② UCL=3.85 ③ UCL=5.77 ④ UCL=9.62

해설
$$\overline{P}n=\frac{\Sigma Pn}{k}=\frac{77}{20}=3.85$$
$$\overline{P}=\frac{\Sigma Pn}{\Sigma n}=\frac{\Sigma Pn}{kn}=\frac{77}{20\times 100}=0.0385$$
$$UCL=\overline{P}n+3\sqrt{\overline{P}n(1-\overline{P})}=3.85+3\sqrt{3.85(1-0.0385)}=9.62$$

정답 28. ③ 29. ③ 30. ③ 31. ④

32. 다음 중 계량치 관리도는 어느 것인가? 2005.07.17

① R관리도 ② nP관리도
③ C관리도 ④ U관리도

33. c관리도에서 k=20인 군의 총부적합(결정)수 합계는 58이였다. 이 관리도의 UCL, LCL을 구하면 약 얼마인가? 2008.03.30

① UCL=6.92, LCL=0
② UCL=4.90, LCL=고려하지 않음
③ UCL=6.92, LCL=고려하지 않음
④ UCL=8.01, LCL=고려하지 않음

해설 $UCL\ \&\ LCL=\bar{c}\pm 3\sqrt{\bar{c}}$

$\bar{c}=\frac{58}{20}=2.9$(중심선)

$UCL=2.9+3\sqrt{2.9}=2.9+3\times 1.703=8.01$

$LCL=2.9-3\sqrt{2.9}=2.9-3\times 1.703=-2.209$

c관리도 : 일정한 단위 속에 나타나는 결점수로 공정을 관리. 이때 LCL이 마이너스일 때는 고려하지 않음

34. 공정에서 안정적으로 존재하는 것은 아니고 산발적으로 발생하여 품질의 변동에 크게 영향을 끼치는 요주의 원인으로 우발적 원인인 것을 무엇이라 하는가? 2008.07.13

① 우연원인 ② 이상원인
③ 불가피 원인 ④ 억제할 수 없는 원인

해설 공정에서 안정적으로 존재하는 것은 아니고 산발적으로 발생하여 품질의 변동에 크게 영향을 끼치는 요주의 원인으로 우발적인 원인인 것을 이상원인이라 한다.

35. $\bar{x}$관리도에서 관리상한이 22.15, 관리하한이 6.85, $\bar{R}=7.5$일 때 시료군의 크기(n)는 얼마인가? (단, $n=2$일 때 $A_2=1.88$, $n=3$일 때 $A_2=1.02$, $n=4$일 때 $A_2=0.73$, $n=5$일 때 $A_2=0.58$이다.) 2009.07.12

① 2 ② 3
③ 4 ④ 5

 정답 32. ① 33. ④ 34. ② 35. ②

36. 다음 중 계량값 관리도에 해당되는 것은? 2011.04.17

① C관리도 ② nP관리도
③ R관리도 ④ U관리도

37. 축의 완성 지름, 철사의 인장강도, 아스피린 순도와 같은 데이터를 관리하는 가장 대표적인 관리도는? 2006.07.16

① $\overline{X}-R$관리도 ② nP관리도
③ C관리도 ④ U관리도

38. 다음 중 계량값 관리도만으로 짝지어진 것은? 2012.04.08

① c관리도, u관리도 ② x－Rs관리도, P관리도
③ x－R관리도, nP관리도 ④ Me－R관리도, x－R관리도

39. 축의 완성지름, 철사의 인장강도, 아스피린 순도와 같은 데이터를 관리하는 가장 대표적인 관리도는? 2012.07.22

① G관리도 ② nP관리도
③ u관리도 ④ x－R관리도

40. 계수값 관리도는 어느 것인가? 2004.04.04

① R관리도 ② x관리도
③ P관리도 ④ x－P관리도

➡해설 계수값 관리도의 종류
Pn(불량개수)관리도 · P(불량률)관리7도 · c(결점수)관리도 · u(단위당 결점수)관리도

41. 다음 중 계수치 관리도가 아닌 것은? 2009.03.29

① d관리도 ② p관리도
③ u관리도 ④ x관리도

정답 36. ③ 37. ① 38. ④ 39. ④ 40. ③ 41. ④

42. 품질특성을 나타내는 데이터 중 계수치 데이터에 속하는 것은? 2008.07.13

① 무게 ② 길이
③ 인장강도 ④ 부적합품의 수

43. M타입 자동차 또는 LCD TV를 조립 완성한 후 부적합수(결점수)를 점검한 데이터에는 어떤 관리도를 사용하는가? 2007.07.15

① P관리도 ② nP관리도
③ C관리도 ④ x-R관리도

44. u관리도의 공식으로 가장 올바른 것은? 2002.07.21, 2007.04.01, 2010.03.28

① $\bar{u} \pm 3\sqrt{\bar{u}}$ ② $\bar{u} \pm \sqrt{\bar{u}}$
③ $\bar{u} \pm 3\sqrt{\frac{\bar{u}}{n}}$ ④ $\bar{u} \pm \sqrt{n} \times \bar{u}$

45. 미리 정해진 일정 단위 중에 포함된 부적합(결점) 수에 의거 공정을 관리할 때 사용하는 관리도는? 2004.07.18

① p관리도 ② nP관리도 ③ c관리도 ④ u관리도

46. 샘플링 검사의 목적으로서 틀린 것은? 2004.04.04

① 검사비용 절감 ② 생산공정상의 문제점 해결
③ 품질향상의 자극 ④ 나쁜 품질인 로트의 불합격

➡해설 샘플링 검사의 목적
로트로부터 시료를 발췌하여 시험한 후 그 결과를 판정기준과 비교하여, 그 로트의 합격, 불합격을 판정하는 검사

47. 모집단을 몇 개의 층으로 나누고 각 층으로부터 각각 랜덤하게 시료를 뽑는 샘플링 방법은? 2007.04.01

① 층별 샘플링 ② 2단계 샘플링
③ 계통 샘플링 ④ 단순 샘플링

 정답 42. ④ 43. ③ 44. ③ 45. ③ 46. ② 47. ①

➡해설

샘플링 형식	샘플링 방법	샘플링 형태
1회 샘플링	랜덤 샘플링	규준형 샘플링 검사
2회 샘플링	2단계 샘플링	선별형 샘플링 검사
다회 샘플링	층별 샘플링	조정형 샘플링 검사
축차 샘플링	취락 샘플링	연속생산형 샘플링 검사

48. 로트로부터 시료를 샘플링해서 조사하고, 그 결과를 로트의 판정기준과 대조하여 로트의 합격, 불합을 판정하는 검사를 무엇이라고 하는가? 2008.03.30

① 샘플링 검사 ② 전수검사
③ 공정 검사 ④ 품질 검사

49. 계수 규준형 1회 샘플링 검사(KS A 3102)에 관한 설명 중 가장 거리가 먼 것은? 2008.07.13

① 검사에 제출된 로트의 공정에 관한 사전 정보가 없어도 샘플링 검사를 적용할 수 있다.
② 생산자측과 구매자측이 요구하는 품질보호를 동시에 만족시키도록 샘플링 검사방식을 선정한다.
③ 파괴검사의 경우와 같이 전수검사가 불가능한 때에는 사용 할 수 없다.
④ 1회만의 거래시에도 사용할 수 있다.

➡해설 규준형 샘플링 검사
이것은 로트 자체의 합격, 불합격을 결정하기 위한 것으로서 검사개수의 경제성, 메이커의 지난날의 성적 등은 고려하지 않는다.

50. 200개 들이 상자가 15개 있다. 각 상자로부터 제품을 랜덤하게 10개씩 샘플링할 경우 이러한 샘플링 방법을 무엇이라 하는가? 2009.07.12

① 계통 샘플링 ② 취락 샘플링 ③ 층별 샘플링 ④ 2단계 샘플링

➡해설 다회 샘플링 - 층별 샘플링 - 조정형 샘플링 검사

51. 계수 규준형 샘플링 검사의 OC 곡선에서 좋은 로트를 합격시키는 확률을 뜻하는 것은?(단, α는 제1종 과오, β는 제2종 과오이다.) 2010.03.28

① α ② β ③ $1-\alpha$ ④ $1-\beta$

정답 48. ① 49. ③ 50. ③ 51. ③

➡해설

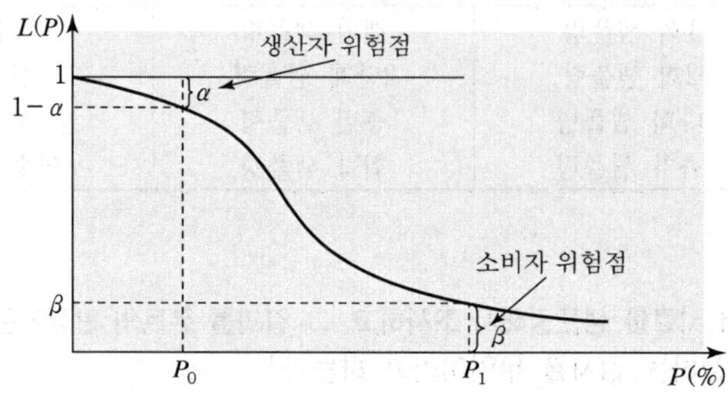

- 생산자 위험 (α) : 불량률이 낮음에도 불구하고 불합격 확률
  $L(P_0) = 1 - \alpha$
- 소비자 위험 (β) : 불량률이 높음에도 불구하고 합격할 확률
  $L(P_1) = \beta$
- 불량률이 P인 경우, 그 Lot가 합격할 확률($L(P)$)을 나타낸다.

52. 로트에서 랜덤하게 시료를 추출하여 검사한 후 그 결과에 따라 로트의 합격, 불합격을 판정하는 검사방법을 무엇이라 하는가? 2012.04.08

① 자주검사 ② 간접검사
③ 전수검사 ④ 샘플링검사

➡해설 샘플링검사
물품을 샘플링하여 측정한 결과를 판정기준과 비교하여 개개의 물품에 양호, 불량 또는 로트의 합격, 불합격의 판정을 내리는 것

53. 다음 중 샘플링 검사보다 전수검사를 실시하는 것이 유리한 경우는? 2012.07.22

① 검사항목이 많은 경우
② 파괴검사를 해야 하는 경우
③ 품질특성치가 치명적인 결점을 포함하는 경우
④ 다수 다량의 것으로 어느 정도 부적합품이 섞여도 괜찮을 경우

54. 다음 중 검사항목에 의한 분류가 아닌 것은? 2004.07.18

① 자주검사 ② 수량검사
③ 중량검사 ④ 성능검사

➡해설 검사항목에 의한 분류
① 수량검사, ② 외관검사, ③ 중량검사, ④ 치수 검사, ⑤ 성능검사

55. 다음 중 로트별 검사에 대한 AQL 지표형 샘플링 검사방식은 어느 것인가? 2005.07.17

① KS A ISO 2859-0
② KS A ISO 2859-1
③ KS A ISO 2859-2
④ KS A ISO 2859-3

56. 다음 검사의 종류 중 검사공정에 의한 분류에 해당되지 않는 것은? 2009.03.29

① 수입검사 ② 출하검사
③ 출장검사 ④ 공정검사

➡해설 검사공정에 의한 분류
① 수입검사, ② 공정검사, ③ 최종검사, ④ 출하검사, ⑤ 기타검사

57. 다음 중 검사 판정의 대상에 의한 분류가 아닌 것은? 2005.04.03, 2007.07.15

① 관리 샘플링검사
② 로트별 샘플링검사
③ 전수검사
④ 출하검사

➡해설 검사 판정의 대상에 의한 분류
① 관리 샘플링검사 제조공정의 관리, 공정검사의 조정 및 검사의 체크를 목적으로 행하는 검사
② 로트별 샘플링검사 로트별로 시료를 샘플링하고 뽑힌 물품을 조사해서 로트의 합격, 불합격을 결정
③ 전수검사 100% 검사

정답 54. ① 55. ② 56. ③ 57. ④

58. 로트의 크기가 시료의 크기에 비해 10배 이상 클 때 시료의 크기와 합격판정개수를 일정하게 하고 로트의 크기를 증가시키면 검사특성곡선의 모양 변화에 대한 설명으로 가장 적절한 것은?

2010.07.11, 2012.07.22

① 무한대로 커진다.
② 거의 변화하지 않는다.
③ 검사특성곡선의 기울기가 완만해진다.
④ 검사특성곡선의 기울기 경사가 급해진다.

59. 그림의 OC곡선을 보고 가장 올바르게 내용을 나타낸 것은? 2003.03.30

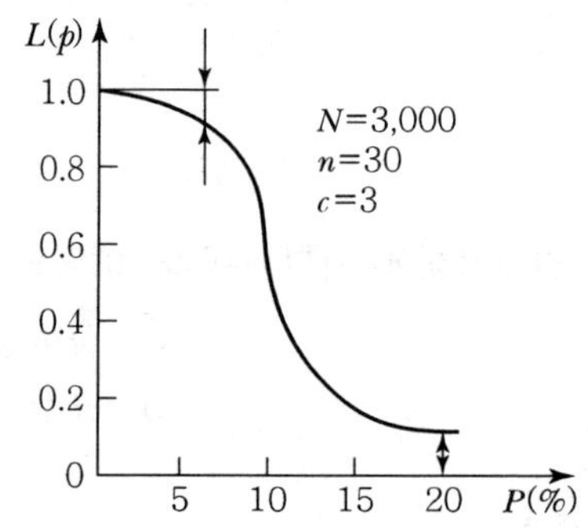

① α : 소비자 위험
② $L(P)$: 로트의 합격 확률
③ β : 생산자 위험
④ 불량률 : 0.03

60. 공급자에 대한 보호와 구입자에 대한 보증의 정도를 규정해 두고 공급자의 요구와 구입자의 요구 양쪽을 만족하도록 하는 샘플링 검사방식은? 2002.07.21

① 규준형 샘플링 검사
② 조정형 샘플링 검사
③ 선별형 샘플링 검사
④ 연속생산형 샘플링 검사

➡해설 규준형 샘플링 검사
생산자요구와 소비자요구를 동시 만족

 정답 58. ② 59. ② 60. ①

61. 계수값 규준형 1회 샘플링 검사에 대한 설명 중 가장 거리가 먼 내용은? 2006.04.02

① 검사에 제출된 로트에 관한 사전의 정보는 샘플링 검사를 적용하는 데 직접적으로 필요로 하지 않는다.
② 생산자 측과 구매자 측이 요구하는 품질보호를 동시에 만족시키도록 샘플링 검사방식을 선정한다.
③ 파괴검사의 경우와 같이 전수검사가 불가능한 때에는 사용할 수 없다.
④ 1회만의 거래 시에도 사용할 수 있다.

➡해설 계수 규준형 1회 샘플링 검사(KS A 3102)
로트로부터 1회만 시료를 채취하여 시료중의 검사단위를 조사하여, 이것을 품질기준과 대조하여 양호품과 불량품으로 구분하고, 시료 중에서 발견된 불량품의 개수를 조사하여 그 총수가 합격판정 개수 이하이면 로트를 합격으로 하고, 만약 시료 중의 불량품의 총수가 합격판정 개수를 초과할 경우에는 그 로트를 불합격으로 하는 불량 개수에 근거를 두는 검사

62. 신제품에 가장 적합한 수요예측방법은? 2003.03.30, 2009.07.12

① 시계열분석 ② 의견분석
③ 최소자승법 ④ 지수평활법

➡해설 의견 분석 혹은 시장조사법
신제품의 경우와 같이 일반 사용자의 의견을 집계, 분석하여 장래를 예측한다.

63. 수요예측 방법의 하나인 시계열분석에서 시계열적 변동에 해당되지 않는 것은? 2005.04.03

① 추세변동 ② 순환변동
③ 계절변동 ④ 판매변동

➡해설 시계열분석에서 시계열적 변동은 추세변동, 순환변동, 계절변동, 불규칙변동이 있다.

64. 다음 [표]는 A 자동차 영업소의 월별 판매실적을 나타낸 것이다. 5개월 단순 이동 평균법으로 6월의 수요를 예측하면 몇 대인가?(단위 : 대) 2009.03.29

월	1	3	3	4	5
판매량	100	110	120	130	140

① 120 ② 130 ③ 140 ④ 150

➡해설 수요예측값 $= \frac{\text{모든 월판매량}}{\text{개월수}} = \frac{100+110+120+130+140}{5} = 120$

65. 아래 표는 어느 회사의 5개월 판매실적을 나타낸 것이다. 이동평균법으로 6월의 수요를 예측하면?

2002.07.21

월	1	2	3	4	5
판매량	100	110	120	130	140

① 150 ② 140 ③ 130 ④ 120

➡해설 수요예측값 $= \frac{\text{모든 월판매량}}{\text{개월수}} = \frac{100+110+120+130+140}{5} = 120$

66. 다음과 같은 [데이터]에서 5개월 이동평균법에 의하여 8월의 수요를 예측한 값은 얼마인가?

2012.04.08

월	1	2	3	4	5	6	7
판매실적	100	90	110	100	115	110	100

① 103 ② 105 ③ 107 ④ 109

➡해설 단순이동평균법은 월 판매량을 모두 더하여 월수로 나눈 값을 수요예측 값으로 함

67. 단순지수평활법을 이용하여 1개월의 수요를 예측하려고 한다. 필요한 자료는 무엇인가?

2004.07.18

① 일정기간의 평균값, 가중값, 지수평활계수
② 추세선, 최소자승법, 매개변수
③ 전월의 예측치와 실제치, 지수평활계수
④ 추세변동, 순환변동, 우연변동

➡해설 단순지수평활법
과거의 실적치에 대해서 차별화된 가중치를 부여한다는 점에서 가중이동평균법과 같으나 가중이동평균법이 현재부터 일정기간 동안의 실적만을 사용하는 데 비해서 단순지수평활법은 현재부터 과거의 모든 기간의 실적들을 사용한다는 점이 다르다.

 정답 65. ④ 66. ③ 67. ③

68. 과거의 자료를 수리적으로 분석하여 일정한 경향을 도출한 후 가까운 장래의 매출액, 생산량 등을 예측하는 방법을 무엇이라 하는가? 2010.07.11

① 델파이법 ② 전문가패널법
③ 시장조사법 ④ 시계열분석법

해설 시계열이란 일정한 시간간격으로 본 일련의 과거자료(예 : 일별, 주별, 월별 판매량), 추세, 계절적 변동, 순환요인, 불규칙변동 혹은 우연변동

69. 로트 수가 10이고 준비 작업시간이 20분이며 로트별 정미작업시간이 60분이라면 1로트당 작업시간은? 2004.07.18

① 90분 ② 62분 ③ 26분 ④ 13분

해설 $\frac{20+(10\times60)}{10}=62$분

70. 로트(Lot) 수를 가장 올바르게 정의한 것은? 2003.07.20

① 1회 생산수량을 의미한다.
② 일정한 제조 횟수를 표시하는 개념이다.
③ 생산목표량을 기계대수로 나눈 것이다.
④ 생산목표량을 공정수로 나눈 것이다.

해설 Lot(로트) 단위생산량
일정한 조건하에서 생산되거나 취급된 양을 로트라 한다. 즉, 예정생산 목표량이 결정되면 이를 몇 회로 분할하여 생산할 것인가 하는 제조횟수를 말한다.

71. 연간 소요량 4,000개인 어떤 부품의 발주 비용은 매회 200원이며, 부품 단가는 100원, 연간 재고 유지 비율이 10%일 때 F. W. Harris식에 의한 경제적 주문량은 얼마인가? 2007.07.15

① 40개/회 ② 400개/회 ③ 1,000개/회 ④ 1,300개/회

해설 $ECQ=\sqrt{\frac{2\times R\times P}{C\times I}}=\sqrt{\frac{2\times4000\times200}{100\times0.1}}$
$=400$
ECQ : 경제적 주문량, R : 연간소요량
P : 발주비용, C : 부품단가, I : 연재고관리비율

정답 68. ④ 69. ② 70. ② 71. ②

72. 생산 계획량을 완성하는 데 필요한 인원이나 기계의 부하를 결정하여 이를 현재 인원 및 기계의 능력과 비교하여 조정하는 것은? 2006.07.16

① 일정계획 ② 절차계획
③ 공수계획 ④ 진도관리

➡해설 절차계획(순서계획)
제품 또는 부품의 생산을 위한 작업의 순서 및 방법으로 작업의 절차와 각 작업의 표준시간 및 각 작업이 이루어져야 할 장소를 결정하고 배정

73. 다음 중 절차계획에서 다루어지는 주요한 내용으로 가장 관계가 먼 것은? 2007.04.01

① 각 작업의 소요시간
② 각 작업의 실시 순서
③ 각 작업에 필요한 기계와 공구
④ 각 작업의 부하와 능력의 조정

74. 다음 중 부하와 능력의 조정을 도모하는 것은? 2006.04.02

① 진도관리 ② 절차계획
③ 공수계획 ④ 현품관리

➡해설 절차계획(순서계획)
제품 또는 부품의 생산을 위한 작업의 순서 및 방법으로 작업의 절차와 각 작업의 표준시간 및 각 작업이 이루어져야 할 장소를 결정하고 배정

75. 여력을 나타내는 식으로 가장 올바른 것은? 2005.07.17

① 여력=1일 실동시간×1개월 실동시간×가동대수
② 여력$=(\text{능력}-\text{부하})\times\frac{1}{100}$
③ 여력$=\frac{\text{능력}-\text{부하}}{\text{능력}}\times100$
④ 여력$=\frac{\text{능력}-\text{부하}}{\text{부하}}\times100$

 정답 72. ② 73. ④ 74. ③ 75. ③

76. 설비의 설계 및 설치시에 고장이 적은 설비를 선택해서 설비의 신뢰성과 보전성을 향상시키는 기법은? 2001.09.23

① 사후보전 ② 개량보전
③ 예방보전 ④ 보전예방

➡해설 보전예방
설비의 설계 및 설치 시에 고장이 적은 설비를 선택해서 설비의 신뢰성과 보전성을 향상시키는 기법

77. 생산보전(PM ; Productive Maintenance)의 내용에 속하지 않는 것은? 2005.07.17

① 사후보전 ② 안전보전
③ 예방보전 ④ 개량보전

➡해설 생산보존에는 보전예방 (MP), 예방보전(PM), 사후보전(BM), 개량보전(CM)이 있다.

78. 예방보전의 기능에 해당하지 않는 것은? 2003.07.20

① 취급되어야 할 대상설비의 결정
② 정비작업에서 점검시기의 결정
③ 대상설비 점검개소의 결정
④ 대상설비의 외주 이용도 결정

➡해설 예방보전이란 고장 발생으로 인한 손실을 최소화하기 위하여 고장이 발생하기 전에 예방적인 활동을 행함으로써 설비를 보전함을 목적으로 한다.

79. 예방보전(Preventive Maintenance)의 효과로 보기에 가장 거리가 먼 것은? 2010.03.28

① 기계의 수리비용이 감소한다.
② 생산시스템의 신뢰도가 향상된다.
③ 고장으로 인한 중단시간이 감소한다.
④ 예비기계를 보유해야 할 필요성이 증가한다.

➡해설 예방보전이란 제조공정 설계의 Output으로서 설비고장 및 예정 외의 생산정지의 원인을 제거하기 위한 계획된 보전 활동을 말한다. 따라서 예비기계를 보유해야 할 필요성이 감소한다.

정답 76. ④ 77. ② 78. ④ 79. ④

80. 설비의 구식화에 의한 열화는? 2002.07.21

① 상대적 열화 ② 경제적 열화
③ 기술적 열화 ④ 절대적 열화

해설 상대적 열화
시간이 경과함에 따라 설비의 성능이 저하되는 열화현상을 나타낸 것

81. 공장의 보전요원을 각 제조부분의 감독자 아래 배치하여 보전을 행하는 것은?
2001.09.23

① 부문(部門)보전 ② 지역(地域)보전
③ 집중(集中)보전 ④ 절충(折衷)보전

해설 부문보전
각 제조군의 감독자 밑에 보전조직을 놓음

82. 다음 내용은 설비보전조직에 대한 설명이다. 어떤 조직의 형태인가? 2005.04.03

- 보전작업자는 조직상 각 제조부문의 감독자 밑에 둔다.
- 단점 : 생산 우선에 의한 보전작업 경시, 보전기술 향상의 곤란성
- 장점 : 운전과의 일체감 및 현장감독의 용이성

① 집중보전 ② 지역보전 ③ 부문보전 ④ 절충보전

해설 부문보전
각 제조군의 감독자 밑에 보전조직을 놓음

83. 다음의 PERT/CPM에서 주공정(Critical Path)은?(단, 화살표 밑의 숫자는 활동시간을 나타낸다.)
2004.04.04

① ①－③－②－④
② ①－②－③－④
③ ①－②－④
④ ①－④

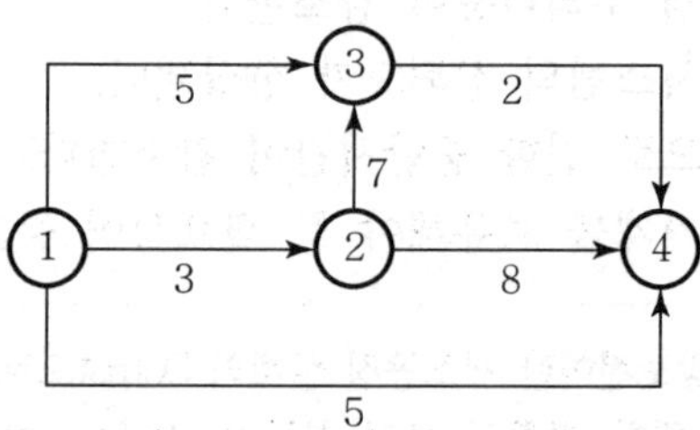

해설 주공정
처음에서 끝까지의 활동시간이 가장 긴 공경을 연결한 선을 말한다.

정답 80. ① 81. ① 82. ③ 83. ②

84. PERT에서 Network에 관한 설명 중 틀린 것은? 2006.07.16

① 가장 긴 작업시간이 예상되는 공정은 주 공정이라 한다.
② 명목상의 활동(Dummy)은 점선 화살표(→)로 표시한다.
③ 활동(Activity)은 하나의 생산 작업요소로서 원(○)으로 표시된다.
④ Network는 일반적으로 활동과 단계의 상호 관계로 구성된다.

해설 통상 프로젝트를 구성하는 작업내용은 이벤트(Event)라 하여 원으로 표시하며, 각 작업의 실시는 액티비티(Activity)라 하여 소요시간과 함께 화살표로 표시한다. 따라서, 계획내용은 이벤트, 액티비티 및 시간에 의해서 네트워크 모양으로 표시된다.

85. PERT/CPM에서 Network 작도 시 정(碇)은 무엇을 나타내는가? 2003.03.30

① 단계(Event) ② 명목상의 활동(Dummy Activity)
③ 병행활동(Paralleled Activity) ④ 최초단계(Initial Event)

86. 더미활동(Dummy Activity)에 대한 설명 중 가장 적합한 것은? 2004.07.18

① 가장 긴 작업시간이 예상되는 공정을 말한다.
② 공정의 시작에서 그 단계에 이르는 공정별 소요시간들 중 가장 큰 값이다.
③ 실제활동은 아니며 활동의 선행조건을 네트워크에 명확히 표현하기 위한 활동이다.
④ 각 활동별 소요시간이 베타분포를 따른다고 가정할 때의 활동이다.

해설 명목상의 활동(Dummy)은 점선 화살표로 표시

87. 그림과 같은 계획공정도(Network)에서 주공정으로 옳은 것은?[단, 화살표 밑의 숫자는 활동시간(단위 : 주)을 나타낸다.] 2007.04.01, 2011.04.17

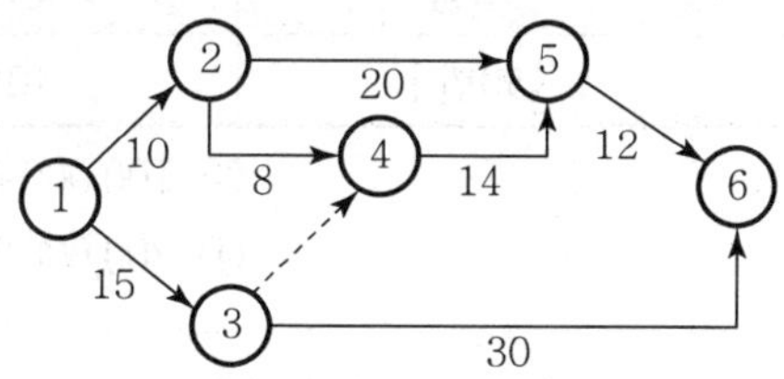

① ①-②-⑤-⑥ ② ①-②-④-⑤-⑥
③ ①-③-④-⑤-⑥ ④ ①-③-⑥

해설 ①-③-⑥ : 15+30=45

88. 일정통제를 할 때 1일당 그 작업을 단축하는 데 소요되는 비용의 증가를 의미하는 것은?

2002.04.07

① 비용구배(Cost Slope) ② 정상 소요시간(Normal Duration)
③ 비용견적(Cost Estimation) ④ 총 비용(Total Cost)

해설 비용구배(Cost Slope)
일정을 단위 기간 단축하는 데 소요되는 비용

89. 다음 표를 이용하여 비용 구배(Cost Siope)를 구하면 얼마인가? 2006.04.02

정상		특급	
소요시간	소요비용	소요시간	소요비용
5일	40,000원	3일	50,000원

① 3,000원/일 ② 4,000원/일
③ 5,000원/일 ④ 6,000원/일

해설 $\text{비용구배} = \dfrac{\text{특급 소용비용} - \text{정상 소요비용}}{\text{정상 소요시간} - \text{특급 소요시간}}$

$= \dfrac{50{,}000 - 40{,}000}{5 - 3}$

$= 5{,}000$

90. 어떤 공장에서 작업을 하는데 있어서 소요되는 기간과 비용이 다음 [표]와 같을 때 비용구배는 얼마인가?(단, 활동시간의 단위는 일(日)로 계산한다.) 2008.07.13

정상 작업		특급 작업	
기간	비용	기간	비용
15일	150만원	10일	200만원

① 50,000원 ② 100,000원
③ 200,000원 ④ 300,000원

해설 $\text{비용구배} = \dfrac{\text{특급 소용비용} - \text{정상 소요비용}}{\text{정상 소요기간} - \text{특급 소요기간}}$

$= \dfrac{2{,}000{,}000 - 1{,}500{,}000}{15 - 10}$

$= 100{,}000$

 정답 88. ① 89. ③ 90. ②

91. 정상소요시간이 5일이고, 이때의 비용이 20,000원이며, 특급소요시간이 3일이고, 이때의 비용이 30,000원이라면 비용구배는 얼마인가? 2011.07.31

① 4,000원/일 ② 5,000원/일 ③ 7,000원/일 ④ 10,000원/일

해설 $비용구배 = \frac{특급비용 - 정상비용}{정상시간 - 특급시간}$

$= \frac{30,000 - 20,000}{5 - 3}$

$= 5,000$ 원/일

92. 어떤 회사의 매출액이 80,000원, 고정비가 15,000원, 변동비가 40,000원일 때 손익분기점 매출액은 얼마인가? 2010.03.28

① 25,000원 ② 30,000원 ③ 40,000원 ④ 55,000원

해설 $손익분기점매출액 = \frac{고정비 \times 매출액}{변동비} = \frac{15,000 \times 80,000}{40,000}$

$= 30,000$ 원

93. TPH 활동의 기본을 이루는 3정 5S 활동에서 3정에 해당되는 것은? 2006.07.16

① 정시간 ② 정돈 ③ 정리 ④ 정량

해설

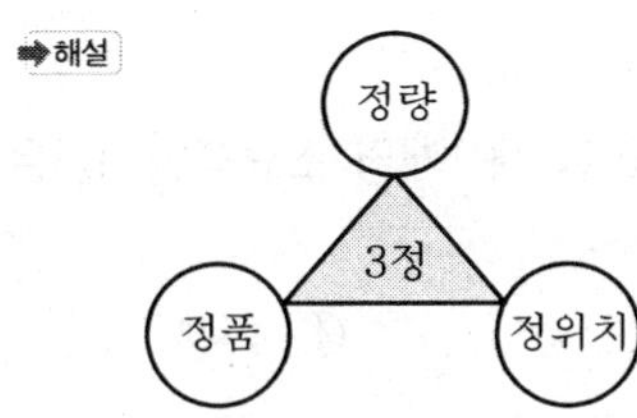

94. 컨베이어 작업과 같이 단조로운 작업은 작업자에게 무력감과 구속감을 주고, 생산량에 대한 책임감을 저하시키는 등 폐단이 있다. 다음 중 이러한 단조로운 작업의 결함을 제거하기 위해 채택되는 직무설계방법으로서 가장거리가 먼 것은? 2011.07.31

① 자율경영팀 활동을 권장한다.
② 하나의 연속 작업시간을 길게 한다.
③ 작업자 스스로가 직무를 설계하도록 한다.
④ 직무확대, 직무충실화 등의 방법을 활동한다.

정답 91. ② 92. ② 93. ④ 94. ②

해설 직무설계법

하나의 작업을 연속해서 계속 반복하면 작업자에게 무력감이나 구속감을 더욱 주게 된다. 따라서 직무는 순환하는 것이 좋다.

95. 표준시간을 내경법으로 구하는 수식은? 2006.04.02

① 표준시간 = 정미시간 + 여유시간

② 표준시간 = 정미시간 × (1 + 여유율)

③ $\text{표준시간} = \text{정미시간} \times \dfrac{1}{1 - \text{여유율}}$

④ $\text{표준시간} = \text{정미시간} \times \dfrac{1}{1 + \text{여유율}}$

96. 여유시간이 5분, 정미시간 35분일 때 내경법의 여유율은 얼마인가? 2001.09.23

① 14.5 ② 12.5 ③ 10.5 ④ 8.5

해설 내경법 여유율(실동시간에 대한 비율)

$$\frac{\text{여유시간}}{\text{정미시간} + \text{여유시간}} \times 100$$

$$= \frac{5}{5+35} \times 100 = 12.5\%$$

97. 준비작업시간 100분, 개당 정미작업시간 15분, 로트크기 20일 때 1개당 소요작업시간은 얼마인가?(단, 여유시간은 없다고 가정한다.) 2012.07.22

① 15분 ② 20분 ③ 35분 ④ 45분

해설 $\dfrac{\text{준비작업시간(100분)}}{\text{로트크기(20)}} + \text{개 당 정미작업시간(15분)} = 20\text{분}$

98. 준비작업 시간이 5분, 정미작업시간이 20분, lot수 5, 주작업에 대한 여유율이 0.2라면 가공시간은? 2002.04.07

① 150분 ② 145분 ③ 125분 ④ 105분

해설 가공시간 = 준비시간 + 정미시간 + 여유시간

= 5 + (20×5) + (20×5×0.2) = 125분

 정답 95. ③ 96. ② 97. ② 98. ③

99. 다음 중에서 작업자에 대한 심리적 영향을 가장 많이 주는 작업측정의 기법은?
2005.07.17

① PTS법 ② 워크 샘플링법
③ WF법 ④ 스톱 워치법

100. 여유시간이 5분, 정미시간이 40분일 경우 내경법으로 여유율을 구하면 약 몇 %인가?
2012.04.08

① 6.33% ② 9.05%
③ 11.11% ④ 12.50%

해설 $\text{여유율(내경법)} = \dfrac{\text{여유시간}}{\text{정미시간} + \text{여유시간}} \times 100 = \dfrac{5}{40+5} \times 100 = 11.11\%$

101. 다음은 워크 샘플링에 대한 설명이다. 틀린 것은? 2003.03.30

① 관측대상의 작업을 모집단으로 하고 임의의 시점에서 작업내용을 샘플로 한다.
② 업무나 활동의 비율을 알 수 있다.
③ 기초이론은 확률이다.
④ 한 사람의 관측자가 1인 또는 1대의 기계만을 측정한다.

해설 Work Sampling법
작업자를 무작위로 관찰하여 특정 활동에 실제 소비하는 시간의 비율을 측정하고 이에 근거하여 시간표준을 설정하는 기법

102. 모든 작업을 기본동작으로 분해하고 각 기본동작에 대하여 성질과 조건에 따라 정해 놓은 시간치를 적용하여 정미시간을 산정하는 방법은? 2002.07.21, 2008.03.30

① PTS법
② WS법
③ 스톱위치법
④ 실적기록법

해설 PTS법(기정시간표준법, Predetermined Time Standards)

103. 작업시간 측정방법 중 직접측정법은? 2012.07.22

① PTS법 ② 경험견적법
③ 표준자료법 ④ 스톱워치법

104. 방법시간측정법(MTM ; Method Time Measurement)에서 사용되는 1TMU(Time Measurement Unit)는 몇 시간인가? 2008.07.13

① 1/100,000시간 ② 1/10,000시간
③ 6/10,000시간 ④ 35/1,000시간

➡해설 MTM에서 사용하는 시간단위는 0.00001시간으로 TMU라 한다.
이것은 미국의 시간급제도나 시간단위의 계획과 통제방식에 편리하게 선택된 것이다.
보통의 단위로 환산하며 1TMU＝0.00001시간＝0.0006분＝0.036초이다.

105. 다음 중 인위적 조절이 필요한 상황에 사용될 수 있는 워크팩터(Work Factor)의 기호가 아닌 것은? 2010.03.28

① D ② K ③ P ④ S

➡해설 D : 일정한 정지(Difinite Stop), P : 주의(Precaution), S : 방향의 조절(Steering),
U : 방향의 변경(Change Direction), W : 중량 또는 저항(Weight of Resistance)

106. 제품공정분석표에 사용되는 기호 중 공정 간의 정체를 나타내는 기호는? 2004.04.04

① 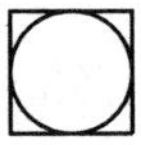 ②  ③  ④

107. 원재료가 제품화되어가는 과정, 즉 가공, 검사, 운반, 지연, 저장에 관한 정보를 수집하여 분석하고 검토를 행하는 것은? 2005.04.03

① 사무공정 분석표 ② 작업자공정 분석표
③ 제품공정 분석표 ④ 연합작업 분석표

➡해설 제품공정 분석표
원재료가 제품화되어가는 과정, 즉 과정, 검사, 운반, 지연, 저장에 관한 정보를 수집하여 분석하고 검토를 행하는 만드는 것이 제품공정 분석표이다.

 정답 103. ④ 104. ① 105. ② 106. ② 107. ③

108. 제품공정 분석표(Product Process Chart) 작성 시 가공시간 기입법으로 가장 올바른 것은?

2007.07.15

① $\dfrac{\text{1개당 가공시간} \times \text{1로트의 수량}}{\text{1로트의 총가공시간}}$

② $\dfrac{\text{1로트의 가공시간}}{\text{1개당 총가공시간} \times \text{1로트의 수량}}$

③ $\dfrac{\text{1개당 가공시간} \times \text{1로트의 총가공시간}}{\text{1로트의 수량}}$

④ $\dfrac{\text{1로트의 총가공시간}}{\text{1개당 가공시간} \times \text{1로트의 수량}}$

109. 작업개선을 위한 공정분석에 포함되지 않는 것은? 2010.07.11

① 제품 공정분석
② 사무 공정분석
③ 직장 공정분석
④ 작업자 공정분석

110. ASME(American Society of Mechanical Engineers)에서 정의하고 있는 제품공정 분석표에 사용되는 기호 중 "저장(Storage)"을 표현한 것은? 2009.07.12

① ○ ② D
③ □ ④ ▽

111. 공정도시기호 중 공정계열의 일부를 생략할 경우에 사용되는 보조 도시기호는?

2003.07.20

①
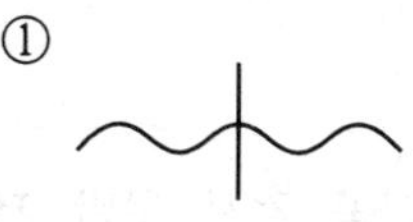

②

③
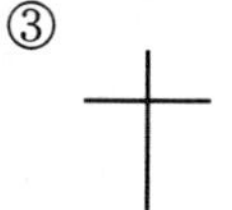

④

➡해설

○	작업
⇨	이동, 운반
D	지연, 쥐고 있다.
□	검사
╪	생략

112. 제품 공정분석표용 공정도시기호 중 정체 공정(Delay)기호는 어느 것인가? 2006.04.02

① ○ ② → ③ D ④ □

➡해설

113. 공정분석기호 중 □는 무엇을 의미하는가? 2006.07.16

① 검사 ② 가공 ③ 정체 ④ 저장

114. 다음 양수작업분석의 □가 의미하는 것은? 2001.03.04

① 손이나 발이 작업을 하고 있는 상태
② 제품의 특성을 조사하거나 개수를 세는 일
③ 손으로 물건을 운반하는 상태
④ 대상물을 고정위치에 보관하고 있는 상태

115. 작업자가 장소를 이동하면서 작업을 수행하는 경우에 그 과정을 가공, 검사, 운반, 저장 등의 기호를 사용하여 분석하는 것을 무엇이라 하는가? 2007.04.01

① 작업자 연합작업분석 ② 작업자 동작분석
③ 작업자 미세분석 ④ 작업자 공정분석

 정답 112. ③ 113. ① 114. ② 115. ④

➡해설 공정분석은 기본적인 형상분석 방법의 하나로 생산공정이나 작업방법의 내용을 가공, 운반, 검사, 정체 또는 저장 등 4가지의 공정분석기호로 분류하여 그 발생하는 순서에 따라 표시하고 또한 각 공정의 조건을 조사·분석하여 생산공정이나 작업발생의 개선, 설계, 공정관리 제도나 공장배치의 개선 설계에 이바지함을 목적으로 한다.

116. 다음 중 Therblig 분석기호와 명칭이 잘못 연결된 것은? 2001.03.04

① 찾음(Search) : ⦶　　② 쥐다.(Grasp) : ††

③ 조립(Assemble) : #　　④ 사용(Use) : U

➡해설 쥐다.(Grasp) : ∩, 분해(Disassemble) : ††

117. 서블릭(Therblig)은 어떤 분석에 주로 이용되는가? 2002.04.07

① 연합작업분석　　② 공정분석
③ 동작분석　　④ 작업분석

118. 다음 중 반즈(Ralph M. Barnes)가 제시한 동작 경제의 원칙에 해당되지 않는 것은? 2009.03.29

① 표준작업의 원칙
② 신체의 사용에 관한 원칙
③ 작업장의 배치에 관한 원칙
④ 공구 및 설비의 디자인에 관한 원칙

119. Ralph M. Barnes 교수가 제시한 동작경제의 원칙 중 작업장 배치에 관한 원칙(Arrangement of the workplace)에 해당되지 않는 것은? 2011.04.17

① 가급적이면 낙하식 운반방법을 이용한다.
② 모든 공구나 재료는 지정된 위치에 있도록 한다.
③ 충분한 조명을 하여 작업자가 잘 볼 수 있도록 한다.
④ 가급적 용이하고 자연스런 리듬을 타고 일할 수 있도록 작업을 구성하여야한다.

정답 116. ② 117. ③ 118. ① 119. ④

120. 월 100대의 제품을 생산하는데 세이퍼 1대의 제품 1대당 소요공수가 14.4H라 한다. 1일 8H, 월 25일, 가동한다고 할 때 이 제품 전부를 만드는 데 필요한 세이퍼의 필요대수를 계산하면?(단, 작업자 가동률 80%, 세이퍼 가동률 90%이다.) 2004.04.04

① 8대 ② 9대 ③ 10대 ④ 11대

해설 $\text{기계대수} = \dfrac{\text{기계능력}}{\text{월가동시간} \times \text{가동률}} = \dfrac{100 \times 14.4}{8 \times 25 \times 0.8 \times 0.9} = 10\text{대}$

PART 2

실전 다지기

제40회 자동차정비 기능장

(2006년도 7월 16일 시행)

01. 제동마력이 125PS, 기계효율 η_m =0.85일 때 도시마력은 몇 PS인가?

① 126 ② 137 ③ 142 ④ 147

02. 기관의 피스톤 행정이 300mm이고 피스톤의 평균속도가 5m/s일 때 이 기관의 회전수는 몇 rpm인가?

① 500 ② 1,000 ③ 1,500 ④ 2,000

03. 압축비가 9 : 1인 오토사이클 기관의 열효율은 몇 %인가?(단, k=1.4이다.)

① 35 ② 45 ③ 58 ④ 66

04. 가솔린 기관의 전자제어 연료 분사장치에서 인젝터의 연료 분사량은 무엇에 의해 결정되는가?

① 인젝터의 솔레노이드 밸브에 가해지는 전압에 따라
② 인젝터의 솔레노이드 코일에 흐르는 통전시간에 따라
③ 인젝터에 작용하는 연료압력에 따라
④ 인젝터의 니들 밸브 행정에 따라

05. 실린더 내경이 78mm, 행정이 80mm인 4행정 사이클 4실린더 엔진의 회전수가 2,300rpm이다. 이때 체적 효율이 82.4%이면 1분 동안 실제로 흡입된 공기량은 얼마인가?

① 1,084cc ② 1,196cc
③ 1,248L ④ 1,375L

06. 현재까지의 공해방지장치를 열거한 것 중 틀린 것은?

① 촉매 변환장치 ② 배기가스 재순환장치
③ 2차 공기 공급장치 ④ 쉴리렌 배기장치

정답 1. ④ 2. ① 3. ③ 4. ② 5. ④ 6. ④

07. 가솔린 연료의 옥탄가를 나타낸 것은?

① 이소옥탄 ÷ (이소옥탄 + 노멀헵탄)
② 노멀헵탄 ÷ (이소옥탄 + 노멀헵탄)
③ 이소옥탄 ÷ (세탄 + α메틸나프탈린)
④ 세탄 ÷ (세탄 + α메틸나프탈린)

08. 디젤 분사노즐 시험에 관한 설명으로 틀린 것은?

① 분무되는 연료에 손을 대지 않도록 한다.
② 시험연료는 가능한 한 20℃ 전후로 유지한다.
③ 시험 중에는 인화성 물질이 없도록 한다.
④ 시험기의 핸들 작동은 가능한 한 천천히 한다.

09. 밸브 스프링의 서징 현상을 방지하는 방법 중 틀린 것은?

① 피치가 작은 스프링을 사용한다.
② 부등피치 스프링을 사용한다.
③ 원추형 스프링을 사용한다.
④ 피치가 서로 다른 2중 스프링을 사용한다.

10. 다음은 LPG 차량의 봄베에 부착된 충진 밸브와 안전밸브의 작동에 대한 설명이다. 틀린 것은?

① 충진 밸브는 충진 시 사용하는 밸브로 내부에 안전밸브와 일체로 되어 있다.
② 안전밸브는 봄베 주변온도 상승으로 인하여 내압이 $24kgf/cm^2$ 이상이 되면 열려 외부로 방출시킨다.
③ 안전밸브는 내압이 높아져 열렸다가 내압이 다시 $16kgf/cm^2$ 이하로 떨어지면 닫힌다.
④ 안전밸브는 충진 시 뜨개가 일정 이상으로 높아지면 연료 유입을 차단하는 밸브이다.

11. 산소 센서의 고장 시 나타나는 결과가 아닌 것은?

① 가속력 출력이 부족하다.
② 규정 이상의 CO 및 HC가 발생한다.
③ 연료 소비율이 일정하다.
④ ECU에 고장 코드가 저장된다.

정답 7. ① 8. ④ 9. ① 10. ④ 11. ③

12. 전자제어 가솔린 연료 분사방식의 인젝터에서 연료 분사압력을 항상 일정하게 유지시키기 위한 장치는?

① 릴리프 밸브
② 체크 밸브
③ 연료압력조절기
④ 맥동 댐퍼

13. 중합 올페핀, 부틸 중합물, 섬유에스텔 등을 윤활유에 첨가하여 온도 변화에 따른 영향을 적게 하는 첨가제는?

① 점도지수 향상제
② 유성 향상제
③ 유동점 강하제
④ 소포제

14. 플라스틱 게이지를 이용하여 크랭크 축 베어링 오일 간극을 측정하는 방법으로 잘못된 것은?

① 크랭크 축과 베어링에 윤활유를 절대로 바르지 않는다.
② 플라스틱 게이지 조각을 크랭크 저널에 크랭크 축 회전방향으로 평행하게 설치한다.
③ 캡 볼트는 규정 토크로 조인 후 크랭크 축은 절대 회전시키지 않는다.
④ 눌려 있는 플라스틱 게이지 폭을 게이지 봉투에 표시된 눈금으로 측정한다.

15. 기관의 과열 원인으로 틀린 것은?

① 라디에이터 압력 캡의 스프링 장력 부족
② 라디에이터 코어 막힘
③ 팬 벨트 장력 부족이나 끊어짐
④ 수온 조절기가 열린 상태로 고장

16. 디젤 기관의 연소 과정에 속하지 않는 것은?

① 후 연소기간
② 직접 연소기간
③ 초기 연소기간
④ 착화 지연기간

17. 로터리 기관을 왕복형 기관과 비교했을 때의 특징이 아닌 것은?

① 부품수가 적다.
② 출력이 같은 왕복형 기관에 비해 대형이고 무겁다.
③ 왕복운동 부분과 밸브 기구가 없으므로 진동과 소음이 적다.
④ 캠에 의한 밸브기구가 없으므로 고속 시 출력이 저하되는 일이 적다.

정답 12. ③ 13. ① 14. ② 15. ④ 16. ③ 17. ②

18. 가솔린 기관의 희박 연소(Lean Burn) 시스템의 정의와 연비 향상에 관한 설명으로 틀린 것은?

① 이론 공연비보다 희박한 혼합기로 운전이 가능하다.
② 린 센서(Lean Sensor)가 갖추어져 있으면 공연비의 피드백 제어가 가능하다.
③ 연소 온도가 높아 실린더 벽으로부터 열손실이 증가된다.
④ 공연비의 증대로 배기손실이 감소된다.

19. 어떤 측정법으로 동일 시료를 무한 횟수로 측정하였을 때 데이터 분포의 평균치와 참값의 차를 무엇이라 하는가?

① 신뢰성　② 정확성
③ 정밀도　④ 오차

20. 생산 계획량을 완성하는 데 필요한 인원이나 기계의 부하를 결정하여 이를 현재 인원 및 기계의 능력과 비교하여 조정하는 것은?

① 일정계획　② 절차계획
③ 공수계획　④ 진도관리

21. TPH 활동의 기본을 이루는 3정 5S 활동에서 3정에 해당되는 것은?

① 정시간　② 정돈
③ 정리　④ 정량

22. PERT에서 Network에 관한 설명 중 틀린 것은?

① 가장 긴 작업시간이 예상되는 공정은 주 공정이라 한다.
② 명목상의 활동(Dummy)은 점선 화살표(⇢)로 표시한다.
③ 활동(Activity)은 하나의 생산 작업요소로서 원(○)으로 표시된다.
④ Network는 일반적으로 활동과 단계의 상호 관계로 구성된다.

23. 공정분석 기호 중 □는 무엇을 의미하는가?

① 검사　② 가공
③ 정체　④ 저장

 정답 18. ③ 19. ② 20. ② 21. ④ 22. ③ 23. ①

24. 축의 완성 지름, 철사의 인장강도, 아스피린 순도와 같은 데이터를 관리하는 가장 대표적인 관리도는?

① $\overline{X}-R$ 관리도　② nP 관리도
③ C 관리도　④ U 관리도

25. 노스 업(Nose Up)이나 노스 다운(Nose Down)을 방지할 수 있는 쇼크 업서버는?

① 텔레스코핑형 단동식　② 레버형 단동식
③ 텔레스코핑형 복동식　④ 드가르봉식

26. 제동장치 베이퍼 록 현상의 원인이 아닌 것은?

① 공기 브레이크의 과도한 사용
② 드럼과 라이닝의 끌림에 의한 가열
③ 긴 비탈길에서 브레이크의 사용 빈도가 많은 운전
④ 오일의 변질에 의한 비등점 저하

27. 레이디얼 타이어 호칭에서 195/60 R 14에서 60은 무엇을 표시하는가?

① 타이어 폭　② 속도　③ 하중지수　④ 편평비

28. 동기 치합식(키식) 수동변속기에서 동기화란 주축상에 회전하는 단기어(Shift Gear)의 콘부와 (①)의 접촉 마찰에 의해 (②)와 단기어의 원주 속도가 같아져 (③)가 쉽게 치합되는 것을 말한다. 다음 (　) 안에 들어갈 명칭은?

① ① 싱크로나이저링, ② 클러치 허브, ③ 클러치 슬리브
② ① 클러치 허브, ② 클러치 슬리브, ③ 싱크로나이저링
③ ① 클러치 허브, ② 싱크로나이저링, ③ 클러치 슬리브
④ ① 싱크로나이저링, ② 클러치 슬리브, ③ 클러치 허브

29. 유성기어장치에서 선 기어 잇수가 20, 유성기어 잇수가 10, 링 기어 잇수가 40이고 구동쪽의 회전수가 100회전을 하고 있다. 이때 선 기어를 고정하고 캐리어를 100회전했을 때 링기어는 몇 회전하는가?

① 150회전 증속　② 150회전 감속
③ 130회전 증속　④ 130회전 감속

정답 24. ① 25. ③ 26. ① 27. ④ 28. ① 29. ①

30. 브레이크 드럼의 지름이 500mm, 드럼에 작용하는 힘이 300kgf, 마찰계수가 0.2일 때 드럼에 작용하는 토크는?

① 45kgf · m ② 25kgf · m
③ 15kgf · m ④ 35kgf · m

31. 동력전달장치에서 종감속장치의 기능이 아닌 것은?

① 회전 토크를 증가시켜 전달한다.
② 회전속도를 감소시킨다.
③ 좌우 구동륜의 회전속도를 차동 조절한다.
④ 필요에 따라 동력전달방향을 변환시킨다.

32. 차속 감응형 동력조향 시스템(EPS)에서 고속주행 시 조향력 제어로 맞는 것은?

① 조향력을 가볍게 한다.
② 조향력을 무겁게 한다.
③ 고속제어는 하지 않는다.
④ 조향력 제어를 순간적으로 정지한다.

33. 자동변속기 장착 차량의 경우 인히비터 스위치가 드라이브 모드(D 위치)에 있을 때는 시동이 되지 않는데 그 이유는 무엇인가?

① D 위치에서만 시동전동기 ST 단자와 회로가 연결되기 때문
② D 위치에서는 시동전동기 ST 단자와 회로가 연결되지 않기 때문
③ D 위치에서는 엔진 ECU에 회로가 연결되지 않기 때문
④ D 위치에서만 엔진 ECU에 회로가 연결되기 때문

34. ABS ECU로 입력되는 휠 스피드 센서 신호(교류파형)를 가지고 차륜 속도를 연산하는 방법이 틀린 것은?

① 주파수 측정방식 ② 주기 측정방식
③ 평균 주기 측정방식 ④ 최대 주파수 측정방식

35. 차량 속도가 50km/h, 차륜 속도가 40km/h일 때 슬립률은 얼마인가?

① 10% ② 20% ③ 30% ④ 40%

정답 30. ③ 31. ③ 32. ② 33. ② 34. ④ 35. ②

36. 토크 컨버터에서 전달효율을 바르게 나타낸 것은?

① $\frac{\text{터빈축 토크} \times \text{펌프축 회전속도}}{\text{펌프축 토크} \times \text{터빈축 회전속도}}$

② $\frac{\text{터빈축 토크} \times \text{터빈축 회전속도}}{\text{펌프축 토크} \times \text{펌프축 회전속도}}$

③ $\frac{\text{펌프축 토크} \times \text{펌프축 회전속도}}{\text{터빈축 토크} \times \text{터빈축 회전속도}}$

④ $\frac{\text{펌프축 토크} \times \text{터빈축 회전속도}}{\text{터빈축 토크} \times \text{펌프축 회전속도}}$

37. 자동차의 축간거리가 2.4m, 바깥쪽 바퀴의 조향각이 30°, 안쪽 바퀴의 조향각이 33°일 때 최소 회전반경은?(단, 바퀴의 접지면 중심과 킹핀 중심의 거리는 15㎝)

① 4.95m ② 6.30m
③ 6.80m ④ 7.30m

38. 토인 측정 시 먼저 점검하여야 할 것에 들지 않는 것은?

① 타이어 공기압
② 허브 베어링 유격
③ 볼 조인트 마모 및 현가장치의 절손상태 유무
④ 차량의 무게

39. 자동차의 검사기준 및 방법에서 원동기의 검사 기준을 나타낸 것들이다. 원동기의 검사기준으로 적합하지 않은 것은?

① 팬 벨트 및 방열기 등 냉각계통의 손상이 없고 냉각수의 누출이 없을 것
② 점화, 충전, 시동장치의 작동에 이상이 없을 것
③ 시동상태에서 심한 진동 및 이상음이 없으며, 윤활유 계통에서 윤활유의 누출이 없을 것
④ 배기 매니폴드의 장착과 촉매컨버터의 작동이 확실할 것

40. 다음 중 안티 롤(Anti-Roll)을 제어할 때 가장 중요한 센서는?

① 차고 센서 ② 홀 센서
③ 압력 센서 ④ 조향각 센서

정답 36. ② 37. ① 38. ④ 39. ④ 40. ④

41. 압축 공기식 브레이크 장착 차량에서 제동 시 차량이 한쪽으로 쏠림 현상이 발생했다. 그 원인이 아닌 것은?

① 압축 공기 압력이 최대 압력에 도달하지 못함
② 규격이 다른 브레이크 실린더 장착
③ 불균형한 타이어 마모
④ 브레이크 라이닝의 불균형한 마모

42. 공기 배력 브레이크의 작동 부품이 아닌 것은?

① 에어 서보　② 공기 탱크
③ 압축기　④ 응축기

43. 자동차의 선회 반경이 정상 선회 반경보다 점점 커지고 있다. 무엇을 점검하여야 하는가?

① 뉴트럴 스티어링 여부　② 20° 선회 시 토아웃
③ 언더 스티어링 여부　④ 오버 스티어링 여부

44. 총배기량은 1,500cc이고 회전저항이 6kgf · m인 기관의 플라이 휠 링 기어 잇수가 120이다. 기동 전동기 피니언 잇수가 12이면 필요로 하는 최소 회전력은 몇 kgf · m인가?

① 0.6　② 1.0
③ 3.47　④ 25

45. 축전지의 수명을 단축하는 요인이 아닌 것은?

① 순수한 증류수 보충
② 과충전에 의한 온도상승
③ 전해액 부족
④ 기계적 외부진동

46. 100AH 축전지의 일일 자기 방전량이 1%일 때 이것을 보존하기 위한 충전전류는 몇 A로 조정해주면 되는가?

① 0.01A　② 0.04A
③ 0.5A　④ 1A

정답 41. ① 42. ④ 43. ③ 44. ① 45. ① 46. ②

47. 자동차 냉방장치에서 저 · 고압측 압력이 정상치보다 높을 때의 결함 원인으로 거리가 먼 것은?

① 냉매 과충진　　② 응축기 팬 작동 안 됨
③ 응축기 핀 막힘　　④ 팽창밸브 막힘

48. 자동차의 전조등을 교환 정비한 후 전조등 시험기로 광도 및 광축을 측정하려고 한다. 측정이 잘못된 것은?

① 타이어 공기압을 규정에 맞도록 조정한 후 측정한다.
② 자동차는 최대 적재상태에서 측정하고 규정에 맞도록 조정한다.
③ 시동을 걸어 축전지는 충전이 된 상태에서 측정한다.
④ 4등식인 경우 측정하지 않는 등화는 빛을 차단한 후 측정한다.

49. 무 배전기 점화장치(DLI)에 관한 내용 중 틀린 것은?

① 엔진 회전수 및 부하에 맞추어 적절한 점화시기를 얻기 위하여 전자 제어장치로 사용한다.
② 고압 코드의 저항에 기인하는 실화 발생률이 높다.
③ 각 기통 또는 2개 기통마다 점화 코일을 설치한다.
④ 배전기 내의 배전에 의한 전파장애 발생이 적다.

50. 12V-45AH의 배터리에 24W 전구 2개를 직렬로 접속 후 작동시켰을 경우 회로 내에 흐르는 전류는 몇 A인가?

① 0.5　　② 1　　③ 1.5　　④ 2

51. 자동차에서 에어백 시스템의 구성부품이 아닌 것은?

① 클럭 스프링(Clock Spring 또는 Control Coil)
② 에어백 컨트롤 유닛
③ 사이드 충격 감지 센서
④ 차량 속도 센서

52. 일반적으로 자동 정속 주행장치라 불리는 전자순항 제어장치의 3가지 작동 모드가 아닌 것은?

① 순항 모드　　② 제동 모드
③ 감속 모드　　④ 가속 모드

정답 47. ④ 48. ② 49. ② 50. ② 51. ④ 52. ②

53. 연마를 할 때 잘 사용하지 않는 안전 보호구는?

① 장갑 ② 보안경
③ 방독 마스크 ④ 방진 마스크

54. 도장작업 후 열처리 시에 부스의 온도를 급격하게 올렸을 때 주로 나타날 수 있는 도장의 결함은?

① 오렌지 필 ② 주름 현상
③ 핀홀 또는 솔벤트 퍼핑 ④ 백화 현상

55. 중도 도료(Surfacer)의 기능으로 부적당한 것은?

① 도막과 도막 층간의 부착성 향상
② 도면의 최종적인 요철(흠집) 제거
③ 상도 도료의 용제 하도 침투방지
④ 건조 촉진 및 부식의 기능 향상

56. 강판이 외력을 받았을 때 응력이 집중되는 부분이 아닌 것은?

① 2중 강판 부분 ② 구멍이 있는 부분
③ 단면적이 작은 부분 ④ 곡면이 있는 부분

57. 자동차 도장의 조색 및 색상과 관련된 설명으로 틀린 것은?

① 보라색은 빨간색과 파란색의 혼합색이다.
② 색의 기본 색은 빨간색, 파란색, 노란색이다.
③ 보색끼리 섞으면 검은색이 된다.
④ 흰색은 빛을 모두 반사하여 생긴 색상이다.

58. 모노코크 보디는 프레스 가공에 의한 대량 생산이 가능한데 다음 중 보디 제작에 사용되는 프레스 가공법이 아닌 것은?

① 업세팅(Up Setting) ② 플랜징
③ 비딩 ④ 헤밍

 정답 53. ③ 54. ③ 55. ④ 56. ① 57. ③ 58. ①

59. 전기 용접봉의 표시기호에서 E43○△ 중 43이 표시하는 것은?

① 사용 전류　　② 피복제 종류
③ 용착 금속의 최저 인장강도　　④ 용접 자세

60. 자동차 보디 패널의 오목면과 골이 파여진 좁은 곳에 사용하는 샌더는?

① 벨트 샌더　　② 디스크 샌더
③ 오비털 샌더　　④ 스트레이트 샌더

정답 59. ③　60. ①

제41회 자동차정비 기능장

(2007년도 4월 1일 시행)

Actual Test

01. 디젤기관의 연소실 형식에서 열효율이 높고 연료소비율이 가장 적으며 시동이 비교적 유리한 연소실은?

① 예연소실식 ② 직접 분사식
③ 와류실식 ④ 공기실식

02. 흡입공기량을 직접 검출하는 에어 플로우 미터(Air Flow Meter)에 속하는 것이 아닌 것은?

① 칼만 볼텍스 식(Karman Vortex Type)
② 베인식(Vane Type)
③ 핫 와이어 식(Hot Wire type)
④ 맵 센서 식(Map Sensor type)

03. 디젤기관 연료 분사장치를 설명한 것 중 잘못 설명된 것은 어느 것인가?

① 연료분사 요건은 적당한 무화, 분포, 관통력이다.
② 딜리버리 밸브는 노즐의 분사 단절을 좋게 하여 후적을 방지한다.
③ 플런저의 길이 홈과 리드는 분사량을 조절한다.
④ 분사시기가 늦으면 역회전하며 분사시기가 빠르면 기관출력이 저하된다.

04. 다음 중에서 일산화탄소(CO) 및 탄화수소(HC)의 배출을 감소시키기 위한 장치는?

① 2차 공기공급장치 ② 블로우바이 가스 환원장치
③ EGR 장치 ④ 리드밸드 장치

05. 노즐에서 분사되는 연료의 입자 크기에 관한 설명 중 알맞은 것은?

① 노즐 오리피스의 지름이 크면 연료의 입자 크기는 작다.
② 배압이 높으면 연료의 입자 크기는 커진다.
③ 분사압력이 높으면 연료의 입자 크기는 커진다.
④ 공기온도가 낮아지면 연료의 입자 크기는 커진다.

 정답 1. ② 2. ④ 3. ④ 4. ① 5. ④

06. 연소속도의 지연이 1/500초이고 기관의 회전수가 3,000rpm일 때, 상사점 전 몇 도에서 점화가 이루어지는가?(단, 기계적 전기적 지연 동안의 크랭크 축 회전각도는 1°이며 기관의 최대 폭발은 TDC에서 일어난다.)

① 35° ② 36° ③ 37° ④ 39°

07. 가솔린기관에서 연료분사장치를 사용할 때의 장점에 해당되지 않는 것은?

① 체적효율이 증대된다.
② 소기에 의한 연료손실이 없다.
③ 역화의 염려가 없다.
④ 증기 폐쇄가 발생시 연료분사량이 정확하다.

08. 터보차저시스템에서 엔진을 급가속하면 펌핑된 다량의 공기는 배출가스의 양을 증가시키게 되고, 이 배출가스의 증가는 다시 흡입공기의 양을 증가시키는 일을 반복하게 되어 기관출력이 급속히 증가하여 통제가 안 되는 상황에 이를 수도 있게 된다. 따라서 배출가스의 양을 통제하는 기능이 필요하게 되어 밸브를 설치하는데 이 밸브를 무엇이라고 하는가?

① 서모밸브 ② 터보밸브
③ 캐니스터 밸브 ④ 웨스트게이트밸브

09. 기관에서 피스톤의 구비조건으로 맞지 않는 것은?

① 열전도율이 커서 방열작용이 좋으며, 열팽창이 적어야 한다.
② 관정의 영향을 크게 하기 위하여 되도록 무거워야 한다.
③ 헤드 부분은 폭발압력에 견딜 수 있도록 충분한 강성을 가져야 한다.
④ 실린더의 마멸이 적으며 가스 누출을 막기 위한 기밀장치가 있어야 한다.

10. 4행정 사이클 기관에서 행정 체적 V_s = 1,600cm³, 제동마력 Ne = 70Ps, 회전수 n = 4,500rpm일 경우 제동평균 유효압력(Pme)은 몇 kgf/cm²인가?

① 7.75 ② 8.75
③ 9.75 ④ 10.75

11. CI Engine(Compression Ignition Engine)에서 압력상승률이 가장 큰 연소 구간은?

① 착화 지연기관 ② 급격 연소기간
③ 제어 연소기간 ④ 후 연소기간

12. 가연성 증기에 화염을 가까이 했을 때 순간적으로 불꽃에 의하여 불이 붙는 최저 온도를 무엇이라고 하는가?

① 연소점 ② 착화점
③ 인화점 ④ 비등점

13. 4행정 사이클 기관의 구조가 스퀘어 스트로크 엔진(Square Stroke Engine)이며 실제 흡입 공기량이 1,117.5cc일 때 체적효율은 몇 %인가?(단, 실린더의 수는 4개 이며 행정은 78mm이다.)

① 80 ② 75
③ 70 ④ 65

14. 2행정 사이클 기관과 4행정 사이클 기관의 비교이다. 이들 중 2행정 사이클 기관의 장점은?

① 연료 소비량이 적다.
② 흡・배기 작용이 완전히 구분되어 있다.
③ 저속 운전에 적합하다.
④ 마력당 중량이 적다.

15. 자동차 기관용 부동액으로 적당하지 않은 것은?

① 메탄올 ② 글리세린
③ 애틸렌 글리콜 ④ 수산화나트륨

16. 커먼레일 기관의 크랭킹 시 레일압력조절 밸브의 공급전원이 0[V]일 때 나타나는 증상은?

① 시동 안 됨
② 가속 불량
③ 매연 과다 발생
④ 아이들(Idle)부조

정답 11. ② 12. ③ 13. ② 14. ④ 15. ④ 16. ①

17. 전자제어식 LPG 엔진의 믹서를 점검하는 방법을 설명한 것이다. 틀린 것은?

① 매인 듀티 솔레노이드 밸브, 슬로우 듀티 솔레노이드 밸브, 시동 솔레노이드 밸브의 각 단자저항을 측정하여 저항이 규정값 내에 들어있으면 양호하다고 판정할 수 있다.

② 슬로우 튜티 솔레노이드 밸브는 단자에 배터리 전원을 인가했을 때 통로가 연결되고, 전원을 OFF했을 때 차단되면 정상이라고 할 수 있다.

③ 시동솔레노이드 밸브는 단자에 배터리 전원을 OFF하면 플런저는 작동을 멈추고, 슬로우 듀티 솔레노이드의 통로가 연결되면 정상이다.

④ 시동 솔레노이드 밸브는 단자에 배터리 전원을 인가했을 때 플런저가 작동되면 정상이다.

18. 점화장치의 파형을 분석한 그림이다. 그림과 같은 점화 2차 파형에서 화살표 부분의 스파크 라인 감쇄진동부가 없는 경우 고장 분석을 맞게 표현한 것은?

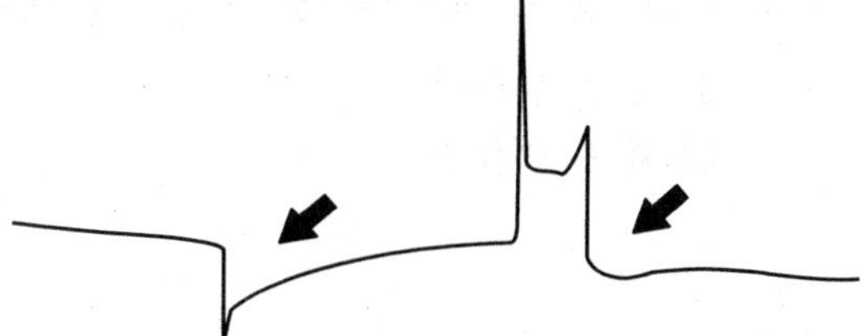

① 스파크라인의 케이블 불량이다.
② 점화플러그의 손상으로 누전된다.
③ 점화코일의 불량이다.
④ 점화플러그 간극이 크다.

19. 다음 중 절차계획에서 다루어지는 주요한 내용으로 가장 관계가 먼 것은?

① 각 작업의 소요시간　② 각 작업의 실시 순서
③ 각 작업에 필요한 기계와 공구　④ 각 작업의 부하와 능력의 조정

20. 그림과 같은 계획공정도(Network)에서 주공정으로 옳은 것은?(단, 화살표 밑의 숫자는 활동시간 [단위 : 주]을 나타낸다.)

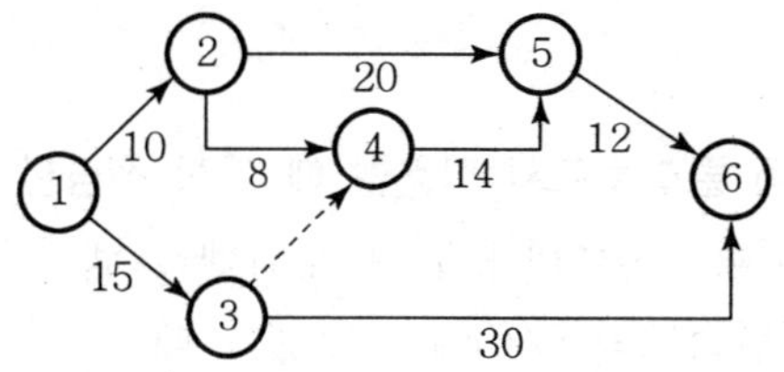

① ① - ② - ⑤ - ⑥　② ① - ② - ④ - ⑤ - ⑥
③ ① - ③ - ④ - ⑤ - ⑥　④ ① - ③ - ⑥

21. 작업자가 장소를 이동하면서 작업을 수행하는 경우에 그 과정을 가공, 검사, 운반, 저장 등의 기호를 사용하여 분석하는 것을 무엇이라 하는가?

① 작업자 연합작업분석　② 작업자 동작분석
③ 작업자 미세분석　④ 작업자 공정분석

22. u 관리도의 공식으로 가장 옳은 것은?

① $\bar{u} \pm 3\sqrt{\bar{u}}$　② $\bar{u} \pm \sqrt{\bar{u}}$
③ $\bar{u} \pm 3\sqrt{\frac{\bar{u}}{n}}$　④ $\bar{u} \pm \sqrt{n} - \bar{u}$

23. 모집단을 몇 개의 층으로 나누고 각 층으로부터 각각 랜덤하게 시료를 뽑는 샘플링 방법은?

① 층별 샘플링　② 2단계 샘플링
③ 계통 샘플링　④ 단순 샘플링

24. 다음 중 관리의 사이클을 가장 올바르게 표시한 것은?(단, A : 조처, C : 검토, D : 실행, P : 계획)

① P - C - A - D　② P - A - C - D
③ A - D - C - P　④ P - D - C - A

25. 수동력계의 암의 길이가 772mm, 기관의 회전수가 2,200rpm, 동력계 하중이 15kgf일 경우 제동마력은 몇 ps인가?

① 18.4　② 24.5
③ 25.3　④ 35.57

26. 토크 컨버터가 유체 클러치로서 작용할 때 가장 적당한 것은?

① 터빈의 속도가 펌프속도의 5/10에 도달했을 때
② 펌프속도가 터빈속도의 5/10에 도달했을 때
③ 터빈의 속도가 펌프속도의 8/10에 도달했을 때
④ 펌프속도가 터빈속도의 8/10에 도달했을 때

정답 21. ④ 22. ③ 23. ① 24. ④ 25. ④ 26. ③

27. 자동변속기의 스톨시험으로 옳지 않은 것은?

① 시험 전 바퀴에 고임목을 설치하고 주차 브레이크를 당겨 놓는다.
② 각 레인지마다 10초 이상씩 모두 측정시험을 실시한다.
③ 가속페달을 최대한 밟았을 때의 기관 회전속도를 판정한다.
④ 스톨속도의 제한 및 판정은 각 회사별 형식에 따라 다른 값을 나타낸다.

28. 디스크 브레이크의 특징을 설명한 것 중 적당하지 않은 것은?

① 고속에서 사용하여도 안정된 제동력을 발휘한다.
② 안정된 제동력을 얻기가 비교적 어렵다.
③ 디스크가 노출되어 회전하므로 방열성이 좋다.
④ 마찰면적이 적기 때문에 패드를 압착하는 힘을 크게 하여야 한다.

29. 자동변속기에서 규정 차속 이상이 되면 펌프 임펠러와 터빈 런너를 기계적으로 직결시켜 미끄럼에 의한 손실을 없게 하고 연비 향상과 정숙성 향상을 도모하는 장치는?

① 킥다운(Kick Down) 장치
② 히스테리시스 장치
③ 펄스 제네레이션 장치
④ 록업(Lock up) 장치

30. FR(후축 구동)형식 자동차의 동력전달 순서가 맞는 것은?

① 클러치 - 변속기 - 종감속 및 차동장치- 추진축 - 차축 - 바퀴허브
② 클러치 - 변속기 - 차축 - 종감속 및 차동장치 - 바퀴허브
③ 클러치 - 변속기 - 종감속 및 차동장치-차축 - 바퀴허브
④ 클러치 - 변속기 - 추진축 - 종감속 및 차동장치 - 차축 - 바퀴허브

31. 캠버에 관한 설명 중 틀린 것은?

① 정면에서 보았을 때 차륜 중심선이 수직선에 대해 경사되어 있는 상태를 말한다.
② 정(+)의 캠버란 차륜 중심선의 위쪽이 안으로 기울어진 상태를 말한다.
③ 정(+)의 캠버는 직진성을 좋게 한다.
④ 부(-)의 캠버는 커브 주행시 선회력을 증가시킨다.

정답 27. ② 28. ② 29. ④ 30. ④ 31. ②

32. 자동차의 중량 및 하중분포를 측정하는 조건으로 맞지 않은 것은?

① 자동차는 공차 또는 적차 상태를 각각 측정한다.
② 연결자동차는 연결한 상태로 측정한다.
③ 공차상태의 중량 분포로서 적차상태의 중량 분포를 산출하기가 어려울 때에는 공차상태만 측정한다.
④ 측정단위는 kgf으로 한다.

33. 기어 오일의 필요한 조건을 설명한 것이다. 틀린 것은?

① 내하중성, 내마모성이 뛰어날 것
② 점도가 높고, 온도에 따른 점도변화가 있을 것
③ 산화안정성이 뛰어날 것
④ 거품이 적고, 거품제거성능이 우수할 것

34. ABS 시스템에서 스피드센서에 의해 4륜 각각의 차륜속도 및 차륜 감가속도를 연산하여 차륜의 슬립상태를 판단하며 각종 솔레노이드 밸브에 대한 증압 및 감압형태를 결정하는 부품은?

① 모터 및 펌프(Moter & Pump)
② ABS ECU
③ 하이드롤릭 밸브
④ EBD

35. 액티브(Active) 전자제어 현가장치와 관련된 구성부품이 아닌 것은?

① 인히비터 스위치　② 액셀 포지션 센서
③ ECS 모드 선택 스위치　④ 클러치 스위치

36. 타이어 공기압 부족 경보 장치의 설명으로 틀린 것은?

① 타이어 공기압이 부족하면 타이어 직경이 작아진다.
② 타이어 직경이 작아지면 차륜속도 센서의 출력 값이 감소한다.
③ 타이어 공기압이 부족으로 판단되면 경고등을 점등한다.
④ 차륜속도 센서의 출력 값이 증가하면 공기압 부족으로 판단한다.

 정답 32. ③ 33. ② 34. ② 35. ④ 36. ②

37. 차량의 급브레이크 또는 코너링 시에 발생되는 타이어 트레드 고무와 노면상의 미끄럼에 의한 소음을 무엇이라 하는가?

① 펌핑(Pumping) 소음 ② 트레드(Tread) 충돌소음
③ 카커스(Carcase) 진동소음 ④ 스퀼(Squeal) 소음

38. 하중이 2ton이고 압축스프링 변형량이 2cm일 때 스프링 상수는 얼마인가?

① 100kgf/mm ② 120kgf/mm
③ 150kgf/mm ④ 200kgf/mm

39. 자동차의 회전 조작력을 측정하려고 한다. 적합하지 않은 것은?

① 좌우로 선회하면서 조향력을 측정할 것
② 평탄한 노면에서 반경 12m 원주를 선회할 것
③ 선회속도는 10km/h로 할 것
④ 공차상태에서 표준공기압으로 할 것

40. 공기식 제동장치 차량에서 다음 조건의 적차상태의 제동률(%)은?(단, 총 제동력 4,900N, 자동차의 질량 1,800kg, 브레이크 공기압력 7.0bar, 블록킹 한계압력 4.5bar, 초기압력 0.4bar)

① 23.6% ② 36.7% ③ 44.7% ④ 57.1%

41. 공기압 배력 장치의 종류가 아닌 것은?

① 공기 배력 브레이크
② 에어 오버 하이드롤릭 브레이크
③ 에어 언더 하이드롤릭 브레이크
④ 풀 에어 브레이크

42. 전자제어 파워 스티어링 장치에 대한 다음 설명 중 틀린 것은?

① 회전수 감응식은 엔진 회전수에 따라 조향력을 변화시킨다.
② 고속에서만 스티어링 휠의 조작을 가볍게 하여 운전자의 피로를 줄인다.
③ 차속 감응식은 차속에 따라 조향력을 변화시킨다.
④ 파워 스티어링의 조향력은 파워실린더에 걸리는 압력에 의하여 결정된다.

정답 37. ④ 38. ① 39. ④ 40. ③ 41. ③ 42. ②

43. 동력 조향장치의 세프티 첵 밸브(Safety check Valve)에 대한 역할이다. 잘못된 것은?

① 세프티 첵 밸브는 컨트롤 밸브에 설치되어 있다.

② 세프티 첵 밸브는 엔진의 정지, 오일펌프의 고장 등 유압이 발생할 수 없는 경우 기계적으로 작동이 가능하게 해준다.

③ 세프티 첵 밸브는 압력차에 의해 자동으로 열린다.

④ 세프티 첵 밸브는 유압계통이 정상일 경우 밸브 시트에서 열려 오일이 잘 통과하도록 되어 있다.

44. 밸런싱 코일식 연료계에서 계기의 지침과 연료 유닛의 뜨개에 대해 바르게 설명한 것은?

① 연료계기의 지침이 “E”에 위치하면 뜨개에 흐르는 전류는 많아진다.

② 연료가 줄어들면 뜨개의 연료유닛에 흐르는 저항은 작아진다.

③ 연료가 없어지면 뜨개에 전류가 많이 흘러 온도는 올라가고 연료 잔량 경고등이 점등한다.

④ 연료계기의 지침이 “F”에 위치하면 뜨개의 저항은 작아진다.

45. 자동차 점화장치에서 점화요구 전압에 영향을 미치지 않는 인자는?

① CO 배출농도　　② 압축압력
③ 혼합기의 온도　　④ 자동차의 속도

46. 4극 발전기를 1,800rpm으로 운전할 경우 이 발전기의 주파수(f)는 몇 Hz인가?

① 120　　② 450　　③ 60　　④ 50

47. 컨트롤 유닛에서 액추에이터를 구동할 때는 PWM(주파수 변조) 신호를 사용하게 되는데, PWM 기본 주파수를 200Hz로 선택한 후 12Volt를 인가했을 때 듀티 50%이면 가해지는 평균전압은 몇 볼트인가?

① 24　　② 8　　③ 6　　④ 2

48. 기동 전동기의 동력전달방식에 속하지 않는 것은?

① 피니언 섭동식　　② 벤딕스식
③ 전기자 섭동식　　④ 스프래그식

정답 43. ④ 44. ④ 45. ① 46. ③ 47. ③ 48. ④

49. 교류발전기의 스테이터 결선 방법 중 Y 결선을 설명한 내용이다. 잘못된 것은?

① 각 코일의 한 끝을 공통점에 접속하고 다른 한 끝 셋을 끌어낸 것
② 선간 전압은 각 상전압의 $\sqrt{3}$ 배가 된다.
③ 전류를 이용하기 위한 결선 방법이다.
④ 저속에서 발생 전압이 높다.

50. 자동차에서 50m 떨어진 거리에서 조도를 측정하였더니 8Lx가 나왔다. 자동차의 전조등에서 광원의 광도는 얼마인가?

① 12,500cd ② 15,000cd ③ 20,000cd ④ 22,000cd

51. 냉방장치의 어큐뮬레이터(Accumulator)기능이 아닌 것은?

① 압축기로 들어가는 냉매 중의 액체상태의 냉매를 분리하여 저장기능
② 냉매 중에 포함된 수분이나 이물질 제거
③ 냉매오일 저장기능
④ 팽창밸브로 들어가는 냉매 중의 기체상태의 냉매를 분리하여 저장기능

52. 축전지에서 격리판의 홈이 있는 면이 양극판 쪽으로 끼워져 있는 이유와 가장 거리가 먼 것은?

① 전해액의 확산을 좋게 하기 위하여
② 양극판에 전해액을 원활히 통하도록 하기 위하여
③ 양극판의 작용물질이 탈락되는 것을 방지하기 위하여
④ 양극판에 산화에 의하여 격리판이 부식되는 것을 방지하기 위하여

53. 차체에 사용되는 패널 중 볼트 온 패널로 맞는 것은?

① 센터 필러 ② 쿼터 패널
③ 라커 패널 ④ 프런트 펜더

54. 용접 작업 후에 변형이 발생되는 가장 큰 이유는?

① 용착 금속의 수축과 변형 ② 용착 금속의 경화
③ 용접 이음부의 가공 불량 ④ 용착 금속의 용착 불량

정답 49. ③ 50. ③ 51. ④ 52. ③ 53. ④ 54. ①

55. 다음 차체 변형 교정 작업시 주의할 사항이 아닌 것은?

① 고정 장치를 확실하게 고정한다.
② 인장 체인에 안전 고리를 걸고 작업한다.
③ 과도한 압력으로 한 번에 작업한다.
④ 차체 인장 방향과 일직선에 서지 않는다.

56. 압축 공기로 도료를 미립화시키는 권총 같이 생긴 공구로 피도면으로부터 15~30cm 거리에서 도장하는 기구이다. 본문의 설명으로 가장 적당한 것은?

① 스프레이건 ② 에어 트랜스포머
③ 구도막 샌더기 ④ 굴곡 시험기

57. 메탈릭 색상의 조색에서 차체 색상보다 도료 색상이 어두워 원색도료를 투입하고자 한다. 적당한 조색제는?

① 백색 ② 투명 백색
③ 회색 ④ 알루미늄(실버)

58. 맨 철판에 대한 부착기능, 큰 요철부위의 메움 역할을 위해 적용하는 도료는?

① 워시 프라이머 ② 퍼티
③ 프라이머-서페이서 ④ 베이스 코트

59. 여름철 도장시 잘 발생하는 핀 홀을 예방하기 위한 방법이 아닌 것은?

① 도장 시에 증발 속도가 빠른 시너를 사용한다.
② 세팅 타임을 충분히 준다.
③ 도막 두께가 적정하게 올라가도록 작업한다.
④ 플래시 타임을 충분히 준다.

60. 파손된 차체의 수리방법을 결정하는 요소가 아닌 것은?

① 충돌물의 강도 ② 충돌물의 속도
③ 파손된 패널의 구조 ④ 인접된 패널의 구조

 정답 55. ③ 56. ① 57. ④ 58. ② 59. ① 60. ④

제42회 자동차정비 기능장

(2007년도 7월 15일 시행)

Actual Test

01. 터보차저 과급기를 사용하는 기관의 설명으로 틀린 것은?

① 고온 고압의 배기가스에 의해 터빈을 고속 회전시킨다.
② 고속 주행 후 자동차를 정지시킬 경우는 엔진을 정지시키지 않고 1~2분간 아이들링을 계속한 후 엔진을 정지한다.
③ 공기를 압축하여 흡기온도가 상승하고 산소 밀도가 증가하여 노킹을 일으키기 쉽다.
④ 흡기 온도를 낮추기 위하여 인터쿨러를 사용한다.

02. 밸브 스프링의 서징 현상을 방지하는 방법으로 틀린 것은?

① 피치가 작은 스프링을 사용한다.
② 피치가 서로 다른 이중 스프링을 사용한다.
③ 원추형 스프링을 사용한다.
④ 스프링의 고유 진동수를 높인다.

03. 전자제어식 가솔린 분사장치에서 연료의 기본 분사량을 결정하는 가장 중요한 인자는?

① 기관 회전수와 흡입공기량　　② 점화시기와 기관 회전수
③ 냉각수 온도와 흡입공기량　　④ 점화시기와 냉각수 온도

04. 배기가스의 CO를 CO_2로, HC를 CO_2+H_2O로 변환시키는 방법으로 옳은 것은?

① 완전 연소시킨다.　　② 조기 점화시킨다.
③ 흡입 공기를 다습하게 만든다.　　④ 착화 지연시킨다.

05. 크랭크 위치 센서를 점검할 때 가장 적합한 시험기는?

① 디지털 볼트 시험기　　② 오실로스코프 시험기
③ 볼트, 저항 시험기　　④ 아날로그 전류 시험기

정답 1. ③ 2. ① 3. ① 4. ① 5. ②

06. API 분류에서 고부하 및 가혹한 조건의 디젤 기관에서 쓰는 윤활유는?

① DL　　② DM　　③ DC　　④ DS

07. 프로니 브레이크로 기관의 출력을 측정할 때 동력계의 하중이 2,200rpm에서 36kgf 이었다. 브레이크 암의 길이가 0.55m라면 축마력은 몇 kW인가?

① 44.7　　② 50.3　　③ 62.4　　④ 72.5

08. 4행정 사이클 기관에서의 배기 밸브는 크랭크 축이 몇 회전하는 동안 한 번 개폐하는가?

① 1　　② 2　　③ 3　　④ 4

09. 기관의 부동액 구비조건으로 가장 옳지 않은 것은?

① 비등점이 물보다 낮아야 한다.
② 물과 혼합이 잘 되어야 한다.
③ 응고점이 물보다 낮아야 한다.
④ 내부식성이 크고 팽창계수가 적어야 한다.

10. 압축비가 7인 가솔린 기관에서 이론 열효율은?

① 38.6%　　② 54.1%　　③ 62.4%　　④ 67.6%

11. 크랭크 축이 정적 및 동적으로 평형이 잡혀 있어야 하는 이유는?

① 큰 부하가 작용되기 때문이다.
② 윤활이 잘 되게 하기 위해서이다.
③ 고속회전을 하기 때문이다.
④ 평면 베어링을 사용하기 때문이다.

12. 기관의 각 실린더 연료 분사량을 측정한 결과 최대 분사량이 45cc, 최소 분사량이 41cc, 평균 분사량이 42cc였다면 (+) 불균율은?

① 5%　　② 7%　　③ 12%　　④ 15%

정답 6. ④ 7. ① 8. ② 9. ① 10. ② 11. ③ 12. ②

13. LPG 기관의 베이퍼라이저 압력이 규정에 맞지 않는 경우 어떻게 해야 하는가?

① 봄베의 공급 압력을 조절한다.
② 압력 조정 스크루를 돌려 조정한다.
③ 액·기상 솔레노이드 듀티로 조정한다.
④ 베이퍼라이저는 조정이 불가하므로 교환한다.

14. 디젤기관에서 압력 상승률 $\frac{dp}{dt}$가 가장 높은 연소 구간은?

① 착화 지연 기간 ② 제어 연소 기간
③ 폭발 연소 기간 ④ 주 연소 기간

15. 커먼레일 디젤기관에서 디젤링 현상을 억제하기 위해 설치된 장치는?

① EGR 밸브 ② 공기질량 센서
③ 부스트 압력 센서 ④ 스로틀 액추에이터

16. 오버 스퀘어 엔진의 장점이 아닌 것은?

① 피스톤 평균속도를 올리지 않고 회전속도를 높일 수 있다.
② 흡·배기의 지름을 크게 할 수 있어 단위 실린더 체적당 흡입 효율을 높일 수 있다.
③ 엔진의 높이를 낮게 할 수 있다.
④ 엔진의 길이가 짧고 진동이 작다.

17. 가솔린 기관에서 가솔린 200cc를 완전 연소시키기 위하여 몇 kgf의 공기가 필요한가?(단, 가솔린 비중은 0.73이고 혼합비는 15 : 1이다.)

① 2.19kgf ② 3.04kgf ③ 1.46kgf ④ 1.86kgf

18. 가솔린 기관의 희박 연소 시스템 중 흡기에 강한 와류를 형성시켜 압축 말에 연소실 내에 난류현상이 계속되도록 하여 점화와 연소의 도모를 촉진하는 시스템은?

① 스월(SCV) 시스템
② 연료 분사시기 선택방식
③ 가변밸브 타이밍 및 리프트 방식
④ 2연 텀블 층상 흡기방식

정답 13. ② 14. ③ 15. ④ 16. ④ 17. ① 18. ①

19. 이항분포(Binomial Distribution)의 특징으로 가장 옳은 것은?

① P=0일 때는 평균치에 대하여 좌·우 대칭이다.
② P≤0.1이고 nP=0.1~10일 때는 포아송 분포에 근사한다.
③ 부적합품의 출현 개수에 대한 표준편차는 0(x)=nP이다.
④ P≤0.5이고 nP≥5일 때는 포아송 분포에 근사한다.

20. M타입 자동차 또는 LCD TV를 조립 완성한 후 부적 합수(결점수)를 점검한 데이터에는 어떤 관리도를 사용하는가?

① P 관리도　② nP 관리도
③ C 관리도　④ x-R 관리도

21. 제품공정 분석표(Product process Chart) 작성시 가공시간 기입법으로 가장 올바른 것은?

① $\dfrac{\text{1개당 가공시간} \times \text{1로트의 수량}}{\text{1로트의 총가공시간}}$

② $\dfrac{\text{1로트의 가공시간}}{\text{1로트의 총가공시간} \times \text{1로트의 수량}}$

③ $\dfrac{\text{1개당 가공시간} \times \text{1로트의 총가공시간}}{\text{1로트의 수량}}$

④ $\dfrac{\text{1로트의 총가공시간}}{\text{1개당 가공시간} \times \text{1로트의 수량}}$

22. 다음 중 검사를 판정의 대상에 의한 종류가 아닌 것은?

① 관리 샘플링 검사
② 로트별 샘플링 검사
③ 전수 검사
④ 출하 검사

23. 연간 소요량 4,000개인 어떤 부품의 발주 비용은 매회 200원이며, 부품 단가는 100원, 연간 재고 유지 비율이 10%일 때 F, W, Harris식에 의한 경제적 주문량은 얼마인가?

① 40개/회　② 400개/회
③ 1,000개/회　④ 1,300개/회

정답 19. ② 20. ③ 21. ① 22. ④ 23. ②

24. "무결점 운동"이라고 불리는 것으로 품질 개선을 위한 동기부여 프로그램은 어느 것인가?

① TQC ② ZD
③ MIL-STD ④ ISO

25. 유압식 배력 브레이크를 설명한 것 중 틀린 것은?

① 유압 배력 브레이크는 유압 펌프에 의해 보내지는 작동유를 유압 부스터에 의해 증압하고 증압된 작동유는 마스터 실린더를 거쳐 각 휠 실린더를 작동시킨다.
② 유압 배력 브레이크의 작용 원리는 브레이크 페달을 밟으면 푸시로드를 거쳐 스풀이 작동하고 가변 오리피스를 스로틀링 하여 파워 피스톤에 배력 유압을 가한다.
③ 유압 펌프가 정지하면 스풀이 직접 마스터 실린더의 피스톤을 작동시키는 것이 불가능하므로 답력에 비례하여 제동력을 발생시킬 수 없다.
④ 유압 펌프가 정지해도 스풀이 직접 마스터 실린더의 피스톤을 작동시키는 것이 가능하므로 답력에 비례하여 제동력을 발생시킬 수 있다.

26. 다음 중 공기식 전자제어 현가장치의 구성에서 입력 요소가 아닌 것은?

① 차고 센서
② G 센서
③ 도어 스위치
④ 에어 컴프레서 릴레이

27. 앞바퀴 정렬에서 캠버의 설명으로 적합하지 않은 것은?

① 조향 핸들의 조작을 가볍게 하기 위해서 둔다.
② SLA 형식은 캠버가 부(−)의 방향으로 변화한다.
③ 수직방향의 하중에 의한 앞차축의 휨을 방지하기 위해 둔다.
④ 평행사변형식은 캠버의 변화가 많다.

28. 공차시 차량 중량이 1,400kgf(후축중 600kgf)인 자동차에서 축거가 2.4m로 측정되었다. 공차상태에서 이 자동차 조향륜에 걸리는 하중 비율은?

① 35.7% ② 42.8%
③ 50.0% ④ 57.1%

정답 24. ② 25. ③ 26. ④ 27. ④ 28. ④

29. 스태빌라이저에 관한 설명으로 적당치 않은 것은?

① 차체의 롤링 현상을 억제시킨다.
② 독립현가장치에 주로 사용한다.
③ 차체의 피칭 현상을 방지한다.
④ 일종의 토션바 역할을 한다.

30. 타이어 트레드 패턴 중 러그 패턴(Lug Pattern)에 대한 설명이 틀린 것은?

① 제동성과 구동성이 좋다.
② 주행특성이 원활하다.
③ 타이어 숄더(Shoulder)부의 방열이 안 된다.
④ 고속 주행시 편마모가 발생될 수 있다.

31. 소형 차량의 핸드 브레이크에서 좌 · 우 뒷바퀴의 제동력 균형을 잡아주는 것은?

① 스프링 체임버(Spring Chamber)
② 보상 레버(Compensation Lever)
③ 콤비네이션 실린더(Combination Cylinder)
④ 브레이크 슈(Brake Shoe)

32. 자동차 변속기 입력축 기어 잇수 20개, 입력축과 치합되는 카운터 기어 잇수가 40개이며, 출력축 3단 기어 잇수가 30개, 3단 기어와 물리는 카운터 기어 잇수가 50개인 수동변속기에서 기관의 회전수가 2,400rpm이고 3속으로 주행시 추진축의 회전수는 몇 rpm인가?

① 1,800 ② 1,900 ③ 2,000 ④ 2,100

33. 동기 치합식(Synchro-mesh Type) 변속기의 장 · 단점으로 맞는 것은?

① 변속 소음이 크고 변속이 어렵다.
② 구조가 간단할 뿐만 아니라 기어 이가 헬리컬(Helical)형이므로 하중 부담 능력이 적다.
③ 원활한 변속을 위해 가속을 하거나 더블(Double) 클러치를 조작할 필요가 없다.
④ 변속시 도그(Dog) 슬리브가 단기어(Shift Gear)의 도그와 치합될 때 소음을 피할 수 없다.

정답 29. ③ 30. ③ 31. ② 32. ③ 33. ③

34. 구동력 조절장치(Traction Control System)에서 TCS 경고등이 점등되는 조건이 아닌 것은?

① TCS 관련 고장시 ② TCS OFF 모드시
③ 액추에이터 강제 구동시 ④ 엔진 회전수가 높을 때

35. 자동변속기의 거버너 압력을 가장 잘 설명한 것은?

① 자동차의 주행속도에 비례한다.
② 자동차의 주행속도에 반비례한다.
③ 스로틀 밸브 열림 각도에 비례한다.
④ 스로틀 밸브 열림 각도에 반비례한다.

36. 자동차가 54km/h로 달리다가 급가속하여 10초 후에 90km/h가 되었을 때 가속도는 얼마인가?

① $2m/sec^2$ ② $1m/sec^2$ ③ $3m/sec^2$ ④ $4m/sec^2$

37. 전자제어 동력 조향장치에서 갑자기 핸들의 조작력이 증가되는 원인으로 틀린 것은?

① 클러치 스위치 신호 불량 ② 차속 신호 불량
③ 컨트롤 유닛 불량 ④ 전원측 전압 불량

38. 자동변속기의 스톨 시험을 실시하는 이유로 볼 수 없는 것은?

① 밸브 보디의 라인압 이상 유무
② 자동변속기의 각종 클러치 및 브레이크 이상 유무
③ 펄스 발생기의 이상 유무 판단
④ 유성 기어의 파손 및 토크 컨버터의 이상 유무

39. 디스크 브레이크의 특성을 드럼 브레이크와 비교하여 설명한 것 중 디스크 브레이크의 장점이 아닌 것은?

① 페이드(Fade) 현상이 적다.
② 자기작동작용(서보작용)을 한다.
③ 편 제동현상이 없다.
④ 패드(Pad) 교환이 용이하다.

정답 34. ④ 35. ① 36. ② 37. ① 38. ③ 39. ②

40. 클러치 스프링의 총 장력이 150kgf이고 레버비가 3 : 1일 때 페달을 조작하는 힘은 몇 kgf인가?

① 40 ② 50 ③ 75 ④ 450

41. 자동차의 바퀴 잠김 방지식 제동장치(ABS)의 기능 설명 중 틀린 것은?

① 방향 안정성 확보
② 조향 안정성 확보
③ 제동거리 단축 가능
④ 주행성능 향상

42. 다음 그림과 같은 유성기어장치에서 A=5rpm 이며, 댐퍼 클러치 작동일 때 D와 B는 일체로 결합된다. 이때 C의 회전속도는?

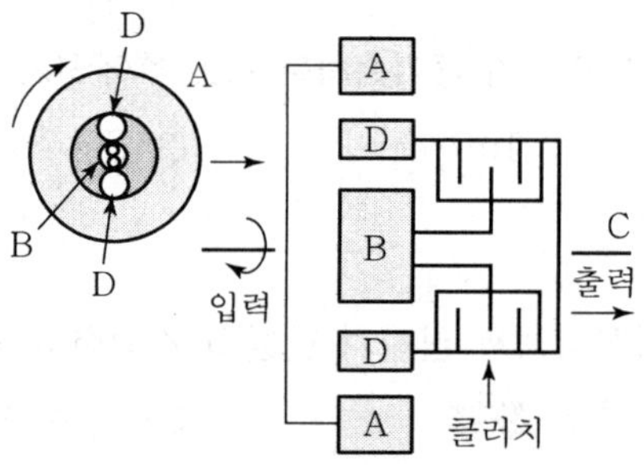

① 회전하지 않는다.
② 5rpm
③ 10rpm
④ 20rpm

43. 조향 축(Steering Shaft)은 조향 휠(Steering Wheel)의 회전을 바퀴에 전달해 주는 회전축이다. 운전자 보호의 목적으로 고안된 충격흡수 조향축의 종류와 가장 거리가 먼 것은?

① 메시 형(Mesh Type)
② 스틸 볼 형(Steel Ball Type)
③ 벨로즈 형(Bellows Type)
④ 래크 스티어링 형(Rack Steering Type)

44. 전조등의 감광장치가 아닌 것은?

① 저항을 쓰는 방법
② 이중 필라멘트를 쓰는 방법
③ 부등을 쓰는 방법
④ 굵은 배선을 쓰는 방법

정답 40. ② 41. ④ 42. ② 43. ④ 44. ④

45. 점화장치에서 DLI(Distributor Less Ignition)의 특징을 설명한 것 중 옳은 것은?

① 배전기식보다는 성능 면에서 떨어진다.
② 2차 전압의 손실을 최소화할 수 있다.
③ 점화코일의 개수를 줄일 수 있다.
④ 고속형 기관에는 불리하다.

46. 전기 · 전자회로에서 기본 논리회로가 아닌 것은?

① AND 회로
② NAND 회로
③ OR 회로
④ NNOT 회로

47. 차량용 냉방장치에서 냉매 교환 및 충전 시의 진공작업에 대한 설명 중 옳지 않은 것은?

① 시스템 내부의 공기와 수분을 제거하기 위한 작업이다.
② 시스템 내부의 압력을 낮게 함으로써 수분이 쉽게 기화되도록 한다.
③ 실리카겔 등의 흡수제로 수분을 제거한다.
④ 진공 펌프나 컴프레서를 이용한다.

48. 기동 전동기에 전류는 많이 흐르지만 작동하지 않을 경우의 원인이 아닌 것은?

① 전기자 코일이 접지되었을 때
② 계자 코일이 단락되었을 때
③ 전기자 축 베어링이 고착되었을 때
④ 전기자 코일 또는 계자 코일이 개회로되었을 때

49. 다음 중 자동차 에어백 장치의 각 기능을 설명한 것으로 틀린 것은?

① 프리텐셔너는 에어백 전개시 승객을 고정시켜 전방으로 튕겨 나가는 것을 방지한다.
② 로드 리미트는 안전벨트에 일정 하중 이상이 가해질 경우 승객의 가슴부위 상해를 최소화 해주는 기능이다.
③ 클럭 스프링은 조향 휠의 에어백과 조향 컬럼 사이에 설치되어 있다.
④ 안전센서는 승객의 안전벨트 착용 여부를 감지하는 센서이다.

정답 45. ② 46. ④ 47. ③ 48. ④ 49. ④

50. 20℃에서 양호한 상태인 160AH 축전지는 40A의 전기를 얼마간 발생시킬 수 있는가?

① 4분 ② 15분 ③ 60분 ④ 240분

51. 절연저항이 2MΩ인 고압 케이블에 12kV의 고전압이 인가될 때 누설 전류는?

① 0.6mA ② 6mA ③ 12mA ④ 24mA

52. AC 발전기에 대한 설명으로 틀린 것은?

① 히트 싱크는 다이오드의 열을 방열시킨다.
② 전류가 발생하는 곳은 스테이터이다.
③ 공전속도에서 충전효율이 좋지 않다.
④ 보통 1개의 계자 코일과 6개의 다이오드가 사용된다.

53. 트렁크 리드의 구성 요소가 아닌 것은?

① 트렁크 리드 힌지 ② 토션 바
③ 트렁크 리드 로크 ④ 패키지 트레이

54. 모재에 (+)극을 용접봉에 (-)극을 연결하는 아크 용접은?

① 역극성 ② 정극성
③ 용극성 ④ 용융성

55. 안료에 대한 설명 중 옳지 않은 것은?

① 물, 기름, 용제 등에 용해되지 않는 분말이다.
② 안료는 조성에 따라 무기안료, 유기안료로 구분한다.
③ 안료는 도막을 유색 투명하게 하고 피막을 형성한다.
④ 화학적으로 안전해야 하며, 일광이나 대기작용에 대하여 강해야 한다.

56. 색의 3요소가 아닌 것은?

① 보색 ② 색상 ③ 명도 ④ 채도

 정답 50. ④ 51. ② 52. ③ 53. ④ 54. ② 55. ③ 56. ①

57. 자동차 보수 도장시 퍼티 연마의 초벌(1차) 작업시 적용되는 연마지로 가장 적합한 것은?

① #36 ② #80 ③ #180 ④ #320

58. 도장 작업 후 도막에 연마 자국이 많이 형성되었다. 연마 자국 결함의 주된 원인은?

① 퍼티의 도포 불량
② 연마지 선택의 불량
③ 도막 건조 불량
④ 경화제 혼합 불량

59. 측정 장비에 의한 파손 분석 요소 중 차량의 전후 축 방향에서 가상적인 중심축은?

① 레벨
② 데이텀
③ 치수
④ 센터라인

60. 차체의 리벳 이음에 작용하는 하중이 P이고 리벳 지름이 d일 때 리벳에 발생하는 전단 응력은?

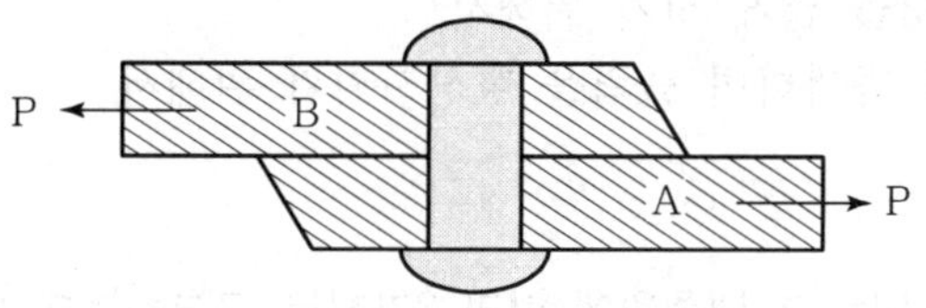

① $\tau = \frac{P}{\pi \cdot d^2}$ ② $\tau = \frac{2 \cdot P}{\pi \cdot d^2}$ ③ $\tau = \frac{3 \cdot P}{\pi \cdot d^2}$ ④ $\tau = \frac{4 \cdot P}{\pi \cdot d^2}$

제43회 자동차정비 기능장

(2008년도 3월 30일 시행)

Actual Test

01. 피스톤의 열팽창에 대한 설명으로 틀린 것은?

① 기관이 정상 온도로 운전할 때에는 피스톤 진원상태이다.
② 피스톤의 스커트부는 길이가 길며 구조가 단순하고 전열량이 많으므로 열팽창이 크다.
③ 피스톤이 얻은 열의 일부는 피스톤 핀을 통해 커넥팅 로드에 전달된다.
④ 피스톤의 핀 방향은 열이 머물기 쉬워 열팽창이 크다.

02. 기관에 과급기를 설치하는 가장 주된 목적은?

① 압축압력을 높여 착화지연을 기간을 길게 하기 위해서
② 기관회전수를 높이기 위해서
③ 연소 소비량을 많게 하기 위해서
④ 공기밀도를 증가하여 출력을 향상시키기 위해서

03. 자동차 배출가스는 그 배출원에 따라 3가지로 구분하는데 여기에 해당하지 않는 것은?

① 불활성 가스
② 배기가스
③ 블로우 바이 가스
④ 연료 증발가스

04. 내연기관의 공해방지장치로서 배기관으로부터 배출되는 CO 및 HC를 높은 온도조건(900~1,000℃)과 산소를 공급하여 재연소시키는 장치는?

① 열 반응장치(Thermal Reactor)
② 촉매 변환 장치(Catalytic Converter)
③ 층상급기장치
④ 배기가스 재순환 장치

 정답 1. ③ 2. ④ 3. ① 4. ①

05. 전자제어 연료분사기관에서 사용되는 전기, 전자부품 구성품의 설명으로 틀린 것은?

① 인젝터 등에는 솔레노이드 밸브가 사용되며 통전되는 시간의 유무에 의해 개폐된다.
② 릴레이는 기본전원을 연결했을 경우 주 회로에 연결되기 때문에 스위치 기능이 있는 에어컨 릴레이 등에 사용된다.
③ 트렌지스터에는 NPN형과 PNP형이 있으며, 베이스 전류를 흘려 준 경우에만 전류가 흐른다.
④ 다이오드에는 여러 종류가 있는데 어느 것이나 순방향으로 전원을 인가했을 경우에만 전류가 흐른다.

06. 4행정 사이클 엔진이 6실린더로 이루어져 있으며 3840rpm으로 회전한다면 1번 기통의 흡입밸브는 1초에 몇 번 열리는가?

① 12번　　② 22번　　③ 32번　　④ 42번

07. 전자제어 가솔린 분사기관의 연료압력 조정기는 연료의 압력을 항상 일정하게 조절하는데 일정 압력의 기준 압력은?

① 대기압과 비교하여 항상 일정하게 조절한다.
② 흡기 매니폴드의 압력과 비교하여 일정하게 조절한다.
③ 흡기량에 따라 인젝터의 분사압력을 조절하여 라인압을 일정하게 조절한다.
④ 흡기량에 따라 연료펌프의 분사압력을 가감하여 분사압을 일정하게 조절한다.

08. 디젤기관의 분사량 부족 원인이 아닌 것은?

① 기관의 회전속도가 낮다.
② 분사펌프의 플런저가 마모되었다.
③ 딜리버리 밸브 시트가 손상되었다.
④ 딜리버리 밸브가 헐겁게 설치되었다.

09. 실린더 헤드의 구비조건이 아닌 것은?

① 고온에서 강도가 커야 한다.
② 고온에서 열팽창이 커야 한다.
③ 열전도가 좋아야 한다.
④ 주조나 가공이 쉬워야 한다.

정답 5. ④ 6. ③ 7. ② 8. ① 9. ②

10. 그림은 엔진이 정상적인 난기 상태에서 정화장치(촉매) 앞뒤에 설치된 산소센서 출력이다. 다음 설명 중 옳은 것은?

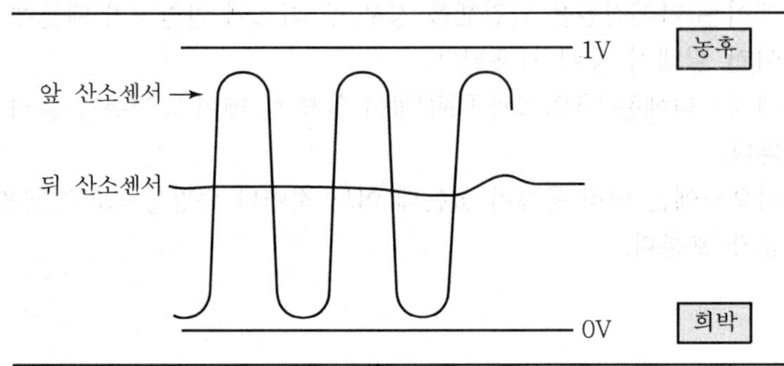

① 정화장치(촉매) 고장이다.
② 뒤쪽에 설치된 산소센서의 고장이다.
③ 정화장치(촉매)가 정상적인 작동을 하고 있다.
④ 앞쪽 산소센서가 정상적으로 동작할 때 뒤쪽 산소센서는 동작을 멈춘다.

11. 제동연료소비율이 230g/psh이고, 사용연료의 저위발열량이 10,500kcal/kg인 가솔린 기관의 제동 열효율은 약 몇 %인가?

① 19% ② 26% ③ 30% ④ 33%

12. 발열량 700kcal/kg인 연료를 시간당 40kg 연소시킬 때 발생되는 열을 동력으로 환산하면 몇 kW인가?

① 278kW ② 301kW ③ 326kW ④ 443kW

13. 내연기관의 크랭크 축 평면 베어링 재료를 사용할 수 없는 금속은?

① 화이트 메탈 ② 두랄루민 ③ 배빗 메탈 ④ 켈밋 메탈

14. 가솔린 기관이 과열되었을 때 기관에 미치는 영향으로 가장 적당하지 않은 것은?

① 피스톤의 슬랩이 커져 소음이 증가한다.
② 윤활 불충분으로 각 부품이 손상된다.
③ 조기점화 또는 노크가 발생한다.
④ 냉각수 순환이 불량해지고 금속 산화가 촉진된다.

정답 10. ③ 11. ② 12. ③ 13. ② 14. ①

15. 자동차용 LPG가 갖추어야 할 조건으로 틀린 것은?

① 적당한 증기압(1~20kgf/cm^2)을 가져야 한다.
② 불포화(올레핀계) 탄화수소를 함유하지 말아야 한다.
③ 가급적 불순물이 함유되지 말아야 한다.
④ 프로필렌, 부틸렌 등의 함유가 충분히 많아야 한다.

16. MTIA(Main Trottle Idle Actuator) 장치의 점검내용과 거리가 먼 것은?

① 아이들 스위치가 ON=OV이다.
② MPS 출력이 높아지면 공기 바이패스량이 증가한다.
③ MPS 출력 전압의 변화는 DC모터가 작동 중임을 알 수 있다.
④ 아이들 스위치가 ON일 때 TPS의 출력값의 변동은 모터의 움직임이다.

17. LPG 연료 제어시스템의 공연비 제어 시스템 중 베이퍼라이저의 슬로우 컷 솔레노이드는 어떤 경우에 작동을 하는가?

① 엔진 구동 중 재시동 시, 감속시
② 아이들(Idle) 시, 시동 후 제어 시
③ 아이들(Idle) 시, 아이들 업(Idle-up) 제어 시
④ 타행 주행 시, 고속 주행 시

18. 다음 중 정적 사이클에 속하는 기관은?

① 디젤기관 ② 가솔린기관 ③ 소구기관 ④ 복합기관

19. 일반적으로 품질코스트 가운데 가장 큰 비율을 차지하는 코스트는?

① 평가 코스트 ② 실패 코스트
③ 예방 코스트 ④ 검사 코스트

20. 로트로부터 시료를 샘플링해서 조사하고, 그 결과를 로트의 판정기순과 대조하여 로트의 합격, 불합격을 판정하는 검사를 무엇이라고 하는가?

① 샘플링 검사 ② 전수 검사
③ 공정 검사 ④ 품질 검사

정답 15. ④ 16. ② 17. ① 18. ② 19. ② 20. ①

21. 일정 통제를 할 때 1인당 그 작업을 단축하는 데 소요되는 비용의 증가를 의미하는 것은?

① 비용구매(Cost Slope)
② 정상소요시간(Normal Duration Time)
③ 비용견적(Cost Estimation)
④ 총비용(Total Cost)

22. c관리도에서 k=20인 군의 총부적합(결점)수 합계는 58이었다. 이 관리도의 UCL, LCL을 구하면 약 얼마인가?

① UCL=6.92 LCL=0
② UCL=4.90 LCL=고려하지 않음
③ UCL=6.92 LCL=고려하지 않음
④ UCL=8.01 LCL=고려하지 않음

23. 모든 작업을 기본동작으로 분배하고, 각 기본동작에 대하여 성질과 조건에 따라 미리 정해 놓은 시간치를 적용하여 정미 시간을 산정하는 방법은?

① PTS법
② WS법
③ 스톱워치법
④ 실적자료법

24. 다음 중 데이터를 그 내용이나 원인 등 분류 항목별로 나누어 크기의 순서대로 나열하여 나타낸 그림을 무엇이라고 하는가?

① 히스토그램(Histogram)
② 파레토 다이어그램(Pareto Diagram)
③ 특성요인도(Causes and Effects Diagram)
④ 체크시트(Check Sheet)

25. 전자제어 현가장치(ECS) 장착 자동차에서 차고센서가 감지하는 것은?

① 지면과 액슬
② 프레임과 지면
③ 차체와 지면
④ 로암과 차체

정답 21. ① 22. ④ 23. ① 24. ② 25. ④

26. 자동차 마스터실린더의 푸시로드에 작용하는 힘이 150kgf, 피스톤 면적이 3cm²이면, 마스터 실린더 내에 발생하는 유압은?

① 40kgf/cm² ② 50kgf/cm²
③ 60kgf/cm² ④ 70kgf/cm²

27. 종감속 장치에 사용되는 기어 중 하이포이드 기어의 특징으로 틀린 것은?

① 운전이 정숙하다.
② 구동피니언과 링기어의 중심선이 일치하지 않는다.
③ 차체의 중심이 낮아져서 안정성 및 거주성이 향상된다.
④ 하중 부담 능력이 작다.

28. 자동차 진공식 제동 배력장치의 부압을 도입하는 부위는?

① 흡기 매니폴드 ② 릴레이 밸브
③ 파워 실린더 ④ 파워 밸브

29. 차량중량 1,500kg의 자동차가 시속 100km/h의 속도로 주행하고 있다. 6초 동안 30km/h로 감속하는 데 필요한 감속력은?

① 356.3kg ② 497.3kg ③ 567.3kg ④ 638.3kg

30. 전자제어 제동장치(ABS)에서 휠 스피드 센서(마그네틱 방식)의 파형에 관한 설명으로 틀린 것은?

① 각 바퀴의 회전속도를 검출하여 컴퓨터로 입력시킨다.
② 파형으로 휠 스피드 신호 측정 시 주기적으로 파형이 빠지는 경우는 대부분 톤 휠이 손상된 경우다.
③ 일반적으로 에어갭은 적을수록 유리하다.
④ 차량의 속도가 증가하면 주파수도 증가하고 P-P전압도 상승하다.

31. 승용 자동차가 좌회전을 하고 있다. 축거가 2.4m, 바깥쪽 바퀴의 최대 조향각이 30°, 안쪽 바퀴의 최대 조향각이 45°일 때 이 자동차의 최소 회전반경과 적합 여부는?

① 4.8m 적합 ② 4.8m 부적합
③ 3.4m 적합 ④ 3.4m 부적합

정답 26. ② 27. ④ 28. ① 29. ② 30. ③ 31. ①

32. 자동변속기 고장점검을 위한 스톨 테스트(Stall Test)에 대한 설명 중 틀린 것은?

① 변속기 오일의 온도가 정상인 상태에서 실시해야 한다.
② 제동을 확실히 하는 등 안전사고에 주의해야 한다.
③ 시험시간은 5초를 초과하지 말아야 한다.
④ 완전 제동상태에서 스로틀 밸브를 50% 정도 열고 한다.

33. 다음 중 전자제어 조향장치의 제어방식이 아닌 것은?

① 속도 감응식
② 전동식
③ 유압반력식
④ 피스턴 바이패스 제어식

34. 토크 컨버터의 성능곡선에서 알 수 없는 것은?

① 속도비 ② 전달효율
③ 토크비 ④ 마력

35. 자동차의 제원 측정에 관한 설명으로 틀린 것은?

① 배기관 개구방향은 배기관의 개구부와 차량중심선 또는 기준면과의 각도를 각도 게이지 등으로 측정한다.
② 가스용기 후단과 차체 최후부 간의 거리는 가스용기의 후단과 범퍼 등 차체의 최후단과 최대거리를 차량 중심선에서 평행하게 측정한다.
③ 등록번호판의 부착위치는 차체 최후단으로부터 등록 번호표 중심 사이의 최대거리를 차량 중심선에 평행하게 측정한다.
④ 조종장치의 배치간격은 차량중심선과 평행한 조향핸들 중심면을 기준으로 좌우에 설치되어 있는 조종장치와의 최대거리를 말한다.

36. 작동유의 운동에너지를 직선운동의 기계적 일로 변화시켜 주는 액추에이터는?

① 유압 실린더
② 유압 모터
③ 유압 터빈
④ 축압기

 정답 32. ④ 33. ④ 34. ④ 35. ② 36. ①

37. 부(－)의 킹핀 오프셋 중에 관한 설명 중 틀린 것은?

① 제동시 차륜이 안쪽으로부터 바깥쪽으로 벌어지도록 작용한다.

② 노면과 좌우 차륜 간의 마찰계수가 서로 다른 경우 마찰계수가 큰 차륜이 안쪽으로 더 크게 조향되므로 자동차는 주행 차선을 그대로 유지하게 된다.

③ 제동시 차륜이 안쪽으로 조향되는 특성을 나타낸다.

④ 차륜 중심선의 접지접이 킹핀 중심선의 연장선의 접지점보다 안쪽에 위치한 상태를 말한다.

38. 공기식 브레이크 장치에서 제동시 떨림 현상의 발생 원인은?

① 퀵 릴리스 밸브에 공기 배출이 잘 안 됨

② 압축공기 탱크의 압축공기 저하

③ 토인 불량 또는 프론드 엔드 볼 조인트 유격 과다

④ 주차브레이크 에어 압력 저하

39. 변속기의 기어물림을 톱(Top)으로 하였을 때는?

① 구동바퀴의 회전력이 가장 크게 된다.

② 구동바퀴의 회전력은 변함없다.

③ 구동바퀴의 회전력이 가장 작게 된다.

④ 총 감속비가 크게 된다.

40. 자동변속기 전자제어 시스템 중 퍼지(Fuzzy)제어 시스템에서 퍼지 제어를 거부하는 조건을 설명한 것으로 틀린 것은?

① 정상온도 작동 D 레인지의 경우

② 홀드모드가 ON인 경우

③ 오일온도가 일정 이하인 경우

④ N에서 D로 제어 중일 경우

41. 독립현가 방식인 맥퍼슨 형식의 특징과 관계없는 것은?

① 기관실의 유효 체적을 넓게 할 수 있다.

② 기구가 간단하여 고장이 적고 보수가 쉽다.

③ 스프링 아래 질량이 적기 때문에 로드홀딩이 양호하다.

④ 바퀴가 들어올려지면 캠버가 부의 캠버로 변한다.

정답 37. ① 38. ③ 39. ③ 40. ① 41. ④

42. 타이어 트래드 패턴(Tread Pattern)의 필요성에 대한 설명으로 틀린 것은?

① 공기누설을 방지한다.
② 타이어 내부에서 발생한 열을 발산한다.
③ 트레드에 발생한 파손이나 손상들의 확산을 방지한다.
④ 사이드 슬립(Side Slip)이나 전진방향의 미끄럼을 방지한다.

43. 조향장치의 구비요건으로 부적당한 것은?

① 조작이 가볍고 원활해야 한다.
② 회전반경이 커야 한다.
③ 주행 중 노면의 충격이 조향장치에 영향을 미치지 않아야 한다.
④ 조향 중 자체나 새시 각 부에 무리한 힘이 작용되지 않아야 한다.

44. 직류 직권 전동기에 대한 설명으로 옳은 것은?

① 토크는 전기자 코일에 흐르는 전류와 여자 코일에 흐르는 전류에 반비례한다.
② 전기자 코일에 흐르는 전류의 제곱에 비례한다.
③ 전기자 전류(부하)의 변화에 따라 회전속도는 큰 변화가 없다.
④ 직권식 모터의 토크는 전기자 전류에만 비례한다.

45. 발전기의 기전력에 대한 설명으로 틀린 것은?

① 로터 코일에 흐르는 전류가 많을수록 기전력은 커진다.
② 로터 코일의 회전속도가 빠를수록 기전력이 작아진다.
③ 발전기 자극수가 적을수록 기전력은 작아진다.
④ 각 코일의 권수가 많을수록 기전력은 커진다.

46. NPN 트렌지스터의 설명으로 옳은 것은?

① 이미터는 베이스 전극에 비해 높은 전기를 가한다.
② 이미터와 베이스 사이에는 순방향 전압을 가한다.
③ 이미터의 단자는 P형 반도체에 접속되어 있다.
④ 베이스의 단자는 N형 반도체에 접속되어 있다.

정답 42. ① 43. ② 44. ② 45. ② 46. ②

47. 파워윈도장치의 설명으로 틀린 것은?

① 파워윈도 장치의 컨트롤유닛에는 일반적으로 타이머가 내장되어 있다.
② 파워윈도 모터는 상승용과 하강용 모터가 각각 구성되어 있다.
③ 파워윈도 모터는 하나의 파워윈도 릴레이가 총합제어한다.
④ 일반적으로 파워윈도 스위치는 원-스텝 방식과 투-스텝 방식이 있다.

48. 차량의 전파 통신 부분에서, 주파수를 계산할 수 있는 식을 바르게 표시 한 것은?(단, F : 주파수(Hz), λ : 파장(m), C : 속도(m/sec), T : 주기)

① $F = \lambda / C$　　② $F = \lambda \times C / T$
③ $F = C / \lambda$　　④ $F = C \times T$

49. 축전지의 기전력과 전해액 비중, 전해액 온도와의 관계로 틀린 것은?

① 전해액의 온도가 상승하면 전해액 비중은 커진다.
② 전해액의 비중이 커질수록 기전력은 커진다.
③ 전해액의 온도가 상승하면 기전력은 커진다.
④ 전해액의 온도가 저하하면 전해액의 저항이 증가해 기전력은 작아진다.

50. 자동차 냉방장치의 아이들 업(Idle up) 장치에 대한 설명으로 틀린 것은?

① 엔진의 공회전 시 또는 급가속 시 작동한다.
② 냉방장치 가동에 따른 과부하로 엔진이 정지하거나 부조하는 것을 방지한다.
③ EUC가 아이들 업 액추에이터를 작동시켜 엔진 회전수를 상승시킨다.
④ 컴프레서의 마그네틱 클러치를 차단하는 것과 상호 보완적으로 작동한다.

51. 1차코일의 자기 인덕턴스가 0.8이고, 1차 전류가 6A로 흐르다가 0.01초 만에 전류가 차단된다면 발생되는 역기전력은?

① 100V　　② 360V　　③ 480V　　④ 540V

52. 자동차의 전조등에 45W의 전구 2개가 병렬 연결되어 있다. 축전지가 12V 60AH일 때 회로에 흐르는 총 전류는?

① 3A　　② 3.75A　　③ 7.5A　　④ 16A

정답 47. ② 48. ③ 49. ① 50. ① 51. ③ 52. ③

53. 알루미늄 입자의 크기를 정한 다음 조색용 원색으로서 가급적 투명한 색을 사용하지 않으면 어느 조건에서는 색이 꼭 맞아 있어도, 보는 각도, 조명색이 다르면 색이 달라 보이는 경우가 있다. 이러한 현상은?

① 메타메리 현상　　② 보색잔상 현상
③ 겔화 현상　　④ 색얼룩 현상

54. 자동차의 보디(차체) 수리 시에 절단을 피하여야 할 부위가 아닌 것은?

① 보강 부품이 있거나 부품의 모서리 부위
② 패널의 구멍 부위
③ 서스팬션을 지지하고 있는 부위
④ 항상부 단면적이 변하지 않는 부위

55. 전면충돌 등의 강한 충격을 받을 경우 멤버 자체가 변하여 객실에 영향이 적게 하도록 굴곡을 두는 것은?

① 비딩　　② 스토퍼
③ 마운트　　④ 킥업

56. 재료의 응력 변형 선도에서 다음의 응력값 중 가장 작은 것은?

① 극한강도 응력　　② 비례한도 내의 응력
③ 상항복점 응력　　④ 하항복점 응력

57. PP범퍼 도장 작업시 범퍼용 프라이머를 도장하지 않았을 경우 발생되는 가장 큰 문제점은?

① 흐름(Sagging) 현상
② 핀홀(Pin-hole) 현상
③ 박리(Peel-off) 현상
④ 크랙(Crack) 현상

58. 다음 용접 중 저항 용접에 속하지 않는 것은?

① 스포트 용접　　② 프로젝션 용접
③ 심 용접　　④ 미그 용접

정답 53. ① 54. ④ 55. ④ 56. ② 57. ③ 58. ④

59. 금속면에 적용하는 워시 프라이머에 대한 설명 중 틀린 것은?

① 방청성을 부여하기 위하여 사용한다.
② 금속면과 도료의 부착력을 증진시키기 위하여 사용한다.
③ 워시 프라이머는 얇게 도장하여 사용되며 2액형의 경우 경화제에 산이 포함되므로 취급시 주의를 요한다.
④ 금속면의 평활성을 부여해 주기 위해 사용한다.

60. 플라스틱 파트의 보수 도장에 대한 설명 중 틀린 것은?

① 플라스틱은 탈지 시에 정전기가 발생하여 다른 부위보다 먼지가 더 많이 달라붙는다.
② PP(폴리 프로필렌) 소재로 만들어진 범퍼는 반드시 PP프라이머를 도장해야만 부착이 된다.
③ 자동차에 사용되는 모든 플라스틱의 도장은 자동차 철판의 도장 공정과 동일하다.
④ 플라스틱의 도장은 다른 철판 부위보다 도장 결함이나 부착 불량이 더 많이 생길 수 있다.

정답 59. ④ 60. ③

제44회 자동차정비 기능장

(2008년도 7월 13일 시행)

Actual Test

01. 자동차 엔진에서 공기과잉률과 연소효율과의 관계에 대한 설명 중 옳은 것은?

① 공기 과잉률이 1보다 크면 연소효율은 높아진다.
② 공기 과잉률이 1보다 크면 연소효율은 낮아진다.
③ 공기 과잉률이 1보다 크면 불완전 연소가 일어난다.
④ 공기 과잉률과 연소효율은 서로 무관하다.

02. 압축비가 8.2 : 1인 가솔린 기관의 이론 열효율은?(단, 작동 유체의 비열비는 1.35이다.)

① 48.2% ② 52.1% ③ 54.6% ④ 56.5%

03. 커먼레일 기관에 장착된 가변용량 터보차저(VGT ; Variable Geometry Turbocharger)장치의 터보제어 솔레노이드 점검요령과 거리가 먼 것은?

① 터보제어 솔레노이드 듀티 변화를 관찰한다.
② 엔진회전수와 부스터 압력센서의 변화를 관찰한다.
③ 연료 분사량과 부스터 압력센서 변화를 관찰한다.
④ 가속시 부스터 압력센서 출력변화는 없어야 한다.

04. 다음 중 행정체적이나 회전속도에 변화를 주지 않고 기관의 흡기효율을 높이기 위한 방법은?

① 공기 여과기 설치 ② 과급기 설치
③ 흡기관의 진공도 이용 ④ EGR 밸브 설치

05. 전자제어 가솔린 분사의 연료 압력조절기에 대해 옳게 설명한 것은?

① 연료 압력은 흡기관 부압에 대해 일정하게 작동하도록 한다.
② 연료 압력은 공기유량에 대해 일정하게 작동하도록 한다.
③ 연료 압력은 분사시기에 대해 일정하게 작동하도록 한다.
④ 연료 압력은 감지기의 종류에 따라 일정하게 작동하도록 한다.

 | 정답 1. ① 2. ② 3. ④ 4. ② 5. ①

06. LPG 기관의 베이퍼라이저 2차실의 역할과 기능을 바르게 표현한 것은?

① 믹서로 유출되는 것을 방지하기 위하여 거의 대기압 수준으로 감압한다.

② 베이퍼라이저에서 믹서로 유출이 잘 될 수 있도록 하기 위하여 믹서의 압력보다 0.3kgf/cm^2 이상 높게 조정한다.

③ 1차실에서 유입된 연료는 2차실로 들어올 때 압력이 떨어지는 것을 방지하기 위하여 약간 상승시킨다.

④ 엔진이 작동되면 베이퍼라이저의 압력이 떨어지므로 2차실에서는 이의 보충을 위한 예비공간이다.

07. 암의 길이가 713mm인 프로니 동력계에 제동하중이 170kgf이었다. 측정 축의 회전수가 1,500rpm 일 경우 기관의 제동마력은 몇 PS인가?

① 138 ② 200 ③ 237 ④ 254

08. 디젤기관의 연소실에서 직접분사식의 장점이 아닌 것은?

① 와류 손실이 없다. ② 연소실 모양이 간단하다.

③ 열효율이 높다. ④ 착화지연이 짧다.

09. 유체커플링 방식 냉각팬에 가장 많이 사용하는 작동유는?

① 실리콘오일 ② 냉동오일

③ 기어오일 ④ 자동변속기 오일

10. 실린더 체적이 450cm^3, 압축비 8인 기관의 연소실 체적은?

① 60cm^3 ② 64cm^3 ③ 70cm^3 ④ 82cm^3

11. 가솔린 엔진의 피스톤과 피스톤 링에 대한 설명 중 틀린 것은?

① 피스톤의 위쪽에 설치되는 2개의 피스톤 링은 연소가스의 누출을 방지하는 압축링이다.

② 피스톤의 톱랜드(Top Land)는 가스의 누설을 방지하기 위해 세컨드 랜드보다 지름이 크다.

③ 윤활을 하는 오일 링을 피스톤의 가장 아래쪽에 설치한다.

④ 피스톤의 스커트부는 피스톤 자세를 안정시키는 역할을 한다.

정답 6. ① 7. ④ 8. ④ 9. ① 10. ② 11. ②

12. 그림과 같은 동시점화방식 회로에서 ECU의 6번 단자에서 파워트랜지스터로 연결된 B1, 단자의 연결시간이 길어지면 어떤 현상이 일어날지를 맞게 설명한 것은?

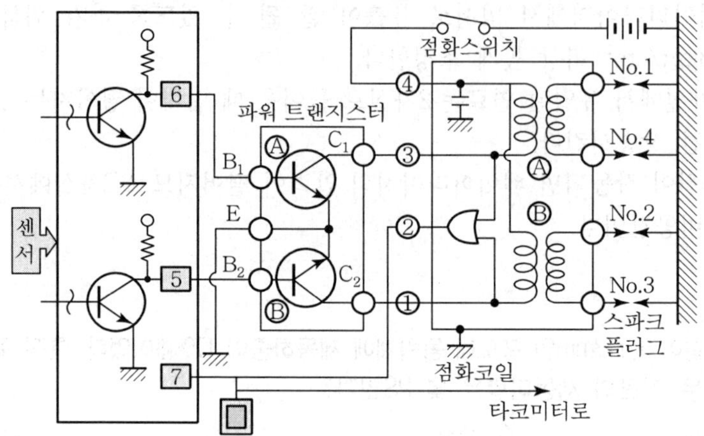

① 2, 3번에 사용되는 점화코일의 드웰(Dwell)이 길어진다.
② 1, 4번에 동시 사용되는 점화코일의 드웰(Dwell)이 길어진다.
③ 3, 4번 점화코일의 고압발생 시간이 증가하여 드웰(Dwell)이 길어진다.
④ 어떤 경우에든지 동시점화방식이므로 변화가 없다.

13. 자동차의 유해 배출가스와 원인에 대한 내용을 관계있는 것끼리 연결한 것 중 틀린 것은?

① NO_x의 배출량 증가 - 연소온도의 낮음
② CO의 증가 - 불완전 연소
③ HC의 증가 - 증발가스의 과다배출
④ CO, HC, NO_x의 증가 - 3원 촉매장치의 파손

14. 디젤기관의 분사펌프에서 조속기의 기능상 분류 중 가장 거리가 먼 것은?

① 복합 최대속도 조속기
② 최소/최대속도 조속기
③ 전속도 조속기
④ 기계식/전자식 조속기

15. LGP 차량의 장점에 대한 설명으로 틀린 것은?

① 연소실에 카본 퇴적이 적어 점화플러그의 수명이 연장된다.
② 유황분이 많아 배기관이나 머플러의 손상이 적다.
③ 엔진 오일의 수명이 길다.
④ 퍼컬레이션(Percolation)이나 베이퍼록(Vapor Lock) 현상이 없다.

 정답 12. ② 13. ① 14. ④ 15. ②

16. 윤활유의 특징을 열거한 것 중 옳은 것은?

① 윤활유는 온도가 오르면 점도가 높아진다.
② 윤활유 점도가 크면 동력 손실이 증대된다.
③ 윤활유의 점도가 높을수록 유막은 약하다.
④ 그리스 윤활은 오일 윤활에 비하여 마찰저항이 적다.

17. 전자제어 연료분사장치의 장점이 아닌 것은?

① 시동 분사량을 제어하여 시동할 때 매연발생이 없다.
② 에어컨 및 조향장치 등의 동력손실에 관계없이 안정된 공전속도를 유지한다.
③ ECU에 의해 분사량이 보정되어 동력전달시 헌팅현상을 일으킬 수 있다.
④ 가속위치와 회전력의 특성이 ECU에 입력되어 주행상태에 따라 제어된다.

18. 가솔린 기관의 노크 발생 원인이 아닌 것은?

① 제동 평균 유효압력이 높을 때
② 실린더의 온도가 높거나 배기밸브에 열점이 존재할 때
③ 화염전파가 늦어질 때
④ 점화시기가 늦어질 때

19. 공정에서 안정적으로 존재하는 것은 아니고 산발적으로 발생하여 품질의 변동에 크게 영향을 끼치는 요주의 원인으로 우발적 원인인 것을 무엇이라 하는가?

① 우연 원인
② 이상 원인
③ 불가피 원인
④ 억제할 수 없는 원인

20. 계수 규준형 1회 샘플링 검사(KS A 3102)에 관한 설명 중 가장 거리가 먼 것은?

① 검사에 제출된 로트의 공정에 관한 사전 정보가 없어도 샘플링 검사를 적용할 수 있다.
② 생산자 측과 구매자 측이 요구하는 품질보호를 동시에 만족시키도록 샘플링 검사방식을 선정한다.
③ 파괴검사의 경우와 같이 전수검사가 불가능한 때에는 사용할 수 없다.
④ 1회만의 거래 시에도 사용할 수 있다.

정답 16. ② 17. ③ 18. ④ 19. ② 20. ③

21. 다음 중 품질관리시스템에 있어서 4M에 해당하지 않는 것은?

① Man ② Machine ③ Material ④ Money

22. 품질특성을 나타내는 데이터 중 계수치 데이터에 속하는 것은?

① 무게 ② 길이
③ 인장강도 ④ 부적합품의 수

23. 방법시간측정법(MTM ; Method Time Measurement)에서 사용되는 1TMU(Time Measurement Unit)는 몇 시간인가?

① 1/100,000시간 ② 1/10,000시간
③ 6/10,000시간 ④ 35/1,000시간

24. 어떤 공장에서 작업을 하는 데 있어서 소요되는 기간과 비용이 다음 [표]와 같을 때 비용구배는 얼마인가?(단, 활동시간의 단위는 일(日)로 계산한다.)

정상 작업		특급 작업	
기간	비용	기간	비용
15일	150만원	10일	200만원

① 50,000원 ② 100,000원
③ 200,000원 ④ 300,000원

25. 동력 조향 장치에서 핸들의 복원이 잘 되지 않을 때의 원인 중 틀린 것은?

① 유압 호스가 막혔다.
② 오일 압력 조절 밸브가 손상되었다.
③ 피니언 베어링이 손상되었다.
④ 오일펌프의 설치볼트가 풀렸다.

26. 구동력 조절장치(Traction Control System)의 구성품에 해당되지 않는 것은?

① 휠 속도 센서 ② 조향 각속도 센서
③ 충돌 센서 ④ 가속페달 위치 센서

 정답 21. ④ 22. ④ 23. ① 24. ② 25. ④ 26. ③

27. 차량 총중량이 1,000kgf인 자동차가 주행시 구름저항계수가 0.015라면 구름저항은 몇 kgf인가?

① 10kgf ② 15kgf
③ 100kgf ④ 150kgf

28. 구동축(Drive Shaft)에 대한 설명으로 틀린 것은?

① 추진축은 주로 속이 빈 강관으로 제작된다.
② 슬립조인트는 길이 변화를 위한 것이다.
③ 앞바퀴 구동자동차에서는 플렉시블 조인트가 많이 사용된다.
④ 유니버셜 조인트는 각도 변화에 대비한 것이다.

29. 앞바퀴에 수직방향으로 작용하는 하중에 의한 앞차축의 휨을 방지하고 조향 휠의 조작을 가볍게 하기 위한 앞바퀴의 정렬 요소는?

① 캐스터 ② 토인
③ 캠버 ④ 킹핀경사각

30. 공기식 배력장치의 하이드로 에어백에 관한 설명이 맞지 않는 것은?

① 하이드로 에어백은 압축 공기를 이용하기 때문에 일반적으로 공기 압축기를 비치한 대형 차량에 사용한다.
② 압축 공기 압력이 최고 6kgf/cm^{2}에 달하기 때문에 하이드로백에 비하여 그 작동 압력차가 크므로 동력 피스톤의 직경을 작게 하여도 강력한 제동력을 얻을 수 있다.
③ 공기 브레이크에 비해 공기 소비량이 크다.
④ 공기 압축기를 필요로 하기 때문에 전체적으로 제작비가 비싸다.

31. 브레이크 장치 중 뒤쪽 유압회로의 중간에 설치되어 있으며 제동력이 증대하면 뒤쪽의 유압증가 비율을 앞쪽보다 작게 하여 후륜의 조기고착에 의한 조종 불안정을 방지하기 위한 밸브는?

① 프로포셔닝 밸브
② 압력차 경고밸브
③ 미터링 밸브
④ 블리더 밸브

정답 27. ② 28. ③ 29. ③ 30. ③ 31. ①

32. 전자제어 현가장치의 설명 중 틀린 것은?

① 스텝 모터가 고장이 나면 감쇠력 제어를 할 수 없다.
② 액셀 포지션 센서 신호는 급가속시 안티 스쿼트 제어를 이행할 때 주로 사용된다.
③ 인히비터 스위치 신호는 N → D, N → R 변환시 진동을 억제하기 위한 차고제어를 이행할 때 사용된다.
④ 에어 탱크는 공기를 저장하는 장치이다.

33. 자동 변속기에서 댐퍼 클러치(록업 클러치)의 기능이 아닌 것은?

① 저속 시나 급출발 시 작용한다.
② 펌프와 터빈을 기계적으로 직결시킨다.
③ 동력 전달시 미끄럼 손실을 최소화한다.
④ 연료소비율 향상과 정숙성을 도모한다.

34. 다음은 조향이론에 대한 여러 가지 설명이다. 옳지 않은 것은?

① 롤 스티어란 코너링 때 차체의 기울어짐에 따라 스프링의 인장과 압축에 의한 토의 변화로 조향각(슬립각)을 변화시키는 선회특성이다.
② 토크 스티어란 가속 시 한쪽으로 쏠리면서 조향 휠이 돌아가는 현상이다.
③ 컴플라이언스 스티어란 코너링 때 원심력에 의해 링키지 연결부와 러버 부시의 인장 압축에 의해 얼라이언트가 변화하는 것이다.
④ 피치 스티어란 원심력에 의해 한쪽으로 쏠리면서 조향휠이 바깥쪽으로 돌아가는 현상이다.

35. 자동차의 진동에 대한 설명 중 틀린 것은?

① 바운싱(Bouncing) : 상하운동
② 롤링(Rolling) : 좌우진동
③ 피칭(Pitchign) : 앞뒤진동
④ 요잉(Yawing) : 차체 앞 부분 진동

36. 수동 변속기 차량에서 기어 변속된 후에 기어가 가끔 빠질 때 무엇을 점검하여야 하는가?

① 인터록 장치 ② 록킹 볼
③ 시프트 레일 ④ 후진 오동작 방지 장치

 정답 32. ③ 33. ① 34. ④ 35. ④ 36. ②

37. 브레이크 페달이 점점 딱딱해져서 주행 불능 상태가 되었을 때는 어떤 고장인가?

① 마스터 실린더 피스톤 컵의 고장이다.
② 브레이크 오일의 양이 적어졌다.
③ 슈 리턴 스프링의 장력이 강력해졌다.
④ 마스터 실린더 바이패스 포트가 막혔다.

38. 유성기어 장치를 이용하여 역전시키고자 한다. 적절한 조치는?

① 유성 캐리어를 구동시킨다.
② 선기어를 단속시킨다.
③ 유성 캐리어를 고정시킨다.
④ 링기어를 단속시킨다.

39. 코너링 포스에 영향을 주는 요인이 아닌 것은?

① 타이어의 하시니스(Harshness)
② 타이어의 수직하중
③ 타이어의 림 폭
④ 타이어의 공기압

40. 다음 중 공기식 브레이크 장치에서 에어 드라이어의 역할이 아닌 것은?

① 각 기기류의 부식방지
② 각 기기류의 수명연장
③ 하절기 압축공기 과열방지
④ 동절기 압축공기 동결을 방지

41. 원동기의 윤활계통에 대한 세부 검사내용과 방법들을 나타낸 것들 중에서 적절하지 않은 것은?

① 윤활 계통의 누유를 확인할 주요 부분은 실린더 헤드커버, 오일팬, 오일필터 등의 가스킷 부분 등이다.
② 원동기가 시동 중이고 변속레버를 "D" 위치로 한 상태에서 실시한다.
③ 윤활장치 각 연결부의 기름 누출 여부를 자동차의 상부, 하부에서 관능에 의해 확인한다.
④ 누유 흔적이 있는 경우에는 원동기를 시동시킨 상태에서 누유상태를 다시 확인한다.

42. 변속기 입력 축의 토크가 4.6kgf · m이고, 변속비(감속)가 1.5이다. 이때 변속기 출력 축의 토크는?

① 3.45kgf · m
② 6.9kgf · m
③ 4.5kgf · m
④ 7.9kgf · m

정답 37. ④ 38. ③ 39. ① 40. ③ 41. ② 42. ②

43. 토크 컨버터에서 토크비가 3이고, 속도비가 0.3이다. 펌프가 5,000rpm으로 회전할 때 토크 효율은?

① 0.3　② 0.6　③ 0.9　④ 1.2

44. 다음 중 자동차용 도난방지장치가 작동하지 않는 경우는?

① 점화키를 사용하지 않고 트렁크를 열었을 때
② 경보장치 작동 중 축전지 단자를 분리할 때
③ 점화키 없이 기관을 기동할 때
④ 시동이 걸린 상태에서 엔진 후드를 열었을 때

45. 12V 100AH의 축전지 5개를 병렬로 접속하면 전압과 용량은 어떻게 되는가?

① 12V 500AH　② 60V 500AH
③ 60V 100AH　④ 12V 100AH

46. 12V-55W의 안개등이 병렬로 연결되어 있다. 이 회로에 사용되는 알맞은 퓨즈는 약 몇 A인가? (단, 안전율은 1.6으로 한다.)

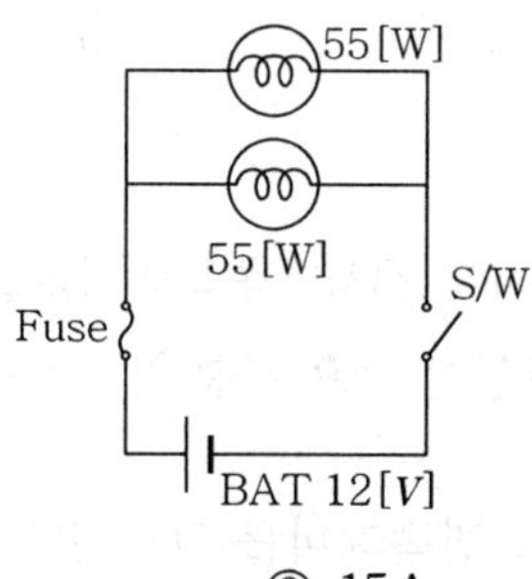

① 10A　② 15A
③ 20A　④ 30A

47. 점화시기가 너무 늦을 때 일어나는 현상이 아닌 것은?

① 노킹 현상이 발생한다.
② 연료 소비량이 증대한다.
③ 엔진이 과열된다.
④ 배기 통로에 카본이 퇴적된다.

정답 43. ③ 44. ④ 45. ① 46. ② 47. ①

48. 다음 중 기동전동기의 성능시험 항목이 아닌 것은?

① 무부하 시험　　② 중부하 시험
③ 회전력 시험　　④ 저항 시험

49. 전자식 현가장치(ECS)에서 안티 다이브(Anti Dive) 제어와 관계없는 것은?

① 스티어링 휠의 위치　　② 제동등 스위치의 입력
③ 차량 속도 센서의 입력　　④ 앞 쇼크 업서버 유압 밸브의 작동

50. 자동차 에어컨 냉방 사이클에서 냉매가 흐르는 순서가 맞는 것은?(단, 어큐뮬레이터 오리피스 튜브 방식이다.)

① 압축기 - 응축기 - 증발기 - 어큐뮬레이터 - 오리피스 튜브
② 압축기 - 응축기 - 오리피스 튜브 - 증발기 - 어큐뮬레이터
③ 압축기 - 오리피스 튜브 - 응축기 - 어큐뮬레이터 - 증발기
④ 압축기 - 오리피스 튜브 - 어큐뮬레이터 - 증발기 - 응축기

51. 충전장치에서 자여자 발전기에 대한 설명으로 틀린 것은?

① 축전지의 전원을 이용하여 계자코일을 여자한다.
② 자동차용으로 정전압 발생에 가장 가까운 분권 발전기를 사용한다.
③ 발생되는 전압은 코일이 t초 동안에 흐르는 자속 수에 비례한다.
④ 플레밍의 오른손 법칙을 이용하여 직류(DC) 발전기로 이용된다.

52. 축전지 전해액에 관한 설명 중 틀린 것은?

① 전해액의 비중은 전해액 온도의 변화에 따라 변동한다.
② 온도가 높으면 비중은 높아지고 온도가 낮으면 비중이 낮아진다.
③ 비중의 변화량은 1℃에 대해 0.0007이다.
④ 비중 측정 시는 표준온도일 때의 비중으로 환산해서 판단한다.

53. 차체에서 화이트 보디(White body)를 구성하는 부품 중 틀린 것은?

① 사이드 보디　　② 도어(앞, 뒤 문짝)
③ 범퍼　　④ 엔진 후드, 트렁크 리드

정답 48. ② 49. ① 50. ② 51. ① 52. ② 53. ③

54. 도료를 도장한 후 액체상태의 도료가 고체상태로 바뀔 때 사용하는 반응형 건조방법이 아닌 것은?

① 산화 중합 건조(공기 건조형) ② 열 중합 건조(소부 건조형)
③ 용제 증발형 ④ 자기 반응형

55. 차체의 손상 진단에 확인해야 할 점으로 거리가 먼 것은?

① 형상의 변화 부분 ② 단면 형상의 변화 부분
③ 장치의 관성 부분 ④ 지점의 변화 부분

56. CO_2 가스 아크 용접 조건의 설명이 잘못된 것은?

① 용접 전류는 용입량을 결정하는 요인이다.
② 아크 전압은 비드 형상을 결정하는 요인이다.
③ 와이어의 용융 속도는 아크 전류에 정비례하여 증가한다.
④ 와이어의 돌출 길이가 길수록 가스의 보호효과가 크고 노즐이 스패터가 부착되기 쉽다.

57. 자동차 보수 도장에서 메탈릭과 펄(마이카) 도료의 가장 큰 차이점은?

① 불투명 및 반투명으로 인한 색상 및 명암 차이가 있다.
② 펄은 빛을 반사하고 투과하지 못한다.
③ 메탈릭은 입자크기와는 관계없이 컬러가 같다.
④ 펄은 불투명하여 은폐력이 좋고 메탈릭은 반투명하여 은폐력이 약하다.

58. 도료를 저장하는 중에 발생하는 결함현상이 아닌 것은?

① 겔화 ② 침전
③ 피막 ④ 기포

59. 솔리드 색상의 조색에서 혼합하는 도료의 색 수가 많을수록 채도가 변화되는 경향은?

① 낮아진다. ② 아주 조금 높다.
③ 높아진다. ④ 변함이 없다.

 정답 54. ③ 55. ③ 56. ④ 57. ① 58. ④ 59. ①

60. 모노코크 보디 차량의 데이텀 라인을 중심으로 상방향으로 변형된 자동차의 파손 형태는?

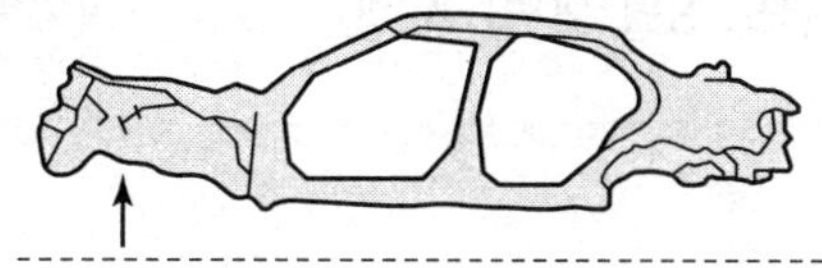

① 새그(Sag) ② 사이드 스웨이(Side Sway)
③ 쇼트 레일(Short Rail) ④ 트위스트(Twist)

제45회 자동차정비 기능장

(2009년도 3월 29일 시행)

01. 실린더 간극체적(Clearance Volume)이 실린더 체적의 10%인 기관의 압축비는?

① 10 : 1 ② 8 : 1
③ 6 : 1 ④ 4 : 1

02. 디젤기관에서 와류실식 연소실의 장점으로 틀린 것은?

① 무과급 디젤기관 중에서 평균 유효압력이 가장 높다.
② 기관 냉각시 시동이 용이하다.
③ 리터 마력이 크다.
④ 직접분사식에 비해 공기 이용률이 높다.

03. 플라이휠의 무게와 가장 관계가 깊은 것은?

① 진동 댐퍼 ② 회전수와 실린더 수
③ 압축비 ④ 기동모터의 출력

04. 연료 압력 조절기는 연료의 압력을 일정하게 유지시키는 역할을 한다. 연료 압력 조절기 내의 압력이 일정 압력 이상일 경우 어떻게 하는가?

① 흡기다기관의 압력을 낮추어 준다.
② 연료를 연료 탱크로 되돌려 보내 압력을 조정한다.
③ 연료 펌프의 공급압력을 낮추어 공급시킨다.
④ 인젝터의 분사압을 높여준다.

05. 비중 0.85인 가솔린 0.5kg을 완전 연소시키는 데 필요한 공기량은?(단, 공연비는 14.5 : 1이다.)

① 15kg ② 5.17kg
③ 6.16kg ④ 7.25kg

정답 1. ① 2. ② 3. ② 4. ② 5. ④

06. 어떤 연료의 옥탄가를 결정하기 위해서 운전 중에 압축비를 바꿀 수 있고, 또 노크가 발생했을 때 그 강도를 기록할 수 있는 장치를 갖춘 기관은?

① F, B, C 기관 ② C, F, R 기관
③ O, H, C 기관 ④ E, F, I 기관

07. 연료 소비율이 250g/PS-h인 가솔린 기관의 열효율은?(단, 가솔린의 저위발열량은 10,500kcal/kg이다.)

① 약 12% ② 약 24%
③ 약 30% ④ 약 34%

08. 흡기계통으로 유입되는 공기를 가열하는 방법이 아닌 것은?

① 배기열의 일부를 이용하여 흡기매니폴드의 온도를 상승시킨다.
② 예열플러그를 사용하여 흡입공기를 가열한다.
③ 흡기매니폴드 주위에 물재킷을 만들어 온수를 순환한다.
④ 배기가스를 직접 흡기매니폴드의 일부로 유도하여 이용한다.

09. 오버 스퀘어 엔진의 장점이 아닌 것은?

① 피스톤 평균속도를 올리지 않고 회전속도를 높일 수 있다.
② 흡・배기의 지름을 크게 할 수 있어 단위 실린더 체적당 흡입효율을 높일 수 있다.
③ 직렬형인 경우 엔진의 높이를 낮게 할 수 있다.
④ 엔진의 길이가 짧고 진동이 작다.

10. C.I.E(Compression Ignition Engine)의 연료분무 형성의 3대 요건은?

① 무화, 관통력, 분무압력 ② 무화, 분포, 분무입도
③ 무화, 관통력, 분포 ④ 무화, 분포, 분무속도

11. 어떤 기관의 회전속도가 3,000rpm이고, 연소지연시간이 1/900초일 때, 연소지연시간 동안의 크랭크 축의 회전각도는?

① 30° ② 28° ③ 25° ④ 20°

정답 6. ② 7. ② 8. ② 9. ④ 10. ③ 11. ④

12. 자동차 운행 중 냉각수 온도가 비정상적으로 높게 올라갔을 경우에 발생 가능한 고장원인과 거리가 먼 것은?

① 냉각수량이 부족하다.
② 수온 조절기가 불량하다.
③ 냉각수 펌프의 구동벨트가 헐겁다.
④ 피스톤의 압축 링이 심하게 마모되었다.

13. 기관 오일에 유압이 높을 때의 원인과 관계없는 것은?

① 윤활유의 점도가 높을 때
② 유압조정 밸브 스프링의 장력이 강할 때
③ 오일 파이프의 일부가 막혔을 때
④ 베어링과 축의 간격이 클 때

14. GDI 방식의 장점이 아닌 것은?

① 내부 냉각효과를 이용할 수 있다.
② 부분부하 영역에서는 혼합기의 질을 제어할 수 있어, 평균유효압력을 높일 수 있다.
③ 간접 분사방식에 비해 기관이 냉각된 상태에서 또는 가속할 때 혼합기를 더 농후하게 해야 된다.
④ 층상급기를 통해 EGR 비율을 높일 수 있다.

15. OBD-II 시스템의 주요 감시기능에 속하지 않는 것은?

① 촉매기의 기능감시
② 2차 공기 시스템의 기능감시
③ 공기비 센서의 기능감시
④ 고전압 분배 기능감시

16. 커먼레일 기관의 크랭킹 시 레일압력조절 밸브의 공급 전원이 0[V]일 때 나타나는 현상은?

① 시동 안 됨
② 가속 불량
③ 매연 과다 발생
④ 아이들(Idle) 부조

정답 12. ④ 13. ④ 14. ③ 15. ④ 16. ①

17. 다음 그림은 아이들(Idle) 상태에서 급가속 후 나타난 MAP센서 출력파형이다. 파형의 각 구간별 설명으로 틀린 것은?

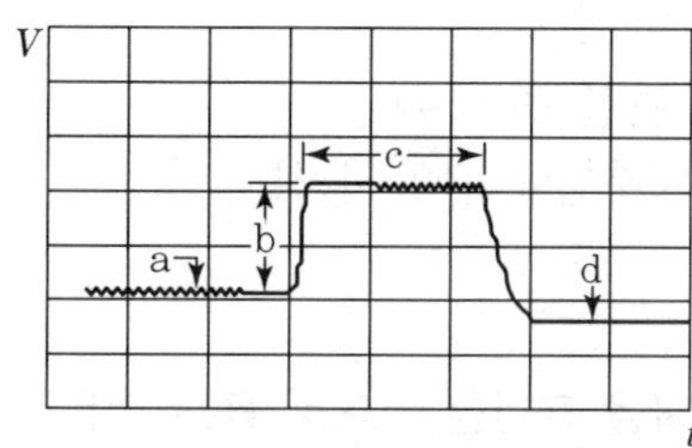

① a : 아이들(Idle) 상태에서 출력을 보여준다.
② b : 급가속시 스로틀 밸브가 빠르게 열리고 있다.
③ c : 스로틀 밸브가 전개(WOT) 부근에 있다.
④ d : 급가속에 의한 흡입공기량 변화로 진공도가 높아지기 때문에 전압이 낮아짐을 보여준다.

18. LPG 연료장치에서 베이퍼라이저에 대한 설명으로 틀린 것은?

① 연료가 1차실로 들어가면 1차압 조절 기구에 의해 가압된다.
② 시동성을 좋게 하려고 슬로우 컷 솔레노이드가 있다.
③ 동결 방지를 위해 냉각수 통로가 있다.
④ 2차실 압력을 대기압에 가깝게 감압하는 작용을 한다.

19. 다음 중 계수치 관리도가 아닌 것은?

① d 관리도　② p 관리도
③ u 관리도　④ x 관리도

20. 다음 [표]는 A 자동차 영업소의 월별 판매실적을 나타낸 것이다. 5개월 단순 이동 평균법으로 6월의 수요를 예측하면 몇 대인가?(단위 : 대)

월	1	3	3	4	5
판매량	100	110	120	130	140

① 120　② 130　③ 140　④ 150

21. 다음 중 반즈(Ralph M. Barnes)가 제시한 동작경제의 원칙에 해당되지 않는 것은?

① 표준작업의 원칙
② 신체의 사용에 관한 원칙
③ 작업장의 배치에 관한 원칙
④ 공구 및 설비의 디자인에 관한 원칙

22. 품질관리기능의 사이클을 표현한 것으로 옳은 것은?

① 품질개선 - 품질설계 - 품질보증 - 공정관리
② 품질설계 - 공정관리 - 품질보증 - 품질개선
③ 품질개선 - 품질보증 - 품질설계 - 공정관리
④ 품질설계 - 품질개선 - 공정관리 - 품질보증

23. 부적합 품질이 1%인 모집단에서 5개의 시료를 랜덤하게 샘플링할 때, 부적합품수가 1개일 확률은 약 얼마인가?(단, 이항분포를 이용하여 계산한다.)

① 0.048 ② 0.058 ③ 0.48 ④ 0.58

24. 다음 검사의 종류 중 검사공정에 의한 분류에 해당되지 않는 것은?

① 수입검사 ② 출하검사
③ 출장검사 ④ 공정검사

25. 자동차의 전면투영면적이 20% 증가될 때 공기저항의 증가비율은?(단, 공기저항계수 및 차량의 속도는 동일 조건)

① 20% ② 40% ③ 60% ④ 80%

26. 수동변속기에서 동기 물림식의 장점이 아닌 것은?

① 변속 소음이 거의 없고 변속이 용이하다.
② 변속기 기어 수명이 길다.
③ 기어 치형이 헬리컬형이므로 하중 부담 능력이 크다.
④ 변속시 특별히 가속시키거나, 더블클러치를 조작할 필요가 있다.

정답 21. ① 22. ② 23. ① 24. ③ 25. ① 26. ④

27. 수동변속기 차량과 비교할 때 자동변속기 차량의 장점이 될 수 없는 것은?

① 조작 미숙으로 인해 시동이 꺼지는 경우가 적다.
② 기어 변속 조작을 하지 않기 때문에 운전이 편리하다.
③ 동력이 오일을 매개로 전달되기 때문에 출발 및 가·감속이 원활하다.
④ 각 부의 진동과 충격을 오일이 흡수해 주므로 최고속도가 빠르고 연료소비량이 적다.

28. 전자제어 현가장치에서 차고센서에 대한 설명으로 틀린 것은?

① 레버로 연결된 로드와 센서 보디로 구성되어 있다.
② 레버의 회전량이 센서로 전달된다.
③ 액슬과 바퀴의 중심점 위치 변화를 감지한다.
④ 검출방식에는 초음파방식과 광단속기방식이 있다.

29. 공기식 브레이크 장치의 브레이크 밸브와 브레이크 체임버 사이에 설치되어 브레이크가 빠르고 확실하게 풀리도록 하는 것은?

① 공기 압축기 ② 압력 조정기
③ 퀵 릴리스 밸브 ④ 첵 및 안전 밸브

30. 빗길 주행 중 발생할 수 있는 특징적인 현상은?

① 스탠딩 웨이브 현상 ② 로드 홀딩 현상
③ 하이드로 플래닝 현상 ④ 페이드 현상

31. 앞바퀴 정렬 중 캐스터에 대한 설명으로 틀린 것은?

① 킹핀 중심선의 연장이 노면과 교차하는 지점을 캐스터 점이라 한다.
② 캐스터 점과 타이어 접지면 중심과의 거리를 트레일이라 한다.
③ 캐스터는 주행 중 바퀴에 복원성을 준다.
④ 캐스터 점은 일반적으로 차량 후방에 있다.

32. 풀타임(Full Time) 4륜 구동방식에서 타이트 코너 브레이크 현상을 제거하는 방법은?

① 바퀴를 작게 한다.
② 타이어 공기압을 높여준다.

정답 27. ④ 28. ③ 29. ③ 30. ③ 31. ④ 32. ③

③ 앞, 뒤 바퀴에 구동력을 전달하는 부분에 중앙차동장치를 설치한다.
④ 프로펠러 샤프트에 유니버설 조인트를 2개 연속으로 장착한다.

33. 전자제어 조향장치(Electronic Power Steering)의 구성 요소 중 조향각 센서에 대한 설명으로 옳은 것은?

① 기존 동력조향장치의 캐치-업(Catch-Up) 현상을 보상하기 위한 센서
② 자동차의 속도를 검출하여 컨트롤 유닛에 입력하기 위한 센서
③ 차속과 조향각 신호를 기초로 하여 최적상태의 유량을 제어하기 위한 센서
④ 스로틀 밸브의 열림량을 감지하여 컨트롤 유닛에 입력하기 위한 센서

34. 자동변속기 전자제어 시스템에서 컴퓨터는 변속패턴 제어를 위하여 스로틀 밸브 열림량 보정을 어떻게 하는가?

① 스로틀포지션 센서의 출력을 기초로 엔진 급가속시 회전속도 보정 및 에어컨 스위치 ON시 부하보정을 한다.
② 스로틀포지션 센서의 출력을 기초로 엔진 공회전 때의 보정 및 에어컨 스위치 ON시 부하보정을 한다.
③ 오버드라이브 출력보정 및 에어컨 스위치 ON시 부하보정을 한다.
④ 점화코일의 펄스에 의하여 엔진의 각 회전상태를 기초로 하여 에어컨 스위치 ON시 부하보정을 한다.

35. 장력 300N인 코일 스프링이 6개 설치된 클러치가 있다. 이 클러치의 정지 마찰계수가 0.3이면, 페이싱 한 면에 작용하는 마찰력은?

① 90N ② 540N ③ 600N ④ 1,080N

36. 가변 기어비형 조향기어에 대한 설명으로 틀린 것은?

① 핸들 직진 시에는 조향 기어비가 크고, 핸들을 최대로 돌렸을 때는 조향 기어비가 작도록 되어 있다.
② 핸들 회전량은 같더라도 직진 시와 최대 조향 시의 샤프트 회전각도는 다르다.
③ 직진 주행 시는 핸들의 조종성이 좋다.
④ 골목길을 돌 때나 차고에 넣을 때는 핸들의 조작이 가볍다.

정답 33. ① 34. ② 35. ② 36. ①

37. 차량 선회시 원심력에 의한 횡요동(롤링)을 억제하기 위한 토션바로서 독립현가식 서스펜션에 사용하고 있으며, 이러한 롤링을 감소하고 차체의 평행을 유지하기 위한 구성품은?

① 스태빌라이저(Stabilizer) ② 에어 스프링(Air Spring)
③ 코일 스프링(Coil Spring) ④ 잎 스프링(Leaf Spring)

38. 주행속도가 120km/h인 자동차에 브레이크를 작동시켰을 때 제동거리는?(단, 바퀴와 도로면의 마찰계수는 0.25이다.)

① 약 226.7m ② 약 236.7m
③ 약 247.6m ④ 약 237.6m

39. 조향륜의 사이드 슬립량을 측정한 결과 우측 값이 IN 8mm, 좌측값이 OUT 2mm이었을 때 사이드 슬립량은?

① IN 3mm ② OUT 3mm
③ IN 6mm ④ OUT 6mm

40. 차동제한장치(LSD ; Limited Slip Differential)의 장점이 아닌 것은?

① 미끄러지기 쉬운 모랫길이나 습지 등과 같은 노면에서 발진 및 주행이 용이하다.
② 악로 주행시 좌우 바퀴의 회전수가 균일하므로 안전하게 주행할 수 있다.
③ 미끄러운 노면에서는 차동시스템이 공회전함으로 타이어의 마멸이 적다.
④ 좌우 바퀴의 구동력 차이가 없으므로 안정된 주행 성능을 얻을 수 있다.

41. 4륜 구동 ABS 장치 차량에서 제동시 차체의 기울기를 판단하여 가·감속을 감지하는 센서는?

① G(GRAVITY) 센서 ② 차속 센서
③ 휠 스피드 센서 ④ 차고 센서

42. 제동장치에 사용되는 배력장치의 크기를 결정하는 요소는?

① 진공 탱크의 크기와 진공 탱크의 재질
② 진공 탱크의 크기와 진공의 크기
③ 진공의 크기와 진공 탱크의 재질
④ 진공 탱크의 형상과 압력의 크기

정답 37. ① 38. ① 39. ① 40. ③ 41. ① 42. ②

43. 자동차를 제작, 조립 또는 수입하고자 하는 자가 자동차의 형식이 안전기준에 적합함을 스스로 인증하는 것은?

① 자동차의 형식승인
② 자동차의 자기인증
③ 자동차의 안전승인
④ 자동차 제작판매인증

44. 다음 설명에 해당되는 장치는?

> 이 장치는 언덕길에서 일시 정차 후 출발시 차량이 뒤로 밀리는 것을 방지하는 장치로 언덕길에서 브레이크 페달을 밟으면 롤케이지가 움직여 작동한다.

① 로드센싱 프로포셔닝 장치
② ABS
③ 안티롤 장치
④ 페일세이프 장치

45. AC 발전기의 발생전압을 조정하는 방식에 대한 설명으로 틀린 것은?

① 컷 아웃 릴레이는 발전기 정지 시 또는 충전전압이 낮을 때 역전류를 방지하는 조정방식이다.
② 접점식 조정기는 접점방식에 의해 발생 전압에 따라 충전 경고등 점등, 로터코일의 여자전류 등을 조정하는 방식이다.
③ 트랜지스터식 조정기는 접점 대신 트랜지스터의 스위칭 작용을 이용하여 로터 전류의 평균값을 변화시켜 전압을 제어하는 방식이다.
④ IC 조정기는 작동이 안정되고 신뢰성이 높으며 초소형이기 때문에 발전기 내부에 내장시켜 외부 배선이 없는 장점이 있다.

46. 그림과 같이 점화 플러그의 세라믹(Ceramic) 절연체를 물결(Corrugation) 모양으로 만든 이유로 가장 적합한 것은?

① 불꽃 방전시 코로나(Corona) 방전현상을 막기 위해
② 고전압 인가시 플래시 오버(Flash Over) 현상을 방지하기 위해
③ 플러그 배선 끝 고무 부트(Boots)의 고정을 위해
④ 이물질 또는 수분 등의 원활한 배출을 위해

정답 43. ② 44. ③ 45. ① 46. ②

47. NPN형 트랜지스터가 작동될 때 각 단자의 전원이 바르게 표시된 것은?

① 베이스(+), 콜렉터(+), 에미터(-)
② 베이스(-), 콜렉터(-), 에미터(+)
③ 베이스(+), 콜렉터(+), 에미터(+)
④ 베이스(-), 콜렉터(-), 에미터(-)

48. 기동 전동기에 전류는 많이 흐르지만 작동하지 않을 경우의 원인이 아닌 것은?

① 전기자 코일이 접지되었을 때
② 계자 코일이 단락되었을 때
③ 전기자 축 베어링이 고착되었을 때
④ 전기자 코일 또는 계자 코일이 개회로 되었을 때

49. 조명에 대한 용어 중 조도의 설명으로 틀린 것은?

① 조도는 광원으로부터의 거리의 제곱에 비례한다.
② 조도란 빛을 받는 면의 밝기 정도를 나타내는 용어이다.
③ 일반적으로 피조면의 조도는 광원의 광도에 비례한다.
④ 조도의 단위는 Lux이다.

50. 정전류 충전에서 최대 충전전류는 표준 충전전류의 몇 배인가?

① 4배 ② 3배 ③ 2배 ④ 1.5배

51. 점화코일의 1차코일 저항값이 20℃일 때 5Ω이었다. 작동 시(80℃)의 저항은?(단, 구리선의 저항온도계수는 0.004이다.)

① 6.20Ω ② 5.32Ω ③ 5.24Ω ④ 3.80Ω

52. 차량에서 열적부하 요소 중 아래의 설명에 해당되는 것은?

> 주행 중 도어나 유리의 틈새로 외기가 들어오거나, 실내의 공기가 빠져나가는 자연환기가 이루어진다.

① 인적 부하 ② 복사 부하
③ 환기 부하 ④ 관류 부하

정답 47. ① 48. ④ 49. ① 50. ③ 51. ① 52. ③

53. 용접 패널의 절단에 대한 설명으로 옳은 것은?

① 용접부위에 바로 드릴로 작업하면 편리하다.
② 패널 뒤쪽에 전기배선, 파이프 등은 절단한다.
③ 차종 부위에 따라 절단해서는 안 되는 부분도 있다.
④ 제작회사의 설명서를 참고로 용접부만 잘라낸다.

54. 도장 작업 중이나 건조과정 중에 불순물(먼지, 티 등)이 도막표면에 고착되었다. 예방책으로 적절하지 않은 것은?

① 작업자의 청결 유지
② 피도면의 충분한 세정
③ 여과지 미사용
④ 스프레이건의 세척

55. 바디 고정 작업에 대한 설명으로 옳은 것은?

① 바디 고정에는 기본 고정만 있다.
② 고정용 클램프는 십자(+) 형태로 연결한다.
③ 기본 고정은 라커 패널 아래의 플랜지 네 곳에서 한다.
④ 라커 패널 아래의 플랜지가 없는 자동차는 고정할 수 없다.

56. 우레탄 도료에 대한 설명으로 틀린 것은?

① 경화제와 주제가 분리되어 있는 2액형 도료이다.
② 신차 라인에서 적용되는 도료에 비하여 가격이 저렴하고 도장 품질도 다소 떨어지는 제품이다.
③ 래커 도료에 비하여 취급하기는 까다로우나 내구성 등 여러 가지 물성이 래커에 비하여 우수하다.
④ 주제와 경화제를 혼합한 후 일정 시간이 지나도록 사용하지 않으면 반응이 일어나 점도가 상승되어 사용이 불가능해질 수 있다.

57. 퍼티 작업 후의 연마 공정에 대한 설명으로 옳은 것은?

① 연마 공구의 발전에 따라 수(水) 연마보다 건 연마를 많이 활용하고 있다.
② 생산성은 수 연마방식이 건 연마방식에 비하여 높다고 할 수 있다.
③ 건 연마방식은 먼지 발생이 적고 연마 상태가 양호한 편이다.
④ 연마지의 사용량은 건 연마의 경우가 적게 들어간다.

정답 53. ③ 54. ③ 55. ③ 56. ② 57. ①

58. 자동차에 사용되는 안전유리에 대한 설명으로 틀린 것은?

① 충격으로 깨어진 파편이 작은 동그라미 띠 형태로 되어야 한다.
② 안전유리로 강화유리가 사용되며 강화유리는 판유리를 약 600℃로 가열하여 급랭시켜 만든다.
③ 앞면 유리로 사용되는 접합유리는 일반 유리를 2겹으로 접합시킨 것이다.
④ 안전유리는 깨지기 어렵고, 깨질 경우에도 인체에 부상을 입히지 않아야 한다.

59. 강을 가열한 후 급랭시켜 강도를 증가시키는 열처리 방법은?

① 풀림　② 불림　③ 뜨임　④ 담금질

60. 조색의 기본원칙을 설명한 것으로 틀린 것은?

① 도료는 혼합하면 명도와 채도가 다 같이 낮아진다.
② 혼합하는 색이 많으면 많을수록 회색에 접근하게 되며 채도도 낮아진다.
③ 상호 간 보색 관계가 있는 색을 혼합하면 회색이 된다.
④ 가까운 색상을 혼합하는 편이 채도가 낮아진다.

정답 58. ③ 59. ④ 60. ④

Actual Test

제46회 자동차정비 기능장

(2009년도 7월 12일 시행)

01. 내경 80mm, 행정 100mm 2행정 사이클 2실린더 기관이 3,200rpm으로 회전할 때 축에 발생하는 회전력은?(단, 지시평균 유효압력은 6.5kg/cm², 기계효율은 90%이다.)

① 약 9.94kgf · m　　② 약 9.55kgf · m
③ 약 9.36kgf · m　　④ 약 8.95kgf · m

02. 지름이 100mm, 행정이 95mm인 가솔린 기관에서 압축비가 13 : 1일 때 연소실 체적은?

① 약 58cc　　② 약 62cc
③ 약 67cc　　④ 약 86cc

03. 다음은 전자제어 기관에 대한 설명이다. (　) 안에 들어갈 내용으로 맞는 것은?

> 감속 시는 스로틀 밸브가 (　) 때문에 흡기관 내 압력은 (　)진다. 따라서 흡기밸브 및 그 주위의 부착연료는 기화가 촉진되기 때문에 가속 시와는 반대로 공연비는 (　)해지므로 그 분량만큼 연료의 (　)이 필요하다.

① 열리기, 낮아, 농후, 감량　　② 열리기, 높아, 희박, 증량
③ 닫히기, 낮아, 농후, 감량　　④ 닫히기, 높아, 희박, 증량

04. 자동차 기관에서 가솔린 200cc를 완전연소시키는 데 필요한 공기는?(단, 가솔린 비중은 0.73이고, 혼합비는 15 : 1이다.)

① 1.46kgf　　② 1.86kgf　　③ 2.19kgf　　④ 3.04kgf

05. 터보차저 시스템에서 엔진을 급가속하면 배출가스량이 증가되고 이 배출가스의 증가는 다시 흡입공기량을 증가시키는 현상이 반복되므로 가관출력이 과도하게 상승되어 통제가 어려운 상황에 이를 수도 있게 된다. 따라서 배출가스의 양을 통제하는 기능이 필요하여 밸브를 설치하는데 이 밸브를 무엇이라고 하는가?

① 서모 밸브　　② 터보 밸브
③ 캐니스터 밸브　　④ 웨이스트게이트 밸브

 | 정답 1. ③ 2. ② 3. ③ 4. ③ 5. ④

06. 오일펌프에서 압송한 오일 전부를 오일 여과기에 여과한 다음 각 부분으로 공급하는 오일순환방식은?

① 전류식 ② 분류식 ③ 일체식 ④ 복합식

07. 전자제어 가솔린기관에서 공연비 피드백(Feed-Back) 제어에 대한 설명으로 틀린 것은?

① 산소센서의 출력신호를 이용한다.
② 산소센서(지르코니아 방식)의 출력전압이 낮으면 연료 분사량을 감량시킨다.
③ 배기가스의 정화능력이 향상되도록 이론공연비를 유지한다.
④ 연료 분사량을 증량 또는 감량시킨다.

08. 그림과 같은 동시 점화방식 회로에서 ECU의 5, 6번 단자에서 파워 트랜지스터로 연결된 단자에 계속해서 전원이 인가된다면 어떤 현상이 발생하는지 바르게 설명한 것은?

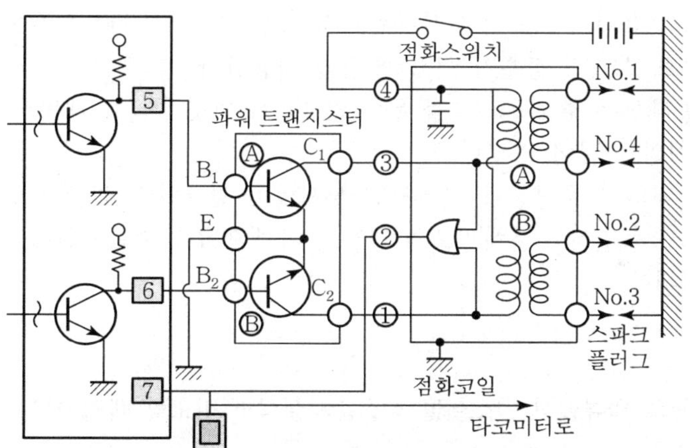

① 점화코일에는 항상 고전압이 발생된다.
② 1, 4번 실린더에만 고압이 발생된다.
③ 점화코일에 고압이 발생하지 않는다.
④ 2, 3번 실린더에만 고압이 발생된다.

09. 라디에이터 압력캡의 진공밸브가 열리는 시점으로 옳은 것은?

① 라디에이터 내의 압력이 대기압보다 높을 때
② 라디에이터 내의 압력이 대기압보다 낮을 때
③ 라디에이터 내의 압력이 규정치보다 높을 때
④ 보조탱크 내의 압력이 규정보다 낮을 때

정답 6. ① 7. ② 8. ③ 9. ②

10. 기관의 배기가스 중 HC를 감소시키는 요인으로 틀린 것은?

① 점화전압 증가
② 희박 연소
③ 실린더 벽면의 온도 상승
④ 압축비의 감소

11. LPG 엔진의 연료장치에서 액상 또는 기상의 연료를 선택하여 공급하기 위해서는 어떤 신호를 받아야 하는가?

① 엔진 회전수 ② 냉각수 온도
③ 흡입 공기 온도 ④ 흡입 공기량

12. 디젤기관에 사용되는 분사펌프에서 플런저에 관계되는 설명 중 틀린 것은?

① 보통의 플런저 스프링은 분사펌프의 회전속도가 2,000rpm 정도에서 서징 현상이 발생되므로 스프링 정수가 큰 스프링을 사용한다.
② 고속 태핏은 조정 스크루를 두지 않으므로 태핏 간극은 태핏과 아래 스프링 시트 사이에 시임을 넣어 조정한다.
③ 플런저의 유효행정이 길어지면 분사량이 감소하고 짧을수록 분사량이 증대된다.
④ 정리드 플런저는 분사펌프의 캠축에 대해 연료의 송출기간이 시작은 일정하고 종결이 변화된다.

13. 디젤기관의 와류실식 연소실을 직접분사실식과 비교할 때의 장점이 아닌 것은?

① 실린더 헤드의 구조가 간단하다.
② 압축행정에서 생기는 강한 와류를 이용하기 때문에 회전속도 및 평균유효압력을 높일 수 있다.
③ 분사압력이 낮아도 된다.
④ 기관의 사용회전속도 범위가 넓고 운전이 원활하다.

14. 크랭크 축 베어링과 저널 간극의 측정에 쓰이는 게이지로 가장 적합한 것은?

① 필러 게이지 ② 다이얼 게이지
③ 플라스틱 게이지 ④ V 블록

 정답 10. ④ 11. ② 12. ③ 13. ① 14. ③

15. 전자제어 가솔린기관의 리턴방식에서 연료 압력조절기는 무엇과 연계하여 연료압력을 조절하는가?

① 압축압력 ② 흡기다기관 압력
③ 점화시기 ④ 냉각수 온도

16. 가솔린 분사장치의 공기량 계측방식에서 칼만와류식은 어느 계측방식에 속하는가?

① 기계식 체적유량계측방식 ② 베인식 질량유량계측방식
③ 초음파식 체적유량계측방식 ④ 열선식 질량유량계측방식

17. LPG 기관의 장점에 대한 설명으로 적합한 것은?

① 연료 가격이 가솔린에 비해 저렴하지만 유해 배기가스의 배출이 많다.
② 연소가 균일하지 못하고 소음이 많이 발생한다.
③ 가스 저장용기로 인하여 차량 중량이 증가한다.
④ LPG의 옥탄가가 가솔린보다 높다.

18. 내연기관의 기본 사이클 중 압축비가 일정하다고 가정할 경우 열효율을 비교한 것 중 옳은 것은?

① 열효율은 정적(Otto) 사이클이 가장 좋다.
② 열효율은 정압(Diesel) 사이클이 가장 좋다.
③ 열효율은 합성(Sabathe) 사이클이 가장 좋다.
④ 압축비가 같으므로 열효율도 같다.

19. 그림과 같은 브레이크 장치가 있다. 피스톤의 면적이 3cm²일 때 푸시로드에 가해주는 힘(kgf)과 유압(kgf/cm²)은?

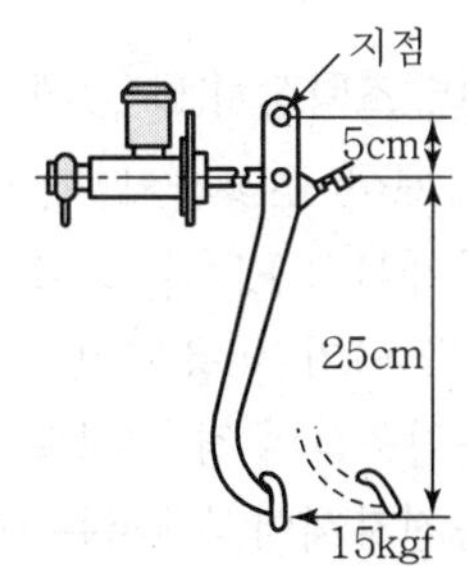

① 푸시로드에 45kgf 힘, 유압은 45kgf/cm²
② 푸시로드에 70kgf 힘, 유압은 45kgf/cm²
③ 푸시로드에 90kgf 힘, 유압은 30kgf/cm²
④ 푸시로드에 105kgf 힘, 유압은 30kgf/cm²

정답 15. ② 16. ③ 17. ④ 18. ① 19. ③

20. 축거가 2.5m인 자동차 주행 중 선회시 바깥바퀴의 조향각이 30°, 안쪽바퀴의 조향각이 35°이다. 최소회전반경은?(단, 킹핀 중심과 바퀴의 접지면 중심 간 거리는 15cm이다.)

① 4.36m ② 4.51m ③ 5.01m ④ 5.15m

21. 압축 공기식 디스크 브레이크 장치 장착 차량에서 브레이크가 과열되는 원인은?

① 압축공기 누설
② 브레이크 캘리퍼 피스톤의 고착
③ 브레이크 디스크 두께 변화
④ 브레이크 체임버 리턴 스프링의 장력 약화

22. 자동변속기의 킥 다운에 대한 설명으로 잘못된 것은?

① 주행 중의 급가속을 위해 둔다.
② 스로틀 밸브를 급격히 전개 상태에 가깝게 밟을 때 작동한다.
③ 주행 중인 변속단에서 1~2단을 낮춘다.
④ 모든 조건에서 1단씩 낮춘다.

23. 타이어에 작용하는 힘을 제어하여 엔진 토크를 항상 타이어 슬립 한계 내에 두도록 하는 것은?

① 4WD(4 Wheel Drive) ② ECS(Electric Control Suspension)
③ ABS(Anti-lock Brake System) ④ TCS(traction Control System)

24. ABS 장치에서 제어 채널의 종류에 속하지 않은 것은?

① 4센서 3채널 ② 4센서 4채널 ③ 4센서 1채널 ④ 4센서 2채널

25. 전자제어 조향장치(EPS)에 대한 설명으로 적합하지 않은 것은?

① 전자제어 조향장치(EPS)에는 차속센서, 솔레노이드가 사용된다.
② 전자제어식 EPS는 차속센서의 고장시 조향력을 유지하기 위한 신호로 스로틀 위치센서(TPS)가 이용되기도 한다.
③ 차속감응식의 경우 저속에서는 가볍게, 고속에서는 무겁게 조향할 수 있는 특성이 있다.
④ 전동전자제어식에서는 속도에 따라 솔레노이드 밸브에 흐르는 전압을 듀티비로 제어한다.

 정답 20. ④ 21. ② 22. ④ 23. ④ 24. ③ 25. ④

26. 차량 주행 중 ABS 작동조건에 해당되지 않았음에도 불구하고 ABS 작동 진동(맥동)이 발생되었을 때 예상할 수 있는 고장원인으로 가장 적합한 것은?

① 제동등 스위치 커넥터 접촉 불량
② 하이드롤릭 유닛 내부 밸브 릴레이 불량
③ 휠 스피드 센서 에어 갭 불량
④ 차속센서(Vehicle Speed Sensor) 불량

27. 전자제어 현가장치에서 제어 항목이 아닌 것은?

① 안티 롤 제어　　② 안티 다이브 제어
③ 안티 피칭, 바운싱 제어　　④ 안티 토크 제어

28. 수동변속기의 오작동 방지 기구에 대한 필요성과 작동 설명 중 틀린 것은?

① 시프트 레일에 각 기어를 고정시키기 위한 홈을 두고 이 홈에는 기어가 빠지는 것을 방지하기 위해 로킹 볼(Locking Ball)과 스프링이 설치되어 있다.
② 클러치 슬리브나 슬라이딩 기어의 이동거리는 정확하게 정해져 있으며, 인터록(Inter Lock)에 의해 제한된다.
③ 후진으로 변속할 때 기어가 파손되는 것을 방지하기 위해 변속레버를 누르거나 들어 올려야만 변속되게 하는 후진 오조작 방지 기구가 있다.
④ 하나의 기어가 물려 있을 때 다른 기어는 중립에서 이동하지 못하도록 하여 기어의 이중물림을 방지하는 장치를 인터록(Inter Lock)이라 한다.

29. 중량 1,500kgf의 자동차가 출발하여 90km/h의 속도까지 가속하는 데 20초 걸렸다면 이 자동차의 가속 저항은?(단, 회전부분 상당 중량은 무시)

① 75kgf　　② 90kgf　　③ 153.1kgf　　④ 191.3kgf

30. 유압 배력장치 중 마스터 백에 대한 설명 중 맞지 않는 것은?

① 마스터 백에는 파워 실린더와 파워 피스톤이 있다.
② 제동 시에는 브레이크 조절 밸브에 의해 페달의 답력에 따라 제어된 유압을 휠 실린더로 보낸다.
③ 압축기에 의해 가압된 압축 공기를 작동 매체로 한다.
④ 브레이크를 작동시키지 않을 때 대기 밸브는 닫히고 진공 밸브는 열려 있어 실린더 양쪽실은 진공상태이다.

정답 26. ③ 27. ④ 28. ② 29. ④ 30. ③

31. 자동변속기 오일의 색깔이 흑색일 경우 예측되는 고장 원인은?

① O-링의 열화 및 클러치 디스크의 마모
② 불완전 연소에 의한 카본 분말
③ 연료 및 냉각수 혼입
④ 농후한 혼합기 공급

32. 자동차의 진동에 관한 설명 중 수직축(Z축)을 중심으로 차체가 좌우로 회전하는 진동을 무엇이라고 하는가?

① 러칭(Lurching) ② 피칭(Pitching)
③ 요잉(Yawing) ④ 바운싱(Bouncing)

33. 사이드 슬립 측정기로 미끄럼량을 측정한 결과 왼쪽바퀴는 안(in) 7mm, 오른쪽 바퀴는 바깥(out) 3mm를 표시하였다. 이 경우 미끄럼량은?

① 10(in)mm ② 5(in)mm ③ 2(out)mm ④ 2(in)mm

34. 토크 컨버터의 성능곡선에서 토크비가 1 : 1이 되는 점은?

① 클러치점 ② 변속점
③ 슬립점 ④ 토크점

35. 사이드 슬립(Side Slip)에 대한 설명으로 틀린 것은?

① 사이드 슬립의 주요 원인은 토인(Toe In)과 캠버(Camber)이다.
② 사이드 슬립량은 타이로드(Tie Rod)의 길이로 조정한다.
③ 타이로드가 차축 중심의 뒷부분에 있으면 길이를 줄일수록 토인(Toe In)이 된다.
④ 직진 시 캠버각이 크면 타이어는 옆 미끄럼을 일으키고 마모의 원인이 된다.

36. 타이어 공기압 부족 시 나타나는 현상이 아닌 것은?

① 타이어 바깥쪽이 과다하게 마모될 수 있다.
② 브레이크를 밟았을 때 미끄러지기 쉽다.
③ 코드의 절단 및 타이어가 파열될 수 있다.
④ 타이어 수명이 단축된다.

정답 31. ① 32. ③ 33. ④ 34. ① 35. ③ 36. ②

37. 자동 차동제한장치에 대한 설명 중 틀린 것은?

① 수렁 탈출에 용이하다.
② 요철 노면 주행시 피시테일(Fish Tail) 운동이 발생한다.
③ 커브 시의 바퀴 공진을 방지할 수 있다.
④ 발진 시 바퀴 공진을 방지할 수 있다.

38. 점화 지연시간이 1/800초인 연료를 사용하여 최고 폭발 압력을 ATDC 5°에서 발생시키기 위해 TDC 몇도 전방에서 점화를 해야 하는가?(단, 기관은 2,500rpm이다.)

① 13.7° ② 17.9° ③ 18.7° ④ 21.7°

39. 축전지의 설페이션 현상의 원인으로 가장 적합한 것은?

① 충전 전류가 크다. ② 충전 전압이 높다.
③ 전해액의 양이 부족하다. ④ 전해액의 온도가 낮다.

40. 자기식의 계기 중에서 영구자석의 회전으로 전자유도작용에 의하여 로터에 발생된 맴돌이 전류와 영구자석의 상호작용에 의해 작동되는 계기는?

① 수온계 ② 전류계
③ 유압계 ④ 속도계

41. 다음 그림에서 기동 전동기의 구성품 설명으로 틀린 것은?

① "C"는 풀링(Pull in) 코일이다.
② "D"는 홀드인(Hold in) 코일이다.
③ "E"는 리턴 스프링이다.
④ "F"는 전기자(Armature)이다.

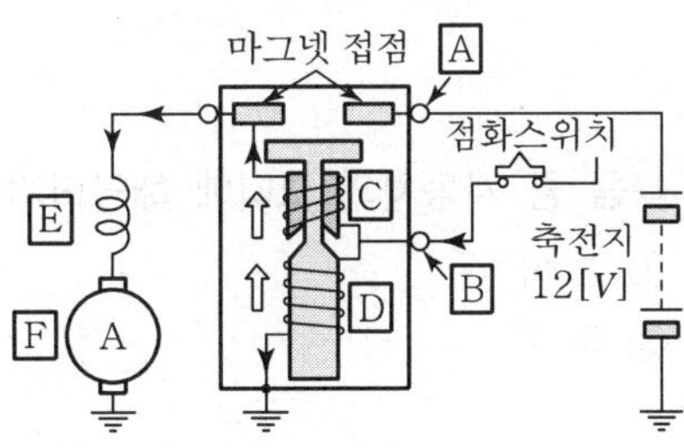

42. AC 발전기의 출력단자(B)에서 전선을 떼어낸 상태에서 엔진을 시동해서는 안 되는 이유는?

① 축전지가 과충전된다. ② 전구가 끊어진다.
③ 다이오드가 손상된다. ④ 스테이터 코일이 파손된다.

정답 37. ② 38. ① 39. ③ 40. ④ 41. ③ 42. ③

43. 전자제어 현가장치(ECS)에서 안티 다이브(Anti Dive) 제어가 실행되기 위한 조건이 아닌 것은?

① 차량속도는 약 40km/h 이상이어야 한다.
② 제동스위치의 작동신호가 입력되어야 한다.
③ 자동변속기는 오버 드라이브 상태가 아니어야 한다.
④ ECS 컨트롤 유닛 자체의 결함은 없어야 한다.

44. 응축기 냉각핀이 막혀 공기 흐름이 막혔을 경우 저・고압측 압력변화가 정상일 때와 비교해서 맞는 것은?

① 저압측 압력이 떨어진다.
② 저압측 압력은 상승되고 고압측은 떨어진다.
③ 저・고압측 모두 압력이 상승된다.
④ 저・고압측 모두 압력이 떨어진다.

45. 배터리 및 발전기에 대한 설명 중 틀린 것은?

① 기관 정지 시에는 배터리가 전기장치의 전원으로 사용된다.
② 기관 정지 시에는 배터리가 시동모터와 점화코일에 전원을 공급한다.
③ 차량 전기 사용량이 발전기의 전원 공급량보다 많을 때는 배터리에서도 공급한다.
④ 기관 시동시 예열장치의 전원 공급은 발전기이다.

46. 트랜지스터의 3단자가 아닌 것은?

① 이미터　　② 컬렉터
③ 베이스　　④ 게이트

47. 다음 중 자동차의 보디에 해당되지 않는 것은?

① 도어　　② 펜더
③ 루프　　④ 섀시

48. 전기 스포트 용접 과정에 속하지 않는 것은?

① 가압밀착시간　　② 통전융합시간
③ 냉각고착시간　　④ 전극접속시간

정답 43. ③ 44. ③ 45. ④ 46. ④ 47. ④ 48. ④

49. 조색시 색을 비교할 때의 조건으로 가장 거리가 먼 것은?

① 30cm 떨어진 곳에서 한다.
② 계속해서 응시하는 것이 좋다.
③ 가끔 다른 색을 보게 한다.
④ 광원을 바꾸어 색상을 비교한다.

50. 안료에 대한 설명 중 옳지 않은 것은?

① 물, 기름, 용제 등에 용해되지 않는 분말이다.
② 안료는 조성에 따라 무기안료, 유기안료로 구분한다.
③ 안료는 도막을 유색 투명하게 하고 피막을 생성한다.
④ 화학적으로 안전해야 하며, 일광이나 대기작용에 대하여 강해야 한다.

51. 도장 면에 좋은 평활성을 얻으려면 어떠한 방법으로 연마하여야 하는가?

① 전·후로만 실시한다.
② 전·후로 번갈아 실시한다.
③ 전·후·좌·우로 겹쳐 실시한다.
④ 처음 실시한 방향으로만 실시한다.

52. 센터링 게이지로 차체 변형을 판독할 수 없는 변형은?

① 새그　② 쇼트 레일　③ 트위스트　④ 사이드 웨이

53. 도료를 도장했을 때 금속분이 균일하게 배열되지 않고 부분적으로 뭉쳐 얼룩져 보이는 현상이 메탈릭 얼룩이다. 방지대책으로 틀린 것은?

① 에어압을 높게 한다.　② 토출량을 작게 한다.
③ 점도를 높게 한다.　④ 운행속도를 느리게 한다.

54. 인장방향의 재료에 압축방향의 변형이 이루어지도록 힘을 가하면 탄성한계는 처음보다 낮아지게 되는 것은?

① 이방성　② 바우싱거 효과
③ 가공경화　④ 재결정

정답 49. ② 50. ③ 51. ③ 52. ② 53. ④ 54. ②

55. 200개들이 상자가 15개 있다. 각 상자로부터 제품을 랜덤하게 10개씩 샘플링할 경우 이러한 샘플링 방법을 무엇이라 하는가?

① 계통 샘플링　② 취락 샘플링
③ 층별 샘플링　④ 2단계 샘플링

56. $\overline{x}$관리도에서 관리상한이 22.15, 관리하한이 6.85, $\overline{R}$=7.5일 때 시료군의 크기(n)는 얼마인가? (단, n=2일 때A_2=1.88, n=3일 때 A_2=1.02, n=4일 때, A_2=0.73, n=5일 때 A_2=0.58이다.)

① 2　② 3　③ 4　④ 5

57. 다음 중 사내표준을 작성할 때 갖추어야 할 조건으로 옳지 않은 것은?

① 내용이 구체적이고 주관적일 것
② 장기적 방침 및 체계 하에서 추진할 것
③ 작업표준에는 수단 및 행동을 직접 제시할 것
④ 당사자에게 의견을 말하는 기회를 부여하는 절차로 정할 것

58. 어떤 측정법으로 동일 시료를 무한횟수 측정하였을 때 데이터 분포의 모집단 참값과의 차를 무엇이라 하는가?

① 편차　② 신뢰성
③ 정확성　④ 정밀도

59. ASME(American Society of Mechanical Engineers)에서 정의하고 있는 제품공정 분석표에 사용되는 기호 중 "저장(Storage)"을 표현한 것은?

① ○　② D　③ □　④ ▽

60. 다음 중 신제품에 대한 수요예측방법으로 가장 적절한 것은?

① 시장조사법　② 이동평균법
③ 지수평활법　④ 최소자승법

 정답 55. ③ 56. ② 57. ① 58. ③ 59. ④ 60. ①

제47회 자동차정비 기능장

(2010년도 3월 28일 시행)

Actual Test

01. 기계효율이 20%, 도시마력이 250PS일 때 제동마력은?

① 25PS
② 50PS
③ 75PS
④ 150PS

02. 가솔린기관에서 가변흡기장치의 설명으로 적합하지 않은 것은?

① 흡기밸브의 열림과 닫힘 시기를 조절하여 밸브 오버랩을 증가시킨다.
② 엔진회전수와 엔진부하에 따라 흡기다기관의 길이를 변화시킨다.
③ 엔진이 저속 회전 시 흡기다기관의 길이를 길게 하여 관성 과급 효과를 본다.
④ 엔진이 고속 회전 시 흡기다기관의 길이를 짧게 하여 흡입저항을 줄인다.

03. 가솔린기관에서 밸브기구 중에 유압태핏 방식의 밸브간극 조정은?

① 운전할 때마다 조정한다.
② 정기점검 시 한다.
③ 다른 일반형과 같이 한다.
④ 자동으로 조정된다.

04. LPG 자동차를 운행하던 중 연료소비가 크게 증가하는 원인으로 가장 거리가 먼 것은?

① 연료 필터가 불량하여 연료의 송출량이 많을 경우
② 믹서의 스로틀 어저스팅 스크루 조정이 잘못되었을 경우
③ 베이퍼라이저의 1차 압력 조정이 잘못되었을 경우
④ 베이퍼라이저의 1, 2차 밸브가 타르에 의해 부식되었을 경우

05. 흡입 공기통로에 발열 저항체를 설치하여 공기량에 따라 발열 저항체의 온도를 일정하게 유지하도록 공급전류를 변화시켜 그 전류값으로 공기량을 계측하는 방식은?

① 칼만 맴돌이식 에어플로미터
② 베인플레이트식 에어플로미터
③ 핫 와이어식 에어플로미터
④ 흡입 부압 에어플로미터

정답 1. ② 2. ① 3. ④ 4. ① 5. ③

06. 피스톤 재질로서 가장 거리가 먼 것은?

① 화이트메탈 ② 구리계의 Y합금
③ 특수 주철 ④ 규소계의 Lo-Ex 합금

07. 다음 중 압축비가 가장 높은 기관은?

① 디젤기관 ② 소구기관
③ 가솔린기관 ④ LPG기관

08. 기관이 과랭 되었을 때 기관에 미치는 영향으로 적당하지 않은 것은?

① 연료의 응축으로 연소가 불량해진다.
② 열효율이 저하된다.
③ 연료소비율이 감소된다.
④ 기관의 오일 점도가 높아져 회전저항이 커진다.

09. 전자제어 가솔린기관에서 엔진컴퓨터(ECU)로 입력되는 센서가 아닌 것은?

① 공기흐름 센서 ② 산소 센서
③ 스로틀 포지션 센서 ④ 퍼지컨트롤 센서

10. 제동마력이 52.7PS, 실린더의 지름이 80mm, 행정이 96mm, 도시평균 유효압력이 10kg/cm^{2}인 4행정 4실린더 가솔린 기관이 3,000rpm으로 회전할 경우 기계효율은?

① 약 62.7% ② 약 74.3%
③ 약 81.9% ④ 약 84.2%

11. 내연기관에서 노킹과 조기점화에 대한 설명으로 틀린 것은?

① 가솔린노크는 점화시기가 빠른 경우 나타난다.
② 디젤노크는 연료 착화지연기간이 긴 경우에 나타난다.
③ 실린더 내의 적열점 등에 의해서 점화 시기보다 빠르게 점화되는 현상을 조기점화라고 부른다.
④ 노킹과 조기점화는 서로 관계가 없고 현상도 다르다.

 정답 6. ① 7. ① 8. ③ 9. ④ 10. ③ 11. ④

12. 주파수가 20Hz이고 가동시간이 15ms일 때 Duty(%)는?

① 15% ② 30% ③ 35% ④ 50%

13. 연소실 체적이 45cm³, 압축비가 7.3일 때 이 기관의 행정체적은 몇 cm³인가?

① 283.5 ② 293.5 ③ 328.5 ④ 338.5

14. 디젤기관에서 분사펌프의 딜리버리 밸브의 기능으로 틀린 것은?

① 연료잔압 유지 ② 연료분사량 증감
③ 역류방지 ④ 후적방지

15. 내연기관에서 실린더에 불완전 윤활의 원인으로 틀린 것은?

① 상사점 및 하사점에서 속도가 0이 되므로 연소실 압력이 낮아져 유막이 파괴된다.
② 고온가스에 의한 점도저하로 유막이 파괴된다.
③ 링 플러터(Ring Flutter)에 의한 가스누설, 열화증발 및 연소 등에 의하여 유막이 파괴된다.
④ 연소에 의한 카본 발생으로 링이 고착되면 블로바이 가스 때문에 유막이 파괴된다.

16. 연료의 휘발성을 표시하는 방법으로 틀린 것은?

① ASTM 증류법 ② 리드 증기압
③ 기체/액체 비율 ④ 퍼포먼스 수

17. 전자제어 가솔린기관의 연료공급 장치에서 재시동을 쉽게 하여 고온시 베이퍼 록 현상을 방지시키는 것은?

① 체크밸브 ② 세이프티밸브
③ 릴리프밸브 ④ 다이어프램

18. 촉매 변환기가 가장 좋은 정화성능을 발생시키는 공기와 연료의 혼합비는?

① 최대출력 혼합비 ② 최소출력 혼합비
③ 이론공기연료 혼합비 ④ 희박공기연료 혼합비

정답 12. ② 13. ① 14. ② 15. ① 16. ④ 17. ① 18. ③

19. 계수 규준형 샘플링 검사의 OC 곡선에서 좋은 로트를 합격시키는 확률을 뜻하는 것은?(단, α는 제1종 과오, β는 제2종 과오이다.)

① α　　② β
③ $1-\alpha$　　④ $1-\beta$

20. 다음 중 통계량의 기호에 속하지 않는 것은?

① σ　　② R
③ s　　④ $\bar{x}$

21. 다음 중 인위적 조절이 필요한 상황에 사용될 수 있는 워크팩터(Work Factor)의 기호가 아닌 것은?

① D　　② K
③ P　　④ S

22. u관리도의 관리한계선을 구하는 식으로 옳은 것은?

① $\bar{u}\pm\sqrt{\bar{u}}$　　② $\bar{u}\pm3\sqrt{\bar{u}}$
③ $\bar{u}\pm3\sqrt{n\bar{u}}$　　④ $\bar{u}\pm3\dfrac{\sqrt{\bar{u}}}{n}$

23. 예방보전(Preventive Maintenance)의 효과로 보기에 가장 거리가 먼 것은?

① 기계의 수리비용이 감소한다.
② 생산시스템의 신뢰도가 향상된다.
③ 고장으로 인한 중단시간이 감소한다.
④ 예비기계를 보유해야 할 필요성이 증가한다.

24. 어떤 회사의 매출액이 80,000원, 고정비가 15,000원, 변동비가 40,000원일 때 손익분기점 매출액은 얼마인가?

① 25,000원　　② 30,000원
③ 40,000원　　④ 55,000원

정답 19. ③ 20. ① 21. ② 22. ④ 23. ④ 24. ② 25. ④

25. 자동차의 최대 안전 경사각도를 경사각도 측정기를 이용하여 측정하는 방법을 설명한 내용 중 틀린 것은?

① 자동차는 공차 상태로 하고, 좌석은 정위치에 창유리 등은 닫은 상태로 한다.
② 측정단위는 도(°)로 하고 소수점 첫째 자리까지 측정한다.
③ 측정기에 설치된 차륜 정지장치에 좌측 또는 우측의 모든 차륜을 밀착시키고 반대측의 모든 차륜이 측정기의 답판에서 떨어지는 순간 답판이 수평면과 이루는 각도를 좌측 방향과 우측 방향에 대하여 각각 측정한다.
④ 공기 스프링 장치를 가진 자동차에 대하여는 레벨링 밸브가 작동하는 상태로 한다.

26. 진공식 분리형 제동 배력장치에서 파워 피스톤을 미는 힘이 12kgf이고 하이드롤릭 피스톤의 지름이 3cm라고 한다면 발생유압은?

① 약 0.7kgf/cm²　　② 약 1.7kgf/cm²
③ 약 17kgf/cm²　　④ 약 2.7kgf/cm²

27. 차량의 질량이 1,800kg이고 차량의 제동률이 44.7%인 차량의 제동 감속도(m/s²)는?

① 약 3.4　　② 약 4.5　　③ 약 4.9　　④ 약 9.8

28. 주행 중 노면의 상태에 따라 추진축의 길이를 조절해주는 것은?

① 자재이음　　② 평형추
③ 슬립이음　　④ 토션 댐퍼

29. 자동변속기 차량을 밀거나 끌어서 시동을 할 수 없는 이유로 부적합한 것은?

① 토크 컨버터가 마찰열에 의해 파손을 가져오기 때문이다.
② 구동 바퀴로부터의 동력이 회전부분의 마찰을 가져오기 때문이다.
③ 충분한 윤활이 안 되어 구동부품의 소결을 가져오기 때문이다.
④ 중량이 무겁고 또한 밀어서 시동을 걸 경우 축전지의 손상을 가져오기 때문이다.

30. 전동식 동력조향장치의 주요제어기능에 대한 사항으로 옳은 것은?

① 노면 대응 제어　　② 인터로크 회로 기능
③ 등강판 제어　　④ 스카이 훅 제어

정답 26. ② 27. ② 28. ③ 29. ④ 30. ②

31. 전자제어 현가장치에서 조향 각 센서의 설명으로 틀린 것은?

① 조향 각 센서는 광단속기 타입의 센서이다.
② 조향 각 센서는 조향 휠과 컬럼 시프트에 설치되어 있다.
③ 조향 각 센서 고장 시 핸들이 무거워진다.
④ 조향 각 센서는 광 단속기와 디스크로 구성된다.

32. 현가장치에서 스프링이 갖추어야 할 조건으로 틀린 것은?

① 자유고의 변화가 적어야 한다.
② 설치공간을 적게 차지해야 한다.
③ 장력의 변화가 크게 조절될 수 있어야 한다.
④ 적차 또는 공차 상태에서 최저 지상고는 같아야 한다.

33. ABS 콘트롤 유닛의 휠 스피드 센서에 대한 고장 감지사항과 관련 없는 것은?

① Key 스위치 ON부터 주행까지 항상 감시한다.
② ABS가 작동 될 때만 감시한다.
③ 전압과 주파수에 대한 감시도 한다.
④ 휠 스피드 센서가 고장이 나면 즉시 경고등을 점등한다.

34. 수동변속기에서 주행 중 기어 변속이 어려운 원인으로 부적합한 것은?

① 클러치 페달의 자유간극 과대
② 클러치 면 또는 압력판의 마모
③ 클러치 디스크의 런 아웃 과대
④ 입력 축 스플라인의 마모

35. 주행 중 바람이 가로방향에서 불 때 횡력에 의해 발생하는 요잉 모멘트(Yawing Moment) 저감대책으로 맞는 것은?

① 고속 주행을 할 때 풍압에 영향을 덜 받는 언더 스티어링 차량이 유리하다.
② 차량 앞면에는 에어댐을 설치한다.
③ 차량 뒷면에 리어 스포일러를 장착한다.
④ 몰딩, 미러, 머드 가이드를 공기 저항이 줄도록 설계한다.

정답 31. ③ 32. ③ 33. ② 34. ② 35. ①

36. 오버 드라이브 오프(O/D off) 기능이 있는 전자제어 자동변속기에서 스위치를 오프(O/D off) 시켰을 때의 내용으로 맞는 것은?

① 오버 드라이브 작동이 제한된다.
② 출발시 2단으로 출발하게 한다.
③ 변속 시점을 변경시킨다.
④ 주행 중 스위치를 오프(O/D off)시키면 안 된다.

37. 차체 정렬에서 캠버 스러스트(Camber Thrust)에 관한 설명으로 틀린 것은?

① 캠버 각을 가지고 굴러가는 타이어에 작용하는 횡력을 말한다.
② 캠버 스러스트는 캠버 각에 비례하여 커진다.
③ 공기압을 일정하게 한 채 하중이 증가하면 캠버 스러스트도 증가한다.
④ 공기압을 증가시키면 캠버 스러스트도 증가한다.

38. 자동변속기 오일의 역할 중 가장 거리가 먼 것은?

① 기어나 베어링부의 윤활
② 토크 컨버터의 작동 유체로서 동력 전달
③ 밸브 보디의 작동유
④ ATF 냉각기의 냉각

39. 타이어에 발생하는 힘의 성분 중 조향(Cornering) 저항에 대한 설명으로 옳은 것은?

① 타이어 진행방향에 대한 직각방향의 성분
② 타이어 진행방향과 같은 방향의 성분
③ 타이어 회전방향에 대한 직각방향의 성분
④ 타이어 회전방향과 같은 방향의 성분

40. 유체 클러치의 펌프와 터빈 사이의 관계로 틀린 것은?

① 펌프 크랭크 축에 연결되고 터빈은 변속기 입력 축에 연결된다.
② 전달효율은 최대 98% 정도이다.
③ 미끄럼 값은 약 2~3% 정도이다.
④ 회전력 변화율은 3 : 1 정도이다.

정답 36. ① 37. ④ 38. ④ 39. ② 40. ④

41. 기관의 회전력이 15.5kgf · 이고 3,200rpm으로 회전하고 있다면 클러치에 전달되는 마력(PS)은?

① 56.3 ② 61.3 ③ 66.3 ④ 69.3

42. 스노우 타이어(Snow Tire)의 장점에 속하지 않는 것은?

① 제동성이 우수하다.
② 구동력이 크다.
③ 체인을 탈부착하여야 하는 번거로움이 없다.
④ 눈이 없는 포장노면에서도 주행 소음이 적다.

43. 제동장치에서 탠덤 마스터 실린더의 사용 목적은?

① 브레이크 라이닝의 마모를 적게 한다.
② 브레이크 오일의 소모를 줄일 수 있다.
③ 브레이크 드럼의 마모를 적게 한다.
④ 앞뒤 브레이크 제동을 분리시켜 안정을 얻게 한다.

44. 자동차 운행의 편리성과 안전운전을 도모하기 위하여 편의장치(ETACS)를 적용하고 있다. 다음 중 편의장치에 해당되지 않는 것은?

① 와이퍼 제어 ② 열선 제어
③ 파워윈도우 제어 ④ 파워TR 제어

45. 전기식 경음기는 전류의 어떠한 작용에 의해 진동판을 진동시키는가?

① 분류작용 ② 발열작용
③ 자기작용 ④ 화학작용

46. 저항을 병렬 연결하여 구성된 회로를 점검한 내용으로 맞는 것은?

① 합성 저항은 각 저항의 합과 같다.
② 회로 내의 어느 저항에서나 똑같은 전류가 흐른다.
③ 희로 내의 어느 저항에서나 똑같은 전압이 가해진다.
④ 각 저항에 걸리는 전압의 합은 전원 전압과 같다.

정답 41. ④ 42. ④ 43. ④ 44. ④ 45. ③ 46. ③

47. 기동전동기에서 정류자에 미끄럼 접촉을 하면서 전기자 코일에 전류를 공급해 주는 것은?

① 브러시 ② 아마추어 코일
③ 필드 코일 ④ 솔레노이드 스위치

48. 자동차 냉방장치에서 차량의 앞쪽 정면에 설치되어 고온, 고압, 기체상태의 냉매가 응축점에서 냉각되어 액체상태로 되게 하는 것은?

① 콘덴서 ② 리시버 드라이어
③ 증발기 ④ 블로어 유니트

49. 정격용량 75A의 발전기 출력전류 점검 시 부하 단계별 출력파형이 그림과 같다면 어떤 상태인가?

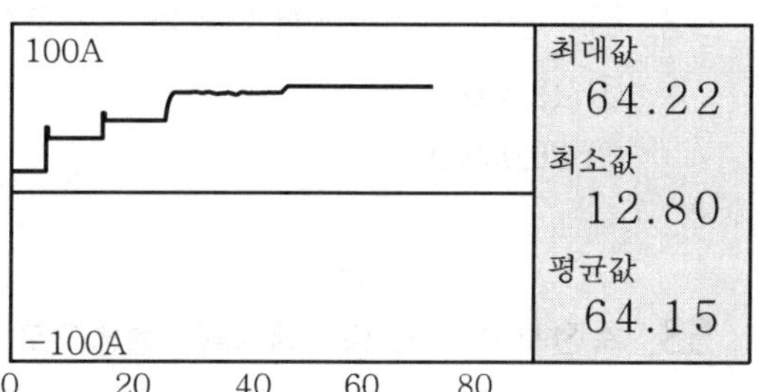

① 정상이다.
② 스테이터 코일이 열화되었다.
③ 발전기 구동벨트의 장력이 약하다.
④ 다이오드 1개 단선이다.

50. 파워TR 내부의 TR3와 화살표에 표기된 저항이 어떤 작용을 하는가?

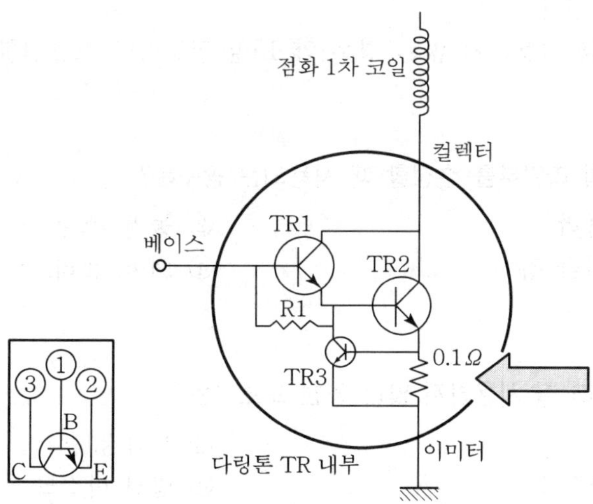

① TR의 열화를 방지한다.
② 1차 코일에 흐르는 전류를 제한한다.
③ 1차 코일에서 발생하는 유도전압을 제한한다.
④ 베이스와 이미터에 흐르는 전류를 제한한다.

51. 보수 도장의 상도 도료에 대한 설명으로 가장 거리가 먼 것은?

① 모든 메탈릭 컬러는 투명작업을 필요로 한다.
② 펄 컬러인 경우도 투명작업이 필요하다.
③ 최근 펄 컬러의 경우는 2코트뿐만 아니라 3코트 도장시스템으로도 적용되고 있다.
④ 모든 솔리드 컬러는 투명을 도장하지 않는 싱글 스테이지로만 적용이 가능하다.

52. 50m 떨어진 거리에서 자동차 전조등의 조도를 측정하였더니 8Lux가 나왔다면 광도는?

① 12,500cd ② 15,000cd
③ 20,000cd ④ 22,000cd

53. 축전지의 자기 방전에 대한 설명으로 틀린 것은?

① 자기 방전량은 전해액 비중이 크고 고온 일수록 많다.
② 20℃ 표준온도에서 1일 자기 방전량은 0.5% 정도이다.
③ 자기 방전량은 시간이 경과할수록 적어지나 그 비율은 충전 후의 시간경과에 따라 점차 커진다.
④ 축전지를 사용하지 않는 경우 약 15일 정도마다 보충전할 필요가 있다.

54. 바디 패널의 라인부를 수정할 때 사용되는 공구는?

① 해머, 돌리 ② 돌리, 스푼
③ 해머, 판금 정 ④ 해머, 돌리, 스푼

55. 연마를 할 때 잘 사용하지 않는 안전 보호구는?

① 장갑 ② 보안경
③ 방독 마스크 ④ 방진 마스크

 정답 51. ④ 52. ③ 53. ③ 54. ③ 55. ③

56. 승용차의 바디 구조를 이루고 있는 패널의 주요 재료가 아닌 것은?

① 냉간압연 강판 ② 고장력 강판
③ 열간압연 강판 ④ 표면처리 강판

57. 스포트 용접의 전극 재질은 무엇을 많이 사용하는가?

① 텅스텐 ② 마그네슘
③ 구리합금, 순구리 ④ 알루미늄

58. 크레터링(하지끼, 왁스끼)이 생기는 원인이 아닌 것은?

① 도장면에 오일이나 실리콘이 오염되었을 경우
② 프라이머-서페이서의 도막이 두꺼울 경우
③ 오염된 도막 위에 도장을 할 경우
④ 에어 호스의 유분이 묻어나올 경우

59. 메탈릭 색상에서 어둡게 이색현상이 발생했다. 밝게 조정할 수 있는 방법과 거리가 가장 먼 것은?

① 동일 은분을 잘 혼합하여 소량 첨가하여 조색한다.
② 색감이 어둡게 나타날 때는 눌림(WET)도장으로 한다.
③ 동일 은분보다 작은 은분으로 조색한다.
④ 이색이 미세하고 측면이 어두우면 측면조정제로 조정한다.

60. 재료의 인장강도와 허용응력과의 비율을 무엇이라 하는가?

① 변형률 ② 반력
③ 안전율 ④ 전단력

정답 56. ③ 57. ③ 58. ② 59. ② 60. ③

제48회 자동차정비 기능장

(2010년도 7월 11일 시행)

01. MAP센서방식의 전자제어 연료분사장치 기관에서 분사밸브의 분사시간 It(ms)를 구하는 공식으로 맞는 것은?(단, 기본분사시간 Pt, 기본분사시간 수정계수 c, 분사밸브의 무효분사시간 Vt)

① It=Pt×c+Vt
② It=Pt+c+Vt
③ It=c×Vt+Pt
④ It=Pt×Vt+c

02. 1,000m의 비탈길을 왕복할 때 올라가는 데 2L, 내려가는 데 1.5L의 가솔린을 소비할 경우 평균연료소비율은?

① 약 0.35km/L
② 약 0.473km/L
③ 약 0.57km/L
④ 약 0.648km/L

03. 산화 질코니아 산소센서를 점검할 때 주의할 사항으로 틀린 것은?

① 엔진을 충분히 워밍업시키고 엔진회전수를 2,000~3,000rpm까지 상승시켜 배기관을 뜨겁게 한다.
② 디지털 회로시험기를 사용하여 출력값을 읽을 때는 전압으로 선택하여 출력단자에 접속한 후 엔진의 기동상태에서 측정한다.
③ 배기관이 뜨거워진 상태에서 측정하며, 엔진 회전수에 따라 출력값의 변화를 확인한다.
④ 엔진이 가동상태에서 출력전압은 항상 일정하게 출력되어야 정상이며, 값이 변동 시에는 센서를 교환한다.

04. 전자제어 가솔린분사장치에서 연료펌프에 대한 내용으로 틀린 것은?

① 시동 시에는 축전지 전원으로 구동되고, 시동 후에는 컨트롤 유닛(ECU)에 의해 제어된다.
② 일반적으로 베이퍼 록 방지 및 정비성 향상을 위해 연료탱크 외부에 설치한다.
③ 비교적 큰 전류가 흐르므로 컨트롤 릴레이 등에서 전원을 제어한다.
④ 엔진 회전신호가 검출되어야 정상적으로 작동한다.

 | 정답 1. ① 2. ③ 3. ④ 4. ②

05. 디젤기관의 연료 분사펌프 구조에서 거버너(조속기)의 역할은?

① 연료 분사량을 제어한다. ② 연료 분사시기를 제어한다.
③ 연료 압력을 일정하게 한다. ④ 연료 분사상태를 무화시킨다.

06. 냉각장치에서 수온조절기 내부에 왁스와 고무가 봉입되어 냉각수 온도에 따라 밸브 통로를 개폐하는 방식은?

① 펠릿형 ② 벨로즈형 ③ 바이메탈형 ④ 에테르형

07. 자동차용 윤활유에 물리적 또는 화학적 성질을 강화하여 윤활성을 향상시키기 위해 사용하는 첨가제가 갖추어야 할 조건으로 틀린 것은?

① 윤활유에 대한 첨가제의 용해가 충분할 것
② 휘발성이 낮을 것
③ 물에 대한 안정성이 우수할 것
④ 첨가제 상호 간 빠른 반응으로 침전될 것

08. 터보차저 기관의 특징으로 틀린 것은?

① 배기가스의 동력을 이용한다.
② 충진 효율의 증가로 연료소비율이 낮아진다.
③ 기관의 압축비를 높일 수 있어 유리하다.
④ 같은 배기량으로 높은 출력을 얻을 수 있다.

09. 전자제어 가솔린 기관에서 연료분배 파이프 내에서 일어나는 연료압력의 파동을 억제하고 소음을 저감시키는 장치는?

① 롤러 펌프 ② 맥동 댐퍼
③ 마그넷 모터 ④ 연료압력 조절기

10. 옥타가 85일 때 85란 의미는 무엇을 뜻하는가?

① 세탄의 체적 백분율
② α-메틸 나프탈렌 체적 백분율
③ 정 헵탄의 체적 백분율
④ 이소옥탄의 체적 백분율

정답 5. ① 6. ① 7. ④ 8. ③ 9. ② 10. ④

11. 실린더 연마가공 작업 시 호닝 가공이란?

① 실린더와 피스톤의 융착을 방지하기 위한 연마가공이다.
② 보링 작업 시 편차를 없애는 가공이다.
③ 보링작업에서 생긴 바이트 자국을 제거하는 연삭가공이다.
④ 실린더 테이퍼를 수정하는 가공이다.

12. 고속디젤기관에 가장 적합한 사이클은?

① 사바데 사이클　② 정압 사이클
③ 정적 사이클　④ 디젤 사이클

13. 기관의 제동연료 소비율이 400g/kWh, 기관의 제동마력이 70kW, 연료의 저위발열량이 46,200kJ/kg, 기관의 냉각손실이 30%일 때 냉각손실 열량은?

① 388,080kJ/h　② 488,080kJ/h
③ 588,080kJ/h　④ 688,280kJ/h

14. 피드백 믹서 방식의 LPG기관에서 긴급차단 솔레노이드 밸브의 역할은?

① 급가속 시 솔레노이드밸브를 열어 연료를 보충한다.
② 기온이 낮을 때 솔레노이드 밸브를 여는 역할을 한다.
③ 주행 중 엔지 정지 시 ECU에 의해 솔레노이드 밸브가 OFF되어 연료를 차단시킨다.
④ 주행 중 돌발사고로 엔진정지 시 ECU는 액·기상 솔레노이드 밸브를 연다.

15. 피스톤과 커넥팅 로드를 연결하는 피스톤 핀의 고정방법이 아닌 것은?

① 고정식　② 반 부동식
③ 3/4 부동식　④ 전 부동식

16. 연료 탱크로부터 발생한 증발가스를 저장했다가 운전 중 흡입 부압을 이용해 흡기 매니폴드에 보내는 것은?

① 캐니스터　② 에어 컨트롤 밸브
③ 인탱크 필터　④ 에어 바이패스 솔레노이드 밸브

정답 11. ③ 12. ① 13. ① 14. ③ 15. ③ 16. ①

17. 4사이클 V-6형 기관의 지름×행정이 78mm×78mm이고 회전수가 3,500rpm일 때 실제로 흡입된 공기량이 258,382cc이라면 체적 효율은?

① 70% ② 76% ③ 66% ④ 62%

18. 과급압력의 증가에 따라 연소압력이 상승하는 데 이것을 보완하는 방법은?

① 압축비를 증가시킨다.
② 급기의 밀도를 감소시킨다.
③ 급기를 냉각시킨다.
④ 냉각수 온도를 증가시킨다.

19. 과거의 자료를 수리적으로 분석하여 일정한 경향을 도출한 후 가까운 장래의 매출액, 생산량 등을 예측하는 방법을 무엇이라 하는가?

① 델파이법
② 전문가패널법
③ 시장조사법
④ 시계열분석법

20. 로트의 크기 30, 부적합품률이 10%인 로트에서 시료의 크기를 5로 하여 랜덤 샘플링할 때, 시료 중 부적합 품수가 1개 이상일 확률은 약 얼마인가?(단, 초기하분포를 이용하여 계산한다.)

① 0.3695
② 0.4335
③ 0.5665
④ 0.6305

21. 다음 중 브레인스토밍(Brainstorming)과 가장 관계가 깊은 것은?

① 파레토드
② 히스토그램
③ 회귀분석
④ 특성요인도

22. 작업개선을 위한 공정분석에 포함되지 않는 것은?

① 제품 공정분석
② 사무 공정분석
③ 직장 공정분석
④ 작업자 공정분석

23. 관리도에서 점이 관리한계 내에 있으나 중심선 한쪽에 연속해서 나타나는 점의 배열현상을 무엇이라 하는가?

① 연 ② 경향 ③ 산포 ④ 주기

정답 17. ③ 18. ③ 19. ④ 20. ② 21. ④ 22. ③ 23. ①

24. 로트의 크기가 시료의 크기에 비해 10배 이상 클 때 시료의 크기와 합격판정개수를 일정하게 하고 로트의 크기를 증가시키면 검사특성곡선의 모양 변화에 대한 설명으로 가장 적절한 것은?

① 무한대로 커진다.
② 거의 변화하지 않는다.
③ 검사특성곡선의 기울기가 완만해진다.
④ 검사특성곡선의 기울기 경사가 급해진다.

25. 전자제어 현가장치에서 자세 제어기능으로 틀린 것은?

① 안티 롤 제어 ② 안티 다이브 제어
③ 안티 스쿼트 제어 ④ 안티 트레이스 제어

26. 수동변속기의 록킹 볼(Locking Ball)이 마멸되면 어떤 현상이 일어나는가?

① 기어가 이중으로 물린다. ② 기어가 빠지기 쉽다.
③ 변속시에 소리가 난다. ④ 변속 레버의 유격이 크게 된다.

27. 제동 배력 장치 중에 파워 실린더의 내압은 항상 진공을 유지하고 작동시에 공기를 보내어 파워 피스톤을 미는 형식은?

① 브레이크 부스터(Brake Booster)
② 하이드로 마스터(Hydro Master)
③ 마스터 백(Master Vac)
④ 에어 마스터(Air Master)

28. 유성기어 장치에서 선 기어 잇수가 20, 유성기어 잇수가 10, 링 기어 잇수가 40일 때 선기어를 고정하고 캐리어를 100회전했을 때 링 기어는 몇 회전하는가?

① 150회전 증속 ② 150회전 감속
③ 130회전 증속 ④ 130회전 증속

29. 엔진의 회전 속도보다 추진축의 속도를 빠르게 하여 연비를 향상시키는 장치는?

① 댐퍼 클러치 장치 ② 자동 클러치 장치
③ 차동 제한장치 ④ 증속 구동장치

 정답 24. ② 25. ④ 26. ② 27. ② 28. ① 29. ④

30. 애커먼 장토식 조향원리에 대한 설명으로 틀린 것은?

① 조향방향과 조향각이 변화하여도 하중이 분포하는 면적은 거의 변화가 없다.

② 킹핀과 타이로드의 양단을 잇는 그 연장성이 후차축의 중심과 일치하여 한다.

③ 좌우 전륜의 회전축 연장선이 후차축의 연장선에서 만나서 차륜이 동일점을 중심으로 선회하여야 한다.

④ 외측륜의 조향각이 내측의 조향륜이 조향각보다 커야 한다.

31. 엔진룸의 유효면적을 넓게 확보할 수 있으며 부품수가 적고 정비성이 좋아서 앞 차측에 가장 많이 사용되는 독립현가 방식은?

① 위시본형　　② 트레일 링크형
③ 맥퍼슨형　　④ 스윙 차축형

32. 자동차의 최소 회전 반경은 바깥쪽 앞바퀴 자국의 중심선을 따라 측정했을 때에 몇 미터를 초과해서는 안 되는가?

① 15m　　② 11m
③ 12m　　④ 13m

33. 자동차의 타이어에서 발생하는 힘에 대한 성분으로 항력(Drag)에 대해 설명한 것은?

① 타이어 진행 방향에 대한 직각 방향의 성분

② 타이어 진행 방향과 같은 방향의 성분

③ 타이어 진행 방향에 대한 직각 방향의 역성분

④ 타이어 진행 방향과 같은 방향의 역성분

34. ABS 장치에 포함된 것으로 초기 제동 시 전륜보다 후륜이 먼저 록킹(Locking)되는 것을 방지하기 위해 후륜의 유압을 알맞게 제어하는 것은?

① 셀렉트 로(Select Low) 제어

② BAS(Brake Assist System) 제어

③ EBD(Electormic Brake-force Distribution)제어

④ 트랙션(Traction)제어

정답 30. ④ 31. ③ 32. ③ 33. ④ 34. ③

35. 자동변속기에서 변속진행 중 토크와 회전속도의 변화를 매끄럽게 하기 위한 변속품질 제어가 아닌 것은?

① 록 업 클러치 제어 ② 라인압력 제어
③ 변속 중 점화시기 제어 ④ 피드백 학습 제어

36. 전자제어 제동장치(ABS)의 구성품이 아닌 것은?

① 하이드롤릭 유닛 ② 어큐뮬레이터
③ 휠 스피드 센서 ④ 차고센서

37. 레이디얼 타이어 호칭에서 195/60 R14에서 60은 무엇을 표시하는가?

① 타이어 폭 ② 속도
③ 하중 지수 ④ 편평비

38. 유압식 브레이크 장치에서 제동시 제동 이음이 발생하는 원인으로 거리가 먼 것은?

① 브레이크 드럼에 먼지 및 이물질 과다 유입
② 브레이크 라이닝 표면의 경화
③ 브레이크 라이닝 과다한 마모
④ 브레이크 라이닝 오일 유입

39. 동력 조향장치에서 핸들이 무거운 원인으로 맞는 것은?

① 호스나 유압라인에 공기가 유입되었다.
② 오일의 온도가 약간 상승하였다.
③ 타이어의 공기압이 높다.
④ V벨트의 유격이 없다.

40. 클러치 페달 레버에서 작용점의 힘이 120kgf일 때 페달의 답력은?(단, 작용점에서 페달까지와 작용점에서 고정점까지의 비는 5 : 2이다.)

① 약 17.2kgf ② 약 24.3kgf
③ 약 34.3kgf ④ 약 86.2kgf

 정답 35. ① 36. ④ 37. ④ 38. ④ 39. ① 40. ③

41. 브레이크 라이닝 및 브레이크 액이 구비해야 할 조건으로 틀린 것은?

① 라이닝은 내열성, 내구성을 갖추어야 한다.
② 라이닝은 고속 슬립상태에서도 마찰 계수가 일정해야 한다.
③ 브레이크 액은 압축성이 있어야 한다.
④ 브레이크 액은 빙점이 낮아야 한다.

42. 바퀴의 지름이 80cm이고 변속비가 3 : 1, 종 감속비가 5 : 1인 자동차의 기관 회전속도가 1,500rpm 일 때 차량의 속도는?

① 약 10km/h
② 약 15km/h
③ 약 20km/h
④ 약 25km/h

43. 차량이 선회할 때 코너링 포스(Cornering Force)에 직접 영향을 주는 요소와 거리가 먼 것은?

① 바퀴의 수직 하중
② 바퀴의 동적 평형
③ 림(Rim)의 폭
④ 바퀴의 공기 압력

44. 자동차용 축전지가 완전 충전되어 있는 상태의 전해액은?

① H_2SO_4
② H_2O
③ $PbSO_4$
④ PbO_2

45. 12V의 축전지에 24W의 전구 2개를 그림과 같이 접속하였을 때 Ⓐ에 흐르는 전류는?

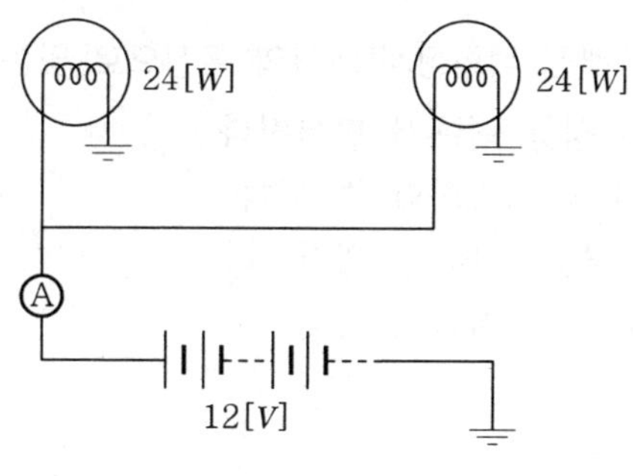

① 2A
② 3A
③ 4A
④ 6A

46. 그림의 회로에서 퓨즈의 용량으로 가장 적합한 것은?

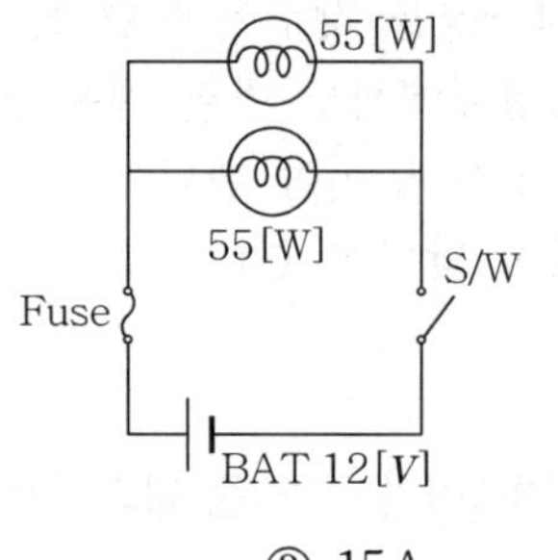

① 5A　② 10A　③ 15A　④ 30A

47. 자동차용 직류 분권식 전동기의 특징으로 틀린 것은?

① 전기자 코일과 계자코일이 병렬로 연결된 방식이다.
② 전기자 코일과 계자코일에 공급되는 전압이 일정하다.
③ 전동기의 회전 속도 변동이 작다.
④ 기관을 크랭킹하는 기동 전동기에 적합하다.

48. 냉방장치에서 자동차 실내의 냉방 효과는 어떤 경우에 나타나는가?

① 증발기에 흡입 열량이 있을 때
② 응축기에서 방출 열량이 있을 때
③ 공급에너지에 열량의 비가 발생될 때
④ 압축기에서 공급되는 에너지가 있을 때

49. 점화장치에서 전자 배전 점화장치(DLI)의 특징으로 맞는 것은?

① 배전기식보다는 성능 면에서 떨어진다.
② 2차 전압의 손실을 최소화할 수 있다.
③ 점화 코일의 수량을 줄일 수 있다.
④ 고속형 기관에서 불리하다.

50. 자동차에 사용되는 반도체센서 중 압력을 검출하는 센서가 아닌 것은?

① 대기압 센서　② 과급압력 센서
③ 맵 센서　④ 핫필름 센서

 정답 46. ③ 47. ④ 48. ① 49. ② 50. ④

51. 자동차용 교류 발전기에서 스테이터 코일의 Y결선에 대한 내용으로 틀린 것은?

① 각 코일의 한 끝은 공통점으로 접속하고 다른 쪽 끝을 각각 결선한 것이다.
② 선간 전압은 각 상전압의 $\sqrt{3}$ 배가 된다.
③ 전류를 이용하기 위한 결선방법이다.
④ 저속에서 발생 전압이 높다.

52. 자동차용 계기장치에서 작동원리가 유사하게 짝지어진 것은?

[보기]

(1) 기관 회전계	(2) 유압계	(3) 충전경고등
(4) 연료계	(5) 수온계	(6) 차량 속도계

① (3) – (5)
② (1) – (2) – (4)
③ (1) – (6)
④ (2) – (4) – (6)

53. 서로 다른 두 가지 색이 특정 광원 아래에서는 같은 색으로 보이는 현상 즉, 물리적으로는 다른 색이 시각적으로 동일한 색으로 보이는 현상을 무엇이라 하는가?

① 조건 등색 현상
② 보색 잔상 현상
③ 겔화 현상
④ 색 얼룩 현상

54. 자동차용 합성수지의 특징이 아닌 것은?

① 고온에서 열 변형이 없다.
② 내식성, 방습성이 우수하다.
③ 비중이 0.9~1.3 정도로 가볍다.
④ 복잡한 형상의 성형이 우수하다.

55. 특수 안료에 속하지 않는 것은?

① 아산화동
② 산화수은
③ 산화안티몬
④ 크레이

56. 승용차에서 센터 필러(Center Pillar)가 없는 보디 구조를 지닌 것은?

① 세단(4인승)
② 쿠페
③ 리무진
④ 스테이션 왜건

정답 51. ③ 52. ③ 53. ① 54. ① 55. ④ 56. ②

57. 용접으로 결합된 손상 패널을 떼어내는 시기로 맞는 것은?

① 엔진, 새시와 함께 제거
② 손상 차체 교정 전에 제거
③ 손상 패널을 우선 제거
④ 보디 주요부의 치수를 맞춘 후에 제거

58. 다음 중 도장할 때 주름이 생기는 가장 큰 원인은?

① 너무나 느리게 도장하기 때문에
② 너무나 빨리 도장하기 때문에
③ 너무나 두껍게 도장하기 때문에
④ 너무나 엷게 도장하기 때문에

59. 열간 가공의 특징이 아닌 것은?

① 큰 변형을 줄 수 있다.
② 재질이 고르다.
③ 처음 단계의 소성 변형에 적합하다.
④ 동력의 소요가 적다.

60. 퍼티(Putty)작업의 목적으로 옳은 것은?

① 광택을 증가시키기 위해
② 접착력을 강화시키기 위해
③ 부착력을 향상시키기 위해
④ 평활성을 유지시키지 위해

정답 57. ④ 58. ③ 59. ② 60. ④

제49회 자동차정비 기능장

(2011년도 4월 17일 시행)

Actual Test

01. 엔진 냉각수가 비등점이 낮아져 냉각수에 기포가 발생되어 물 펌프의 임펠러 및 펌프 몸체를 손상시킬 수 있는 현상을 무엇이라 하는가?

① 캐비테이션(Cavitation) ② 퍼컬레이션(Percolation)
③ 베이퍼록(Vapor Lock) ④ 헤지테이션(Hesitation)

02. 직접분사식(GDI)을 간접분사식과 비교했을 때 단점은?

① 연료분사 압력이 상대적으로 낮다.
② 희박혼합기 모드에서는 NO_x의 발생이 현저하게 증가한다.
③ 분사밸브의 작동전압이 너무 낮다.
④ 내부 냉각효과가 너무 낮다.

03. 실린더 건식 라이너를 사용할 때의 특징으로 가장 거리가 먼 것은?

① 실린더 블록의 강성이 저하된다.
② 일체형의 실린더가 마모된 경우에 사용된다.
③ 가솔린 엔진에 많이 사용한다.
④ 실린더 블록의 구조가 복잡하다.

04. 고속 디젤 엔진의 기본 사이클은?

① 정적 사이클 ② 정압 사이클
③ 등온 사이클 ④ 복합 사이클

05. 전자제어 연료 분사식의 엔진에 사용되는 센서 중 서미스터(Thermistor) 소자를 이용한 센서는?

① 냉각수온센서, 산소센서
② 흡기온도센서, 대기압센서
③ 대기압센서, 스로틀포지션센서
④ 냉각수온센서, 흡기온도센서

정답 1. ① 2. ② 3. ① 4. ④ 5. ④

06. 연소에 있어서 공연비란 무엇을 의미하는가?

① 배기 중에 포함되는 산소량 ② 흡입공기량과 연료량의 중량비
③ 배기공기체적과 연료량의 비 ④ 흡입공기량과 연료체적의 비

07. 4행정 사이클 가솔린 엔진에서 제동마력이 53PS, 실린더 수는 2개, 회전수가 3,600rpm일 때 평균유효압력을 9kg/cm²이라고 하면 실린더 내경은?(단, 피스톤행정 : 실린더내경=1.03 : 1이다.)

① 약 $8.12cm^2$ ② 약 $8.74cm^2$
③ 약 $9.00cm^2$ ④ 약 $9.70cm^2$

08. 가솔린 기관의 연료 분사 장치에서 흡기관의 절대압력과 기관의 회전수로부터 흡입공기량을 간접적으로 계량하는 방식은?

① MAP센서 ② 핫 와이어식
③ 핫 필름식 ④ 메저링 플레이트식

09. 전자제어 가솔린 기관에서 속도-밀도 방식의 공기유량센서가 직접 계측하는 것은?

① 흡기관의 압력 ② 흡기관의 유속
③ 흡입공기의 질량유량 ④ 흡입공기의 체적유량

10. 열효율이 32%, 출력이 70PS, 사용연료의 저위발열량이 10,500kcal/kg인 기관의 1시간 동안 연료 소비량은?

① 약 1.32kg/h ② 약 4.21kg/h
③ 약 13.2kg/h ④ 약 42.1kg/h

11. 피스톤과 실린더의 간극을 측정할 때 피스톤의 어느 부분에서 측정하여 피스톤과 실린더의 간극을 측정하는가?

① 피스톤 헤드부 ② 피스톤 보스부
③ 피스톤링 홈부 ④ 피스톤 스커트부

 정답 6. ② 7. ④ 8. ① 9. ① 10. ③ 11. ④

12. 압축비가 9 : 1인 오토사이클 기관의 열효율은?

① 약 35%　　② 약 45%　　③ 약 58%　　④ 약 66%

13. 디젤기관의 분사장치에서 고압의 연료가 노즐에서 분사될 때 3대 구비요건 중 거리가 먼 것은?

① 관통력　　② 희석도　　③ 미립화　　④ 분포

14. 대체 연료 중의 하나인 메탄올의 특징을 가솔린 연료와 비교하여 나타낸 것 중 틀린 것은?

① 일반적인 CO, HC가 감소된다.
② 습성이 커서 층 분리 현상이 나타난다.
③ 이론 공연비가 커서 유리하다.
④ 연료 계통이 부식, 용해 등의 문제가 있다.

15. 디젤 배기가스 전처리장치 적용방식에 속하지 않는 것은?

① 과급기제어　　② PM포집제어
③ 가변 및 다밸브제어　　④ 커먼레일 분사제어

16. 윤활유 첨가제로 사용되는 것을 보기에서 모두 고른 것은?

[보기]
a. 점도지수 향상제　　b. 유동성 강하제
c. 탄화 방지제　　d. 산화 향상제
e. 기포 방지제　　f. 유성 향상제

① a−b−c−e−f　　② a−b−c−d−f
③ a−b−e−f　　④ a−b−c−d−e−f

17. 기관에서 배기장치의 기능으로 틀린 것은?

① 배기가스의 강한 충격음을 완화시킨다.
② 배기가스가 유출되는 데 큰 저항을 주지 않도록 한다.
③ 배기가스가 차실 내로 유입되지 않게 한다.
④ 소음기가 설치되어 배기가스의 유해물질을 저감시킨다.

정답 12. ③ 13. ② 14. ③ 15. ② 16. ① 17. ④

18. LPG(액화석유가스)의 특성이 아닌 것은?

① 순수한 LPG는 무색, 무취, 무미이다.
② 액체 LPG는 물보다 가벼우나 기체 LPG는 공기보다 무겁다.
③ 액체 LPG는 기화할 때 약 250배 팽창한다.
④ 가솔린의 옥탄가가 LPG의 옥탄가보다 높다.

19. 품질코스트(Quality Cost)를 예방코스트, 실패코스트, 평가코스트로 분류할 때, 다음 중 실패코스트(Failure Cost)에 속하지 않는 것은?

① 시험 코스트　② 불량대책 코스트
③ 재가공 코스트　④ 설계변경 코스트

20. 로트 크기 1,000, 부적합품질이 15%인 로트에서 5개의 랜덤 시료 중에서 발견된 부적합품수가 1개일 확률을 이항분포로 계산하면 약 얼마인가?

① 0.1648　② 0.3915　③ 0.6085　④ 0.8352

21. 다음 검사의 종류 중 검사공정에 의한 분류에 해당되지 않는 것은?

① 수입검사　② 출하검사　③ 출장검사　④ 공정검사

22. 다음 중 계량값 관리도에 해당되는 것은?

① C관리도　② nP관리도　③ R관리도　④ u관리도

23. 그림과 같은 계획공정도(Network)에서 주공정은?(단, 화살표 아래의 숫자는 활동시간을 나타낸 것이다.)

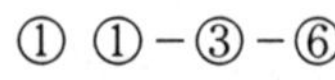
① ①-③-⑥
② ①-②-⑤-⑥
③ ①-②-④-⑤-⑥
④ ①-③-④-⑤-⑥

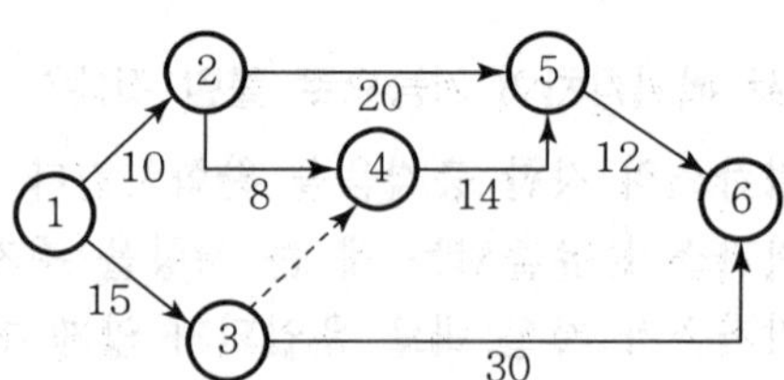

 | 정답 18. ④ 19. ① 20. ② 21. ③ 22. ③ 23. ①

24. Ralph M. Barnes 교수가 제시한 동작경제의 원칙 중 작업장 배치에 관한 원칙(Arrangement of the workplace)에 해당되지 않는 것은?

① 가급적이면 낙하식 운반방법을 이용한다.
② 모든 공구나 재료는 지정된 위치에 있도록 한다.
③ 충분한 조명을 하여 작업자가 잘 볼 수 있도록 한다.
④ 가급적 용이하고 자연스런 리듬을 타고 일할 수 있도록 작업을 구성하여야 한다.

25. 주행 중 기관을 급가속하였을 때 기관의 회전은 상승하나 차량의 속도가 증가하지 않으면 그 원인으로 적합한 것은?

① 릴리스 포크가 마멸되었다.
② 파일럿 베어링이 마모되었다.
③ 클러치 스프링의 장력이 감소되었다.
④ 클러치 페달의 유격이 규정보다 크다.

26. 사이드슬립 시험결과 왼쪽 바퀴가 바깥쪽으로 4mm, 오른쪽 바퀴는 안쪽으로 6mm 움직일 때 전체 미끄럼 양은?

① 안쪽으로 1mm　② 안쪽으로 2mm
③ 바깥쪽으로 1mm　④ 바깥쪽으로 2mm

27. 전자제어 자동변속기에서 컴퓨터 제어장치(TCU)에 입력되는 각 부품신호와 거리가 먼 것은?

① 펄스 제너레이터 신호　② 시프트 솔레노이드 신호
③ 스로틀 포지션센서 신호　④ 유온센서 신호

28. 주행속도 90km/h의 자동차에 브레이크를 작용시켰을 때 정지거리는?(단, 마찰계수는 0.2)

① 45m　② 90m　③ 159m　④ 180m

29. 유량 제어식 전자제어 동력 조향장치의 파워 실린더 작동압을 제어하는 방법으로 알맞은 것은?

① 솔레노이드 밸브가 열리면 고압측 오일이 드레인에 연결되어 있는 저압측과 통해 작동압이 저하하여 배력작용이 감소
② 솔레노이드 밸브가 열리면 저압측 오일이 드레인에 연결되어 있는 고압측과 통해 작동압이 증가하여 배력작용이 증가

정답 24. ④ 25. ③ 26. ① 27. ② 28. ③ 29. ①

③ 솔레노이드 밸브가 닫히면 고압측 오일이 드레인에 연결되어 있는 저압측과 통해 작동압이 저하하여 배력작용이 감소
④ 솔레노이드 밸브가 닫히면 저압측 오일이 드레인에 연결되어 있는 고압측과 통해 작동압이 증가하여 배력작용이 증가

30. 오버드라이브(Over Drive) 장치의 목적과 관계없는 것은?

① 연료 소비율의 향상
② 출력 회전수 증가로 전달효율 향상
③ 엔진의 소음 감소
④ 엔진의 회전력 증가

31. 차량 충돌시 충격을 흡수하기 위한 범퍼의 구성품이 아닌 것은?

① 범퍼 가드
② 플라스틱 범퍼
③ 범퍼 빔
④ 범퍼 페시아

32. 브레이크 장치에서 자동차의 하중에 따라 뒤 브레이크의 유압을 조정하는 밸브는?

① 로드 센싱 밸브
② 릴레이 밸브
③ 첵 밸브
④ 리듀싱 밸브

33. 조향 기어비를 작게 하면 어떻게 되는가?

① 조향 핸들의 조작이 민감하게 된다.
② 조향 조작이 가볍게 된다.
③ 비가역성의 경향이 크게 된다.
④ 바퀴가 받는 충격이 핸드에 전달되지 않는다.

34. ABS에서 시동을 껐다가 다시 켤 때 ABS 경고등이 계속 점등되는 겨우 예상 원인으로 틀린 것은?

① ECU 내부 고장
② 솔레노이드 불량
③ 하이드롤릭 펌프 전원 불량
④ 휠 실린더 리턴 불량

 정답 30. ④ 31. ① 32. ① 33. ① 34. ④

35. 공기식 브레이크가 풀리지 않거나 브레이크가 끌리는 원인은?

① 체크 밸브가 열려 있다.
② 다이아프램이 파손되었다.
③ 휠 실린더의 리턴이 불량하다.
④ 릴레이 밸브 피스톤의 복귀가 불량하다.

36. 타이어 손상에 관한 용어에서 트레드 패턴(Tread Pattern)을 형성하는 고무가 떨어져 나가는 현상은?

① 오픈 스플라이스(Open Splice)
② 청킹(Chunking)
③ 크랙(Crack)
④ 비드 버스트(Bead Burst)

37. 진공식 분리형 제동 배력장치에서 브레이크 페달 작동과 관련된 설명 중 틀린 것은?

① 브레이크 페달을 밟지 않을 경우에는 배력장치가 작동하지 않고 있는 상태에서 릴레이 밸브는 진공밸브가 열리고 에어 밸브는 닫혀 있다.
② 브레이크 페달을 밟을 경우에는 마스터 실린더에서 보내오는 유압은 하이드롤릭 피스톤의 체크밸브를 지나서 휠 실린더로 전달되어 브레이크를 작동시킨다.
③ 브레이크 페달을 놓았을 경우에는 밸브 피스톤에 걸리는 유압이 내려가서 릴레이밸브 피스톤 및 다이어프램은 리턴스프링에 의해 에어 밸브가 닫힌다.
④ 브레이크 페달을 놓았을 경우에는 밸브 피스톤에 걸리는 유압이 올라가서 릴레이밸브 피스톤 및 다이어프램은 리턴스프링에 의해 에어 밸브가 닫힌다.

38. 수동 변속기의 종류 중 동기 물림식(Synchro Mesh Type)의 장점에 대한 설명으로 틀린 것은?

① 변속시 소음이 적고 변속이 용이하다.
② 각단 기어의 동기화가 쉽게 이루어질 수 있다.
③ 변속하기 위해 특별히 가속 페달을 밟거나 더블 클러치를 조작할 필요가 없다.
④ 클러치 조작 없이 변속하여도 변속이 된다.

39. 암소음이 80db인 장소에서 자동차 배기소음이 85db이었을 때 배기소음의 최종 측정값은?

① 80db
② 82db
③ 83db
④ 85db

정답 35. ④ 36. ② 37. ④ 38. ④ 39. ③

40. 전자제어 현가장치의 입력되는 센서와 거리가 먼 것은?

① 조향각 센서 ② 펄스 제너레이터 센서
③ G센서 ④ 차속 센서

41. 현가장치의 특성에 대한 설명으로 옳은 것은?

① 스프링 아래 질량이 커야 요철 노면 주행에 유리하다.
② 스프링상수는 작용력과 스프링 변화량의 비율로 나타낸다.
③ 지동차가 무겁고 스프링이 약하면 주파수는 많고 진폭이 작다.
④ 토션바 스프링의 길이를 길게 하면 비틀림 각이 작으므로 스프링 작용은 크다.

42. 자동변속기 오일을 점검하였더니 흑갈색이라면 고장사항으로 가장 적합한 설명은?

① 클러치판이 마찰에 의해 마모되었다.
② 냉각수가 유입되었다.
③ 엔진 윤활유가 함유 되었다.
④ 유량이 부족한 상태이다.

43. 구동력 조절장치(Traction Control System)의 구성품 중 가속 페달의 조작상태를 검출하는 센서는?

① 스로틀 포지션 센서 ② 조향 휠 각도 센서
③ 요레이트 센서 ④ 횡 방향 G센서

44. 레인센서 방식의 와이퍼 제어 시스템에서 앞 유리의 빗물 양을 감지하기 위한 반도체 소자는?

① 정전압다이오드, 포토다이오드 ② 정전류다이오드, 발광다이오드
③ 발광다이오드, 포토다이오드 ④ 포토다이오드, 정류다이오드

45. 자동차 도난방지장치에서 도난 경계 모드에 진입하는 경우가 아닌 것은?

① 엔진후드 스위치가 닫혀 있을 것
② 트렁크 스위치가 모두 닫혀 있을 것
③ 각 도어 스위치가 모두 닫혀 있을 것
④ 각 윈도 모터의 스위치가 모두 닫혀 있을 것

 정답 40. ② 41. ② 42. ① 43. ① 44. ③ 45. ④

46. 자동차의 냉방장치에 관한 내용으로 틀린 것은?

① 고압 액상 냉매는 팽창 밸브 통과 후 저압의 안개 상태의 냉매로 변화한다.
② 증발기는 파이프 내에서 냉매를 액화하고 이때 주위의 외기에 열을 방출한다.
③ 고온·고압가스의 냉매는 콘덴서를 통과하면서 액화되어진다.
④ 리시버 드라이어에는 흡습제와 필터가 봉입되어 있다.

47. 전기회로의 배선방법에 대한 설명 중 틀린 것은?

① 단선식은 부하의 한끝을 차체에 접지하는 방식이다.
② 큰 전류가 흐르면 전압강하가 발생되므로 단선식을 사용한다.
③ 복선식은 접지 쪽에도 전선을 사용하는 방식이다.
④ 전조등과 같이 큰 전류가 흐르는 회로에 복선식을 사용한다.

48. 링기어 잇수 150, 피니언 잇수 15일 때 총 배기량은 1,600cc이고, 기관의 회전저항이 8kg·m이라면 시동모터에 필요로 하는 회전력은 몇 kgf·m인가?

① 0.95　② 0.80　③ 0.75　④ 0.60

49. 자동차용 MF배터리(납산) 특징에 대한 설명으로 적합하지 않은 것은?

① 충전상태 점검창이 녹색이면 충전이 필요한 상태, 백색이면 방전상태, 적색이면 완전 충전상태를 나타낸다.
② 극판의 재질로 납과 저 안티몬 합금 또는 납과 칼슘합금을 사용함으로써 국부전지를 형성하지 않아 정비가 불필요하다.
③ 증류수를 보충할 필요가 없고 자기방전이 적기 때문에 장기간 보관할 수 있다.
④ 화학반응 시 생긴 수소 및 산소가스를 물로 환원하여 다시 보충되며 벤트 플러그는 밀봉 촉매 마개를 사용한다.

50. 납산축전지 자기 방전량에 대한 설명으로 틀린 것은?

① 1일 자기 방전량은 실제 용량의 0.3~1.5% 정도이다.
② 자기 방전량은 전해액의 온도가 높을수록 비중이 낮을수록 크게 된다.
③ 자기 방전량은 날이 갈수록 많아지나 그 비율은 충전 후의 시간 경과에 따라 줄어든다.
④ 충전된 축전지라도 방치해 두면 조금씩 자연 방전되어 용량이 감소한다.

정답 46. ② 47. ② 48. ② 49. ① 50. ②

51. 발전기에서 발생하는 기전력의 결정요소로 틀린 것은?

① 로터 코일이 빠른 속도로 회전하면 많은 기전력을 얻을 수 있다.
② 로터 코일을 통해 흐르는 전류(여자 전류)가 큰 경우 기전력은 크다.
③ 자극의 수가 많을 경우 자력은 크다.
④ 도선(코일)의 길이가 짧은 경우 자력이 크다.

52. 1차 코일에 발생된 자기유도 전압이 150V, 1차 코일의 권수는 150회, 2차 코일의 권수는 20,000회이면 2차 코일에 유기되는 전압은?

① 10,000V ② 15,000V
③ 20,000V ④ 25,000V

53. 전기저항 용접에 해당되는 것은?

① 심 용접 ② 플라즈마 용접
③ 피복아크 용접 ④ 탄산가스아크 용접

54. 판금용 해머, 돌리, 스푼에 대한 설명으로 틀린 것은?

① 해머는 가볍게 잡고 패널 면과 경사지게 때린다.
② 돌리는 패널 모양에 맞추어 꼭 맞는 것을 사용한다.
③ 판금용 해머는 패널수정 이외의 용도로 사용해서는 안 된다.
④ 스푼은 좁은 틈 사이로 집어넣어 패널을 밀어내는 역할을 한다.

55. 퍼티 작업 시 주로 곡선이나 둥근 면을 바를 때 가장 적합한 주걱은?

① 나무 주걱 ② 대나무 주걱
③ 고무 주걱 ④ 쇠주 걱

56. 트렁크 리드의 구성 요소가 아닌 것은?

① 트렁크 리드 힌지 ② 토션 바
③ 트렁크 리드 로크 ④ 패키지 트레이

 정답 51. ④ 52. ③ 53. ① 54. ① 55. ③ 56. ④

57. 조색작업 시 주의사항이 아닌 것은?

① 조색용 원색의 수를 최소화하여 선명한 색상을 만든다.
② 조색작업 시 많이 소요되는 색과 밝은 색부터 혼합한다.
③ 계통이 다른 도료와의 혼용을 한다.
④ 필요 양의 약 7할 정도 만든다.

58. 도장 결함 중 핀홀(Pin Hoie) 발생의 원인으로 틀린 것은?

① 용제의 정발이 빠르다.
② 세팅타임이 너무 길다.
③ 너무 두껍게 도장되었다.
④ 하도의 건조가 불량하다.

59. 프레임 파손이나 변형의 원인이라고 볼 수 없는 것은?

① 추돌
② 굴러떨어진 사고
③ 극단적인 굽음 모멘트 발생
④ 장기간의 하중

60. 도료를 구성하는 4가지 요소가 아닌 것은?

① 수지
② 광택
③ 안료
④ 용제

정답 57. ③ 58. ② 59. ④ 60. ②

제50회 자동차정비 기능장

(2011년도 7월 31일 시행)

Actual Test

01. 2행정 기관에 비해 4행정 가솔린 기관의 장점이 아닌 것은?

① 연료소비율이 낮다.
② 회전력의 변동이 적다
③ 체적효율이 높다.
④ 기관의 열부하가 적다.

02. 디젤기관의 기계식 연료분사펌프에서 딜리버리 밸브의 작용이 아닌 것은?

① 배럴 안의 연료 압력이 규정 값에 달하면 연료를 분사파이프로 압송한다.
② 분사파이프에서 펌프로 연료가 역류하는 것을 방지한다.
③ 분사노즐의 분사단절을 좋게 하여 후적 현상을 방지한다.
④ 분사압력이 낮으면 딜리버리 밸브의 홀더의 스프링으로 조절한다.

03. 가솔린 기관에서 조기점화에 영향을 주는 요소가 아닌 것은?

① 세탄가　② 옥탄가　③ 공연비　④ 기관회전수

04. 유해배기가스의 저감대책방안이 아닌 것은?

① 압축비의 적정화
② 밸브 오버랩의 적정화
③ 배기가스 속도의 적정화
④ 연소실 및 행정체적의 적정화

05. 점화장치에서 파워 TR 베이스 신호구간 설명과 거리가 먼 것은?

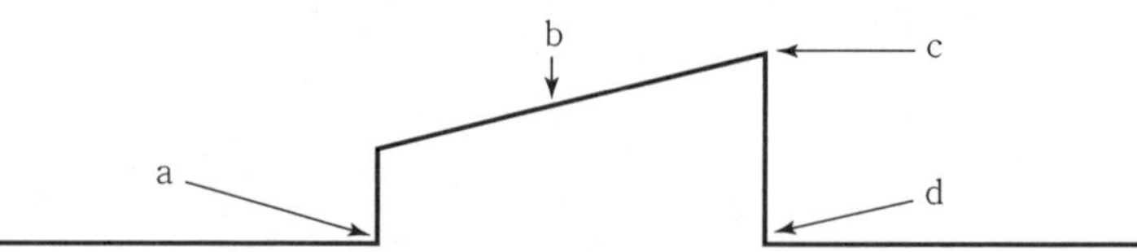

① a : 점화 1차 코일에 전류가 흐르기 시작한다.
② b : 점화 1차 코일에 전류가 흐르는 기간이다.
③ c : 점화 2차에 역기전력이 발생된다.
④ d : 점화 2차 전압이 소멸된다.

정답 1. ② 2. ④ 3. ① 4. ③ 5. ④

06. 타이밍벨트의 장력이 규정치보다 헐거울 경우 기관에 미치는 영향으로 맞는 것은?

① 기관의 오일이 오염된다.
② 발전기의 출력이 저하된다.
③ 배터리가 과충전된다.
④ 흡·배기 밸브의 개폐시기가 변하여 기관출력이 감소한다.

07. 캠축에서 기초원과 노즈(Nose) 사이의 거리는?

① 프랭크 ② 로브
③ 양정 ④ 클리어런스

08. LPG 기관에서 베이퍼라이저의 기능이 아닌 것은?

① 감압작용 ② 기화작용
③ 압력조절작용 ④ 액화작용

09. 기관의 회전수가 3,000rpm, 회전력(토크)이 15kg·m 기계효율이 60%일 때 제동마력은?

① 25.1PS ② 26.8PS
③ 37.7PS ④ 62.8PS

10. 그림과 같이 자석식 크랭크앵글센서 파형에서 화살표 [A]가 표시된 부분의 전압이 낮아질 경우 고장원인으로 옳은 것은?

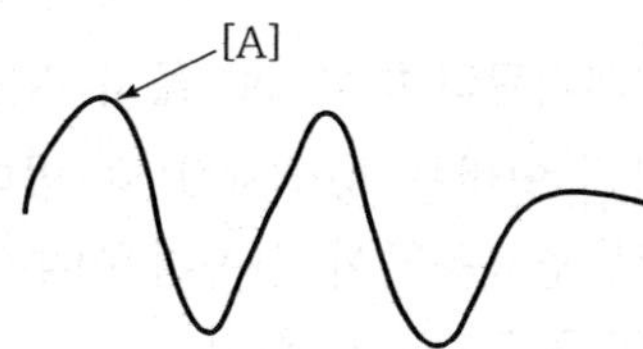

① 센서 입력 전원이 높은 경우
② 센서 간극이 클 때
③ 센서 입력 전원이 낮은 경우
④ 센서 간극이 작을 때

11. 흡기다기관 내의 절대압력 변화에 따라 실린더로 흡입되는 공기량을 간접적으로 검출하는 것은?

① MAP 센서식　② 공기량 조정식
③ 멀티 포인트식　④ 매니폴드 제어식

12. 자동차에 사용되는 LPG 연료의 특징이 아닌 것은?

① 연소범위가 좁아 다른 가스에 비해 안전하다.
② 발열량이 가솔린과 유사하다.
③ 옥탄가가 가솔린보다 높다.
④ 공기와 혼합이 잘되고 노킹이 적다.

13. 로터리 기관에서 흡입, 압축, 폭발, 배기의 각 기간은 출력축 회전각도로 몇 도(°)마다 일어나는가?

① 360　② 270　③ 180　④ 90

14. 자동차용 센서 중에 지르코니아를 소재로 하는 O_2센서의 설명으로 틀린 것은?

① 백금 전극을 보호하기 위해 전극 외측에 세라믹을 도포한다.
② 센서 내측에는 배출가스를, 외측에는 대기를 도입한다.
③ 지르코니아 소자는 내외면의 산소농도차가 크면 기전력을 발생한다.
④ 산소농도 차이가 클수록 기전력의 발생도 커진다.

15. 전자제어 가솔린 연료분사기관의 특성으로 옳지 않은 것은?

① 기화기식 기관에 비해 연비를 향상시킬 수 있다.
② 급격한 부하변동으로 연료공급이 신속히 이루어진다.
③ 압축압력이 상승하여 토크가 증가한다.
④ 연소가스 중에 유해 배기가스가 감소한다.

16. 자동차용 윤활유의 첨가제로 옳지 않은 것은?

① 유성 향상제　② 청정 분산제
③ 점도 강하제　④ 산화 방지제

 정답 11. ① 12. ② 13. ② 14. ② 15. ③ 16. ③

17. 이론공연비로 피드백되는 전자제어 가솔린 기관에서 연료 0.5kg을 연소시키는 데 몇 kg의 공기가 필요한가?

① 약 29.4　② 약 22.1　③ 약 14.7　④ 약 7.35

18. 4행정 사이클 6실린더 기관의 실린더 안지름이 200mm, 실린더 벽 두께가 1.2mm, 실린더 벽의 허용응력이 2,100kgf/cm^{2}일 때 이 기관의 최대 허용 폭발압력은?

① 15.1kgf/cm^2　② 18.3kgf/cm^2

③ 21.2kgf/cm^2　④ 25.2kgf/cm^2

19. 정상소요시간이 5일이고, 이때의 비용이 20,000원이며, 특급소요시간이 3일이고, 이때의 비용이 30,000원이라면 비용구배는 얼마인가?

① 4,000원/일　② 5,000원/일　③ 7,000원/일　④ 10,000원/일

20. 관리도에서 측정한 값을 차례로 타점했을 때 점이 순차적으로 상승하거나 하강하는 것을 무엇이라 하는가?

① 연(Run)　② 주기(Cycle)

③ 경향(Trend)　④ 산포(Dispersion)

21. 도수분포표를 작성하는 목적으로 볼 수 없는 것은?

① 로트의 분포를 알고 싶을 때
② 로트의 평균치와 표준편차를 알고 싶을 때
③ 규격과 비교하여 부적합품률을 알고 싶을 때
④ 주용 품질항목 중 개선의 우선순위를 알고 싶을 때

22. 컨베이어 작업과 같이 단조로운 작업은 작업자에게 무력감과 구속감을 주고, 생산량에 대한 책임감을 저하시키는 등 폐단이 있다. 다음 중 이러한 단조로운 작업의 결함을 제거하기 위해 채택되는 직무설계방법으로서 가장 거리가 먼 것은?

① 자율경영팀 활동을 권장한다.
② 하나의 연속 작업시간을 길게 한다.
③ 작업자 스스로가 직무를 설계하도록 한다.
④ 직무확대, 직무충실화 등의 방법을 활동한다.

정답 17. ④　18. ④　19. ②　20. ③　21. ④　22. ②

23. "무결점 운동"으로 불리는 것으로 미국의 항공사인 마틴사에서 시작된 품질개선을 위한 동기부여 프로그램은 무엇인가?

① ZD
② 6시그마
③ TPM
④ ISO 9001

24. 어떤 측정법으로 동일 시료를 무한회 측정하였을 때 데이터 분포의 평균치와 참값과의 차를 무엇이라 하는가?

① 재현성　② 안정성
③ 반복성　④ 정확성

25. 차량 속도가 50km/h, 차륜속도가 40km/h일 때 구동 슬립률은?

① 10%　② 20%
③ 30%　④ 40%

26. 공기 배력식(Hydro Air Pack) 유압 제동장치의 설명으로 틀린 것은?

① 파워피스톤을 에어 컴프레셔의 압축된 공기 압력과 대기압의 차이에 따라서 작동하여 유압을 발생시켜 휠실린더에 전달하는 역할을 하는 것은 브레이크 부스터이다.
② 하이드로 에어팩(Hydro Air Pack)은 공기탱크 등을 설치하여야 하므로 하이드로 백 장치에 비해 약간 복잡하다.
③ 하이드로 에어팩(Hydro Air Pack)은 동력 실린더부, 릴레이 밸브부, 하이드롤릭 실린더부로 구성되어 있다.
④ 하이드로 에어팩(Hydro Air Pack)으로 작동되는 제동계통은 베이퍼록이 일어나지 않아 공기 빼기가 필요 없다.

27. 내경이 50mm인 마스터 실린더에 30N의 힘을 작용하였을 때 내경이 80mm인 휠 실린더에 미치는 제동력은?

① 약 1.52N　② 약 34.6N
③ 약 76.8N　④ 168.6N

 정답 23. ① 24. ④ 25. ② 26. ④ 27. ③

28. 투영식 전조등 시험기에 대한 설명으로 옳은 것은?

① 1m의 측정거리에서 투영 스크린에 전조등의 상을 투영시켜 측정하는 방식이다.
② 수광부는 중앙에 수광 렌즈와 상・하・좌・우 2개의 광속계가 부착되어 있다.
③ 광축계의 지시치를 영(zero)으로 하여 상・하・좌・우 광전지를 비추는 빛의 양을 같게 하여 주광축을 얻는다.
④ 투영 스크린의 수광 위치에 의한 광축의 광속을 측정하고, 동시에 광속계의 지시에 의한 광축을 측정한다.

29. 전자제어 현가장치에서 자세제어의 설명으로 적합하지 않은 것은?

① 안티롤 제어 : 선회시 좌우 움직임을 작게 한다.
② 안티 다이브 제어 : 급가속 시 차체 앞부분의 들어올림량을 작게 한다.
③ 안티 스쿼트 제어 : 급발진 시 차체 앞부분의 들어올림량을 작게 한다.
④ 안티 바운스 제어 : 차체의 상하진동을 작게 한다.

30. 휠 얼라인먼트에 대한 설명으로 옳은 것은?

① 캠버(Camber)와 토아웃(Toe Out)의 작용으로 조향 핸들의 복원성을 부여한다.
② 캐스터(Caster)의 작용으로 앞바퀴의 사이드 슬립과 타이어 마멸을 최소로 한다.
③ 선회할 때 모든 바퀴가 동심원을 그리려면 선회할 때 토아웃(Toe Out)이 되어야 한다.
④ 주행시 캠버로 인해 양쪽 바퀴가 바깥쪽을 향하게 벌어지려는 경향이 발생하므로 캐스터를 두어 직진성을 준다.

31. 베어링의 브리넬링(Brinelling) 결함원인으로 가장 적합한 것은?

① 이물질로 인한 패임이다.
② 연마제의 미립자에 의해 발생한다.
③ 베어링 장착부위 외측에서 진동 형태로 발생된다.
④ 큰 입자가 롤러와 레이스 사이에 박힘으로써 발생한다.

32. ABS장치에 사용되는 구성품이 아닌 것은?

① ABS컨트롤 유닛
② 휠스피드 센서
③ 리어 차고센서
④ 하이드롤릭 유닛

정답 28. ③ 29. ② 30. ③ 31. ③ 32. ③

33. 소형차량 핸드 브레이크에서 브레이크 조작 레버의 조작력을 좌우 바퀴에 등분하는 역할을 하는 것은?

① 스프링 체임버(Spring Chamber)
② 이퀄라이저(Equalizer)
③ 콤비네이션 실린더(Combination Cylinder)
④ 브레이크 슈(Brake Shoe)

34. 주행장치에서 안전성을 위한 방법으로 틀린 것은?

① 스탠딩 웨이브 방지를 위해 표준 공기압보다 낮게 주입한다.
② 타이어 마모 상태를 확인한다.
③ 차축의 마모 및 베어링의 소음 여부를 확인한다.
④ 접지면적이 좋은 타이어를 사용한다.

35. 주행 시 타이어에서 나는 소음 중에 스퀼(Squeal) 음에 대해 가장 적절한 것은?

① 급격한 가속, 제동, 선회 시에 타이어와 노면과의 사이에 미끄러짐이 발생하면서 나는 소음
② 직진 주행 시 발생되는 소음으로 트레드 디자인에 같은 간격으로 배열된 피치가 노면을 규칙적으로 치는 데서 발생되는 소음
③ 거친 노면을 주행할 때 타이어가 노면이나 자갈 등을 치는 소리로 차량의 현가장치나 차체를 통하여 차내에 전달되는 진동음
④ 타이어가 접지했을 때 트레드 홈 안의 공기가 압축되어 방출될 때 발생하는 소음

36. 자동변속기의 스톨시험을 실시하는 이유로 볼 수 없는 것은?

① 밸브 보디의 라인압 이상 유무 점검
② 자동 변속기의 각종 클러치 및 브레이크 이상 유무 점검
③ 펄스 발생기의 이상 유무 판단
④ 토크 컨버터의 이상 유무 점검

37. 다음은 자동변속기에 변속되는 주행패턴을 설명한 것이다. 해당되는 것은?

> 엔진스로틀 밸브를 많이 열어 놓은 주행상태에서 갑자기 스로틀 개도를 낮추어(액셀러레이터 페달을 놓는다) 증속 변속선을 지나 고속 기어로 변속된다.

정답 33. ② 34. ① 35. ① 36. ③ 37. ①

① 리프트 풋 업 ② 업 시프트
③ 킥 다운 ④ 록 업

38. 클러치 디스크의 페이싱이 마모되면 클러치 페달의 유격은?
① 증가한다. ② 감소한다.
③ 변화없다. ④ 증가 후 감소한다.

39. 종감속 장치에서 구동피니언의 잇수가 6, 링기어의 잇수가 30일 때, 왼쪽바퀴가 180rpm이면 오른쪽 바퀴는?(단, 추진축은 1,000rpm이다.)
① 180rpm ② 200rpm
③ 220rpm ④ 400rpm

40. 전자제어 동력조향장치의 종류가 아닌 것은?
① 속도감응식 ② 전동 펌프식
③ 공압 반력 제어식 ④ 밸브 특성 제어식

41. 자동차가 선회 시 정상 선회 반경보다 점점 선회 반경이 커지는 현상은?
① 뉴트럴 스티어링 ② 토 아웃
③ 언더 스티어링 ④ 오버 스티어링

42. 자동변속기의 토크 컨버터에 관계된 설명으로 틀린 것은?
① 속도비=터빈 축 회전속도/펌프 축 회전속도
② 효율=(출력/입력)×100
③ 토크비=터빈 축 토크/펌프 축 토크
④ 속도비가 클수록 토크비가 커진다.

43. 위시본식 평행사변형 현가장치에서 장애물에 의해 바퀴가 들어올려지면 바퀴 정렬의 변화는?
① 캠버는 변화가 없다. ② 더욱 부의 캠버가 된다.
③ 더욱 정의 캠버가 된다. ④ 더욱 정의 캐스터가 된다.

44. 에어백 시스템에서 자기진단용 제어 모듈의 주요 기능이 아닌 것은?

① 비상 전원 기능　　② 충격 제거 기능
③ 자기 진단 기능　　④ 전압 상승 기능

45. MF납산축전지의 특징을 설명한 내용 중 틀린 것은?

① 축전지의 극판은 납-칼슘 합금을 사용한다.
② 자기방전이 적고 보존성이 우수하다.
③ 비중계로 전해액 비중을 측정할 때 용이하다.
④ 충전 중에 양극에서 발생하는 가스를 음극에서 흡수하여 물로 전환시킨다.

46. 발전기에서 주로 실리콘 다이오드를 사용하며 3상 교류를 전파 정류하여 직류로 변환하는 구성품은?

① 로터(Rotor)　　② 스테이터(Stator)
③ 브러시(Brush)　　④ 정류기(Rectifier)

47. 종합 편의 및 안전장치에서 차속센서의 신호를 받아 작동하는 기능은?

① 감광식 룸 램프 제어기능　　② 파워 윈도 제어기능
③ 도어록 제어기능　　④ 엔진오일 경고 제어기능

48. 그림과 같이 크랭크 각 센서(CAS)의 한 주기가 180°일 경우 점화 시기는?

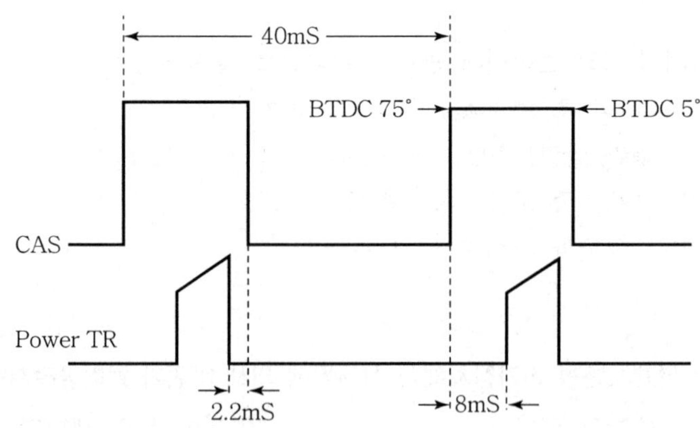

① 약 BTDC 5°　　② 약 BTDC 10°
③ 약 BTDC 15°　　④ 약 BTDC 39°

 정답 44. ② 45. ③ 46. ④ 47. ③ 48. ③

49. 내비게이션 활용기술 중 보기에서 설명한 것은?

> [보기]
> 고속으로 회전하는 회전체의 회전축은 외력이 가해지지 않는 한 한 공간에 대해 항상 일정한 방향을 유지하려고 하는데, 외력을 가하면 그 축과 직교하는 축 주위에 회전운동을 일으키는 성질이 있다.

① 원심력 효과 ② 구심력 효과
③ 자이로 효과 ④ 지자기 효과

50. 어큐물레이터 오리피스 튜브 방식 냉방 사이클에서 냉매가 흐르는 순서로 맞는 것은?

① 압축기 - 응축기 - 증발기 - 어큐뮬레이터 - 오리피스 튜브
② 압축기 - 응축기 - 오리피스 튜브 - 증발기 - 어큐뮬레이터
③ 압축기 - 오리피스 튜브 - 응축기 - 어큐뮬레이터 - 증발기
④ 압축기 - 오리피스 튜브 - 어큐뮬레이터 - 증발기 - 응축기

51. 자동차 충전장치에서 교류를 직류로 바꾸는 것을 무엇이라 하는가?

① 정류 ② 단상 ③ 반파 ④ 충전

52. 기동전동기의 유도 기전력 6V, 축전지 전압 12V, 기동전동기의 전기저항이 0.05Ω일 때, 기동전동기에 흐르는 전류는 얼마인가?

① 240A ② 120A ③ 72A ④ 12A

53. 모노코크 바디 구조에서 측면 충돌에 대한 충격 흡수와 강도 보강을 위해 사용되는 패널과 가장 거리가 먼 것은?

① 로커 패널 ② 시트 크로스 멤버
③ 대시 패널 ④ 사이드 멤버

54. 베이스 코트 도장 중 메탈릭이나 펄 색상이 차체보다 어두워서 밝게 하고자 할 때 첨가되는 조색제는?

① 백색 ② 황색
③ 녹색 ④ 실버 또는 펄(마이카)

정답 49. ③ 50. ② 51. ① 52. ② 53. ④ 54. ④

55. 자동차 도장의 목적과 거리가 먼 것은?

① 물체의 미관향상
② 방충 및 살균효과
③ 재해방지효과
④ 방청성 부여

56. 도막 표면에 나타나는 핀홀(Pin Hole) 결함의 주된 원인이 되는 것은?

① 급격한 과열
② 첨가제 부족
③ 경화제 과다
④ 과다한 연마

57. 바깥지름이 D, 안지름이 d인 강관에 인장 하중 W가 작용할 때 관에 발생하는 응력은?

① $\sigma = \dfrac{W}{(D^2 - d^2)}$
② $\sigma = \dfrac{4W}{(D^2 - d^2)}$
③ $\sigma = \dfrac{W}{\pi(D^2 - d^2)}$
④ $\sigma = \dfrac{4W}{\pi(D^2 - d^2)}$

58. 판금작업에서 심 부분이 풀리지 않도록 심의 마무리 작업에 쓰이는 것은?

① 박자목
② 판금 정
③ 그루브
④ 핸드 시머

59. 도장 작업 시 연마를 하는 가장 중요한 이유는?

① 도료의 소모량을 줄이기 위하여
② 도장 작업 공정을 단축하기 위하여
③ 도료의 화학적 결합을 위하여
④ 도막을 평활하게 하여 도료의 부착 증진을 위하여

60. 차체 패널을 절단할 때 사용하는 공구와 가장 거리가 먼 것은?

① 판금 정
② 스폿 드릴
③ 에어 톱
④ 에어 펀치

 정답 55. ② 56. ① 57. ④ 58. ③ 59. ④ 60. ①

제51회 자동차정비 기능장

(2012년도 4월 8일 시행)

Actual Test

01. EGR(Exhaust Gas Recirculation)밸브가 열린 상태로 고착 되었을 때 나타나는 증상과 거리가 먼 것은?

① 엔진이 부조한다. ② HC가증가한다.
③ 엔진출력이 저하된다. ④ NOx 발생이 증가한다.

02. 전자제어 가솔린기관에서 연료 분사량에 대한 설명으로 틀린 것은?

① 축전지 전압이 낮을 경우 인젝터 무효분사기간이 길어져 연료 분사량이 증가한다.
② 엔진이 냉각된 상태에서는 연료를 증량 보정한다.
③ 감속 시에는 흡기관 압력이 낮아 공연비가 농후하게 되므로 감량 보정한다.
④ 감속시와 고회전 시 일정시간 연료를 차단한다.

03. 암 길이가 713mm인 프로니 동력계에 제동하중이 170kgf이고, 측정 축의 회전수가 1,500rpm일 때 제동마력은?

① 약 138PS ② 약 200PS
③ 약 237PS ④ 약 254PS

04. 디젤 노크와 가솔린 노크 현상을 설명한 것 중 틀린 것은?

① 디젤 노크는 연소 초기에 일어난다.
② 가솔린 노크는 연소 끝 부분에서 일어난다.
③ 디젤 노크 및 가솔린 노크는 모두 착화지연이 짧기 때문에 발생하는 현상이다.
④ 디젤 노크는 국부적인 압력상승보다는 광범위한 폭발 현상이다.

05. 가스터빈의 3대 주요 구성요소로 짝지어진 것은?

① 터빈, 압축기, 냉각기 ② 압축기, 발전기, 냉각기
③ 압축기, 냉각기, 가열기 ④ 압축기, 연소기, 터빈

정답 1. ④ 2. ① 3. ④ 4. ③ 5. ④

06. 냉각계통의 수온조절기에서 왁스의 수축과 팽창을 이용하는 온도조절기는?

① 벨로우즈형 ② 펠릿형
③ 바이패스형 ④ 바이메탈형

07. 디젤기관에서 연료 분사펌프의 분류로 틀린 것은?

① 독립 펌프식 ② 분배식
③ 축압 분배식 ④ 고온 냉각식

08. 핫 필름 타입(Hot Film Type)의 에어플로센서에 대한 특징을 설명한 것으로 옳은 것은?

① 세라믹 기판을 층 저항으로 집적시켰다.
② 자기 청정기능의 열선이 있다.
③ 백금 선을 사용한다.
④ 와류에 의한 주파수를 검출하여 공기량을 측정한다.

09. 전자제어 가솔린기관에서 연소시 1회에 필요한 연료의 질량을 결정하는 요소가 아닌 것은?

① 기관 회전속도
② 흡기공기의 질량
③ 목표 공연비
④ 기관의 압축압력

10. 4행정 사이클 기관에서 실린더의 직경×행정이 60mm×80mm인 6기통 기관의 총배기량은?

① 약 1,357cc ② 약 13,570cc
③ 약 4,800cc ④ 약 48,000cc

11. 내연기관의 출력을 향상시키기 위한 방법으로 가장 거리가 먼 것은?

① 실린더의 행정체적을 크게 한다.
② 실린더 수를 많게 한다.
③ 기관의 회전속도를 높인다.
④ 실린더의 연소실 체적을 크게 한다.

 정답 6. ② 7. ④ 8. ① 9. ④ 10. ① 11. ④

12. 시간당 연료소비율이 450g이며, 95PS의 출력을 내는 기관의 시간마력당 연료소비율은?

① 약 1.4g/PS-h　　②약 4.7g/PS-h
③ 약 67.6g/PS-h　　④ 약 133.5g/PS-h

13. 4행정 6실린더 기관의 점화순서가 1-5-3-6-2-4일 때 3번 기통이 배기행정 중간에 있으면 5번 기통은 무슨 행정을 하는가?

① 흡입 초　　② 폭발 말
③ 압축 말　　④ 압축 초

14. LPI기관에서 인젝터의 연료분사 후 기화잠열에 의한 수분 빙결 현상을 방지하기 위한 것은?

① 아이싱 팁　　② 가스온도센서
③ 릴리프 밸브　　④ 과류방지 밸브

15. 직접 분사실식을 다른 형식의 연소실과 비교했을 때 장점으로 틀린 것은?

① 열효율이 좋다.
② 실린더 헤드의 구조가 간단하다.
③ 공기의 와류가 약하여 고속회전에 적합하다.
④ 냉각손실이 적다.

16. 윤활유의 성질 중에서 가장 중요한 것은?

① 점도　　② 비중
③ 밀도　　④ 응고점

17. 전자제어 가솔린 분사장치의 인젝터에 대한 설명으로 틀린 것은?

① 인젝터 점검은 작동음, 인젝터 저항, 연료 분사량, 연료 분무 형태 등을 점검한다.
② 인젝터는 ECU(ECM)에 의하여 제어되는 솔레노이드를 가진 분사 노즐이다.
③ 흡입공기량 및 엔진회전수로부터 기본 연료 분사시간을 계산한다.
④ 크랭크각 센서, TDC 센서 등으로부터 보정 연료 분사시간을 산출한다.

정답 12. ② 13. ① 14. ① 15. ③ 16. ① 17. ④

18. 디젤기관에서 압력 상승률이 가장 높은 연소구간은?

① 착화지연 구간
② 직접연소 구간
③ 화염전파 구간
④ 후기연소 구간

19. 여유시간이 5분, 정미시간이 40분일 경우 내경법으로 여유율을 구하면 약 몇 %인가?

① 6.33%
② 9.05%
③ 11.11%
④ 12.50%

20. 로트에서 랜덤하게 시료를 추출하여 검사한 후 그 결과에 따라 로트의 합격, 불합격을 판정하는 검사방법을 무엇이라 하는가?

① 자주검사
② 간접검사
③ 전수검사
④ 샘플링검사

21. 다음과 같은 [데이터]에서 5개월 이동평균법에 의하여 8월의 수요를 예측한 값은 얼마인가?

월	1	2	3	4	5	6	7
판매실적	100	90	110	100	115	110	100

① 103 ② 105 ③ 107 ④ 109

22. 관리 사이클의 순서를 가장 적절하게 표시한 것은?(단, A는 조차(Act), C는 체크(Check), D는 실시(Do), P는 계획(Plan)이다.)

① P－D－C－A
② A－D－C－P
③ P－A－C－D
④ P－C－A－D

23. 다음 중 계량값 관리도만으로 짝지어진 것은?

① c 관리도, u 관리도
② x-Rs 관리도, P관리도
③ $\bar{x}$-R 관리도, nP 관리도
④ Me-R 관리도, $\bar{x}$-R 관리도

정답 18. ③ 19. ③ 20. ④ 21. ③ 22. ① 23. ④

24. 다음 중 모집단의 중심적 경향을 나타낸 측도에 해당하는 것은?

① 범위(Range) ② 최빈값(Mode)
③ 분산(Variance) ④ 변동계수(Coefficient of Variation)

25. 선 기어 잇수가 20개, 링 기어 잇수가 40개의 유성기에서 선 기어를 고정하고 링 기어가 75회전하였다면 캐리어의 회전수는?

① 30회전 ② 50회전
③ 90회전 ④ 120회전

26. 후 2차축식 차량에서 적차상태의 후 후축중을 구하는 산식으로 맞는 것은?

① 차량 중량－(적차 상태의 전축중＋적차 상태의 전축중)
② 차량 중량－(공차 상태의 전축중＋공차 상태의 후축중)
③ 차량 총 중량－(적차 상태의 후축중＋적차 상태의 후 후축중)
④ 차량 총 중량－(적차 상태의 전축중＋적차 상태의 후 전축중)

27. 타이어에 발생되는 힘의 성분 그림에서 횡력(Side Force)에 해당하는 것은?

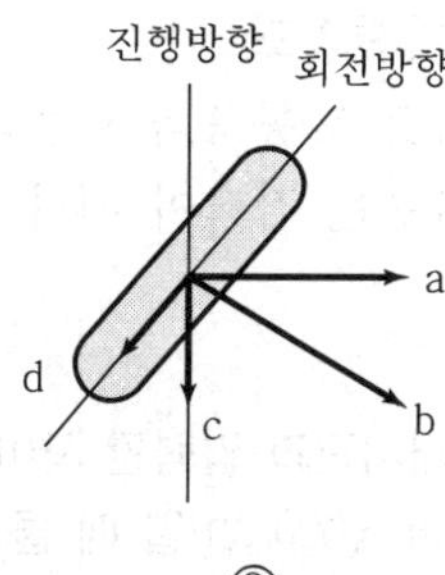

① a ② b ③ c ④ d

28. 앞 현가장치에서 차축식과 비교한 독립 현가장치의 특징으로 틀린 것은?

① 승차감이 좋아진다.
② 타이어와 노면의 접지성이 좋아진다.
③ 차륜의 상하 운동에 의한 얼라이먼트의 변화가 적다.
④ 유연한 새시 스프링을 사용할 수 있다.

29. 자동변속기에서 유압 점검 시 모든 유압이 낮을 때 예상되는 고장으로 관계없는 것은?

① 오일펌프 불량 ② 레귤레이터 밸브 불량
③ 매뉴얼 밸브 불량 ④ 밸브바디 부착 불량

30. 디스크 브레이크의 장점이 아닌 것은?

① 페이드 현상이 적다. ② 자기작동 작용을 한다.
③ 편 제동 현상이 적다. ④ 패드 교환이 용이하다.

31. 동력조향장치에서 조향 휠을 좌우로 회전할 때 소음이 발생하는 원인과 가장 거리가 먼 것은?

① 조향 기어 박스내의 기어의 백 래시가 너무 크다
② 파워 오일양이 부족하다.
③ 파워 오일펌프가 불량하다.
④ 오일 라인에 공기가 차 있다.

32. 입력축, 부축, 출력축으로 구성된 수동 변속기에서 변속비에 대한 설명으로 옳은 것은?

① (부축기어 잇수/입력축기어 잇수)×(부축기어 잇수/출력축기어 잇수)
② 출력축 회전속도/엔진 회전속도
③ 변속비가 1일 때 구동축과 피동축의 회전속도는 같다.
④ 변속비가 1보다 적을 경우는 감속이 된다.

33. 엔진의 출력이 100PS이고 클러치판과 압력판 사이의 마찰계수가 0.3, 그리고 클러치판의 평균 반경이 40cm, 엔진의 회전수가 3,000rpm일 때 클러치가 미끄러지지 않으려면 스프링 장력의 총합은 얼마 이상이어야 하는가?

① 약 50kgf ② 약 100kgf ③ 약 150kgf ④ 약 200kgf

34. 전자제어 현가장치(ECS)에 대한 설명으로 옳은 것은?

① HARD 모드는 주행 중 안락한 승차감을 제공한다.
② SOFT 모드는 주행 중 안정된 조향성을 제공한다.
③ 선회 주행 중 급가속 시 노즈 다운(Nose Down)을 억제하여 발진성 향상을 도모한다.
④ 급제동시 노즈 다운(Nose Down)이 작도록 억제하여 제동 안정성을 좋게 한다.

정답 29. ③ 30. ② 31. ① 32. ③ 33. ④ 34. ④

35. 토크 컨버터에서 토크비가 3이고 속도비가 0.3일 때 펌프가 5,000rpm으로 회전한다면 토크 효율은?

① 30%　② 50%　③ 60%　④ 90%

36. 자동차 차륜 정렬에서 기하학적 중심선과 뒷바퀴가 정렬에서 벗어난 상태의 각도를 무엇이라고 하는가?

① 협각　② 셋 백
③ 스러스트 각　④ 스크러브 레디우스

37. 종감속비의 설명으로 틀린 것은?

① 종감속비는 링기어의 잇수와 구동피니언의 잇수비로 나타낸다.
② 특정의 이가 항상 물리는 것을 방지하여 이의 편마멸을 방지하기 위해 종감속비는 정부시로 하지 않는다.
③ 변속비와 종감속비의 곱을 총 감속비라 하고 변속기어가 톱(Top) 기어이면 엔진의 감속은 종감속 기어에서만 이루어진다.
④ 종감속 기어비가 크면 등판능력이 저하되나 가속 성능과 고속 성능은 향상된다.

38. 공기 브레이크에서 압축 공기압에 의해 캠을 작동시키는 구성품은?

① 브레이크 체임버　② 브레이크 밸브
③ 퀵 릴리스 밸브　④ 릴레이 밸브

39. 제동장치에서 마스터 백은 무엇을 이용하여 브레이크에 배력 작용을 하는가?

① 배기가스 압력 이용
② 대기 압력만 이용
③ 흡기다기관의 압력만 이용
④ 대기압과 흡기다기관의 압력차 이용

40. 자동차의 길이, 너비 및 높이에 대한 측정조건이 아닌 것은?

① 공차 상태　② 타이어 공기압력은 표준공기압 상태
③ 외개식의 창, 환기장치는 열린 상태　④ 직진 상태에서 수평면에 있는 상태

정답 35. ④ 36. ③ 37. ④ 38. ① 39. ④ 40. ③

41. 전자제어 제동장치(ABS)에서 페일세이프(Fail Safe) 상태일 때 나타나는 현상으로 옳은 것은?

① 모듈레이터 솔레노이드 밸브는 열림상태로 고정된다.
② 모듈레이터 모터가 작동된다.
③ ABS가 작동되지 않아서 브레이크가 작동되지 않는다.
④ ABS가 작동되지 않아서 평상시의 브레이크가 작동된다.

42. 자동차의 축간거리가 2.8m 바퀴 접지 면과 킹 핀과의 거리가 20cm인 자동차를 좌측으로 회전하였을 때 최소회전반경은?(단, 내측 바퀴 조향각 30°, 외측 바퀴 조향각 35°)

① 약 4m ② 약 5m ③ 약 6m ④ 약 7m

43. 타이어 트레드 패턴(Tread Pattern)의 필요성에 대한 설명으로 틀린 것은?

① 공기 누설을 방지한다.
② 타이어 내부에서 발생한 열을 발산한다.
③ 트레드에 발생한 파손이나 손상 등의 확산을 방지한다.
④ 사이드슬립(Side Slip)이나 전진방향의 미끄럼을 방지한다.

44. 자속밀도 $0.8Wb/m^2$의 평균자속 내에 길이 0.5m의 도체를 직각으로 두고 이것을 30m/s의 속도로 운동시키면 도체에 발생하는 전압은?

① 8V ② 12V ③ 16V ④ 18V

45. 전자 열선식 방향지시등(플레셔 유닛)의 작동 설명으로 틀린 것은?

① 램프에 흐르는 전류를 일정한 주기로 단속하여 램프를 점멸 시킨다.
② 열선이 가열되어 늘어나면 유닛 접점이 열린다.
③ 열에 의한 열선의 신축작용을 이용한 것이다.
④ 램프에 흐르는 전류를 매분당 60회 이상 120회 이하의 주기로 단속한다.

46. 가솔린기관의 점화장치 중 DLI시스템에 대한 특징으로 거리가 먼 것은?

① 전파 잡음에 대해 유리하다.
② 고속이 되어도 발생 전압이 거의 일정하다.
③ 점화 시기의 위치 결정을 위한 센서가 필요하다.
④ 점화 코일이 성능은 떨어지나 간단한 구조이다.

정답 41. ④ 42. ② 43. ① 44. ② 45. ② 46. ④

47. 감쇠력 가변식 ECS 장치에서 승객이나 화물 등의 적재나 하차시 차량의 움직임을 최소화하기 위해 쇼크 업서버의 감쇠력을 soft에서 hard로 변환시키는 것은?

① 안티 바운스(Anti Bounce) 제어　　② 안티 쉐이크(Anti Shake) 제어
③ 안티 롤(Anti Roll) 제어　　④ 안티 스쿼트(Anti Squat) 제어

48. 자동차용 전동기에서 토크가 가장 큰 형식은?

① 직권 전동기　　② 분권 전동기
③ 복권 전동기　　④ 페라이트 자석식 전동기

49. 에어컨 증발기 온도센서의 작동기능 및 설명으로 거리가 먼 것은?

① 가변 토출식 압축기 사양에 적용된다.
② 증발기가 빙결되는 것을 방지한다.
③ 증발기 온도가 설정온도 이상이면 압축기가 작동한다.
④ 센서는 온도에 따라 저항값이 변한다.

50. 120Ah의 축전지가 매일 1%의 자기방전을 할 때 시간당 방전전류량은?

① 0.05A　　② 0.5A
③ 5A　　④ 1.5A

51. 축전지에서 황산화(Sulfation) 현상의 직접적인 발생 원인으로 거리가 먼 것은?

① 축전지를 방전상태로 장기간 방치한 경우
② 전해액이 부족해 극판이 공기 중에 장기간 노출된 경우
③ 충전 전류 및 충전 전압을 과도하게 높게 한 경우
④ 전해액의 비중이 높거나 불순물이 혼입된 경우

52. 자동 전조등(Auto Light System)에 사용되는 센서는?

① 광도 센서　　② G 센서
③ 조도 센서　　④ 발광 센서

정답 47. ② 48. ① 49. ① 50. ① 51. ③ 52. ③

53. 보수도장 면의 탈지작업이 제대로 안 되었을 경우 나타나는 문제가 아닌 것은?

① 도장 후에 부착 불량이 생길 수 있다.
② 도장 중에 도장 결함(크레터링, 하지끼, 왁스끼)이 생길 수도 있다.
③ 도장 시에 페인트 소모량이 많아진다.
④ 도장 시에 용제 와이핑(Wiping) 자국이 생길 수 있다.

54. 프라이머-서페이서로 사용하는 도료의 타입이 아닌 것은?

① 아크릴-멜라민계 중도
② 우레탄계 중도
③ 합성수지계 중도
④ 래커계 중도

55. CO_2 가스 아크 용접에서 토치의 노즐 끝부분과 모재 간에 유지하여야 할 적합한 거리는?

① 4mm
② 6mm
③ 8mm
④ 12mm

56. 도어나 트렁크 리드가 닫혔을 때 본체와 닿는 면을 부드럽게 하기 위한 고무로서 개스킷 식으로 된 부품의 명칭은?

① 웨더 스트립(Weather Strip)
② 그릴(Grille)
③ 몰딩(Molding)
④ 트림(Trim)

57. 그림과 같은 보에서 W의 무게로 눌렀을 때, 이 보를 정지시킬 수 있는 반력은?

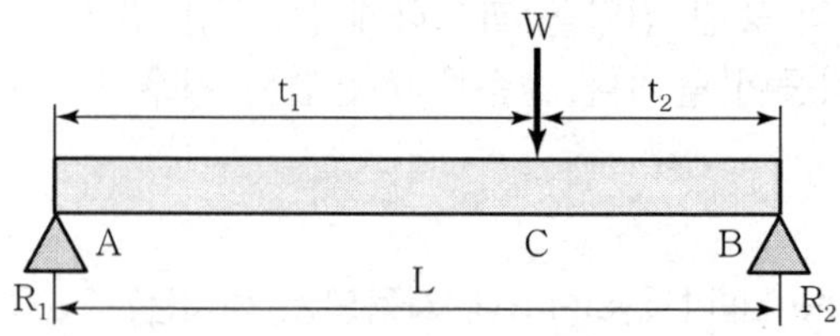

① $W = R_1 + R_2$
② $W = R_1 - R_2$
③ $W = R_1 A \times R_2 B$
④ $W = WR_1 + WR_2$

 정답 53. ③ 54. ① 55. ④ 56. ① 57. ①

58. 에어 스프레이 도장 시 장점이 아닌 것은?

① 붓 도장에 비하여 작업능률이 좋다.
② 넓은 부분에 균일하게 도장할 수 있다.
③ 도막의 외관이 미려하다.
④ 도료의 손실이 많다.

59. 컬러 조색 시 보색관계를 이용하지 않는 가장 적합한 이유는?

① 조색제 숫자가 많아지기 때문에
② 컬러가 어두워지기 때문에
③ 컬러가 탁해지기 때문에
④ 컬러가 맑아지기 때문에

60. 패널을 연결하는 부위에 사용되며 방수효과와 불순물이나 배기가스의 실내 진입을 방지하고 패널의 부식을 방지하기 위해 사용하는 것은?

① 솔벤트 ② 실러
③ 방청제 ④ 데드너

제52회 자동차정비 기능장

(2012년도 7월 22일 시행)

Actual Test

01. 가솔린 기관에서 가솔린 160cm³을 완전 연소시키기 위하여 필요한 공기의 무게는?(단, 공연비는 14.7, 연료의 비중은 0.75)

① 0.274kg　② 1.274kg
③ 1.764kg　④ 2.864kg

02. 전자제어 가솔린 기관에서 연료펌프 내에 설치되어 기관이 정지하면 곧바로 닫혀 압력회로의 압력을 일정시간 동안 유지시키는 밸브는?

① 체크 밸브　② 니들 밸브
③ 릴리프 밸브　④ 딜리버리 밸브

03. 실린더 내 압력파형으로부터 얻어지는 정보가 아닌 것은?

① 최고압력　② 착화지연
③ 압축압력 및 온도　④ 배출가스 성분

04. 자동차기관 성능과 효율에서 정적사이클과 정압사이클을 합성시킨 사이클은?

① 정압 사이클　② 정적 사이클
③ 디젤 사이클　④ 사바데 사이클

05. 디젤 자동차의 배출가스 후처리 장치인 DPF(Diesel Particulate Filter)를 설명한 것 중 틀린 것은?

① 포집된 매연(PM)을 재생(연소)하기 위해 사후 분사를 실시함
② 포집된 매연(PM)을 재생(연소)할 때의 온도는 대략 100℃ 정도임
③ 포집된 매연(PM)을 재생(연소)할 때의 DPF의 앞뒤 압력센서의 신호를 받음
④ 배기관의 매연(PM)을 포집하고 재생(연소)하는 장치임

 정답 1. ③ 2. ① 3. ④ 4. ④ 5. ②

06. 자동차에 사용되는 각종 전기 · 전자 소자 구성품에 대한 내용으로 틀린 것은?

① 인젝터는 솔레노이드 밸브가 사용되며 통전되는 시간에 따라 분사량이 결정된다.
② 릴레이는 기본 전원을 연결했을 경우 주 회로에 연결되기 때문에 스위치 기능이 있는 에어컨 등에 주로 사용된다.
③ 트랜지스터는 NPN형과 PNP형이 있으며 베이스 전류를 흘려준 경우에만 전류가 흐른다.
④ 다이오드에는 여러 종류가 있는데 어느 것이나 순방향으로 전원을 연결했을 경우에만 전류가 흐른다.

07. 연소이론에서 연료를 연소하기 위해서 이론공기량보다 실제로 많은 공기량이 필요하며, 이론공기량과 실제로 필요한 공기량의 비를 람다(λ)로 나타낸 것은?

① 압축비 ② 이론 공연비
③ 공기 과잉률 ④ 정압연소

08. 먼지가 많은 곳에서 사용되는 여과기로 흡입공기는 회전운동을 하면서 입자가 큰 먼지나 이물질을 분리시키는 형식의 여과기는?

① 건식 여과기 ② 습식 여과기
③ 오일배스 여과기 ④ 원심식 여과기

09. 디젤기관에 사용되는 윤활유 중 고부하 및 가혹한 조건, 과급기가 있는 기관에 주로 사용되는 윤활유는?

① DL ② DM ③ DG ④ DS

10. 가솔린 엔진 피스톤의 재직 중 고온강도와 내마멸성이 우수하여 주로 사용되는 재료는?

① 니켈크롬강 ② 몰리브덴강 ③ 알루미늄합금 ④ 주철

11. 다음 보기의 공기량 측정센서 설명과 거리가 먼 것은?

[보기]
a. 공기질량을 직접 계측 출력한다.
b. ECU에서 온도, 압력, 보정이 필요 없다.
c. 발열체와 공기와의 열전달현상을 이용한다.
d. 응답성이 빠르고 과도성능이 우수하다.

정답 6. ④ 7. ③ 8. ④ 9. ④ 10. ③ 11. ③

① 열선식 공기량 센서　　② 핫 필름 공기량 센서
③ 칼만 와류식 공기량 센서　　④ 열선식 바이패스 계측 공기량 센서

12. 냉각장치에서 물의 끓는 온도를 높여 냉각효과 및 엔진의 효율을 증대하기 위한 부품은?

① 코어　　② 수온조절기
③ 압력식 캡　　④ 라디에이터

13. LPG연료장치에서 봄베 내의 압력이 일정압력 이상이 되면 자동으로 용기 내의 LPG를 방출하는 밸브는?

① 과충전 방지밸브　　② 송출밸브
③ 과류 방지밸브　　④ 안전밸브

14. 증발가스 제어장치의 퍼지 컨트롤 솔레노이드 밸브(PCSV)의 작동을 설명한 것으로 틀린 것은?

① 일정시간 작동하다가 캐니스터에 포집된 증발가스가 없다고 ECU에서 판단되면 작동 중지
② 퍼지 컨트롤 솔레노이드 밸브는 평상시 열려 있는 방식(Normal Open)의 밸브임
③ 공회전 상태에서도 연료 탱크 및 증발가스라인의 압력을 줄이기 위해 작동은 되나 주로 공전 이외의 영역에서 작동함
④ 엔진이 웜업(Warm-up)된 상태에서 작동함

15. 핀틀형 노즐을 사용하는 연소실로 적합하지 않은 것은?

① 예연소실식　　② 와류실식　　③ 직접분사실식　　④ 공기실식

16. 압축과 흡입을 동시에 하고 배기와 소기를 동시에 하는 기관은?

① 사바테 사이클 기관　　② 로터리 기관
③ 4행정 기관　　④ 2행정 기관

17. 실린더 지름이 50mm, 피스톤의 평균속도가 20m/s인 기관에서 흡입가스의 평균속도가 50m/s일 때 흡입밸브의 유로 면적은 몇 cm^2인가?

① 약 7.9　　② 약 8.6　　③ 약 15.3　　④ 약 21.6

정답 12. ③ 13. ④ 14. ② 15. ③ 16. ④ 17. ①

18. 기관의 기계효율을 높이기 위한 방법이 아닌 것은?

① 각 부의 윤활을 잘 시켜 저항을 작게 한다.
② 엔진의 평형을 위해 플라이휠의 질량을 크게 한다.
③ 연료펌프, 순환펌프 등 각종 보조장치의 구동저항을 줄인다.
④ 배기가스의 배출을 방해하는 저항을 줄인다.

19. 축의 완성지름, 철사의 인장강도, 아스피린 순도와 같은 데이터를 관리하는 가장 대표적인 관리도는?

① G 관리도　　② nP 관리도
③ u 관리도　　④ $\bar{x}$-R 관리도

20. 로트의 크기가 시료의 크기에 비해 10배 이상 클 때 시료의 크기와 합격판정 개수를 일정하게 하고 로트의 크기를 증가시킬 경우 검사 특성곡선의 모양 변화에 대한 설명으로 가장 적절한 것은?

① 무한대로 커진다.
② 별로 영향을 미치지 않는다.
③ 샘플링 검사의 판별능력이 매우 좋아진다.
④ 검사특성곡선의 기울기 경사가 급해진다.

21. 작업시간 측정방법 중 직접측정법은?

① PTS법　　② 경험견적법
③ 표준자료법　　④ 스톱워치법

22. 준비작업시간 100분, 개당 정미작업시간 15분, 로트크기 20일 때 1개당 소요작업시간은 얼마인가?(단, 여유시간은 없다고 가정한다.)

① 15분　　② 20분　　③ 35분　　④ 45분

23. 소비자가 요구하는 품질로서 설계와 판매정책에 반영되는 품질을 의미하는 것은?

① 시장품질　　② 설계품질
③ 제조품질　　④ 규격품질

정답 18. ② 19. ④ 20. ② 21. ④ 22. ② 23. ①

24. 다음 중 샘플링검사보다 전수검사를 실시하는 것이 유리한 경우는?
① 검사항목이 많은 경우
② 파괴검사를 해야 하는 경우
③ 품질특성치가 치명적인 결점을 포함하는 경우
④ 다수 다량의 것으로 어느 정도 부적합품이 섞여도 괜찮을 경우

25. 변속기 내의 록킹 볼이 하는 역할이 아닌 것은?
① 시프트 포크를 알맞은 위치에 고정한다.
② 기어가 빠지는 것을 방지한다.
③ 시프트 레일을 알맞은 위치에 고정한다.
④ 기어가 2중으로 치합되는 것을 방지한다.

26. 정밀도 검사를 받아야 하는 기계, 기구가 아닌 것은?
① 엔진 성능 시험기 ② 택시미터 주행 검사기
③ 가스 누출 감지기 ④ 속도계 시험기

27. 자동차의 안전기준에 관한 규칙으로 틀린 것은?
① 자동차의 높이는 3m를 초과할 수 없다.
② 최저 지상고는 공차상태에서 지면과 12cm 이상이어야 한다.
③ 자동변속장치의 중립 위치는 전진위치와 후진위치 사이에 있어야 한다.
④ 앞 방향으로 개폐되는 후드 걸쇠장치는 2차 잠금 또는 2개소 잠금이 가능한 구조이어야 한다.

28. 제동장치에 사용되는 배력장치의 크기를 결정하는 요소는?
① 진공 탱크의 크기와 진공 탱크의 재질
② 진공 탱크의 크기와 진공의 크기
③ 진공의 크기와 진공 탱크의 재질
④ 진공 탱크의 형상과 압력의 크기

정답 24. ③ 25. ④ 26. ① 27. ① 28. ②

29. 자동차의 휠 종류 중에서 프레스에 의해 접시형으로 성형한 후 림을 리벳이나 스폿 용접(Spot Welding) 등으로 접합하는 방식의 휠은?

① 강판 휠(Steel wheel)
② 경합금 휠(Alloy Wheel)
③ 경선 스포크 휠(Steel Wire Spoke Wheel)
④ 스파이더 휠(Spider Wheel)

30. 타이어 공기압 부족 경보장치의 설명으로 틀린 것은?

① 운행 중 바퀴의 유효직경이 작아지면 공기압 부족으로 판단한다.
② 반드시 타이어 공기압이 저하되었을 때만 경고등이 점등된다.
③ 타이어 공기압 부족으로 판단되면 경고등을 점등한다.
④ 차륜 속도 센서의 출력 값이 상대적으로 증가하면 공기압 부족으로 판단한다.

31. 자동변속기 차량으로 엔진 공회전 상태에서 선택 레버를 N → D, N → R로 변속할 때 엔진 시동이 꺼졌다. 고장 원인과 거리가 먼 것은?

① 밸브 바디 고장
② 엔드(O/D)클러치 고장
③ 댐퍼 클러치 고장
④ 토크 컨버터의 고장

32. 조향핸들의 유격조정방법으로 옳은 것은?

① 볼 너트 형식은 센터 축 조정 스크루를 조이면 유격이 감소한다.
② 볼 너트 형식은 요크 플러그를 조이면 유격이 감소한다.
③ 랙 피니언 형식은 센터 축 조정 스크루를 조이면 유격이 감소한다.
④ 랙 피니언 형식은 요크 플러그를 조이면 유격이 증가한다.

33. 제동장치에서 듀어 서보형 브레이크에 대한 설명으로 옳은 것은?

① 전진에서만 2개의 슈가 자기작동을 한다.
② 후진에서만 2개의 슈가 트레일링 슈로 작동한다.
③ 전진 또는 후진에서 모두 2개의 슈가 자기작동을 한다.
④ 전진 또는 후진에서 해당 슈 1개만 자기작동을 한다.

정답 29. ① 30. ② 31. ② 32. ① 33. ③

34. 전자제어 현가장치(ECS)의 기능이 아닌 것은?

① 주행 안전성 확보 및 승차감 향상
② 급 선회전시 원심력에 의한 차량의 기울어짐 방지
③ 노면의 상태에 따른 차체 높이 제어 기능
④ 급제동 시 노스다운을 방지하여 제동력 강화 기능

35. 홀드모드의 기능이 있는 자동변속기 차량에서 홀드모드를 사용하는 내용으로 맞는 것은?

① 운전자의 판단에 따른 강제 변속 상태로 유지시키는 모드이다.
② 운전자의 의지와 관계없이 항상 최적의 운전조건이 되도록 작동되는 모드이다.
③ 눈길에서 작동되는 모드로서 스로틀밸브의 열림량에 따라서만 작동되는 모드이다.
④ 운전자의 의지에 따라 스로틀포지션 센서의 열림량이 최대일 때만 작동되는 모드이다.

36. 동력 전달장치에서 종감속장치의 기능이 아닌 것은?

① 회전 토크를 증가시켜 전달한다.
② 회전 속도를 감소시킨다.
③ 좌・우 구동륜의 회전속도를 차등 조절한다.
④ 필요에 따라 동력전달방향을 변환시킨다.

37. 브레이크 페달의 전체 길이는 25cm이고 페달의 고정점에서 푸시로드와 연결된 지점까지 거리가 5cm일 때 페달을 35kgf의 힘으로 밟았다면 푸시로드에 작용되는 힘은?

① 7kgf ② 125kgf
③ 175kgf ④ 225kgf

38. 토크 컨버터가 유체 클러치로서 작용할 때 가장 적당한 것은?

① 터빈속도가 펌프속도의 약 5/10에 도달했을 때
② 펌프속도가 터빈속도의 약 5/10에 도달했을 때
③ 터빈속도가 펌프속도의 약 8/10에 도달했을 때
④ 펌프속도가 터빈속도의 약 8/10에 도달했을 때

 정답 34. ④ 35. ① 36. ③ 37. ③ 38. ③

39. 제동 시 유압증가비율을 전륜보다 감소시켜 후륜의 조기고착을 방지함으로써 방향 안정성을 좋게 하기 위한 밸브는?

① 프로포셔닝 밸브 ② 압력차 경고 밸브
③ 미터링 밸브 ④ 브리더 밸브

40. 슬립각의 크기에 따른 조향 특성을 설명한 것으로 옳은 것은?

① 후륜과 전륜의 슬립각이 같으면 언더 스티어링의 특성을 나타낸다.
② 후륜의 슬립각이 전륜의 슬립각보다 크면 언더스티어링의 특성을 나타낸다.
③ 후륜의 슬립각이 전륜의 슬립각보다 크면 오버스티어링의 특성을 나타낸다.
④ 후륜의 슬립각이 전륜의 슬립각보다 크면 중립스티어링의 특성을 나타낸다.

41. 전자제어 동력조향장치의 효과로서 틀린 것은?

① 저속 시 조향 휠의 조작력을 적게 한다.
② 고속 시 전·후륜이 동위상으로 조향되어 코너링이 향상된다.
③ 앞바퀴의 시미(Shimmy)현상을 감소하는 효과가 있다.
④ 노면으로부터의 충격으로 인한 조향 휠의 킥 백(Kick Back)을 방지할 수 있다.

42. 하중이 2ton이고 압축 스프링 변형량이 2cm일 때 스프링 상수는?

① 100kgf/mm ② 120kgf/mm
③ 150kgf/mm ④ 200kgf/mm

43. 차량 총중량 1,200kgf의 차량이 4%의 등판길을 올라갈 때 구배저항은?

① 48kgf ② 24kgf
③ 4.8kgf ④ 2.4kgf

44. 코일에 흐르는 전류를 단속하면 코일에서 유도전압이 발생하는 작용은?

① 자력선 감쇠작용 ② 상호 유도작용
③ 전류 완성작용 ④ 자기 유도작용

정답 39. ① 40. ③ 41. ② 42. ① 43. ① 44. ④

45. 종합경보장치의 기능 중에 미등 자동소등 제어 입력요소가 아닌 것은?

① 키 삽입 스위치 ② 도어 록 릴레이
③ 라이트 미등 스위치 ④ 운전석 도어 스위치

46. 전조등 1개의 전력이 45W일 때 12V배터리에 2개의 전조등을 점등하면 흐르는 전류는?

① 22.5A ② 270A
③ 0.53A ④ 7.5A

47. 길이가 10,000cm, 단면적이 0.01cm²인 어떤 도선의 저항을 20℃에서 측정하였더니 2.5Ω이었다. 이때 도선의 고유저항은?

① $2.4 \times 10^{-6}\Omega \cdot cm$ ② $2.5 \times 10^{-6}\Omega \cdot cm$
③ $2.6 \times 10^{-5}\Omega \cdot cm$ ④ $2.7 \times 10^{-5}\Omega \cdot cm$

48. 자동차 냉방장치에서 저·고압측 압력이 정상치보다 높을 때의 결함 원인으로 가장 거리가 먼 것은?

① 냉매 과충진 ② 응축기 팬 작동 안 됨
③ 응축기 핀튜브 막힘 ④ 팽창밸브 막힘

49. 종합 경보장치의 오토 도어록 관련 부품이 아닌 것은?

① 차속센서 ② 도어록 릴레이
③ 도어록 스위치 ④ 윈도우 레귤레이터

50. 배터리 (+)측 부근의 극 주위나 커넥터가 벌레 먹은 것처럼 부식되는 원인은?

① 음극판의 해면상납(Pb)이 전해액(H_2SO_4)과 반응하기 때문이다.
② 양극판에 발생하는 수소와 산소가 반대 극에 닿을 때 환원·산화를 일으키기 때문이다.
③ 전해액 중 존재하는 불순금속이 국부전지를 구성하기 때문이다.
④ 축전기 표면이 젖어있고 표면에 황상 먼지가 붙었기 때문이다.

정답 45. ② 46. ④ 47. ② 48. ④ 49. ④ 50. ④

51. 교류 발전기에서 직류 발전기의 계자 코일과 계자 철심에 해당하며 자속을 만드는 구성품은?

① 로터(Rotor) ② 스테이터(Stator)
③ 브러시(Brush) ④ 정류기(Rectifier)

52. 직류전동기에서 회전운동 힘의 방향을 설명한 법칙은?

① 렌츠의 법칙 ② 플레밍의 왼손 법칙
③ 플레밍의 오른손 법칙 ④ 앙페르의 법칙

53. 탄소강에서 적열취성(Red Shortness)의 성질을 가지게 하는 원소는?

① Mn ② P ③ S ④ Si

54. 메탈릭 얼룩 예방책으로 틀린 것은?

① 초벌 크리어 도장 전 도료의 점도를 높여 가능한 두껍게 도장한다.
② 작업장 온도에 유의하고 적합한 시너를 사용하여 도료의 점도를 조절한다.
③ 시너의 증발 속도에 따라 적정한 프레시 타임을 설정하여 작업한다.
④ 스프레이건의 패턴 폭, 거리, 이동 속도 등을 일정하게 유지하여 작업한다.

55. 차체에서 화이트 보디(White Body)를 구성하는 부품 중 틀린 것은?

① 사이드 보디 ② 도어(앞·뒤 문짝)
③ 범퍼 ④ 엔진후드·트렁크리드

56. 솔리드 색상 도료에 포함되지 않는 것은?

① 안료 ② 메탈릭 ③ 수지 ④ 용제

57. 퍼티에 대한 설명으로 맞는 것은?

① 퍼티는 한 번에 두껍게 바른다.
② 퍼티를 바른 다음 고온으로 즉시 건조시킨다.
③ 퍼티의 점도가 낮을 때 시너를 희석시켜서 사용한다.
④ 퍼티는 건식 샌딩을 권장한다.

정답 51. ① 52. ② 53. ③ 54. ① 55. ③ 56. ② 57. ④

58. 자동차 보수 도장에서 색상이 틀리는 요인이 아닌 것은?

① 스프레이건의 토출량, 패턴, 노즐 규격 등의 차이
② 작업기술, 도료의 점도, 도막 두께의 차이
③ 열처리 시간의 차이
④ 래커, 우레탄, 에나멜 등의 사용 도료에 의한 차이

59. CO_2 가스 아크 용접 조건의 설명이 잘못된 것은?

① 용접 전류는 용입량을 결정하는 요인이다.
② 아크 전압은 비드 형상을 결정하는 요인이다.
③ 와이어의 용융속도는 아크 전류에 정비례하여 증가한다.
④ 와이어의 돌출 길이가 길수록 가스의 보호효과가 크고 노즐에 스패터(Spatter)가 부착되기 쉽다.

60. 손상된 보디를 인장작업을 위해 기본적인 고정을 하고 반대방향에 추가적인 고정을 하는 이유는?

① 회전 모멘트의 발생을 방지하기 위해서
② 과도한 인장력을 방지하기 위해서
③ 스포트 용접부를 보호하기 위해서
④ 고정한 부분까지 힘을 전달하기 위해서

 정답 58. ③ 59. ④ 60. ①

제53회 자동차정비 기능장

(2013년도 4월 14일 시행)

Actual Test

01. 자동차용 부동액의 성분으로 거리가 먼 것은?

① 물과 에틸 알코올의 혼합액
② 염화나트륨과 물의 혼합액
③ 글리세린과 물의 혼합액
④ 물과 에틸렌 글리콜의 혼합액

02. 과급기를 사용하는 기관의 설명으로 틀린 것은?

① 고온 · 고압의 배기가스에 의해 터빈을 고속회전시킨다.
② 고속 주행 후 자동차를 정지시킬 경우에는 바로 엔진을 정지시키지 않고 1~2분간 공회전을 지속한 후 엔진을 정지한다.
③ 공기를 압축하여 흡기온도가 상승하고 산소밀도가 증가하여 노킹을 일으키기 쉽다.
④ 흡기온도를 낮추기 위하여 인터 쿨러를 사용한다.

03. 자동차의 공해 저감 장치를 열거한 것 중 틀린 것은?

① 촉매 변환장치
② 배기가스 재순환장치
③ 2차 공기 공급장치
④ 감압장치

04. 가솔린 엔진의 노크 발생 원인이 아닌 것은?

① 압축비가 높을 때
② 실린더 온도가 높을 때
③ 엔진과부하가 걸릴 때
④ 점화 시기가 늦을 때

05. 전자제어 디젤기관에서 출구제어방식 연료압력 조절밸브의 설명으로 맞는 것은?

① 듀티값이 높을수록 연료압은 낮아진다.
② 시동 시에는 레일 압력을 낮게 한다.
③ 듀티값이 낮을수록 연료압은 낮아진다.
④ 저압펌프를 거친 후의 연료압력을 제어한다.

정답 1. ② 2. ③ 3. ④ 4. ④ 5. ③

06. GDI 기관에서 고압 분사 인젝터의 특징이 아닌 것은?

① 고압의 연료를 차단하거나 분사하는 밸브 볼이 부착되어 있다.
② 엔진 회전수에 따라 분사압력이 다르다.
③ 주로 피크 홀드 분사방식을 사용한다.
④ 촉매 히팅이 필요할 땐 배기행정 때 분사한다.

07. 내연기관에서 NOx 발생 농도에 대한 설명으로 틀린 것은?

① 이론 공연비로 연료를 공급하면 NOx는 감소한다.
② 배기가스의 일부를 재순환시키면 NOx는 감소한다.
③ 연소 온도가 낮으면 NOx는 감소한다.
④ 냉각수 온도가 낮을수록 NOx가 감소한다.

08. 점화장치의 점화 2차 파형에서 화살표 부분의 스파크라인 감쇄 진동부가 없는 고장 분석을 맞게 표현한 것은?

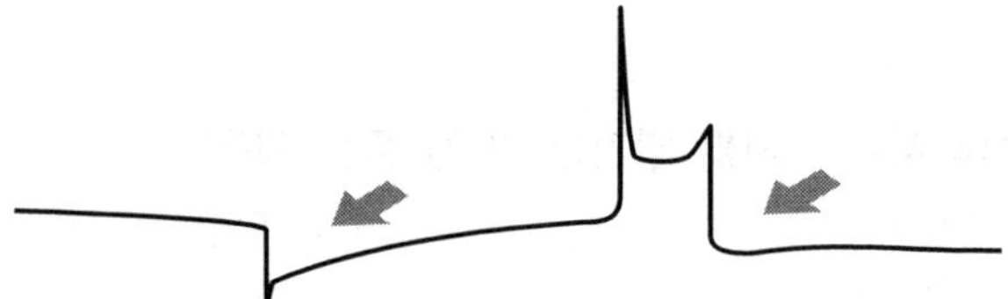

① 스파크라인의 케이블 불량이다.
② 점화플러그의 손상으로 누전된다.
③ 점화 코일의 불량이다.
④ 점화플러그 간극이 크다.

09. 전자제어식 LPG 엔진의 믹서 점검방법으로 틀린 것은?

① 메인 듀티 솔레노이드밸브, 슬로 듀티 솔레노이드밸브, 시동 솔레노이드밸브의 각 단자 저항을 측정하여 저항이 규정값 내에 들어 있으면 양호하다고 판정할 수 있다.
② 슬로 듀티 솔레노이드밸브는 단자에 배터리 전원을 인가했을 때 통로가 연결되고, 전원을 OFF했을 때 차단되면 정상이라고 할 수 있다.
③ 시동 솔레노이드 밸브는 단자의 배터리 전원을 OFF하면 플런저는 작동을 멈추고, 슬로 듀티 솔레노이드의 통로는 연결되면 정상이다.
④ 시동 솔레노이드 밸브는 단자에 배터리 전원을 인가했을 때 플런저가 작동되면 정상이다.

정답 6. ④ 7. ① 8. ③ 9. ③

10. LPG 연료의 특성으로 틀린 것은?

① 발열량은 약 12,000kcal/kg이다.
② 기화된 상태에서는 공기보다 비중이 적다.
③ 옥탄가가 높아 노킹을 잘 일으키지 않는다.
④ 노말 부탄과 프로판을 주성분으로 한 탄화수소의 혼합물이다.

11. 기관 성능 곡선도에서 표시되는 것이 아닌 것은?

① 축 출력
② 연료소비율
③ 주행속도
④ 기관 회전속도

12. 기계식 디젤 기관에서 무부하 시에 2,100rpm이고, 전부하 시에 1,900rpm일 때 속도 변동률은?

① 약 10.5%
② 약 11.5%
③ 약 12.5%
④ 약 13.5%

13. 2행정 1사이클 기관의 효율을 향상시키기 위한 방법으로 틀린 것은?

① 잔류가스를 몰아내고 실린더 내부를 신기로 충만한다.
② 소기의 단락손실(Blow by Loss)을 최소로 한다.
③ 소기공급량을 최대로 하고 효과적인 소기를 행한다.
④ 고속회전을 위해 소기와 배기유동을 신속히 한다.

14. 실린더의 내경 기준값이 78mm인 기관에서 실린더가 마모되어 최댓값이 78.40mm로 측정 되었다면 실린더의 수정값은?

① 78.00mm
② 78.25mm
③ 78.50mm
④ 78.75mm

15. 피스톤이 평균속도가 20m/s이고, 기관의 회전수가 3,000rpm인 기관의 피스톤 행정은 얼마인가?

① 0.1cm
② 0.2cm
③ 10cm
④ 20cm

정답 10. ② 11. ③ 12. ① 13. ③ 14. ④ 15. ④

해설 $S=\dfrac{2 \cdot L \cdot N}{60}$

$L=\dfrac{S \cdot 60}{2 \cdot N}=\dfrac{20\times 60}{2\times 3{,}000}=0.2\text{m}$

여기서, S : 피스톤 평균속도(m/s)

L : 피스톤 행정(m)

N : 엔진 회전수(rpm)

16. 자동차용 기관오일의 기본 역할을 설명한 것 중 거리가 먼 것은?

① 마찰을 감소시켜 동력 손실을 줄인다.
② 연소가스의 Blow-down 현상을 방지한다.
③ 마찰 운동부의 냉각작용을 한다.
④ 접촉부의 녹이나 부식을 방지한다.

17. 디젤 노크(Knock)에 대한 설명으로 틀린 것은?

① 착화지연기간이 길어 실린더에 분사된 연료가 일시에 연소하는 현상이다.
② 디젤 노크는 연소 초기에 발생하나 가솔린 노크는 연소 후기에 발생한다.
③ 실린더 내의 압력이 급상승하여 이상한 진동을 내며 원활한 회전이 어렵다.
④ 노크가 발생되면 피스톤과 실린더에 과부하가 걸리며 출력이 상승한다.

18. 디젤 기관에서 압축비를 높일 경우에 나타날 수 있는 것은?

① 착화 지연기간이 길어진다.
② 최고 연소압력이 낮아진다.
③ 열효율이 높아진다.
④ 출력이 떨어질 수 있다.

19. 공정 중에 발생하는 모든 작업, 검사, 운반, 저장, 정체 등이 도식화된 것이며 또한 분석에 필요하다고 생각되는 소요시간, 운반거리 등의 정보가 기재된 것은?

① 작업분석(Operation Analysis)
② 다중활동 분석표(Multiple Activity Chart)
③ 사무공정분석표(Flow Process Chart)
④ 유통공정도(Flow Process Chart)

정답 16. ② 17. ④ 18. ③ 19. ④

20. 검사의 분류방법 중 검사가 행해지는 공정에 의한 분류에 속하는 것은?

① 관리 샘플링 검사 ② 로트별 샘플링 검사
③ 전수검사 ④ 출하검사

21. 단계여유(slack)의 표시로 옳은 것은?(단, TE는 가장 이른 예정일, TL은 가장 늦은 예정일, TF는 총 여유시간, FF는 자유여유시간이다.)

① TE－TL ② TL－TE
③ FF－TE ④ TE－TF

22. 다음 중 브레인스토밍(Brainstorming)과 가장 관계가 깊은 것은?

① 파레토도 ② 히스토그램
③ 회귀분석 ④ 특성요인도

23. 테일러(F.W. Taylor)에 의해 처음 도입된 방법으로 작업 시간을 직접 관측하여 표준시간을 설정하는 표준시간 설정기법은?

① PTS법 ② 실적자료법
③ 표준자료법 ④ 스톱위치법

24. c관리도에서 k＝20인 군의 총 부적합수 합계는 58이었다. 이 관리도의 UCL, LCL을 계산하면 약 얼마인가?

① UCL＝2.90, LCL＝고려하지 않음
② UCL＝5.90, LCL＝고려하지 않음
③ UCL＝6.92, LCL＝고려하지 않음
④ UCL＝8.01, LCL＝고려하지 않음

25. 전자제어 현가장치 앤티 다이브(Anti dive) 제어에 필요한 압력센서로 적당한 것은?

① 브레이크 스위치와 차속 센서 ② 차속 센서와 조향각 센서
③ 차고 센서와 뒤압력 센서 ④ 앞·뒤차고 센서와 TPS

정답 20. ④ 21. ② 22. ④ 23. ④ 24. ④ 25. ①

26. 바퀴정렬에서 캠버에 대한 설명으로 틀린 것은?

① 정면에서 보았을 때 차륜 중앙선이 수직선에 대해 경사되어 있는 상태를 말한다.
② 정(+)의 캠버란 차륜 중심선의 위쪽이 안으로 기울어진 상태를 말한다.
③ 정(+)의 캠버는 직진성을 좋게 한다.
④ 부(-)의 캠버는 커브 주행 시 선회력을 증가시킨다.

27. 자동차의 중량 및 하중 분포를 측정하는 조건으로 틀린 것은?

① 자동차는 공차 또는 적차 상태를 각각 측정한다.
② 연결 자동차는 연결한 상태로 측정한다.
③ 공차상태 중량 분포로서 적차 상태의 중량, 분포를 산출하기가 어려울 때에는 공차 상태만 측정한다.
④ 측정단위는 kgf으로 한다.

28. 자동차 뒤 액슬축의 회전수가 1,200rpm일 때 바퀴의 반경이 350mm이면 차의 속도는?

① 약 128km/h　　② 약 138km/h
③ 약 148km/h　　④ 약 158km/h

해설

$$V = \pi Dn(\text{m/min}) = \pi Dn \times \frac{60}{1,000}(\text{km/h})$$

$$= 3.14 \times 0.7 \times 1,200 \times \frac{60}{1,000} = 158\text{km/h}$$

29. 전자제어 브레이크(ABS) 시스템에 대한 설명으로 틀린 것은?

① 미끄러운 노면에서 급제동 시 페달의 진동이 느껴진다면 ABS 시스템을 반드시 점검토록 한다.
② 점화키를 켠 상태에서 ABS ECM은 항상 각부를 점검하고 있으며, 고장 발생 시 경고등을 점등시킨다.
③ 고장 발생 시 진단기기를 이용하여 고장 내용을 알 수 있다.
④ 경고등 점등 시 ABS 시스템은 정상 작동하지 않지만 통상적인 브레이크 작동은 유지된다.

정답 26. ② 27. ③ 28. ④ 29. ①

30. 파워 스티어링 장치의 공기빼기 작업 초기에 시동을 하지 않고 스타트 모터를 구동하여 공기빼기 작업을 실시하는 이유는?

① 펌프가 작동하여야만 유압라인의 공기가 빠지기 때문에
② 시동 상태에서는 공기가 분해되어 오일에 흡수되므로
③ 시동 상태에서는 오일의 순환에 의해 소음이 심하므로
④ 시동 상태에서는 오일 수준의 변동이 심하기 때문에

31. 하이드로 마스터의 진공 계통을 이루는 주요 부품은?

① 체크 밸브, 마스터 실린더
② 체크 밸브, 파워 실린더, 릴레이 밸브, 파워 피스톤
③ 릴레이 밸브, 진공 펌프, 하이드로릭 피스톤
④ 진공 펌프, 오일 파이프, 파워 실린더

32. 고속 주행 시 타이어의 스탠딩 웨이브 현상을 줄이는 방법으로 옳은 것은?

① 편평률이 큰 단면형상을 채택한다.
② 타이어 공기압을 적게 한다.
③ 접지부 타이어의 두께를 크게 한다.
④ 노화된 타이어나 재생타이어를 사용하지 않는다.

33. 동력 전달장치에서 안전을 위한 점검사항으로 볼 수 없는 것은?

① 변속기의 오일 누유　② 추진축 및 자재이음의 진동 여부
③ 변속 링키지의 이탈 여부　④ 변속기의 각인

34. 타이어에 발생되는 힘의 성분 그림에서 항력에 해당하는 것은?

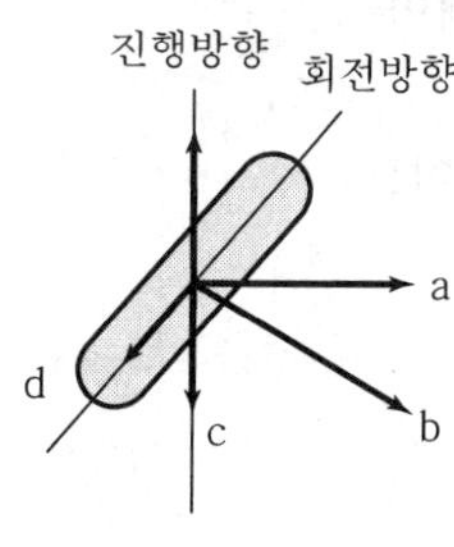

① a　② b　③ c　④ d

35. 마찰클러치 점검사항에 해당하지 않는 것은?

① 클러치 페달 레버의 길이
② 디스크 페이싱의 리벳 깊이
③ 클러치 디스크 비틀림
④ 클러치 스프링 장력

36. 4륜 조향에 대한 장점으로 틀린 것은?

① 최대 조향각의 감소
② 최소 회전 반경의 감소
③ 선회 안정성의 증대
④ 고속주행 안정성의 증대

37. 독립 현가장치 중 맥퍼슨 형식의 특징이 아닌 것은?

① 스프링 윗부분 중량이 크기 때문에 접지성이 불량하다.
② 위시본형에 비해 구조가 간단하다.
③ 부품 수가 적으므로 마모나 손상이 적다.
④ 엔진룸의 유효 면적을 크게 할 수 있다.

38. 변속기의 기어 물림을 톱(Top)으로 하였을 때의 현상으로 옳은 것은?

① 구동바퀴의 회전력이 가장 크게 된다.
② 구동바퀴의 회전력은 변함없다.
③ 구동바퀴의 회전력이 가장 작게 된다.
④ 총 감속비가 크게 된다.

39. 자동변속기 전자제어 모듈에서의 출력 요소가 아닌 것은?

① 자동변속기 컨트롤 릴레이
② 변속 솔레노이드 밸브
③ 로크 업 클러치 솔레노이드
④ 인히비터 스위치

 정답 35. ① 36. ① 37. ① 38. ③ 39. ④

40. 공기식 제동장치 차량에서 총 제동력 4,900N, 자동차 질량 1,800kg, 브레이크 공기압력 7.0bar, 블로킹 한계압력 4.5bar, 초기압력 0.4bar인 상태의 제동률은?

① 약 23.6%　　② 약 36.7%
③ 약 44.7%　　④ 약 57.1%

41. 자동변속기 토크 컨버터에서 펌프가 4,000rpm으로 회전하고 속도비가 0.4이며 토크비가 3.0일 때 토크컨버터의 효율은?

① 1.2　　② 1.4　　③ 1.6　　④ 1.8

➡해설 $효율 = \dfrac{출력}{입력} = \dfrac{터빈의\ 토크 \times 터빈\ 회전속도}{펌프의\ 토크 \times 펌프\ 회전속도}$

$= 토크비 \times 속도비 = 3 \times 0.4 = 1.2$

42. 자동 차동 제한장치의 특성에 대해 잘못 설명한 것은?

① 미끄러지기 쉬운 모래 길이나 습지 등과 같은 노면에서 발진 및 주행이 용이하다.
② 악로 주행 시 좌우 바퀴의 회전수가 균일하므로 안전하게 주행할 수 있다.
③ 미끄러운 노면에서 바퀴가 공회전하지 않으므로 타이어의 수명이 길어진다.
④ 좌우 바퀴의 구동력 차이에 의해서 안정된 주행 성능을 얻을 수 없다.

43. 제동장치에서 디스크 브레이크의 설명으로 맞는 것은?

① 서보 브레이크 형식이다.
② 자기작동 브레이크 형식이다.
③ 배력식 브레이크 형식이다.
④ 자동 조정 브레이크 형식이다.

44. 차량 편의장치의 정보 전달 체계에서 복합, 또는 다수의 뜻을 가지며 입력 신호 몇 개를 시간에 따라 한 개의 출력 신호로 하는 장치는?

① 드라이버(Driver)
② 멀티플렉서(Multiplexer)
③ 버퍼 회로(Buffer Circuit)
④ 캐릭터 제너레이터(Character Generator)

정답 40. ③ 41. ① 42. ④ 43. ④ 44. ②

45. 그림과 같이 전원 전압은 12V이고 10mA의 전류가 흐르는 회로에 정격 전압이 2V인 발광 다이오드를 설치하고자 할 때 직렬로 전류 제한용 저항은 얼마이어야 하는가?

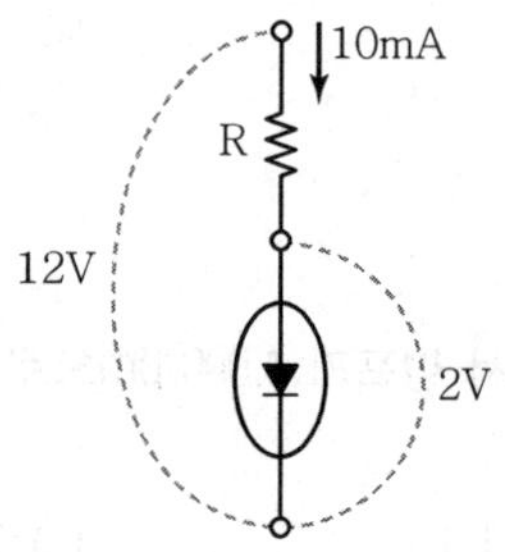

① 1MΩ ② 1mΩ ③ 1kΩ ④ 1Ω

해설 $R_1 = \frac{E_b}{I} = \frac{12}{0.01} = 1{,}200\Omega$

다이오드가 2V이므로

$R_2 = \frac{E_d}{I} = \frac{2}{0.01} = 200\Omega$

$\therefore\ 1{,}200 - 200 = 1{,}000\Omega$

46. 전자제어기관에서 냉방장치가 작동 시 아이들 업 기능에 대한 설명으로 틀린 것은?

① 엔진의 공회전 시 또는 급가속 시 작동한다.
② 냉방장치 가동에 따른 과부하로 엔진이 정지하거나 부조하는 것을 방지한다.
③ ECU가 아이들 업 액추에이터를 작동시켜 엔진 회전수를 상승시킨다.
④ 컴프레서의 마그네틱 클러치가 작동하는 것과 상호보완적으로 작동한다.

47. 배터리의 급속 충전 시 주의할 점이 아닌 것은?

① 차에 설치한 상태로 충전할 때에는 접지 케이블을 단자에서 떼어놓은 다음 충전기의 클립을 설치한다.
② 충전 전류는 축전지 용량의 절반 정도가 좋다.
③ 충전 중 전해액의 온도가 45℃를 넘지 않도록 한다.
④ 충전시간은 될 수 있는 한 길게 유지하여야 한다.

48. 직류 모터 중 전기자 코일과 계자 코일을 직·병렬로 접속해서 회전력이 크고 회전속도가 일정한 것은?

① 직권식 모터
② 분권식 모터
③ 복권식 모터
④ 페라이트 자석식 모터

49. 4기통 디젤기관에 저항이 0.5Ω인 예열 플러그를 각 기통에 병렬로 연결하였다. 이 기관에 설치된 예열 플러그의 합성 저항은 몇 Ω인가?(단, 기관의 전원은 24V임)

① 약 0.13　② 약 0.5　③ 약 2　④ 약 12

해설 $R = \dfrac{1}{\dfrac{1}{0.5}+\dfrac{1}{0.5}+\dfrac{1}{0.5}+\dfrac{1}{0.5}} = \dfrac{0.5}{4} = 0.125$

50. 충전장치 출력전류 측정방법 중 틀린 것은?

① 배터리의 (−)단자를 분리시켰다가 전류계를 연결한 후 다시 (−)단자를 접속시킨다.
② 알터네이터의 B단자와 연결된 배선을 분리한 후 전류계의 한쪽 끝은 B단자에 연결하고 다른 한쪽 끝은 B단자에 연결했던 배선에 접속시킨다.
③ 측정전류가 100A 이상이면 정상이다.
④ 최대 출력값을 측정하기 위해 변속레버를 중립 상태로 하고 브레이크 페달을 밟은 상태에서 엔진 시동을 걸고 엔진 rpm을 2,500~3,000으로 유지시킨다.

51. 에탁스에서 감광식 룸 램프 제어의 타임 차트에 대한 설명으로 옳은 것은?

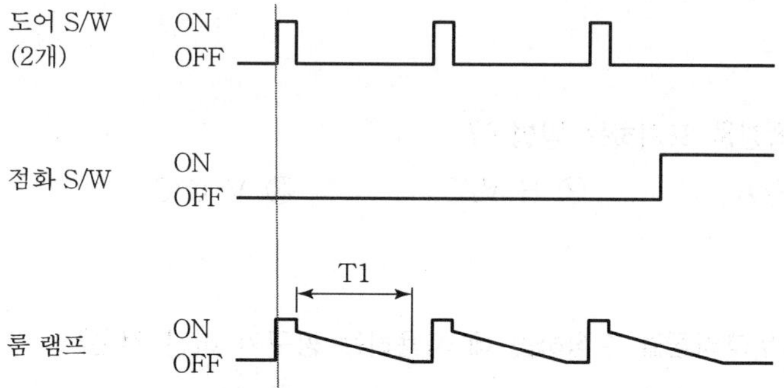

① 도어 열림 시 룸 램프는 소등된다.
② 도어 닫힘 시 즉시 소등된다.

③ 감광 룸 램프는 이그니션 키와 상관없이 동작한다.
④ 감광 동작 중 이그니션 키를 ON 하면 즉시 감광 동작은 정지된다.

52. 점화 플러그 전극의 소염작용을 저감하는 방법으로 틀린 것은?
① 스파크 갭을 크게 한다.
② 중심전극의 지름을 작게 세경화한다.
③ 전극부에 홈(Groove) 등을 마련하여 화염핵과의 접촉면적을 줄인다.
④ 냉형 플러그를 사용한다.

53. 서스펜션의 종류와 구동방식의 차이에 따라서 구성요소나 형태가 달라지는 부위는?
① 플로어 패널
② 쿼터 아웃 패널
③ 프런트 필러 패털
④ 사이드 실 아웃 패널

54. 용해력이 약하고 증발이 빠른 시너를 사용했을 때나, 도료의 점도가 높아 도막의 표면에 미세한 요철이 발생한 현상을 무엇이라 하는가?
① 오렌지 필(Orange-peel)
② 클레터링(Cratering)
③ 핀 홀(Pinhole)
④ 블리딩(Bleeding)

55. 재료의 응력 변형 선도에서 다음의 응력값 중 가장 작은 것은?
① 극한 강도 응력
② 비례한도 내의 응력
③ 상항복점 응력
④ 하항복점 응력

56. 색의 3속성을 표기하는 방법은?
① L V/A
② H V/C
③ V C/C
④ K H/C

57. 강판의 우그러짐을 수정하는 데 사용하는 공구가 아닌 것은?
① 솔라이드 해머
② 핸드 훅
③ 스푼
④ 디스크 샌더

정답 52. ④ 53. ① 54. ① 55. ② 56. ② 57. ④

58. 가스 용접 시 표준 불꽃으로 용접할 때 적당하지 않은 금속은?

① 마그네슘 합금강　　② 연강
③ 주강　　④ 황동

59. 안료는 물이나 기름, 기타 용제에 대해 어떠한 반응을 일으키게 되는가?

① 물, 기름, 용제에 녹는다.
② 물, 기름, 용제에 녹지 않는다.
③ 물에는 고지 않고 기름과 용제에는 녹는다.
④ 용제에 녹고, 물과 기름에는 녹지 않는다.

60. 원적외선 건조로 내의 도막이 건조되는 과정으로 맞는 것은?

① 외부로부터 건조된다.　　② 내부로부터 건조된다.
③ 중간부터 건조된다.　　④ 모두 동시에 건조된다.

정답 58. ④ 59. ② 60. ②

제54회 자동차정비 기능장

(2013년도 7월 21일 시행)

Actual Test

01. 내연기관에서 행정체적에 해당하는 만큼의 표준 대기 상태의 건조공기질량과 운전 중 1사이클당 실제로 실린더에 흡입된 공기질량과의 비를 무엇이라 하는가?

① 제동효율　② 충진효율
③ 체적효율　④ 이론효율

02. 가솔린기관 연료의 구비조건이 아닌 것은?

① 착화온도가 낮을 것　② 기화성이 좋을 것
③ 발열량이 클 것　④ 연소성이 좋을 것

03. 전자제어 연료 분사방식의 엔진에 사용되는 센서 중 부특성 서미스터(NTC) 소자를 이용한 센서는?

① 냉각수온센서, 산소센서　② 흡기온센서, 대기압센서
③ 대기압센서, 스로틀포지션센서　④ 냉각수온센서, 흡기온센서

04. 오토사이클에서 열효율을 40%로 하기 위해서는 압축비를 얼마로 하면 되는가?(단, 비열비 $k=1.4$)

① 17.6　② 5.66　③ 3.58　④ 1.64

➡해설 $\eta=1-\frac{1}{\varepsilon^{k-1}}$　$0.4=1-\frac{1}{\varepsilon^{1.4-1}}$

$0.4=1-\frac{1}{\varepsilon^{0.4}}$　$0.4-1=-\frac{1}{\varepsilon^{0.4}}$

$\frac{1}{\varepsilon^{0.4}}=1-0.4$　$\varepsilon^{0.4}=\frac{1}{1-0.4}$

$\varepsilon=\left(\frac{1}{1-0.4}\right)^{\frac{1}{0.4}}$　$\varepsilon=3.58$

05. 가솔린기관에서 실린더 냉각이 불충분하여 과열될 때 일어나는 현상으로 거리가 먼 것은?

① 충진 효율의 감소
② 프리 이그니션 발생
③ 연소향상으로 출력 증가
④ 윤활작용의 불량

06. 기관의 제동평균 유효압력이 8.13kgf/cm², 기계효율이 85%일 경우 도시 평균 유효압력은?

① 13.37kgf/cm²
② 12.62kgf/cm²
③ 10.48kgf/cm²
④ 9.56kgf/cm²

➡해설 $\text{도시마력} = \frac{\text{제동마력}}{\text{기계효율}} = \frac{85}{0.85} = 100$

07. 실린더 내경과 행정이 각각 80mm이고, 회전수가 500rpm일 때 4행정 기관의 실린더 내경을 85mm로 변경하면 증가된 도시마력은?(단, 실린더 수 4개, 도시 평균 유효압력 13kgf/cm²)

① 약 150PS
② 약 180PS
③ 약 200PS
④ 약 250PS

➡해설
$$IPS = \frac{P \cdot A \cdot L \cdot N \cdot R}{75 \times 60}$$
$$= \frac{13 \times 0.785 \times 8.5^2 \times 0.08 \times 4 \times 5,725}{75 \times 60 \times 2}$$
$$= 150.08\text{PS}$$

08. 밸브 오버랩(Valve over Lap)은 무엇을 의미하는가?

① 흡·배기밸브가 동시에 열려 있는 시기
② 흡기밸브 열림과 분사가 동시에 일어나는 시기
③ 흡·배기밸브가 동시에 닫혀 있는 시기
④ 배기밸브 열림과 분사가 동시에 일어나는 시기

09. LPG 기관에서 피드백 믹서 방식의 출력제어장치와 거리가 먼 것은?

① 가스압력 측정 솔레노이드밸브
② 시동 솔레노이드밸브
③ 메인 듀티 솔레노이드밸브
④ 슬로 듀티 솔레노이트밸브

정답 5. ③ 6. ④ 7. ① 8. ① 9. ①

10. 전자제어 가솔린기관에서 직접분사방식(GDI)을 간접분사방식과 비교했을 때 단점은?

① 연료분사압력이 상대적으로 낮다.
② 희박혼합기 모드에서는 NOx의 발생량이 현저하게 증가한다.
③ 분사밸브의 작동전압이 너무 낮다.
④ 내부 냉각효과가 너무 낮다.

11. 실린더 안지름과 행정에 따른 분류에서 회전력은 크고 측압이 작은 엔진은?

① 정방행정 엔진
② 장행정 엔진
③ 단행정 엔진
④ 2행정 엔진

12. 연료탱크로부터 발생한 증발가스를 저장했다가 운전 중 흡입 부압을 이용해 흡기 매니폴드에 보내는 것은?

① 캐니스터
② 에어컨트롤 밸브
③ 인탱크 필터
④ 에어 바이패스 솔레노이드 밸브

13. 기관에서 압축 및 폭발 행정 시 피스톤과 실린더 사이로 탄화수소가 포함된 미연소가스가 크랭크케이스 안으로 빠져나가는 현상은?

① 블로-바이(Blow-by) 현상
② 블로-백(Blow-back) 현상
③ 블로-다운(Blow-down) 현상
④ 블로-업(Blow-up) 현상

14. LPI(Liquified Petroleum Injection) 연료장치에서 멀티밸브 유닛 구성요소가 아닌 것은?

① 매뉴얼밸브
② 과류 방지 밸브
③ 연료압력 조절기
④ 리턴밸브

15. 디젤기관에서 분사펌프의 딜리버리 밸브의 기능으로 틀린 것은?

① 연료잔압 유지
② 연료분사량 증감
③ 역류 방지
④ 후적 방지

정답 10. ② 11. ② 12. ① 13. ① 14. ③ 15. ②

16. 혼합기 또는 공기가 연소 전에 압축되는 정도를 나타내는 식은?(단, Vc : 연소실 체적, Vs : 행정 체적)

① 1+(Vc/Vs) ② 1+(Vs/Vc)
③ 1-(Vc/Vs) ④ 1-(Vs/Vc)

17. 내연기관의 윤활장치에서 유압이 규정보다 낮은 원인이 아닌 것은?

① 오일팬의 오일 양 부족
② 오일점도 과대
③ 유압조절밸브의 스프링 장력 약화
④ 오일펌프의 마모

18. 가솔린 기관에서 노킹을 억제하기 위한 방법으로 틀린 것은?

① 높은 옥탄가의 연료를 사용한다.
② 압축비를 내린다.
③ 화염 전파거리를 단축한다.
④ 와류를 증가시켜 연소시간을 늘린다.

19. 모집단으로부터 공간적 · 시간적으로 간격을 일정하게 하여 샘플링하는 방식은?

① 단순랜덤샘플링(Simple Random Sampling)
② 2단계 샘플링(Two-stage Sampling)
③ 취락샘플링(Cluster Sampling)
④ 계통샘플링(Systematic Sampling)

20. 이항분포(Binomial Distribution)의 특징에 대한 설명으로 옳은 것은?

① P=0.01일 때는 평균치에 대하여 좌우 대칭이다.
② P≤0.1이고, nP=0.1~10일 때는 푸아송 분포에 근사한다.
③ 부적합품의 출현 개수에 대한 표준편차는 D(x)=nP이다.
④ P≤0.5이고, nP≤5인 EO는 정규 분포에 근사한다.

정답 16. ② 17. ② 18. ④ 19. ④ 20. ②

21. 예방보전(Preventive Maintenance)의 효과가 아닌 것은?

① 기계의 수리비용이 감소한다.
② 생산시스템의 신뢰도가 향상된다.
③ 고장으로 인한 중단시간이 감소한다.
④ 잦은 정비로 인해 제조원단위가 증가한다.

22. 부적합수 관리도를 작성하기 위해 $\sum c = 559$, $\sum n = 222$를 구하였다. 시료의 크기가 부분군마다 일정하지 않기 때문에 u관리도를 사용하기로 하였다. n=10일 경우 u관리도의 UCL 값은 약 얼마인가?

① 4.023 ② 2.518 ③ 0.502 ④ 0.252

23. 작업방법 개선의 기본 4원칙을 표현한 것은?

① 층별－랜덤－재배열－표준화 ② 배제－결합－랜덤－표준화
③ 층별－랜덤－표준화－단순화 ④ 배제－결합－재배열－단순화

24. 제품공정도를 작성할 때 사용되는 요소(명칭)가 아닌 것은?

① 가공 ② 검사 ③ 정체 ④ 여유

25. 브레이크 페달을 놓았을 때 하이드로 백 릴레이 밸브의 작동에 대하여 맞는 것은?

① 공기 밸브가 먼저 닫힌 다음 진공 밸브가 열림
② 공기 밸브가 먼저 열린 다음 진공 밸브가 닫힘
③ 진공 밸브가 먼저 닫힌 다음 공기 밸브가 열림
④ 진공 밸브가 먼저 열린 다음 공기 밸브가 닫힘

26. 전자제어 자동변속기에서 유압제어를 위한 신호의 설명으로 틀린 것은?

① 펄스 제너레이터 A : 변속기 유압 제어를 위해 킥 다운 드럼의 회전속도를 검출
② 파워/이코노미 스위치 : 운전자의 요구에 가까운 변속특성을 어기 위해 ON/OFF 검출
③ 킥 다운 서보 스위치 : 변속 시 유압 제어의 시기 제어를 위해 킥 다운 릴레이의 작동을 검출
④ 펄스 제너레이터 B : 출력축 기어의 회전수를 검출

정답 21. ④ 22. ① 23. ④ 24. ④ 25. ① 26. ③

27. 싱크로 메시 기구에서 싱크로나이저 링의 내면에 둘레 방향으로 설치된 작은 나사의 기능은?

① 변속 레버의 조작에 의해 전후 방향으로 섭동하여 기어의 클러치 역할을 한다.
② 변속기어가 물릴 때 콘에 형성된 유막을 파괴시켜 마찰력을 발생시키는 역할을 한다.
③ 싱크로나이저 키와 슬리브를 고정하여 기어의 물림이 빠지지 않게 하는 역할을 한다.
④ 싱크로나이저 슬리브가 전후로 이동할 때 싱크로나이저 키를 슬리브 안쪽에 압착시키는 역할을 한다.

28. 클러치 디스크 페이싱의 요건으로 틀린 것은?

① 내열성이 우수해야 한다.
② 마찰 계수가 작아야 한다.
③ 열부하에 관계없이 마찰 계수가 일정해야 한다.
④ 표면 결합력이 커, 표면이 뜯겨 나가지 않아야 한다.

29. 자동차가 선회할 때 바깥쪽 바퀴의 최대 조향각이 30°, 안쪽 바퀴의 최대 조향각 36°이고 축거가 2.4m일 때 최소회전반경은?

① 4.8m, 적합 ② 4.8m, 부적합
③ 3.4m, 적합 ④ 3.4m, 부적합

➡해설 $R=\frac{L}{\sin\alpha}+r=\frac{2.4}{\sin 30}=4.8\text{m}$

여기서, R : 최소회전반경(m)
L : 축거(m)
$\sin\alpha$: 최외측 바퀴의 조향각
r : 킹핀과 타이어의 중심거리(m)

30. 디스크 브레이크의 특징이 아닌 것은?

① 구조가 간단하여 패드 교환 등 점검, 정비가 용이하다.
② 물이나 진흙 등이 묻어도 원심력에 의해 잘 떨어져 나가므로 제동 효과의 회복이 빠르다.
③ 제동 시 한쪽으로 쏠림 현상이 적어 방향 안전성이 좋다.
④ 드럼식에 비해 방열성이 우수하여 페이드(Fade) 현상이 발생될 수 있다.

정답 27. ② 28. ② 29. ① 30. ④

31. 사이드 슬립 검사(Side Slip Test)에 대한 설명으로 옳은 것은?

① 앞바퀴 차륜 정렬의 불평형으로 인한 주행 중 앞차축의 옆 방향 휨 양을 검사한다.
② 답판 움직임은 토 인(Toe－in)의 경우 외측으로, 토 아웃(Toe－out)의 경우 내측으로 각각 이동한다.
③ 자동차가 직진하고 있을 때 캠버(Camber)각이 있으면 차륜은 서로 차량 내측을 향하는 특성이 있다.
④ 직진 시 전륜은 항상 내측으로 진행하려 하므로 외측으로 진행하게 하는 토 아웃(Toe－out)을 부여한다.

32. 전자제어 현가장치의 구성 요소가 아닌 것은?

① 차고 센서
② 감쇠력 변환 액추에이터
③ G센서
④ 유온 센서

33. 자동변속기 오일(ATF)이 많이 주입되었을 때 미치는 영향으로 거리가 먼 것은?

① 에어 브리더로부터 오일(ATF)이 밖으로 배출된다.
② 밸브 보디 내의 각종 유압 배출 구멍이 막혀 주행이 원할치 못하다.
③ 유압이 낮아져 변속 시점이 지연된다.
④ 변속 시 슬립이 발생된다.

34. 자동차의 기관 토크가 14kgf · m, 총 감속비가 4.0, 전달효율이 0.9, 구동바퀴의 유효 반경이 0.3m일 때 구동력은?

① 50.4kgf ② 51.9kgf ③ 168.0kgf ④ 186.7kgf

해설 $T = F \cdot r$

$$F = \frac{14 \times 4 \times 0.9}{0.3} = 168\text{kgf}$$

35. 하이드로 플래닝(Hydro Planing) 현상을 방지하기 위한 방법 중 틀린 것은?

① 마모가 적은 타이어를 사용한다.
② 타이어 공기압을 낮춘다.
③ 배수 효과가 좋은 타이어를 사용한다.
④ 주행 속도를 낮춘다.

정답 31. ② 32. ④ 33. ③ 34. ③ 35. ②

36. 자동차의 길이 방향으로 그은 직선(X축)을 중심으로 차체가 회전하는 진동은?

① 바운싱 ② 피칭 ③ 요잉 ④ 롤링

37. 조향 바퀴의 윤중의 합은 차량 중량 및 차량 총 중량의 각각에 대하여 얼마 이상이어야 하는가?

① 10% ② 20% ③ 30% ④ 40%

38. 공기식 브레이크 장치에서 공기 압축기의 고장으로 압축 공기가 존재하지 않는 경우 나타나는 현상은?

① 압축 공기가 없으면 엔진 시동이 어렵다.
② 로드 센싱 밸브에서 하중을 감지 못한다.
③ 주차 브레이크가 작동된다.
④ 풋 브레이크 밸브에 의해서 비상제동은 가능하다.

39. 부(－)의 킹핀 오프셋에 대한 설명으로 틀린 것은?

① 제동 시 차륜이 안쪽으로부터 바깥쪽으로 벌어지도록 작용한다.
② 마찰계수가 큰 차륜이 안쪽으로 더 크게 조향되므로 자동차는 주행 차선을 그대로 유지한다.
③ 제동 시 차륜이 안쪽으로 조향되는 특성을 나타낸다.
④ 차륜 중심선의 접지점이 킹핀 중심선의 연장선의 접지점보다 안쪽에 위치한 상태를 말한다.

40. 전자제어 동력조향장치의 구성 요소 중 조향각 센서에 대한 설명으로 옳은 것은?

① 기존 동력조향장치의 캐치－업(Catch－up) 현상을 보상하기 위한 센서
② 자동차의 속도를 검출하여 컨트롤 유닛에 입력하기 위한 센서
③ 차속과 조향각 신호를 기초로 하여 최적 상태의 유량을 제어하기 위한 센서
④ 스로틀 밸브의 열림 양을 감지하여 컨트롤 유닛에 입력하기 위한 센서

정답 36. ④ 37. ② 38. ③ 39. ① 40. ①

41. 전자제어 제동장치(ABS)에서 후륜에 대한 제어방법으로 노면과의 마찰계수가 낮은 측 차륜을 기준으로 브레이크 압력을 제어하는 것을 무엇이라 하는가?

① 감압 유지모드 제어
② 셀렉트－로(Select Low) 제어
③ 중압 유지 모드 제어
④ 요우－모멘트 제어

42. 동력계 암의 길이가 772mm, 기관의 회전수가 2,200rpm, 동력계 하중이 15kgf일 경우 제동마력은?

① 약 18.4PS ② 약 24.5PS ③ 약 25.3PS ④ 약 35.6PS

해설 $PS=\frac{nT}{716}=\frac{2,200\times15\times0.772}{716}=35.6\text{PS}$

43. 종감속 장치에 사용되는 기어 중 하이포이드 기어의 특징으로 틀린 것은?

① 운전이 정숙하다.
② 구동 피니언과 링기어의 중심선이 일치하지 않는다.
③ 차체의 중심이 낮아져서 안전성 및 거주성이 향상된다.
④ 하중 부담 능력이 작다.

44. 트랜지스터식 점화장치는 트랜지스터의 어떤 작용을 이용하여 코일의 2차 전압을 유지시키는가?

① 스위칭 작용
② 상호유도 작용
③ 자기유도 작용
④ 전자유도 작용

45. 기동전동기 무부하 시험 시 축전지 전압이 12V일 때, 출력되는 전압은 얼마를 정상으로 판정하는가?

① 약 40% 이하
② 약 30% 이하
③ 약 20% 이하
④ 약 10% 이하

46. 20℃에서 양호한 상태인 160AH 축전지는 40A의 전류를 얼마간 발생시킬 수 있는가?

① 15분 ② 40분 ③ 60분 ④ 240분

해설 배터리 용량은 AH로 구성

$H=\frac{160AH}{40A}=4H=240$분

정답 41. ② 42. ④ 43. ④ 44. ① 45. ④ 46. ④

47. 저항식 레벨 센서(퍼텐쇼미터) 유닛 방식의 연료계에서 계기의 침과 연료 유닛의 뜨개에 대해 바르게 설명한 것은?

① 뜨개에 흐르는 전류가 많아지면 연료계기의 지침이 “E”에 위치한다.
② 연료가 줄어들면 센더 유닛의 저항은 작아진다.
③ 연료가 증가하면 센더 유닛에 흐르는 전류는 감소한다.
④ 센더 유닛의 저항이 낮아지면 연료계기의 지침이 “F”에 위치한다.

48. 자동차용 냉방장치에서 냉매 교환 및 충전 시의 진공작업에 대한 설명 중 옳지 않은 것은?

① 시스템 내부의 공기와 수분을 제거하기 위한 작업이다.
② 시스템 내부의 압력을 낮게 함으로써 수분이 쉽게 기화되도록 한다.
③ 실리카겔 등의 흡수제로 수분을 제거한다.
④ 진공 펌프나 컴프레서를 이용한다.

49. 교류 발전기의 3상 코일 결선에 대한 설명 중 틀린 것은?

① Y결선의 선간접압은 상전압의 크기가 같은 경우 상전압의 배이다.
② 델타결선의 경우 부하가 연결되었을 때에 선간전류는 상전류의 배이다.
③ 발전기의 크기가 같고, 코일의 감긴 수가 같을 때 델타결선 방식이 높은 전압을 발생한다.
④ 자동차용 교류 발전기는 Y결선을 많이 사용하고 있다.

50. 반도체의 특징으로 틀린 것은?

① 내부 전력 손실이 적다.
② 고유 저항이 도체에 비하여 적다.
③ 온도가 상승하면 특성이 몹시 나빠진다.
④ 정격값을 넘으면 파괴되기 쉽다.

51. 차량 보디 전장제어계통인 다중통신장치에서 BUS 시스템을 적용하는 목적으로 틀린 것은?

① 신속하고 정확한 정보를 수신할 수 있다.
② 한꺼번에 많은 정보를 접할 수 있다.
③ 배선 또는 커넥터 등을 대폭 줄일 수 있다.
④ 차량의 전류 소모를 최대화할 수 있다.

정답 47. ④ 48. ③ 49. ③ 50. ② 51. ④

52. 전조등의 광도가 2,000cd인 경우, 전방 10m에서 조도는?

① 200lx ② 20lx ③ 30lx ④ 2,000lx

해설 조도(Lux) $= \frac{cd}{r^2} = \frac{2,000}{10^2} = 20l\text{x}$

53. 도장 작업 후 시간이 경과함에 따라 도막의 광택이 없어지는 현상의 원인이 아닌 것은?

① 불충분한 건조에 광택 작업을 했다.
② 상도 베이스 도막이 너무 두껍다.
③ 상도 작업 시 하도의 건조가 불충분하다.
④ 증발속도가 늦은 속건성 시너를 과다 혼합했다.

54. 탈지용 용제의 구비조건으로 가장 거리가 먼 것은?

① 휘발성으로 금속 표면에 잔존해서는 안 된다.
② 인화성이 없어야 한다.
③ 금속면에 대하여 부식성이 있어야 한다.
④ 인체에 유해하지 않아야 한다.

55. 모노코크 보디에 대한 설명 중 잘못된 것은?

① 충격을 흡수할 수 있도록 일부러 약한 부위를 만들어 준다.
② 충격을 받으면 서스펜션 조립부가 상향으로 올라가는 변형을 일으킨다.
③ 충격 흡수를 위해 두께를 바꾸거나 구멍을 만들어 준다.
④ 충격 흡수를 위해 사다리형 프레임을 보디와 별도로 사용한다.

56. CO_2 가스 아크 용접을 전기 아크 용접과 비교했을 때의 장점이 아닌 것은?

① 용입이 깊으며 용접봉의 소모량이 적다.
② 용착 금속의 성질이 좋고 시공이 편리하다.
③ 아크가 거칠고 스패터가 많이 발생한다.
④ 용접 결함이 적고 용접봉이 녹는 소리가 일정하다.

정답 52. ② 53. ④ 54. ③ 55. ④ 56. ③

57. 스프링 백(Spring Back)이란?

① 스프링에서 장력의 세기를 나타내는 척도
② 스프링의 피치를 나타낸다.
③ 판재를 구부릴 때 하중을 제거하면 탄성에 의해 처음의 상태처럼 돌아오는 것
④ 판재를 구부렸을 때 구부린 부분이 활 모양으로 되는 현상

58. 자동차 보수 도장에서 메탈릭과 펄(마이카) 도료의 가장 큰 차이점은?

① 불투명 및 반투명으로 인한 색상 및 명암 차이가 있다.
② 펄은 빛을 반사하고 투과하지 못한다.
③ 펄은 코팅의 두께와는 관계없이 컬러가 같다.
④ 펄은 불투명하여 은폐력이 좋고 메탈릭은 반투명하여 은폐력이 약하다.

59. 조색에 관한 설명이다. 맞는 것은?

① 펄이나 메탈릭을 조색할 때는 정면과 측면을 비교한다.
② 조색을 할 때는 이른 아침이나 저녁이 좋다.
③ 조색을 할 때 형광등 밑에서 해도 아무런 문제가 없다.
④ 작업 바닥과 벽은 유채색의 밝은 색이 좋다.

60. 데이텀 라인은 무엇을 측정하기 위한 것인가?

① 프레임 각 부의 부속품 접속 위치
② 프레임의 일그러짐
③ 프레임 기준선에 의한 프레임의 높이
④ 프레임 사이드 멤버와 크로스 멤버의 위치

정답 57. ③ 58. ① 59. ① 60. ③

제55회 자동차정비 기능장
(2014년도 4월 6일 시행)

01. 알루미늄으로 제작된 실린더헤드에 균열이 발생하였을 때 용접방법으로 가장 적합한 것은?

① 전기피복 아크용접
② 불활성 가스 아크용접
③ 산소-아세틸렌가스 용접
④ LPG 용접

02. V형 6실린더 기관에서 크랭크 핀의 각도는?

① 90° ② 120°
③ 270° ④ 360°

03. 기관의 회전력이 14.32m-kg이고 3,000rpm으로 회전하고 있을 때 클러치에 전달되는 마력은?

① 약 30PS ② 약 45PS
③ 약 55PS ④ 약 60PS

04. 크랭크축 저널의 지름이 50mm, 폭발압력이 60kg/cm², 실린더 지름이 100mm일 때 실린더 벽의 두께가 15mm라면 실린더 벽의 허용응력은?

① 약 166.7kgf/cm² ② 약 176.7kgf/cm²
③ 약 100kgf/cm² ④ 약 200kgf/cm²

➡해설 $P = \dfrac{2 \times \sigma \times t}{D}$

$\sigma = \dfrac{PD}{2t} = \dfrac{60 \times 10}{2 \times 1.5} = 200\,\text{kgf/cm}^2$

여기서, P : 폭발압력(kgf/cm²)
σ : 실린더 벽의 허용응력(kgf/cm²)
t : 실린더 벽의 두께(cm)
D : 실린더 지름(cm)

 | 정답 1. ② 2. ② 3. ④ 4. ④

05. 산소센서의 고장 시 나타나는 현상으로 틀린 것은?

① 가속력, 출력이 부족하다.
② 규정 이상의 CO 및 HC가 발생한다.
③ 연료소비율이 감소한다.
④ ECU에 고장코드가 저장된다.

06. 디젤기관의 연료장치 노즐에서 분사되는 연료입자 크기에 대한 설명으로 옳은 것은?

① 노즐 오리피스의 지름이 크면 연료입자 크기는 작다.
② 배압이 높으면 연료입자 크기는 커진다.
③ 분사압력이 높으면 연료입자 크기는 커진다.
④ 공기온도가 낮아지면 연료입자 크기는 커진다.

07. 전자제어 가솔린 기관에서 피드백 제어가 해제되는 경우로 틀린 것은?

① 전 부하 출력 시
② 연료 차단 시
③ 회박 신호가 길게 계속 될 때
④ 냉각 수온이 높을 때

08. 로터리 기관에서 로터가 1회전할 때 연소 작동은 몇 번 하는가?

① 1
② 2
③ 3
④ 4

09. 기관의 고장 진단에서 흡입다기관의 진공시험으로 판단할 수 없는 것은?

① 점화시기 조정 불량
② 밸브의 작동 불량
③ 압축압력의 누설
④ 연료 소비율

10. 과급장치에서 가변용량터보차저(VGT ; Variable Geometry Turbocharger)의 터보제어 솔레노이드 정검요령과 거리가 먼 것은?

① 가속 시 터보제어 솔레노이드 듀티 변화 여부를 확인한다.
② 가속 시 엔진회전 수와 부스터 압력센서의 변화를 관찰한다.
③ 가속 시 연료 분사량과 부스터 압력센서의 변화를 관찰한다.
④ 가속 시 부스터 압력센서의 출력은 변화가 없어야 한다.

정답 5. ③ 6. ④ 7. ④ 8. ③ 9. ④ 10. ④

11. LPI(Liquefied Petroleum Injection) 연료장치에서 프로판과 부탄의 비율을 판단할 수 있게 하는 신호로 짝지어진 것은?

① 연료압력과 분사시간　② 흡기온도와 연료온도
③ 흡기유량과 엔진 회전수　④ 연료압력과 연료온도

12. 배기가스 재순환장치에서 EGR(Exhaust Gas Recirculation)을 나타내는 식은?

① $EGR율 = \frac{EGR\ 가스유량}{흡입공기량 + EGR\ 가스유량} \times 100\%$

② $EGR율 = \frac{흡입공기량}{EGR\ 가스유량} \times 100\%$

③ $EGR율 = \frac{EGR\ 가스유량}{흡입공기량 + NOx\ 가스유량} \times 100\%$

④ $EGR율 = \frac{EGR\ 가스유량}{EGR\ 가스유량 - 흡입공기량} \times 100\%$

13. 기관의 냉각수인 부동액의 구비조건으로 틀린 것은?

① 비등점이 물보다 낮아야 한다.
② 물과 혼합이 잘 되어야 한다.
③ 냉각계통에 부식을 일으키지 않아야 한다.
④ 온도 변화에 따라 화학적 변화가 없어야 한다.

14. 마찰마력 20PS, 도시마력 100PS, 제동마력 80PS인 디젤기관의 기계효율은?

① 20%　② 40%
③ 60%　④ 80%

해설 $기계효율 = \frac{출력}{입력} = \frac{80}{100} \times 100 = 80\%$

15. 전자제어 가솔린 분사장치에서 주로 연료분사 보정량을 산출하기 위한 신호로 거리가 먼 것은?

① 냉각수 온도 신호　② 흡입 공기 온도 신호
③ 크랭크 각 센서 신호　④ 산소 센서 신호

정답 11. ④ 12. ① 13. ① 14. ④ 15. ③

16. 경계윤활 영역에서 접촉면 중앙의 최고압력 부위에 경계층이 항복을 일으켜 마찰계수가 급격하게 증가하는 상태에 도달하는 단계는?

① 제1영역 ② 제2영역
③ 부분적 접촉 ④ 완전접촉 융착

17. 기관에서 연소실의 성능 향상을 위하여 설계할 때 유의사항으로 거리가 먼 것은?

① 체적효율의 향상 ② 촉매효과의 향상
③ 열효율의 향상 ④ 연소효율의 향상

18. 디젤기관에서 가열플랜지(Heating Flange) 방식의 예열장치를 주로 사용하는 연소실 형태는?

① 직접분사식 ② 예연소실식
③ 공기실식 ④ 와류실식

19. 근래 인간공학이 여러 분야에서 크게 기여하고 있다. 다음 중 어느 단계에서 인간공학적 지식이 고려됨으로써 기업에 가장 큰 이익을 줄 수 있는가?

① 제품의 계발단계 ② 제품의 구매단계
③ 제품의 사용단계 ④ 작업자 채용단계

20. 다음 [표]를 참조하여 5개월 단순이동평균법으로 7월의 수요를 예측한 것은?

[단위 : 개]

월	1	2	3	4	5	6
실적	48	50	53	60	64	68

① 55개 ② 57개
③ 58개 ④ 59개

➡해설 수요 예측값$=\dfrac{\text{모든 월 판매량}}{\text{개월 수}}$

$=\dfrac{50+53+60+64+68}{5}$

$=59$

21. 도수분포표에서 도수가 최대인 계급의 최댓값을 정확히 표현한 통계량은?

① 중위수 ② 시료평균
③ 최빈수 ④ 미드-레인지

22. 다음 중 두 관리도가 모두 푸아송 분포를 따르는 것은?

① x관리도, R관리도 ② c관리도, u관리도
③ np관리도, p관리도 ④ c관리도, p관리도

23. 전수검사와 샘플링 검사에 관한 설명으로 가장 올바른 것은?

① 파괴검사의 경우에는 전수검사를 적용한다.
② 일반적으로 전수검사가 샘플링 검사보다 품질 향상에 자극을 더 준다.
③ 검사항목이 많을 경우 전수검사보다 샘플링 검사가 유리하다.
④ 샘플링 검사는 부적합품이 섞여 들어가서는 안 되는 경우에 적용한다.

24. 다음 중 반스(Ralpg M. Barnes)가 제시한 동작경제원칙에 해당되지 않은 것은?

① 표준작업의 원칙
② 신체의 사용의 관한 원칙
③ 작업장의 배치에 관한 원칙
④ 공구 및 설비의 디자인에 관한 원칙

25. 전자식 현가장치에서 안티 롤을 제어할 때 가장 밀접하게 관련된 센서는?

① 차고센서 ② 홀 센서
③ 압력센서 ④ 조향각 센서

26. 위시본 형식의 현가장치에 대한 설명으로 틀린 것은?

① 바퀴에 발생하는 제동력은 현가 암(Ram)이 지지한다.
② 스프링은 상하 방향의 하중만을 지지하는 구조이다.
③ 위시본 형식에서는 토션바 스프링을 사용할 수 없다.
④ 바퀴에 발생하는 선회구심력(Cornering Force)의 현가 암(Ram)이 지탱한다.

 정답 21. ③ 22. ② 23. ③ 24. ① 25. ④ 26. ③

27. 자동차 검사에서 동일성 확인 사항으로 틀린 것은?

① 등록번호판 및 봉인상태 양호 여부
② 등록증에 기재된 원동기 형식과 실제 차 형식의 동일 여부
③ 등록증에 기재된 차대번호와 실제 차대번호 동일 여부
④ 등록증에 기재된 등록번호와 실제 차대번호의 동일 여부

28. 동력조향장치에 사용되는 오일펌프의 종류가 아닌 것은?

① 베인형
② 로터리형
③ 슬리퍼형
④ 인터그럴형

29. 자동변속기용 오일(ATF)의 구비조건으로 거리가 먼 것은?

① 기포 발생이 없고, 방청성을 가질 것
② 저온 시에도 유동성이 좋을 것
③ 슬러지 발생이 없을 것
④ 온도변화에 대한 점도변화가 클 것

30. 그림의 유성기어장치에서 A =5rpm이며, 댐퍼 클러치가 작동할 때 D와 B는 일체로 결합된다면 (C)의 회전속도는?

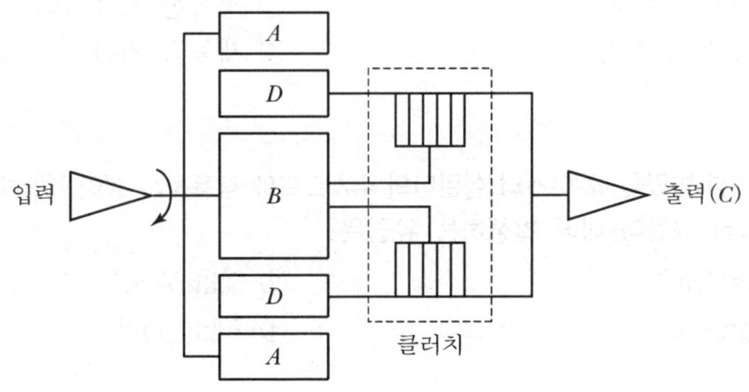

① 회전하지 않는다.
② 5rpm
③ 10rpm
④ 20rpm

31. ABS 시스템에서 주행 중 경고등이 점등되었을 때 차량에 나타나는 형상으로 옳은 것은?

① 제동 페달이 스펀지 현상으로 나타나며 제동 압력이 급격하게 감소한다.
② 일반적인 브레이크 시스템으로 전환되므로 주행에 큰 문제는 없다.
③ 경고등이 점등되는 순간 브레이크 페달에서 진동이 수반되며, 이를 킥－백 현상이라 한다.
④ 경고등이 점등되었으므로 편제동 현상이 나타난다.

32. 수동변속기 내부에서 기어 체결 시 기어의 이중 물림을 방지하는 것은?

① 싱크로나이저 콘(Cone)
② 인터 록
③ 싱크로나이저 키
④ 시프트 포크

33. 구동축과 피동축의 교차각이 커지더라도 구동축과 피동축이 원활하게 운동하여 앞바퀴 구동차량에 널리 사용되는 조인트는?

① 플렉시블 조인트
② 등속 조인트
③ 요크 조인트
④ 훅 조인트

34. 공기식 브레이크 장치에서 브레이크 라이닝 마찰 면에 그리스가 묻었을 때 나타나는 현상으로 가장 거리가 먼 것은?

① 제동이음 발생
② 정확한 제동거리
③ 베이퍼 록 현상
④ 제동력 저하

35. 브레이크를 밟았을 때 마스터 실린더의 푸시로드에 작용하는 힘이 150kgf, 피스톤 면적이 $3cm^2$이면 마스터 실린더 내에 발생하는 유압은?

① $40kgf/cm^2$
② $50kgf/cm^2$
③ $60kgf/cm^2$
④ $70kgf/cm^2$

36. 사이드 슬립 테스터로 측정한 결과 왼쪽 바퀴가 안쪽으로 8mm이고, 오른쪽 바퀴가 바깥쪽으로 10mm였을 때 30km를 직진상태로 주행하였다면 바퀴 방향과 미끄럼 양은?

① 안쪽으로 15m
② 바깥쪽으로 15m
③ 안쪽으로 30m
④ 바깥 쪽으로 30m

 정답 31. ② 32. ② 33. ② 34. ③ 35. ② 36. ④

37. 자동차의 중량이 1,275kgf, 가속 저항이 200kgf, 회전부분 상당 중량은 자동차 중량의 5%일 때 가속도는?

① 약 $0.15m/s^2$　　② 약 $1.25m/s^2$
③ 약 $1.36m/s^2$　　④ 약 $1.46m/s^2$

➡해설 가속저항 : 자동차의 속도를 변화시키는 데 필요한 힘

$$가속저항=(차량\ 총\ 중량+회전부분\ 상당\ 중량)\times\frac{가속도}{중력가속도}$$

$$200\,kgf=[1,275+(1,275\times 0.05)]\times\frac{가속도}{9.8}$$

$$가속도=\frac{200\,kgf\times 9.8}{[1,275+(1,275\times 0.05)]}=1.46\,m/s^2$$

38. 구동력 조절장치와 VDC의 구성품 중 이동전극과 고정전극으로 구성되며, 두 전극판의 전위차로 가속도의 크기를 검출하는 센서는?

① 액셀 포지션 센서　　② 휠 스피드 센서
③ 조향 휠 센서　　④ 횡 G센서

39. 타이어 트레드의 내측이 외측에 비하여 과대 마모되는 원인으로 가장 옳은 것은?

① 공기압이 과대한 경우　　② 공기압이 부족한 경우
③ 부(－) 캠버가 과다한 경우　　④ 정(＋) 캠버가 과다한 경우

40. 제동안전장치에서 감속브레이크의 장점으로 거리가 먼 것은?

① 풋 브레이크 장치에서 라이닝, 드럼, 타이어의 마모가 감소된다.
② 수동변속기 차량이면 클러치의 사용횟수가 적어 클러치 부품 관련 마모가 감소된다.
③ 빗길이나 빙판길에서의 제동 시 타이어의 미끄럼을 감소시킬 수 있다.
④ 감속브레이크만으로도 자동차를 정확하고 완전하게 제동할 수 있다.

41. 앞바퀴에 발생하는 코너링 포스가 뒷바퀴보다 클 경우 조향 특성은?

① 오버 스티어링　　② 언더 스티어링
③ 뉴트럴 스티어링　　④ 리버스 스티어링

정답 37. ④ 38. ④ 39. ③ 40. ④ 41. ①

42. 운행자동차의 배기소음 및 경적음 관련 검사에 대한 설명으로 틀린 것은?

① 경음기의 검사에서 경음기의 음색은 반드시 연속음이어야 한다.
② 배기음 측정은 원동기 최고출력 회전수의 75% 회전수에서 측정한다.
③ 차량과의 간격이 동일하다면 소음기를 양손으로 잡고 측정하여도 무방하다.
④ 배기관이 2개 이상인 경우에는 도로 중앙선에 가까운 배기관에서 측정한다.

43. 자동변속기 차량에서 선택 레버를 N→D 또는 N→R로 변속했을 때 변속쇼크 및 작동 지연이 발생할 경우 예상되는 고장 원인이 아닌 것은?

① 라인 압력 이상
② 댐퍼 클러치 불량
③ 오일펌프 불량
④ 밸브 보디 불량

44. 운행기록계의 취급 시 주의사항으로 틀린 것은?

① 기록침에 무리한 힘을 가하지 않는다.
② 기계는 반드시 운행 중에만 작동시켜야 한다.
③ 주행 중에는 표지부의 커버를 개폐하지 않는다.
④ 세차할 때에는 운행 기록계에 직접 물이 닿지 않게 한다.

45. 배터리가 탈거된 상태에서 그림과 같이 CAN 통신라인을 점검할 때 화살표 부분이 차체와 접지되었다면 측정되는 저항값은?

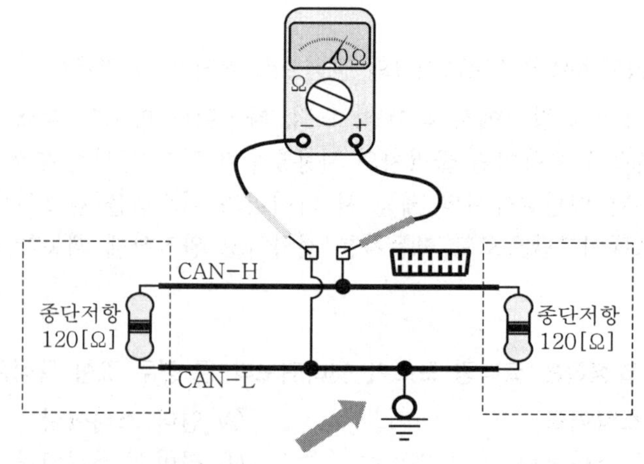

① 약 0Ω
② 약 60Ω
③ 약 120Ω
④ 약 240Ω

정답 42. ④ 43. ② 44. ② 45. ②

➡해설 $R=\frac{1}{\frac{1}{R_1}+\frac{1}{R_2}}=\frac{1}{\frac{1}{120}+\frac{1}{120}}=\frac{120}{2}=60\Omega$

46. 스파크 플러그의 절연저항에 대한 설명으로 옳은 것은?

① 절연저항 측정은 절연저항계를 사용한다.
② 절연저항이 10MΩ 이상이면 불량으로 판단한다.
③ 절연저항 측정은 중심 전극과 고전압 커넥터(단자너트)에서 측정한다.
④ 절연체 균열이 발생되어도 엔진부조와 무관하다.

47. 납산 축전지의 충·방전 시 화학작용에 대한 설명으로 옳은 것은?

① 방전 중에는 양극판의 해면상납이 황산납으로 변한다.
② 방전 중에는 음극판의 황산납이 해면상납으로 변한다.
③ 충전 중에는 양극판의 황산납이 과산화납으로 변한다.
④ 충전 중에는 음극판의 과산화납이 해면상납으로 변한다.

48. 차량의 전파통신 부분에서 주파수의 계산식은?(단, F : 주파수(Hz), λ : 파장(m), C : 속도(m/sec), T : 주기)

① $F=\lambda/C$ ② $F=\lambda\times C/T$
③ $F=C/\lambda$ ④ $F=C\times T$

➡해설 $f=\frac{1}{T}$

$f=\frac{m}{s}\times\frac{1}{m}=\frac{1}{s}=\frac{1}{T}$

49. 1.2W 전구 4개가 병렬로 연결되어 있는 회로에서 전구 한 개가 단선되었다면 정상상태와 비교했을 때 전체회로의 전류와 저항의 변화는?

① 소모전류는 증가하고 저항값은 감소한다.
② 소모전류와 저항값 모두 감소한다.
③ 소모전류는 감소하고 저항값은 증가한다.
④ 소모전류와 저항값 모두 증가한다.

정답 46. ① 47. ③ 48. ③ 49. ③

50. 기동전동기에 설치되어 있는 마그넷 스위치의 구성요소가 아닌 것은?

① 플런저와 메인 접점 ② 풀인 코일과 홀딩 코일
③ 계자 코일 ④ 리턴 스프링

51. 아래 자동차 냉방 사이클에서 (   ) 안의 부품에 대한 설명으로 옳은 것은?

압축기 → 콘덴서 → (   ) → 팽창밸브 → 증발기 → 압축기

① 냉매 속에 들어 있는 수분을 흡수하고 냉매를 원활하게 공급할 수 있도록 냉매를 저장한다.
② 라디에이터 앞에 설치되어 고온·고압의 기체상태의 냉매를 응축하여 고온·고압의 액체 상태의 냉매로 만든다.
③ 냉매를 증발기에 갑자기 팽창시켜 저온·저압의 액체로 만든다.
④ 차 내의 공기를 에버퍼레이트에 전달하며 냉각된 공기를 차 내로 공급한다.

52. 자동차 충전장치에서 IC 전압조정기의 특징으로 틀린 것은?

① 배선을 간소화할 수 있다.
② 내구성이 크다.
③ 내열성이 크다.
④ 컷 아웃 릴레이가 있어 전압 조정이 우수하다.

53. 상도 도료의 시너 용해성이 지나치게 강하여 단독도막 또는 중복 도장 건조과정에서 발생하는 결함은?

① 흐름(Sagging) ② 백화(Blushing)
③ 주름(Wrinkle) ④ 핀홀(Pinhole)

54. 전면충돌 등의 강한 충격을 받을 경우 멤버 자체가 변하여 객실에 영향이 적게 가도록 하는 굴곡 형상을 무엇이라 하는가?

① 비딩 ② 스토퍼
③ 마운트 ④ 킥업

정답 50. ③ 51. ① 52. ④ 53. ③ 54. ④

55. 주로 하도도료에 사용되며 연마성을 좋게 하는 안료는?

① 무기안료 ② 착색안료
③ 체질안료 ④ 방청안료

56. 가공 후 시간이 경과함에 따라 자연히 균열이 발생되는 것을 무엇이라고 하는가?

① 자기 균열 ② 표면 경화
③ 시기 균열 ④ 가공 경화

57. 메탈릭 색상 상도 도장 중 도막의 색상을 견본보다 밝게 나타나게 하는 방법은?

① 중복 도장을 실시한다.
② 여러 방향에서 반복 도장한다.
③ 스프레이건의 선단과 물체의 거리를 멀게 한다.
④ 스프레이건의 운행속도를 규정보다 느리게 한다.

58. 에어 스프레이건(Air Sprat Gun)의 작동순서로 옳은 것은?

① 방아쇠 - 공기 밸브 열림 - 도료분무 - 도료 밸브 열림 - 공기 밸브 닫힘 - 도료 밸브 닫힘
② 방아쇠 - 도료 밸브 열림 - 도료분무 - 공기 밸브 열림 - 도료 밸브 닫힘 - 공기 밸브 닫힘
③ 방아쇠 - 도료 밸브 열림 - 공기 밸브 열림 - 도료 분무 - 도료 밸브 닫힘 - 공기 밸브 닫힘
④ 방아쇠 - 공기 밸브 열림 - 도료 밸브 열림 - 도료 분무 - 도료 밸브 닫힘 - 공기밸브 닫힘

59. 용접 후 팽창과 수축으로 인해 발생하는 결함으로 가장 옳은 것은?

① 치수상의 결함 ② 성질상 결함
③ 화학적 결함 ④ 구조상 결함

60. 프레임 센터링 게이지의 용도는?

① 프레임의 마운틴 포트 측정 ② 프레임의 중심선 측정
③ 프레임 센터의 개구부 측정 ④ 프레임 행거 측정

정답 55. ③ 56. ③ 57. ③ 58. ④ 59. ① 60. ②

제56회 자동차정비 기능장

(2014년도 7월 20일 시행)

Actual Test

01. 밸브 스프링의 서징 현상을 방지하는 방법으로 틀린 것은?

① 피치가 작은 스프링을 사용한다.
② 피치가 서로 다른 이중 스프링을 사용한다.
③ 원추형 스프링을 사용한다.
④ 스프링의 고유 진동수를 높인다.

02. 디젤기관의 노크를 방지하는 방법으로 틀린 것은?

① 냉각수의 온도를 내려서 연소실 온도를 낮춘다.
② 연료입자를 가능한 작게 한다.
③ 세탄가가 높은 연료를 사용한다.
④ 착화지연 기간 중에 분사량을 적게 한다.

03. 디젤기관에서 연소실의 종류에 해당되지 않는 것은?

① 예연소실식 ② 와류실식
③ 공기실식 ④ 측압실식

04. LPI(Liquifed Petroleum Injection) 연료장치에서 인젝터에 장착된 아이싱 팁의 역할로 옳은 것은?

① 연료분사 후 발생되는 기화잠열을 없애기 위해
② 연료분사 후 역화에 의한 인젝터를 보호하기 위해
③ 연료분사 후 인젝터 후적을 방지하기 위해
④ 연료분사 후 발생되는 인젝터 과열을 방지하기 위해

05. 4행정 자동차용 기관의 윤활방식으로 틀린 것은?

① 혼합식 ② 비산식
③ 비산 압력식 ④ 전 압력식

 정답 1. ① 2. ① 3. ④ 4. ① 5. ①

06. 연소실 체적이 45cm³, 압축비가 7.3일 때 이 기관의 행정 체적은 약 몇 cm³인가?

① 283.5 ② 293.5 ③ 328.5 ④ 373.5

해설 $압축비=\frac{연소실\ 체적+행정\ 체적}{연소실\ 체적}$

$7.3=1+\frac{행정\ 체적}{45}$

$행정\ 체적=(7.3-1)\times 45=283.5\,cm^3$

07. 실린더 지름이 80mm, 행정이 80mm 기관의 회전수가 1,500rpm 인 기관의 피스톤 평균속도는? (단, 크랭크 암과 커넥팅로드의 비 λ=3.6이다.)

① 3.5m/s ② 4m/s ③ 4.5m/s ④ 5m/s

해설 $s=\frac{2\times L\times N}{60}=\frac{2\times 0.08\,m\times 1{,}500}{60\,sec}=4\,m/sec$

08. 디젤기관에서 연료의 저위발열량이 13,000kcal/kg 이고, 연료소비율이 135g/PS-h일 때 제동 열효율은?

① 약 30% ② 약 36% ③ 약 42% ④ 약 52%

해설 $제동\ 열효율(\%)=\frac{출력}{입력}$

$=\frac{제동마력(PS)\times 632.3(kcal/h)}{저위발열량(kcal/kg)\times 연료소비량(kg/ps\cdot h)}\times 100$

$=\frac{1(PS)\times 632.3(kg/ps\cdot h)}{13{,}000(kcal/kg)\times 0.135(kg/ps\cdot h)}\times 100$

$=36\%$

09. 기관의 제동연료 소비율이 400g/KWh, 기관의 제동마력이 70kW, 연료의 저위발열량이 46,200kJ/kg, 기관의 냉각손실이 30%일 때 냉각손실 열량은?

① 388,080kJ/h ② 488,080kJ/h
③ 588,080kJ/h ④ 688,280kJ/h

해설
- 총 발열량
  $0.4\,kg/kWh\times 70\,kW\times 46{,}200\,kJ/kg=1{,}293{,}600\,kJ/h$
- 냉각손실
  $1{,}293{,}600\,kJ/h\times 0.3=388{,}080\,kJ/h$

정답 6. ① 7. ② 8. ② 9. ①

10. 흡입공기량의 계측방식에서 공기량을 직접 계측하는 센서의 형식으로 틀린 것은?

① 핫 필름식 ② 칼만 와류식
③ 핫 와이어식 ④ 맵 센서식

11. 전자제어 가솔린 기관에서 흡기계통의 부품으로 틀린 것은?

① 공기유량센서 ② 스로틀보디
③ 서지탱크 ④ 산소센서

12. 디젤기관의 연소실 중 예연소실식과 비교하였을 때, 직접분사실식의 특징을 설명한 것으로 옳은 것은?

① 열손실이 비교적 적다.
② 압축압력이 낮다.
③ 연소실 구조가 복잡하다.
④ 열효율이 낮고 연료소비율이 크다.

13. 촉매 변환기의 정화율이 가장 높은 공기와 연료의 혼합비는?

① 최대출력 혼합비 ② 최소출력 혼합비
③ 이론 공기연료 혼합비 ④ 희박 공기연료 혼합비

14. 전자제어 가솔린 기관에 대한 설명으로 (   ) 안에 적합한 내용은?

> 감속 시는 스로틀 밸브가 (   ) 때문에 흡기관 내 압력은 (   )지고 흡기밸브 및 그 주위의 부착연료는 기화가 촉진되며 가속 시와는 반대로 공연비가 (   )해지므로 그 분량만큼 연료의 (   )이 필요하다.

① 열리기, 낮아, 농후, 감량 ② 열리기, 높아, 희박, 증량
③ 닫히기, 낮아, 농후, 감량 ④ 닫히기, 높아, 희박, 증량

15. 전자제어 가솔린 기관의 인젝터 제어에 대한 내용으로 틀린 것은?

① 흡기온도, 냉각수 온도에 따라 기본분사량을 결정한다.
② 산소센서를 이용하여 연료분사량을 피드백 제어한다.
③ ECU는 인젝터의 통전시간을 결정한다.
④ 배터리 전압이 낮으면 인젝터 통전시간을 연장시킨다.

정답 10. ④ 11. ④ 12. ① 13. ③ 14. ③ 15. ①

16. 디젤기관의 연소에 영향을 미치는 요소로 가장 거리가 먼 것은?

① 세탄가의 영향
② 옥탄가의 영향
③ 공기 유동의 영향
④ 분무의 영향(무화, 관통력)

17. 자동차용 가솔린 연료의 구비조건으로 거리가 먼 것은?

① 공기와 혼합이 잘될 것
② 연료 계통의 부품에 부식을 주지 않을 것
③ 적당한 휘발성이 있을 것
④ 블로-바이(blow-by) 가스가 적을 것

18. 터보차저기관의 특징으로 틀린 것은?

① 배기가스의 동력을 이용한다.
② 충진 효율의 증가로 연료소비율이 낮아진다.
③ 기관의 압축비를 높일 수 있어서 유리하다.
④ 같은 배기량으로 높은 출력을 얻을 수 있다.

19. nP관리도에서 시료군마다 시료 수(n)는 100이고, 시료군의 수(k)는 20, $\sum n\overline{P}=77$이다. 이때 nP관리도의 관리상한선(UCL)을 구하면 약 얼마인가?

① 8.94　② 3.58
③ 5.77　④ 9.62

➡해설 $n\overline{P}=\dfrac{\sum nP(\text{부적합품수})}{k(\text{군의 수})}=\dfrac{77}{20}=3.85$

$\overline{P}=\dfrac{\sum nP}{\sum n}=\dfrac{\sum nP}{kn}=\dfrac{77}{20\times100}=0.0385$

$UCL=n\overline{P}+3\sqrt{n\overline{P}(1-\overline{P})}=3.85+3\sqrt{3.85(1-0.0385)}=9.62$

정답 16. ② 17. ④ 18. ③ 19. ④

20. 그림의 OC곡선을 보고 가장 올바른 내용을 나타낸 것은?

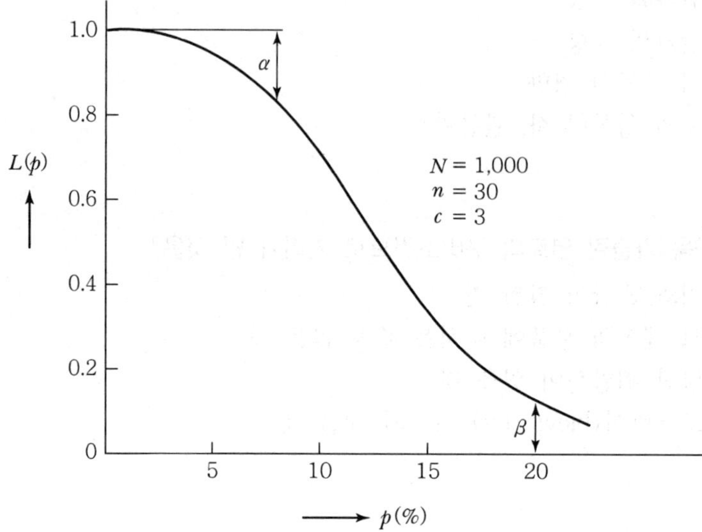

① α : 소비자 위험
② $L(p)$: 로트가 합격할 확률
③ β : 생산자 위험
④ 부적합품률 : 0.03

21. 미국의 마틴 마리에타사(Martin Marietta Corp.)에서 시작된 품질개선을 위한 동기부여 프로그램으로, 모든 작업자가 무결점을 목표로 설정하고, 처음부터 작업을 올바르게 수행함으로써 품질비용을 줄이기 위한 프로그램은 무엇인가?

① TPM 활동
② 6시그마 운동
③ ZD 운동
④ ISO 9001 인증

22. 다음 중 단속생산 시스템과 비교한 연속생산 시스템의 특징으로 옳은 것은?

① 단위당 생산원가가 낮다.
② 다품종 소량생산에 적합하다.
③ 생산방식은 주문생산방식이다.
④ 생산설비는 범용설비를 사용한다.

 정답 20. ② 21. ③ 22. ①

23. 일정 통제를 할 때 1일당 그 작업을 단축하는 데 소요되는 비용의 증가를 의미하는 것은?

① 정상소요 시간(Normal Duration Time)
② 비용견적(Cost Estimation)
③ 비용구배(Cost Slope)
④ 총비용(Total Cost)

24. MTM(Method Time Measurement)법에서 사용되는 1TMU(Time Measurement Unit)는 몇 시간인가?

① $\frac{1}{100,000}$ 시간
② $\frac{1}{10,000}$ 시간
③ $\frac{6}{10,000}$ 시간
④ $\frac{36}{1,000}$ 시간

25. ABS장치에서 모듈레이터의 구성 요소로 틀린 것은?

① 컨트롤 피스톤 ② 어큐뮬레이터
③ 휠 속도 센서 ④ 솔레노이드 밸브

26. 구동 바퀴의 반경이 0.4m인 자동차가 48Km/h 로 주행 시 바퀴의 회전력이 12kgf·m라면 구동력은 몇 kgf인가?(단, 마찰계수는 무시함)

① 4.8 ② 10
③ 30 ④ 33

➡해설 $T = Fr$

여기서, T(kgf·m) : 축의 토크
F(kgf) : 구동력(바퀴가 자동차를 미는 힘)
r(m) : 바퀴의 반경

$$F(\text{kgf}) = \frac{\text{토크}}{\text{바퀴의 반경}} = \frac{T}{r} = \frac{12}{0.4} = 30\,\text{kgf}$$

정답 23. ③ 24. ① 25. ③ 26. ③

27. 진공식 분리형 제동 배력 장치(하이드로 마스터)의 릴레이 밸브 및 릴레이 밸브 피스톤에 대한 설명으로 틀린 것은?

① 릴레이 밸브 피스톤의 움직임에 의해 파워 피스톤의 좌우 챔버에 대기압을 도입하거나 차단하는 일을 한다.

② 에어 밸브와 진공 밸브는 1개의 축으로 연결되어 있다.

③ 릴레이 밸브 피스톤은 마스터 실린더에서 보내오는 유압을 받아 릴레이 밸브를 작동시킨다.

④ 릴레이 밸브 피스톤의 일단에는 통기구멍이 있는 다이어프램이 있으며 그 중앙부에는 진공밸브와 밀접하여 밸브 시트가 설치되어 있다.

28. 전자제어 조향장치의 구성요소가 아닌 것은?

① 유량 제어 밸브
② 조향 각 센서
③ 차속 센서
④ G센서

29. 전자제어자동변속기에서 컨트롤 유닛의 입력요소를 틀린 것은?

① 스로틀 포지션 센서
② 유온 센서
③ 입·출력속도 센서
④ 록 업 솔레노이드

30. 리어 차축의 액슬 하우징 형식으로 틀린 것은?

① 벤조형
② 빌드업형
③ 전부동형
④ 스플릿형

31. 변속기 입력축의 토크가 4.6kgf·m이고 변속(감속)비가 1.5일 때 출력축의 토크는?

① 약 3.0kgf·m
② 약 4.5kgf·m
③ 약 6.9kgf·m
④ 약 7.9kgf·m

해설 출력축 토크 = 입력축 토크×변속비
= 4.6kgf·m×1.5
= 6.9kgf·m

 정답 27. ① 28. ④ 29. ④ 30. ③ 31. ③

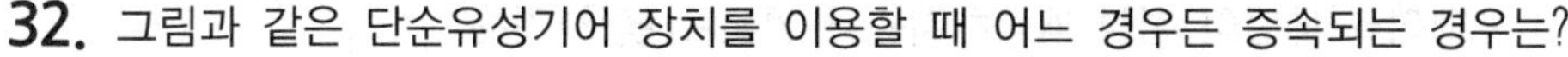

32. 그림과 같은 단순유성기어 장치를 이용할 때 어느 경우든 증속되는 경우는?

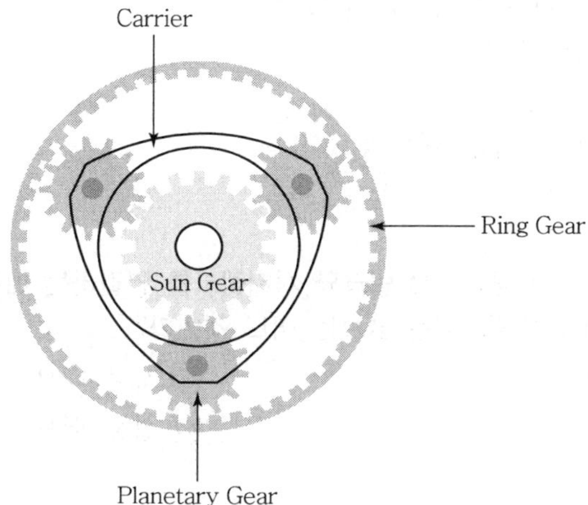

① 유성 캐리어를 구동시킨다.
② 선기어를 구동시킨다.
③ 유성 캐리어를 고정시킨다.
④ 선기어를 고정하고 링기어를 구동시킨다.

33. 자동차용 타이어를 안전하게 사용하는 방법으로 틀린 것은?

① 정기적으로 앞·뒤, 좌·우 타이어를 서로 교환하여 사용한다.
② 하이드로플레이닝을 방지하기 위해 공기압을 낮추고 가능한 한 러그 패턴을 사용한다.
③ 타이어의 온도가 임계온도보다 높게 상승되지 않도록 하기 위해 급가속 운전을 하지 않는다.
④ 타이어의 마모를 방지하기 위하여 정기적으로 타이어 공기압을 점검하여 부족 시 보충한다.

34. 공기식 브레이크 장치에서 브레이크 드럼을 탈거할 때 에어 압력이 저하되어 주차 브레이크가 채워지지 않도록 하는 조치방법은?

① 스프링 브레이크 실린더의 릴리즈 실린더 볼트를 풀어 놓고 작업한다.
② 철사 또는 고정 와이어를 이용하여 슈가 벌어지지 않게 고정한 후 작업한다.
③ 스프링 브레이크 실린더에 공급된 압축공기 파이프를 분리한다.
④ 로드 센싱 밸브의 입구와 출구의 압력 차이가 발생하지 않도록 압력을 유지한다.

정답 32. ① 33. ② 34. ①

35. 제동 시 브레이크 페달이 점점 딱딱해지는 원인으로 옳은 것은?

① 마스터 실린더 1차 피스톤 컵의 누유
② 브레이크액의 부족
③ 휠 실린더의 누유
④ 마스터 실린더 체크 밸브의 고착

36. 공기 현가장치에서 공기 저장탱크와 서지탱크를 연결하는 배관 도중에 설치되어 자동차의 높이를 일정하게 유지시키는 밸브는 어느 것인가?

① 레벨링 밸브　② 서브 밸브
③ 메인 밸브　④ 섭동 밸브

37. 디젤 차량의 매연측정 시 무부하 급가속 측정법으로 실시하는 이유에 대한 설명으로 틀린 것은?

① 무부하 공회전에서 급가속하여 일정시간을 지속하면 많은 흑연을 배출하기 때문이다.
② 연료 공급량이 증가될 때 공기 과잉률이 적게 되면 흑연의 발생이 많아지기 때문이다.
③ 급가속 때 분사펌프의 연료의 증량에 비해 엔진의 회전이 늦게 상승하기 때문에 연료의 연소반응이 나빠지기 때문이다.
④ 급가속 대 분사펌프의 컨트롤 랙(Control Rack)이 일정시간 경과 후 이동함으로 인해 다량의 연료를 분사하기 때문이다.

38. 자동차 차륜 정렬에서 한쪽 바퀴가 차축 반대편 바퀴에 비해 뒤쪽에 있는 상태를 무엇이라 하는가?

① 협각　② 세트 백
③ 스러스트 각　④ 스크러브 레디우스

39. 조향각을 일정하게 하고 차의 속도를 증가시켰을 때 선회반경이 커지는 현상은?

① 뉴트럴 스티어링　② 오버 스티어링
③ 언더 스티어링　④ 리버스 스티어링

 정답 35. ④ 36. ① 37. ④ 38. ② 39. ③

40. 토크컨버터에서 토크 변환율이 최대가 될 때는?

① 터빈이 정지 상태에서 회전하려고 할 때
② 터빈이 펌프의 1/3 회전할 때
③ 터빈이 펌프의 1/2 회전할 때
④ 펌프와 터빈의 회전 속도가 거의 같아졌을 때

41. 전자제어 현가장치(ECS)의 설명으로 틀린 것은?

① 스텝 모터가 고장이 나면 감쇠력 제어를 할 수 없다.
② 엑셀 포지션 센서 신호는 급가속 시 앤티 스쿼트 제어에 주로 사용된다.
③ 인히비터 스위치 신호는 N→D, N→R 변환 시 진동을 억제하기 위한 차고 제어에 사용된다.
④ 에어 탱크는 압축 공기를 저장하는 장치이다.

42. 주행 중 급브레이크 또는 코너링 시에 발생되는 타이어 트레드 고무와 노면 상의 미끄럼에 의한 소음은?

① 펌핑(Pumping) 소음
② 트레드(Tread)충돌 소음
③ 카커스(Carcass)전동 소음
④ 스퀼(Squeal) 소음

43. 자동차의 주행저항에 해당되지 않는 것은?

① 구름 저항 ② 공기 저항
③ 등판 저항 ④ 구동 저항

44. 기동전동기에서 계자 철심의 역할은?

① 관성을 크게 하는 것이다.
② 전기자 코일을 절연한다.
③ 계자 코일이 감겨 있으며 자계를 형성한다.
④ 전기자 코일에 전류를 유출입시킨다.

정답 40. ① 41. ③ 42. ④ 43. ④ 44. ③

45. 보기의 자동차용 계기장치에서 작동원리가 유사하게 짝지어진 것은?

> [보기]
> (1) 기관 회전계 (2) 유압계 (3) 충전경고등
> (4) 연료계 (5) 수온계 (6) 차량 속도계

① (3)－(5) ② (1)－(2)－(4)
③ (1)－(6) ④ (2)－(4)－(6)

46. 에어백 시스템의 클럭 스프링에 관한 설명으로 틀린 것은?

① 정면 충돌을 감지하는 센서이다.
② 운전석 에어백 모듈과 에어백 컨트롤 유닛 회로를 연결시켜 주는 일종의 배선이다.
③ 클럭 스프링을 취급함에 있어 감김이 멈출 때 과도한 힘을 가하지 않도록 한다.
④ 스티어링 휠과 스티어링 칼럼 사이에 장착된다.

47. 가솔린 기관에서 점화플러그의 자기청정온도로 옳은 것은?

① 약 100～150℃ ② 약 200～350℃
③ 약 450～650℃ ④ 약 900～1,000℃

48. 자동차용 교류발전기에서 Y결선 스테이터 코일에 대한 내용으로 틀린 것은?

① 각 코일의 한 끝은 공통점으로 접속하고 다른 쪽 끝을 각각 결선한 것이다.
② 선간전압은 각 상전압의 $\sqrt{3}$ 배가 된다.
③ 전류를 이용하기 위한 결선방법이다.
④ 저속에서 발생 전압이 높다.

49. 축전기의 정전용량을 설명한 내용으로 틀린 것은?

① 금속판의 면적에 비례한다.
② 가해지는 전압에 비례한다.
③ 금속판 사이 절연체의 절연도에 비례한다.
④ 금속판 사이의 거리에 비례한다.

정답 45. ③ 46. ① 47. ③ 48. ③ 49. ④

50. 50m 떨어진 거리에서 자동차 전조등의 조도를 측정하였더니 8럭스(Lux)가 나왔다면 광도는?

① 12,500cd ② 15,000cd
③ 20,000cd ④ 22,000cd

➡해설 $L = \frac{E}{r^2}$

$E = L \times r^2 = 8 \times 50^2 = 20,000\,\text{cd}$

여기서, L : 조도(Lux)
E : 광도(cd)
r : 거리(m)

51. PNP형 트랜지스터의 작동 시점으로 옳은 것은?

① 베이스에 (+)전원이 인가될 때
② 베이스에 (−)전원이 인가될 때
③ 베이스가 개회로일 때
④ 베이스 (+)전원이 폐회로일 때

52. 냉방장치에서 냉매 중의 수분이나 이물질을 제거하는 기능을 가진 부품은?

① 팽창 밸브(Expansion Valve) ② 콘덴서(Condenser)
③ 리시버 드라이어(Receiver Drier) ④ 압축기(Compressor)

53. 스포트 용접의 3대 요소는?

① 용접전류, 전극의 가압력, 통전시간
② 전극의 가압력, 통전시간, 전극봉 직경
③ 통전시간, 통전전압, 통전전류
④ 용접전류, 전극봉 직경, 통전시간

54. 일체형 차체인 모노코크 보디의 특징이 아닌 것은?

① 일체형 구조이므로 중량이 가볍다.
② 단독 프레임이 없기 때문에 차고가 높다.
③ 차량 충돌 시 충격 흡수율이 좋고 안전성이 높다.
④ 충돌 사고 시 손상형태가 복잡하여 복원수리가 비교적 어렵다.

정답 50. ③ 51. ② 52. ③ 53. ① 54. ②

55. 강판이 외력을 받았을 때 응력이 집중되는 부분으로 틀린 것은?

① 2중 강판 부분 ② 구멍이 있는 부분
③ 단면적이 적은 부분 ④ 곡면이 있는 부분

56. 모노코크 보디의 손상된 차체 수정을 위한 기본고정 시 가장 적합한 위치는?

① 센터 필러 전후면 ② 카울라인 상하면
③ 사이드 실 아래 플랜지면 ④ 손상 부위에 따라 다르다.

57. 자동차 생산라인 도장에서 엔진 룸, 후드 내부, 트렁크 내부, 트렁크 룸 등 내부도장으로 가장 적합한 것은?

① 하이 솔리드 타입(상도)의 도료 사용
② 외부용 중도제(프라이머) 사용
③ 폴리에스테르 퍼티 사용
④ 엘포 도료로 하도용 사용

58. 바탕처리(탈지, 탈청, 오염물 제거 등)를 소홀히 함으로써 발생되는 결과로 틀린 것은?

① 크레터링(Cratering)
② 부풀음(Blistering)
③ 부착불량(Peeling)
④ 오렌지 필(Orange Peel)

59. 도장 장비 중 공기 압력조절 및 부분적으로 오염물, 수분을 제거할 수 있어 스프레이건과 가까이 둔 것은?

① 에어 컴프레서 ② 에어 드라이어
③ 에어 샌더 ④ 에어 트랜스포머

60. 메탈릭 색상의 조색에서 차체 색상보다 도료 색상이 어두워 원색 도료를 투입하고자 할 때 적당한 조색제는?

① 백색(화이트) ② 투명 백색(화이트)
③ 회색(그레이) ④ 알루미늄(실버)

정답 55. ① 56. ③ 57. ① 58. ④ 59. ④ 60. ④

제57회 자동차정비 기능장

(2015년도 4월 4일 시행)

01. 자동차 기관에서 오일에 의한 윤활작용에 대한 설명 중 틀린 것은?

① 구동 부위의 소착마모 방지
② 마찰열의 냉각 및 고온부분의 냉각
③ 부식의 발생방지 및 엔진의 신뢰성 · 내구성 유지
④ 응력을 집중시켜 엔진효율 증대

02. 오버 헤드 캠축 형식에서 실린더 헤드에 캠축이 두 개가 설치된 형식은?

① DOHC
② OOHC
③ SOHC
④ TOHC

03. 증발가스제어장치의 퍼지 컨트롤 솔레노이드 밸브(PCSV)의 작동을 설명한 것으로 틀린 것은?

① 일정시간 작동하다가 캐니스터에 포집된 증발 가스가 없다고 ECU에서 판단되면 작동 중지됨
② 퍼지 컨트롤 솔레노이드 밸브는 평상시 열려 있는 방식(NORMAL OPEN)의 밸브임
③ 공회전 상태에서도 연료탱크 및 증발가스 라인의 압력을 줄이기 위해 작동은 되나 주로 공회전 이외의 영역에서 작동함
④ 엔진이 워밍업된 상태에서 작동함

04. LPG 연료의 특성으로 틀린 것은?

① 발열량은 약 12,000 kcal/kg이다.
② 기화된 상태에서는 공기보다 비중이 작다.
③ 옥탄가가 높아 노킹을 잘 일으키지 않는다.
④ 노말 부탄과 프로판을 주성분으로 한 탄화수소의 혼합물이다.

정답 1. ④ 2. ① 3. ② 4. ②

05. 가솔린 기관에서 노킹이 일어날 때 연소상태의 설명으로 틀린 것은?

① 연소속도와 노킹은 무관하다.
② 화염진행 중 말단부에서 순간적으로 급격히 연소한다.
③ 연소 중 압력파가 일어난다.
④ 평균유효압력이 감소한다.

06. 디젤기관의 연소과정 중 정압 연소기간으로 압력의 변화를 분사량의 가감으로 제어할 수 있는 기간은?

① 착화 지연기간 ② 화염 전파기간
③ 직접 연소기간 ④ 후기 연소기간

07. 가솔린 기관에서 가솔린 $130cm^3$을 완전 연소시키기 위하여 필요한 공기의 무게는 몇 kgf인가? (단, 가솔린의 비중은 0.74, 혼합비는 15이다.)

① 1.023 ② 1.443
③ 1.525 ④ 1.334

08. 4행정 사이클 기관에서 실린더의 직경×행정이 60mm×80mm인 6기통 기관의 총 배기량은?

① 약 1,357cc ② 약 13,570cc
③ 약 4,800cc ④ 약 48,000cc

해설 총 배기량(cc) $= \frac{\pi \times 6^2 \times 8 \times 6}{4} = 1,357(cc)$

09. 디젤기관의 연료분사펌프에 장착된 조속기의 기능은?

① 분사시기를 조정한다.
② 분사량을 조정한다.
③ 분사압력을 조정한다.
④ 착화성을 조정한다.

정답 5. ① 6. ③ 7. ② 8. ① 9. ②

10. 자동차 기관의 회전속도가 4,500rpm이다. 연소지연시간이 1/300초라고 하면 연소지연시간 동안에 크랭크축의 회전각도는 몇 도인가?

① 70° ② 80° ③ 90° ④ 100°

➡해설 $$회전각도(°) = \frac{엔진회전수}{60} \times 360° \times 지연시간(sec)$$

$$= \frac{4500}{60} \times 360° \times \frac{1}{300} = 90°$$

11. 자동차 센서 중에 부특성(NTC) 서미스터를 이용한 것은?

① 대기압센서(BPS) ② 수온센서(WTS)
③ 공기유량센서(AFS) ④ 노크센서(Knock Sensor)

12. 자동차의 배기장치에 대한 설명으로 틀린 것은?

① 기통수가 1개인 기관에서는 실린더에 배기매니폴드 없이 직접 배기파이프를 부착한다.
② 배기파이프는 배기가스를 외부로 방출하는 강관이며 배기가스 열의 일부를 발산하는 역할도 한다.
③ 소음기를 부착하면 기관의 배압이 감소하고, 출력이 높아진다.
④ 배기관은 배기가스의 흐름에 저항을 주지 않아야 한다.

13. 동일한 배기량의 가솔린 기관과 비교한 디젤기관의 장점이 아닌 것은?

① 열효율이 높다.
② CO와 HC 배출물이 적다.
③ 출력당 중량이 적다.
④ 압축비가 높다.

14. 선택적 환원 촉매(SCR)에 대한 설명 중 틀린 것은?

① 요소수를 이용하여 촉매반응시킨다.
② 암모니아 슬립현상이 일부 발생된다.
③ 배기가스 중 HC를 다량 제거한다.
④ 디젤 차량에 장착되어 있다.

정답 10 ③ 11. ② 12. ③ 13. ③ 14. ③

15. 밸브스프링의 서징 현상을 방지하는 대책이 아닌 것은?

① 부등피치의 원추형 코일스프링 사용
② 피치가 적은 스프링 사용
③ 이중 스프링 사용
④ 부등 피치 스프링 사용

16. 자동차용 라디에이터의 구비조건으로 틀린 것은?

① 단위면적당 발열량이 작아야 한다.
② 소형 경량으로 튼튼한 구조이어야 한다.
③ 공기의 흐름저항이 적어야 한다.
④ 냉각수의 흐름이 원활해야 한다.

17. 기관의 기계효율을 높이기 위한 방법이 아닌 것은?

① 각 부의 윤활을 잘 시켜 저항을 작게 한다.
② 엔진의 평형을 위해 플라이휠의 질량을 크게 한다.
③ 연료펌프, 순환펌프 등 각종 보조장치의 구동저항을 줄인다.
④ 배기가스의 배출을 방해하는 저항을 줄인다.

18. S/B 비율(Stroke/Bore ratio)에 관한 내용으로 옳지 않은 것은?

① 스퀘어 엔진은 S/B의 비율이 1인 형식이다.
② 일반적으로 같은 배기량에서는 단행정기관이 장행정기관보다 더 큰 출력을 얻을 수 있다.
③ 실용성 측면에서는 장행정기관이 단행정기관보다 우수하다.
④ 장행정기관을 오버스퀘어 엔진이라고도 한다.

19. 어떤 공장에서 작업을 하는 데 있어서 소요되는 기관과 비용이 다음 표와 같을 때 비용구배는?(단, 활동시간의 단위는 일(日)로 계산한다.)

정상작업		특급작업	
기간	비용	기간	비용
15일	150만 원	10일	200만 원

 정답 15. ② 16. ① 17. ② 18. ④ 19. ②

① 50,000원　　② 100,000
③ 200,000　　④ 500,000

해설 비용구배 $=\dfrac{\text{특급 소요비용}-\text{정상 소요비용}}{\text{정상 소요시간}-\text{특급 소요시간}}$

$=\dfrac{200\text{만 원}-150\text{만 원}}{15-10}$

$=10\text{만 원}$

20. 200개들이 상자가 15개 있을 때 각 상자로부터 제품을 랜덤하게 10개씩 샘플링할 경우, 이러한 샘플링 방법을 무엇이라 하는가?

① 층별 샘플링　　② 계통 샘플링
③ 취락 샘플링　　④ 2단계 샘플링

21. 품질특성을 나타내는 데이터 중 계수치 데이터에 속하는 것은?

① 무게　　② 길이
③ 인장강도　　④ 부적합품률

22. 관리도에서 측정한 값을 차례로 타점을 했을 때 점이 순차적으로 상승하거나 하강하는 것을 무엇이라 하는가?

① 연(run)　　② 주기(cycle)
③ 경향(trend)　　④ 산포(dispersion)

23. 생산보전(PM ; productive maintenance)의 내용에 속하지 않는 것은?

① 보전예방　　② 안전보전
③ 예방보전　　④ 계량보전

24. 모든 작업을 기본동작으로 분해하고, 각 기본동작에 대하여 성질과 조건에 따라 미리 정해 놓은 시간치를 적용하여 정미시간을 산정하는 방법은?

① PTS법　　② Work Sampling
③ 스톱워치법　　④ 실적자료법

정답 20. ①　21. ④　22. ③　23. ②　24. ①

25. 자동차의 검사항목 중 정기검사항목이 아닌 것은?

① 조종장치 ② 주행장치
③ 동일성 확인 ④ 차체 및 차대

26. 브레이크 페달의 답력이 40kgf 일 때 브레이크 페달의 지렛대 비가 5 : 1이면 마스터 실린더에 작용하는 힘은 몇 kgf인가?

① 100 ② 200 ③ 300 ④ 400

해설 지렛대 비=5 : 1
푸시로드에 작용하는 힘
=지렛대 비×페달 밟는 힘
=5×40kgf
=200kgf

27. 타이어 트래드 패턴 중 러그 패턴(lug pattern)에 대한 설명으로 가장 거리가 먼 것은?

① 제동성과 구동성이 좋다.
② 주행 특성이 원활하다.
③ 타이어 숄더(shoulder)부의 방열이 어렵다.
④ 고속주행 시 편 마모가 발생될 수 있다.

28. 공기 브레이크의 특징으로 옳지 않은 것은?

① 공기압축기 구동에 따른 엔진의 출력 소모는 없다.
② 베이퍼록 발생 염려가 없다.
③ 페달을 밟는 양에 따라 제동력이 제어된다.
④ 자동차의 중량에 제한을 받지 않는다.

29. 휠 얼라인먼트에 관한 설명으로 가장 거리가 먼 것은?

① 캐스터는 앞바퀴의 직진성, 복원력과 관련이 있다.
② 킹핀 경사각과 캠버 각을 합한 각도를 캠버라 하고 타이로드로 조정한다.
③ 토인은 캠버로 인해 타이어가 바깥쪽으로 향하는 성질을 교정해주기 때문에 바퀴의 직진성능을 향상시킨다.
④ 킹핀 경사각과 캠버 각을 합한 각도를 인크루드 각(협각)이라 한다.

 정답 25. ① 26. ② 27. ③ 28. ① 29. ②

30. 클러치 커버에서 릴리스포크가 릴리스 베어링을 미는 힘이 150kgf일 때 포크를 밟는 힘은? (단, 포크지지점에서 밟는 점과 지지점에서 릴리스베어링까지 레버비는 3 : 1)

① 38kgf ② 50kgf
③ 75kgf ④ 200kgf

31. EBD(Electronic Brake-force Distribution) 제어의 장점을 설명한 것 중 가장 거리가 먼 것은?

① 기계식 장치보다 빠른 응답성 제공
② P밸브(프로포셔닝 밸브) 삭제 기능
③ 차량 제동조건 변화에 따른 이상적인 제동력 제공
④ 휠 스피드 센서의 전 차종 공용화

32. 4바퀴 조향장치(4 Wheel steering)의 제어 목적 중 가장 거리가 먼 것은?

① 미끄러운 도로를 주행할 때 안정성이 향상된다.
② 차체의 사이드슬립 각도를 '0'으로 하여 선회 안정성을 증대한다.
③ 저속 운전영역에서 우수한 조향성능을 유지한다.
④ 가로방향 가속도와 요레이트의 위상지연을 최대화한다.

33. 동력전달장치를 통하여 바퀴를 돌릴 경우 구동축이 그 반대방향으로 돌아가려는 힘은?

① 코너링 포스 ② 휠 트램프
③ 윈드 업 ④ 리어 앤드 토크

34. 전자제어 현가장치에서 제어항목이 아닌 것은?

① 안티 롤 제어 ② 안티 다이브 제어
③ 안티 피칭, 바운싱 제어 ④ 안티 토크 제어

35. 자동변속기에서 기계적으로 직결시켜 미끄럼에 의한 손실을 없게 하고 연비 향상을 도모하는 장치는?

① 킥 다운 장치 ② 히스테리시스 장치
③ 펄스 제네레이터 ④ 록 업 장치

정답 30. ② 31. ④ 32. ④ 33. ④ 34. ④ 35. ④

36. 자동변속기에서 출력축에 설치되어 출력축의 회전속도에 따른 유압을 형성시키는 밸브는?

① 시프트 밸브　　② 거버너 밸브
③ 스로틀 밸브　　④ 매뉴얼 밸브

37. VDC(vehicle dynamic control) 시스템의 제어항목으로 가장 거리가 먼 것은?

① 엔진 토크 제어
② 파워스티어링 제어
③ 제동제어
④ 변속단 제어

38. 자동차의 길이, 너비 및 높이에 대한 측정 조건이 아닌 것은?

① 공차 상태
② 타이어 공기압력은 표준공기압 상태
③ 외개식의 창, 환기장치는 열린 상태
④ 직진 상태에서 수평면에 있는 상태

39. 빈번한 브레이크 작동으로 마찰열이 축적되어 마찰계수가 떨어져 제동력이 감소되는 현상은?

① 베이퍼 록 현상
② 페이드 현상
③ 스펀지 현상
④ 스틱 현상

40. 자동차 긴급제동 신호장치의 작동 및 해제 기준에 대한 설명 중 틀린 것은?

① 긴급제동신호 발생 신호주기(5±1Hz)에 따라 제동등 또는 방향지시등이 점멸되어야 한다.
② 긴급제동 신호장치를 갖춘 자동차는 급제동 시 모든 제동등 또는 방향지시등이 기준에 적합하도록 작동되어야 한다.
③ 승용자동차는 주제동장치 작도 시 제동감속도 $6.0m/s^2$ 이상에서 작동하고 $2.5m/s^2$ 미만으로 감속되기 이전에 해제되어야 한다.
④ 승합자동차는 주 제동장치 작동 시 제동감속도 $4.0m/s^2$ 이상에서 작동하고 $2.0m/s^2$ 미만으로 감속되기 이전에 해제되어야 한다.

 정답 36. ② 37. ② 38. ③ 39. ② 40. ①

41. 진공식 분리형 제동배력장치에서 파워 피스톤을 미는 힘이 12kgf이고 하이드로릭 피스톤의 지름이 3cm라고 한다면 발생유압은?

① 약 $0.7kgf/cm^2$
② 약 $1.7kgf/cm^2$
③ 약 $17kgf/cm^2$
④ 약 $2.7kgf/cm^2$

해설 $P = \frac{E}{A}$

P : 발생유압(kgf/cm^2)
F : 파워피스톤을 미는 힘(kgf)
A : 하이드로릭 피스톤의 단면적(cm^2)

$P = \frac{12}{0.785 \times 3^2} = 1.69kgf/cm^2$

42. 전자제어 동력 조향장치에서 갑자기 핸들의 조작력이 증가되는 원인 중 가장 거리가 먼 것은?

① 클러치 스위치 신호 불량
② 차속 신호 불량
③ 컨트롤 유닛 불량
④ 전원 측 전압 불량

43. 스태빌라이저에 관한 설명으로 가장 거리가 먼 것은?

① 차체의 롤링 현상을 억제시킨다.
② 독립현가장치에 주로 사용한다.
③ 차체의 피칭현상을 방지한다.
④ 일종의 토션바 역할을 한다.

44. 점화플러그 간극이 규정보다 클 때 2차 전압출력 파형은?

① 피크 전압이 낮아진다.
② 점화시간이 길어진다.
③ 캠각(드웰) 시간이 짧아진다.
④ 점화전압이 높아진다.

정답 41. ② 42. ① 43. ③ 44. ④

45. 전기식 경음기는 전류의 어떠한 작용에 의해 진동판을 진동시키는가?

① 분류작용 ② 발열작용
③ 자기작용 ④ 화학작용

46. 자동차 충전장치인 AC 발전기의 다이오드가 하는 일은?

① 전류를 조정하고 교류를 정류한다.
② 교류를 정류하고 역류를 방지한다.
③ 전압을 조정하고 교류를 정류한다.
④ 여자전류를 조정하고 역류를 방지한다.

47. 12V용 기동전동기가 전류 180A를 소비할 때 출력은 1.2kW이다. 효율(η)과 출력손실(P_l)을 구하면?

① 효율(η)=55.6%, 출력손실(P_l)=960W
② 효율(η)=40.5%, 출력손실(P_l)=740W
③ 효율(η)=45.6%, 출력손실(P_l)=820W
④ 효율(η)=48.6%, 출력손실(P_l)=850W

해설 $\eta = \frac{출력}{입력} = \frac{1200}{12 \times 180} \times 100 = 55\%$

$P_l = 2160 - 1200 = 960\,W$

48. 방전종지전압에 대한 설명 중 틀린 것은?

① 방전 중의 방전시간과 단지전압과의 관계를 나타낸 것이다.
② 방전 중 단자전압이 급격하게 강하하는 시점의 전압이다.
③ 방전능력이 없어지는 시점의 전압이다.
④ 방전종지전압은 한 셀당 약 1.7V~1.8V이다.

49. CAN(Controller Area Network) 시스템에 대한 내용 중 거리가 먼 것은?

① 표준 프로토콜이므로 시장성이 뛰어나다.
② 메시지에는 우선 순위가 있다.
③ Single Master 통신을 한다.
④ 실시간 메시지 통신을 할 수 있다.

정답 45. ③ 46. ② 47. ① 48. ② 49. ③

50. 자동차 냉방장치 구성 중 컴프레서의 구동특성에 관한 설명 중 옳지 않은 것은?

① 크랭크식 : 크랭크 축으로, 상하운동시키는 것으로 구조가 간단하며 효율이 높다.
② 사판식 : 축이 사판의 각도 변화에 따라 피스톤이 축방향 작동하며 토크변동이 작다.
③ 스크롤식 : 부품 수가 적고 소형 경량이나 효율이 낮고 스크롤 가공이 어렵다.
④ 워블 플레이트식 : 로터축의 회전을 피스톤 왕복운동으로 바꾼 것으로 중량이 가볍다.

51. 압력을 감지하는 센서에 해당하지 않는 것은?

① MAP 센서
② 에어컨 컴프레서 오일센서
③ 연료탱크 압력센서
④ 연료압력센서

52. 에어백 시스템에서 충돌감지센서의 출력신호가 전개일 때 전기적 노이즈에 의한 오판 방지 목적으로 기계적 충돌 유무를 감지하는 센서의 명칭은?

① 가속도 센서
② 세이핑 센서
③ 버클 센거
④ 승객 유무 감지센서

53. 도장 공정에서 오렌지 필(orange peel)의 발생 원인이 아닌 것은?

① 시너의 증발이 너무 느릴 때
② 건의 거리가 멀 때
③ 건의 운행속도가 빠를 때
④ 도료의 점도가 높을 때

54. 엔진 룸과 차 실내의 경계로서 승객실의 전면부 강성 유지를 위해 설치하는 차체 구성부위는?

① 대쉬 패널
② 쿼터 패널
③ 센터 필러
④ 사이드 패널

55. 에어 트랜스포머에 대한 설명 중 가장 거리가 먼 것은?

① 압축공기를 저장하여 에어압력이 급속히 떨어지는 것을 방지한다.
② 압축공기 중의 불순물을 여과하여 도장결함을 예방한다.
③ 에어압력을 항상 일정하게 유지해 주는 역할을 한다.
④ 에어 트랜스포머의 다이어프램의 시트가 파손되면 공기압력 조절이 곤란하다.

정답 50. ③ 51. ② 52. ② 53. ① 54. ① 55. ④

56. 솔리드 색상 도료에 포함되지 않는 것은?

① 안료　　② 메탈릭
③ 수지　　④ 용제

57. 전면부가 손상된 바디(body)의 점검항목과 가장 거리가 먼 것은?

① 프론트 휠 하우스의 변형
② 엔진 후드의 정렬 상태
③ 도어의 정렬 상태
④ 웨더스트립의 외형 상태

58. 가스(산소-아세틸렌) 절단기를 사용하여 절단이 불가능한 금속은?

① 합금강　　② 구리
③ 순철　　④ 주강

59. 조색작업 시 주의사항이 아닌 것은?

① 조색용 원색의 수를 최소화하여 선명한 색상을 만든다.
② 조색작업 시 많이 소요되는 색과 밝은 색부터 혼합한다.
③ 계통이 다른 도료와의 혼용을 한다.
④ 적절한 양의 조색으로 낭비 요소를 제거한다.

60. 자동차 강판의 탄소 함유량은 약 몇 % 정도인가?

① 0.1~0.4%　　② 0.5~0.8%
③ 1~4%　　④ 5~8%

정답 56. ② 57. ④ 58. ② 59. ③ 60. ①

제58회 자동차정비 기능장

(2015년도 7월 19일 시행)

Actual Test

01. 직렬형 6실린더 기관의 점화순서가 1-5-3-6-2-4에서 1번 실린더가 폭발행정 ATDC 30°에 위치할 때 2번 실린더의 행정과 피스톤 위치는?

① 배기행정, BTDC 30°
② 배기행정, BTDC 60°
③ 배기행정, BTDC 90°
④ 배기행정, BTDC 180°

02. 가솔린 기관의 이론열효율에 대한 압축비와 비열비의 관계로 옳은 것은?

① 압축비가 낮아지면 효율은 좋아진다.
② 비열비가 낮아지면 효율은 좋아진다.
③ 압축비와 비열비를 작게 하면 열효율이 좋아진다.
④ 압축비와 비열비를 크게 하면 열효율이 좋아진다.

03. 밸브의 지름이 100mm인 경우 밸브 간극은 얼마로 하는 것이 좋은가?

① 2.5mm
② 25mm
③ 1.5mm
④ 15mm

04. 3kW의 발전기를 가동하려면 최소한 몇 PS의 출력을 내는 기관이 필요한가? (단, 기관의 효율은 100%로 한다.)

① 3.20PS
② 4.08PS
③ 5.22PS
④ 6.22PS

05. 코일을 기계적인 브러시 대신에 트랜지스터를 이용한 것으로 스파크가 발생되지 않아 가스 폭발 위험이 적은 형식으로 LPG 차량의 연료 펌프에 사용되는 모터형식은?

① 코어리스(Coreless) 모터
② BLDC(Brushless direct current) 모터
③ 초음파 모터
④ 인덕션(Induction) 모터

정답 1. ③ 2. ④ 3. ② 4. ② 5. ②

06. 다음 그림은 아이들(idle) 상태에서 급가속 후 나타난 MAP 센서 출력파형이다. 각 구간별 설명으로 틀린 것은?

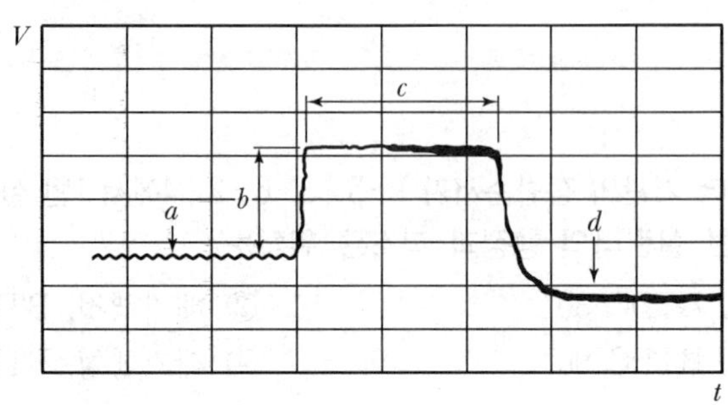

① a : 아이들(idle) 상태의 출력을 보여준다.
② b : 급가속 시 스로틀 밸브가 빠르게 열리고 있다.
③ c : 스로틀 밸브가 전개(WOT) 부근에 있다.
④ d : 급가속에 의한 흡입공기량의 변화로 진공도가 높아지기 때문에 전압이 낮아짐을 보여준다.

07. 자동차에 사용되는 각종 전기·전자 소자 구성품에 대한 내용으로 틀린 것은?

① 인젝터는 솔레노이드 밸브가 사용되며 통전되는 시간에 따라 분사량이 결정된다.
② 릴레이는 기본 전원을 연결했을 경우 주회로에 연결되기 때문에 스위치 기능이 있는 에어컨 등에 주로 사용된다.
③ 트랜지스터는 NPN형과 PNP형이 있으며, 베이스에 전압이 인가된 경우에만 전류가 흐른다.
④ 다이오드에는 여러 종류가 있는데 어느 것이나 순방향으로 전원을 연결했을 경우에만 전류가 흐른다.

08. 공연비 피드백 제어에 대한 내용으로 틀린 것은?

① 삼원촉매장치의 정화율을 높여준다.
② 입력센서의 정보가 연료분사에 영향을 주지 못한다.
③ 인젝터의 분사시간을 제어한다.
④ 산소센서 고장 시에는 피드백 제어를 하지 않는다.

09. 고체 표면에서 상대운동을 할 때 충분한 유막이 형성되는 이상적인 마찰은?

① 혼성마찰　② 경계마찰　③ 유체마찰　④ 고체마찰

정답 6. ④ 7. ④ 8. ② 9. ③

10. 흡배기 밸브의 헤드 형상 중 고출력 엔진이나 경주용 차에 사용되는 것으로 열을 받는 면적이 넓은 결점을 가지고 있는 것은?

① 플랫형(flat head type)
② 튤립형(tulip head type)
③ 서브형(serve head type)
④ 버섯형(mushroom head type)

11. 유압식 밸브 리프터의 특징이 아닌 것은?

① 밸브 간극의 조정이 필요하지 않다.
② 충격을 흡수하지 못하기 때문에 밸브기구의 내구성이 저하된다.
③ 기계식에 비해 작동 소음이 적다.
④ 오일펌프나 오일회로에 고장이 생기면 작동이 불량하다.

12. 라디에이터 압력식 캡의 진공밸브가 열리는 시점으로 맞는 것은?

① 라디에이터 내의 압력이 대기압보다 높을 때
② 라디에이터 내의 압력이 대기압보다 낮을 때
③ 라디에이터 내의 압력이 규정치보다 높을 때
④ 보조탱크 내의 압력이 규정치보다 낮을 때

13. 디젤기관의 연소과정 중에서 디젤노크에 직접적인 영향을 미치는 기간은?

① 착화 지연기간
② 폭발 연소기간
③ 제어 연소기간
④ 후기 연소기간

14. 가솔린 기관의 제원이 실린더 내경 $d=55$mm, 행정 $S=70$mm, 연소실 체적 $V_C=21$cm³인, 기관이 이론공기표준 사이클인 오토사이클로서 운전될 경우의 열효율은 약 몇 %인가? (단, 비열비 $k=1.2$이다.)

① 35.4 ② 31.2 ③ 42.7 ④ 43.2

➡해설 $\eta_0 = 1-\left(\frac{1}{\varepsilon}\right)^{k-1}$

여기서, η_0 : 오토사이클의 이론열효율

ε : 압축비

k : 비열비

$\eta_0 = 1-\left(\frac{1}{8.9}\right)^{1.2-1} = 0.354$

정답 10. ② 11. ② 12. ② 13. ① 14. ①

15. 자동차용 LPG연료가 갖추어야 할 조건으로 틀린 것은?

① 적당한 증기압을 가져야 한다.
② 불포화(올레핀계) 탄화수소를 함유하지 말아야 한다.
③ 가급적 불순물이 함유되지 말아야 한다.
④ 프로필렌, 부틸렌 등의 함유가 충분히 많아야 한다.

16. 다음 연료 중에서 착화온도가 가장 높은 것은?

① 가솔린 ② 경유
③ 중유 ④ 등유

17. 배기밸브가 열리는 순간 실린더 내의 고온 · 고압상태의 연소가스가 순간적으로 외부로 방출되어 연소실 내의 압력과 대기압이 거의 같아지는 현상을 무엇이라고 하는가?

① 링 플러터(ring flutter) 현상
② 밸브 오버랩(valve over lap) 현상
③ 블로바이(blow by) 현상
④ 블로다운(blow down) 현상

18. 저압 EGR(LP-EGR) 시스템의 특징으로 거리가 가장 먼 것은?

① 비교적 깨끗한 배기가스를 이용하는 것이다.
② emergency filter는 터보차저를 보호하는 역할을 한다.
③ DPF(Diesel Particulate Filter) 전단의 배기가스 일부를 분리하여 터보차저 전단에 공급한다.
④ 터보차저의 효율이 개선된다.

19. 도수분포표에서 알 수 있는 정보로 가장 거리가 먼 것은?

① 로트 분포의 모양
② 100단위당 부적합 수
③ 로트의 평균 및 표준편차
④ 규격과의 비교를 통한 부적합품률의 추정

 정답 15. ④ 16. ① 17. ④ 18. ③ 19. ②

20. 로트에서 랜덤하게 시료를 추출하여 검사한 후 그 결과에 따라 로트의 합격, 불합격을 판정하는 검사방법을 무엇이라 하는가?

① 자주검사 ② 간접검사
③ 전수검사 ④ 샘플링검사

21. 자전거를 셀 방식으로 생산하는 공장에서 자전거 1대당 소요공수가 14.5H이며, 1일 8H, 월 25일 작업을 한다면 작업자 1명당 월 생산가능대수는 몇 대인가? (단, 작업자의 생산종합효율은 80%이다.)

① 10대 ② 11대
③ 13대 ④ 14대

➡해설 $$\text{생산가능대수} = \frac{\text{생산가능시간}}{\text{1대당 생산시간}} \times \text{효율}$$
$$= \frac{8h \times 25\text{일}}{14.5h} \times 0.8$$
$$= 11.03$$

22. TPM 활동체제 구축을 위한 5가지 기둥과 가장 거리가 먼 것은?

① 설비초기관리체제 구축활동
② 설비효율화의 개별개선활동
③ 운전과 보전의 스킬 업 훈련활동
④ 설비경제성 검토를 위한 설비투자분석활동

23. ASME(American Society of Mechanical Engineers)에서 정의하고 있는 제품공정분석표에 사용되는 기호 중 "저장(Storage)"을 표현한 것은?

① ○ ② □
③ ▽ ④ ⇨

24. 미리 정해진 일정단위 중에 포함된 부적합 수에 의거하여 공정을 관리할 때 사용되는 관리도는?

① c 관리도 ② P 관리도
③ X 관리도 ④ nP 관리도

정답 20. ④ 21. ② 22. ④ 23. ③ 24. ①

25. 튜브리스 타이어(tubeless tire)의 특징으로 거리가 가장 먼 것은?

① 고속주행하여도 발열이 적다.
② 펑크 수리가 간단하다.
③ 림이 변형되어도 공기가 새지 않는다.
④ 못 등에 찔려도 공기가 급격히 새지 않는다.

26. 자동변속기의 유성기어장치에서 선기어 잇수가 30, 링기어 잇수가 60일 때 링기어의 회전수는? (단, 선기어 고정, 캐리어구동 50회전)

① 18rpm 증속
② 33rpm 감속
③ 50rpm 감속
④ 75rpm 증속

해설 선기어를 고정하고 캐리어를 구동하면 링기어는 피동이므로

$$변속비 = \frac{60(링기어)}{30(선기어)+60(링기어)}$$

$$피동회전수 = \frac{1}{변속비} \times 구동회전수$$

$$= \frac{1}{\frac{60}{90}} \times 50 = \frac{90}{60} \times 50 = 75회전$$

27. 마찰계수가 0.5인 포장도로에서 주행속도가 80km/h로 달리는 자동차에 브레이크를 작용했을 때 제동거리는 약 얼마인가?

① 25m ② 50m
③ 75m ④ 100m

해설 $S_1 = \frac{V^2}{2\mu g}$

$$S_1 = \left(\frac{80}{3.6}\right) \times \frac{1}{2 \times 0.5 \times 9.8} = 50\text{m}$$

여기서, V^2 : 속도(m/s)
μ : 타이어와 제동거리 노면 사이의 마찰계수
g : 중력가속도(9.8m/s^2)
S_1 : 제동거리(m)

28. 자동변속기의 스톨 테스트 결과 엔진 회전수가 규정보다 낮을 때의 결함 원인으로 가장 적절한 것은?

① 변속기 내의 유압라인 압력이 너무 낮다.
② 엔진 출력이 부족하다.
③ 클러치 및 브레이크가 미끄러진다.
④ 댐퍼 클러치가 미끄러진다.

29. 차량의 여유 구동력을 크게 하기 위한 방법 중 거리가 먼 것은?

① 주행저항을 적게 한다.
② 총감속비를 작게 한다.
③ 엔진회전력을 크게 한다.
④ 구동바퀴의 유효 반지름을 작게 한다.

30. 자동차의 전면 투영면적이 20% 증가될 때 공기저항의 증가 비율은? (단, 투영면적을 제외한 모든 조건은 동일하다.)

① 20% ② 40%
③ 60% ④ 80%

31. 유체 클러치에서 와류에 의한 유체 충돌을 감소시키는 장치는?

① 클러치
② 베인
③ 가이드 링
④ 터빈 러너

32. 공차 상태의 승용자동차(차량총중량이 차량 중량의 1.2배 이상)는 최대 안전경사각도가 좌우 각각 몇 도 기울인 상태에서 전복되지 않아야 하는가?

① 좌 25도, 우 35도
② 좌우 각각 35도
③ 좌우 각각 25도
④ 좌 35도, 우 25도

정답 28. ② 29. ② 30. ① 31. ③ 32. ②

33. FR 방식의 차량에서 추진축의 설명으로 틀린 것은?

① 비틀림을 받으면서 고속회전하므로 크롬 니켈, 크롬 몰리브덴강을 사용하고 있다.
② 뒤차축의 중심이 변화하여 추진축의 각도가 변하면 축의 길이도 이에 대응하여 변화된다.
③ 두 개의 축이 어느 각도를 이룰 때 자재 이음으로 십자형, 트러니언, 플렉시블, 등속 조인트 등이 있다.
④ 대형차에서는 축의 비틀림에 의한 진동이나 소음을 방지하기 위해 토션 댐퍼를 같이 둔다.

34. 동력 조향장치에서 세이프티 체크 밸브(safety check valve)의 설명으로 틀린 것은?

① 세이프티 체크 밸브는 컨트롤 밸브에 설치되어 있다.
② 엔진의 정지, 오일펌프의 고장 등 유압이 발생할 수 없는 경우 조향 휠이 조작을 기계적으로 작동이 가능하게 해준다.
③ 세이프티 체크 밸브는 압력차에 의해 자동으로 열린다.
④ 세이프티 체크 밸브는 유압 계통이 정상일 경우 밸브 시트에서 열려 오일이 잘 통과하도록 되어 있다.

35. 쇽업소버의 감쇠력 제어작동 설명이 틀린 것은?

① 노면의 충격을 스프링이 흡수하고 쇽업소버는 스프링 진동을 감쇠시킨다.
② 쇽업소버에는 작동유를 봉입한 실린더 피스톤 및 오리피스로 구성되어 있다.
③ 쇽업소버 내부의 오리피스를 통과하는 오일이 에너지를 흡수하므로 감쇠력이 생긴다.
④ 쇽업소버 내부의 오리피스의 지름을 작게 하면 감쇠력이 작게 된다.

36. 앞바퀴 정렬 중 캐스터에 대한 설명으로 틀린 것은?

① 킹핀 중심선의 연장이 노면과 교차하는 지점을 캐스터 점이라 한다.
② 캐스터 점과 타이어 접지면 중심과의 거리를 트레일이라 한다.
③ 캐스터는 주행 중 바퀴에 복원성을 준다.
④ 캐스터 점은 일반적으로 차륜 후방에 있다.

정답 33. ③ 34. ④ 35. ④ 36. ④

37. 전자제어 현가장치에서 뒤 압력센서의 설명 중 틀린 것은?

① 뒤 쇽업소버 내의 공기압력을 감지하는 센서이다.
② 압력센서의 신호는 쇽업소버의 압력 변화에 따라 전압 값으로 나타난다.
③ 화물 적재량이 많을 경우 공기압력이 규정값 이상이 되어 센서는 작동하지 않는다.
④ 뒤 압력 센서에는 급기 밸브와 솔레노이드 밸브 어셈블리가 같이 설치되어 있다.

38. ABS에서 슬립 상태를 판단하며 각종 솔레노이드 밸브에 대한 증압 및 감압 형태를 결정하는 부품은?

① 모터 및 펌프 ② ABS ECU
③ 하이드로릭 밸브 ④ EBD

39. 자동변속기 차량을 밀거나 끌어서 시동할 수 없는 이유로 가장 거리가 먼 것은?

① 토크 컨버터가 마찰열에 의해 파손을 가져오기 때문이다.
② 구동 바퀴로부터의 동력이 회전부분의 마찰을 가져오기 때문이다.
③ 충분한 윤활이 안 되어 구동부품의 소결을 가져오기 때문이다.
④ 중량이 무겁고 또한 밀어서 시동을 걸 경우 배터리의 손상을 가져오기 때문이다.

40. 차속 감응형 동력 조향시스템(EPS)에서 고속 주행 시 조향력 제어방법으로 맞는 것은?

① 조향력을 가볍게 한다.
② 조향력을 무겁게 한다.
③ 고속제어는 하지 않는다.
④ 조향력 제어를 순간적으로 정지한다.

41. 압축공기식 브레이크에서 공기탱크의 압력을 일정하게 유지하고 공기탱크 내의 압력에 의해 압축기를 다시 가동시키는 역할의 밸브장치는?

① 드레인 밸브(drain valve)
② 언로더 밸브(unloader valve)
③ 체크 밸브(check valve)
④ 로드 센싱 밸브(load sensing valve)

정답 37. ③ 38. ② 39. ④ 40. ② 41. ②

42. 유압식 브레이크 회로에 잔압을 유지하게 하는 목적이 아닌 것은?

① 브레이크 작동 지연방지
② 회로 내에 공기 침입방지
③ 베이퍼록 발생방지
④ 제동압력 과다방지

43. 자동차의 안전기준에 관한 규칙으로 틀린 것은?

① 자동차의 높이는 3m를 초과할 수 없다.
② 최저 지상고는 공차상태에서 접지부분 외의 부분은 지면과의 사이에 12cm 이상의 간격이 있어야 한다.
③ 자동변속장치의 중립 위치는 전진 위치와 후진 위치 사이에 있어야 한다.
④ 앞 방향으로 개폐되는 후드 걸쇠장치는 2차 잠금 또는 2개소 잠금이 가능한 구조이어야 한다.

44. 절연저항이 2MΩ인 고압케이블에 12kV의 고전압이 인가될 때 누설 전류는?

① 0.6mA
② 6mA
③ 12mA
④ 24mA

➡해설 $I = \frac{E}{R} = \frac{12,000}{2,000,000} = 0.006\text{A} = 6\text{mA}$

I=측정전류　　R : 절연저항

45. 배터리의 외형 표기에서 "55 D 26 R"의 의미로 옳은 것은?

① 55=성능랭크, D=배터리의 길이, 26=높이 폭, R=배터리의 극성위치
② 55=성능랭크, D=배터리의 길이, 26=높이 폭, R=배터리의 저항크기
③ 55=성능랭크, D=높이 폭, 26=배터리의 길이, R=배터리의 극성위치
④ 55=성능랭크, D=높이 폭, 26=배터리의 길이, R=배터리의 저항크기

 정답 42. ④ 43. ① 44. ② 45. ③

46. 에어백 장치의 각 기능을 설명한 것으로 틀린 것은?

① 프리텐셔너는 에어백 전개 시 안전벨트를 순간적으로 잡아당겨서 운전자를 시트에 단단히 고정시킨다.
② 로드 리미트는 안전벨트에 일정 하중 이상이 가해질 경우 승객의 가슴부위 상해를 최소화해주는 기능이다.
③ 클럭 스프링은 조향 휠의 에어백과 조향 컬럼 사이에 설치되어 있다.
④ 안전센서는 승객의 안전벨트 착용 여부를 감지하는 센서이다.

47. 발전기의 기전력에 대한 설명으로 틀린 것은?

① 로터 코일에 흐르는 전류가 클수록 기전력은 커진다.
② 로터 코일의 회전속도가 빠를수록 기전력은 작아진다.
③ 자극 수가 적을수록 기전력은 작아진다.
④ 코일의 권수가 많을수록 기전력은 커진다.

48. 스파크 플러그의 절연저항에 대한 설명으로 옳은 것은?

① 절연저항 측정은 절연저항계를 사용한다.
② 절연저항이 10MΩ 이상이면 불량으로 판단한다.
③ 절연저항 측정은 중심 전극과 고전압 커넥터(단자 너트)에서 측정한다.
④ 절연체 균열이 발생되어도 엔진부조와 무관하다.

49. 자동차 네트워크 통신에서 게이트웨이 모듈의 설치 목적으로 틀린 것은?

① 네트워크 간 서로 다른 통신 속도 해결
② 서로 다른 프로토콜 중계
③ 시스템 요구에 맞는 네트워크 구성 후 필요한 정보 공유
④ 아날로그 신호를 디지털 신호로 변환

50. 할로겐 전조등에 관한 특징 중 틀린 것은?

① 색온도가 높아 밝은 적색광을 얻을 수 있다.
② 전구의 효율이 높아 밝기가 크다.
③ 교행용의 필라멘트 아래에 차광판이 있어서 눈부심이 적다.
④ 할로겐 사이클로 흑화현상이 없어 수명을 다할 때까지 밝기가 변하지 않는다.

정답 46. ④ 47. ② 48. ① 49. ④ 50. ①

51. 그로울러 시험기로 시험할 수 없는 것은?

① 전기자의 저항시험
② 전기자의 단선시험
③ 전기자의 단락시험
④ 전기자의 접지시험

52. 자동차 에어컨 냉동 사이클 방식 중 TXV(thermal expansion valve) 방식에서는 팽창밸브에서 교축작용이 이루어진다. 이 팽창밸브에 해당하는 CCOT(clutch cycling orifice tube) 방식의 구성품은?

① 어큐뮬레이터(accumulator)
② 에버포레이터(evaporator)
③ 콘덴서(condenser)
④ 오리피스 튜브(orifice tube)

53. 다음 중 자체에 작용하는 응력의 종류에서 거리가 가장 먼 것은?

① 전단 응력
② 중력 응력
③ 비틀림 응력
④ 압축 응력

54. 상도 도료 도장 시 보수용 도료의 컬러와 실차 컬러가 잘 맞지 않는 이유가 아닌 것은?

① 신차 라인과 보수 도장작업장의 작업환경 및 도장작업 시스템이 다르기 때문이다.
② 신차 라인에서 사용하는 도료 타입과 보수용 도료에서 사용하는 도료 타입이 다르기 때문이다.
③ 신차 라인에서 사용하는 도료도 생산 로트별로 컬러가 약간씩 다르게 나온다.
④ 신차 라인에서 나오는 자동차의 컬러는 동일한 컬러의 경우 자동차를 생산하는 공장에 관계없이 일정하다.

55. 차체 패널 조립 시의 설명으로 틀린 것은?

① 외장 패널을 부착할 때 간격과 단 차이를 맞춘다.
② 부착 조정을 위해 패널을 임의로 가공한다.
③ 패널을 부착할 때 흠집이 나지 않도록 한다.
④ 패널을 부착할 때 기준선을 중심으로 설치한다.

정답 51. ① 52. ④ 53. ② 54. ④ 55. ②

56. 건조 유형과 그에 맞는 도료를 연결한 것으로 옳지 않은 것은?

① 공기 건조형 – 에나멜 래커
② 소부건조형 – 신차용 도료(아크릴 멜라민)
③ 용제 증발형 – NC 래커
④ 습기 경화형 – 칼라 코크

57. 용접 패널에서 전단 가공의 종류가 아닌 것은?

① 스프링 백(spring back)
② 블랭킹(blanking)
③ 펀칭(punching)
④ 트리밍(trimming)

58. 도어나 트렁크 리드가 닫혔을 때 본체와 닿는 면을 부드럽게 하기 위한 고무로서 개스킷식으로 된 부품의 명칭은?

① 웨더 스트립(weather strip)
② 그릴(grill)
③ 몰딩(molding)
④ 트림(trim)

59. 도장 후 건조 도막을 얻기 위하여 급격히 가열시키면 어떤 현상이 발생하는가?

① 균열(cracking)
② 핀홀(pinhole)
③ 오렌지 필(orange peel)
④ 흐름(sagging)

60. 스프레이 부스에 대한 설명으로 가장 거리가 먼 것은?

① 부스의 급기장치는 필요한 바람이 소정의 온·습도를 조정하고 먼지를 제거하는 데 있다.
② 부스의 배기장치는 도료의 미스트를 배출하여 환경을 해치는 일이 없도록 한다.
③ 부스의 출입문은 바람이 약간 빨려들어 오는 것이 좋다.
④ 부스의 조도는 가능하면 1000lux 이상 되어야 한다.

정답 56. ④ 57. ① 58. ① 59. ② 60. ③

제59회 자동차정비 기능장

(2016년도 4월 2일 시행)

Actual Test

01. 디젤자동차의 배기가스 후처리 장치인 DPF를 설명한 것 중 틀린 것은?

① 포집된 매연(PM)을 재생(연소)하기 위해 사후분사를 실시함
② 포집된 매연(PM)을 재생(연소)할 때의 온도는 대략 100℃ 정도임
③ 포집된 매연(PM)의 재생(연소) 여부를 판단하기 위해 DPF의 앞뒤 압력 센서의 신호를 받음
④ 배기관의 매연(PM)을 포집하고 재생(연소)하는 장치임

02. LPG 연료 차량의 장점에 대한 설명으로 틀린 것은?

① 연소실에 카본 퇴적이 적어 점화플러그의 수명이 연장된다.
② 유황분이 많아 배기관이나 머플러의 손상이 적다.
③ 엔진오일의 수명이 길다.
④ 퍼콜레이션(Percolation)이나 베이퍼록(Vapor lock) 현상이 없다.

03. 자동차 흡입밸브의 지름을 32mm라고 할 때 밸브의 양정은 몇 mm 정도가 적합한가?

① 4 ② 8 ③ 16 ④ 32

04. LPG 기관 장치에서 베이퍼라이저에 대한 설명으로 틀린 것은?

① 연료가 1차실로 들어가면 1차압 조절기구에 의해 가압된다.
② 시동성을 좋게 하기 위해 슬로 컷 솔레노이드가 있다.
③ 동결 방지를 위해 냉각수 통로가 있다.
④ 2차실 압력을 대기압에 가깝게 감압하는 작용을 한다.

05. 기관의 회전속도가 3,000rpm이고, 연소 지연시간이 1/900초일 때, 연소 지연시간 동안 크랭크축의 회전각도는?

① 30° ② 28° ③ 25° ④ 20°

 정답 1. ② 2. ② 3. ② 4. ① 5. ④

해설
$$\text{점화시기}(°) = \frac{\text{엔진 회전수}}{60} \times 360° \times \text{지연시간(sec)}$$
$$= \frac{3,000}{60} \times 360° \times \frac{1}{900}$$
$$= 20°$$

06. 오버스퀘어 엔진의 장점이 아닌 것은?

① 피스톤 평균속도를 올리지 않고 회전속도를 높일 수 있다.
② 흡·배기 밸브의 지름을 크게 할 수 있어 단위 실린더 체적당 흡입 효율을 높일 수 있다.
③ 직렬형인 경우 엔진의 높이를 낮게 할 수 있다.
④ 엔진의 길이가 짧고 진동이 작다.

07. 가솔린기관의 배기가스 중 HC를 감소시키는 요인으로 틀린 것은?

① 점화전압 증가
② 이론 혼합비 연소
③ 실린더 벽면의 온도 상승
④ 압축비의 감소

08. 기관의 과열원인으로 틀린 것은?

① 라디에이터 압력 캡의 스프링 장력 부족
② 라디에이터 코어 막힘
③ 팬벨트 장력 부족이나 끊어짐
④ 수온조절기가 열린 상태로 고장

09. 가솔린 기관에서 노킹을 억제하기 위한 방법으로 틀린 것은?

① 높은 옥탄가의 연료를 사용한다.
② 압축비를 내린다.
③ 화염 전파거리를 단축한다.
④ 와류를 증가시켜 연소시간을 늘린다.

정답 6. ④ 7. ④ 8. ④ 9. ④

10. 연료소비율이 250g/PS-h인 가솔린 기관의 열효율은?(단, 가솔린의 저위발열량은 10,500kcal/kg 이다.)

① 약 12%　　② 약 24%
③ 약 30%　　④ 약 34%

➡해설 $제동열효율(\%) = \frac{출력}{입력}$

$$= \frac{제동마력(PS) \times 632.3(kcal/h)}{저위발열량(kcal/kg) \times 연료소비량(kg/h)} \times 100$$

$$= \frac{1(PS) \times 632.3(kcal/h)}{10{,}500(kcal/kg) \times 0.25(kg/PS \cdot h)} \times 100 = 24.08\%$$

11. 가솔린 기관용 윤활유의 구비조건으로 틀린 것은?

① 알맞은 점성을 가질 것　　② 카본 생성이 적을 것
③ 열에 대한 저항력이 없을 것　　④ 부식성이 없을 것

12. 흡입하는 공기가 통과할 때 생기는 압력차에 의하여 메저링 플레이트가 밀려서 열리는 원리를 이용한 것은?

① 베인식 에어플로미터
② 칼만 와류식 에어플로미터
③ 핫 와이어식 에어플로미터
④ 핫 필름식 에어플로미터

13. 가솔린 기관의 전자제어 연료분사장치에서 인젝터의 연료분사량은 무엇에 의해 결정되는가?

① 인젝터의 솔레노이드 밸브에 가해지는 전압
② 인젝터의 솔레노이드 코일에 흐르는 통전시간
③ 인젝터에 작용하는 연료압력
④ 인젝터의 니들 밸브 행정

14. 실린더 내 압력파형으로부터 얻을 수 있는 정보가 아닌 것은?

① 최고압력　　② 착화지연
③ 압축압력 및 온도　　④ 배출가스 성분

 | 정답 10. ② 11. ③ 12. ① 13. ② 14. ④

15. 디젤기관의 인젝터에서 고압의 연료가 노즐에서 분사될 때의 3대 구비요건 중 거리가 먼 것은?

① 관통력　　② 희석도
③ 미립화　　④ 분포

16. 로터리 기관을 왕복형 기관과 비교했을 때 특징이 아닌 것은?

① 부품 수가 적다.
② 출력이 같은 왕복형 기관에 비해 대형이고 무겁다.
③ 왕복운동 부분과 밸브기구가 없으므로 진동과 소음이 적다.
④ 캠에 의한 밸브기구가 없으므로 고속 시출력이 저하되는 일이 적다.

17. 디젤 기관에서 과급기를 사용하는 이유로 틀린 것은?

① 체적효율 증대　　② 출력 증대
③ 냉각효율 증대　　④ 회전력 증대

18. 가변밸브 타이밍 제어장치의 장점이 아닌 것은?

① 밸브 오버랩을 변화시켜 충진 효율의 향상
② 흡기관 부압과 펌핑 로스를 줄여서 연비 향상
③ 밸브 오버랩을 크게 하여 EGR이 증가되어 배기가스 저감
④ 고속회전 시에 흡기밸브를 지각시켜 엔진의 안전성 확보

19. 어떤 작업을 수행하는 데 작업소요시간이 빠른 경우 5시간, 보통이면 8시간, 늦으면 12시간 소요된다고 예측되었다면 3점 견적법에 의한 기대 시간치와 분산을 계산하면 약 얼마인가?

① $t_e=8.0,\ \sigma^2=1.17$　　② $t_e=8.2,\ \sigma^2=1.36$
③ $t_e=8.3,\ \sigma^2=1.17$　　④ $t_e=8.3,\ \sigma^2=1.36$

➡해설 $t_e=\dfrac{t_o+4t_m+t_p}{6}=\dfrac{5+(4\times8)+12}{6}=8.1666$

$\sigma^2=\dfrac{t_p-t_o}{6}=\left(\dfrac{12-5}{6}\right)^2=1.36$

20. 작업측정의 목적 중 틀린 것은?

① 작업개선 ② 표준시간 설정
③ 과업관리 ④ 요소작업 분할

21. 계수 규준형 샘플링 검사의 OC 곡선에서 좋은 로트를 합격시키는 확률을 뜻하는 것은?(단, α는 제1종 과오, β는 제2종 과오이다.)

① α ② β
③ $1-\alpha$ ④ $1-\beta$

22. 일반적으로 품질코스트 가운데 가장 큰 비율을 차지하는 것은?

① 평가코스트 ② 실패코스트
③ 예방코스트 ④ 검사코스트

23. 계량값 관리도에 해당되는 것은?

① c 관리도 ② u 관리도
③ R 관리도 ④ np 관리도

24. 정규분포에 관한 설명 중 틀린 것은?

① 일반적으로 평균치가 중앙값보다 크다.
② 평균을 중심으로 좌우대칭의 분포이다.
③ 대체로 표준편차가 클수록 산포가 나쁘다고 본다.
④ 평균치가 0이고 표준편차가 1인 정규분포를 표준정규분포라 한다.

25. 타이어에 발생되는 힘의 성분 그림에서 코너링 포스에 해당하는 것은?

① A
② B
③ C
④ D

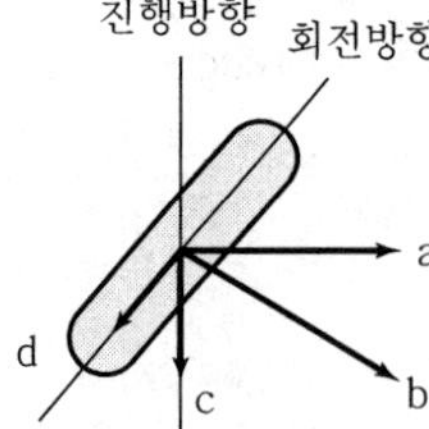

 정답 20. ④ 21. ③ 22. ② 23. ③ 24. ① 25. ①

26. 제동장치에서 탠덤 마스터 실린더의 사용 목적은?

① 브레이크 라이닝의 마모를 적게 한다.
② 브레이크 오일의 소모를 줄일 수 있다.
③ 브레이크 드럼의 마모를 적게 한다.
④ 앞뒤 브레이크 제동을 분리시켜 안정을 얻게 한다.

27. 유압식 브레이크에 비해 풀 에어 브레이크(Full air brake)가 갖는 장점이 아닌 것은?

① 차량의 중량이 아무리 커도 사용이 가능하다.
② 공기가 조금 누설되어도 브레이크 성능이 현저하게 저하되지 않는다.
③ 브레이크 페달을 밟는 양이 커져도 제동력이 일정하므로 조작이 쉽다.
④ 트레일러를 견인하는 경우 그 연결이 간편하다.

28. 유압식 전자제어 현가장치에서 감쇠력 제어에 대한 설명 중 거리가 가장 먼 것은?

① 감쇠력 제어는 주행 조건과 노면의 상태에 따라서 다단계로 제어된다.
② 감쇠력 제어는 쇼크 업소버 내부의 컨트롤 로드를 스텝 모터가 회전시킴으로써 제어된다.
③ 감쇠력 제어는 low, normal, high, extra-high로 제어된다.
④ 감쇠력 제어는 모드 선택 스위치 선택에 따라서 오토모드, 스포츠 모드 등으로 달라진다.

29. 애커먼 장토식 조향원리에 대한 설명으로 틀린 것은?

① 조향방향과 조향각이 변화하여도 하중이 분포하는 면적은 거의 변화가 없다.
② 킹핀과 타이로드의 양단을 잇는 그 연장선이 후차축의 중심과 일치하여야 한다.
③ 좌우 전륜의 회전축 연장선이 후차축의 연장선에서 만나서 모든 차륜이 동일점을 중심으로 선회하여야 한다.
④ 외측륜의 조향각이 내측륜의 조향각보다 커야 한다.

30. 코일스프링이 6개이고 클러치 스프링 장력이 450N인 클러치의 페이싱 한 면에 작용하는 마찰력은?(단, 정지마찰계수는 0.3이다.)

① 135N　　② 810N
③ 1,080N　　④ 2,700N

정답 26. ④ 27. ③ 28. ③ 29. ④ 30. ②

31. 타이어의 구조 중 카커스와 트레드 사이에서 두 층이 분리되는 현상을 방지하고 카커스의 손상을 방지하는 것은?

① 비드　　② 브레이커
③ 숄더　　④ 캡플라이

32. 유압식 파워 스티어링 장착 차량의 점검에 대한 설명으로 틀린 것은?

① 파워 스티어링의 자유 유격은 스티어링 휠을 가볍게 움직여 휠이 이동하기 전의 유격을 점검한다.
② 타이로드 엔드의 회전 기동 토크는 타이로드와 너클이 연결된 상태에서 토크 렌치를 너트에 걸어 측정한다.
③ 파워스티어링 펌프의 누유 및 소음 상태를 점검한다.
④ 벨트 장력 점검은 규정된 지점에 일정한 힘으로 벨트를 누르면서 휨이 규정값 내에 있는지 측정한다.

33. 승용차가 100km/h로 주행하기 위해 필요한 기관 소요 출력(PS)은?(단, 전 주행저항 80kgf, 동력 전달효율 75%이다.)

① 약 30　　② 약 40
③ 약 80　　④ 약 106

해설 $1\text{PS} = 75\text{kgm/s}$

$$\text{소요 } PS = \frac{80\text{kgf} \times 100 \times 1{,}000\text{m/s}}{75 \times 3{,}600 \times 0.75} = 39.5$$

34. 다음 설명의 (　) 안에 들어갈 내용으로 옳은 것은?

> 동기 치합식(키식) 수동변속기에서 동기화란 주축상에 회전하는 단기어(Shift Gear)의 콘부와 (A)의 접촉마찰에 의해 (B)와(과) 단기어의 원주 속도가 같아져 (C)가(이) 쉽게 치합되는 것을 말한다.

① A : 싱크로나이저 링, B : 클러치 허브, C : 클러치 슬리브
② A : 클러치 허브, B : 클러치 슬리브, C : 싱크로나이저 링
③ A : 클러치 허브, B : 싱크로나이저 링, C : 클러치 슬리브
④ A : 싱크로나이저 링, B : 클러치 슬리브, C : 클러치 허브

정답 31. ② 32. ② 33. ② 34. ①

35. 변속비가 3 : 1, 종 감속비가 5 : 1인 자동차의 기관 회전속도가 1,500rpm일 때 차량의 속도는?(단, 구동바퀴의 지름은 0.8m이다.)

① 약 10km/h　　② 약 15km/h
③ 약 20km/h　　④ 약 25km/h

해설 $V = \frac{\pi \times D \times \text{엔진 회전수}}{\text{변속비} \times \text{종감속비}} = \frac{\pi \times 80 \times 1,500 \times 60}{3 \times 5 \times 100 \times 1,000} = 15\text{km/h}$

36. 동력 전달장치에서 안전을 위한 점검사항으로 볼 수 없는 것은?

① 변속기의 오일 누유
② 추진축 및 자재 이음의 진동 여부
③ 변속 링키지의 이탈 여부
④ 변속기의 각인

37. 조향 휠의 회전 조작력을 측정하는 방법의 설명으로 틀린 것은?

① 좌우로 선회하면서 조향력을 측정할 것
② 평탄한 노면에서 반경 12m 원주를 선회할 것
③ 선회속도는 10km/h로 할 것
④ 공차상태에서 표준공기압으로 할 것

38. 에어 서스펜션 차량에서 하중의 변화에 따라 에어 스프링에 압축공기를 자동적으로 공급 또는 배출하는 밸브는?

① 레벨링 밸브　　② 4-회로 프로텍션 밸브
③ 리프 스프링 밸브　　④ 퀵 릴리스 밸브

39. ABS 시스템에서 유압 계통의 교환 또는 수리작업 후 회로 내의 공기빼기 작업과 관련된 내용 중 거리가 먼 것은?

① 공기빼기 작업을 할 때 모터의 과부하를 방지하기 위해 모터 작동 후 일정시간 대기 후 재실시한다.
② 브레이크 오일이 부족하지 않도록 보충하며 실시한다.
③ 진단 장비를 연결하여 주행 중 공기빼기를 실시한다.
④ 공기빼기 작업 순서는 마스터실린더에서 가장 먼 곳부터 가까운 곳으로 한다.

정답 35. ② 36. ④ 37. ④ 38. ① 39. ③

40. 진공식 분리형 제동 배력장치와 관련된 부품의 설명으로 틀린 것은?

① 파워 실린더는 강판 프레스제로 한쪽 끝에는 엔드 플레이트가 설치된다.
② 파워 피스톤은 2장의 강판을 겹친 것으로 그 사이에 가죽 패킹을 끼워 실린더와의 기밀을 유지하도록 되어 있다.
③ 파워 피스톤과 릴레이밸브는 한쪽 챔버의 압력차에 의해 움직인다.
④ 릴레이 밸브는 에어밸브와 진공밸브로 이루어져 있다.

41. 전자제어 자동변속기에서 변속 패턴 제어를 위한 주요 입력 신호는?

① 유온 센서, 브레이크스위치, 차속센서
② 스로틀포지션 센서, 차속센서, 입력축 속도센서
③ 입력축 속도 센서, 인히비터 스위치, TDC 센서
④ 인히비터 스위치, 수온 센서, 크랭크각 센서

42. 유체 토크컨버터에 관한 두 정비사의 의견 중 옳은 것은?

> KIM : 전부하 상태로 발진 시 최대토크가 발생하기 어렵다.
> LEE : 기관의 토크충격과 회전진동은 동작유체에 의해 흡수된다.

① 정비사 KIM이 옳다.
② 정비사 LEE가 옳다.
③ 둘 다 옳다.
④ 둘 다 틀리다.

43. 자동차 차륜 정렬에서 기하학적 중심선과 뒷바퀴가 정렬에서 벗어난 상태의 각도를 무엇이라고 하는가?

① 협각
② 세트 백
③ 스러스트 각
④ 스크러브 레디우스

44. 기동 모터 구동조건은 배터리 전원과 마그네틱 스위치 st 전원인데 구동되기 위한 조건을 어떤 논리회로로 표시할 수 있는가?

① OR 회로
② NOT 회로
③ AND 회로
④ NAND 회로

정답 40. ③ 41. ② 42. ② 43. ③ 44. ③

45. 코일 저항값이 20°C일 때 5Ω이었다. 작동 시(80°C)의 저항은 몇 Ω인가?(단, 구리선의 저항 온도 계수는 0.004이다.)

① 6.20 ② 5.32 ③ 5.24 ④ 3.80

46. 배터리의 기전력과 전해액 비중, 전해액 온도의 관계로 틀린 것은?

① 전해액의 온도가 상승하면 전해액 비중은 커진다.
② 전해액의 비중이 커질수록 기전력은 커진다.
③ 전해액의 온도가 상승하면 기전력은 커진다.
④ 전해액의 온도가 저하하면 전해액의 저항이 증가해 기전력은 작아진다.

47. 미등을 점등시킨 상태로 장시간 주차를 하면 배터리가 방전된다. 이를 방지하기 위한 기능은?

① 발전방전 제어 ② 발전전류 제어
③ 배터리 리저버 ④ 배터리 세이버

48. 자동차 에어컨 냉매의 구비 조건 중 거리가 먼 것은?

① 비등점이 적당히 낮을 것
② 응축 압력이 적당히 낮을 것
③ 증기의 비체적이 클 것
④ 임계 온도가 충분히 높을 것

49. 에어백 시스템에서 저항 측정 시 에어백 모듈의 전개를 방지하기 위한 것은?

① 버스바 ② 전압바 ③ 전류바 ④ 단락바

50. 자동차 충전장치에서 AC 발전기 레귤레이터의 제너 다이오드는 어떤 상태에서 전류가 흐르게 되는가?

① 낮은 온도에서
② 낮은 전압에서
③ 브레이크 다운 전압에서
④ 브레이크 다운 전류에서

정답 45. ① 46. ① 47. ④ 48. ③ 49. ④ 50. ③

51. 서로 다른 저항이 병렬 접속되어 구성된 회로에 대한 내용 중 옳은 것은?

① 합성 저항은 각 저항의 합과 같다.
② 회로 내의 어느 저항에서나 똑같은 전류가 흐른다.
③ 회로 내의 어느 저항에서나 똑같은 전압이 가해진다.
④ 각 저항에 걸리는 전압의 합은 전원 전압과 같다.

52. 그림의 회로에서 퓨즈의 용량으로 가장 적합한 것은?(단, 안전율은 1.7이다.)

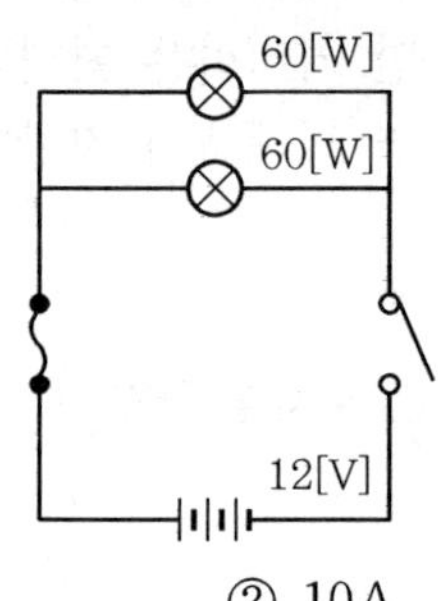

① 5A　　② 10A
③ 15A　　④ 30A

➡해설 $P = E \times I$에서

$$I = \frac{P}{E} = \frac{60 \times 2}{12} = 10A$$

안전율 1.7 적용

$10 \times 1.7 = 17A$

53. 판금 작업 후 차체에 남은 큰 요철부위를 메우기 위해 사용하는 도료는?

① 위시 프라이머　　② 퍼티
③ 프라이머-서페이서　　④ 베이스코트

54. 차체 변형 교정 작업 시 주의할 사항이 아닌 것은?

① 고정장치를 확실하게 고정한다.
② 인장 체인에 안전고리를 걸고 작업한다.
③ 한번에 수정이 가능하도록 고압으로 인장한다.
④ 차체 인장 방향과 일직선에 서지 않는다.

 정답 51. ③ 52. ③ 53. ② 54. ③

55. 컬러 조색 시 보색관계를 이용하지 않는 이유로 가장 적절한 것은?

① 조색제 숫자가 많아지기 때문에
② 도료 사용량이 많아지기 때문에
③ 컬러가 탁해지기 때문에
④ 컬러가 맑아지기 때문에

56. 연마를 할 때 사용하는 보호구로 가장 거리가 먼 것은?

① 장갑　② 보안경
③ 방독 마스크　④ 방진 마스크

57. 도장 작업 후 세팅 타임을 주지 않고 급격히 열처리를 하였을 때 나타날 수 있는 결함은?

① 물자국(Water Spot)　② 흐름(Sagging)
③ 핀 홀(Pin Hole)　④ 크레터링(Cratering)

58. 강을 변태점 이상의 적당한 온도로 가열한 후 급랭시켜 경도 또는 강도를 증가시키기 위한 열처리 방법은?

① 풀림　② 불림　③ 뜨임　④ 담금질

59. 스폿(점) 용접의 3단계로 옳은 것은?

① 가압 → 냉각고착 → 통전
② 냉각고착 → 가압 → 통전
③ 가압 → 통전 → 냉각고착
④ 통전 → 가압 → 냉각고착

60. 도장 작업 시 연마를 하는 가장 중요한 이유는?

① 도료의 화학적 결합을 위하여
② 도료의 소모량을 줄이기 위하여
③ 도장 작업 공정을 단축하기 위하여
④ 도막을 평활하게 하고 도료의 부착 증진을 위하여

정답 55. ③ 56. ③ 57. ③ 58. ④ 59. ③ 60. ④

제60회 자동차정비 기능장

(2016년도 7월 10일 시행)

Actual Test

01. LPG(액화석유가스)의 특징이 아닌 것은?

① 순수한 LPG는 무색, 무취, 무미이다.
② 액체 LPG는 물보다 가벼우나 기체 LPG는 공기보다 무겁다.
③ 액체 LPG는 기화할 때 약 250배 팽창한다.
④ 가솔린의 옥탄가가 LPG의 옥탄가보다 높다.

02. 냉각장치에서 물의 끓는 온도를 높여 냉각효과 및 엔진의 효율을 증대하기 위한 부품은?

① 워터펌프　　② 냉각수온센서
③ 압력식 캡　　④ 오일쿨러

03. 전자제어 가솔린기관의 연료 압력 조절기는 무엇과 연계하여 연료 압력을 조절하는가?

① 압축압력　　② 흡기다기관 압력
③ 점화시기　　④ 냉각수 온도

04. 기관에서 배기장치의 기능으로 틀린 것은?

① 배출가스의 강한 충격음을 완화시킨다.
② 배기가스가 유출되는 데 큰 저항을 주지 않도록 한다.
③ 배기가스가 차 실내로 유입되지 않게 한다.
④ 소음기가 설치되어 배기가스의 유해물질을 저감시킨다.

05. 카르노 사이클(Carnot Cycle)에 대한 설명으로 틀린 것은?

① 비가역 사이클이다.
② 실제의 열기관이 이루는 사이클을 고려할 때 그 기본이 되는 이상적인 사이클이다.
③ 2개의 등온변화와 2개의 단열변화로 성립한다.
④ $P-S$ 선도에서는 직사각형의 사이클이 된다.

 정답 1. ④ 2. ③ 3. ② 4. ④ 5. ①

06. 전자제어 가솔린 기관에서 OBD(On Board Diagnose) 감시기능 중 틀린 것은?

① 촉매 고장 감시기능 ② 실화 감시기능
③ 증발가스 누설 감시기능 ④ 외기온도 감시기능

07. 압축비가 8.5이고, 비열비가 1.4인 가솔린 기관의 열효율은 약 얼마인가?

① 58% ② 46% ③ 42% ④ 32%

➡해설 이론 열효율$(\eta_o) = 1-\left(\frac{1}{\varepsilon}\right)^{k-1}\times 100 = 1-\left(\frac{1}{8.5}\right)^{1.4-1}\times 100 = 57.5\%$

여기서, ε : 압축비
k : 비열비

08. 실린더 지름이 50mm, 피스톤의 평균속도가 20m/s인 기관에서 흡입가스의 평균속도가 50m/s일 때, 흡입밸브의 유로 면적(cm²)은?

① 약 7.9 ② 약 8.6 ③ 약 15.3 ④ 약 21.6

➡해설 $d = D\sqrt{\frac{S}{V}} = 50\sqrt{\frac{20}{50}} = 31.62\text{mm}$

유로 면적$(A) = \frac{\pi\times d^2}{4} = \frac{\pi\times 31.62^2}{4} = 784.86\text{mm}^2 = 7.8486\text{cm}^2$

여기서, d : 밸브 지름(mm)
D : 실린더 지름(mm)
S : 피스톤 평균속도(m/sec)
V : 혼합가스 속도(m/sec)

09. 윤활유의 성질 중에서 가장 중요한 것은?

① 점도 ② 비중 ③ 밀도 ④ 응고

10. 디젤 기관에서 촉매의 변환율이 약 50%가 될 때의 온도이며, 촉매 활성화 온도를 뜻하는 것은?

① Light-on ② Light-off
③ Light-up ④ Light-down

정답 6. ④ 7. ① 8. ① 9. ① 10. ②

11. 실린더의 건식 라이너에 관한 설명과 사용 시 나타나는 특징으로 가장 거리가 먼 것은?

① 실린더 블록의 강성이 저하된다.
② 일체형의 실린더가 마모된 경우에 사용한다.
③ 가솔린 엔진에 많이 사용한다.
④ 실린더 블록의 구조가 복잡하다.

12. LPG 기관에서 피드백 믹서방식의 출력제어장치와 거리가 먼 것은?

① 가스압력 측정 솔레노이드밸브 ② 시동 솔레노이드밸브
③ 메인 듀티 솔레노이드밸브 ④ 슬로 듀티 솔레노이드밸브

13. 자동차 배출 가스는 그 배출원에 따라 3가지로 구분하는데 여기에 해당되지 않는 것은?

① 불활성 가스 ② 배기 가스
③ 블로바이 가스 ④ 연료증발 가스

14. 실린더 안지름이 80mm, 피스톤 행정이 80mm인 4실린더 기관에서 총 배기량(cc)은?

① 1,408 ② 1,508 ③ 1,608 ④ 1,708

➡해설 배기량$(V)=\frac{\pi D^2}{4}\times L\times N$

여기서, D : 안지름
L : 행정
N : 기통 수
$\frac{\pi}{4}=0.785$

배기량$(V)=0.785\times 8^2\times 8\times 4=1{,}608$cc

15. 가솔린 엔진의 피스톤과 피스톤 링에 대한 설명으로 틀린 것은?

① 피스톤의 위쪽에 설치되는 2개의 피스톤 링은 연소가스의 누설을 방지하는 압축 링이다.
② 피스톤의 톱 랜드(Top Land)는 가스의 누설을 방지하기 위해 세컨드 랜드보다 지름이 크다.
③ 윤활을 하는 오일 링을 피스톤의 가장 아래쪽에 설치한다.
④ 피스톤의 스커트부는 피스톤 자세를 안정시키는 역할을 한다.

 정답 11. ① 12. ① 13. ① 14. ③ 15. ②

16. 피스톤의 작동과는 관계없이 기관이 요구하는 연료량을 1/2로 나누어서 1사이클당 2회씩 분사하는 것으로서 인젝터 구동회로가 간단하며 분사량 조정이 쉬운 것은?

① 그룹 분사 ② 비동기 분사
③ 순차 분사 ④ 독립 분사

17. 핫 필름 타입(Hot Film Type)의 에어플로센서에 대한 특징을 설명한 것으로 옳은 것은?

① 세라믹 기판을 층 저항으로 집적시켰다.
② 자기 청정 기능의 열선이 있다.
③ 백금 선을 사용한다.
④ 와류에 의한 주파수를 검출하여 공기량을 측정한다.

18. LPI(Liquified Petroleum Injection) 기관에서 인젝터가 연료 분사 후 기화잠열에 의한 수분 빙결현상을 방지하기 위한 것은?

① 아이싱 팁 ② 가스온도센서
③ 릴리프 밸브 ④ 과류방지 밸브

19. 다음 표는 어느 자동차 영업소의 월별 판매실적을 나타낸 것이다. 5개월 단순이동 평균법으로 6월의 수요를 예측하면 몇 대인가?

월	1월	2월	3월	4월	5월
판매량	100대	110대	120대	130대	140대

① 120대 ② 130대 ③ 140대 ④ 150대

➡해설 $\text{수요 예측값} = \dfrac{\text{모든 월 판매량}}{\text{개월수}} = \dfrac{100+110+120+130+140}{5} = 120$

20. 표준시간 설정 시 미리 정해진 표를 활용하여 작업자의 동작에 대해 시간을 산정하는 시간연구법에 해당되는 것은?

① PTS법 ② 스톱워치법
③ 워크샘플링법 ④ 실적자료법

정답 16. ② 17. ① 18. ① 19. ① 20. ①

21. 샘플링에 관한 설명으로 틀린 것은?

① 취락 샘플링에서는 취락 간의 차는 작게, 취락 내의 차는 크게 한다.
② 제조공정의 품질특성에 주기적인 변동이 있는 경우 계통 샘플링을 적용하는 것이 좋다.
③ 시간적 또는 공간적으로 일정 간격을 두고 샘플링하는 방법을 계통 샘플링이라고 한다.
④ 모집단을 몇 개의 층으로 나누어 각 층마다 랜덤하게 시료를 추출하는 것을 층별 샘플링이라고 한다.

22. 다음은 관리도의 사용 절차를 나타낸 것이다. 순서대로 바르게 나열한 것은?

> ㉠ 관리하여야 할 항목의 선정
> ㉡ 관리도의 선정
> ㉢ 관리하려는 제품이나 종류 선정
> ㉣ 시료를 채취하고 측정하여 관리도를 작성

① ㉠ → ㉡ → ㉢ → ㉣
② ㉠ → ㉢ → ㉣ → ㉡
③ ㉢ → ㉠ → ㉡ → ㉣
④ ㉢ → ㉣ → ㉠ → ㉡

23. 다음 내용은 설비보전조직에 대한 설명이다. 어떤 조직의 형태에 대한 설명인가?

> 보전작업자는 조직상 각 제조부문의 감독자 밑에 둔다.
> 단점 : 생산우선에 의한 보전작업 경시, 보전기술 향상의 곤란성
> 장점 : 운전자와 일체감 및 현장감독의 용이성

① 집중보전
② 지역보전
③ 부문보전
④ 절충보전

24. 이항분포(Binomial Distribution)에서 매회 A가 일어나는 확률이 일정한 값 P일 때, n회의 독립시행 중 사상 A가 x회 일어날 확률 $P(x)$를 구하는 식은?(단, N은 로트의 크기, n은 시료의 크기, P는 로트의 모부적합품률이다.)

① $P(x) = \dfrac{n!}{x!(n-x)!}$
② $P(x) = e^{-x} \cdot \dfrac{(nP)^x}{x!}$
③ $P(x) = \dfrac{\dbinom{NP}{x}\dbinom{N-NP}{n-x}}{\dbinom{N}{n}}$
④ $P(x) = \dbinom{n}{x} P^x (1-P)^{n-x}$

 정답 21. ② 22. ③ 23. ③ 24. ④

25. 자동변속기에서 변속진행 중 토크와 회전속도의 변화를 매끄럽게 하기 위한 변속품질 제어가 아닌 것은?

① 로크 업 클러치 제어 ② 라인압력 제어
③ 변속 중 점화시기 제어 ④ 피드백 학습 제어

26. 공기식 브레이크 장치 구성 부품 중 로드 센싱 밸브의 작동에 영향을 미치는 요소가 아닌 것은?

① 로드 센싱 밸브의 장력스프링을 추가하여 장력이 증가한 경우
② 적재함 또는 특장 장치를 신규로 장착한 경우
③ 로드 센싱 밸브의 장력 스프링 사이 접촉면에 녹이 발생한 경우
④ 브레이크 챔버의 고착이 있는 경우

27. 주행 중 자동차 안정성 제어장치가 작동하지 않아도 되는 항목으로 가장 거리가 먼 것은?

① 자동차를 후진하는 경우
② 시동 시 차가 진단하는 경우
③ 운전자가 자동차 안정성 제어장치의 기능을 정지시킨 경우
④ 자동차의 속도가 시속 60킬로미터 미만인 경우

28. 전자제어 제동장치(ABS)의 기능 설명 중 틀린 것은?

① 방향 안정성 확보
② 조향 안정성 확보
③ 제동거리 단축 가능
④ 부드러운 변속감 실현

29. 스노 타이어(Snow Tire)의 장점에 속하지 않는 것은?

① 눈길에서 제동성이 우수하다.
② 눈길에서 구동력이 크다.
③ 체인을 탈·부착하여야 하는 번거로움이 없다.
④ 눈이 없는 포장노면에서도 주행 소음이 적다.

정답 25. ① 26. ④ 27. ④ 28. ④ 29. ④

30. 엔진룸의 유효면적을 넓게 확보할 수 있으며 부품 수가 적고 정비성이 좋은 독립현가 방식은?

① 위시본형 ② 트레일 링크형
③ 맥퍼슨형 ④ 스윙 차축형

31. 전자제어 현가장치의 제어와 관련된 구성부품이 아닌 것은?

① 인하버터 스위치 ② 액셀 포지션 센서
③ ECS 모드 선택 스위치 ④ 클러치 스위치

32. 수동변속기에서 싱크로 메시 기구가 작용하는 시기는?

① 변속 기어를 뺄 때
② 변속 기어가 물릴 때
③ 클러치 페달을 놓을 때
④ 클러치 페달을 밟을 때

33. 최고 속도 제한장치를 부착하지 않아도 되는 자동차는?

① 승합자동차
② 비상 구급 자동차
③ 차량 총 중량이 3.5톤을 초과하는 화물자동차
④ 저속전기자동차

34. 내경이 50mm인 마스터 실린더에 30N의 힘이 작용하였을 때 내경이 80mm인 휠 실린더에 작용하는 제동력은?

① 약 1.52N ② 약 34.6N
③ 약 76.8N ④ 약 168.6N

해설 파스칼의 원리가 적용된다.

$$P_1 = P_2$$

$$\frac{F_1}{A_1} = \frac{F_2}{A_2}$$

$$F_2 = \frac{F_1 \times A_2}{A_1} = \frac{30 \times 80^2}{50^2} = 76.8\text{N}$$

정답 30. ③ 31. ④ 32. ② 33. ② 34. ③

35. 공기 배력식 유압 제동장치의 설명으로 틀린 것은?

① 파워 피스톤을 에어 컴프레서의 압축된 공기압력과 대기압의 차이에 따라서 작동하여 유압을 발생시켜 휠 실린더에 전달하는 역할을 하는 것은 브레이크 부스터이다.

② 하이드로 에어팩은 공기탱크 등을 설치하여야 하므로 하이드로 백 장치에 비해 약간 복잡하다.

③ 하이드로 에어팩은 동력 실린더부, 릴레이 밸브루, 하이드로릭 실린더부로 구성되어 있다.

④ 하이드로 에어팩으로 작동되는 제동계통은 베이퍼 록이 일어나지 않아 공기빼기가 필요 없다.

36. 전자제어 유압식 파워 스티어링 장치에 대한 설명으로 틀린 것은?

① 유압 반력 제어방식에서 조향력의 변화량은 반력 압력의 제어에 의해 유압반력기구의 용량범위에서 임의의 크기가 주어진다.

② 고속에서만 스티어링 휠의 조작을 가볍게 하여 운전자의 피로를 줄인다.

③ 차속 감응식은 차속에 따라 조향력을 변화시킨다.

④ 파워 스티어링의 조향력은 파워 실린더에 걸리는 압력에 의하여 결정된다.

37. 자동차가 54km/h로 달리다가 급 가속하여 10초 후에 90km/h가 되었을 때 가속도(m/sec^2)는?

① 0.5　　② 1
③ 3　　④ 4

해설

$$\text{가속도} = \frac{\text{나중 속도} - \text{처음 속도}}{\text{시간}}$$
$$= \frac{(90-54)\times 1{,}000}{10\times 60\times 60}$$
$$= 1\text{m/sec}^2$$

38. 자동차의 점검 및 정비 또는 검사에 사용하는 기계 및 기구를 제작하는 사람은 정밀도검사를 받아야 한다. 해당 기계 및 기구가 아닌 것은?

① 제동 시험기　　② 전조등 시험기
③ 자동차용 리프트　　④ 가스 누출 탐지기

정답 35. ④ 36. ② 37. ② 38. ③

39. 풀타임(Full Time) 4륜 구동 방식에서 타이트 코너 브레이크 현상을 제거하는 방법은?

① 바퀴를 작게 한다.
② 타이어 공기압을 높여준다.
③ 앞, 뒤 바퀴에 구동력을 전달하는 부분에 중앙차동장치를 설치한다.
④ 프로펠러 샤프트에 유니버셜 조인트를 2개 연속으로 장착한다.

40. 기관의 회전력이 15.5kgf · m이고 3,200rpm으로 회전하고 있다면 클러치에 전달되는 마력(PS)은 약 얼마인가?

① 56.3 ② 61.3 ③ 66.3 ④ 69.3

해설 $\mathrm{PS} = \frac{nT}{716} = \frac{3{,}200 \times 15.5}{716} = 69.3\mathrm{PS}$

41. 자동변속기 오일의 색깔이 흑색일 경우 예측되는 고장은?

① 클러치 디스크의 마모
② 불완전 연소에 의한 카본 혼입
③ 연료 및 냉각수 혼합
④ 농후한 혼합기 공급

42. 자동차가 선회 운동을 할 때 구심력의 역할을 하는 것은?

① 코너링 포스
② 접착력
③ 복원력
④ 원심력

43. 슬립각의 크기에 따른 조향 특성을 설명한 것으로 옳은 것은?

① 후륜과 전륜의 슬립각이 같으면 언더 스티어링의 특성을 나타낸다.
② 후륜의 슬립각이 전륜의 슬립각보다 크면 언더 스티어링의 특성을 나타낸다.
③ 후륜의 슬립각이 전륜의 슬립각보다 크면 오버 스티어링의 특성을 나타낸다.
④ 후륜의 슬립각이 전륜의 슬립각보다 크면 중립 스티어링의 특성을 나타낸다.

44. AC 발전기와 DC 발전기에서 기능이 동일한 부품으로 짝지어진 것 중 가장 틀린 것은?

① 로터와 계자
② 스테이터와 전기자
③ 다이오드와 정류자
④ 슬립링과 계철

정답 39. ③ 40. ④ 41. ① 42. ① 43. ③ 44. ④

45. 와이퍼 모터 중 직권코일과 분권코일 2개의 계자코일을 이용하여 고속과 저속 회전을 하는 와이퍼 모터는?

① 분권식 와이퍼 모터
② 복권식 와이퍼 모터
③ 페라이트 전자식 와이퍼 모터
④ 제3브러시식 와이퍼 모터

46. 점화장치에 대한 점화방식의 종류가 아닌 것은?

① 전자 유도 방식　　② 자석식
③ 반도체식　　④ 콘덴서 방전식

47. 시동 모터와 마그네틱 스위치를 시험하는 방법으로 옳은 것은?

① 풀인, 홀드인 시험 시 마그네틱 스위치의 M터미널에서 커넥터를 분리시킨다.
② 풀인 시험 시 S터미널과 보디 사이에 12V 배터리를 연결한다.
③ 홀드인 시험 시 S터미널과 M터미널 사이에 12V 배터리를 연결한다.
④ 정확한 결과를 위해 30초 이상 시험을 진행하여야 한다.

48. DLI 점화장치의 특징에 해당되지 않는 것은?

① 고전압이 감소되어도 유효 에너지의 감소가 없기 때문에 실화가 적다.
② 정전압 제어 방식으로 엔진의 회전 속도에 관계없이 2차 전압이 안정된다.
③ 범위 제한 없이 진각이 이루어지고 내구성이 크다.
④ 고압 배전부가 없기 때문에 누전의 염려가 없다.

49. 이모빌라이저 시스템의 구성품으로 틀린 것은?

① 트랜스폰더
② 터치 센서
③ 안테나코일
④ 이모빌라이저 유닛

정답 45. ② 46. ① 47. ① 48. ② 49. ②

50. 전조등의 광도가 2,000cd인 경우, 전방 10m에서 조도는?

① 200lx ② 20lx ③ 30lx ④ 2,000lx

➡해설 $L = \frac{E}{r^2}$

여기서, L : 조도(lx)

E : 광도(cd)

r : 거리(m)

$L = \frac{2,000}{10^2} = 20l\text{x}$

51. 배터리에 대한 설명 중 틀린 것은?

① 발전전류 제어 시스템에서는 배터리의 상태를 실시간으로 모니터링한다.
② 기동장치에 전기를 공급한다.
③ 주행 상태에 따르는 발전기의 출력과 부하의 불균형을 조정한다.
④ 발전기 대신 전원을 소비하면 배터리의 비중이 올라간다.

52. 내기 센서, 외기 센서, 일사 센서, 온도조절 스위치, 송풍기 스위치들은 어떤 시스템에 사용되는 것인가?

① 전자제어 서스펜션 ② 자동 변속기
③ 엔진 제어 ④ 공조장치

53. 자동차 보디 구성품이 아닌 것은?

① 펜더 에이프런 ② 대쉬 패널
③ 사이드 멤버 ④ 쇼크 업소버

54. CO_2 아크 용접에 대한 설명으로 틀린 것은?

① 용접 전류는 용입에 영향을 주는 요인이다.
② 아크 전압은 비드형상에 영향을 주는 요인이다.
③ 용접 전류는 와이어의 용융 속도에 영향을 주는 요인이다.
④ 와이어의 돌출 길이가 길수록 가스의 보호 효과가 크고 노즐에 스패터가 부착되기 쉽다.

 정답 50. ② 51. ④ 52. ④ 53. ④ 54. ④

55. 퍼티의 사용 목적으로 가장 적합한 것은?

① 요철 부위를 평활하게 만들기 위해
② 부착력을 향상시키기 위해
③ 광택도를 높이기 위해
④ 녹 방지를 위해

56. 색상과 관련된 설명으로 틀린 것은?

① 보라색은 빨간색과 파란색의 혼합색이다.
② 색광의 3원색은 빨간색, 파란색, 노란색이다.
③ 흰색은 빛을 모두 반사하여 생긴 색상이다.
④ 보색끼리 섞으면 백색이 된다.

57. 탄소강에서 적열취성의 성질을 가지게 하는 원소는?

① Mn ② P ③ S ④ Si

58. 도장 하자 중 하나인 메탈릭 얼룩의 방지를 위해 조절해야 하는 것이 아닌 것은?

① 풀레시오프 타임 ② 토출량
③ 도료량 ④ 점도

59. 자동차 보수도장용 우레탄 도료의 건조 방식은?

① 소부형 ② 산화 중합형
③ 자기 반응형 ④ 용제 증발형

60. 사고 차량의 인장작업을 위한 차체 고정에 대한 설명으로 옳은 것은?

① 차체 고정은 단일 방식만 있다.
② 고정용 클램프는 십자(+) 형태로 연결한다.
③ 기본 고정은 사이드 실 아래의 플랜지 부위 네 곳에서 한다.
④ 사이드 실 하단의 플랜지가 없는 차체는 고정을 할 수 없다.

정답 55. ① 56. ④ 57. ③ 58. ③ 59. ③ 60. ③

제61회 자동차정비 기능장

(2017년도 3월 5일 시행)

Actual Test

01. GDI 기관에서 고압펌프 고장 시 시동과 관련하여 나타날 수 있는 현상은?

① 시동 불량
② 시동 직후 엔진 정지
③ 시동이 걸리나 3,000rpm으로 제한
④ 시동이 걸리나 엔진 부조가 발생

➡해설 기본적으로 GDI 엔진은 고압 연료 장치의 고장이 발생되게 되면 저압 펌프의 힘으로 연료를 공급하고 인젝터 분사량을 증가시킴으로써 원활한 엔진 회전이 가능하도록 구성되었다. 다만, 정상적인 작동이 아닌 관계로 엔진회전수를 약 3,000rpm으로 제한한다.

02. 가솔린 기관의 점화장치에서 독립점화방식과 비교한 동시점화방식의 특징에 대한 설명으로 틀린 것은?

① 시스템 구성이 간단하다.
② 점화에너지의 손실이 감소된다.
③ 점화플러그의 전극 소모가 빠르다.
④ 배기행정에서도 점화불꽃이 발생된다.

03. 디젤기관의 연소과정 중 급격히 화염이 전파되는 초기연소기간은?

① 착화지연기간 ② 직접연소기간
③ 폭발연소기간 ④ 후기연소기간

04. 4행정 사이클 기관의 구조가 스퀘어 스트로크 엔진(Square stroke engine)이며, 실제 흡입 공기량이 1117.5cc일 때 체적효율은 약 몇 %인가?(단, 실린더의 수는 4개이며 행정은 78mm이다.)

① 65 ② 70 ③ 75 ④ 80

➡해설 • 행정체적(총배기량) $= \dfrac{\pi \times D^2 \times L \times N}{4} = \dfrac{\pi \times 7.8^3 \times 4}{4} = 1{,}490.09\text{cc}$

• 체적효율 $= \dfrac{\text{실제 흡입된 흡기량}}{\text{행정체적}} \times 100 = \dfrac{1{,}117.5}{1{,}490.09} \times 100 = 74.995\%$

정답 1. ③ 2. ② 3. ③ 4. ③

05. 기관의 밸브간극 조정에 사용되는 측정기구는?

① 딥스 게이지 ② 다이얼 게이지
③ 시크니스 게이지 ④ 버니어 캘리퍼스

06. 4기통 기관에서 실린더 배열 순서로 점화하지 않는 이유 중 틀린 것은?

① 기관의 발생 동력을 크게 한다.
② 인접 실린더의 진동을 억제한다.
③ 기관의 발생 동력을 균등하게 한다.
④ 크랭크 축 회전에 무리가 없도록 한다.

07. 디젤 기관에서 연료 분사펌프의 분류로 틀린 것은?

① 분배식 ② 플런저식
③ 독립펌프식 ④ 축압분배식

08. 가솔린 엔진의 전부하 성능곡선도에서 탄성영역에 대한 설명으로 옳은 것은?

① 토크가 증가하는 회전속도에서 최대출력을 발생시키는 회전속도까지의 영역
② 연료소비율이 최저가 되는 회전속도에서 최대 출력을 발생시키는 회전속도까지의 영역
③ 최대 토크를 발생시키는 회전속도에서 최대출력을 발생시키는 회전속도까지의 영역
④ 최대토크를 발생시키는 회전속도에서 연료소비율이 최저가 되는 회전속도까지의 영역

09. 인젝터 출력 파형의 설명으로 틀린 것은?

① a : 전원전압 ② b : TR on
③ c : 연료분사시간 ④ 4 : 코일 감쇄구간

해설

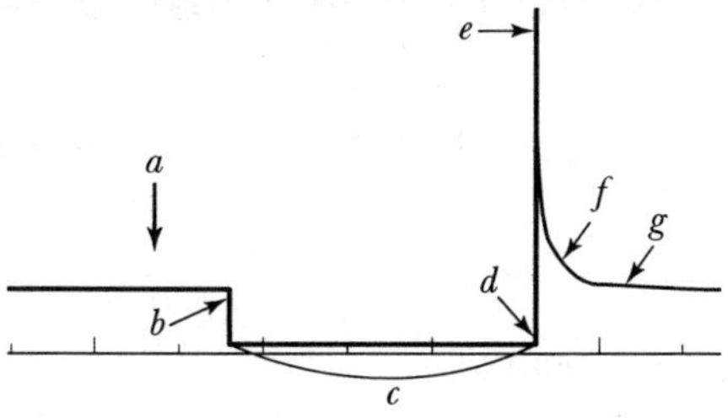

a : 전원 전압
b : TR on
c : 연료분사 시간
d : TR off
e : 서진전압
f : 코일 감쇄구간
g : 전원전압

정답 5. ③ 6. ① 7. ② 8. ③ 9. ④

10. 삼원 촉매 변환기에 대한 설명으로 틀린 것은?

① 산화 및 환원 작용을 한다.
② 약 400~800℃에서 최적의 효율을 보인다.
③ 촉매는 엔진에서 가급적 멀리 설치되어야 한다.
④ 담체에 백금(Pt), 파라듐(Pd), 로듐(Rh)이 도포되어 있다.

➡해설 삼원 촉매 장치는 최적의 효율을 나타내기 위하여 엔진시동 후 가장 빠른 시간에 약 400~800℃에 도달할 수 있는 거리에 설치되어야한다.

11. 윤활장치에서 유압이 낮아지는 원인은?

① 윤활유의 온도가 낮을 때
② 윤활유의 점도가 높을 때
③ 윤활 부분의 마멸량이 과대할 때
④ 유압조절밸브 스프링 장력이 클 때

12. 전자제어 가솔린 기관의 연료계통에서 기관 정지 시 연료압력을 유지시키는 밸브는?

① 체크 밸브　② 니들 밸브
③ 릴리프 밸브　④ 딜리버리 밸브

13. 기관의 연소에서 공연비란 무엇인가?

① 흡입공기량과 연료체적의 비
② 배기가스 중에 포함된 산소의 비
③ 배기가스 체적과 연료량의 비
④ 흡입공기량과 연료량의 중량비

14. 실린더 내경 7cm, 크랭크 축 회전반경 4.2cm, 실린더 수가 4개인 가솔린 엔진의 총 배기량은 약 몇 cc인가?

① 약 646.5　② 약 1,092.4　③ 약 1,293.1　④ 약 1,346.5

➡해설 행정체적(총 배기량)

$$= \frac{\pi \times D^2 \times L \times N}{4} = \frac{\pi \times 7^2 \times 8.4 \times 4}{4} = 1,293.1\text{cc}$$

정답 10. ③ 11. ③ 12. ① 13. ④ 14. ③

15. 가솔린 엔진의 가변흡기장치(variable induction control system)에 대한 설명으로 옳은 것은?

① 엔진 회전수와 엔진 부하에 따라 밸브 오버랩을 변화시킨다.
② 엔진 회전수와 엔진 부하에 따라 흡기다기관의 길이를 변화시킨다.
③ 엔진 고속회전 시 흡기다기관의 길이를 길게 하여 흡입저항을 줄인다.
④ 엔진 중속회전 시 흡기다기관의 길이를 짧게 하여 관성 과급 효과를 얻는다.

16. 산화 지르코니아 산소센서 점검에 관한 내용으로 틀린 것은?

① 엔진을 충분히 웜업시킨 후 점검한다.
② 디지털 회로시험기를 사용하여 점검한다.
③ 엔진 회전수에 따른 저항값의 변화를 측정한다.
④ 히티드(heated) 산소센서의 경우 히터 전원공급도 점검한다.

17. 내연기관에서의 열손실이 냉각손실은 30%, 배기 및 복사에 의한 손실은 26%이다. 기계효율이 80%라면 정미효율은?

① 30.7% ② 35.2% ③ 40.8% ④ 45.7%

해설
- 도시효율 = 연료에너지(100%) − (냉각손실% + 배기손실%)
- 도시효율 = 100% − (30% + 26%) = 44%
- 정미효율 = 도시효율×기계효율 = 44%×0.80 = 35.2%

18. LPI(Liquified Petroleum Injection) 연료장치의 구성품이 아닌 것은?

① 가스 온도 센서
② 과류 방지 밸브
③ 펌프 구동 드라이브
④ 메인 듀티 솔레노이드 밸브

해설 메인 듀티 솔레노이드 밸브는 LPG 연료장치의 믹서에 설치되어있다.

19. 설비배치 및 개선의 목적을 설명한 내용으로 가장 관계가 먼 것은?

① 재공품의 증가 ② 설비투자 최소화
③ 이동거리의 감소 ④ 작업자 부하 평준화

정답 15. ② 16. ③ 17. ② 18. ④ 19. ①

20. 워크 샘플링에 관한 설명 중 틀린 것은?

① 워크 샘플링은 일명 스냅리딩(Snap Reading)이라 불린다.
② 워크 샘플링은 스톱워치를 사용하여 관측대상을 순간적으로 관측하는 것이다.
③ 워크 샘플링은 영국의 통계학자 L.H.C Tippet가 가동률 조사를 위해 창안한 것이다.
④ 워크 샘플링은 사람의 상태나 기계의 가동상태, 미작업의 종류 등을 순각적으로 관측하는 것이다.

21. 검사의 종류 중 검사공정에 의한 분류에 해당되지 않는 것은?

① 수입검사　　② 출하검사
③ 출장검사　　④ 공정검사

22. 부적합품률이 20%인 공정에서 생산되는 제품을 매 시간 10개씩 샘플링 검사하여 공정을 관리하려고 한다. 이때 측정되는 시료의 부적합품 수에 대한 기댓값과 분산은 약 얼마인가?

① 기댓값 : 1.6, 분산 : 1.3
② 기댓값 : 1.6, 분산 : 1.6
③ 기댓값 : 2.0, 분산 : 1.3
④ 기댓값 : 2.0, 분산 : 1.6

23. 3법의 X관리도에서 공정이 관리상태에 있는데도 불구하고 관리상태가 아니라고 판정하는 제1종 과오는 약 몇 %인가?

① 0.27　　② 0.54
③ 1.0　　④ 1.2

24. 설비보전조직 중 지역보전(area maintenance)의 장단점에 해당하지 않는 것은?

① 현장 왕복시간이 증가한다.
② 조업요원과 지역보전요원과의 관계가 밀접해진다.
③ 보전요원이 현장에 있으므로 생산 본위가 되며 생산의욕을 갖게 된다.
④ 같은 사람이 같은 설비를 담당하므로 설비를 잘 알며 충분한 서비스를 할 수 있다.

정답 20. ② 21. ③ 22. ④ 23. ① 24. ①

25. 하이드로 플래닝(hydro planning) 현상의 예방책으로 옳은 것은?

① 타이어 패턴은 가능한 한 러그형을 채택한다.
② 앞보다 뒤를 더 무겁게 적재하고 고속 주행한다.
③ 공기압을 규정값으로 하고, 주행 속도를 감소시킨다.
④ 타이어 접지면적을 넓히기 위해 압력을 규정값보다 낮춘다.

26. 사이드슬립 시험기로 측정한 결과 왼쪽 바퀴가 바깥쪽으로 6mm/m이고, 오른쪽 바퀴는 안쪽으로 8mm/m이었을 때 슬립양은?

① 안쪽으로 1mm/m
② 안쪽으로 2mm/m
③ 바깥쪽으로 1mm/m
④ 바깥쪽으로 2mm/m

27. 질량 1,200kg의 자동차가 주행속도 60km/m에서 제동 정차하였다. 제동감속도가 $6m/s^2$일 때 브레이크 일과 브레이크 출력은?

① 약 166,665Nm, 약 60kW
② 약 196,000Nm, 약 25kW
③ 약 333,300Nm, 약 75kW
④ 약 369,630Nm, 약 100kW

해설

- $V = 60\text{km/h} = \dfrac{60}{3.6}\text{m/s}$
- $W_B = \dfrac{mv^2}{2} = \dfrac{1{,}200\text{kg} \times \left(\dfrac{60}{3.6}\right)^2 \text{m/s}}{2} = 166{,}666.7\text{Nm}$
- $t = \dfrac{V}{a} = \dfrac{\dfrac{60}{3.6}\text{m/s}}{6\text{m/s}^2} = 2.7778\text{s}$
- $P_B = \dfrac{W_B}{t} = \dfrac{166{,}666.7\text{Nm}}{2.7778\text{s}} = 59{,}999.532\text{W} = 59.999\text{kW}$

여기서, V : 주행속도[m/s]
W_B : 브레이크 일[Nm]
t : 제동소요 시간[s]
P_B : 브레이크 출력[Nm/s, W]

정답 25. ③ 26. ① 27. ①

28. 조향각을 일정하게 유지하고 차의 주행속도를 증가시켰을 때 선회 반경이 커지는 현상은?

① 오버 스티어링 ② 언더 스티어링
③ 뉴트럴 스티어링 ④ 리버스 스티어링

29. 전자제어 제동장치(ABS)에서 제동력이 최대가 되는 슬립률은 일반적으로 약 몇 %인가?

① 15~20% ② 35~40%
③ 55~60% ④ 75~80%

30. 자동차의 주행저항에 해당되지 않는 것은?

① 구름저항 ② 등판저항
③ 공기저항 ④ 구동저항

31. 공기식 제동장치 차량에서 총 제동력 4,900N, 자동차 질량 1,800Kg, 브레이크 공기압력 7.0bar, 블로킹 한계압력 4.5bar, 초기압력 0.4bar인 경우의 제동률은?

① 약 23.6% ② 약 44.7%
③ 약 53.9% ④ 약 60.4%

➡해설 공기브레이크의 제동률(%)

$$= \frac{\text{제륜자가 차륜답면에 작용한 힘}}{\text{차량에 작용한 중량}} \times 100$$

$$= \frac{(P_1 - P_0) \times F}{(P_2 - P_0) \times W} \times 100$$

$$= \frac{(7 - 0.4) \times 4{,}900}{(4.5 - 0.4) \times 1{,}800 \times 9.8} \times 100$$

$$= 44.7\%$$

32. 앞 현가장치에서 차축식과 비교한 독립현가식의 특징으로 틀린 것은?

① 승차감이 좋다.
② 타이어와 노면의 접지성이 좋다.
③ 유연한 새시 스프링을 사용할 수 있다.
④ 차륜의 상하운동에 의한 휠 얼라인먼트의 변화가 적다.

정답 28. ② 29. ① 30. ④ 31. ② 32. ④

33. 자동차 및 자동차부품의 성능과 기준에 관한 규칙에 따른 주제동장치의 급제동 정지거리 및 조작력 기준에서 최고속도 80Km/h 이상의 자동차 제동속도는?

① 25km/h
② 35km/h
③ 50km/h
④ 당해 자동차의 최고속도

➡해설 [별표 3] 〈개정 2003.2.25〉 주제동장치의 급제동정지거리 및 조작력 기준(제15조 제1항 제10호 관련)

구분	최고속도가 매시 80km 이상의 자동차	최고속도가 매시 35km 이상 80km 미만의 자동차	최고속도가 매시 35km 미만의 자동차
1. 제동초속도 (km/시간)	50	35	당해 자동차의 최고속도
2. 급제동정지거리(m)	22 이하	14 이하	5 이하
3. 측정시 조작력 (kg)	발조작식의 경우 : 90 이하		
	손조작식의 경우 : 30 이하		
4. 측정자동차의 상태	공차상태의 자동차에 운전자 1인이 승차한 상태		

34. 거버너 방식의 자동변속기 차량에서 거버너 압력은?

① 자동차의 주행속도에 비례한다.
② 자동차의 주행속도에 반비례한다.
③ 스로틀 밸브 열림 각도에 비례한다.
④ 스로틀 밸브 열림 각도에 반비례한다.

35. 자동변속기와 비교 시 무단변속기(CVT)의 장점으로 옳은 것은?

① 변속 충격이 전혀 없어 승차감이 향상된다.
② 변속 시 엔진 토크를 감소시켜 연비가 향상된다.
③ 자동차 주행속도와 상관없이 엔진을 최저연비 상태로 제어할 수 있다.
④ 엔진을 최대 출력 상태로 지속적으로 제어할 수 있어 가속성이 우수하다.

정답 33. ③ 34. ① 35. ①

36. 전자제어 제동장치(ABS)에 대한 설명으로 틀린 것은?

① 고장 발생 시 전자제어 진단기기를 이용하여 공장 내용을 알 수 있다.
② 경고등 점등 시 ABS 시스템은 정상 작동하지 않지만, 통상적인 브레이크 작동은 유지된다.
③ 미끄러운 노면에서 급제동 시 페달의 진동이 느껴진다면 ABS 시스템을 반드시 점검토록 한다.
④ 주행 중 ABS 제어 모듈은 항상 각 부를 모니터링하고 있으며, 고장 발생 시 경고등을 점등시킨다.

37. 전동식 동력조향장치의 제어방법 및 특성에 대한 설명으로 틀린 것은?

① 주차 또는 저속주행 시에는 조향력이 가볍게 제어된다.
② 전동모터의 구동력은 조향 휠을 조작하는 토크에 비례한다.
③ 전동모터에 가해지는 전류의 세기는 엔진 회전수에 비례한다.
④ 시스템 고장 시 계기판에 경고등이 켜지도록 경고등 제어를 한다.

38. 자동변속기에서 토크 컨버터의 토크 변환율이 최대가 될 때는?

① 터빈이 펌프의 1/3 회전할 때
② 터빈이 펌프의 1/2 회전할 때
③ 터빈이 정지상태에서 회전하려고 할 때
④ 펌프와 터빈의 회전속도가 거의 같아졌을 때

39. 입력축, 부축, 출력축으로 구성된 수동 변속기에서 변속비에 대한 설명으로 옳은 것은?

① 부축기어 잇수 / 입력축기에 잇수
② 출력축 회전속도 / 엔진 회전속도
③ 변속비가 1보다 작을 때는 감속이 된다.
④ 변속비가 1일 때 구동축과 피동축의 회전속도는 같다.

40. 휠 얼라인먼트 요소 중 캠버에 대한 설명으로 틀린 것은?

① 부(−)의 캠버는 선회 시 코너링 포스를 증가시킨다.
② 캠버는 핸들의 복원력을 좋게 하고 차축의 휨을 방지한다.
③ 정(+)의 캠버란 차륜 중심선의 위쪽이 안으로 기울어진 상태를 말한다.
④ 정면에서 보았을 때 차륜 중심선이 수직선에 대해 경사되어 있는 상태를 말한다.

정답 36. ③ 37. ③ 38. ③ 39. ④ 40. ③

41. 자동차 드라이브 라인 중 등속 조인트의 종류가 아닌 것은?

① 트랙터형(Tractor type)
② 파르빌레형(Parville type)
③ 벤딕스 와이스형(Bendix weiss type)
④ 훅 조인트형(Hooks joint type)

42. 공기식 전자제어 현가장치(ECS)에서 사용되는 센서 종류와 관계가 없는 것은?

① 차고센서
② 차속센서
③ 오일 압력센서
④ 조향 휠 각도센서

43. 에어백 시스템에서 제어 모듈의 주요 기능이 아닌 것은?

① 고장 발생 시 자기진단기능
② 고장 발생 시 경고등 점등기능
③ 충돌 시 긴급제동시스템 작동기능
④ 축전지 파손에 대비한 비상전원 확보기능

44. 무보수(MF) 축전지의 특징이 아닌 것은?

① 자기방전이 적다.
② 장시간 보존할 수 있다.
③ 증류수를 보충할 필요가 없다.
④ 격자의 재질을 납과 고안티몬 합금으로 개선하였다.

45. 전기회로에서 접촉저항을 감소시키는 방법 중 틀린 것은?

① 단자에 도금을 한다.
② 접촉압력을 증가시킨다.
③ 접촉면적을 감소시킨다.
④ 접촉부위의 이물질을 제거한다.

정답 41. ④ 42. ③ 43. ③ 44. ④ 45. ③

46. 기동전동기의 정류자에 대한 설명으로 틀린 것은?

① 정류자편은 각각 절연하여 원형으로 결합한 것이다.
② 정류자편 사이에는 1mm 정도의 두꺼운 운모판이 삽입되어 있다.
③ 원심력에 의해 튀어나오지 않도록 V형 운모와 V형 클램프 링으로 고정되어 있다.
④ 운모판은 브러시와의 접촉 불량을 방지하기 위해 정류자편의 표면보다 높게 설치되어 있다.

47. 차량 충돌 시 피해 경감기술 및 장치를 나열한 것이다. 거리가 먼 것은?

① 탑승자 보호기술
② 보행자 피해 경감장치
③ 충돌 시 충격흡수 차체구조
④ 충돌 시 도어록(Door lock) 해제장치

48. 차내 통신시스템 중 플렉스레이(Flex Ray) 배선에서의 전압수준으로 틀린 것은?

① BP(Bus Plus) 라인 데이터 미전송 시 전압은 2.5V이다.
② BM(Bus Minus) 라인 데이터 미전송 시 전압은 2.5V이다.
③ BP(Bus Plus) 라인에서 값이 1인 비트(bit)가 전송 시 전압은 3.0V에서 3.5V로 상승하고, 0인 비트(bit)가 전송되면 1.5V에서 2.0V로 하강한다.
④ BM(Bus Minus) 라인에서 값이 1인 비트(bit)가 전송되면 전압은 3.5V에서 5.0V로 상승하고, 0인 비트(bit)가 전송되면 2.5V에서 1.5V로 하강한다.

해설 플렉스 레이 차내 통신 시스템은 최대전압이 3.5V이다

49. 기전력이 2V이고 내부저항이 1Ω인 축전지 15개를 직렬로 연결하고, 끝단에 5Ω의 외부저항을 접속했을 때 회로에 흐르는 전류는?

① 1A　　② 1.5A
③ 2A　　④ 2.5A

해설 회로 내의 합성저항을 구하면

$R = 1\Omega \times 15\text{개} + 5\Omega = 20\Omega$

전압은 직렬이므로 $2V \times 15$개가 된다.

전구에 흐르는 전류는 옴의 법칙에 따라 다음과 같다.

$I = \frac{E}{R} = \frac{2 \times 15}{20} = 1.5A$

정답 46. ④ 47. ④ 48. ④ 49. ②

50. 계기장치에서 미터(meter)의 고장현상별 점검내용으로 틀린 것은?

① 지침 고정 - 미터부의 공급전원 점검
② 지시값 상이 - 입력신호선의 접촉불량 점검
③ 지침 떨림 - 센더(sender)부의 전원전압 점검
④ 지침 고정 - 센더(sender)부의 입력신호선 단선 점검

51. 냉동사이클 중에서 냉매의 압력이 가장 낮을 때는?

① 응축기를 지난 후
② 압축기를 지난 후
③ 팽창밸브를 지난 후
④ 리시버 드라이어를 지난 후

52. 교류 발전기 조정기에 대한 설명으로 맞는 것은?

① 트랜지스터만 제어하면 된다.
② 전류 조정기만 제어하면 된다.
③ 전압 조정기만 제어하면 된다.
④ 컷 아웃 릴레이만 제어하면 된다.

53. 저항용접의 종류가 아닌 것은?

① 스폿 용접
② 프로젝션 용접
③ 미그 용접
④ 심 용접

54. 자동차 보수용 상도 도료에 대한 설명으로 틀린 것은?

① 자동차 보수도장에는 일반적으로 저온 건조형 또는 자연 건조형 도료가 사용된다.
② 자동차 보수용 도료의 품질은 모든 면에서 신차도료보다 못하다.
③ 자동차 보수도장용으로 우레탄 도료가 있다.
④ 나동차 보수도장용으로 수용성 도료가 있다.

정답 50. ③ 51. ③ 52. ③ 53. ③ 54. ②

55. 퍼티와 경화제에 대한 설명으로 틀린 것은?

① 경화제의 양에 관계없이 건조속도가 일정하다.
② 경화재는 인체에 해롭기 때문에 취급에 주의한다.
③ 주제와 경화제의 혼합이 충분하지 않을 때는 결함이 발생한다.
④ 주제와 경화제는 100 : 1~3 정도의 무게비로 혼합하는 것이 바람직하다.

56. 조색의 기본원칙으로 틀린 것은?

① 도료를 혼합하면 명도 또는 채도가 낮아진다.
② 보색관계에 있는 색을 혼합하면 회색이 된다.
③ 색상환에서 주변 색을 혼합하면 채도가 낮아진다.
④ 혼합하는 색이 많으면 많을수록 회색에 접근하게 된다.

➡해설 채도
색의 선명하고 탁한 정도를 말하며, 색의 맑기,색의 순도(색의 강하고 약한 정도)라고도 한다.

57. 도막 결합 중 흐름현상이 원인이 아닌 것은?

① 하절기에 동절기 경화재를 사용했을 때
② 지건성 희석제를 과량 사용했을 때
③ 한번에 너무 두껍게 도장했을 때
④ 프레시 타임을 적게 주었을 때

58. 보디 패널의 프레스 라인 부위를 수정할 때 사용하는 수공구로 가장 적절한 것은?

① 해머, 스크레이퍼　② 해머, 판금 정
③ 돌리, 주걱　④ 돌리, 정반

59. 자동차 차체의 구성품 중 알루미늄 합금을 사용하지 않는 것은?

① 후드　② 도어 트림　③ 펜더　④ 트렁크

60. 자동차의 차체 제작 성형은 철금속의 어떤 성질을 이용한 것인가?

① 가공 경화　② 소성　③ 가단성　④ 탄성

 정답 55. ① 56. ③ 57. ① 58. ② 59. ② 60. ②

제62회 자동차정비 기능장

(2017년도 7월 8일 시행)

01. 일반적으로 윤활에서 마찰계수 f, 점성계수 u, 축의 회전수 n, 베어링의 하중을 p라고 할 때 마찰계수 f와의 관계로 옳은 것은?

① 마찰계수 f는 하중 p와 회전수 n에 비례하고 점성계수 u에 반비례한다.
② 마찰계수 f는 점성계수 u에 비례하고 하중 p와 회전수 n에 반비례한다.
③ 마찰계수 f는 점성계수 u와 회전수 n에 비례하고 하중 p에 반비례한다.
④ 마찰계수 f는 점성계수 u와 하중 p에 비례하고 회전수 n에 반비례한다.

02. 가솔린 엔진에서 옥탄가가 85이면 퍼포먼스 수는?

① 약 45 ② 약 55
③ 약 65 ④ 약 75

해설 옥탄가 100 이상은 일반적으로 옥탄가로 표시하지 않고 퍼포먼스 수로 표시 한다.

$$PN = \frac{2,800}{(128 - ON)}$$

(PN : 퍼포먼스 수, 옥탄가 : ON)

03. 가솔린 엔진의 노크 발생 원인이 아닌 것은?

① 압축비가 높을 때
② 점화시기가 늦을 때
③ 실린더의 온도가 높을 때
④ 엔진에 과부하가 걸릴 때

04. 크랭크 축이 정적 및 동적 평형을 이루어야 하는 이유는?

① 고속회전을 하기 때문이다.
② 회전 관성을 줄이기 위해서이다.
③ 평면 베어링을 사용하기 때문이다.
④ 열전도성을 향상시키기 위해서이다.

정답 1. ③ 2. ③ 3. ② 4. ①

05. 게이지 압력이 15kgf/cm², 대기압이 710mmHg일 때 절대압력은 몇 kgf/cm²인가?

① 약 13.634 ② 약 14.965
③ 약 15.965 ④ 약 16.634

해설 760 : 1.0332 = 710 : x

$$x = \frac{710 \times 1.0332}{760} = 0.965$$

$15 + 0.965 = 15.965\text{kgf/cm}^2$

06. 엔진의 냉각수 내에 기포가 발생되어 워터펌프를 손상시킬 수 있는 현상은?

① 베이퍼 록(Vapor lock) ② 헤지테이션(Hesitation)
③ 캐비테이션(Cavitation) ④ 퍼컬레이션(Percolation)

07. 엔진의 행정 및 내경의 비에 따른 엔진의 분류 중 피스톤 평균속도를 높이지 않고 고속을 얻을 수 있으며 행정이 내경보다 작은 엔진은?

① 스퀘어 엔진 ② 언더 스퀘어 엔진
③ 오버 스퀘어 엔진 ④ 클로즈 스퀘어 엔진

08. 비중 0.85인 가솔린 0.5kg을완전 연소시키는 데 필요한 공기량은?(단, 공연비는 14.5 : 1이다.)

① 4.15kg ② 5.17kg
③ 6.16kg ④ 7.25kg

해설 공연비가 14.5 : 1이라는 것은 가솔린 1kg을 완전연소하는데 공기가 14.5kg이 필요하다. 그러므로 가솔린 0.5kg을 연소하는데는 $\frac{14.5}{2} = 7.25\text{kg}$의 공기가 필요하다.

09. 싱글 CVVT 엔진에서 오일압력 컨트롤 밸브 제어선이 단선되었을 때 나타날 수 있는 현상은?

① 시동 및 공회전 유지 가능
② 시동 직후 엔진 정지
③ 공회전 부조 발생
④ 시동 안 됨

 정답 5. ③ 6. ③ 7. ③ 8. ④ 9. ①

10. 4행정 사이클 V6 엔진의 지름이 75mm, 행정이 93mm이고, 실제로 엔진에 흡입된 공기량이 1,805cc라면 체적효율은 몇 %인가?

① 약 53
② 약 63
③ 약 73
④ 약 83

➡해설 총 배기량(cc) $= \dfrac{\pi \times 7.5^2 \times 9.3 \times 6}{4} = 2{,}463.9(\text{cc})$

체적효율 $= \dfrac{1{,}805}{2{,}463.9} \times 100 = 73.25\%$

11. 디젤 엔진의 압축비를 높일 경우에 나타날 수 있는 것은?

① 열효율이 높아진다.
② 출력이 떨어질 수 있다.
③ 최고 연소압력이 낮아진다.
④ 착화지연기간이 길어진다.

12. 가솔린 엔진의 차콜 캐니스터에서 흡착하는 유해가스 성분은?

① HC
② CO
③ SOx
④ NOx

13. MAP 센서방식 엔진에서 공회전 중 흡기다기관의 공기 누설이 소량으로 발생될 때 나타날 수 있는 현상은?

① 냉각수 온도 하강
② 엔진 회전수 하강
③ 엔진 회전수 상승
④ 엔진 회전수 고정

14. LPI(Liquefied Petroleum Injection) 연료장치에서 펌프구동 드라이버의 역할로 옳은 것은?

① 연료압력을 일정하게 유지한다.
② 연료온도를 상승시켜 증기압을 형성한다.
③ 연료펌프 속도를 항상 일정하게 유지한다.
④ 제어모듈의 신호를 받아 연료펌프의 회전수를 제어한다.

정답 10. ③ 11. ① 12. ① 13. ④ 14. ④

15. 전자제어 가솔린 연료분사 엔진의 특성으로 틀린 것은?

① 유해배기가스가 감소한다.
② 압축압력이 상승하여 토크가 증가한다.
③ 기화기식 엔진에 비해 연비를 향상시킬 수 있다.
④ 급격한 부하 변동에도 연료공급이 신속히 이루어진다.

16. 디젤 엔진에서 분사펌프의 주요 기능 중 틀린 것은?

① 분사량 제어 ② 분사율 제어
③ 분포도 제어 ④ 분사시기 제어

17. 여과기로 흡입되는 공기가 회전운동을 하면서 입자가 큰 먼지나 이물질을 분리시키는 현상은?

① 건식 여과기 ② 습식 여과기
③ 원심식 여과기 ④ 유조식 여과기

18. 전자제어 가솔린 연료분사장치의 인젝터를 실차에서 점검 시 점검요소가 아닌 것은?

① 저항점검 ② 작동음 점검
③ 연료누설 점검 ④ 분사시기 점검

19. 다음 그림의 AOA (Activity On Arc) 네트워크에서 E작업을 시작하려면 어떤 작업들이 완료되어야 하는가?

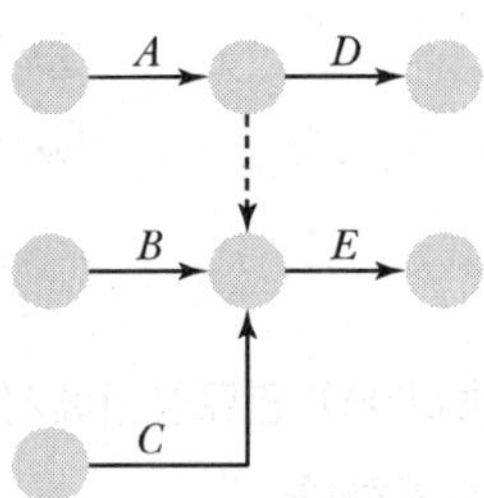

① B ② A, B ③ B, C ④ A, B, C

해설 점선 화살표(-----〉)
실제로 존재하지 않는 활동으로 단지 네크워크를 구성할 때 선후관계를 조정하기 위한 보조 수단으로 사용되며 실제의 활동과 구분하기 위하여 점선 화살표로 나타낸다.

 정답 15. ② 16. ③ 17. ③ 18. ④ 19. ④

20 검사특성곡선(OC Curve)에 관한 설명으로 틀린 것은?(단, N : 로트의 크기, n : 시료의 크기, c : 합격판정 개수이다.)

① N, n이 일정할 때 c가 커지면 나쁜 로트의 합격률은 높아진다.
② N, c가 일정할 때 n이 커지면 좋은 로트의 합격률은 낮아진다.
③ N/c/e의 비율이 일정하게 증가하거나 감소하는 퍼센트 샘플링 검사 시 좋은 로트의 합격률은 영향이 없다.
④ 일반적으로 로트의 크기 N이 시료 n에 비해 10배 이상 크다면 로트의 크기를 증가시켜도 나쁜 로트의 합격률은 크게 변화하지 않는다.

21. 품질 특성에서 X관리도로 관리하기에 가장 거리가 먼 것은?

① 볼펜의 길이
② 알코올 농도
③ 1일 전력 소비량
④ 나사길이의 부적합품 수

22. 표준시간을 내경법으로 구하는 식으로 수식으로 맞는 것은?

① 표준시간 = 정미시간 + 여유시간
② 표준시간 = 정미시간 × (1 + 여유율)
③ 표준시간 = 정미시간 × $\left(\frac{1}{1-\text{여유율}}\right)$
④ 표준시간 = 정미시간 × $\left(\frac{1}{1+\text{여유율}}\right)$

해설
- 표준시간 = 정미시간 + 여유시간
- 외경법 : 여유율 산정을 실동시간에 대한 비율로 사용
  표준시간 = 정미시간 × (1 + 여유율)
- 내경법 : 여유율 산정을 정미시간에 대한 비율로 사용
  표준시간 = 정미시간 × $\left(\frac{1}{1-\text{여유율}}\right)$

23. 브레인스토밍(Brainstorming)과 가장 관계가 깊은 것은?

① 특성 요인도
② 파레토도
③ 히스토그램
④ 회귀분석

정답 20. ③ 21. ④ 22. ③ 23. ①

24. 다음 데이터로부터 통계량을 계산한 것 중 틀린 것은?

[다음] 21.5, 23.7, 24.3, 27.2, 29.2

① 범위(R)=7.6 ② 제곱합(S)=7.59
③ 중앙값(Me)=24.3 ④ 시료분산(S2)=8.988

해설
• 평균값$(\mu)=\dfrac{21.5+23.5+24.3+27.2+29.1}{5}=25.16$
• 제곱의 합$(S)=(21.5-25.16)^2+(23.7-25.16)^2+(24.3-25.16)^2$
$+(27.2-25.16)^2+(29.1-25.16)^2=35.952$
• 분산$(V)=\dfrac{35.952}{5-1}=8.988$
• 범위$(R)=29.1-21.5=7.6$

25. 제동장치에서 에어 마스터(air master) 배력작용에 활용되는 압력차는?

① 압축공기와 흡기다기관의 압력차
② 압축공기와 대기압의 압력차
③ 압축공기와 유압의 압력차
④ 대기압과 유압의 압력차

26. 전자제어 현가장치에서 안티 스쿼트(Anti Squat) 제어 개시 전, 후륜 공기 스프링의 급기 및 배기의 상태로 옳은 것은?

① 전륜-배기, 후륜-배기 ② 전륜-급기, 후륜-배기
③ 전륜-배기, 후륜-급기 ④ 전륜-급기, 후륜-급기

27. 휠 얼라인먼트를 통해 얻을 수 있는 효과가 아닌 것은?

① 조향 휠을 저속에서는 가볍게, 고속에서는 무겁게 한다.
② 조향 휠의 조작을 작은 힘으로 쉽게 할 수 있게 한다.
③ 자동차 바퀴의 직진성 및 복원성을 준다.
④ 자동차 타이어의 마모를 최소로 한다.

정답 24. ② 25. ② 26. ③ 27. ①

28. 선 기어 잇수 20개, 링 기어 잇수 40개의 유성기어에서 선 기어를 고정하고 링 기어가 75회전하였다면 캐리어의 회전수는?

① 30회전 ② 50회전 ③ 90회전 ④ 120회전

해설 선기어를 고정하고 링기어를 구동하면 캐리어는 피동이므로

$$변속비 = \frac{20(선기어) + 40(링기어)}{40(링기어)} = 1.5$$

$$피동회전수 = \frac{1}{변속비} \times 구동회전수 = \frac{1}{1.5} \times 75 = 50회전$$

29. 토크 컨버터의 클러치 포인트 속도비로 옳은 것은?

① 터빈속도가 펌프속도의 약 5/10에 도달했을 때
② 펌프속도가 터빈속도의 약 5/10에 도달했을 때
③ 터빈속도가 펌프속도의 약 8/10에 도달했을 때
④ 펌프속도가 터빈속도의 약 8/10에 도달했을 때

30. 타이어 공기 압력의 변화에 의한 이상 마모 종류가 아닌 것은?

① 중앙마모 ② 궤도마모
③ 편심마모 ④ 숄더마모

31. 구동력 조절장치(Traction Control System)에서 엔진의 출력을 저하시키는 방법으로 틀린 것은?

① 연료분사 제어
② 점화시기 제어
③ 구동륜 제동 제어
④ 스로틀 밸브 제어

32. 요 레이트 센서 취급 시 주의해야 할 사항이 아닌 것은?

① 충격에 민감하므로 취급 시 주의한다.
② 조립 시 센서의 방향성에 주의한다.
③ 센서 교환 후 센서 보정(옵셋)을 실시한다.
④ 센서 교환 시 제어모듈도 같이 교환한다.

정답 28. ② 29. ③ 30. ③ 31. ③ 32. ④

33. 공기 현가장치에서 공기 저장탱크와 서지탱크를 연결하는 배관 사이에 설치되어 자동차의 높이를 일정하게 유지시키는 밸브는?

① 서브밸브　　② 메인밸브
③ 체크밸브　　④ 레벨링 밸브

34. 가변풀리방식의 CVT벨트 중 금속벨트와 비교 시 고무벨트의 특징으로 옳은 것은?

① 작동소음이 크다.
② 동력 전달 시 진동을 차단한다.
③ 동력 전달시 회전속도의 제한이 없다
④ 내구성이 우수하여 큰 토크를 전달할 수 있다.

35. 자동차 경음기 소음 측정 시 측정방법에 대한 설명 중 틀린 것은?

① 암소음 크기의 측정 시 순간적인 충격음 등은 암소음으로 취급하지 않는다.
② 경음기 소음 측정 시 2개의 경음기가 연동하여 음을 발하는 경우 연동상태에서 측정한다.
③ 엔진을 가동시키지 않은 정차상태에서 경음기를 5초 동안 작동시켜 소음 크기의 최대치를 측정한다.
④ 소음 측정은 2회 이상 실시하여 측정값의 차이가 5dB을 초과할 때에는 각각의 측정값은 무효로 한다.

36. 전동식 동력 조향장치의 특징이 아닌 것은?

① 모듈화가 용이하다.
② 엔진 정지 시에도 조향 조작력 증대가 가능하다.
③ 유압식 조향장치에 비해 조향 휠의 복원력이 우수하다.
④ 오일 및 유압 관련 장치가 없어 다운사이징의 시스템 구현이 가능하다.

37. 자동차가 선회 시 일정한 조향각도로 회전하려 해도 선회 반지름이 작아지는 현상은?

① 언더 스티어링　　② 오버 스티어링
③ 카운터 스티어링　　④ 트럴 스티어링

 정답 33. ④ 34. ② 35. ④ 36. ③ 37. ②

38. 다음 중 VDC(Vehicle Dynamic Control) 또는 ESP(Electronic Stability Program)의 제어에 해당하는 것은?

① 안티 스쿼트 제어 ② 안티 다이브 제어
③ 요 모멘트 제어 ④ 노즈 다운 제어

39. 자동차의 무게중심 높이가 0.9m, 오른쪽 안전폭이 1.0m, 왼쪽 안전폭이 1.2m의 자동차에서 좌우 최대 안전 경사각도는 각각 얼마인가?

① 오른쪽 : 약 48°, 왼쪽 : 약 53°
② 오른쪽 : 약 53°, 왼쪽 : 약 48°
③ 오른쪽 : 약 42°, 왼쪽 : 약 37°
④ 오른쪽 : 약 37°, 왼쪽 : 약 42°

➡해설 • 오른쪽 : $\tan\beta = \frac{Br}{H} = \frac{1}{0.9} = 1.111$

$\beta = \tan^{-1}1.111 = 48.012$

• 왼쪽 : $\tan\beta = \frac{B_1}{H} = \frac{1.2}{0.9} = 1.333$

$\beta = \tan^{-1}1.333 = 53.13$

40. 자동차동제한장치(Limited Slip Differential)의 특성에 대해 잘못 설명한 것은?

① 거친 노면에서 가속성 및 직진성이 향상된다.
② 미끄러지기 쉬운 노면에서 발진 및 주행이 용이하다.
③ 구동륜의 슬립이 적으므로 타이어의 수명이 연장된다.
④ 노면의 마찰계수에 따라 슬립되는 바퀴의 구동력을 크게 한다.

41. 드럼 브레이크에서 전·후진 시 2개의 슈가 모두 리딩 슈로 작동하는 브레이크는?

① 심플렉스(Simplex) 브레이크
② 듀플렉스(Duplex) 브레이크
③ 유니 서보(Uni servo) 브레이크
④ 듀오 서보(Duo servo) 브레이크

정답 38. ③ 39. ① 40. ④ 41. ④

42. 수동변속기 내의 로킹 볼이 하는 역할이 아닌 것은?

① 기어가 빠지는 것을 방지한다.
② 시프트 포크를 알맞은 위치에 고정한다.
③ 시프트 레일을 알맞은 위치에 고정한다.
④ 기어가 2중으로 치합되는 것을 방지한다.

43. 구동바퀴가 차체를 전진시키는 힘(구동력)을 구하는 공식으로 옳은 것은?(단, F : 구동력, T : 축의 회전력, r : 바퀴의 반지름이다.)

① $F = T \times r$
② $F = T \times r \times 2$
③ $F = \frac{T}{r}$
④ $F = \frac{T}{r \times 2}$

44. 사이리스터(SCR)에서 전류의 순방향 흐름으로 맞는 것은?

① 캐소드에서 애노드로
② 애노드에서 캐소드로
③ 캐소드에서 게이트로
④ 게이트에서 캐소드로

해설

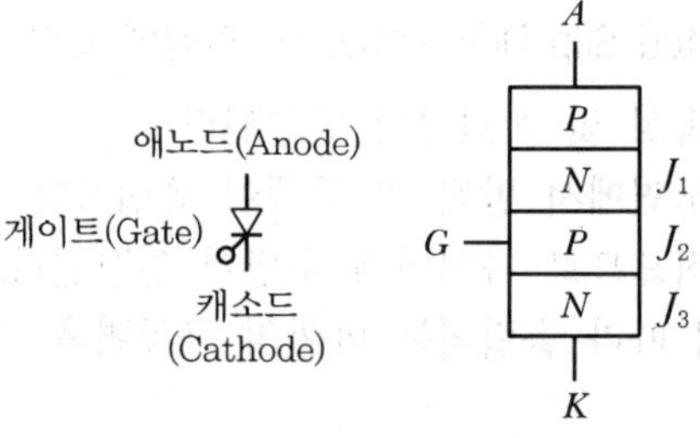

[사이리스터의 기호]

45. 배터리 센서에 대한 설명으로 틀린 것은?

① 배터리 센서는 배터리(−) 쪽에 주로 장착된다.
② 배터리의 충전상태를 감지하여 시동모터를 직접 제어한다.
③ 배터리 센서의 신호는 주로 LIN 통신을 사용한다.
④ 배터리액 온도, 전압, 전류를 내부소자와 매핑값을 이용해 검출한다.

정답 42. ④ 43. ③ 44. ② 45. ②

46. OBD II 진단에서 DTC가 보기와 같이 나타날 때 P가 의미하는 것은?

[보기] P0437

① PWM ② PROM ③ Protocol ④ Power train

47. 에에컨의 구성부품 중 응축기에서 보내온 냉매를 일시 저장하고 항상 액체상태의 냉매를 팽창밸브로 보내는 역할을 하는 것은?

① 컴프레서(Compressor)
② 에바포레이터(Evaporator)
③ 익스펜션 밸브(Expansion valve)
④ 리시버 드라이어(Receiver dryer)

48. 점화장치에서 자기인턱스가 0.5H인 점화코일의 전류가 0.01초 동안에 4A로 변화하였을 때 코일에 유도되는 기전력(V)은?

① 80 ② 120 ③ 200 ④ 300

➡해설 $\text{유도 기전력} = \dfrac{\text{자기인덕턴스} \times \text{변화된 전류}}{\text{전류가 흐른 시간}}$

$$E = \frac{L \times di}{dt} = \frac{0.5 \times 4}{0.01} = 200\text{V}$$

49. 기동전동기에 대한 설명으로 옳은 것은?

① 플레밍의 오른손 법칙을 이용한다.
② 교류직권 전동기를 주로 사용한다.
③ 전기자 코일 결선은 중권식을 많이 사용한다.
④ 회전속도가 빨라질수록 흐르는 전류는 감소한다.

50. 차량의 BCM(Body Control Module)에 입력되는 요소로 거리가 먼 것은?

① 도어스위치 열림상태
② 시트벨트 미착용 상태
③ 후드 및 트렁크 열림 상태
④ 파워오일 압력스위치 작동상태

정답 46. ④ 47. ④ 48. ③ 49. ④ 50. ④

51. 전조등 회로에서 단선식과 비교한 복선식에 대한 설명으로 틀린 것은?

① 접속 불량이 잘 발생하지 않는다.
② 점검 및 정비가 비교적 간편하다.
③ 큰 전류가 흐르는 회로에 주로 사용한다.
④ 접지 쪽에도 전선을 사용하여 차체에 접지한다.

52. CAN(Controller Area Network) 통신장치에 관한 설명으로 틀린 것은?

① 모듈 양 끝단에 약 60Ω의 종단저항이 설치되어 있다.
② 고속 CAN은 주행안전에 관련된 제어용으로 주로 사용된다.
③ 트위스트 페어 와이어를 이용하여 데이터를 전송한다.
④ 저속 CAN은 각종 실내 편의장치 등의 제어용으로 사용된다.

53. 일반적인 CO_2가스 아크용접의 특징으로 가장 거리가 먼 것은?

① 전류밀도가 높아 용입이 깊다.
② 용착금속의 기계적 성질이 우수하다.
③ 용접속도가 느리며 비철금속 등의 박판 용접에 적합하다.
④ 가스 아크용접이므로 용융지의 상태를 확인하면서 용접할 수 있다.

54. 2액형 우레탄 도료에 대한 설명으로 틀린 것은?

① 주제와 경화제가 분리되어 있다.
② 래커도료에 비하여 내구성이 우수하다.
③ 주제와 경화제를 혼합하면 도료가 경화된다.
④ 주제와 경화제를 혼합한 후 즉시 밀봉하면 추후 재사용이 가능하다.

55. 광택작업으로 수정할 수 없는 도장 결함은?

① 오렌지 필　　② 광택 소실
③ 메탈릭 얼룩　　④ 미세한 연마자국

 정답 51. ② 52. ① 53. ③ 54. ④ 55. ③

56. 자동차 차체의 인장작업에 필요한 공구나 장비가 아닌 것은?

① 체인
② 클램프
③ 에어 톱
④ 유압 바디 잭

57. 차량의 도막에 광택을 내기 의한 공구로 옳은 것은?

① 앵글 그라인더
② 오비탈 샌더
③ 벨트 샌더
④ 폴리셔

58. 여러 장의 패널이 서로 겹쳐서 용접된 형태로 프레임과 차체가 하나로 되어 있는 자동차 구조는?

① 플랫 폼 보디
② 모노코크 보디
③ 스페이스 프레임 보디
④ 페리미터 프레임 보디

59. 자동차의 사이드 부위에 외력으로 인한 손상이 발생하였을 때 점검이 필요한 부위가 아닌 것은?

① 센터필러
② 사이드 실
③ 루프 사이드 레일
④ 라디에이터 서포트 패널

60. 솔리드 색상 조색에서 도료의 종류가 많아질수록 채도는 어떻게 변화하는가?

① 채도가 낮아진다.
② 채도가 높아진다.
③ 채도의 변함이 없다.
④ 채도는 혼합도료 수와 관계없다.

정답 56. ③ 57. ④ 58. ② 59. ④ 60. ①

제63회 자동차정비 기능장

(2018년도 3월 31일 시행)

Actual Test

01. 경유를 사용하는 자동차에서 배출되는 오염물질과 가장 거리가 먼 것은?

① 매연　② 알데히드　③ 입자상 물질　④ 질소산화물

02. 믹서 방식의 LPG 엔진과 비교한 LPI 엔진의 장점으로 틀린 것은?

① 연료의 보관성 향상
② 역화 발생 문제 개선
③ 겨울철 냉간 시동성 향상
④ 정밀한 공연비 제어로 연비 향상

03. 실린더 지름과 행정이 70mm×70mm이고, 회전속도가 3,000rpm인 기관의 밸브 지름은 약 몇 mm인가?(단, 밸브를 통과하는 가스의 속도는 50m/sec이다.)

① 12.2　② 26.2
③ 32.5　④ 46.5

해설 $d = D\sqrt{\frac{S}{V}} = 70\sqrt{\frac{7}{50}} = 26.2(\text{mm})$

$S = \frac{2LN}{60} = \frac{2 \times 70 \times 3,000}{60 \times 1,000} = 7(\text{m/s})$

여기서, d : 밸브 지름(mm)
D : 실린더 지름(mm)
S : 피스톤 평균속도(m/sec)
V : 혼합가스 속도(m/sec)
L : 피스톤 행정(mm)
N : 회전 속도(rpm)

04. 행정 체적이 800cc, 크랭크축 회전 수가 1,000rpm, 체적효율이 80%일 때, 2행정 사이클 기관의 흡기중량 유량은 몇 g/s인가?(단, 흡기의 비중량은 1.25kg/m³이다.)

① 11.67　② 13.33　③ 16.67　④ 20.33

정답 1. ② 2. ① 3. ② 4. ②

➡해설 $m = \frac{Q}{60} = \frac{800 \times n \times \eta}{60} = \frac{800 \times 1{,}000 \times 0.8}{60} = 10{,}666.67\text{cm}^3/\text{s}$

비중량 $= 1.25\text{kg/m}^3 = 1{,}250\text{g/m}^3 = 0.00125\text{g/cm}^3$

흡기중량유량 $= m \times$ 비중량

$= 10666.67\text{cm}^3/\text{s} \times 0.00125\text{g/cm}^3$

$= 13.33\text{g/s}$

여기서, m : 유량(cm^3/s)

Q : 부피유량(cm^3)

N : 회전 수(rpm)

η : 효율

05. 유체 커플링식 냉각 팬에 대한 설명으로 틀린 것은?

① 라디에이터 앞쪽에 설치

② 물 펌프 축과 일체로 회전

③ 라디에이터 통풍을 도와 줌

④ 기관의 과랭 및 소음방지를 위해 일정 회전수 이상 시 슬립 발생

06. 전자제어 가솔린 엔진에서 연료 분사량을 산출하기 위한 신호가 아닌 것은?

① 노크 센서 신호

② 크랭크각 센서 신호

③ 흡입 공기량 센서 신호

④ 냉각수 온도 센서 신호

07. 자동차용 윤활유에 물리적 또는 화학적 성질을 강화하여 윤활성을 향상시키기 위해 사용하는 첨가제가 갖추어야 할 조건이 아닌 것은?

① 휘발성이 낮을 것

② 물에 대한 안정성이 우수할 것

③ 첨가제 상호 간 빠른 반응으로 침전될 것

④ 윤활유에 대한 첨가제의 용해도가 충분할 것

정답 5. ① 6. ① 7. ③

08. 엔진의 실린더 내 압축압력에 대한 설명으로 틀린 것은?

① 엔진 공회전 상태에서 측정한다.
② 압축압력이 낮으면 습식시험을 추가로 실시한다.
③ 가솔린 엔진에 비해 디젤 엔진의 압축압력이 높다.
④ 엔진 회전속도의 변화에 따라 압축압력은 변화한다.

09. 연소실의 구비조건으로 틀린 것은?

① 체적당 표면적을 크게 한다.
② 가열되기 쉬운 돌출부를 두지 않는다.
③ 밸브의 면적을 크게 하여 체적효율을 높인다.
④ 화염전파에 소요되는 시간을 가능한 한 짧게 한다.

10. 행정체적이나 회전속도에 변화를 주지 않고 엔진의 흡기효율을 높이기 위한 방법은?

① 과급기 설치 ② EGR 밸브 설치
③ 공기여과기 설치 ④ 흡기관의 진공도 이용

11. 가솔린 엔진의 제원이 실린더 내경 $D=55$mm, 행정 $S=70$mm, 연소실 체적 $Vc=21$cm³일 때 이 엔진이 이론 공기 표준 사이클인 오토사이클로서 운전될 경우의 열효율은 약 몇 %인가?(단, 비열비 $k=1.2$이다.)

① 31.2 ② 35.4 ③ 42.7 ④ 43.2

➡해설 $$\text{압축비} = \frac{\text{연소실 체적} + \text{행정 체적}}{\text{연소실 체적}}$$

$$= 1 + \frac{0.785 \times 5.5^2 \times 7}{21} = 8.9$$

$$\eta_0 = 1 - \left(\frac{1}{\varepsilon}\right)^{k-1} = 1 - \left(\frac{1}{8.9}\right)^{1.2-1} = 0.354 = 35.4\%$$

여기서, η_0 : 오토 사이클의 이론 열효율
ε : 압축비
k : 비열비

정답 8. ① 9. ① 10. ① 11. ②

12. 전자제어 가솔린 엔진의 연료압력조절기 내의 압력이 일정 압력 이상일 경우에 대한 설명으로 맞는 것은?

① 인젝터의 분사압력을 낮추어 준다.
② 흡기 다기관의 압력을 낮추어 준다.
③ 연료펌프의 공급압력을 낮추어 공급한다.
④ 연료를 연료탱크로 되돌려 보내 압력을 조정한다.

13. 증발가스제에장치의 퍼지 컨트롤 솔레노이드(PCSV)의 작동을 설명한 것으로 틀린 것은?

① 엔진이 워밍업(warming up)된 상태에서 작동함
② 퍼지 컨트롤 솔레노이드 밸브는 평상시 열려 있는 방식(Normal Open)의 밸브임
③ 일정 시간 작동하다가 캐니스터에 포집된 증발가스가 없다고 ECU에서 판단하면 작동이 중지됨
④ 공회전 상태에서도 연료 탱크 및 증발가스라인의 압력을 줄이기 위해 작동되나, 주로 공회전 이외의 영역에서 작동함

14. 디젤 연료의 특성 중 세탄가에 대한 설명으로 틀린 것은?

① 세탄가가 높을수록 시동성이 개선된다.
② 세탄가가 낮을 경우 착화지연이 짧아진다.
③ 세탄가가 높을수록 연소 소음이 개선된다.
④ 세탄가가 낮을 경우 연료소비량이 늘어난다.

15. 평균유효압력을 높이는 방법으로 틀린 것은?

① 압축비를 높인다.
② 충전효율을 높인다.
③ 실린더 수를 늘린다.
④ 열량이 높은 연료를 사용한다.

16. 자동차엔진의 흡·배기 밸브 장치에서 밸브 오버랩을 하는 이유로 틀린 것은?

① 밸브 개폐를 돕기 위해
② 내부 EGR을 이용하기 위해
③ 흡입효율을 증대시키기 위해
④ 배기효율을 증대시키기 위해

정답 12. ④ 13. ② 14. ② 15. ③ 16. ①

17. 전자제어 엔진에서 워밍업 후 공회전 상태에서 지르코니아 산소센서의 정상적인 파형에 대한 설명으로 맞는 것은?

① 전압이 약 0mV로 고정된다.
② 전압이 약 500mV로 고정된다.
③ 전압이 약 450mV~650mV 사이에서 반복적으로 표출된다.
④ 전압이 약 100mV~900mV 사이에서 반복적으로 표출된다.

18. 피스톤의 구비조건이 아닌 것은?

① 내열성이 양호한 재질일 것
② 열적 부하가 작고 방열이 잘될 것
③ 열전도가 잘되고 열팽창이 클 것
④ 내마멸성이 좋고 마찰계수가 작을 것

19. 전수검사와 샘플링검사에 관한 설명으로 맞는 것은?

① 파괴검사의 경우에는 전수검사를 적용한다.
② 검사항목이 많을 경우 전수검사보다 샘플링검사가 유리하다.
③ 샘플링검사는 부적합품이 섞여 들어가서는 안 되는 경우에 적용한다.
④ 생산자에게 품질향상의 자극을 주고 싶을 경우 전수검사가 샘플링검사보다 더 효과적이다.

20. 직물, 금속, 유리 등의 일정 단위 중 나타나는 흠의 수, 핀홀 수 등 부적합 수에 관한 관리도를 작성할 때 가장 적합한 관리도는?

① c관리도 ② np관리도 ③ p관리도 ④ X-R관리도

21. 국제 표준화의 의의를 지적한 설명 중 직접적인 효과로 보기 어려운 것은?

① 국제간 규격통일로 상호 이익 도모
② KS표시품 수출 시 상대국에서 품질 인증
③ 개발도상국에 대한 기술개발의 촉진 유도
④ 국가 간의 규격상이로 인한 무역장벽 제거

정답 17. ④ 18. ③ 19. ② 20. ① 21. ②

22. Ralph M. Barnes 교수가 제시한 동작경제의 원칙 중 작업장 배치에 관한 원칙에 해당되지 않는 것은?

① 가급적이면 낙하식 운반방법을 이용한다.
② 모든 공구나 재료는 지정된 위치에 있도록 한다.
③ 적절한 조명을 하여 작업자가 잘 보면서 작업할 수 있도록 한다.
④ 가급적 용이하고 자연스런 리듬을 타고 일할 수 있도록 작업을 구성하여야 한다.

23. 어떤 회사의 매출액이 80,000원, 고정비가 15,000원, 변동비가 40,000원일 때 손익분기점 매출액은 얼마인가?

① 25,000원 ② 30,000원 ③ 40,000원 ④ 55,000원

➡해설 손익분기점 매출액 $= \dfrac{\text{고정비} \times \text{매출액}}{\text{변동비}} = \dfrac{15,000 \times 80,000}{40,000} = 30,000$원

24. 다음 데이터의 제곱합(sum of squares)은 약 얼마인가?

18.8	19.1	18.8	18.2	18.4	18.3
19.0	18.6	19.2			

① 0.129 ② 0.338 ③ 0.359 ④ 1.029

➡해설 평균값$(\mu) = \dfrac{18.8+19.1+18.8+18.2+18.4+18.3+19.0+18.6+19.2}{9} = 18.71$

제곱의합$(S) = (18.8-18.71)^2+(19.1-18.71)^2+(18.8-18.71)^2+(18.2-18.71)^2$
$+(18.4-18.71)^2+(18.3-18.71)^2+(19-18.71)^2+(18.6-18.71)^2$
$+(19.2-18.71)^2 = 1.2089$

약 1.029

25. VDC 장착 차량에서 우회전 중 오버스티어 발생 시 제어 방법으로 옳은 것은?

① 전륜 외측 차륜에 제동을 가해 반시계 방향의 요 모멘트를 발생시킨다.
② 전륜 내측 차륜에 제동을 가해 반시계 방향의 요 모멘트를 발생시킨다.
③ 후륜 외측 차륜에 제동을 가해 반시계 방향의 요 모멘트를 발생시킨다.
④ 후륜 내측 차륜에 제동을 가해 반시계 방향의 요 모멘트를 발생시킨다.

정답 22. ④ 23. ② 24. ④ 25. ①

26. 자동차가 선회 시 정상 선회반경보다 선회반경이 커지는 현상은?

① 뉴트럴 스티어링　　② 토 아웃
③ 언더 스티어링　　④ 오버 스티어링

27. 타이어 트레드 패턴 중 러그 패턴에 대한 설명으로 틀린 것은?

① 제동성과 구동성이 좋다.
② 타이어 숄더부의 방열이 잘된다.
③ 회전저항이 작아 고속 주행에 적합하다.
④ 전후진 방향에 대한 견인력이 우수하다.

28. 위시본식 평행 사변형 현가장치에서 장애물에 의해 바퀴가 들어 올려지면 바퀴 정렬의 변화는?

① 캠버는 변화가 없다.　　② 더욱 부의 캠버가 된다.
③ 더욱 정의 캠버가 된다.　　④ 더욱 정의 캐스터가 된다.

29. 브레이크 페달의 행정이 크게 되는 원인으로 가장 거리가 먼 것은?

① 브레이크 액 베이퍼 록 발생　　② 디스크 브레이크 패드 마모
③ 브레이크 라이닝 공기 혼입　　④ 브레이크 드럼, 라이닝 마멸

30. 친환경자동차의 회생제동 시스템에 대한 설명으로 틀린 것은?

① 회생제동 시스템 고장 시 제동력에는 문제가 없다.
② 감속 제동 시 소멸되는 운동에너지를 전기에너지로 변환한다.
③ 회생제동량은 차량의 속도, 배터리의 충전량 등에 의해서 결정된다.
④ 가속 및 감속이 반복되는 시가지 주행 시 연비 저하를 가져온다.

31. 가변 직경 풀리 방식의 무단변속기에 대한 설명으로 옳은 것은?

① 롤러, 전·후진 전환기구, 벨트 풀리부 및 변속기구 등으로 구성된다.
② 각각의 풀리는 안쪽지름이 크고, 바깥쪽 지름이 작다.
③ 가속 또는 고부하 시 입력축 풀리의 홈 폭을 넓게 하여 유효반지름을 작게 한다.
④ 후륜 구동용 변속기에 주로 사용된다.

 정답 26. ③ 27. ③ 28. ① 29. ② 30. ④ 31. ③

32. 공기식 브레이크 장치 구성 부품 중 운전자가 브레이크 페달을 밟는 정도에 따라 공급되는 공기량이 조절되는 것은?

① 브레이크 밸브 ② 브레이크 드럼 ③ 로드 센싱 밸브 ④ 퀵 릴리스 밸브

33. 자동차 뒤 액슬축의 회전 수가 1,200rpm일 때 바퀴의 반경이 350mm이면 차의 속도는?

① 약 128km/h ② 약 138km/h ③ 약 148km/h ④ 약 158km/h

해설 $$차속(V) = \frac{축회전수 \times 바퀴의\ 외경(350 \times 2 \times 3.14) \times 60(시간당\ 회전수)}{1,000,000(반경\ mm를\ km으로\ 환산)}$$

$$= \frac{1,200 \times 350 \times 2 \times 3.14 \times 60}{1,000,000} = 158km/h$$

34. 유압식 전자제어 조향장치에 대한 설명으로 틀린 것은?

① 차속에 따라 유량을 제어한다.
② 스로틀 위치 센서는 차속센서의 고장을 판단하기 위해 필요하다.
③ 조향 어시스트력은 저속에서는 강하게, 고속에서는 약하게 작용한다.
④ 유량은 솔레노이드 밸브의 ON 또는 OFF 제어로 한다.

35. TCS(Traction Control System)에서 슬립률(Slip Rate)이란?

① 슬립률=차체속도/차륜속도×100
② 슬립률=차륜속도/차륜속도－차체속도×100
③ 슬립률=차륜속도－차체속도/차륜속도×100
④ 슬립률=차륜속도－차체속도×100

36. 공기식 전자제어 현가장치의 구성에서 입력요소가 아닌 것은?

① 차고 센서 ② G 센서
③ 도어 스위치 ④ 에어 컴프레셔 릴레이

37. 유체 클러치의 3요소가 아닌 것은?

① 펌프 임펠러 ② 가이드 링 ③ 터빈 러너 ④ 스테이터

정답 32. ① 33. ④ 34. ④ 35. ③ 36. ④ 37. ④

38. 엔진의 회전 수가 3,500rpm일 때 3단의 변속비가 2.0이라면 자동차의 변속기 출력 회전 수는?

① 580rpm ② 1,166rpm ③ 1,750rpm ④ 2,333rpm

➡해설 $변속기출력회전수 = \frac{엔진회전수}{변속비} = \frac{3,500}{2} = 1,750rpm$

39. 자동차 검사에서 제동력 시험 방법의 내용으로 틀린 것은?

① 자동차는 공차 상태로 1인이 승차하여 측정한다.
② 자동차의 바퀴에 이물질이 묻었는지 오염 여부를 점검한다.
③ 자동차의 브레이크 마스터 백 보호를 위하여 시동을 끄고 측정한다.
④ 자동차는 검사기기와 수직방향의 직진상태로 진입하여야 한다.

40. 자동차의 안전기준에서 속도계 및 주행거리계에 속하지 않는 것은?

① 속도계 ② 기관 회전계
③ 구간 거리계 ④ 적산 거리계

41. 휠 얼라이먼트의 역할이 아닌 것은?

① 조향방향의 안전성을 준다. ② 조향핸들의 복원성을 준다.
③ 조향바퀴의 직진성을 준다. ④ 조향바퀴의 마모를 최대화한다.

42. 전자제어 자동변속기에서 변속레버의 위치를 판정하기 위한 입력신호는?

① 공회전 스위치 ② 인히비터 스위치
③ 스로틀 포지션 센서 ④ 오버드라이브 스위치

43. 하이브리드 자동차의 모터가 40kW일 때 이것은 마력(PS)으로 약 얼마인가?

① 32 ② 36 ③ 41 ④ 54

➡해설 1kW = 102kgf · m/s
1PS = 75kgf · m/s
40kW × 1.36(1kW) = 54.4PS
약 54PS

정답 38. ③ 39. ③ 40. ② 41. ④ 42. ② 43. ④

44. 방향지시등 회로에서 점멸이 느려지는 원인이 아닌 것은?

① 전구의 접지가 불량하다.
② 축전지 용량이 저하되었다.
③ 플래셔 유닛에 결함이 있다.
④ 전구의 용량이 규정보다 크다.

45. 엔진 회전계의 종류가 아닌 것은?

① 자석식
② 발전기식
③ 펄스식
④ 부르동 튜브식

46. 자동온도 조절장치의 센서 중에서 포토다이오드를 이용하여 전류로 컨트롤하는 센서는?

① 수온 센서
② 일사 센서
③ 핀 서모 센서
④ 내·외기온도 센서

47. 하이브리드 자동차의 저전압 직류 변환장치(LDC)에 대한 설명으로 맞는 것은?

① 하이브리드 구동모터를 제어한다.
② 일반자동차의 발전기와 같은 역할을 한다.
③ 시동 OFF 시 고전압 배터리의 출력을 보조한다.
④ 시동모터를 제어하기 위해 안정적인 전원을 공급한다.

48. 스마트키 시스템의 구성부품으로 틀린 것은?

① 시트 위치 기억 장치
② PIC(Personal IC card) ECU
③ PIC(Personal IC card) 안테나
④ 메카트로닉스 스티어링 록(MSL : Mechatronics Steering Lock) 장치

49. 55W인 전구 2개가 병렬로 연결된 전조등 회로에 흐르는 총전류는?(단, 12V 60Ah인 축전지가 설치되어 있다.)

① 약 3.75A
② 약 4.55A
③ 약 7.56A
④ 약 9.16A

해설 $P = E \times I$

$$I = \frac{P}{E} = \frac{55 \times 2}{12} = 9.16\text{A}$$

정답 44. ④ 45. ④ 46. ② 47. ② 48. ① 49. ④

50. 교류발전기에 대한 설명으로 틀린 것은?

① 컷아웃 릴레이를 필요로 하지 않는다.
② 브러시는 출력전류를 직류로 정류하는 데 사용된다.
③ 스테이터 코일은 발전기의 출력전류를 발생시킨다.
④ 로터는 스테이터 내에서 회전하며 기전력을 유기시킨다.

51. 자동차의 CAN 통신 중에서 저속 CAN(B-CAN)의 설명으로 틀린 것은?

① 차체의 전장 부품에 주로 사용한다.
② 통신라인에 약 60Ω의 저항 2개가 설치된다.
③ 최대(CAN-H)와 최저(CAN-L)의 꼬인 2선으로 구성된다.
④ 최대(CAN-H)와 최저(CAN-L)의 전압차이가 5V일 때 '1'로 인식한다.

52. 기동 전동기의 전기자 철심에 발생하는 맴돌이 전류에 관한 설명으로 틀린 것은?

① 맴돌이 전류 손실을 줄이기 위하여 전기자 철심을 성층철심으로 만든다.
② 맴돌이 전류가 발생하면 열이 발생하여 기동 전동기의 효율이 떨어진다.
③ 맴돌이 전류에 따른 손실을 방지하기 위하여 철심을 얇은 규소강판으로 만든다.
④ 전기자가 회전하면 전기자 철심에는 플레밍의 왼손 법칙에 의해 기전력이 유기되고 맴돌이 전류가 발생한다.

53. 승용차에서 엔진소음이 객실로 전달되는 것을 막아주는 패널은?

① 플로어 패널 ② 대시 패널
③ 프런트 서포터 ④ 사이드 패널

54. 자동차 보수도장작업 후 하도와 상도 도막 사이에 이물질이나 수분이 남아서 생긴 틈으로 인해 도막이 부풀어 오르는 결함은?

① 핀홀 ② 블리스터 ③ 흐름 ④ 오렌지 필

55. 특수 안료에 속하지 않는 것은?

① 아산화 동 ② 산화 안티몬 ③ 크레이 ④ 산화 수은

 정답 50. ② 51. ② 52. ④ 53. ② 54. ② 55. ③

56. 자동차 차체수리에서 효과적인 수정 작업을 위한 3가지 기본 요소로 옳은 것은?

① 인장, 전단, 타출
② 압축, 전단, 인장
③ 고정, 계측, 인장
④ 교환, 인출, 압축

57. 산소와 아세틸렌을 1 : 1로 혼합하여 연소시킬 때 생성되는 불꽃은?

① 산화 불꽃
② 표준 불꽃
③ 탄화 불꽃
④ 제3의 불꽃

58. 도료의 건조에 관한 일반적인 설명으로 틀린 것은?

① 습도는 건조와 무관하다.
② 온도가 낮으면 건조가 느리다.
③ 통풍 상태는 적절한 건조에 영향을 준다.
④ 급격한 온도 상승으로 불량이 발생할 수 있다.

59. 자동차 보수도장 후 색상이 달라지는 원인이 아닌 것은?

① 도료의 점도, 도막 두께의 차이
② 전기, 유류 등 사용 부스의 차이
③ 스프레이건의 토출량, 패턴의 차이
④ 래커, 우레탄 등 사용 도료의 차이

60. 손상된 차체 내부 파손의 대표적인 변형 형태가 아닌 것은?

① 스웨이 변형
② 새그 변형
③ 꼬임 변형
④ 인장 변형

정답 56. ③ 57. ② 58. ① 59. ② 60. ④

PART 3

실전 마무리

제1회 모의고사

Actual Test

01. 다음 내용은 어떤 합성수지의 설명인가?

> 자동차에 채용되고 있는 합성수지 중에서 가장 사용량이 많은 범용수지이며, 소재 그 자체가 도장성이나 접착성이 곤란하기 때문에 전처리로써 초벌도장이 필요하다.

① 강화스티렌계 수지 ② 폴리카본네이트
③ 폴리프로필렌 ④ 폴리우레탄

02. 무연휘발유의 구비조건으로 알맞은 것은?

① 안티노크성이 작을 것
② 발열량이 작을 것
③ 연소 퇴적물 발생이 적을 것
④ 공기와 잘 혼합되고 휘발성이 없을 것

03. 전기절연재료, 섬유강화복합재료, 접착제, PCB기판, 도료 등 다양한 용도로 사용되고 있는 매우 중요한 열경화성 수지는?

① 에폭시수지 ② 스티렌수지
③ 염화비닐수지 ④ 아크릴수지

04. 플라스틱계 복합재료로 유리섬유강화 열경화성 수지의 약어는?

① FRM ② FRP
③ FRC ④ SAP

05. 차체용 알루미늄 재료의 특징이 아닌 것은?

① 차체용 알루미늄합금은 수지에 비해 비강도, 비강성이 우수하다.
② 강판과 동등한 강도, 강성을 부여할 경우 강판에 대하여 50% 정도의 경량화가 가능하다.
③ 수지에서 염려되는 스크랩 처리의 문제가 없고, 리사이클링성도 우수하다.
④ 표면이 부드럽기 때문에 운반 시 흠이 나기 쉽고 판금수리도 쉽다.

06. 지르코니아 O_2센서의 설명 중 틀린 것은?

① 백금전극을 보호하기 위해 전극 외측에 세라믹을 도포한다.
② 센서 내측에는 배출가스를, 외측에는 대기를 도입한다.
③ 지르코니아소자는 내외면의 산소농도차가 크면 기전력이 발생한다.
④ 산소농도 차이가 클수록 기전력의 발생도 커진다.

07. 전자제어 가솔린기관에서 피드백제어가 해제되는 경우가 아닌 것은?

① 전부하 출력 시　　② 연료 차단 시
③ 희박신호가 길게 계속될 때　　④ 냉각 수온이 높을 때

08. 자동차 경량화 방법으로 거리가 가장 먼 것은?

① 차체 구조를 합리화시킨다.
② 소재를 경량화시킨다.
③ 제조공법 자체를 변화시켜 경량화한다.
④ 표면 열처리로 경량화한다.

09. 블로워모터와 에바포레이터코어 사이에 장착되어 있으며 에어컨시스템의 탈취와 살균 및 공기청정 기능을 담당하는 장치는?

① 클러스터이오나이저　　② 핀서모센서
③ 에어필터　　④ 쿨링모듈

10. 듀얼전자동에어컨(DATC)의 입력센서가 아닌 것은?

① 외기온도센서　　② 핀서모센서
③ 오토디포그센서　　④ 수온센서

11. 에어컨시스템에서 계속되는 냉방으로 에바포레이터의 빙결을 방지하는 센서는?

① 일사량센서　　② 핀서모센서
③ 실내온도센서　　④ 외기온도센서

12. 냉매라인 중 외부 콘덴서와 어큐뮬레이터 사이에 설치되어 외부 콘덴서에서 증발되지 않은 냉매를 추가로 증발시키는 역할을 하는 것은?

① 칠러　② 쿨런트밸브
③ By-Pass밸브　④ 팽창밸브

13. 그린전동자동차의 난방장치에서 물을 사용하지 않는 방식의 히터는?

① 온수식 히터　② 가열플러그히터
③ 연료연소식 히터　④ 고전압PTC히터

14. 배기 배출물의 정화에 사용되는 촉매의 설명 중 맞는 것은?

① 산화촉매는 배기 중의 NO_x를 환원시켜 N_2와 CO_2로 만든다.
② 산화촉매는 배기 중의 CO와 HC를 산화시켜 CO_2와 H_2O로 만든다.
③ 3원촉매는 배기 중의 SO_x, HC, NO_x를 동시에 하나의 촉매로 처리한다.
④ 3원촉매는 배기 중의 SO_x, CO, NO_x를 동시에 하나의 촉매로 처리한다.

15. 전자제어기관에서 연료압력조절기는 무엇과 연계하여 연료압력을 조절하는가?

① 압축압력　② 흡기다기관압력
③ 점화시기　④ 냉각수 온도

16. 그림은 엔진이 정상적인 난기상태에서 정화장치(촉매) 앞뒤에 설치된 산소센서 출력이다. 설명 중 옳은 것은?

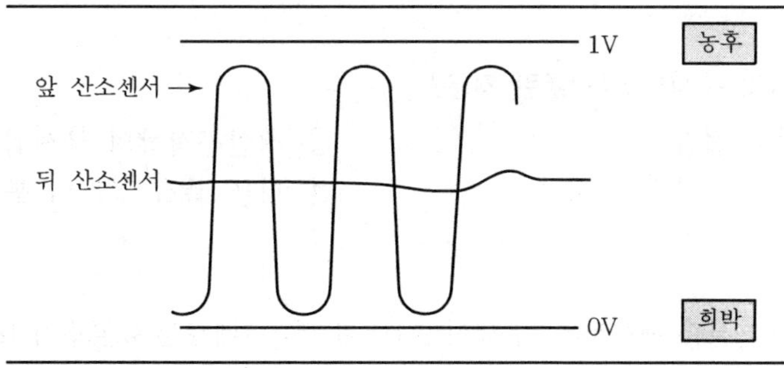

① 정화장치(촉매) 고장이다.
② 뒤쪽에 설치된 산소센서 고장이다.
③ 정화장치(촉매)가 정상적인 작용을 하고 있다.
④ 앞쪽 산소센서가 정상적으로 동작할 때 뒤쪽 산소센서는 동작을 멈춘다.

17. 그림은 ECU가 발전기 전류를 제어하는 회로도이다(그림에서 엔진가동 시 ECU B20번 단자에서는 크랭크 각 센서 1주기에서 FR신호를 입력받는다). 회로 설명 중 거리가 먼 것은?

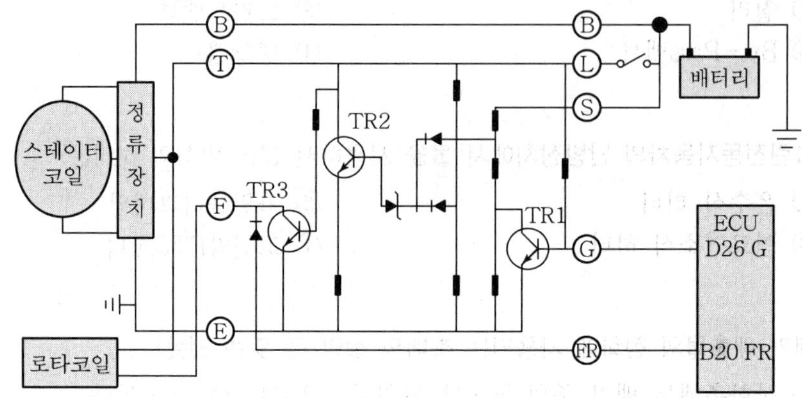

① TR3가 동작할 때는 발전 중이다.
② TR2가 동작되면 TR3가 동작한다.
③ TR1이 동작할 때 TR2는 동작하지 않는다.
④ ECU D26단자가 접지되지 않으면 TR1이 동작한다.

18. 가변밸브 리프트(CVVL)가 적용된 엔진의 헤드를 정비할 때 주의사항과 거리가 먼 것은?

① 헤드볼트는 규정토크에 맞게 소성역 각도법으로 체결한다.
② 실런트는 헤드가스켓 상부와 하부에 도포하여 체결한다.
③ 헤드가스켓은 반드시 신품으로 교환하여 체결한다.
④ 헤드가스켓의 글씨부분을 블록쪽으로 향하여 체결한다.

19. 샘플링검사의 목적으로서 틀린 것은?

① 검사비용 절감
② 생산공정상의 문제점 해결
③ 품질향상의 자극
④ 나쁜 품질 로트의 불합격

20. 월 100대의 제품을 생산하는 데 세이퍼 1대의 제품 1대당 소요공수가 14.4H라 한다. 1일 8H, 월 25일, 가동한다고 할 때 이 제품 전부를 만드는 데 필요한 세이퍼의 필요대수를 계산하면?(단, 작업자 가동률 80%, 세이퍼 가동률 90%이다.)

① 8대
② 9대
③ 10대
④ 11대

21. 다음의 PERT/CPM에서 주공정(Critical Path)은?(단, 화살표 밑의 숫자는 활동시간을 나타낸다.)

① ①-③-②-④
② ①-②-③-④
③ ①-②-④
④ ①-④

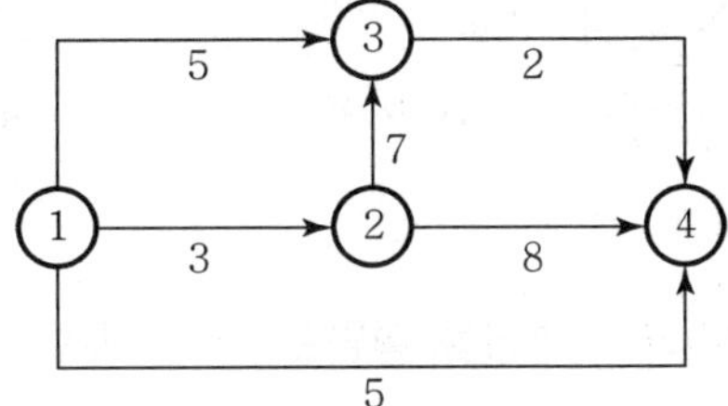

22. 제품공정분석표에 사용되는 기호 중 공정 간의 정체를 나타내는 기호는?

①  ②  ③  ④ 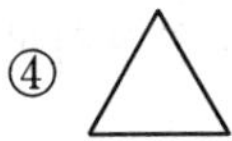

23. TQC(Total Quality Control)란?

① 시스템적 사고방법을 사용하지 않는 품질관리기법이다.
② 애프터서비스를 통해 품질을 보증하는 방법이다.
③ 전사적인 품질정보의 교환으로 품질향상을 기도하는 기법이다.
④ QC부의 정보분석 결과를 생산부에 피드백하는 것이다.

24. 계수값관리도는 어느 것인가?

① R관리도 ② x관리도 ③ P관리도 ④ x-P관리도

25. 클러치가 미끄러지지 않기 위한 조건은?(단, 클러치 압력스프링의 장력 t, 마찰계수 μ, 평균반경 r, 엔진 회전력 T인 경우)

① $t \cdot \mu \cdot r \leq T$ ② $T \cdot \mu \cdot r \geq t$
③ $t \cdot \mu \cdot r \geq T$ ④ $T \cdot \mu \cdot r \leq t$

26. 토인의 필요성에 대한 설명 중 틀린 것은?

① 앞바퀴를 평행하게 직진시키기 위해서
② 수직방향하중에 의한 앞차축 휨을 방지하기 위하여
③ 앞바퀴의 옆미끄럼과 마멸을 방지하기 위하여
④ 조향기구의 마멸에 의한 토아웃을 방지하기 위하여

27. 제동장치에서 마스터백은 무엇을 이용하여 브레이크에 배력작용을 하게 하는 것인가?

① 배기가스 압력 이용 ② 대기압력만 이용
③ 흡기다기관의 압력만 이용 ④ 대기압과 흡기다기관의 압력차 이용

28. 디스크브레이크의 특징을 설명한 것 중 틀린 것은?

① 고속에서 사용하여도 안정된 제동력을 발휘한다.
② 안정된 제동력을 얻기가 비교적 어렵다.
③ 디스크가 노출되어 회전하므로 방열성이 좋다.
④ 마찰면적이 작기 때문에 패드를 압착하는 힘을 크게 하여야 한다.

29. 자동차가 54km/h로 달리다가 급가속하여 10초 후에 90km/h가 되었을 때, 가속도는 얼마인가?

① $2m/sec^2$ ② $1m/sec^2$ ③ $3m/sec^2$ ④ $4m/sec^2$

30. 변속기 내의 록킹볼이 하는 역할이 아닌 것은?

① 시프트포크를 알맞은 위치에 고정한다.
② 기어가 빠지는 것을 방지한다.
③ 시프트레일을 알맞은 위치에 고정한다.
④ 기어가 2중으로 치합되는 것을 방지한다.

31. 동력전달장치를 통하여 바퀴를 돌리면 구동축은 그 반대방향으로 돌아가려는 힘이 작용하는데 이 작용력을 무엇이라고 하는가?

① 코어링포스 ② 휠트램프
③ 윈드업 ④ 리어 앤드 토크

32. 자동변속기에서 댐퍼클러치(록업클러치)의 기능이 아닌 것은?

① 저속 시나 급출발 시 작용한다.
② 펌프와 터빈을 기계적으로 직결시킨다.
③ 동력전달 시 미끄럼 손실을 최소화한다.
④ 연료소비율 향상과 정숙성을 도모한다.

33. 자동변속기에서 동력을 한쪽방향으로 자유롭게 전달하지만 반대방향으로는 전달하지 못하는 기구를 무엇이라고 하는가?

① 다판클러치 ② 일방향클러치
③ 브레이크밴드 ④ 토크컨버터

34. 조향핸들을 2회전시켰더니 피트먼암은 30°회전하였다. 조향기어비는 얼마인가?

① 24 : 1 ② 15 : 1 ③ 60 : 1 ④ 12 : 1

35. 자동차의 정기검사 시 검사항목이 아닌 것은?

① 조종장치 ② 주행장치 ③ 동일성 확인 ④ 차체 및 차대

36. 차량의 선회 시 원심력에 의한 횡요동(롤링)을 억제하기 위한 토션 바로, 독립현가식 서스펜션에 사용하고 있으며, 이러한 롤링을 감소하고 차체의 평행을 유지하기 위한 구성품의 명칭은?

① 스태빌라이저(Stabilizer) ② 에어스프링(Air Spring)
③ 코일스프링(Coil Spring) ④ 토션바스프링(Torsion Bar Spring)

37. ABS시스템에서 스피드센서에 의해 4륜 각각의 차륜속도 및 차륜감가속도를 연산하여 차륜의 슬립상태를 판단하며 각종 솔레노이드밸브에 대한 증압 및 감압형태를 결정하는 부품은?

① 모터 및 펌프 ② ABS ECU ③ 하이드롤릭 유닛 ④ EBD

38. 다음 그림의 회로는 전자제어 현가장치의 어떤 센서인가?

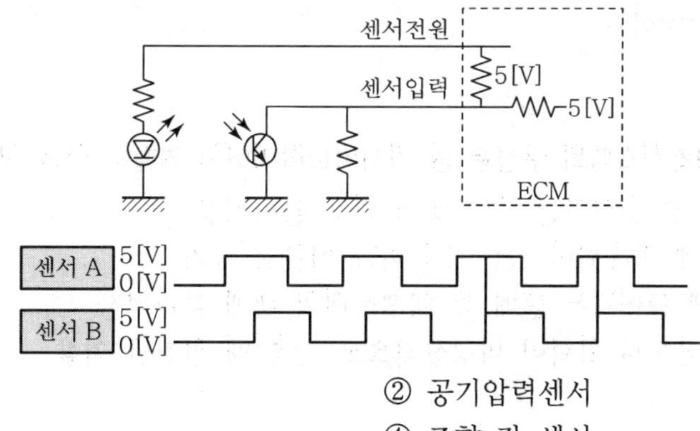

① G센서 ② 공기압력센서
③ 차고센서 ④ 조향 각 센서

39. 구동력 조절장치(Traction Control System)의 제어방식으로 틀린 것은?

① 엔진토크제어 ② 유압반력제어
③ 브레이크토크제어 ④ 차동장치제어

40. 타이어 트레드패턴(Tread Pattern)의 필요성에 대한 설명으로 틀린 것은?

① 공기누설을 방지한다.
② 타이어 내부에서 발생한 열을 방산한다.
③ 트레드에 발생한 파손이나 손상 등의 확산을 방지한다.
④ 사이드슬립(Side Slip)이나 전진방향의 미끄럼을 방지한다.

41. 하중이 2ton이고 압축스프링의 변형량이 2cm일 때 스프링상수는 얼마인가?

① 100kgf/mm ② 120kgf/mm
③ 150kgf/mm ④ 200kgf/mm

42. 다음 중 풀에어브레이크(Full Air Brake)시스템의 구성부품이 아닌 것은?

① 투웨이밸브 ② 로드센싱밸브
③ 브레이크체임버 ④ 릴레이밸브

43. 전자제어 동력조향장치에서 컨트롤유닛(CU)으로 입력되는 항목으로 맞는 것은?

① 냉각수온신호
② 차속신호
③ 자동변속기 D레인지신호
④ 에어컨작동신호

44. 자동차 에어컨시스템의 구성품 중 리시버드라이어의 역할이 아닌 것은?

① 팽창밸브로 들어가는 냉매 중의 기포 분리저장
② 냉매 중에 함유되어 있는 수분이나 이물질 제거
③ 압축기에 들어가는 냉매 중 액체상태의 냉매 분리저장
④ 냉매의 온도나 압력이 비정상적으로 높을 때 안전판 역할

45. 트랜지스터 전압조정기는 기존의 접점식에 비해 여러 가지 장점이 있다. 이 중에서 틀린 것은?

① 스위칭타임이 짧아 제어공차가 적다.
② 전자식 온도보상이 가능하므로 제어공차가 적다.
③ 스위칭전류가 크기 때문에 레귤레이터의 이용범위가 넓다.
④ 충격과 진동에 약하다.

46. 축전지의 충전 및 방전의 화학식이다. ( ) 속에 알맞은 화학식은?

$$PbO_2 + (\quad\quad) + Pb \rightleftarrows PbSO_4 + 2H_2O + PbSO_4$$

① H_2O ② $2H_2O$
③ $2PbSO_4$ ④ $2H_2SO_4$

47. 다음 중 그롤러시험기로 시험할 수 없는 것은?

① 전기자코일의 단락 ② 코일밸런스
③ 전기자코일의 단선 ④ 계자코일의 단락

48. 4기통 디젤기관에 저항이 0.5Ω인 예열플러그를 각 기통에 병렬로 연결하였다. 이 기관에 설치된 예열플러그의 합성저항은 몇 Ω인가?(단, 기관의 전원은 24V)

① 0.13 ② 0.5 ③ 2 ④ 12

49. 점화플러그 절연재로 가장 많이 사용되는 것은?

① 산화알루미늄(Al_2O_3) ② 자기(Porcelain)
③ 스티어타이트($H_2O_3MgO_4SiO_2$) ④ 유리

50. 전자식 현가장치(ECS)에서 안티롤(Anti Roll)제어가 불량해지는 원인과 관계없는 것은?

① 조향각센서의 불량
② 차속센서의 불량
③ 유량절환밸브의 불량
④ 제동등스위치의 불량

51. 자동차 편의장치(ETACS, ISU)는 어떠한 기능을 작동시키기 위해서 각종 신호를 입력 받아 상황을 판단한 후 출력제어를 한다. 다음 중 에탁스 입력요소 중 옳지 않은 것은?

① 열선스위치　② 감광식룸램프
③ 차속센서　④ 와셔스위치

52. 점화코일의 1차코일 저항값이 20℃일 때 5Ω이었다. 작동 시(80℃)의 저항은?(단, 구리선의 저항온도계수는 0.004이다.)

① 6.20Ω　② 4.76Ω
③ 5.76Ω　④ 4.24Ω

53. 차체에서 화이트보디(White Body)를 구성하는 부품 중 틀린 것은?

① 사이드보디　② 도어(앞, 뒤문짝)
③ 범퍼　④ 엔진후드, 트렁크리드

54. 손상된 보디를 기본적인 고정을 하고 인장작업을 위해 추가적인 고정을 하는 이유가 아닌 것은?

① 보디 중심에 필요한 회전모멘트를 발생하기 위해서
② 과도한 인장력을 방지하기 위해서
③ 스포트 용접부를 보호하기 위해서
④ 고정한 부분까지 힘을 전달하기 위해서

55. 점용접 3단계의 순서로 맞는 것은?

① 가압 → 냉각고착 → 통전　② 냉각고착 → 가압 → 통전
③ 가압 → 통전 → 냉각고착　④ 통전 → 가압 → 냉각고착

56. 자동차의 하중분포를 계산하여야 할 작업이 아닌 것은?

① 오버항 연장
② 라디에이터 길이 연장
③ 휠베이스의 연장
④ 하대 개조 및 하대 오프셋의 변경

57. 상도도장작업 중에 에어스프레이건에서 조절이 가능한 것이 아닌 것은?

① 도료의 토출량 조절　② 에어량 조절
③ 패턴사이즈 조절　④ 노즐사이즈 조절

58. 도장작업 후 열처리 시에 부스의 온도를 급격하게 올렸을 때 나타날 수 있는 도장 문제점은?

① 오렌지필　② 주름현상
③ 핀홀 또는 솔벤트퍼핑　④ 백화현상

59. 메탈릭 색상의 조색에서 차체 색상보다 도료색상이 어두워 원색도료를 투입하고자 한다. 적당한 조색제는?

① 백색　② 투명백색
③ 회색　④ 알루미늄(실버)

60. 도료 중 요철 부위의 메움역할과 맨 철판에 대한 부착기능 및 연마에 의한 표면조정을 위해 도장하는 도료는?

① 퍼티　② 프라이머
③ 서페이서　④ 우레탄

제2회 모의고사

Actual Test

01. 세퍼레이터가 장착된 워터재킷의 설명으로 가장 옳은 것은?

① 실린더블록의 냉각수 온도를 상하부 균일하게 유지한다.
② 워터재킷의 냉각수를 상부는 완만하게 하부는 급속하게 회전시킨다.
③ 냉각수는 항상 U-턴 플로워방식으로 흐른다.
④ 세퍼레이터는 흡기측과 배기측이 호환성이 있다.

02. DIS(Direct Ignition System)시스템에 장착된 콘덴서의 기능으로 가장 적합한 것은?

① 점화에너지를 크게 할 수 있다.　② 고전압에너지 손실이 적다.
③ 진각(Advance)폭의 제한이 적다.　④ 점화노이즈를 저감시킨다.

03. 디젤매연 정화필터(DPF)에서 탈황 모드의 원리가 아닌 것은?

① 600℃ 이상의 고온상태를 유지한다.
② 탈황시간은 약 5초 정도이다.
③ 고온 노출 방지를 위해 희박-농후모드를 주기적으로 변경한다.
④ 매번 DPF 탈황 요구 시에 실시한다.

04. 다음 중 전자제어 디젤엔진에서 EGR밸브 작동중지영역으로 가장 타당한 것은?

① 급가속 시　② DPF 재생모드 해제 시
③ 공회전영역 해제 시　④ 감속 시

05. 질소산화물 정화촉매(LNT)에서 재생종료의 조건이 아닌 것은?

① 람다센서값에 의한 재생종료
② 모델값에 의한 재생종료
③ 시간제한에 의한 재생종료
④ 공연비제한에 의한 재생종료

06. 전자제어 연료사방식에 사용되는 지르코니아방식의 산소센서에 대한 설명으로 맞지 않는 것은?

① 이론공연비 부근에서 센서의 전압변화가 급격하게 일어난다.
② 산소센서에서 발생되는 전압은 0~1V이다.
③ 농후한 혼합기로 연소시켰을 경우에 기전력은 0V에 가까워진다.
④ 센서 표면의 산소농도 차이가 클수록 기전력의 발생이 커진다.

07. 자동차 배출가스 허용기준에 대한 설명으로 틀린 것은?

① ULEV는 초저배출차량을 의미한다.
② 국내 경유차의 배출허용기준은 미국(SAE)의 기준을 적용한다.
③ ZEV는 전기차 등 오염물질 무배출차를 의미한다.
④ SULEV는 극초저배출차량을 의미한다.

08. CRDI엔진에 적용된 센서의 기능을 정확히 설명한 것은?

① EG쿨러 온도센서 : DPF 재생 온도를 모니터링하기 위한 센서이다.
② 전방람다센서 : LNT 재생 시 NOx 흡장량을 비교해 재생종료시점을 파악한다.
③ 후방람다센서 : EGR 재순환량 정밀제어에 이용한다.
④ PM센서 : DPF 후단의 PM농도를 감지하여 DPF시스템의 정상 유무를 판단한다.

09. CRDI엔진에 적용된 가변스월밸브의 작동조건이 아닌 것은?

① 해발 1,500m 고지대 : 완전개방
② 에러 발생 시 : 완전개방
③ 위치 학습 : 냉각수온 70℃ 이상에서 IG Off 시
④ 1개 흡기포트 닫힘 : 4,000rpm 이상 고부하영역

10. 차체 자세제어시스템(VDC)의 구성요소로 맞는 것은?

① 조향각센서, 횡방향가속도센서, 휠스피드센서
② 마스터실린더압력센서(MCP), 충돌감지센서
③ 조향각센서, 휠 G-센서, 토크센서
④ 요-레이트센서(YRS), 바디 G-센서

11. 디젤기관의 연소과정 중에서 디젤노크에 직접적인 영향을 미치는 기간은?

① 착화지연기간 ② 폭발적 연소기간
③ 제어연소기간 ④ 후기연소기간

12. 자동차의 EGR(Exhaust Gas Recirculation)밸브는 유해배출가스 중 주로 어떤 것을 줄이기 위한 것인가?

① CO ② HC
③ NO_x ④ 흑연

13. MDPS(Motor Driven Power Steering) 구성요소로 틀린 것은?

① DC모터 ② 조향각 & 토크센서
③ 감속기어 ④ ECU

14. 전자제어 4WD에 대한 설명으로 맞는 것은?

① Auto Mode 주행 시 4WD 지시등이 점등된다.
② Lock Mode 주행은 차속 30km/h 이하에서 작동된다.
③ 입력센서로는 휠스피드센서, 엑셀포지션센서, VDC작동신호가 있다.
④ 전기모터 → 유압펌프 → 볼램프 → 클러치 순으로 동력이 전달된다.

15. 4WD EMC코일(전자마그네트 클러치코일) 교환 시 조치사항으로 맞는 것은?

① 코일 교체 후 ECU에 저장되어 있는 주행거리값을 초기화한다.
② 코일만 교체 시 보정절차는 필요 없다.
③ 4WD ECU에 저장되어 있는 주행거리값을 재입력한다.
④ 코일 교체 시 반드시 ECU와 함께 교환한다.

16. 전자제어 가솔린기관의 인젝터에서 분사하는 분사시간의 결정요소에 들지 않는 것은?

① 기본분사시간
② 기본분사시간의 보정계수
③ 인젝터의 무효분사시간
④ 가솔린의 옥탄가

17. 자동변속기 오일 관련 사항으로 맞는 것은?

① 자동변속기 오일은 일반 유압작동유를 사용한다.
② 오일량 점검은 엔진 아이들링상태에서 측정한다.
③ 오일 교환주기는 일반조건 시 10만km이다.
④ 오일은 타 종류의 오일과 혼용한다.

18. ECS시스템에 관한 내용 중 틀린 것은?

① 비례제어솔레노이드를 실시간 제어하여 댐퍼의 감쇠력을 무단제어한다.
② 프론트 댐퍼에는 휠가속도센서가 장착되어 노면상태를 정확히 판정한다.
③ 차고제어모드는 노멀모드와 하이모드로 2단계 차고제어를 수행한다.
④ 차량의 상하 움직임을 감지하기 위한 보디가속센서가 장착된다.

19. 미리 정해진 일정 단위 중에 포함된 부적합(결점) 수에 의거하여 공정을 관리할 때 사용하는 관리도는?

① p관리도　　② nP관리도
③ c관리도　　④ u관리도

20. 도수분포표에서 도수가 최대인 곳의 대표치를 말하는 것은?

① 중위수　　② 비대칭도
③ 모드(Mode)　　④ 첨도

21. 로트수가 10이고 준비작업시간이 20분이며 로트별 정미작업시간이 60분이라면 1로트당 작업시간은?

① 90분　　② 62분　　③ 26분　　④ 13분

22. 더미활동(Dummy Activity)에 대한 설명 중 가장 적합한 것은?

① 가장 긴 작업시간이 예상되는 공정을 말한다.
② 공정의 시작에서 그 단계에 이르는 공정별 소요시간들 중 가장 큰 값이다.
③ 실제활동은 아니며 활동의 선행조건을 네트워크에 명확히 표현하기 위한 활동이다.
④ 각 활동별 소요시간이 베타분포를 따른다고 가정할 때의 활동이다.

23. 단순지수평활법을 이용하여 1개월의 수요를 예측하려고 한다. 필요한 자료는 무엇인가?

① 일정기간의 평균값, 가중값, 지수평활계수
② 추세선, 최소자승법, 매개변수
③ 전월의 예측치와 실제치, 지수평활계수
④ 추세변동, 순환변동, 우연변동

24. 다음 중 검사항목에 의한 분류가 아닌 것은?

① 자주검사 ② 수량검사
③ 중량검사 ④ 성능검사

25. 전자제어 자동변속기에서 컴퓨터제어장치(TCU)에 입력되는 각 부품신호와 거리가 먼 것은?

① 시프트솔레노이드신호 ② 펄스제네레이터신호
③ 스로틀포지션센서신호 ④ 유온센서 신호

26. 종감속비(Final Reduction Gear Ratio)의 설명으로 틀린 것은?

① 종감속비는 링기어의 잇수와 구동피니언의 잇수의 비로 표시된다.
② 종감속비는 엔진의 출력, 차종, 중량 등에 의해 정해진다.
③ 종감속비를 크게 하면 감속성능(구동력)이 향상된다.
④ 종감속비를 크게 하면 고속성능이 향상된다.

27. 사이드슬립시험 결과 왼쪽 바퀴가 바깥쪽으로 4mm, 오른쪽 바퀴는 안쪽으로 6mm 움직일 때 전체 미끄럼량은 얼마인가?

① 안쪽으로 1mm ② 안쪽으로 2mm
③ 바깥쪽으로 1mm ④ 바깥쪽으로 2mm

28. 제동장치에서 텐덤마스터실린더의 사용목적은?

① 브레이크라이닝의 마모를 적게 한다.
② 브레이크오일의 소모를 줄일 수 있다.
③ 브레이크드럼의 마모를 적게 한다.
④ 앞뒤 바퀴의 브레이크제동을 분리시켜 제동안정을 얻게 한다.

29. 어떤 자동차의 축거가 2.4m, 조향각 내측이 35°, 조향각 바깥쪽이 30°이다. 최소회전반경은 얼마인가?(단, 바퀴의 접지면 중심과 킹핀과의 거리는 20cm)

① 4.1m　　② 4.3m
③ 4.8m　　④ 5.0m

30. 타이어에 표시되는 사항이 아닌 것은?

① 타이어의 폭　　② 타이어의 종류
③ 허용최소속도　　④ 허용최대하중

31. 장력 300N의 코일스프링이 6개 설치된 클러치가 있다. 이 클러치의 정지마찰계수는 0.3이다. 페이싱 한 면에 작용하는 마찰력은 몇 N인가?

① 90　　② 540
③ 600　　④ 150

32. 기관의 회전수가 3,000rpm이고, 제2속 변속비가 2 : 1, 최종 감속비가 3 : 1인 자동차의 타이어 반지름이 50cm라 할 때 이 자동차의 속도는 몇 km/h인가?

① 47　　② 60
③ 94　　④ 141

33. 릴리스레버의 상호 간 차이가 너무 심할 때 일어나는 현상은?

① 클러치 판이 빨리 마모된다.
② 클러치 페달 유격이 많아진다.
③ 클러치 단속이 잘 안 된다.
④ 클러치가 미끄러진다.

34. 자동차검사 시행요령에서 등화장치 후부반사기 등의 세부검사내용을 설명한 것 중 틀린 것은?

① 반사기의 손상 유무 및 설치위치 적합 여부
② 반사기의 규격 적합 여부
③ 반사기의 형상 및 색상 적합 여부
④ 반사광의 색상 적정 여부

35. 다음의 ABS 경고등이 점등되는 조건에 대한 설명 중 틀린 것은?

① ABS ECU로 전원전압이 인가되지 않을 시
② 알터네이터 "L" 단자 전압이 7V 이하로 떨어진 경우
③ ABS시스템이 정상적으로 작동 중일 때
④ ABS시스템 이상 발생 시 페일세이프 기능에 따라 기능정지하여 자기 보정 시

36. 자동차용 현가장치에서 공기스프링의 장점에 대한 설명으로 잘못된 것은?

① 구조가 간단하고 고장이 없으며 영구 사용한다.
② 고유 진동을 낮게 할 수 있어 유연하다.
③ 자체에 감쇄성이 있기 때문에 작은 진동을 흡수한다.
④ 차체의 높이를 일정하게 유지한다.

37. 전자제어 현가장치의 설명 중 틀린 것은?

① 승차감과 주행 안전성을 동시에 향상시킬 수 있다.
② 차고 센서는 앞뒤 차축에 기본으로 2개씩 설치되어 차체와 차축 위치를 검출한다.
③ 에어라인에 에어가 누설되면 경고등이 점등된다.
④ 배기 솔레노이드밸브 제어 배선 단선 시 경고등이 점등된다.

38. 구동력 조절장치(Traction Control System)의 구성품 중 가속페달의 조작상태를 검출하는 센서는?

① APS(Accelerator Position Sensor)
② 조향휠 각속도센서
③ 요레이트센서
④ 횡G센서

39. 속도제한장치를 부착하지 않아도 되는 자동차는?

① 차량 총중량 10톤 이상인 운송사업용 승합자동차
② 비상구급자동차
③ 차량 총중량 16톤 이상인 화물자동차
④ 덤프형 및 콘크리트 운반전용의 화물자동차

40. 압축공기식 브레이크에서 공기탱크의 압력을 일정하게 유지하고 공기탱크 내의 압력에 의해 압축기를 다시 가동시키는 역할을 하는 장치는?

① 드레인밸브(Drain Valve)
② 언로더밸브(Unloader Valve)
③ 체크밸브(Check Valve)
④ 로드센싱밸브(Load Sensing Valve)

41. 수동변속기의 종류에 해당하지 않는 것은?

① 섭동기어식 ② 상시물림식
③ 위상물림식 ④ 동기물림식

42. 자동차에서 부압과 대기압의 차압을 이용하는 형식의 배력장치를 무엇이라고 하는가?

① 진공식 ② 압축공기식
③ 유압식 ④ 자석식

43. 동력조향장치의 세프티체크밸브(Safety Check Valve)의 역할로 잘못된 것은?

① 세프티체크밸브는 컨트롤밸브에 설치되어 있다.
② 세프티체크밸브는 엔진의 정지, 오일펌프의 고장 등 유압이 발생할 수 없는 경우 기계적으로 작동이 가능하게 해 준다.
③ 세프티체크밸브는 압력차에 의해 자동으로 열린다.
④ 세프티체크밸브는 유압계통이 정상일 경우 밸브시트에서 열려 오일이 잘 통과하도록 되어 있다.

44. 코일의 권수 150회선 코일에 5A의 전류를 흐르게 하였을 때 6×10^{-2} Wb의 자속이 쇄교하였다. 이 코일의 자기인덕턴스는 얼마인가?

① 0.75H ② 1.30H
③ 1.80H ④ 2.20H

45. 전자제어 자동차 ECU의 기억장치 중 미리 정해진 데이터를 장기적으로 기억하는 소자는?

① ROM ② RAM
③ MSI ④ ECM

46. 차량용 냉방장치에서 냉매교환 및 충진 시의 진공작업에 대한 설명 중 옳지 않은 것은?

① 시스템 내부의 공기와 수분을 제거하기 위한 작업이다.
② 시스템 내부의 압력을 낮게 함으로써 수분이 쉽게 기화되도록 한다.
③ 실리카겔 등의 흡수제로 수분을 제거한다.
④ 진공펌프나 컴프레서를 이용한다.

47. 링기어 잇수 130, 피니언 잇수 13일 때 총 배기량은 1,600cc이고, 기관의 회전저항이 6kgf·m라면 기동전동기가 필요로 하는 최소회전력은 몇 kgf·m인가?

① 0.45 ② 0.60 ③ 0.75 ④ 0.90

48. 20시간율의 전류로 방전하였을 경우 축전지의 셀당 방전종지전압은 몇 V인가?

① 1.65 ② 1.75 ③ 1.90 ④ 2.0

49. 20,000cd의 전조등(광원)으로부터 10m 떨어진 위치에서의 밝기는 몇 Lux인가?

① 2,000 ② 200 ③ 20 ④ 20,000

50. AC발전기에서 B단자를 떼어 내고 발전기를 회전시킬 때 다이오드 손상을 방지하기 위한 방법은?

① N단자를 떼어 낸다. ② L단자를 떼어 낸다.
③ F단자를 떼어 낸다. ④ IG단자를 떼어 낸다.

51. 시동이 걸린 상태에서 시동스위치를 계속 누르고 있을 때의 결과 중 틀린 것은?

① 피니언기어가 소손된다. ② 베어링이 소손된다.
③ 아마추어가 소손된다. ④ 충전이 잘 된다.

52. 점화플러그의 열값에 대한 설명으로 옳은 것은?

① 열값이 크면 냉형이다.
② 열값이 크면 열형이다.
③ 냉형은 냉각효과가 적다.
④ 냉형은 저속회전엔진에 사용한다.

53. 전기스포트용접 과정에 속하지 않는 것은?

① 가압밀착시간　　② 통전융압시간
③ 냉각고착시간　　④ 전극접촉시간

54. 자동차의 차체 제작성형은 철금속의 어떤 성질을 이용한 것인가?

① 가공경화　　② 소성
③ 탄성　　④ 가단성

55. 데이텀게이지는 무엇을 측정하는 게이지인가?

① 프레임 각 부의 부속품 접속위치
② 프레임의 일그러짐
③ 프레임기준선에 의한 프레임의 높이
④ 프레임 사이드멤버와 크로스멤버의 위치

56. 다음 중 자동차 프레임의 종류에 속하지 않는 것은?

① 사다리형 프레임　　② X형 프레임
③ 페리미터 프레임　　④ 박스형 프레임

57. 도장 후 도막을 얻기 위하여 급격히 가열시키면 어떤 현상이 발생하는가?

① 균열(Cracking)　　② 핀홀(Pin Hole)
③ 오렌지필(Orange-Peel)　　④ 흐름(Sagging)

58. 상도도장 중 도막의 색상을 견본보다 밝게 나타나게 하는 방법은?

① 중복도장을 실시한다.
② 여러 방향에서 반복도장한다.
③ 스프레이건의 선단과 물체의 거리를 멀게 한다.
④ 스프레이건의 운행속도를 규정보다 느리게 한다.

59. 상도도료에 대한 설명 중 잘못된 것은?

① 보수도장 시 모든 메탈릭 컬러는 투명작업을 필요로 한다.
② 자동차에 사용되는 펄컬러인 경우도 투명작업이 필요하다.
③ 최근 펄컬러의 경우는 2코트 도장시스템뿐만 아니라 3코트 도장시스템으로도 자동차에 적용되고 있다.
④ 모든 솔리드컬러는 투명을 도장하지 않는 싱글스테이지(S/S)로만 적용이 가능하다.

60. 도장 중 스프레이건을 조절하는 3가지 방법이 아닌 것은?

① 공기압력 조절
② 팁(노즐) 사이즈 조절
③ 패턴 폭 조절
④ 도료 분출량 조절

제3회 모의고사

01. 배기가스의 유해가스 저감장치 중 E.G.R방식이란?

① 배기가스 정화방식 ② 배기가스 재순환방식
③ 촉매 재연소방식 ④ 배기가스 조절방식

02. TPMS(타이어공기압 경보장치)시스템에서 입력신호와 관련 없는 것은?

① 키스위치 ACC상태 ② 배터리접지
③ 타이어압력센서 ④ 차속센서

03. 브레이크마스터실린더의 지름이 3cm이고 푸시로드의 미는 힘이 800N일 때 브레이크파이프 내의 압력(kPa)은 약 얼마인가?

① 약 5,093kPa ② 약 4,743kPa
③ 약 1,132kPa ④ 약 3,251kPa

04. 기관 회전수가 3,000rpm, 변속비가 2 : 1, 종감속비가 3 : 1인 자동차가 선회주행을 하고 있을 때, 자동차 좌측 바퀴가 20km/h 속도로 주행 시, 우측 바퀴의 속도는?(단, 바퀴의 원둘레는 130cm)

① 21km/h ② 44km/h ③ 58km/h ④ 62km/h

05. 무게 5ton인 화물차량이 15° 경사길을 올라갈 때의 전체 주행저항은?(단, 구름저항계수 : 0.3)

① 약 1,560kgf ② 약 2,084kgf
③ 약 2,560kgf ④ 약 2,794kgf

06. 연비 개선효과와 CO_2감소율이 가장 높은 전기자동차는?

① Soft하이브리드 ② Hard하이브리드
③ 연료전지자동차 ④ PHEV(Plug－In 전기자동차)

07. 연료파이프가 어떤 원인에 의해 국부적으로 열을 받으면 어떤 현상이 유발되는가?

① 프리이그니션 ② 포스트이그니션
③ 노크 ④ 베이퍼록

08. 압축 및 폭발행정 시 피스톤과 실린더 벽 사이로 탄화수소(HC)가 다량 포함된 미연소가스가 누출되는 현상을 무엇이라고 하는가?

① 블로바이(Blow-By)현상 ② 블로백(Blow-Back)현상
③ 블로다운(Blow-Down)현상 ④ 블로업(Blow-Up)현상

09. 전기자동차의 교류모터와 직류모터를 비교한 것이다. 틀린 것은?

① 교류모터의 토크가 더 작다.
② 교류모터의 출력당 가격이 더 저렴하다.
③ 교류모터는 크기에 비하여 효율이 좋다.
④ 교류모터는 유지보수비용이 저렴하고 수명이 길다.

10. 가솔린기관에서 점화계통을 차단하여도 기관의 점화가 계속 발생하는 현상을 무엇이라고 하는가?

① 런온(Run On) ② 스파크이그니션(Spark Ignition)
③ 럼블(Rumble) ④ 와일드핑(Wild Ping)

11. 구동벨트의 장력이 규정치보다 헐거울 경우 기관에 미치는 영향으로 가장 거리가 먼 것은?

① 기관이 과열되기 쉽다.
② 발전기의 출력이 저하된다.
③ 소음이 발생하며 구동벨트의 손상이 촉진된다.
④ 흡배기밸브의 개폐시기가 변하여 기관출력이 감소한다.

12. 터보차저기관의 특징을 설명한 것 중 틀린 것은?

① 고온, 고압의 배출가스를 이용한다.
② 노킹센서를 이용하여 노킹을 억제한다.
③ 기관의 설계 시 압축비를 높일 수 있어 유리하다.
④ 같은 배기량으로 높은 출력을 얻을 수 있다.

13. 전자제어 가솔린분사기관의 에어플로미터 중 기관이 흡입하는 공기가 통과할 때 생기는 압력차에 의하여 메저링플레이트가 밀려서 열리는 원리를 이용하여 흡입공기량을 계측하는 에어플로미터는?

① 베인식 에어플로미터
② 칼만와류식 에어플로미터
③ 핫와이어식 에어플로미터
④ 핫필름식 에어플로미터

14. 커먼레일기관의 크랭킹 시 레일압력조절밸브의 공급전원이 0V일 때, 나타나는 증상은?

① 시동 안 됨
② 가속 불량
③ 매연 과다 발생
④ 아이들(Idle) 부조

15. 전기자동차의 각 부품 기능 설명으로 틀린 것은?

① 인버터 : 전원전압을 이용하여 모터토크를 제어하는 장치
② 저전압직류변환기 : 12V배터리로부터 고전압전원을 공급하는 장치
③ 전동식 압축기 : 전동식 압축기 및 자동온도조절기를 이용하여 공조장치 최적제어
④ 회생제동장치 : 제동 및 감속 시 구동력으로 전기를 발생하여 배터리를 충전하는 장치

16. 다음은 LPG연료 제어시스템의 공연비제어를 위해 사용되는 각종 액추에이터의 종류를 나열한 것이다. 해당되지 않는 것은?

① 메인 듀티솔레노이드(믹서)
② 시동 솔레노이드(믹서)
③ 슬로우컷 솔레노이드(베이퍼라이저)
④ 고속기상 솔레노이드밸브(믹서)

17. 가솔린자동차 대비 전기자동차의 우수성을 설명한 것으로 틀린 것은?

① 차체제어 및 안정성이 좋아진다.
② 타이어를 독립적으로 구동할 수 있다.
③ 가속페달에 대한 토크응답속도가 빠르다.
④ 배터리의 전압 변화로부터 달리는 노면의 상태를 파악할 수 있다.

18. 하이브리드자동차의 연비향상 요인을 틀리게 설명한 것은?

① 정차 시 엔진스톱
② 자동변속기 토크컨버터의 기능 확대
③ 브레이크 시 에너지회생제동기능 사용
④ 연비가 좋은 영역에서 작동되도록 엔진과 모터의 동력분배제어

19. 다음 중 검사판정의 대상에 의한 분류가 아닌 것은?

① 관리샘플링검사
② 로트별 샘플링검사
③ 전수검사
④ 출하검사

20. nP관리도에서 시료군마다 n=100이고, 시료군의 수가 k=20이며, ΣnP=77이다. 이때 nP관리도의 관리상한선 UCL을 구하면 얼마인가?

① UCL=8.94 ② UCL=3.85
③ UCL=5.77 ④ UCL=9.62

21. 원재료가 제품화되어 가는 과정, 즉 가공, 검사, 운반, 지연, 저장에 관한 정보를 수집하여 분석하고 검토를 행하는 것은?

① 사무공정분석표 ② 작업자공정분석표
③ 제품공정분석표 ④ 연합작업분석표

22. 파레토그림에 대한 설명으로 거리가 먼 내용은?

① 부적합품(불량), 클레임 등의 손실금액이나 퍼센트를 그 원인별, 상황별로 취해 그림의 왼쪽에서부터 오른쪽으로 비중이 작은 항목부터 큰 항목순서로 나열한 그림이다.
② 현재의 중요 문제점을 객관적으로 발견할 수 있으므로 관리방침을 수립할 수 있다.
③ 도수분포의 응용수법으로 중요한 문제점을 찾아내는 것으로서 현장에서 널리 사용된다.
④ 파레토그림에서 나타난 1~2개 부적합품(불량)항목만 없애면 부적합품(불량)률은 크게 감소된다.

23. 다음 내용은 설비보전조직에 대한 설명이다. 어떤 조직의 형태인가?

> • 보전작업자는 조직상 각 제조부문의 감독자 밑에 둔다.
> • 단점 : 생산 우선에 의한 보전작업 경시, 보전기술 향상의 곤란성
> • 장점 : 운전과의 일체감 및 현장감독의 용이성

① 집중보전 ② 지역보전
③ 부문보전 ④ 절충보전

24. 수요예측방법의 하나인 시계열분석에서 시계열적 변동에 해당되지 않는 것은?

① 추세변동 ② 순환변동
③ 계절변동 ④ 판매변동

25. 앞바퀴 정렬측정 전 준비사항과 거리가 먼 것은?

① 차량을 적재상태로 한다.
② 타이어공기압을 규정으로 맞춘다.
③ 조향링키지 체결상태를 확인한다.
④ 타이로드엔드의 헐거움을 점검한다.

26. 바퀴잠김방지식 제동장치(ABS)의 기능 설명 중 틀린 것은?

① 방향 안정성 확보 ② 조향 안정성 확보
③ 제동거리 단축 ④ 주행성능 향상

27. 유압식 자동변속기에서 출력축에 부착되어 자동차의 속도에 따라 유압을 제어하도록 하는 밸브는?

① 거버너밸브 ② 스로틀밸브
③ 가속밸브 ④ 시프트밸브

28. 자동변속기 제어장치에서 스로틀밸브가 설치되는 곳은?

① 밸브보디 ② 유성기어유닛
③ 액추에이터 ④ 흡기다기관

29. 정밀도 검사대상 기계, 기구가 아닌 것은?

① 제동력시험기　　② 사이드슬립 측정기
③ 속도계시험기　　④ 엔진성능시험기

30. 오버드라이브장치에 관한 설명으로 가장 옳은 것은?

① 언덕길 주행 시 작동한다.
② 크랭크축 회전속도보다 추진축 회전속도를 빠르게 한다.
③ 저속 시에 작동한다.
④ 회전력을 증대시킬 때 작동한다.

31. 빗길주행 중 쉽게 발생할 수 있는 현상은?

① 스탠딩웨이브현상　　② 로드홀딩현상
③ 하이드로플래닝현상　　④ 페이드현상

32. 어떤 자동차 마스터실린더의 푸시로드에 작용하는 힘이 150kgf, 피스톤면적이 3cm²라고 하면 이때 마스터실린더 내에 발생하는 유압은 몇 kgf/cm²인가?

① 40　　② 50
③ 60　　④ 70

33. 자동차 종감속기어에 주로 사용되는 하이포이드기어의 장점으로 틀린 것은?

① 추진축의 높이를 낮게 할 수 있다.
② 동일 조건하에 스파이럴베벨기어에 비해 구동피니언을 크게 할 수 있어 강도가 증가된다.
③ 링기어 지름의 8.12%를 중심 위로 오프셋시킨다.
④ 회전이 정숙하다.

34. 공기브레이크식 제동장치에서 공기탱크 내의 공기압력은 일반적으로 몇 kgf/cm² 정도인가?

① 1~4　　② 5~7
③ 10~13　　④ 14~17

35. 자동차의 중량 1,275kg, 여유구동력 200kg, 회전부분 상당중량은 자동차 중량의 5%일 때 가속도는?

① 1.16m/sec²　　② 1.26m/sec²
③ 1.36m/sec²　　④ 1.46m/sec²

36. 브레이크페달을 밟았을 때 하이드로백 내의 작동 중 잘못 설명된 것은?

① 공기밸브는 닫힌다.
② 진공밸브는 닫힌다.
③ 동력피스톤이 하이드롤릭실린더 쪽으로 움직인다.
④ 동력피스톤 앞쪽은 진공상태이다.

37. 1,500kg 중량의 자동차가 출발하여 90km/h의 속도까지 가속하는 데 20초 걸렸다면 이 자동차의 가속저항은 몇 kg인가?(단, 회전부분 상당중량은 무시)

① 75　　② 90
③ 153.1　　④ 191.3

38. 브레이크페달을 밟았을 때 자동차가 한쪽으로 쏠리는 원인이 아닌 것은?

① 라이닝 간극 조정 불량　　② 앞바퀴 정렬상태 불량
③ 타이어공기압 불균일　　④ 조향기어 유격 과소

39. 단판마찰클러치 접속 시 발생하는 회전충격을 흡수하는 스프링은?

① 쿠션스프링　　② 토션스프링
③ 클러치스프링　　④ 막스프링

40. 현가장치의 특성에 대한 설명 중 맞는 것은?

① 스프링 아래 질량이 커야 요철 노면주행에 유리하다.
② 스프링상수는 작용하는 힘과 스프링변형량의 비로 나타낸다.
③ 자동차가 무겁고 스프링이 약하면 주파수는 많고 진폭은 작다.
④ 토션바 스프링의 길이를 길게 하면 비틀림각이 작으므로 스프링작용은 크다.

41. 어떤 자동차의 축거가 2.4m, 바깥쪽 앞바퀴의 조향각이 30°이다. 최소회전반경은 얼마인가?(단, 바퀴의 접지면 중심과 킹핀 중심의 거리는 20cm이다.)

① 5.2m　② 4.5m
③ 5.0m　④ 4.8m

42. 전자제어 현가장치(E.C.S) 장착 자동차에서 차고센서가 감지하는 곳은?

① 지면과 액슬　② 프레임과 지면
③ 차체와 지면　④ 액슬과 차체

43. 기어변속 시 기어크래시(Crash)를 방지하는 변속기 내의 특수장치 명칭은?

① 헬리컬기어　② 카운터기어
③ 싱크로나이저　④ 시프트포크

44. 기관의 점화장치 중 DLI시스템에 대한 설명으로 틀린 것은?

① 잡음에 대해 유리하다.
② 고속이 되어도 발생전압이 거의 일정하다.
③ 점화시기의 위치 결정을 위한 센서가 필요하다.
④ 점화코일이 성능은 떨어지나 간단한 구조이다.

45. 저항 $R_1 = 4\Omega$, $R_2 = 6\Omega$을 병렬접속하였다. 합성저항 R은 몇 Ω인가?

① 2.4Ω　② 0.42Ω　③ 10Ω　④ 2Ω

46. 전조등의 감광장치가 아닌 것은?

① 저항을 쓰는 방법　② 이중필라멘트를 쓰는 방법
③ 부등을 쓰는 방법　④ 굵은 배선을 쓰는 방법

47. 교류발전기에서 4극발전기를 3,000rpm으로 운전할 경우 주파수(f)는 몇 Hz인가?

① 80Hz　② 100Hz　③ 120Hz　④ 150Hz

48. 차량의 보디전장부분에서 사용되고 있는 다중정보통신시스템의 데이터 구조에 속하지 않는 것은?

① 스타트비트 ② 바이트비트
③ 데이터프레임 ④ 스톱비트

49. 경음기가 울리지 않는 원인이 아닌 것은?

① 배터리 방전 ② 퓨즈 단선 ③ 접촉 불량 ④ 시동 불량

50. 완전충전되어 있는 축전지의 전해액은 다음 어느 것에 해당하는가?

① H_2SO_4 ② H_2O ③ $PbSO_4$ ④ PbO_2

51. 응축기 냉각핀이 막혀 공기흐름이 막혔을 경우, 저·고압 측 압력변화가 정상일 때와 비교해서 맞는 것은?

① 저압 측 압력이 떨어진다.
② 저압 측 압력은 상승되고 고압 측은 떨어진다.
③ 저·고압 모두 압력이 상승된다.
④ 저·고압 모두 압력이 떨어진다.

52. 기동전동기의 동력전달방식에 속하지 않는 것은?

① 피니언섭동식 ② 벤딕스식
③ 전기자섭동식 ④ 스프래그식

53. 색의 3요소가 아닌 것은?

① 보색 ② 색상 ③ 명도 ④ 채도

54. 스프레이건에 대한 설명 중 잘못된 것은?

① 중력식 건 : 중력에 의하여 도료가 공급되는 방식
② 흡상식 건 : 공기의 분사에 의하여 도료가 위로 빨려 올라오는 방식
③ 에어레스건 : 도료에 고압의 압력을 가하여 스프레이 점도가 낮은 도료의 도장에 적당
④ 압송식 에어건 : 도료에 압력을 가하여 에어스프레이건으로 분무되는 방식

55. 강재의 재질을 검사하는 방법으로 잘못된 것은?

① 불꽃시험방법
② 두들겨서 소리로 시험하는 방법
③ 꺾어서 시험하는 방법
④ 줄로 밀어서 시험하는 방법

56. 모노코크 보디의 설명으로 잘못된 것은?

① 충격을 흡수할 수 있도록 일부러 약한 부위를 만들어 준다.
② 충격을 받으면 서스펜조립부가 상향으로 올라가는 변형을 일으킨다.
③ 충격흡수를 위해 두께를 바꾸거나 구멍을 만들어 준다.
④ 충격흡수를 위해 사다리형 프레임을 보디와 별도로 사용한다.

57. 퍼티의 목적으로 가장 적합한 것은?

① 소지평활성에 있다.
② 부착력을 좋게 하기 위해서이다.
③ 광택을 내기 위해서이다.
④ 광택을 없애기 위해서이다.

58. 프레임센터링게이지란?

① 프레임의 마운틴포트 측정
② 프레임의 중심선 측정
③ 프레임센터의 개구부 측정
④ 프레임행거 측정

59. 자동차 철판 중 아연도금강판에 폴리에스테르퍼티를 직접 도포하여 발생되는 결함으로 가장 옳은 것은?

① 브리스터(Blister, 부풀음)현상
② 핀홀(Pin-Hole)현상
③ 흐름(Sagging)현상
④ 오렌지필(Orange-Peel)현상

60. 용접 후에 발생되는 팽창과 수축은 어떤 결함에 속하는가?

① 치수상 결함
② 성질상 결함
③ 화학적 결함
④ 구조상 결함

Actual Test

제4회 모의고사

Master Craftsman
Motor Vehicles Maintenance

01. 패러렐방식 하이브리드전기자동차의 전기에너지 전달순서를 바르게 표현한 것은?

① 배터리 – 인버터 – 변속기 – 모터 – 바퀴
② 배터리 – 발전기 – 모터 – 인버터 – 바퀴
③ 배터리 – 인버터 – 발전기 – 모터 – 바퀴
④ 배터리 – 인버터 – 모터 – 변속기 – 바퀴

02. 하이브리드자동차의 주행모드를 설명한 것으로 틀린 것은?

① 정지모드 : 정차 중 엔진정지
② Power모드 : 주행 시 모터만으로 구동
③ 감속모드 : 감속모드 시 에너지회생하여 배터리 충전
④ 가속등판주행모드 : 엔진에 큰 부하가 걸리면 엔진과 모터 함께 구동

03. 전기자동차 배터리의 에너지밀도를 설명한 것으로 틀린 것은?

① 단위중량당 에너지를 표시한다.
② 에너지밀도의 단위는 kJ/kg이다.
③ 에너지밀도가 높으면 가속성이 좋아진다.
④ 에너지밀도가 낮으면 주행거리가 짧아진다.

04. 전기이중층 캐패시터의 특징을 설명한 것으로 틀린 것은?

① 충전시간이 짧다.
② 출력의 밀도가 높다.
③ 화학반응으로 열화가 생긴다.
④ 단자전압으로 남아 있는 전기량을 알 수 있다.

05. 인 휠 모터(In Wheel Motor) 전기자동차의 특징을 설명한 것으로 틀린 것은?

① 자동차 디자인의 자유도가 높아진다.
② 자동차의 중량을 감소시킬 수 있다.
③ 기계적 동력전달 손실을 줄일 수 있다.
④ 구동축을 생략하고 차동기어만 사용한다.

06. 자동차 통신방식별 전송속도를 빠른 것부터 열거한 것은?

① MOST - Flex Ray - CAN - LIN
② Flex Ray - MOST - CAN - LIN
③ CAN - MOST - Flex Ray - LIN
④ Flex Ray - CAN - MOST - LIN

07. 주파수가 20Hz이고 가동시간이 15ms일 때, Duty(%)는?

① 15%　　② 30%
③ 50%　　④ 35%

08. 교류모터가 직류모터보다 우세한 점을 설명한 것으로 틀린 것은?

① 효율이 높다.　　② 토크가 크다.
③ 회전속도가 빠르다.　　④ 속도 변화가 쉽다.

09. 동기전동기에 관한 설명으로 틀린 것은?

① 큰 힘을 낼 수 있다.
② 구동시스템이 간단하다.
③ 브러쉬와 정류자가 없다.
④ 고정자(Stator)와 회전자(Rotor)로 구성된다.

10. 배터리컨트롤장치(BMS)의 제어기능을 설명한 것으로 틀린 것은?

① 파워릴레이제어　　② 배터리출력제어
③ 배터리냉각제어　　④ 정지 시 엔진Stop제어

11. 다음은 LPG자동차의 엔진이 시동되지 않는 원인이다. 해당되지 않는 것은?

① LPG 배출밸브가 닫혀 있다.
② 솔레노이드밸브(Solenoid Valve)의 작동이 불량하다.
③ 연료필터가 막혀 있다.
④ 봄베(Bombe)의 액면표시장치가 불량하다.

12. 산소센서를 설치하는 목적은?

① 연료펌프의 작동을 위해서
② 정확한 공연비제어를 위해서
③ 불완전연소를 해소하기 위해서
④ 인젝터의 작동을 정확히 하기 위해서

13. 모터제어기(MCU)의 설명으로 틀린 것은?

① 모터의 작동 온도 조절
② 직류전원을 모터에 필요한 3상 교류로 변경
③ 감속 및 제동 시 모터를 발전기 역할로 변경
④ 3상 교류를 직류로 변환하여 배터리 충전

14. 무단변속기(CVT)의 장점을 설명한 것으로 틀린 것은?

① 가속성이 향상된다.
② 로크업의 사용범위가 넓다.
③ 연료차단(Fuel Cut) 시간이 길다.
④ 회전저항이 작아서 전달효율이 좋다.

15. 전동모터식 동력조향장치의 설명으로 틀린 것은?

① 엔진의 출력 향상
② 조향력 정밀 제어
③ 제품모듈화로 원가 절감
④ 전동모터로 인해 조향장치 무게 증가

16. 이모빌라이저시스템의 구성부품으로 틀린 것은?

① 스마트라
② 트랜스 폰더
③ 어큐물레이터
④ 코일안테나

17. DC모터의 특징을 설명한 것으로 틀린 것은?

① 기동토크가 크다.
② 브러쉬와 정류자가 없어서 구조가 간단하다.
③ 인가전압에 대하여 회전특성이 직선으로 변한다.
④ 입력전류에 대하여 출력토크가 직선적으로 비례한다.

18. 배기가스 정화장치인 촉매변환기의 정화율은 촉매변환기 입구의 배기가스 온도에 관계되는데, 약 몇 ℃ 이상에서 높은 정화율을 나타내는가?

① 50 ② 150
③ 250 ④ 350

19. 생산보전(PM : Productive Maintenance)의 내용에 속하지 않는 것은?

① 사후보전 ② 안전보전
③ 예방보전 ④ 개량보전

20. 여력을 나타내는 식으로 가장 올바른 것은?

① 여력=1일 실동시간×1개월 실동시간×가동대수
② 여력 $= (\text{능력} - \text{부하}) \times \frac{1}{100}$
③ 여력 $= \frac{\text{능력} - \text{부하}}{\text{능력}} \times 100$
④ 여력 $= \frac{\text{능력} - \text{부하}}{\text{부하}} \times 100$

21. 다음 중 로트별 검사에 대한 AQL지표형 샘플링검사방식은 어느 것인가?

① KS A ISO 2859-0 ② KS A ISO 2859-1
③ KS A ISO 2859-2 ④ KS A ISO 2859-3

22. 다음 중 계량치관리도는 어느 것인가?

① R관리도 ② nP관리도
③ C관리도 ④ U관리도

23. 다음 중에서 작업자에 대한 심리적 영향을 가장 많이 주는 작업측정의 기법은?

① PTS법 ② 워크샘플링법
③ WF법 ④ 스톱워치법

24. 다음 데이터로부터 통계량을 계산한 것 중 틀린 것은?

[데이터]
21.5, 23.7, 24.3, 27.2, 29.1

① 중앙값(Me)=24.3 ② 제곱합(S)=7.59
③ 시료분산(s^2)=8.988 ④ 범위(R)=7.6

25. 차량이 주행 중 ABS작동조건에 해당되지 않음에도 불구하고 ABS작동진동(맥동)음이 발생되었을 때 예상할 수 있는 고장원인으로 적합한 것은?

① 제동등 스위치커넥터 접촉불량
② 하이드롤릭 유닛 내부 밸브릴레이 불량
③ 휠스피드센서 에어갭 과다
④ 차속센서(Vehicle Speed Sensor) 불량

26. 전자제어 현가장치(ECS)의 종합적인 제어기구항목이 아닌 것은?

① 스프링상수제어 ② 차중량 제어기구
③ 감쇠력 가변기구 ④ 차고 조정기구

27. 타이어에 발생되는 힘의 성분 그림에서 횡력(Side Force)에 해당하는 것은?

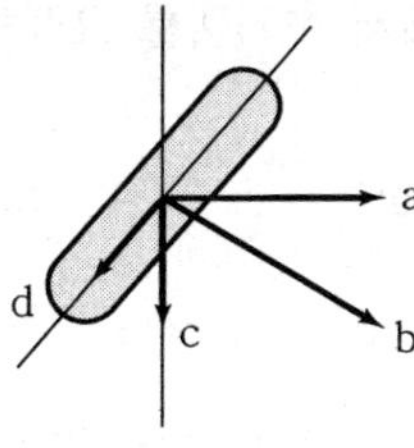

① a ② b ③ c ④ d

28. 압축공기식 브레이크장치 구성부품 중 운전자의 브레이크페달 밟는 정도에 따라 제동효과를 통제하는 것은?

① 풋브레이크밸브 ② 로드센싱밸브
③ 브레이크드럼 ④ 퀵릴리스밸브

29. 공기식 배력장치의 하이드로에어백에 관한 설명이 맞지 않는 것은?

① 하이드로에어백은 압축공기를 이용하기 때문에 일반적으로 공기압축기를 비치한 대형차량에 사용한다.
② 압축공기압력이 최고 6kgf/cm^2에 달하기 때문에 하이드로백에 비하여 그 작동압력차가 크므로 동력피스톤의 직경을 작게 하여도 강력한 제동력을 얻을 수 있다.
③ 공기브레이크에 비해 공기소비량이 크다.
④ 공기압축기를 필요로 하기 때문에 전반적으로 제작비가 비싸다.

30. 조향기어비를 작게 하면 어떻게 되는가?

① 조향핸들의 조작이 민감하게 된다.
② 조향조작이 가볍게 된다.
③ 비가역성의 경향이 크게 된다.
④ 바퀴가 받는 충격이 핸들에 전달되지 않는다.

31. 자동차 연속좌석의 너비가 7,165mm로 측정되었다. 연속좌석의 승차인원은 몇 명으로 산정할 수 있는가?

① 16 ② 17 ③ 18 ④ 20

32. 자동변속기의 유성기어장치에서 선기어를 고정하고 링기어를 구동시키면 유성기어캐리어의 회전속도는?

① 감속 ② 증속 ③ 역전증속 ④ 역전감속

33. 종감속장치의 피니언 잇수 9, 링기어 잇수 63이다. 추진축이 2,100rpm으로 회전하며 오른쪽 바퀴는 180rpm으로 회전하고 있다. 이때 왼쪽바퀴의 회전수는 몇 rpm인가?

① 120 ② 180 ③ 300 ④ 420

34. 자동차 브레이크 유압회로를 2계통으로 하여 안전성을 높이는 장치는?

① 하이드로백
② 탠덤마스터실린더
③ 부스터
④ 하이드로에어백

35. 유체클러치의 펌프와 터빈 사이의 관계로 틀린 것은?

① 펌프임펠러는 크랭크축에 연결되고 터빈러너는 변속기입력축에 연결된다.
② 전달효율은 최대 98% 정도이다.
③ 미끄럼값은 2~3% 정도이다.
④ 회전력 변화율은 3 : 1 정도이다.

36. 타이어 트레드패턴 중 러그패턴(Lug Pattern)에 대한 설명이 틀린 것은?

① 제동성과 구동성이 좋다.
② 주행특성이 원활하다.
③ 타이어숄더(Shoulder)부의 방열이 안 된다.
④ 고속주행 시 편마모가 발생된다.

37. 차량 총중량 1,200kgf의 차량이 4%의 등판길을 올라갈 때 구배저항은?

① 48kgf
② 24kgf
③ 4.8kgf
④ 2.4kgf

38. 전차륜정렬의 예비점검사항 중 틀린 것은?

① 현가스프링의 피로점검
② 허브베어링의 헐거움점검
③ 앞 범퍼의 수평도점검
④ 타이어의 공기압력점검

39. 전자제어 자동변속기에서 파워(Power)모드를 선택했을 때 변속기의 작동을 바르게 설명한 것은?

① 오버드라이브를 조기작동시킨다.
② 출발 시 2단 출발하도록 한다.
③ 변속시점이 고정된다.
④ 변속시점을 지연시켜 바퀴의 구동력을 증대시킨다.

40. 동력전달장치의 안전을 위하여 점검사항으로 볼 수 없는 것은?

① 변속기의 오일 누유
② 추진축 및 자재이음의 진동 여부
③ 변속링키지의 이탈 여부
④ 변속기의 각인

41. 자동차의 진동에 대해 설명한 것이다. 틀린 것은?

① 바운싱(Bouncing) : 상하운동
② 롤링(Rolling) : 좌우진동
③ 피칭(Pitching) : 앞뒤진동
④ 요잉(Yawing) : 차체 앞부분진동

42. 변속기가 하는 일이 아닌 것은?

① 기관의 회전력을 변환시켜 전달한다.
② 기관에서 발생한 회전속도를 변환시켜 전달한다.
③ 자동차의 후진을 가능하게 한다.
④ 차체의 진동을 완화시킨다.

43. 전자제어 동력조향장치에서 전자제어시스템에 고장이 발생할 경우 차량의 현상으로 맞는 것은?

① 일반 기계식 핸들조작으로 주행이 가능하다.
② 핸들이 로크(Lock)되어 주행이 불가능해진다.
③ 유압이 누유되므로 핸들조작이 불가능해진다.
④ 시동을 끄기 전까지 전혀 문제가 없다.

44. 편의장치(이수 : Intelligent Switching Unit)의 구성부품인 운전석 도어열림스위치의 기능과 가장 관련이 없는 제어기능은?

① 키회수 경고(Key Remind Warning)제어
② 라이트 소등 경고제어
③ 운전석 시트벨트 착용경고제어
④ 실내등 점등 및 감광제어

45. 1AH의 방전 시 전해액 속에 물이 0.67g 생성될 때 황산은 몇 g 소비되는가?

① 1.66g ② 3.06g
③ 3.60g ④ 3.66g

46. 자동차의 전조등에서 45W의 전구 2개를 병렬연결하였다. 축전지는 12V 60AH일 때 회로에 흐르는 총전류는?

① 3.75A ② 5A
③ 7.5A ④ 9A

47. 시동회로와 관련이 없는 부품은?

① 축전지 ② 점화스위치
③ 기동전동기 ④ 전압조정기

48. 에어컨 구성부품인 오리피스튜브의 기능이 맞는 것은?

① 냉방부하에 따른 냉매량 조정
② 과열도를 일정하게 유지
③ 증발기가 얼지 않도록 온도 조정
④ 냉매압력을 떨어뜨림

49. 반도체소자 중 파형 정류회로나 정전압회로에 주로 사용되는 것은?

① 서미스터 ② 사이리스터
③ 제너다이오드 ④ 포토다이오드

50. 점화플러그의 착화성을 향상시키기 위한 방법 중 가장 관련이 없는 것은?

① 플러그의 전극 간극을 크게
② 플러그의 중심전극을 가늘게
③ 플러그의 접지전극을 U홈 또는 V홈으로
④ 중심전극의 돌출량을 작게

51. 다음 회로는 브레이크패드 마모경고등을 나타낸 것이다. 바른 설명은?

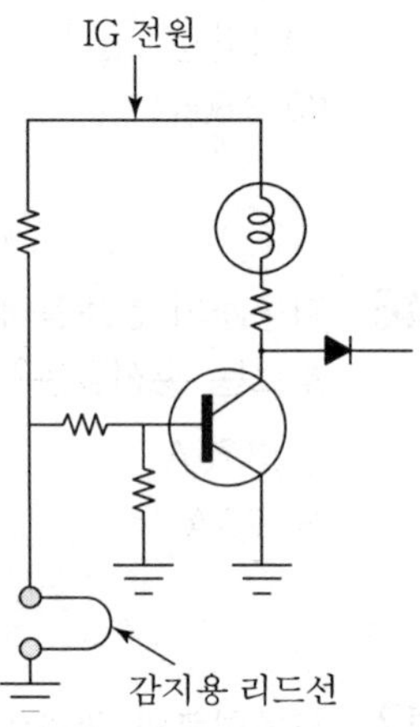

① 감지용 리드선이 열을 받으면 마모경고등이 켜진다.
② 회로 내의 다이오드에 역기전류가 작용하면 마모경고등이 켜진다.
③ 감지용 리드선이 브레이크디스크판과 접촉하여 끊어지게 되면 마모경고등이 켜진다.
④ 회로 내 트랜지스터베이스 측의 저항이 끊어졌을 때 마모경고등이 켜진다.

52. 자동차용 축전지에 대한 설명 중 틀린 것은?

① 셀당 극판은 음극판을 1개 더 많이 제작한다.
② 전기부하를 걸지 않았는데도 화학적 에너지가 자연히 소실되기도 한다.
③ 축전지의 용량은 20시간율을 사용하여 표시한다.
④ 극판의 면적이 커지면 화학적으로 안정되어 전압이 낮아진다.

53. 도장작업에서 용제의 구비조건으로 맞지 않는 것은?

① 수지를 잘 용해할 것
② 무색이나 연한 색일 것
③ 도장작업 시 증발속도가 적정할 것
④ 휘발성분 및 독성, 악취가 없을 것

54. 솔리드컬러도료에 포함되지 않는 것은?

① 안료 ② 메탈릭
③ 수지 ④ 용제

55. 모노코크보디의 프레임에서 사용 중에 변형이 잘 일어나지 않는 것은?

① 상·하 굽음 ② 밀림
③ 좌·우 굽음 ④ 파손

56. 다음 중 색상이 맑고 탁한 정도를 나타내는 것은?

① 색상 ② 명도
③ 채도 ④ 보색

57. 보수도장 면의 탈지작업이 제대로 안 되었을 경우 나타나는 문제가 아닌 것은?

① 도장 후에 부착 불량이 생길 수 있다.
② 도장 중에 도장결함(크레터링, 하지끼, 왁스끼)이 생길 수 있다.
③ 도장 시에 페인트 소모량이 많아진다.
④ 도장 시에 용제와이핑(Wipe) 자국이 생길 수 있다.

58. 프레임의 상하로 굽은 것을 수정하는 작업방법을 기술한 것이다. 그 작업방법에 들지 않는 것은?

① 체인과 프랜지훅을 사용하여 사이드멤버를 고정시킨다.
② 굽은 부분은 잭으로 밀어올린다.
③ 굴곡의 수정과 동시에 가압상태로 사이드멤버의 위쪽 또는 아래쪽 주름을 수정한다.
④ 굽은 부분에는 900~1,200℃ 정도 이하의 가열을 해야 한다.

59. 한방향만의 위치를 제한하고 있는 지점으로 반력도 하나로 되고, 휨모멘트에는 저항을 하지 않는 지점을 무엇이라 하는가?

① 회전지점 ② 고정지점
③ 균일지점 ④ 가동지점

60. 다음 용접 중 저항용접에 속하지 않는 것은?

① 스포트용접 ② 프로젝션용접
③ 심용접 ④ 미그용접

제5회 모의고사

Actual Test

01. BLDC모터의 설명으로 틀린 것은?

① 신뢰성이 높고 고속화가 용이하다.
② 페라이트 자석사용으로 체적당 토크가 크다.
③ 로터에 영구자석을 사용하여 저관성화에 제한이 있다.
④ 기계적 정류기구를 전자화하여 불꽃 및 기계적 노이즈가 적다.

02. 전자제어식 가솔린분사장치의 크랭크 각 위치센서의 역할은?

① 단위시간당의 기관회전속도 검출
② 단위시간당의 기관출력 검출
③ 매 사이클당의 흡입공기량 계산
④ 매 회전수당의 고압송전횟수 검출

03. 유도모터(Induction Motor)의 설명으로 틀린 것은?

① 고정자권선은 단상과 3상이 있다.
② 회전자는 고정자와 자장변화에 의해 전류를 유도한다.
③ 정류기를 통하여 전원에 연결되며 브러시를 사용한다.
④ 구조가 간단하고 튼튼하며 가격이 저렴하다.

04. AC서보모터의 설명으로 틀린 것은?

① 제어구조가 간단하고 용이하다.
② 기계적 구조가 간단하며 최대속도가 빠르다.
③ 권선이 고정자에 있어 용량을 크게 할 수 있다.
④ 밀폐형 구조이므로 환경이 나쁜 곳에서도 신뢰성이 높다.

05. 질코니아소자를 이용하여 만든 O_2센서는 λ값 얼마를 경계로 출력이 급격하게 변하는가?

① 0.6　② 0.8　③ 1.0　④ 1.2

06. 충전과 방전이 가능한 2차전지가 아닌 것은?

① 리튬-망간
② 니켈-수소
③ 리튬-폴리머
④ 마그네슘-공기

07. 리튬이온전지의 설명으로 틀린 것은?

① 무게가 가볍다.
② 메모리효과가 있다.
③ 극한 온도에서 사용할 수 없다.
④ 특정한 높은 에너지를 제공한다.

08. MPI(Multipoint Injection)계통의 차량에서 ECU(컴퓨터)로의 입력센서가 아닌 것은?

① 공기흐름센서
② 산소센서
③ 스로틀포지션센서
④ 퍼지컨트롤센서

09. 전자제어 가솔린분사기관의 연료펌프 내에 설치된 밸브 중 연료압력이 일정압력 이상 상승하면 연료를 연료탱크로 바이패스시켜 연료펌프와 라인의 손상을 방지하는 것은?

① 체크밸브
② 진공스위칭밸브
③ 핫스타트밸브
④ 릴리프밸브

10. 기관의 전자제어 연료장치에서 인젝터의 주요 구성품이 아닌 것은?

① 플런저
② 니들밸브
③ 솔레노이드코일
④ 압력조정스프링

11. 연료전지의 특징으로 틀린 것은?

① 발전효율이 40~60% 정도이다.
② 환경오염이 거의 발생하지 않는다.
③ 고효율, 고발열로 인해서 다량의 냉각수가 필요하다.
④ 천연가스, 메탄올, 석탄가스 등 다양한 연료가 사용 가능하다.

12. 스태핑모터의 설명으로 틀린 것은?

① 토크는 작으나 고속응답과 소형 경량이다.
② 회전각도는 입력펄스신호에 비례한다.
③ 회전속도는 입력펄스주파수에 비례한다.
④ 브러쉬로 인한 기계적 마모가 없어서 보수가 필요 없다.

13. 배출가스 정화에 사용되는 촉매물질의 종류가 아닌 것은?

① 산화촉매
② 원촉매
③ 흑연촉매
④ 환원촉매

14. 연료전지자동차의 주요 구성부품으로 틀린 것은?

① 모터, 감속기
② 급속충전장치
③ 전력변환장치
④ 연료저장장치

15. 연료전지자동차의 수소저장기술을 설명한 것으로 틀린 것은?

① 압축수소가스 : 단순구조, 낮은 저장밀도이다.
② 케미칼하이브리드 : 안전성은 높으나 저장효율이 낮다.
③ 메탈하이브리드 : 일정한 압력유지는 가능하나 중량효율이 낮다.
④ 액체수소 : 에너지밀도가 높으나 기화에 의한 에너지 손실 가능성이 있다.

16. 통신네트워크의 구조를 설명한 것으로 틀린 것은?

① 성형 구조 또는 방사형 구조
② 원형 구조 또는 루푸형 구조
③ 버스형 구조 또는 분기형 구조
④ 평행구조 또는 패러렐구조

17. 트랜지스터와 FET(Field Effect Transistor)를 설명한 것으로 틀린 것은?

① FET는 전압제어형이다.
② FET는 입력임피던스가 적다.
③ 트랜지스터는 전류제어형이다.
④ 트랜지스터는 전력소비가 크다.

18. 연소에 있어서 공연비란 무엇을 의미하는가?

① 배기 중에 포함되는 산소량
② 흡입공기량과 연료량과의 중량비
③ 흡입공기체적과 연료량과의 비
④ 흡입공기량과 연료체적과의 비

19. 문제가 되는 결과와 이에 대응하는 원인과의 관계를 알기 쉽게 도표로 나타낸 것은?

① 산포도
② 파레토도
③ 히스토그램
④ 특성요인도

20. 표준시간을 내경법으로 구하는 수식은?

① 표준시간 = 정미시간 + 여유시간
② 표준시간 = 정미시간 × (1 + 여유율)
③ 표준시간 = 정미시간 × $\frac{1}{1-\text{여유율}}$
④ 표준시간 = 정미시간 × $\frac{1}{1+\text{여유율}}$

21. 제품공정분석표용 공정도시기호 중 정체공정(Delay)기호는 어느 것인가?

① ○
② →
③ D
④ □

22. 다음 표를 이용하여 비용구배(Cost Slope)를 구하면 얼마인가?

정상		특급	
소요시간	소요비용	소요시간	소요비용
5일	40,000원	9일	50,000원

① 3,000원/일
② 4,000원/일
③ 5,000원/일
④ 6,000원/일

23. 계수값규준형 1회 샘플링검사에 대한 설명 중 가장 거리가 먼 내용은?

① 검사에 제출된 로트에 관한 사전의 정보는 샘플링검사를 적용하는 데 직접적으로 필요로 하지 않는다.
② 생산자 측과 구매자 측이 요구하는 품질보호를 동시에 만족시키도록 샘플링검사방식을 선정한다.
③ 파괴검사의 경우와 같이 전수검사가 불가능한 때에는 사용할 수 없다.
④ 1회만의 거래 시에도 사용할 수 있다.

24. 다음 중 부하와 능력의 조정을 도모하는 것은?

① 진도관리　② 절차계획
③ 공수계획　④ 현품관리

25. 자동변속기에서 출력축에 설치되어 출력축의 회전속도에 따른 유압을 발생시키는 밸브는?

① 시프트밸브　② 거버너밸브
③ 스로틀밸브　④ 매뉴얼밸브

26. 자동차의 주행저항에 해당되지 않는 것은?

① 구름저항　② 공기저항
③ 등판저항　④ 구동저항

27. 디스크브레이크의 점검항목이 아닌 것은?

① 디스크 마모의 손상　② 토크 플레이트 샤프트 실링의 손상
③ 하이드로백 점검　④ 디스크런아웃 점검

28. 진공식 브레이크 배력장치에 대한 설명으로 틀린 것은?

① 배력장치에 이용되는 외력으로 기관의 흡입부압을 이용한다.
② 배력장치가 고장일 경우 운전자의 페달 답력만으로도 브레이크를 조작할 수 있어야 한다.
③ 진공식 배력장치는 응축수가 생성되는 단점이 있다.
④ 진공식 배력장치에서 배력도는 다이어프램의 유효직경에 비례한다.

29. 종감속기어에서 구동피니언 잇수가 8개, 링기어 잇수가 40개인 차량이 평탄한 도로를 직진할 때 추진축의 회전수가 1,800rmp이라면 액슬축의 회전수는?

① 360rpm ② 450rpm ③ 510rpm ④ 700rpm

30. 고속주행 시 타이어스탠딩웨이브현상을 방지하기 위한 방법으로 맞는 것은?

① 타이어의 공기압을 표준보다 낮춰 준다.
② 타이어의 공기압을 표준보다 높여 준다.
③ 타이어의 공기압을 낮추되 광폭으로 교체한다.
④ 휠을 알루미늄휠로 교체한다.

31. 주행 중 브레이크페달을 밟게 되면 차량의 무게가 앞으로 이동하면서 차체의 앞쪽은 내려가고 뒤쪽은 올라가는 현상을 무엇이라 하는가?

① Anti-Roll ② Bouncing
③ Squart ④ Dive

32. ABS브레이크장치에서 사용되는 구성품이 아닌 것은?

① ABS컨트롤유닛 ② 휠스피드센서
③ 리어차고센서 ④ 하이드롤릭유닛

33. 브레이크페달의 지렛비가 5 : 1이다. 페달을 35kgf의 힘으로 밟았을 때에 푸시로드에 작용되는 힘은?

① 7kgf ② 125kgf
③ 175kgf ④ 225kgf

34. 독립현가장치 중 맥퍼슨형식의 특징이 아닌 것은?

① 스프링 윗부분 중량이 크기 때문에 접지성이 불량하다.
② 위시본형식에 비해 구조가 간단하다.
③ 부품 수가 적으므로 마모나 손상을 발생하는 부분이 적고 수리가 용이하다.
④ 엔진실 유효체적을 크게 할 수 있다.

35. 바퀴정렬의 목적이 아닌 것은?

① 조향휠의 복원성 향상
② 주행속도의 증대
③ 타이어 마모 감소
④ 조향휠의 조작력 경감

36. 자동변속기 차량에서 스톨테스트(Stall Test) 결과 후 판단할 수 있는 내용으로 적당치 않은 것은?

① 엔진 출력 부족 여부
② 토크컨버터의 원웨이클러치 작동 여부
③ 라인압력 저하 여부
④ 킥다운 여부

37. 수동변속기에서 동기치합식의 장점이 아닌 것은?

① 변속소음이 거의 없고 변속이 용이하다.
② 변속기의 수명이 길다.
③ 기어의 이가 헬리컬형이므로 하중부담능력이 크다.
④ 변속 시 특별히 가속시키거나 더블클러치를 조작할 필요가 있다.

38. 전자제어 4단자동변속기(4EC-AT)에서 TCU(Trans Axle Control Unit)로 입력되는 요소 중 제너레이터(Pulse Generator)와 같은 기능을 가진 부품은?

① 엔진 회전속도
② 차속센서
③ 크랭크 각 센서
④ 인히비터스위치

39. 자동변속기에 사용되는 토크컨버터에서 크랭크샤프트와 직접 연결되어 구동하는 것은?

① 펌프임펠러
② 터빈러너
③ 스테이터
④ 원웨이클러치

40. 조향각을 일정하게 하고 차의 속도를 증가시켰을 때 선회반경이 커지는 현상을 표시하는 것은?

① 뉴트럴스티어링
② 오버스티어링
③ 언더스티어링
④ 리버스스티어링

제1회 모의고사 [정답 & 해설]

Answer

01	02	03	04	05	06	07	08	09	10
③	③	①	②	④	②	④	④	①	④
11	12	13	14	15	16	17	18	19	20
②	①	④	②	②	③	②	④	②	③
21	22	23	24	25	26	27	28	29	30
②	②	③	③	③	②	④	②	②	④
31	32	33	34	35	36	37	38	39	40
④	①	②	①	①	①	②	④	②	①
41	42	43	44	45	46	47	48	49	50
①	②	②	③	④	④	④	①	①	④
51	52	53	54	55	56	57	58	59	60
②	①	③	①	③	②	④	③	④	①

01.

폴리프로필렌은 자동차에 채용되고 있는 합성수지 중에서 가장 사용량이 많은 범용수지이며 소재 그 자체가 도장성이나 접착성이 곤란하기 때문에 전처리로써 초벌도장이 필요하다.

02.

무연휘발유의 구비조건은 안티노크성 및 발열량이 크고 연소 퇴적물 발생이 적으며 공기와 잘 혼합되고 휘발성이 커야 한다.

03.

에폭시수지는 전기절연재료, 섬유강화복합재료, 접착제, PCB기판, 도료 등 다양한 용도로 사용한다.

04.

FRP는 폴리에스터 수지에 섬유 등의 강화재로 혼합한 플라스틱이며 Fiber Reinforced Plastics의 약어이다.

05.

차체용 알루미늄 재료는 판금수리도 어렵다.

06.

센서 내측에는 신선한 공기(대기)가, 외측에는 배출가스가 각각 접하고 있다.

07.

전부하 출력 시, 연료 차단 시, 희박신호가 길게 계속될 때는 피드백 제어를 하지 않는다.

08.

자동차 경량화방법으로 차체 구조의 합리화, 소재의 경량화, 제조공법 자체의 변화가 있다.

09.

클러스터이오나이저는 블로워모터와 에바포레이터 코어 사이에 장착되어 있으며 탈취, 살균 및 공기청정을 한다.

10.

듀얼전자동에어컨(DATC)의 입력센서는 외기온도센서, 핀서모센서, 오토디포그센서가 있다.

11.

핀서모센서는 에바포레이터의 빙결을 방지한다.

12.

칠러는 냉매를 추가로 증발시키는 역할을 한다.

13.

고전압 PTC 히터는 흐르는 전류의 발열작용으로 히팅한다.

14.

산화촉매는 CO와 HC를 산화시켜 CO_2와 H_2O로 만든다. 3원촉매는 1개의 촉매로 CO와 HC를 산화시켜 CO_2와 H_2O로 만들고 NO_x를 환원시켜 N_2로 처리한다.

16.

촉매 앞에 설치된 산소센서는 정상적으로 피드백제어를 하고 있으며 뒤의 산소센서는 촉매의 산화작용으로 0.5V 근처의 출력값을 나타낸다.

17.

TR2가 동작되면 TR3의 베이스단자에 전류가 흐르지 않으므로 동작하지 않는다.

18.

헤드개스킷의 글씨부분을 헤드쪽으로 향하여 체결한다.

19.

샘플링검사는 나쁜 품질의 로트를 가려내어 품질을 향상시키고 검사비용을 절감한다.

20.

- 제품 전부를 만드는 데 필요한 시간
  100대 × 14.4H = 1,440H
- 세이퍼 1대의 가동시간
  8H × 25일 × 0.8 × 0.9 = 144시간
- 세이퍼의 필요대수
  1,440H ÷ 144 = 10대

21.

주공정은 모든 공정을 포함하는 순방향으로 진행한다.

22.

정체는 역삼각형으로 나타낸다.(자동차가 고장나면 정체되면서 삼각형 표지판을 사용)

23.

TQC는 생산활동의 모든 단계에서 전개되는 품질유지, 품질개선 등 각 부문의 노력을 종합적으로 실시하자는 경영 전반의 품질관리시스템에 의한 활동을 말한다.

24.

계수값관리도의 종류

Pn관리도(불량개수), P관리도(불량률), C관리도(결점수), U관리도(단위당 결점수)

25.

클러치가 미끄러지지 않기 위해서는 엔진 회전력(T)보다는 클러치토크가 크거나 같아야 한다.

26.

수직방향 하중에 의한 앞차축 휨을 방지하기 위하여 캠버를 둔다.

27.

제동력을 증가시키기 위하여 승용차에는 대기압과 흡기다기관의 압력차를 이용한 하이드로백(Hydro－Vac)이 있고, 화물자동차나 버스에는 대기압과 압축공기의 압력차를 이용한 하이드로 에어팩(Hydro－Air－Pack)이 있다.

28.

디스크브레이크는 방열면적이 넓어 제동력이 우수하다.

29.

가속도 $A = \dfrac{v_1 - v_o}{t}$ [m/sec²]

여기서, v_o : 처음 속도(m/sec)
v_1 : 나중 속도(m/sec)
t : 시간(sec)

30.

기어가 2중으로 치합되는 것을 방지하는 것은 인터록장치이다.

31.

엔진 출력이 동력전달장치를 통하여 구동바퀴를 돌리면 구동축에는 그 반대방향으로 돌아가려는 힘이 작용하는데 이 힘이 리어앤드토크이다.

32.

댐퍼클러치는 급제동 시, 급출발 시, 저속 시에는 엔진이 정지하는 것을 방지하기 위하여 작동하지 않는다.

33.

일방향클러치는 한쪽방향으로만 힘이 전달된다.

34.

$$조향기어비 = \frac{조향핸들\ 회전각도}{피트먼암\ 회전각도} = \frac{720°}{30°} = 24$$

35.
조종장치의 검사는 신규검사에 한한다.

36.
스태빌라이저는 롤링을 방지하기 위한 것이며 막대스프링(토션바)으로 앞뒤 바퀴에 모두 사용된다.

37.
ABS ECU는 차륜속도를 입력받아 연산하여 솔레노이드 밸브를 작동시킨다.

38.
조향각센서는 2개로 되어 있다. 2개의 센서를 사용하는 이유는 조향핸들의 좌우회전방향을 검출하기 위함이다.

39.
TCS
엔진토크제어, 브레이크토크제어, 차동장치제어, 통합(엔진+브레이크)제어방식이 있다.

40.
트레드패턴은 타이어가 지면에 닿는 부분이고 견인력과 깊은 관계가 있다.

41.
$$\text{스프링상수} = \frac{2 \times 1{,}000}{2 \times 10} = 100\text{kgf/mm}$$

42.
로드센싱밸브는 자동차의 중량에 따라 앞뒤 브레이크의 유압을 변환시켜 제동력의 균형을 이루게 하는 밸브를 말한다.

43.
차속신호를 받아 유압펌프의 압력을 제어한다.

44.
리시버드라이어는 냉매를 저장하는 탱크이면서 냉매 속에 섞여 있는 습기를 제거하는 역할을 한다.

45.
트랜지스터(TR)는 반도체소자이며 진동이나 충격에 약하지 않다.

46.
충전 시 $PbO_2 + 2H_2SO_4 + Pb \rightleftarrows$ 방전 시 $PbSO_4 + 2H_2O + PbSO_4$

47.
그로울러시험기는 기동전동기 전기자코일의 단선, 단락, 접지(코일밸런스)를 시험한다.

48.
$$R = \frac{1}{\frac{1}{0.5} + \frac{1}{0.5} + \frac{1}{0.5} + \frac{1}{0.5}} = 0.125$$

49.
점화플러그 절연재는 자기(Ceramic)를 사용하고 있다. 자기(Ceramic)의 주성분은 산화알루미늄(Al_2O_3)이다. 국내의 챔피언플러그(미국과 기술제휴)나 NGK플러그(일본과 기술제휴) 모두 절연재는 수입하여 사용하고 있다.

- 자기(Porcelain) : 금속 표면에 유리질 유약을 피복시킨 것이다.
- 자기(Ceramic) : 일반적으로 요업제품을 말한다. 가정용품으로서 우리 주변에 있는 도자기류는 거의 세라믹이다.

50.
전자제어장치는 입력센서, 중앙처리장치(ECU), 액추에이터로 구성된다.

51.
전자제어장치의 입력요소는 센서 또는 스위치로 구성된다.

52.
$R = 5\{1 + 0.004(80 - 20)\} = 6.20\Omega$

53.
화이트보디는 자동차의 제조공정으로서 도장 직전의 차체나 보디셀에 보닛과 도어를 장착한 상태이다.

54.
추가고정의 가장 기본은 회전모멘트를 방지하기 위해서이다.

55.
점(스폿)용접은 가압, 통전, 냉각고착 순서로 이루어진다.

56.
자동차의 하중분포는 오버행, 휠베이스, 하대오프셋에 따라 달라진다.

57.
에어스프레이건은 도료의 토출량, 에어량, 도포되는 폭(패턴사이즈)을 조절할 수 있다.

58.
핀홀 또는 솔벤트퍼핑은 도장 표면에 작은 구멍이나 기포가 발생하는 것인데 고온에서 강제 건조하거나 열원이 너무 가까이 있을 때 발생한다.

59.
메탈릭 색상을 밝게 하려면 알루미늄(Silver)을 투입해야 한다.

60.
퍼티는 맨 철판의 굴곡진 기초부분을 메꿀 때 제일 먼저 사용한다.

제2회 모의고사 [정답 & 해설]

Answer

01	02	03	04	05	06	07	08	09	10
①	④	②	①	④	③	②	④	④	①
11	12	13	14	15	16	17	18	19	20
①	③	①	③	①	④	②	③	③	③
21	22	23	24	25	26	27	28	29	30
②	③	③	①	①	④	①	④	④	③
31	32	33	34	35	36	37	38	39	40
②	③	③	③	③	①	②	①	②	②
41	42	43	44	45	46	47	48	49	50
③	①	④	③	①	③	②	②	②	③
51	52	53	54	55	56	57	58	59	60
④	①	④	②	③	④	②	③	④	②

01.
세퍼레이터는 실린더블록의 냉각수 온도를 상하부 균일하게 유지한다.

02.
DIS에 장착된 콘덴서는 점화노이즈를 저감시킨다.

03.
탈황시간은 약 5분 정도이다.

04.
전자제어 디젤엔진에서 급가속 시 출력이 우선이기 때문에 EGR밸브 작동을 중지한다.

05.
LNT의 재생종료조건 중 공연비제한에 의한 재생종료는 없다.

06.
혼합기가 농후할 때는 기전력이 1V에 가까워지고 희박할 때는 0V에 가까워진다.

07.
국내 경유차의 배출허용기준은 유럽연합(EU)의 기준을 적용한다.

08.
PM센서는 DPF후단의 PM농도를 감지하여 DPF시스템의 정상 유무를 판단한다.

09.
1개 흡기포트 닫힘은 공회전 및 2,000rpm 이하 영역이다.

10.
VDC의 구성요소는 조향각센서, 횡방향 가속도센서, 휠스피드센서가 있다.

11.
착화지연기간 동안 누적된 연료가 일시에 연소되는 것이 디젤노크이다.

12.
EGR은 연소실의 온도를 2,000℃ 이하로 낮추어 질소산화물을 줄이는 장치이다.

13.
MDPS의 구성요소는 BLAC모터, 조향각 & 토크센서, 감속기어, ECU가 있다.

14.
전자제어 4WD 입력센서로는 휠스피드센서, 엑셀포지션센서, VDC작동신호가 있다.

15.
4WD EMC코일 교환 시 ECU에 저장되어 있는 주행거리값을 초기화한다.

16.
인젝터의 분사시간 = 기본분사시간 + (기본분사시간 × 보정계수) + 무효분사시간

17.

자동변속기의 오일량(수준)점검은 엔진이 공회전상태일 때 측정한다.

18.

차고제어는 노멀, 하이, 로 모드로 3단계이다.

19.

C관리도는 일정단위 중에 나타나는 결점수를 관리하기 위하여 사용하는 관리도이다.

20.

모드(Mode)는 최빈값이라고도 하며 자료의 분포에서 빈도수가 가장 많이 관찰되는 곳이다.

21.

$$\frac{20+(10\times 60)}{10}=62\text{분}$$

22.

더미는 그 자체는 계측하지 않지만 그림자의 역할을 띤 것을 말한다.

23.

단순지수평활법

과거의 실적치에 대해서 차별화된 가중치를 부여한다는 점에서 가중이동평균법과 같으나 가중이동평균법이 현재부터 일정기간 동안의 실적만을 사용하는 데 비해서 단순지수평활법은 현재부터 과거의 모든 기간의 실적들을 사용한다는 점이 다르다.

24.

검사항목은 수량, 중량, 성능검사로 분류한다.

25.

자동변속기의 입력신호는 TPS, 펄스제너레이터 A와 B, 엔진회전수, 인히비터스위치, 유온센서, 액셀레이터스위치, 증속구동스위치, 킥다운서브스위치, 차속센서 등이 있다.

26.

종감속비를 크게 하면(구동피니언을 크게, 피동링기어를 작게) 구동력이 향상된다.

27.

사이드슬립은 양쪽의 차이(6−4) 2를 2(좌우)로 나누어 큰 쪽으로 미끄러진다.

28.

탠덤 마스터실린더는 한쪽 고장 발생 시 다른 한쪽이 제동력을 발휘할 수 있다.

29.

$$R=\frac{L}{\sin\alpha}+r=\frac{2.4}{\sin 30^\circ}+0.2=5\text{m}$$

30.

타이어의 폭, 타이어의 종류, 허용최고속도, 허용최대하중이 표시된다.

31.

마찰력 $=300\text{N}\times 6\times 0.3=540\text{N}$

32.

$$3{,}000\times\frac{1}{2\times 3}\times 0.5\times 2\times 3.14\times\frac{60}{1{,}000}=94\text{km/h}$$

33.

릴리스레버는 클러치압력판을 분리시킬 때 높이가 일정치 않으면 단속이 어렵다.

34.

후부반사기 등의 세부검사내용은 반사기에 의한 반사광의 색상 적합 여부를 검사하는 것이지 반사기의 색상 적정 여부를 검사하는 것이 아니다.

35.

모든 시스템이 정상일 때는 경고등이 작동하지 않는다.

36.

공기스프링식은 압축기, 서지탱크, 체크밸브, 다이어프램, 공기스프링 등으로 구성되어 기계식 스프링에 비해 훨씬 복잡하다.

37.

차고 센서는 앞뒤 차축에 기본으로 1개씩 설치되어 차체와 차축 위치를 검출한다.

38.

APS는 가속페달의 조작상태를 검출한다.

39.

비상구급자동차는 생명의 위험이 항상 존재하므로 속도제한장치를 두지 않는다.

40.

언로더밸브는 공기탱크의 압력을 항상 일정하게 유지하는 역할을 한다.

41.

수동변속기는 기어의 치합에 따라 섭동, 상시, 동기물림식으로 나눈다.

42.

승용차는 대기압과 흡기다기관의 압력(진공)을 이용한 진공식 배력장치를 사용한다.

43.

세이프티체크밸브는 동력조향장치가 고장일 때 수동으로 할 수 있도록 변환해 주는 밸브이다.

44.

$$L=\frac{150\times6\times10^{-2}}{5}=1.8\text{H}$$

45.

ROM은 전원이 끊어져도 정보가 없어지지 않는 불휘발성 기억장치이다.

46.

에어컨 사이클 내의 수분은 진공작업으로 기화시켜 제거한다.

47.

$$6\times\frac{13}{130}=0.6\text{kgf}\cdot\text{m}$$

48.

자동차 배터리의 셀당 방전종지전압은 1.75V이다.

49.

$$\frac{20,000}{10^2}=200\text{Lux}$$

50.

B단자를 떼어 내면 발전기의 전류는 역방향으로 흘러 과전류에 의해 다이오드가 터지므로 아예 스테이터에서 전류가 발생되지 않게 Field코일단자를 떼어 내는 것이 상책이다.

51.

시동이 걸린 상태에서 시동스위치를 계속 누르고 있으면 시동전동기가 망가진다.

52.

열값이 크면 냉형이며 고속엔진에 사용한다. 냉형은 열을 발산하기 쉽고 발화부의 온도가 높아지기 힘든 타입의 스파크플러그이다.

53.

가압 → 통전 → 냉각고착으로 스폿용접이 이루어진다.

54.

소성가공은 물체의 소성을 이용해서 변형시켜 갖가지 모양을 만드는 가공법이다.

57.

핀홀은 도막에 바늘구멍과 같이 생기는 현상이며 세팅타임 없이 급격히 가열하는 경우와 도막 속에 용제가 급격히 증발할 경우 발생한다.

59.

솔리드컬러는 한 가지 색으로만 된 것이며 높은 품질이 요구되므로 투명도장을 한다.

60.

스프레이건의 팁(노즐) 사이즈는 제품이 생산될 때부터 고정되어 있다.

제3회 모의고사 [정답 & 해설]

Answer

01	02	03	04	05	06	07	08	09	10
②	①	③	③	④	③	④	①	①	①
11	12	13	14	15	16	17	18	19	20
④	③	①	①	②	④	④	②	④	④
21	22	23	24	25	26	27	28	29	30
③	①	③	④	①	④	①	①	④	②
31	32	33	34	35	36	37	38	39	40
③	②	③	②	④	①	④	④	②	②
41	42	43	44	45	46	47	48	49	50
③	④	③	④	①	④	②	②	④	①
51	52	53	54	55	56	57	58	59	60
③	④	①	③	②	④	①	②	①	①

01.

EGR은 연소실의 온도를 약 2,000℃ 이하로 유지하기 위해서 배기가스를 재순환시킨다.

02.

TPMS 입력신호는 키 S/W IG ON, 배터리접지, 타이어압력센서, 차속신호이다.

03.

$$\text{압력}(P) = \frac{\text{무게}(W)}{\text{면적}(A)} = \frac{800}{\frac{\pi}{4}\times(0.03)^2} = 1,132,342.5\text{kPa}$$

$$= \frac{1,132,342.5}{1,000} = 1,132.3\text{kPa}$$

04.

- 3,000(rpm) ÷ 2(변속비) ÷ 3(종감속비) = 500
  → 500 × 2(바퀴 수) = 1,000rpm
- 20km/h(좌륜속도) = 1.3 × rpm × 60 ÷ 1,000
  = 256.4rpm
  1,000 − 256.4 = 743.6rpm
- 1.3m × 743.6rpm × 60 ÷ 1,000 = 58km/h
- 휠의 회전속도

  $$\frac{3,000(\text{기관 rpm})}{2(\text{변속비})\times 3(\text{종감속비})}\times 2(\text{좌우 바퀴}) = 1,000\text{rpm}$$
- 1,000rpm의 휠의 시속

  $$\frac{1,000\times 60\times 130}{100\times 1,000} = 78\text{km/h}$$
- 78km/h는 자동차가 평행하게 주행할 때 시속이므로 선회 시 좌측이 20km/h이면 우측은 78 − 20 = 58km/h이다.

05.

전체 주행저항 = 구름저항 + 구배저항

구름저항 = 5,000 × 0.3 = 1,500kgf

구배저항 = 5,000 × sin15° = 1,294kgf

∴ 전체 주행저항 = 1,500 + 1,294 = 2,794kgf

06.

연비 개선효과와 CO_2감소율이 높은 자동차 순서는 Soft 하이브리드 → Hard하이브리드 → PHEV → 연료전지자동차이다.

07.

연료파이프는 열을 받으면 내부에서 증기가 발생히여 베이퍼록현상이 온다.

09.

교류모터는 같은 출력을 내는 직류모터에 비하여 3배 이상 값이 저렴하며 크기에 비하여 모터의 효율이 크고 비교적 토크가 크다. 또한 유지보수비용이 저렴하고 수명이 더 길다.

10.

런온은 엔진키를 돌려 엔진을 멈춘 뒤에도 엔진이 정지하지 않고 한참 동안 계속 돌아가는 상태를 말한다.

12.

압축비는 배기량 대비 연소실체적이므로 터보차저와 관련이 없다.

13.

베인식 에어플로미터는 공기계량을 기계식으로 하며 메저링플레이트로 구성된다.

14.

코먼레일압력조절밸브에 전원이 공급되지 않으면 압력이 없어 시동이 걸리지 않는다.

15.

저전압직류변환기 : 고전압배터리로부터 12V로 차량에 전원을 공급하는 장치

16.

긴급차단 솔레노이드밸브는 주행하다 사고 시 엔진정지로 유출되는 LPG를 막기 위해서 작동이 된다.(Off)

17.

전기자동차의 가솔린자동차 대비 우수성

① 모터토크의 응답성이 가솔린보다 약 10배 정도 빠름

② 바퀴에 모터를 장착하여 독립적으로 구동하므로 미끄럼제어 등 차체 안정성이 높음

③ 모터에 공급되는 전류 변화로부터 달리는 노면상태 확인 가능

18.

하이브리드자동차 연비향상 요인

① 엔진의 회전수, 토크를 제어하여 연비가 좋은 영역에서 작동되도록 동력분배제어

② 정차 시 엔진스톱(Stop & Go)

③ 브레이크 시 에너지회생제동기능 사용

④ 자동변속기의 토크컨버터 배제로 동력손실 저감

19.

출하검사는 전수검사를 기본으로 하는 최종검사이다.

20.

$$\overline{P}n = \frac{\Sigma Pn}{k} = \frac{77}{20} = 3.85$$

$$\overline{P} = \frac{\Sigma Pn}{\Sigma n} = \frac{\Sigma Pn}{kn} = \frac{77}{20 \times 100} = 0.0385$$

$$\begin{aligned} UCL &= \overline{P}n + 3\sqrt{\overline{P}n(1-\overline{P})} \\ &= 3.85 + 3\sqrt{3.85(1-0.0385)} \\ &= 9.62 \end{aligned}$$

21.

제품공정분석표는 제품의 가공공정순서를 검사기호를 사용하여 표시한 도표이다.

22.

파레토도(파레토차트)는 자료들이 어떤 범주에 속하는가를 나타내는 계수형 자료일 때 각 범주에 대한 빈도를 막대의 높이로 나타낸 그림이다.

24.

시계열분석에서 시계열적 변동은 추세변동, 순환변동, 계절변동, 불규칙변동이 있다.

25.

자동차검사 또는 측정은 반드시 공차상태로 한다.

26.

제동장치의 기본은 제동이며 방향성, 조향성은 보조이고 주행성능은 거리가 멀다.

27.

거버너밸브는 자동차의 속도에 알맞은 오일의 압력을 형성하기 위한 밸브로서, 자동변속기의 출력축에 설치되어 있다.

28.

자동변속기의 제어장치는 대부분 밸브보디에 설치되어 있다.

29.

정밀도검사대상 기계, 기구는 자동차 관리법에 정해져 있으며 엔진성능은 제외이다.

30.

엔진 회전수보다 자동차를 증속하는 것을 오버드라이브라고 한다. 평탄한 도로를 주행할 때 엔진 회전수를 낮추고, 연료소비, 소음을 줄이면 수명을 길게 할 수 있다.

32.

$$\frac{150}{3} = 50\text{kgf/cm}^2$$

33.

하이포이드기어는 승용차에 사용하며 중심을 아래로 낮게 할 수 있는 장점이 있다.

34.

공기탱크의 압력은 5～7kg/cm²로 언로드밸브가 조정한다.

35.

$$\text{가속저항} = \frac{(W+W') \times \alpha}{g}$$

$$200 = \frac{(1{,}275 + 1{,}275 \times 0.05) \times \alpha}{9.8}$$

$$\alpha = \frac{9.8 \times 200}{(1{,}275 + 1{,}275 \times 0.05)} = 1.46\text{m/sec}^2$$

36.

브레이크페달을 밟으면 하이드로백 내부의 다이어프램 안쪽 진공밸브가 닫혀 진공이 형성되고 다이어프램 바깥쪽 공기밸브는 열려서 배력작용을 한다.

37.

- 가속도 $= \dfrac{v_1 - v_o}{t}$

$$= \frac{90 \times 1{,}000 - 0}{3{,}600} \times \frac{1}{20}$$

$$= 1.25\text{m/sec}^2$$

여기서, v_o : 처음 속도(m/sec)

v_1 : 나중 속도(m/sec)

t : 시간(sec)

- 가속저항 $= \dfrac{(W+W') \times \alpha}{g} = \dfrac{(1{,}500 \times 1.25)}{9.8}$

$$= 191.3\text{kg}$$

39.

클러치디스크에 코일스프링(4~6개)이 설치되어 있으며 토션(충격흡수)스프링이라 한다.

40.

스프링상수는 스프링의 힘과 변형관계를 나타내는 상수로서 단위변형을 일으키는 데 필요한 힘의 크기이다.

41.

$$R = \frac{L}{\sin\alpha} + r = \frac{2.4}{\sin 30°} + 0.2 = 5\text{m}$$

42.

차고센서는 로컨트롤암과 센서보디에 레버와 로드로 연결되어 자동차의 앞뒤에 각각 1개씩 설치되어 자동차의 높이 변화에 따른 액슬과 차체의 위치를 감지한다.

43.

싱크로나이저는 기어물림을 원활하게 하며 크래시(요란한 소음, 굉음)을 방지한다.

44.

DLI는 배전기가 없는 점화장치이며 점화코일에서 직접 점화플러그로 고전압을 전달하므로 접촉저항이 생략되어 성능이 우수하다.

45.

$$R = \frac{4 \times 6}{4 + 6} = 2.4\Omega$$

46.

굵은 배선은 전류가 흐르는 데 유리하므로 감광(전류를 억제)을 할 수 없다.

47.

$$f = \frac{P \times N}{120}(\text{Hz}) = \frac{4 \times 3{,}000}{120} = 100\text{Hz}$$

48.
바이트는 비트를 8개 묶은 단위로, 기억장치에 정보를 저장하는 단위이다.

49.
경음기는 긴급장치이므로 시동이 꺼져 있어도 울려야 한다.

50.
완전충전 시 전해액은 묽은 황산(H_2SO_4)이 되며 방전 시에는 물(H_2O)로 변화한다.

51.
응축기에서 충분히 냉각시키지 못 했으므로 잔류가스로 인하여 저 · 고압 모두 압력이 상승된다.

52.
응축기(콘덴서)는 압축기에서 보내온 고온 · 고압의 냉매를 응축액화하는 장치이며 냉각핀이 막혀 냉각이 안되면 저 · 고압이 정상일 때보다는 상승된다.

53.
색의 3요소는 색상(색의 종별), 명도(밝기), 채도(선명성)로 나타낸다.

54.
에어리스건은 도료에 고압을 가하여 스프레이점도가 높은 도료의 도장에 적합하다.

55.
불꽃이나 줄로 밀어서는 경도를, 꺾어서 하는 방법은 탄성을 측정할 수 있다.

56.
모노코크 보디는 프레임이 없는 일체식 보디이다.

57.
퍼티는 맨 철판의 요철을 메꾸어서 평활하게 한다.

58.
프레임센터링게이지는 프레임중심선을 측정한다.

59.
블리스터현상은 도금 표면에 미세한 부풂이 발생한 상태이며 아연도금강판에서 발생하기 쉽다.

60.
용접은 열팽창으로, 용접 전과 후에 치수가 변화되는 결함이 있다.

제4회 모의고사 [정답 & 해설]

Answer

01	02	03	04	05	06	07	08	09	10
④	②	③	③	④	①	②	③	②	④
11	**12**	**13**	**14**	**15**	**16**	**17**	**18**	**19**	**20**
④	②	①	④	④	③	②	④	②	③
21	**22**	**23**	**24**	**25**	**26**	**27**	**28**	**29**	**30**
②	①	④	②	③	②	②	①	③	①
31	**32**	**33**	**34**	**35**	**36**	**37**	**38**	**39**	**40**
②	①	④	②	④	③	①	③	④	④
41	**42**	**43**	**44**	**45**	**46**	**47**	**48**	**49**	**50**
④	④	①	③	④	③	④	④	③	④
51	**52**	**53**	**54**	**55**	**56**	**57**	**58**	**59**	**60**
③	④	④	②	④	③	③	④	④	④

01.

패러렐(Parallel, 병렬형) 하이브리드 전기자동차는 고전압배터리의 직류(DC)를 교류로 인버팅한 후 모터를 구동하여 전기에너지를 전달한다.

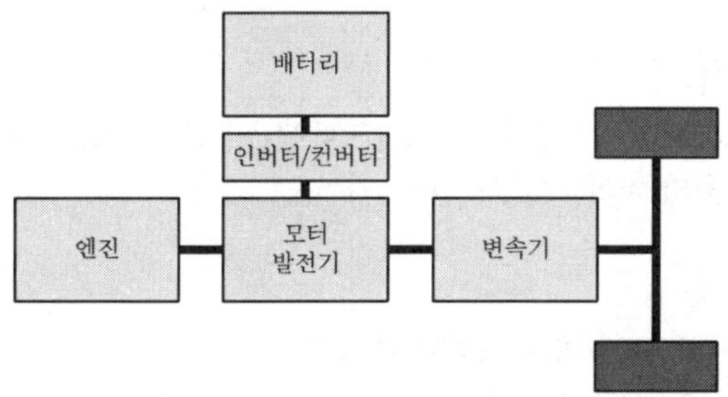

02.

Power모드

자동차의 가속에 신속하게 반응하기 위하여 엔진과 모터의 결합출력이 구동된다.

03.

에너지밀도는 주행거리와 직접 관련이 있다. 밀도가 높으면 주행거리가 길어진다. 또한 출력의 밀도는 중량당 출력 가능한 값을 의미한다. 출력밀도가 높으면 가속성 및 파워가 증대된다.

04.

전기이중층 커패시터의 특징은 화학변화가 없어서 열화가 없다는 점이다.

05.

인 휠 모터식 전기자동차는 구동축과 차동기어가 필요 없다는 것이다.

06.

통신방식별 전송속도

MOST(25Mbps) > Flex Ray(10Mbps) > CAN(50~500 kbps) > LIN(20kbps)

07.

주파수(Hz)는 듀티사이클에서 초당 On, Off되는 횟수이다.(F : 주파수, T : 시간)

$$f=\frac{1}{T}$$

$$T=\frac{1\times 1{,}000}{f}=\frac{1{,}000}{20}=50\text{ms}$$

$$\text{듀티율}=\frac{\text{On타임}}{\text{전체타임}}=\frac{15\text{ms}}{50\text{ms}}=30\%$$

08.

교류모터의 장점	교류모터의 단점
① 높은 효율 ② 큰 힘 ③ 용이한 가변속도(주파수 변화) ④ 긴 수명 ⑤ 저렴한 가격	느린 회전속도

09.

동기전동기의 특징

- 동기전동기는 구조가 복잡하고 유지 보수의 비용 상승으로 이어질 수가 있으며 고가인 점 등의 단점이 있다.
- 시동전류가 크기 때문에 시동 장치가 없으면 운전을 개시할 수 없다는 점에 유의해야 한다.

10.

BMS(Battery Management System)제어 기능

① 배터리충전률(SOC)

② 배터리 출력

③ 셀 밸런싱

④ 파워릴레이

⑤ 배터리냉각

⑥ 고장 진단

11.

봄베의 액면표시장치가 불량해도 LPG 송출에는 지장이 없으므로 시동은 가능하다.

13.

MCU(Motor Control Unit) 제어 기능

① 고전압배터리의 직류전원을 모터에 필요한 3상교류 전원으로 변경

② 모터의 구동전류제어

③ 감속 및 제동 시 모터를 발전기 역할로 변경

④ 배터리 충전을 위한 에너지 회수 기능(3상 교류를 직류로 변경)

14.

무단변속기(CVT)의 장점	무단변속기의 단점
① 변속 시 충격이 없다. ② 로크업의 사용범위가 넓다. ③ 연료차단 시간이 길다. ④ 연비가 향상된다. ⑤ 가속성이 향상된다.	① 회전저항이 커서 전달 효율이 나쁘다. ② 중량이 증가한다. ③ FR자동차에 적용하기 어렵다.

15.

전동모터식 동력조향장치의 특징

① 엔진의 동력을 사용하지 않아 엔진의 출력 향상과 연비 절감

② 오일펌프 및 연결호스가 없어서 조향장치 경량화 가능

③ 모듈화 제작이 가능하여 원가 절감

④ ECU가 조향력 정밀제어

16.

이모빌라이저 구성부품

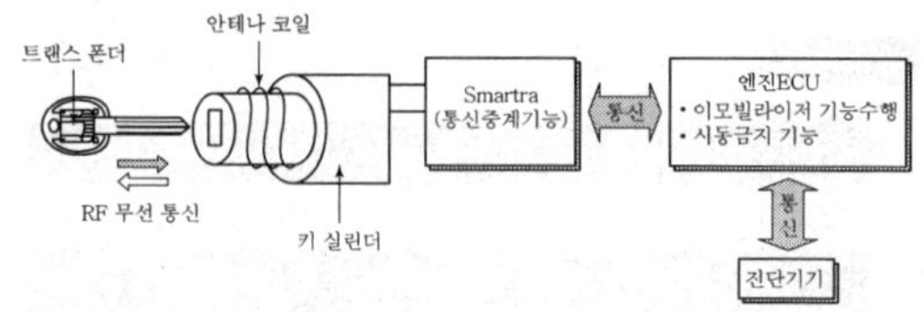

17.

브러시와 정류자가 없는 것은 BLDC(Brushless Motor)모터이다.

18.

촉매장치는 350℃ 이상 되어야 활성화된다.

19.

생산보전은 생산현장에서 좋은 것을 보다 값싸게 만들기 위해서 가장 합리적인 보전을 실시하는데, 안전은 포함되지 않는다.

20.

여력은 어떤 일에 주력하고 아직 남아 있는 힘(능력-부하)이다.

21.

로트별 검사에 대한 AQL지표형 샘플링검사방식으로 변경(KS A ISO 2859－1)

22.

• 계량치관리도 : R관리도

• 계수치관리도 : P관리도, nP관리도, C관리도, U관리도

23.

스톱워치법은 일을 시작해서 끝날 때까지 시간을 측정하므로 작업자의 심적 부담이 크다.

24.

제곱의 합(S)

$$=(21.5-25.16)^2+(23.7-25.16)^2+(24.3-25.16)^2+(27.2-25.16)^2+(29.1-25.16)^2$$

$$=35.952$$

25.

ABS는 휠스피드센서가 유일한 입력센서이며 불량하면 ABS에 진동이 발생할 수 있다.

26.

전자제어 현가장치는 스프링상수제어, 감쇠력 가변기구, 차고조정기구로 구성된다.

28.

에어브레이크의 풋브레이크밸브는 밟는 정도에 따라 제동력이 발휘된다.

29.

하이드로에어팩(Pack)은 대기압과 압축공기의 차이를 이용하여 배력을 얻는 장치이며 순수한 공기브레이크에 비해 공기소비량이 적다.

31.

연속좌석정원

$= \frac{좌석너비(mm)}{400(mm)}$

$= \frac{7,165(mm)}{400(mm)}$

$= 17.91$

$= 17$명

33.

뒷바퀴 회전수 $= \frac{추진축\ 회전수}{종감속비}$

종감속비 $= \frac{63}{9} = 7$

뒷바퀴 회전수 $= \frac{2,100}{7} = 300$

600 − 180 = 420rpm(차동기어에 의해)

35.

유체클러치의 토크변화율은 1 : 1이며, 토크컨버터의 토크변화율은 2~3 : 1이다.

36.

러그패턴은 덤프트럭에 주로 사용하며 숄더부분이 교차로 홈이 파여 방열이 뛰어나다.

37.

구배저항 = 1,200kgf × 0.04 = 48kgf

38.

앞 범퍼는 차륜정렬과 전혀 관련이 없다.

39.

파워 모드는 추월할 때(언덕 길) 사용하며 변속시점을 지연시켜 구동력을 증대시킨다.

45.

1AH의 방전에 대해 전해액 중의 황산은 3.660g이 소비되고 물은 0.67g 생성된다.

또한, 1AH 의 충전량에 대해 0.67g의 물이 소비되고 3.660g의 황산이 생성된다.

46.

$P = E \times I$

전력(W) = 전압 × 전류

$I = \frac{P}{E} = \frac{45 \times 2}{12} = 7.5\text{A}$

48.

오리피스의 기능은 기본적으로 팽창밸브의 기능과 동일하여 냉매의 압력을 떨어뜨리나 냉매의 유량을 조절하는 기능은 없다.

52.

극판의 면적은 전압에 비례하여 면적이 커지면 전압은 높아진다.

53.

용제는 휘발성분은 있어야 하고 독성, 악취는 없어야 한다.

54.

솔리드도료를 구성하는 3요소

① 안료 : 유색이고 불투명한 것. 일반 용제에 잘 녹지 않는 분말

② 수지 : 도료의 최종적인 도막의 주성분이 되는 여러 물질 중의 하나

③ 용제 : 용해하는 성분으로 희석하여 점도를 낮추어서 작업을 쉽게 해 준다.

55.

모노코크보디는 사고 발생 시 굽어지거나 밀려져도 파손(찢김)은 생기기 어렵다.

57.

탈지작업의 정도는 도장의 질과 직접 관련이 있으나 페인트 소모량과는 관련이 적다.

58.

프레임을 수정할 때는 상온에서 체인, 잭 등을 사용하며 고열을 사용하지 않는다.

59.

가동지점은 부재 또는 구조가 지지면을 따라서 이동할 수 있고, 또한 지지점을 중심점으로 하여 회전할 수도 있으나 상하방향의 이동은 할 수 없게 되어 있는 지점이다.

60.

용접분류에서 미그용접은 용접봉을 전극으로 하는 아크용접이며, 저항용접은 압력을 가하는 압접으로 스폿, 프로젝션, 심용접이 있다.

제5회 모의고사 [정답 & 해설]

Answer

01	02	03	04	05	06	07	08	09	10
②	①	③	①	③	①	②	④	④	④
11	12	13	14	15	16	17	18	19	20
③	①	③	②	②	④	②	②	④	③
21	22	23	24	25	26	27	28	29	30
③	③	③	③	②	④	②	③	①	②
31	32	33	34	35	36	37	38	39	40
④	③	③	①	②	④	④	②	①	③
41	42	43	44	45	46	47	48	49	50
①	③	④	④	②	①	④	①	④	③
51	52	53	54	55	56	57	58	59	60
①	②	④	④	②	③	③	③	④	④

01.

BLDC(Brushless Motor)모터의 특징

① 기계적 정류기구를 전자화하여 전기적(기계적) 노이즈가 적다.

② 신뢰성이 높고 수명이 길고 고속화가 용이하다.

③ 로터에 영구자석 사용으로 저관성화에는 제한이 있다.

④ 페라이트자석을 사용할 경우 체적당 토크가 작다.

03.

직류모터는 정류기를 통하여 전원에 연결되나 유도모터는 전원에 바로 연결된다.

04.

제어구조가 복잡하고 어렵다.

05.

지르코니아 산소센서는 λ값 1(공연비 : 14.7 : 1)을 기준으로 농후할 때(1V 근처)와 희박할 때(0V 근처) 서로 다른 출력 특성이 있다.

06.

2차전지의 종류

알칼리계	리튬계	금속공기계
니켈－카드뮴 니켈－수소 니켈－아연	리튬－금속 리튬－이온 리튬－폴리머 리튬－이온 커패시터	아연－공기 알루미늄－공기 마그네슘－공기 리튬－공기

07.

메모리효과는 니켈을 포함하는 전지에서 나타난다.

08.

퍼지컨트롤센서는 아직 존재하지 않는다.

09.

릴리프밸브는 연료 펌프 내에 설치되어 있으며 일정압력 이상일 때 연료를 바이패스시켜서 라인압력을 조정한다.

10.

전자제어 엔진의 인젝터 구성은 플런저, 솔레노이드코일, 니들밸브 등으로 구성된다.

11.

소음이 적으며 화력발전과 같은 다량의 냉각수가 필요없다.

12.

토크가 크고 고속응답, 소형 경량, 세밀한 각도제어, 저가이다.

14.

수소연료전지차의 개념

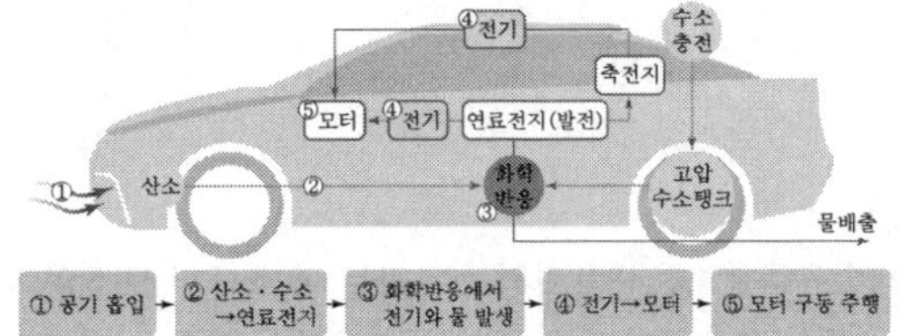

15.

케미컬하이브리드는 안전성과 저장효율이 높으나 재순환기술이 필요하다.

16.

통신네트워크의 구조는 성형, 원형, 버스형, 나무(Tree)형, 그물형 구조가 있다.

17.

구분	트랜지스터	FET
기능성 차이	전류제어형	전압제어형
입력임피던스	작다.	매우 크다.
전력소비	크다.	작다.

18.

공연비는 공기와 연료(가솔린)의 중량비이다.

19.

특성요인도

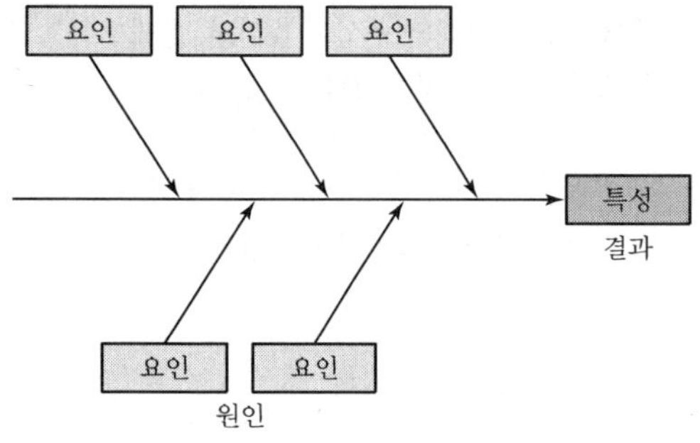

22.

$$비용구배 = \frac{특급소요비용 - 정상소요비용}{정상소요시간 - 특급소요시간}$$

$$= \frac{50,000 - 40,000}{5 - 3}$$

$$= 5,000$$

23.

계수규준형 1회 샘플링검사는 파는 쪽에 대한 보호와 사는 쪽의 보호 2가지를 규정하여 양쪽의 만족을 주도록 하여 로트 자체의 합격, 불합격을 결정하는 형태이다.

24.

공수계획은 작업하기에 필요한 공수(工數)로부터 소요 인원수나 기계 대수를 산정하여, 이것과 현재 보유하는 능력(작업자와 기계)과의 조정을 꾀하는 일이다.

26.

자동차 바퀴가 지면에 닿아 굴러갈 때는 구름저항이지 구동저항이 아니다.

27.

디스크브레이크점검은 관련 부위를 점검하는 것이다.

28.

공기브레이크는 공기를 압축하는 과정에서 수분(응축수)이 생성된다.

29.

$$액슬축\ 회전수 = \frac{추진축\ 회전수}{종감속비}$$

$$종감속비 = \frac{40}{8} = 5$$

$$액슬축\ 회전수 = \frac{1,800}{5} = 360$$

32.

리어차고센서는 전자제어 현가장치의 구성품이다.

33.

지렛대비 = 5 : 1

푸시로드에 작용하는 힘

= 지렛대비 × 페달 밟는 힘

= 5 × 35kgf

= 175kgf

34.

차량의 중량은 현가 지지를 통하여 차체를 지지하기 때문에 접지성이 우수하고 조향할 때는 조향너클과 함께 스트럿이 회전한다. 대부분의 승용차에 이용한다.

35.

바퀴정렬의 목적은 조향휠과 타이어에 관련이 있다.

36.

킥다운은 가속주행할 때 가속페달을 아주 깊숙이 밟으면 자동변속할 뿐 아니라 체인지다운이 일어나는 속도로 자동변속스케줄이 정해진 것을 말한다.

37.

동기치합식은 엔진의 회전수에 맞춰 회전하는 입력축과 출력축의 양 축에 각각 설치되어 있는 기어가 서로 맞물리면서 쌍을 이루고 있다. 승용차의 대부분에 사용한다.
변속 시 특별히 가속시키거나 더블클러치를 조작할 필요가 있는 형식은 상시물림식 변속기이다.

38.

차속센서 내부에는 4개의 돌기를 가진 로터가 회전하면서 디지털펄스가 발생하여 이 신호를 ECU로 보내므로 펄스제너레이터와 같은 기능을 한다.

40.

선회반경이 커지는 것은 핸들이 덜 꺾였기 때문이며 언더스티어링이라 한다.

46.

$$\text{점화시기}(^\circ) = \frac{\text{엔진 회전수}}{60} \times 360^\circ \times \text{지연시간(sec)}$$
$$= \frac{2{,}500}{60} \times 360^\circ \times \frac{1}{800} - 5^\circ$$
$$= 13.7^\circ$$

47.

직권전동기는 계자와 전기자권선이 직렬로 연결되어 구성된 전동기이다.
회전속도 : 가해지는 전압 − (흐르는 전류 × 전기자 및 계자회로의 저항)
① 11 − (50 × 0.02) : 5,000 = 10 : 5,000
② 7 − (50 × 0.02) : x = 6 : x
①식과 ②식을 연립하여 풀면 10 : 5,000 = 6 : x,
x = 3,000rpm

49.

팽창밸브는 증발기 입구에 설치되어 리시버드라이어로부터 유입되는 중온 · 고압의 액체냉매를 교축작용을 통하여 온도와 압력을 강하시키고 엔탈피도 일정하게 한다.

50.

$$\text{유도기전력} = \frac{\text{자기인덕턴스} \times \text{변화된 전류}}{\text{전류가 흐른 시간}}$$
$$E = \frac{L \times di}{dt} = \frac{0.5 \times 1}{0.1} = 5\text{V}$$

55.

중력응력 자체가 존재하지 않는다.

56.

줄작업이나 톱작업은 앞으로 밀 때 절삭되도록 한다.

전 봉 준 bjchunn@naver.com

약 력

- 강원대학교 기계메카트로닉스학과 졸업(공학박사)
- 前 한국폴리텍Ⅳ대학 홍성캠퍼스 학장
- 前 한국폴리텍Ⅳ대학 제천캠퍼스 학장
- 現 한국폴리텍Ⅱ대학 인천캠퍼스 교수
- 차량기술사, 자동차정비기능장, 자동차정비기사
- 자동차검사기사, 건설기계정비기사

저 서

- 「차량 기술사」
- 「자동차정비 기능장 필기」
- 「자동차정비 기능장 필답형」
- 「자동차정비 기능장 작업형」
- 「자동차정비 산업기사 필기」
- 「자동차정비 산업기사 실기」
- 「자동차정비 기능사 필기」
- 「자동차정비 기능사 실기」

고 동 원 roadcar119@hanmail.net

약 력

- 한국폴리텍Ⅱ대학 인천캠퍼스 산학겸임교수
- 전국기능올림픽대회 심사위원
- 새인천부분정비사업조합 이사장
- 길자동차공업사 대표
- 공학사, 자동차정비기능장
- 자동차 명장 1호

자동차정비기능장 필기

발행일 | 2001. 3. 20 초판발행
2003. 3. 15 개정 초판2쇄
2004. 2. 10 개정 초판3쇄
2005. 7. 25 개정 초판4쇄
2007. 3. 10 개정 초판5쇄
2013. 3. 10 개정 1판1쇄
2015. 2. 10 개정 2판1쇄
2016. 3. 10 개정 3판1쇄
2017. 1. 20 개정 4판1쇄
2017. 3. 20 개정 5판1쇄
2018. 2. 20 개정 6판1쇄
2019. 3. 10 개정 7판1쇄
2020. 4. 10 개정 8판1쇄
2022. 2. 20 개정 9판1쇄
2023. 2. 20 개정 9판2쇄
2025. 1. 10 개정 10판1쇄

저 자 | 전봉준 · 고동원
발행인 | 정용수
발행처 | 예문사

주 소 | 경기도 파주시 직지길 460(출판도시) 도서출판 예문사
TEL | 031) 955 – 0550
FAX | 031) 955 – 0660
등록번호 | 11 – 76호

정가 : 35,000원

ISBN 978-89-274-5674-2 13550